社会工程学在网络安全中的应用理论及方法

郑康锋　伍淳华　陈　哲
房　婧　朱红松　何道敬　著

北京邮电大学出版社
www.buptpress.com

内 容 简 介

由于社会工程学利用的是人的心理弱点，传统技术方法多基于信息域处理而缺乏对认知域的考虑，因此需要对社会工程学的相关理论和方法进行更为系统的梳理。本书围绕社会工程学共性基础理论进行了探讨与总结，梳理了概念及范畴，构建了社会工程学主体数据存储与人物知识库，从基于行为模式、异常行为、认知特征等多个角度建立检测方法体系，介绍了社会工程学的致效机理、攻击方法、应用模型、行为防护与信息保护等内容，提供了社会工程学的仿真与验证方法。

图书在版编目（CIP）数据

社会工程学在网络安全中的应用理论及方法 / 郑康锋等著. -- 北京 ：北京邮电大学出版社，2024.
ISBN 978-7-5635-7280-9

Ⅰ. TP393.08

中国国家版本馆 CIP 数据核字第 2024FM4113 号

策划编辑：姚　顺　刘纳新　　**责任编辑**：刘　颖　　**责任校对**：张会良　　**封面设计**：七星博纳

出版发行：北京邮电大学出版社
社　　址：北京市海淀区西土城路 10 号
邮政编码：100876
发 行 部：电话：010-62282185　传真：010-62283578
E-mail：publish@bupt.edu.cn
经　　销：各地新华书店
印　　刷：保定市中画美凯印刷有限公司
开　　本：787 mm×1 092 mm　1/16
印　　张：22.75
字　　数：579 千字
版　　次：2024 年 8 月第 1 版
印　　次：2024 年 8 月第 1 次印刷

ISBN 978-7-5635-7280-9　　定　价：98.00 元

前　言

当前人们对社会工程学概念的认识多来自 Kevin David Mitnick 2002 年在 *The Art of Deception* 中的描述:“通过自然的、社会的和制度的途径,利用人的心理弱点以及规则制度上的漏洞,在攻击者和被攻击者之间建立起信任关系,获得有价值的信息,最终可以通过未经授权的路径访问需要经过授权才能访问的资源。”正因为社会工程学利用的是人的心理弱点,所以社会工程学的存在其实是随着人类的发展不断进步的,针对人类心理弱点的利用也从没有间断过,古今中外历史上也有大量的社会工程学案例,像三十六计中的“美人计”就是典型的社会工程学常用的手段,随着现代信息化的快速发展,社交网络的发展快速使得人与人之间的交流变得容易,在此背景下社会工程学也得到了广泛应用。

有文献将社会工程学概念的发展分为 4 个阶段。第一个阶段是 Phone Phreak 时期,也被称作社会工程学概念萌生时期,起止时间为 1974—1983 年,描述为一种针对电话公司交换中心操作员,通过电话交谈,采用假托、冒充、说服等方式有效获取信息或帮助的手段。第二个阶段是 Phrack 时期,起止时间为 1984—1995 年,既有“针对电话公司员工实施的假托、冒充、说服、欺骗,获取对电话网络系统更多的知识和了解”,体现 Phreak 的一面,又有“通过直接或间接社交的方式,采用欺骗、操纵谈话、逆向社会工程学、垃圾搜索、应聘保洁员等方法,获取入侵目标计算机系统的相关信息”,体现 Hack 的一面。第三个阶段是 Hacker 时期,起止时间为 1996—2001 年,是社会工程学概念演化的重要阶段,主要体现在:①社会工程学在物理实现方式上更加多样;②随着技术的演进,网络钓鱼、木马等技术攻击方式开始进入社会工程学的概念;③社会工程学心理学方面的特有属性(如社会影响与说服、对信任的操纵)开始被讨论,人作为计算机安全链最薄弱环节的重要性逐渐被认识。第四个阶段是多向演化阶段,在 2002 年左右,*The Art of Deception* 和 *Social Engineering Fundamentals, Part I & II* 等社会工程学专著相继出版,社会工程学概念的传播与社会工程学威胁的增大逐渐引起人们对社会工程学的关注。

近年来,社会工程学事件迅速增长,除传统的钓鱼邮件外,钓鱼网站、电信诈骗等社会工程学案例层出不穷,社会工程学已经成为网络空间安全最大的威胁之一,“希拉里邮件门”“徐玉玉案”等典型案例也让人们认识到社会工程学的危害,最直接也影响最大的电信诈骗类事件已经严重影响人们的生活,APT 攻击也广泛应用社会工程学以实现其关键环节的突破,社会工程学的危害已经引起国家及社会的重视。社会工程学的研究主要集中于社会工程学模型、钓鱼邮件检测、钓鱼网站检测等领域,积累了大量的研究成果,为社会工程学防御贡献了力量。

但社会工程学的相关研究及应用尚存在如下不足：①对社会工程学的认识不足，对社会工程学的作用机理、作用过程的认知不清晰，相关理论和模型不健全，对社会工程学的目标“人”的认识不足，不清楚社会工程学与“人”的关联关系；②社会工程学的刻画关联能力不足，社会工程学信息的收集、关联汇聚、主体映射等技术方法不完善；③社会工程学检测溯源技术不深入，当前主要以传统信息域特征为依据，缺少认知域特征参与，以模式匹配（包括机器学习）等误用检测为主，缺乏异常检测，重结果不重过程；④社会工程学防护方法简单，缺乏更有效的针对性防护方法；⑤社会工程学仿真验证困难，以“人”为目标的验证存在不确定性和伦理等问题，需要新的仿真验证方法。

本书来源于国家重点研发计划项目“社会工程学在网络安全中的应用方法与理论研究”的研究过程及成果。该项目瞄准上述 5 个问题，从社会工程学基础理论、社会工程学信息关联刻画、社会工程学检测与溯源、社会工程学防御、社会工程学仿真验证等几个方面着手进行理论研究、技术突破及应用验证。根据项目的研究内容及课题划分，本书对应划分为如下 5 章。

第 1 章是社会工程学基础理论。网络空间安全中的社会工程学概念及范畴模糊；人们对社会工程学的认识不足，对社会工程学的作用机理、作用过程的认知不清晰；社会工程学的相关理论和模型不健全；人们对社会工程学的目标“人”的认识不足，不清楚社会工程学与“人”的关联关系，对认知脆弱性和运维脆弱性理解不充分，缺少相关理论模型。上述这些问题集中在基础理论方面，致使上层的应用方法与技术缺乏理论支撑，无法形成系统性应用方法或防御体系，有针对性的研究和突破尤其重要。本章围绕社会工程学的共性基础理论问题，针对社会工程学概念及技术演化、社会工程学框架与模型、社会工程学中的致效机理、网络运维脆弱性等进行了探讨和总结，提出了社会工程学概念，提出了社会工程学模型，梳理总结了社会工程学影响因素，对运维脆弱性进行了建模，给出了运维脆弱性的分析方法。本章内容部分来自本书后续几章内容的基础理论部分，后续几章的部分撰写人员也参与了本章的撰写。

第 2 章是社会工程学信息收集、关联与刻画。面向国家安全和国防安全的信息化战略，针对新的攻击模式“社会工程学攻击”给政治、国防、经济带来的日趋严重的威胁问题，围绕“社会工程学在网络安全中的应用、检测与防御体系”问题，本章开展社会工程学信息收集、关联与刻画方法研究，提出了基于流量协议识别的信息采集方法，通过应用协议识别和文件还原，支持流量中社会工程学信息提取，并融入机器学习卷积神经网络算法解决未知流量的识别问题；提出了行为信息采集与行为库构建方法，支持对样本、IP、域名、哈希、证书等线索的采集和关联分析；提出了基于语义分析和反爬虫技术破解的分布式数据抓取方法，支持在互联网中进行社会工程学信息的抓取；提出了目标指纹信息提取与关联映射方法、基于图模型的跨域信息关联汇聚方法，支持社会工程学主体虚实属性映射，以及跨域社会工程学信息关联汇聚；提出了知识库构建方法，基于 Hive、Hbase、Elasticsearch 组件的大数据存储与检索框架，通过分布式计算存储框架，实现社会工程学主体属性、行为、关系数据的存储和检索，支持人物画像等知识库的构建。为社会工程学应用、检测和溯源的研究提供数据支撑，为解决由社会工程学带来的日趋严重的安全问题奠定基础。参与第2章内容撰写和为第2章撰写提供帮助的人员有房婧、张正、薛智慧、张卓。

第3章是社会工程学检测与溯源。社会工程学检测研究及应用由来已久，钓鱼邮件检测是社会工程学检测研究最多、应用最广、研究时间最长的领域，钓鱼网站检测由于万维网的广泛使用也成为社会工程学检测的重点之一，电信诈骗、钓鱼短信等检测也多由此扩展而来。在检测技术方面，研究及应用主要集中在基于特征的检测上面，通过抽取邮件或网页的各类特征（如链接、行为等），使用统计模型或机器学习等方法来区分社会工程学行为，这种方法也是当前最广泛应用的方法。但是，随着防御技术的发展，社会工程学也不断进化，传统的检测模型、方法暴露出一些不足，因此需要更多角度、更深层次的检测技术。第3章从理解社会工程学和其目标着手，提出了基于会话-对话的社会工程学模型，基于社会工程学要素的社会工程学分析，通过问卷和眼动跟踪等方法，发现社会工程学与主体属性的内在联系；从基于行为模式、基于异常行为、基于认知特征等多个角度提出一系列检测方法，把社会工程学和主体的外在和内在特征作为检测的依据，把心理特征、风格特征等引入检测技术，进一步拓展了高维特征的内容，提高了检测能力；在社会工程学溯源方面，给出了基于移动网和宽带网流量及信令检测分析的社会工程学攻击路径溯源的方法。第3章还探讨了认知隐私的概念，研究了认知隐私分析及保护的方法。参与第3章内容撰写的单位有北京邮电大学、中国科学院心理研究所、北京工业大学、恒安嘉新（北京）科技股份公司；参与第3章内容撰写和为第3章撰写提供帮助的人员有郑康锋、葛燕、王秀娟、梁彧、伍淳华、武斌、吴桐、王哲、杨润东、杨敏娇、沈焱萍、田宁姗、黎迪、杨博远、高华东、牛天婧、徐子雯、李懿飞、徐琪茗。

第4章是社会工程学应用与防护。随着网络安全技术的不断更迭，越来越多的网络攻击转向了对社会工程学的利用。现阶段，国内外对社会工程学应用与防护技术的研究尚处于起步阶段，对社会工程学应用及防护的认知程度不高，缺少对社会工程学技术原理深层的探究，在社工应用模型、社工攻击方法、社工安全防护等方面仍然面临着诸多问题。第4章介绍了社会工程学的相关技术原理、演化脉络、脆弱性分析、致效机理、攻击方法、应用模型、行为防护与信息保护等关键内容，以期为社会工程学安全防御提供支撑。参与第4章内容撰写和为第4章撰写提供帮助的人员有朱红松、王作广、李强、芦天亮、张璐、边靖飞、彭佳谦。

第5章是社会工程学仿真与验证。互联网在给人们带来方便的同时，也带来了威胁。近年来，网络安全事件频发，各种类型的网络攻击造成人们资产受损、私人信息泄露，使得人们不得不注意网络安全问题。现有的网络攻击的安全研究工作多针对利用设备、系统漏洞进行恶意攻击等传统攻击类型而展开。为了深入了解开展网络攻击的溯源研究工作，各类网络攻击的仿真技术被提出来，用于解决测试真实的网络攻击所带来的设备和重要数据的可能损失,加深对网络攻击的阶段性了解。网络攻击的仿真将虚拟环境与真实设备相结合,模拟仿真出实际的网络攻击的流程和效果,但仅考虑攻击在设备或系统遭受攻击时的影响。相对基于社会工程学的网络攻击以"人"作为攻击目标,绕过系统中的软硬件进行攻击,当前的网络攻击仿真方法,无法反映人在网络攻击中受到的直接或者间接的危害,因此无法涵盖当前基于社会工程学的网络攻击的类型。第5章提供一种基于社会工程学的网络攻击仿真验证系统,该平台能更加真实地提供基于社会工程学的网络攻击流程以及攻击效果的模拟,更有利于社会工程学网络攻击的攻击致效机理,网络攻击路径的推演,为研究人员开展科学研究工作提供技术支撑和实验场景,缩短研究过程与实际问题发展的时间延迟,降低事件造成的影响和危害的研究。5.1节参与单位为华东师范大学,5.2节参与单位为中国电子科技集团公司第三十研究所,5.3节参与单位为网络安全中心,5.4节参与单位为北京交通大学,5.5节参与单位为中国科学院信息工程研究所。

整体来讲,本书内容涵盖了社会工程学的原理、应用及防护相关理论及技术方法,可以为社会工程学研究领域提供一定的参考,但尚存在很多不足。这些不足一方面是由于作者水平不足造成的;另一方面由于社会工程学主要以人为目标,而人的不确定性使得社会工程学研究及应用都跟传统的网络攻防(如漏洞利用、拒绝服务攻击等)有很大差异,主要体现在对社会工程学的理解不够深刻、对认知主体的理解不够深入、对社会工程学作用过程的认知不够精确,这些均需要进一步提高和完善。随着认知神经科学、认知心理学等的发展,人们对"人"的认识不断深入,相信对社会工程学的研究会更系统、更全面、更深入。

作　者

目　录

第 1 章　社会工程学基础理论 …… 1

1.1　网络空间安全中的社会工程学 …… 1

1.1.1　社会工程学概念、技术演化分析 …… 1

1.1.2　定义网络空间安全领域的社工 …… 8

1.2　社会工程学框架 …… 13

1.2.1　社会工程学框架与模型 …… 13

1.2.2　社会工程学中的致效机理 …… 16

1.2.3　社工信息收集与目标脆弱性刻画 …… 22

1.2.4　社工攻击的方法与实例 …… 33

1.3　基于主体心理特征的社工影响因素 …… 38

1.3.1　网络钓鱼影响因素 …… 38

1.3.2　个体特征与情境因素的关系 …… 43

1.4　网络运维脆弱性分析基础理论 …… 48

1.4.1　背景和意义 …… 48

1.4.2　基本概念 …… 48

1.4.3　基本分类 …… 50

1.4.4　网络脆弱性分析 …… 53

1.4.5　安全风险评估 …… 54

1.4.6　多域信息建模 …… 55

1.4.7　网络运维脆弱性和社会工程学的关系 …… 56

1.5　网络运维脆弱性分析 …… 57

1.5.1　网络基础定义 …… 57

1.5.2 时序权限概率依赖图 …… 62
1.5.3 网络运维脆弱性分析模型 …… 64

第2章 社会工程学信息收集、关联与刻画 …… 69

2.1 基于流量协议识别的信息采集方法 …… 69
2.1.1 AI应用识别引擎系统研究 …… 70
2.1.2 DEC通用解码引擎系统研究 …… 74
2.1.3 FS文件还原引擎系统研究 …… 77
2.1.4 机器学习 …… 78
2.2 行为信息采集与行为库构建方法 …… 79
2.2.1 行为库体系架构 …… 79
2.2.2 多源数据采集汇聚方法 …… 81
2.2.3 分析处理方法 …… 82
2.2.4 展示发布方法 …… 83
2.3 社会工程学中网络信息的抓取方法 …… 84
2.3.1 能在深层网络上进行数据采集的网络爬虫 …… 84
2.3.2 基于语义分析的网络爬虫研究 …… 85
2.3.3 网络获取数据软件设计 …… 85
2.3.4 网络爬虫设计 …… 87
2.4 基于图模型的跨域信息关联汇聚及知识库构建研究 …… 92
2.4.1 目标指纹信息提取与关联映射方法 …… 92
2.4.2 基于图模型的跨域信息关联汇聚方法 …… 93
2.4.3 知识库构建方法 …… 95

第3章 社会工程学检测与溯源 …… 100

3.1 社会工程学检测基础理论 …… 101
3.1.1 认识社会工程学 …… 101
3.1.2 认识社工目标 …… 114
3.2 社会工程学检测 …… 125
3.2.1 社会工程学检测框架 …… 125

3.2.2　基于社工行为模式的检测技术 …… 126

3.2.3　基于异常行为的检测技术 …… 156

3.2.4　基于主体认知特征的检测技术 …… 195

3.3　社会工程学溯源 …… 206

3.3.1　社工溯源方法 …… 206

3.3.2　基于攻击路径还原的溯源方法研究 …… 211

第4章　社会工程学应用与防护 …… 214

4.1　社会工程学防护 …… 214

4.1.1　面向社工邮件的社会工程学行为防护 …… 214

4.1.2　面向电信诈骗的防护 …… 221

4.1.3　社会工程学信息保护 …… 225

4.1.4　基于对抗样本的社工信息保护方法 …… 230

4.2　面向网络运维脆弱性的风险评估 …… 234

4.2.1　网络运维脆弱性风险评估指标体系 …… 234

4.2.2　基于矩阵补全的网络运维脆弱性风险评估 …… 238

4.3　网络安全防护策略智能化生成 …… 245

4.3.1　基于强化学习的恶意用户行为智能检测 …… 245

4.3.2　面向网络运维脆弱性的社会工程学防护模型 …… 253

第5章　社会工程学仿真与验证 …… 256

5.1　社会工程学仿真与验证方法体系 …… 256

5.1.1　仿真方法设计 …… 256

5.1.2　基于网络流量的内网流量审计方案 …… 262

5.1.3　用户社会工程学口令信息提取与安全评价方案 …… 266

5.1.4　网络钓鱼仿真检测方案 …… 276

5.2　多维社工事件信息挖掘 …… 278

5.2.1　多维社工事件信息挖掘技术 …… 278

5.2.2　多维社工事件特征提取 …… 279

5.3　大规模虚拟动态社会网络构建与生成 …… 282

5.3.1 社工事件模拟中的社工虚拟角色 …… 283
5.3.2 虚拟动态社会网络生成 …… 284
5.3.3 社工学仿真与验证系统平台开发 …… 285
5.3.4 架构设计方案 …… 287
5.3.5 社工事件模拟数据流图 …… 289
5.4 真实社工数据与模拟社工数据的结合 …… 294
5.4.1 多维数据平滑融合模型 …… 295
5.4.2 数据质量评价模型 …… 308
5.5 仿真与验证评估指标体系与评估模型 …… 314
5.5.1 仿真与验证量化评估模型 …… 314
5.5.2 社工学仿真和实验验证量化指标体系 …… 315

参考文献 …… 319

第1章

社会工程学基础理论

1.1 网络空间安全中的社会工程学

社会工程学(Social Engineering,简称社工)的概念定义是人们了解、认识社工的首要途径,也是描述社工内涵,反映社工外延,体现社工特性、技术原理的最基本的方法[1]。

社工作为一种(或一类)网络空间安全攻击方法,其大致的概念是"使用影响和说服,通过让人们相信社工师所冒充的身份或通过操纵来欺骗人们,利用人来获取信息[2]"。这里之所以称其为"大致的概念",是因为社工在黑客社区和学术研究领域,至今并没有一个清晰精确、普遍接受的概念定义。而且随着概念的演化,各种各样的社工概念被描述,其中一些概念是不完全相容甚至矛盾的。与此同时,一些非社工攻击方法不断被涵盖,导致社工术语误用、概念模糊,形成对社工概念的侵蚀。社工概念逐渐呈现出模糊、泛化、消解的趋势。这种现状和趋势严重影响了社工现象的理解、社工攻击事件的分析、社工安全研究与交流、社工防护工作的开展[1]。

第1.1节和第1.2节将从社工概念演化、社工技术发展、社工属性分析、社工概念界定、社工模型等方面进行报告,以期为社工安全研究提供基础参考。

1.1.1 社会工程学概念、技术演化分析

本小节按时间顺序,系统地分析社会工程学随着技术的发展,在不同阶段的概念演化和攻防技术的发展。

1. 社会工程学概念溯源

文献[3,6]认为术语"Social Engineering"是Kevin David Mitnick在2002年*The Art of Deception*[2]中提出的。文献[1]经过大量的文献调研和概念分析发现,"Social Engineering"作为一个Phrack(Phreak与Hack的合成词)术语早在1984年就开始在黑客BBS及刊物上使用,而社会工程学概念在1974年就产生于信息安全领域。

1)"Social Engineering"名词溯源

根据文献[1]对大量社会工程学相关文献的研究,"Social Engineering"最早出现于

1984 年开始刊行至今的 *2600：The Hacker's Quarterly* 第 1 卷 9 月份刊发的文章“More on Trashing”[7]中，该文章详细描述了利用垃圾搜索的方式收集信息的具体方法及建议，并指出电话电信公司的垃圾箱中有许多有价值的信息材料，如员工笔记本、系统说明、操作手册、员工名单、网络故障及维护报告、专业术语材料等，这些信息可以用于社工（… notebooks with the Bell logo … printouts … directories list employees of Bell, good to try social engineering on. Manuals … Maintenance reports … lists of abbreviations …）[1]。

1984 年 10 月 *2600：The Hacker's Quarterly* 刊发的一个匿名文章“Vital Ingredients: Switching Centers and Operators”（文献[8]）将社工描述为“Also, they are more likely to be persuaded to give more information through the process of ‘social engineering’”“In my experiences, these operators know more than the DA operators do and they are more susceptible to ‘social engineering’”。随后该刊物 1985 年的文章（文献[9]）将社工描述为“One interesting thing to try is to pose as a phone company employee for social engineering purposes”。

可见，此时期的 Social Engineering 概念主要为采用假托的方法来说服特定目标（如交换中心的部分操作员，他们更易受社工的影响）提供更多信息的过程[1]。而且，文献[8]对 Social Engineering 一词使用了双引号，说明那一时期的 Social Engineering 有时作为引用名词或专有名词，或有特指含义。

2）“Social Engineering”概念溯源

概念的起源往往早于概念的传播，根据文献调查分析，社工概念的起源时间也早于 1984 年。

早期著名黑客组织 LOD（Legion of Doom）也成立于 1984 年，文献[10]显示 LOD 的 BBS 是最早讨论 Social Engineering 及垃圾搜索（Trashing）的黑客 BBS，而这个 BBS 比其组织创立的时间（1984 年）还要早。文献[11]表明 plover-NET BBS 作为 LOD 原始成员的聚集地，在 1983 年就吸引了 500 名使用者，Lex Luthor 作为 LOD 的创始人也是 plover-NET BBS 的联合系统管理员。自从 1978 年 BBS 被创建就开始有地下 BBS，1980 年创建的 8BBS 就是其中著名的一个[12]。当时著名的社工师 Roscoe 和 Susan Thunder 就活跃在 8BBS 上[11]。可见，社工概念的产生可能早于 BBS 的创立。

作为 Phone Phreaker 大师，John Draper (Captain Crunch)描述社工为“与电话公司的内部工作人员交谈，让他们相信你是电话公司的工作人员”[13]。文献[14]显示根据 John Draper (Captain Crunch)的回忆，Social Engineering 这个术语是他在 19 世纪 70 年代中期引入 Phreaker 社区的，用来描述这种假冒（Impersonation）攻击。

文献[15]显示 Social Engineering 是 19 世纪 80 年代中期在 Phreaker/Hacker 社区开始流行的，根据 Bill Acker 的回忆 Social Engineering 这个术语最早是在 1974 年前后开始使用，此前的术语是假托（Pretexting），即“打电话给某人，用假托的方法获取信息，或者说服他为你做一些事情”，而 Pretexting 这个术语是 FBI 创造的，用于辅助调查工作。

通过对这些文献的分析与比较基本可以确定 Social Engineering 概念产生于 1974 年前后的信息安全领域，此时期的术语 Social Engineering 基本就是 Pretexting 的代名词[1]。

综上所述，社工从概念萌生开始在 1974—1983 年 Phone Phreak 盛行的十年间，可以被描述为一种针对电话公司交换中心操作员，通过电话交谈，采用假托、冒充、说服等方式有效获取信息或帮助的手段[1]。

2. Phrack 时期的社工

自 1984 年社工开始在黑客 BBS、刊物上出现后，一方面，社工作为初始意义上电话飞客(Phreaker)领域的概念内涵逐渐扩大，除冒充、假托、说服外，也体现了欺骗的特性。

文献[16]认为社工是“利用对话在虚假的伪装下交换信息，例如冒充电信员工以获取对不同电话网络系统更多的知识和了解”；文献[17]认为社工是通过冒充电信员工或供应商，对电信行业的服务人员进行欺骗性的利用。也有文献简单地认为社工就是胡说(bullshitting)[18]、欺骗和谎言[19]，以获取信息。

另一方面，作为 Phrack 社区获取计算机相关信息、绕过安全障碍的方法，社工的优点逐渐被更多地认识。正如文献[16,20]所言，初始意义上的黑客行为被认为是日夜持续的密码暴力破解，但社工作为另辟蹊径的方法让刚开始了解它的人们感到震惊。对于黑客来说，相比于攻击计算机系统，攻击人和规程更容易，风险更少[21]。文献[22]认为社工是企图对与计算机系统相关的帮助台及其他支持服务人员的利用。文献[20]认为社工是与系统用户交谈，假装为系统的合法用户，并在交谈过程中操纵讨论以便用户能够透露密码或出现有助于突破安全障碍或其他有用信息的行为。文献[23]显示社工作为黑客社区的术语，用以描述通过社交的方式获取关于受害者计算机系统信息的过程。

该时期社工攻击的目标群体范围有所扩大，不仅限于电话公司交换中心操作员。社工概念也开始体现欺骗、操纵对话的特性。对于社工的实现方式，文献[7,24]都体现了垃圾搜索(Dumpster Diving)可以发现有价值的信息，文献[21]指出公司对垃圾的处理是对社工的第一道防护线。文献[22]对逆向社工(Reverse Social Engineering)进行了描述。逆向社工是一种通过制造网络故障等方法，让目标主动与攻击者交互，进而泄露信息的社工方式[25]。

可见，1984—1995 年期间社工作为 Phrack 领域的概念，既有“针对电话公司员工实施的假托、冒充、说服、欺骗，获取对电话网络系统更多的知识和了解”，体现 Phreak 的一面，又有“通过直接或间接社交的方式，采用欺骗、操纵谈话、逆向社工、垃圾搜索、应聘保洁员等方法，获取入侵目标计算机系统相关信息”，体现 Hack 的一面。社工攻击针对的目标群体、实现方式、攻击目的等都在概念上都有了扩大[1]。

3. 专业 Hacker 时期的社工

1996—2001 年是信息安全迅速发展的时期，也是社工概念演化的重要阶段，主要体现在三个方面：①社工在物理实现方式上更加多样；②随着技术的演进，网络钓鱼、木马等技术攻击方式开始进入社工的概念；③社工心理学方面的特有属性(如社会影响与说服、对信任的操纵)开始被讨论，人作为计算机安全链最薄弱的环节的重要性逐渐被认识到。

文献[26]认为社工攻击可以发生在两个层面上：物理层面和心理层面(Physical and Psycho-logical Levels)。对于物理层面的攻击，入侵者可以冒充维修工人或顾问等有访问权限的人走进工作场所，搜寻垃圾桶、搜寻办公室内记在显眼处的密码，或者站在附近窥探员工输入的密码。文献[31]认为“(对于攻击者来说)最重要的可能是社工能力，如通过冒充让目标泄露密码、搜索垃圾(Stealing Garbage)、肩窥(Shoulder Surfing)等”。文献[32]认为物理渗透(Physical Penetration)是一种高级的社工，因为通常的社工不是面对面的交互。

文献[33]认为社工最初被用来获取密码或访问长途电话，后来被用来获取信用卡卡号和其他金融数据，不断向金融欺诈方向发展。文献[30]将伪造电子邮件作为一种社工攻击类型。文献[29]将伪装、垃圾搜索(Dumpster Diving)、直接的心理操纵等作为社工及其威胁的一类，并基于一些安全从业人员对"由心理操纵造成的威胁范围扩大"的认识，将垃圾邮件(Spam)、部分病毒的传播、特洛伊木马等也包含在社工的范畴内。

至此，以网络钓鱼、木马等网络技术为代表的攻击方式开始进入社工的概念。文献[30]对早期的社工概念进行了简单的总结，该文献认为社工很难定义和描述，有效的社工是灵活和开放的，也许社工最好的定义是"通过技术或非技术的方式获取信息的行为"。

文献[29]显示此时期社工也经常被描述为通过心理利用(Psychological Subversion)来窃取密码。文献[33]将社工定义为一个黑客欺骗他人泄露在某种程度上使黑客受益的、有价值的数据的过程，该文献认为社工的成功源于心理技巧的应用，应加强对社会心理学的研究，并讨论了社会心理学内容(说服路径、一致性错觉、说服与影响技巧等)在社工网络欺诈中的应用场景。文献[26]认为，社工的本质是对人类信任这种自然倾向的操纵。

文献[28]从心理学的角度，认为社工是使人遵从攻击者期望的艺术和技术，它不是通过思想控制让人完成超出自身正常行为的任务，也不是极其简单的技术，社工关注的是计算机安全链中最薄弱的环节。

4. 社工的多向演化

2002 年前后，*The Art of Deception*[36,37]和 *Social Engineering Fundamentals*, *Part I & II*[26,38]等社工研究相继发表，详细的社工举例及对早期社工的论述，让人们对所谓"世界头号黑客"的"核心技术"——社工——开始有了直观而具体的了解，社工概念的传播与社工威胁的增大逐渐引起人们对社工的关注。

相较于之前的阶段，这一时期对社工的研究与讨论显著增多。从此，社工概念进入多方向演化阶段[1]，各种各样的社工概念描述大量涌现，其中一部分被沿用至今。各学科知识在社工领域的应用、网络信息技术的发展和社工攻击方法的演进，使得许多新的社工攻击形式被创造，社工概念的外延不断扩大。这些不同类别的社工概念各自体现了不同的概念演化方向，在多向演化的局面下众多的社工概念不完全相容，一些概念甚至是对立的[1]。例如，文献[39]则认为"在社工的性质上，它总是心理上的，有时是技术性的"；社工的技术性与非技术性相对立的观点也非常多；肩窥、垃圾搜索等在大量文献中都作为一种社工攻击方法出现，但文献[40]明确将其排除在社工概念在外。文献[24]认为"任何社工都涉及利用某人的信任"，而文献[62]认为社工攻击"并不总是需要与目标建立信任关系"。

这产生了两个问题：①这些演化特性催生了社工内涵与外延的不对等，导致社工概念边界模糊、术语使用泛化；②不同方向的概念演化趋势产生的结构张力，逐渐导致社工概念的分化和消解[1]。

1) 社工是对人的欺骗与操纵

Kevin David Mitnick[43]将社工定义为"社工是使用操纵、影响和欺骗等手段来让一个人(一个组织内可信的人)，顺从一个请求，从而披露信息或者执行一些对攻击者有利的行动。这可以是一件简单的事情，如通过电话交谈，也可以是一件复杂的事情，如让一个目标访问一个网站，利用网站的一个技术缺陷让黑客接管计算机"，并在 *The Art of Deception*[37]将社工描述为"Social Engineering uses influence and persuasion to deceive people by convincing them that the social engineer is someone he is not, or by manipulation. As a result, the social engineer is able to take advantage of people to obtain in-formation with or without the use of technology”。文献[39]将信息技术社工(Information Technology Social Engineering)定义为“一种利用欺骗和操纵等社交手段来获取对信息技术访问的攻击”。维基百科和牛津词典对社工的定义也属此类:在信息安全的语境中,“社工指的是为了让他人执行行为或泄露机密信息的心理操纵[44]”“社工是使用欺骗手段来操纵他人泄露机密或私人信息,这些信息可能被用于欺诈[45]”。后续的研究文献[46-48]等都继承了这类定义。

一些研究强调社工对人的欺骗,如文献[49]认为“社工是通过欺骗的手段,让人们提供(机密的、私人的或有特权的)信息或访问给黑客的过程”。社工是攻击者欺骗人们,以获取人们的帮助,从而达到他们的目的[50-51],用于社工的技术和用于实施传统欺诈的技术之间并没有太大的区别[33],社工师之前被称作骗子,现在被称为 Social Engineer[52]。文献[53]认为“社工是一个欺骗人们放弃访问控制或机密信息的过程,是网络安全的一个巨大威胁”。

一些文献强调社工是对人的操纵,如文献[34]认为社工是操纵目标人采取不一定符合他自身最佳利益的行为。文献[54]认为社工是一名社工师试图利用影响和说服,来操纵受害者泄露机密信息或按照社工师的恶意目的执行相关行动。文献[55-56]认为社工是一种攻击者诱导受害者泄露信息或执行一项使攻击者能够破坏受害者系统的行动的攻击方法。同类的观点还有:社工是利用人类行为来破坏安全的“艺术”,而不让参与者(或受害者)意识到自己被操纵了[57];社工是对单个人或一群人,进行技巧或非技巧性的心理操纵,来产生一个需要的目标行为[29]。后续研究(文献[58-59])也持此类观点,文献[60-61]认为“在本质上,社工是指欺骗技术的设计和应用”。

一些文献认为社工是对人类信任的欺骗与操纵,如文献[26,38,61]认为社工是“对人类信任这种自然倾向的操纵和利用”,文献[41]认为“任何社工都涉及利用某人的信任”。

2) 社工是对人心理的利用

文献[62]认为“社工攻击通常使用各种各样的心理技巧来让计算机用户给他们提供访问计算机或网络所需的信息”。文献[39]认为“在社工的性质方面,我认为它总是心理上的,有时是技术性的。例如:冒充帮助台打电话给他人的假托通常被认为是非技术的、心理的;通过电子邮件的假托是技术的、心理的,社工的心理方面而非技术方面促成了攻击”。文献[63-64]认为社工是攻击者利用受害者的本能反应、好奇心、信任、贪婪等心理弱点实施欺骗、伤害,以期取得自身利益的手段。

此外,一些文献关注社工对社会心理学中说服、影响的利用。例如,社工是让目标顺从攻击者期望的技术[28],是一种说服的艺术[53]。文献[42]从“请求-说服-顺从”的角度将社工定义为“利用社交互动(Social Interaction)手段来说服个人或组织遵从来自攻击者的特定请求的科学,其中社交互动、说服或请求涉及一个与计算机相关的实体”。文献[65]认为社工是“试图影响一个或多个人泄露信息或执行一个行为,这些信息或行为可能导致一个信息系统的非授权的访问、网络非授权使用或数据的非授权泄露”。文献[66-67]认为“欺骗、说服或影响人们提供信息或执行有利于攻击者的行动被称为社工”。

3) 社工是非技术性攻击

文献[68-70]认为“社工仍然是绕过安全性的流行方法,因为攻击关注的是安全架构中最薄弱的环节，即组织内的工作人员，而不是直接针对技术控制，如防火墙或认证系统”。文献[71-72]认为“社工作为一种策略，被用来绕过计算机安全解决方案，避免用暴力工具攻击系统的风险”。文献[73]认为“社工是主要通过非技术手段非法获取计算机系统信息”。文献[74-75]直接描述“社工是一种非技术类型的攻击”。

与此类概念相对立的观点认为社工可以是技术的，甚至社工师需要掌握许多专业技术知识。例如，文献[40,76]显示越来越多的攻击者将新出现的技术与传统的社工方法融合在一起，网络钓鱼、跨站请求伪造(Cross Site Request Forgery)都是社工的一种形式。文献[2]认为“社工成功通常很大程度上也需要很多计算机系统和电话系统的知识和技术”。

4) 社工的社交特性

文献[23,77]认为，社工是通过社交手段获取关于目标人网络和系统信息的过程。文献[40]认为，“尽管肩窥(Shoulder Surfing)、垃圾搜索(Dumpster Diving)帮助攻击者在准备阶段收集情报，但它们不涉及与受害者任何形式的社会交互，因此我们不把它们归类为社工攻击方法，作为我们分类法的一部分”。文献[78]认为，社工是通过使用社交方法来渗透信息系统。文献[16]认为社工可以被定义为通过与人的互动来欺骗他们破坏正常的安全规程。文献[79]认为在社工攻击中攻击者使用人类交互(即社交技能)来获取关于组织或其计算机系统的信息。文献[74]认为社工用来描述“强烈依赖人类交互的非技术类型入侵”。

5) 社工是一个集合概念

与上述社工概念类型不同，一些文献认为社工是一个集合概念，即认为社工作为一个涵盖性的术语，用来指代一系列对他人欺骗、操纵以获取信息或实施入侵的方法。文献[80]认为，社工是一组被攻击者用来操纵受害者做一些他们原本不会做的事情的伎俩。文献[81]认为，社工是用来操纵人们执行行为或者泄露机密信息的一个技术集合。文献[82]显示，“在信息安全领域，这一术语被广泛用于描述犯罪分子使用的一系列技术……”文献[72,83]认为，社工是一个涵盖了诸如网络钓鱼、假托、钓鱼(Baiting)、尾随(Tailgating)等许多恶意行为的术语。文献[84]认为，“社工被用作涵盖性术语，用于描述使用各种各样的攻击向量和策略来对用户进行心理操纵的广泛的计算机攻击”。

社工集合概念一方面体现了社工攻击方法的多样性，“有许多类型的社工的攻击，社工攻击的种类和范围仅受想象力的限制”[30,85]；另一方面，“最令人困惑的是，社工吸引了如此多的定义，涵盖了诸如密码窃取、从垃圾中搜寻有用信息、恶意误导等一系列行为”[29]。

此类定义并不是从社工概念的内涵属性角度出发，而是从社工攻击方法这个外延视角出发来定义社工。这虽然避免了概念界定的麻烦，但不少非常明显的非社工攻击方法被涵盖，如信号劫持、网络监控、扫描、拒绝服务[85-86]、移动设备偷窃[86]、网页搜索[65]、网络嗅探[41]、搜索引擎毒化[40]、广告软件、流氓软件[84]等。此类定义是在概念的模糊性中寻求语义的庇护[14]。随着社工概念的不断演化，概念的边界会更加模糊，最终导致术语多意、使用泛化、概念被侵蚀分解。

6) 社工“目的”属性分析

多数社工概念强调社工的目的是信息收集，如文献[30,52,63,87-89]等认为社工是“通过技术或非技术的方式获取信息的行为”，这些信息通常是计算机网络或系统相关的信息，甚至“即使不是十分有用的信息，这些信息也可以用来了解目标环境，指导社工的实施方法”[88]。

一些社工概念强调受害人对社工师的帮助行为，如文献[90]认为“社工的目的是说服受害者提供帮助”，文献[2]认为“社工师依靠的是他操纵人们提供帮助以达到目的的能力”。文献[50,51,58]等也认为社工是“使目标帮助攻击者实施攻击”。

此外，有文献认为获取物理访问也是社工的目的。文献[80,89]认为社工的目的“通常是让受害者泄露敏感信息(如密码)，让攻击者非法访问建筑物或者进入受限制区域”“有时，社工指的是进入办公室，四处寻找有关计算机系统的信息，比如在显示器上贴着的密码”[92]。

另有一些文献则将社工的目的范围定义得非常宽泛，文献[26,41,79]认为“社工的基本目标与一般的黑客行为是一样的：为了进行欺诈、网络入侵、工业间谍活动、身份盗窃，或者仅仅是破坏系统或网络，获得对系统或信息的未经授权的访问”。

然而，如果社工概念的目的被规定得不恰当，将直接导致概念的缺陷，如概念泛化。正如文献[39]所言，“对于‘社工的唯一目的是说服’这个定义，一个人对他自己所做的入室盗窃进行撒谎，来说服他的邻居建立一个安全围栏，这将被归类为社工”“在解释目的时考虑得非常广泛，在这个定义下，骗子借用他人的手表永远不归还，构成了社工(攻击)”。从说服和操纵等角度出发，且对社工目的范围规定过窄或过宽的定义均存在此类问题。

5. 新环境、新技术特性下的社工

2012年后，新环境、新威胁、新技术等促进了社工的进一步演进。社交网络服务(SNSs)、物联网、工业互联网、可穿戴设备、移动设备的广泛应用和安全区域隔离的弱化，在增加数据可访问性、提高服务质量和生产效率的同时，形成了更大的社工攻击面和攻击机会，也让攻击者可以更容易地同时接触和影响庞大的受害者群体。共享、开放的大数据环境为构建更可信的社工攻击提供了条件。社工工具的传播与开源让大规模社工攻击更简易。社工攻击对高级威胁形式(TA、APT)的吸收，对新技术(OSINT处理、机器学习、人工智能)的利用，让高效率、针对性、智能化的高级社工攻击成为可能，构成了人、机、物多层次的全方位的严重的安全威胁[1]。

文献[93]展示了如何使用开源情报对组织员工构造一次鱼叉式钓鱼攻击。软件工具Maltego被用来从目标公司网站、社交网站收集开源情报，简单的网络钓鱼工具被用来根据员工兴趣创建钓鱼邮件。文献[94]显示聚合多个社交媒体网络(LinkedIn和Facebook)上发现的信息，会导致社工攻击更加成功。文献[95]展示了利用Google+、LinkedIn、Twitter、Facebook四个社交网站上公开信息自动识别组织员工的身份的可能性。文献[50]的研究发现，SNSs中的上下文元素(Contextual Elements)为攻击者提供了心理利用条件，员工很容易在SNSs中被欺骗。自动聊天机器人也可能被用来说服聊天对象分享自己的身份或访问带有恶意内容的网站。在人工智能(Artificial Intelligence，AI)技术应用方面，文献[96]显示了利用AI技术创建有针对性的鱼叉式网络钓鱼攻击的可能性。文献[97]利用生成对抗网络构建一个基于深度学习的域名生成算法，旨在绕过基于深度学习的检测器。

这种多向演化背景下社工攻击呈现的新特性，放大了社工概念多向演化的结构张力，加速了社工概念多向演化和消解的趋势。虽然有研究根据这些社工体现的部分新特性，在不同的演化阶段[98-99]冠以“社工2.0”的名义，但却没有给出新特性下社工的概念定义，这继续增加了对社工概念重定义的需求。

1.1.2 定义网络空间安全领域的社工

从社工演化和发展的历程可知，社工概念定义存在以下几个问题：①社工概念边界模糊；②社工外延混淆；③社工术语使用泛化；④社工概念内涵不一致；⑤社工多向演化导致的概念分化和消解的趋势。这些现状对社工现象的理解、社工攻击事件的分析、社工安全研究与交流、社工防护工作的开展产生了严重的影响[1]。在此背景下，如何深刻认识社工的特性、本质属性，如何清晰恰当地确定社工概念的内涵，成为社工研究领域应对社工威胁最急需最重要的问题[1]。

文献[1,3]基于对社工演化的分析和讨论，通过对范畴化理论（经典范畴化理论、原型理论、家族相似性理论）的辩证分析，综合利用经典范畴化理论、原型理论、形式逻辑定义方法，针对社工概念定义存在的问题，提出一个新的社工定义：

"In the context of cybersecurity, social engineering is a type of attack wherein the attacker(s) exploit human vulnerabilities by means of social interaction to breach cyber security, with or without the use of technical means and technical vulnerabilities."

更简洁的定义如下："Social engineering in cybersecurity (SEiCS) is a type of attack wherein the attacker(s) exploit human vulnerabilities by means of social interaction to breach cyber security." 即：在网络空间安全领域，社工是攻击者通过社交方式利用人的脆弱性危害网络空间安全的一种攻击。

其中，①人的脆弱性（Human Vulnerabilities）是被社工攻击利用的人为因素（Human Factors）；人的脆弱性可能来自心理、认知、思维、行为习惯等方面。②社交互动（Social Interaction）是两个或更多社交角色之间的通信或涉及两个或更多社会角色的联合行为；这种社交互动可以是现实人际间的（Personal Interaction in the Real World），也可以是网络空间用户之间的（User Interaction in Cyber Space），可以是直接的，也可以是间接的。③危害网络空间安全（to Breach Cyber Security）是指危害网络空间的四个基本要素（基础设施/载体、资源/对象/数据、主体/用户/组织/软件、操作[100-101]）的机密性、完整性、可用性、可控性、可审计性等安全目标。(In the definition, human vulnerabilities are the human factors that are exploited by attackers to conduct a social engineering attack. The social interaction in social engineering is the communication between or joint activity involving two or more human roles. To breach cyber security, in general, is to breach the security goals (confidentiality, integrity, availability, controllability, auditability, etc.) of the four basic elements of cyberspace.[3])

该定义将社工攻击的目的限定为"危害网络空间安全"，这考虑了社工概念演化的历史性与演进性：①网络空间安全领的社工（SEiCS）概念始终在网络空间安全领域内演化，主体意涵与社会科学领域中的社会工程（Social Engineering）、社工（Social Work）存在明显区别。这种限定可以明确将网络空间安全领域的社工与社会科学领域的"社工"区分开。②这种限定既可以将概念演化过程中信息收集、网络入侵等常见目的涵盖，同时又赋予了社工概念目的属性更大的演化空间。这样就避免了不同学科领域社工概念和术语的歧义与混淆，也缓解了网络空间领域社工概念的泛化[3]。

“对人脆弱性(Human Vulnerability)的利用”从另一个视角涵盖了社工演化中对不同类型社工攻击方法/特性(影响、说服、欺骗、操纵、心理利用等)的描述,避免了攻击方法定义视角存在的固有问题,即社工攻击方是随时间演进、环境更改和技术发展而多变的,甚至是无穷无尽的。社工在实现形式角度体现为直接或间接、单向或双向、主动或被动的社交形式,这既是对社工演化中主流概念属性的明确,也是对社工术语的名词意涵的体现。在技术属性方面,本节对社工攻击中技术手段、技术脆弱性的利用不做规定,技术的发展会重构社工的实现方法及形式,社工完全是非技术型攻击的观点没有从概念的本质出发,是阶段性的认识[3]。

表 1-1 展示了新定义与社工在不同演化发展阶段中体现的主流内涵对比分析。其中,每一个用灰色覆盖的单元格表示新定义的概念内涵(属性界定)包括了社工在不同演化阶段所体现的主流概念内涵(属性界定)。对于存在概念缺陷或问题的演化阶段(多向演化阶段、新环境与新特性社工阶段)以及社工“目的属性”界定泛化的定义,新定义对其进行了重新界定。从表格的整体视图可以看出,新定义涵盖了社工概念演化过程中的主流概念内涵,反映了社工领域对社工概念、定义、社工特性等的主流认知。

表 1-1 新定义涵盖了社工概念演化中的主流概念内涵[3]

演化阶段	与脆弱性利用相关的属性	与社交互动相关的属性	技术属性	概念“属”和共有属性
起源	假托(Pretexting)	电话		获取信息
Phreak	伪装为通信公司的员工说服、利用通信公司内部人的友好	电话		获取关于电话网络系统的信息
Phrack	通过假托、冒充、说服、欺骗等手段利用帮助台、服务人员、电话公司员工	电话、对话、社交互动		获取关于电话网络系统、目标计算机系统的信息、入侵计算机系统
Hack	通过操纵、欺骗、说服、冒充、伪装等手段实现心理颠覆,使人顺从;物理渗透	电话、现实交互、在线	技术性,如 Email Phishing	黑客目的
多向演化	多种利用人心理和行为的实现方法	人际交互,社交互动(Personal, Social, Human Interaction)	非技术性;技术性	多种类型的目的界定
关于外延定义的分析见第 1.1.1-4-5) 小节,案例分析见表 1-3				
高级阶段	继承之前阶段的属性和趋势	继承之前阶段的属性和趋势	非技术性;越来越多的技术性因素	继承之前阶段的属性和趋势
新提出的定义(SEiCS)	1.(通过影响、欺骗、说服、操纵、诱导等)利用人的脆弱性	2. 通过社交(Social Interaction)方式		社工是一种意图危害网络空间安全(完整性、机密性、可用性、可控性、可审计性等)的攻击

表1-2对新定义与文献中代表性的定义进行了对比分析。其中,为了将每一个可比较的语义信息对比分析,文献中的定义句子按照表头中的不同属性进行了拆分,然后将拆分的片段放入对应可比较表格列中。灰色的单元格表示新定义涵盖了对应的定义属性/内涵;灰色+☆的单元格表示文献中的某个定义对于该列属性界定得宽泛,新定义对其进行了限制;灰色+○的单元格表示文献中某个定义列举了许多该属性的实例,但并没有明确指定该属性。从表格的整体视图可知,新定义与文献中较多使用的定义均有不一致的地方,但在对文献中定义不用属性进行限制、涵盖、明确之后,新定义更能代表研究领域对社工概念定义的典型的、主体的认知。

表1-2 新定义与文献中代表性的定义对比分析[3]

定义	概念"属"与共有属性	脆弱性利用属性	社交互动属性
SEiCS	1. In the context of cybersecurity, social engineering is a type of attack wherein 4. in order to breach cyber security (such as confidentiality, integrity, availability controllability and auditability) ☆	2. the attacker exploit human vulnerability (through any method such as influence, deception, manipulation, persuasion, induction)	3. by means of social interaction
Kevin Mitnick[43]	1. Social engineering is 3. and the request is usually to release information or to perform some sort of action item that benefits that attacker	2. using manipulation, influence and deception to get a person, a trusted insider within an organization, to comply with a request	(unspecified, but many social skills) ○
Mitnick and Simon[2]	1. Social engineering uses 3. As a result, the social engineer is able to 5. to obtain information with or without the use of technology ☆	2. influence and persuasion to deceive people by convincing them that the social engineer is someone he is not, or by manipulation. 4. take advantage of people	(unspecified, but many social skills) ○
Wikipedia[44]	1. Social engineering, in the context of information security, 3. into performing actions or divulging confidential information ☆	2. refers to psychological manipulation of people	☆
Oxford dictionary[45]	1. In the context of information security, 3. into divulging confidential or personal information that may be used for fraudulent purposes ☆	2. social engineering is the use of deception to manipulate individuals	☆
Mouton 等[42]	1. The science of using 4. from an attacker where either the social interaction, the persuasion or the request involves a computer-related entity ☆	3. as a means to persuade an individual or an organization to comply with a specific request	2. social interaction

续 表

定义	概念“属”与共有属性	脆弱性利用属性	社交互动属性
Hadnagy[34]	2. to take an action that may or may not be in the “target's” best interest ☆	1. Social engineering is the act of manipulating a person	☆
Harley[29]	2. to produce a desired effect on their behaviour ☆	1. Psychological manipulation, skilled or otherwise, of an individual or set of individuals	☆
Manske[30]	Social engineering is the practice of acquiring information through technical and nontechnical means	☆	☆
Fiery[20]	3. of the system into revealing all that is necessary to break through the security barriers	1. Social engineering is the attempt to ☆	2. talk a lawful user
Cruz[161]	1. In the information security field, social engineering is defined as an attack in which an attacker uses 3. to obtain or compromise information about an organization or its computer system	☆	2. human interaction
Nohlberg[55]	1. Social engineering denotes, within the realm of security, a type of attack 3. to release information or perform actions they should not ☆	2. against the human element during which the assailant induces the victim	☆
Winkler and Dealy[23]	1. Social engineering is the term the hacker community associates with the process of using 3. to obtain information about a “victim's” computer system	☆	2. social interactions
Thornburgh[52]	2. an individual can gain information from an individual about a targeted organization ☆	1. Social engineering is a social / psychological process by which	☆
David Gragg[49]	2. into giving confidential, private or privileged information or access to a hacker	1. In general, social engineering is the process of deceiving people	☆
Rapid7[56]	1. Social engineering is an attack method that 3. to release information or perform an action that enables social engineer to compromise the victims' system	2. induces victims	☆

续 表

定义	概念“属”与共有属性	脆弱性利用属性	社交互动属性
Gulati[57]	2. to breach security without the participant (or victim) even realizing that they have been manipulated	1. Social engineering is the “art” of utilizing human behaviour	☆
Mills[77]	1. Social engineering is an attack on information security that is centered on some type or form of	☆	2. personal interaction
Ghafir 等[162]	2. a breach of organizational security via 5. into breaking normal security procedures ☆	1. Social engineering can be defined as 4. to trick them	3. interaction with people
Oosterloo[65]	2. revealing information or acting in a manner that would result in unauthorized access to, unauthorized use of, or unauthorized disclosure of an information system, a network or data	1. Social engineering consists of the successful or unsuccessful attempts to influence a person (s) into either	☆

每行表格中的数字(1.2.3.4.5...)表示定义组成部分的顺序。为准确保留各定义的原意,此处保留原文献的英文定义表述。

☆所提定义限定了这个属性。 所提定义涵盖了这个属性。 ○所提定义明确了这个属性。

表 1-3 对文献中存在的易混淆社工实例(一些文献认为这些实例属于社工,但根据新定义和社工演化中的主体定义和内涵,这些实例不属于社工)进行了属性匹配分析。在表 1-3 中,一些是熟知的传统网络攻击,可能被个别文献误用而归属为社工范畴,如拒绝服务攻击;一些是信息搜集的技巧且经常出现在社工文献,但本身不构成社工的例子,如 Trashing;还有一些是随着技术发展,体现一些与社工类似特性的攻击,如跨站脚本攻击,因其常与社工攻击结合但其本身不构成社工攻击而容易发生范畴归属混淆。

表 1-3 非社工实例的属性分析[3]

文献中的例子	描述	A1	A2	A3
符合某些文献中的定义,见第 1.1.1-4-5)小节及表 1-2,但不是网络空间安全领域中的社工攻击	做一些入室盗窃,然后(利用轻信、紧张等)说服邻居安装安全栅栏。	×	√	√
	骗子“借(骗)”他人的手表,不归还(如利用轻信、助人)。	×	√	√
	小孩使他们的父母满足他们的需要。医生从病人那里获取信息。骗子哄骗他人做出导致损失的事情[42]。	×	—	√
	1 美分手机骗局:在市场营销活动中,伪装为一个连锁店的售货员,欺骗其他分店的售货员,让其帮忙将手机先按 1 美分提供给某个顾客(骗子)[2]。	×	√	√
	小孩通过计算机与其父母通信,利用他们的信任、大意等,用吃午饭的理由说服他们提供 5 美元(满足文献[42]中社工定义的一个例子)。	×	√	√
	通过溜门撬锁、欺骗保安的方式,盗窃财产。	×	—	√
	在金融生活中,利用受害者贪婪的弱点,实施金融诈骗。	×	√	√
	利用贪婪、对稀缺的担心等,说服、影响一个人购买一些不必要的东西。	×	√	√

续 表

文献中的例子	描述	A1	A2	A3
信号劫持[85-86]	劫持两个或多个计算机或电子设备之间的信号，用来重放认证信息。	√	×	×
网络监控[85-86]	监控有线网络、无线网络的连接。	√	×	×
拒绝服务[85-86]	通过大量的请求湮没目标机器或目标服务资源，从而使系统过载，导致服务中断。	√	×	×
网页搜搜[65]	在网络中搜索组织或个人的信息。	—	—	×
垃圾搜索(Trashing)[29]	Dumpster Diving：搜索目标组织或个体的垃圾以发现有用信息[55]。	—	—	×
网络嗅探[41]	通过网络流量发现密码。	√	×	—
搜索引擎毒化[40]	使用搜索引擎优化方法，使某些网页排名靠前。	√	×	×
广告软件[84]	为其开发人员产生收入以生成在线广告的软件。	×	—	—
XSS[66]	利用网络应用允许插入(注入)客户端脚本到网页的漏洞，以绕过同源策略等访问控制。	√	×	—
CSRF[40]	伪造受特定站点信任的用户(浏览器)的请求向该站点发送。通过受(特定站点)信任的用户向特定站点发送非授权的请求命令。	√	×	—
过路式下载(Drive-by download)[84]	利用浏览器或浏览器插件的漏洞，在用户不知情的情况下执行恶意代码或下载软件。	√	×	—
Pharming[163]	利用 DNS 服务器软件的漏洞，重定向一个网站的流量到另一个伪造的网站。	√	×	×

A1：概念"属"和共有属性，即危害网络空间安全的一种攻击。A2：利用人的脆弱性。A3：通过社交的方式。"√""×""—"分别表示"匹配""不匹配""根据攻击细节判定是否匹配"。

基于系统的社工演化分析，新定义的提出澄清了社工概念的边界，消除了概念内涵的不一致，涵盖了社工概念的主流内涵，同时赋予社工概念更大的演化空间，避免了社工概念和社工术语的误用、泛化和消解。

1.2 社会工程学框架

1.2.1 社会工程学框架与模型

1. 社会工程学攻击框架

社会工程学攻击框架抽象地描述了社会工程学攻击发生的流程，它既是一个时序模型的简单描述，也是对社会工程学攻击发生阶段的简单划分。如图 1-1 所示，社会工程学攻击可以描述为信息收集、脆弱性分析、攻击/渗透利用、后渗透 4 个阶段。

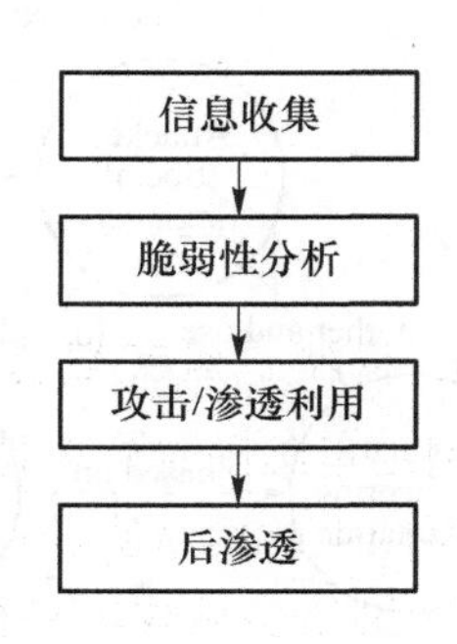

图 1-1 社会工程学攻击框架

1）社会工程学信息收集

信息收集是社会工程的一个重要环节，攻击者在这个环节要尽可能多地了解攻击目标，采用多种手段、通过多种途径获取目标信息。在典型社会工程学攻击场景下，通常需要获取设备信息、人物信息、社交信息等多维信息。

2）社会工程学脆弱性分析

采用多维脆弱性关联分析的方法对社会工程学目标攻击面评估，对社会工程学目标进行全面的漏洞分析，提出基于社会工程学目标攻击面评估的目标决策方法，为社会工程学渗透利用提供策略指导；首先，将社会工程学渗透攻击过程中的目标划分成总目标、中间目标与子目标，并分析目标实现之间的依赖关系，构建目标决策模型；其次，收集并整理特定节点目标的社工脆弱性信息，并将这些信息划分为本体脆弱性、社会脆弱性、环境脆弱性三大类，供社会工程学渗透攻击全周期迭代使用。

3）社会工程学攻击/渗透利用

针对特定的节点目标，提取其不同维度的脆弱性，建立基于多维脆弱性关联分析的攻击面量化分析模型，先计算节点攻击面度量值，其大小代表了对该节点进行渗透攻击的努力-收益比率，再计算节点在整个攻击链中的关联价值量，即联合攻击效益值。

4）社会工程学后渗透

根据特定场景下可选目标的攻击效益值，确定特定攻击环节的最优目标，形成战略目标攻击树，并给出该目标的利用点信息及渗透后的渗透指导方案。

2. 社工模型/领域本体

社工的概念定义[3]界定了社工的内涵，而社工领域本体[102]则进一步为社工领域提供了一个明确的、形式化的、可共享的知识图式。社工领域本体更清晰地描述了哪些关键实体显著影响了社工领域，组成了社工领域，以及这些实体之间的相互关系是怎样的。它既是对社工领域的另一种定义形式，也是对社工领域不同应用的一种模型化描述，对促进社工领域理解、进行社工攻击事件/场景/威胁分析、开展社工防护工作等有重要的意义。

社工应用模型/领域本体如图 1-2 所示。

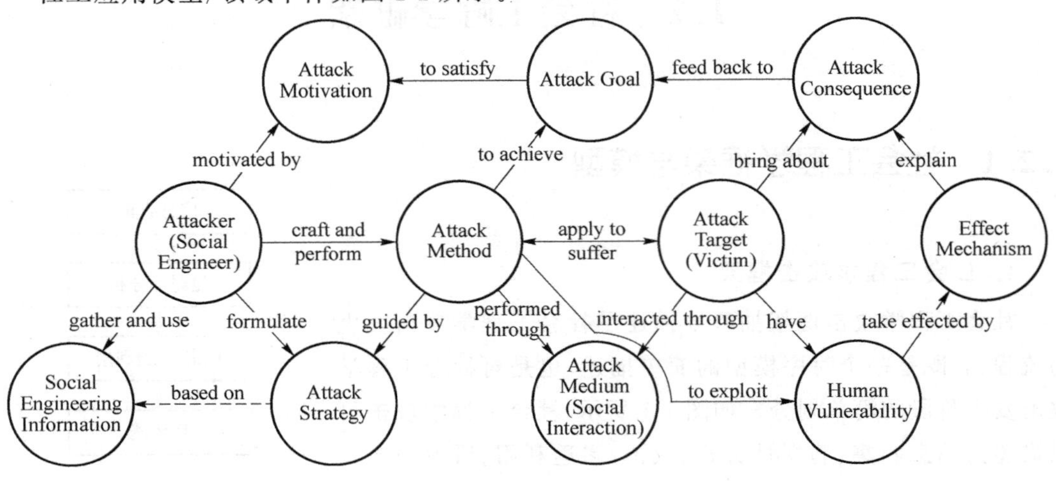

图 1-2　社工应用模型/领域本体[102]

如图 1-2 所示，该社工应用模型/领域本体由 11 个社工领域的核心实体组成，分别是：攻击者（Attacker）、攻击动机（Attack Motivation）、攻击目的和对象（Attack Goal and Object）、社工信息（Social Engineering Information）、攻击策略（Attack Strategy）、攻击方法（Attack Method）、攻击目标/受害者（Attack Target/Victim）、攻击媒介（Attack Medium）、人的脆弱性（Human Vulnerability）、致效机理（Effect Mechanism）、攻击后果（Attack Consequence）[102]。

1）攻击者

对于社工而言，攻击者（也称为社会工程师）是进行社工攻击的一方。正如图 1-2 中所展现的关系，攻击者通常由某些攻击动机驱动。社工攻击者在现实中以各种形式出现，如黑客、窃贼、网络钓鱼者、心怀不满的员工、身份窃贼、渗透测试人员、脚本小子、恶意用户。

2）攻击动机

攻击动机是指促使攻击者进行社工攻击的因素。攻击动机既可以是内在因素，也可以是外在因素。在现实中社工常见的攻击动机包括但不限于：①经济利益；②竞争优势；③报复；④外部压力；⑤个人利益；⑥智力挑战；⑦在 SNS 中增加粉丝或朋友；⑧破坏形象（诋毁、名誉毁坏、污名化）；⑨恶作剧；⑩娱乐或享乐；⑪政治；⑫战争；⑬宗教信仰；⑭狂热；⑮社会混乱；⑯文化破坏[6]；⑰恐怖主义；⑱间谍活动；⑲安全测试。

3）攻击目的和攻击对象

攻击目的是攻击者想要通过特定的攻击方法获取某种东西或完成某项任务，以满足攻击动机。对于社工而言，攻击目的就是对网络空间安全的某种破坏。一般来说，破坏网络空间安全就是破坏网络空间四大基本要素（即攻击对象）的安全目标（机密性、完整性、可用性、可控性、可审计性等）。

4）社工信息

在许多攻击场景中，社工的成功在很大程度上依赖于收集到的信息，如目标（受害者）的个人信息、组织信息、网络信息、社会关系信息等。从广义上讲，在网络空间或现实中公开发布或泄露的每一点信息都可能为攻击者提供资源，例如了解环境，发现目标，发现易受攻击的人为因素和网络漏洞，制订攻击策略和攻击方法。

5）攻击策略

攻击策略是攻击者为特定攻击目标制订的行动计划、模式或指导。这对于复杂的社工攻击尤其必要。通常，社工攻击者会根据对资源、环境、目标、漏洞、媒介等情况，制订攻击策略。

6）攻击方法

攻击方法一般由攻击策略指导，是进行攻击的方式或手段。攻击者为达到特定的攻击目标而精心设计和执行。攻击向量、攻击技术和攻击方法等同义词用于表达相同的含义。

7）攻击目标/受害者

攻击目标是遭受社工攻击并导致攻击后果的一方。攻击者对目标采取攻击手段，一旦漏洞被利用，目标就成为受害者。

8）攻击媒介

社工是一种涉及社会交互的攻击类型，它被定义为涉及两个或多个人类角色之间的交流或联合活动，涵盖了现实世界中的人际交互和网络空间中的用户交互。攻击媒介不仅是实现社交互动的实体(通过它联系目标)，而且是执行攻击方法的实体或渠道。在一些社工攻击中，可能会使用几种不同的媒介。例如，攻击者通过电话欺骗目标接收重要文件，在邮件中进行钓鱼攻击。

9）人为脆弱性

人为脆弱性是攻击者利用人为因素，通过各种攻击方式进行社工攻击。与经典计算机攻击相比，这是社工的一个独特属性。对于社工而言，其他类型的漏洞(如软件漏洞)可以与人类漏洞一起利用。

10）致效机理

致效机理描述了特定场景下的社工攻击与特定的人为脆弱性存在何种关联，给定攻击场景和人为脆弱性，可以使用致效机理解释或预测攻击效果。社工致效机理涉及社会学、心理学、社会心理学、认知科学、神经科学和心理语言学等多学科的许多原理和理论。

11）攻击后果

攻击后果是社工攻击的结果或效果。攻击者将其反馈给攻击目标以决定是否还需要进一步攻击。

1.2.2 社会工程学中的致效机理

致效机理是攻击效果与人的脆弱性之间一种结构化关系，它揭示了社工攻击是如何、为什么、怎样在特定场景下产生攻击效果的。下面分别从说服，社会影响，认知、态度与行为，信任与欺骗，语言、思维与决策，情绪与表情等方面探索解释社工脆弱性致效的机制，以期构建社工致效机理的底层基础[103]。

1. 说服

1）相似、喜欢、助人与说服

说服目标的最低效的方法可能是在你不同意他们的想法的情况下强行说服，这种观点和态度的相悖不仅会导致不喜欢，而且可能暗示你比对方更聪明，引发目标的不满[103]。文献[127]的研究显示，他人的态度与你的态度越相似，你就越喜欢他。与此相反，不相似导致不喜欢，我们错误的一致性偏好倾向于认为别人与我们拥有同样的态度。当我们发现某人与我们的态度不一致时，我们会倾向于减少对这个人的喜欢。一个更有效的方法可能是，通过诱导、影响等方法，让他们相信某个决策是他们自己的主意，而且他们一直都比你聪明。我们更容易答应自己认识和喜爱的人所提出的要求。外部形象会影响人们的助人意愿，外表有吸引力的人更容易得到帮助[103]。

2）说服的精加工可能性模型

文献[128-130]提出了说服的精加工可能性模型，认为根据信息接收者对信息进行加工的动机和能力的不同，说服起作用的路径主要有中心路径和外周路径两种。当人们在某种动机的引导下，如接收者认为信息有趣、重要或者与个人相关，并且有能力全面系统地对某个问题进行思考时，会对信息进行深入、细致地加工，可能接受中心路径说服，此时，被说服对象处于高卷入状态,更关注说服的论据,如果论据令人信服,就很可能会被说服。如果被说服对象认为信息枯燥、与个人无关,或者存在外界干扰,就不会专注于信息,也不会花太多的时间去仔细推敲信息所包含的内容(对信息做非精细加工),处于低卷入状态。此时,目标对象会接受外周路径说服,即关注那些可以不假思索就获得的信息的线索,而不会考虑论据是否令人信服[103]。

3) 外周说服路径与社工攻击

文献[131-132]显示,精加工可能性模型的外周说服路径通常用在社工攻击中。钓鱼邮件中使用的技巧,如重复的信息、大小字体、加粗字体、不同颜色的文本等,作为特别的视觉提示影响人们的决策,并且非常有效。这实际上也是影响目标对象放弃对邮件内容的深入审查,使其关注这些外周线索,进而采取风险决定的例子。社工的成功与目标的卷入程度有关,那些把计算机作为基本工作工具的人,如系统管理员、计算机安全官、技术人员等对社工攻击是高卷入的。高卷入的人易于被有力的论据说服,对弱的论据容易发起抗辩。对所请求的内容不感兴趣的人可以认为是低卷入的,如保安、保洁、接待人员等。他们不愿深入分析,他们通常根据外周线索的信息进行决策,相比请求的理由或论据,他们更容易被论据或请求的数量说服。由于整个社工攻击都是基于欺骗和掩饰的,中心说服路径通常不是好的选择,权威和同情可以唤起强烈的情感,使目标对象放弃已经建立的流程,进入心理捷径(Mental Shortcut)或外周路径,在目标不深入思考的情况下让他们接受请求。权威、相似性、互惠、稀缺都是利用外周说服路径进行说服的方法。而外周路径依赖权威、稀缺、喜好与相似、互惠、承诺与一致、社会证明等因素(至少 6 个),来说服或影响别人[103]。

4) 分散注意力与说服

文献[133]显示,频繁地打扰我们浏览网页的在线广告,实际上确实有说服的效果,即使我们不主动地参与它们。与此类似,分散目标对象的注意力,会通过抑制争辩的方式增加宣传的效果。这都体现了外周说服路径的有效性。分散注意力是社工攻击使用的重要原理[103]。

5) 认知需求与说服

文献[134]的研究显示:一方面,当人们认为信息来源相对可靠时,个人的态度改变(接受说服)会更少地依赖于信息审查,对认知的需求程度较低;另一方面,个人态度的改变与个人的特质(如认知需求)相关。高认知需求的人倾向于深入思考与问题相关的信息,对态度与行为的一致性体现更强。低认知需求的人倾向于节省脑力,他们通常对外周线索反应较快,易受来源特征的影响。高认知需求的人,喜欢思考并偏好中心说服路径,通常他们会认真审查信息[103]。

6) 稀缺、恐惧与说服

文献[135]显示,当我们试图说服人们减少抽烟、更勤快地刷牙、注射破伤风疫苗、小心驾驶时,能唤起恐惧情绪的信息会变得非常有说服力。对失去某种东西的失落或恐惧会影响我们的行为决策,当特定事物或机会越来越稀少时,我们就会赋予它们比实际更高的价值。如果说服信息能够引发说服对象的消极情绪,那么我们认为其具有说服效果[103]。

7）权威与服从

权威具有让人们服从的强大力量，甚至会影响人们的独立思考，让他们做出丧失理智的行为。文献[136-137]进行的服从实验显示，部分参与者对权威人物命令的服从，甚至胜过自己对所掌握知识的认知（如给病人服用明显过量的药物）。文献进行的受害者对钓鱼邮件的易感性的研究显示，相比于稀缺和社会证明，权威更能让目标相信链接是安全的。

2. 社会影响

1）社会确认与社会证明（规范影响与信息影响）

个体通常屈从于群体可能是因为想获得群体的接纳（或者免遭拒绝），或者想获得重要信息，这两种引发从众的因素被称为规范影响（Normative Influence）和信息影响（Informational Influence）。前者的心理驱动是我们渴望别人接纳和喜欢自己。毕竟，社会拒绝令人痛苦，偏离群体规范常常要付出感情代价。于是，个体要与群体一致，要尽力获得群体的接纳或赞赏。这通常又被称为社会确认（Social Validation）。后者的心理驱动是我们渴望正确行事，在特定情形下，我们会假设别人的行为是正确的，进而采取一致的行为。这又被称为社会证明（Social Proof）。然而，不假思索地接纳群体信息的影响，以保持与他人的行为的一致，就会导致盲从。社工攻击常常通过设计特定的场景与信息，利用这两种影响方法，操纵目标的行为决策[103]。

2）社会交换理论与互惠规范

社会交换理论（Social Exchange Theory）表明，人与人之间不仅交换物质性的商品，而且交换社会性的商品，如爱、服务、信息等，而个人接收一个善意的举动，理应（有义务）回应一个善意的举动。互惠规范（Reciprocity Norm）是指对于那些曾经帮助过我们的人，我们应施以帮助而不是伤害。作为一个普遍的道德准则，这一规范的存在及其在社会化过程中对人的长期影响，使得人们都具备了报答别人善意和帮助的思维定式。在逆向社工中，社工师首先冒充 IT 技术人员，帮助新员工解决计算机小故障，进而套取新员工的计算机密码，就是例证。上面的两个理论也是社会影响中的互惠原则（Reciprocity Principle），是产生影响力的主要底层机理[103]。

3）社会责任规范与道德义务

文献[138]认为，社会中除了互惠规范外，还有另外一个规范——社会责任规范（Social Responsibility Norm）。社会责任规范指人们应当帮助那些需要帮助的人，而不需要考虑以后的交换或索取恩惠。这是社会对人们助人义务的一种期待。崇尚集体主义的国度的人比崇尚个人主义的国度的人更强烈地支持社会责任规范，并提倡一种助人义务，为那些迫切需要帮助的人提供帮助。这也体现了社会规范对人们行为的影响。

4）自我表露与友好关系的建立

文献[139]对自我表露（Self-disclosure）进行了研究，描述了表露互惠（Disclosure Reciprocity）效应，即一个人的自我表露会引发对方的自我表露，我们会对那些向我们敞开心扉的人表露更多。被他人选为自我表露的对象，是很令人高兴的事。我们不仅喜欢那些敞开胸怀的人，而且会向他们中自己喜欢的人敞开我们的胸怀。在自我表露后，我们会更加喜欢这些人。有些人（尤其是女性）很善于“敞开心扉”，她们可以轻易地引发他人亲密的自我表露，即使是那些通常很少表露的人也常常回之以亲密的自我表露。这种“扔掉面具，真实地表现自己”的自我表露是信任的体现，有助于人们之间的交往。

3. 认知、态度与行为

1）印象管理与认知失调理论

印象管理理论[140]认为，在意别人对自己的看法是人之常情，给人一个好印象往往能给自己带来社会和物质上的回报，没有人愿意让自己看起来是自相矛盾的。当两种想法、信念、认知不一致时，我们就会感到紧张或失调，为了减少这种不愉快的体验，我们常常会调整自己的想法。认知失调理论常用来解释行为与态度之间的矛盾关系，为了自我形象的一致或行为与态度的一致，我们坚持履行所承诺的事情，甚至忽略了事情本身的合理性。这两个理论也解释了为什么我们一旦做出了某个选择或采取了某种立场，就会感受到内部（内心）或外部的监督和压力，这些监督和压力驱使我们的言行与承诺一致[103]。

2）登门槛效应：态度依从行为

文献[141]的实验研究表明，如果想要别人帮一个大忙，一个有效策略是先请他们帮一个小忙。研究者假扮志愿者请求一些人在他们的院子前安装一个巨大的印刷粗糙的“安全驾驶”标志，实验统计结果显示只有 17%的人同意。研究者请另一些人先帮一个小忙——在他们的窗口安装一个 3 英寸的“做一个安全驾驶者”的标志，几乎所有人都同意了请求。两周后，76%的人同意在他们的院子前竖立那个巨大而丑陋的宣传标志。这种在接受了一个小的请求后，可能接受一项重大的更不合意的请求的现象被称为登门槛效应。这可能从另一方面体现了个体为保持形象的一致，或缓解态度与行为（内外）差异导致的压力，解决认知失调，形成了态度依从行为的现象[103]。

3）责任分散效应与去个体化

文献[142]描述了一种责任分散效应（或称旁观者效应），责任分散效应是指在其他旁观者在场的情况下，人们对紧急事件中需要帮助的人无动于衷、漠不关心的现象。在更多人在场的情况下，那些需要帮助的人却只得到了更少的帮助，而当只有一位旁观者时，需要帮助的人更可能得到帮助。在大城市中，旁观者往往是陌生人，随着旁观者人数的增加，他们提供的帮助反而会减少。在互联网的沟通中也同样，当人们相信自己是唯一被请求给予帮助的人时，更容易做出帮助行为。文献[143]显示，群体情境（拔河、喊叫等）降低了个体的评价顾忌。如果人们无须单独为某事负责或者不会被单独评价努力程度，所有小组成员的责任感都被分散了。由于有很多人都能做出行动，个人感觉应承担的责任就少了。在群体情境中，人们更可能抛弃道德约束，甚至忘却了个人的身份而顺从群体规范，出现一种去个体化的现象。

4）时间压力与思维过载（Overloading）

时间压力影响着人们的逻辑思考，当目标必须在有限的时间内处理大量的信息时，目标就有可能接受那些本应受到质疑的观点。文献[144]描述了复杂的或不合语法的句子导致的思维过载的例子：“你是否意识到你现在没有在思考我没有说的东西？你是否能意识到不知道我接下来要说什么并不容易，但即使你不知道，我也知道，而你却不知道？”(Do you realize that you're not thinking right now of what I am not saying? And can you realize that it's not that easy to not know what I am going to say next, but even when you're not knowing it I am knowing it and you're not?)。当目标面对此类信息时,大脑就会关闭。这种情况类似于计算机因内存不足而出现的过载(Overloading)——缓冲区溢出。让大脑不堪重负的事情可能会给攻击者带来实施影响的机会[103]。

4. 信任与欺骗

1) 信任与社工的关系

对于全面理解社工攻击,信任是一个重要的主题。社工攻击中的一个关键环节是让目标相信攻击者是一个可信的人,可以把所需信息披露给对方。文献[145]认为,印度人更容易遭受基于社工的攻击,因为在印度进行的调查问卷显示,90%的参与者认为印度人的社会信任程度普遍较高。文献[146]认为,可以在那些信任和隐私保护薄弱的网站上建立关系,因为在建立新的关系时,相比面对面的交流,在线互动中的信任并不是必要的。这也可以解释为什么相比于现实中的欺骗,SNSs 中的欺骗更容易发生。

2) 信任的影响因素与欺骗

文献[147]构建了组织信任综合模型,如图 1-3 所示。该模型将信任者的内在倾向(Trustor's Propensity),被信任者的能力(Ability)、善意(Benevolence)和正直(Integrity)作为影响信任关系建立的 4 个直接因素。在信任产生之后,即使信任者感知到了风险的存在,在这些信任因素的影响下,信任者仍会采取风险下的信任行为。

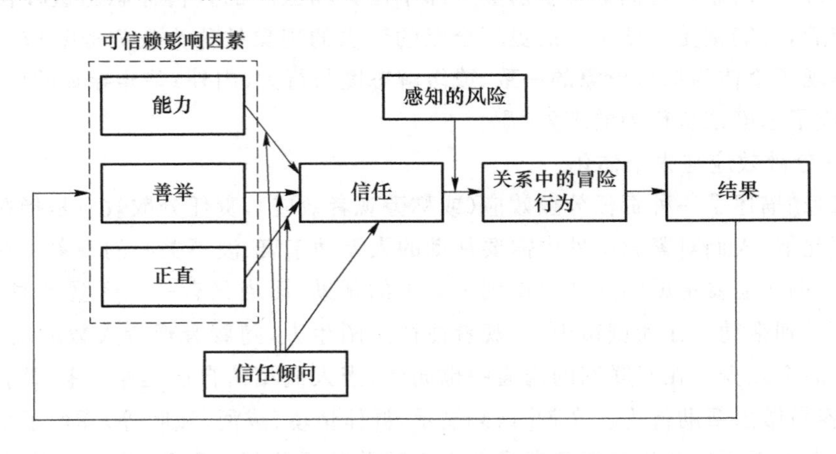

图 1-3 文献[147]中的组织信任综合模型

人际欺骗理论的基本内容是,信息的发送者试图通过精心操控信息、行为和形象,来使信息的接受者接受一个虚假的信息或者结论。该理论提到人际欺骗的三种方法,伪造(说谎),隐瞒(忽略物质事实)或含糊其词(通过改变主题或间接回应来回避问题)。欺骗主要有掩饰真实、展示虚假两种类型。本书针对以获取信息为目的的部分社工攻击场景,参考社会信任方面文献的成果,建立了社工信任模型。模型将信任者倾向、被信任者的善意、被信任者的名誉、被信任者的工作表现(职位、职称等)、被信任者的外表(外貌、言谈举止等)、环境作为模型中影响信任的 6 个因素。攻击者的目的是表现出这些有利于信任的特征的组合,欺骗目标以使其相信自己是可信任的人,进而获取受控信息。

5. 语言、思维与决策

1）语言与思维的关系

语言是大部分社工攻击得以实施的基本工具，思维和语言的关系极为密切，虽然有时离开语言也可以思维，但实际上每个人都力图寻找恰当的词语来表达模糊的表象或感觉[103]。正是由于有了语言，我们才能够对世界上的一切进行符号编码，以便用易于操纵的符号来表达事物和思想。就此而言，思维在很大程度上依赖于语言[103]。文献[144]把语言类比为计算机程序，我们听到的话是语言的输入，而思想的流动是输出，反之亦然。要么人们听他人的语言表达，并试着去想象语言描述的对象；要么人们试着把想象的东西放进语言或文字中表达出来[103]。

2）框架效应

框架效应是一个有趣的例子，它是指人们对同一个问题的描述不同导致判断决策不同的现象。即对于相同的问题，我们的思维会受到不同框架（如表达方式）的影响，从而做出不一样的选择。例如：水池半空着，水池半满着；20％是肥肉的肉，80％是瘦肉的肉。通过这种方法，可以把目标放在提前设计的语境框架下，实施社工说服，成功的机会就会大大增加。

3）语言唤起思维混淆

文献[148]描述了一个利用语言唤起思维混淆，进而操纵目标思维、行为的场景。比如，“that’s touching to hear”，这唤起了一个混淆的状态（Confusion State），具有高度的暗示性，这可能引起目标去触碰自己的耳朵。这迫使一个人对自己刚刚说的内容向内搜索，专注于自己当前所说的内容，而绕过了理性思维的评价体系。

6. 情绪与决策

1）情绪对行为决策的影响

情绪可以影响人的心理状态，攻击者可以利用情绪辅助社工攻击的实施。尽管有最新的技术性安全预防，但人在有情绪的时候会变得非常脆弱，也许只需要通过一个简单的用户就可以绕过安全控制。文献[19]认为，强烈的情感（Strong Affect）会导致受害者做出不准确的判断，因此受害者不太可能去思考他们所采取的行动。愤怒、兴奋、害怕、紧张等强烈的情绪，会削弱人的合理决策、估计环境、争辩、逻辑推理等认知能力。

2）表情与情绪机理

表情是情绪的外在表现，是社工沟通的语言符号，快速变化的微小表情会泄露人们想要隐藏的情感；准确识别目标的微表情，是发现目标情绪及心理状态弱点的一种重要方法，在特定场景下影响着社工攻击的成效[103]。文献[149-150]分析了不同文化中表情的差异，找出了跨越文化差异的共有基本情绪——快乐、悲伤、愤怒、厌恶、惊讶、恐惧，并为表情与面部肌肉运动之间的联系制作了示意图，更新了面部动作编码系统（Facial Action Coding System），形成了微表情训练工具（Micro Expression Training Tool）。该工具将这些连续的肌肉运动组成的表情分解为动作单元（Action Unit），每个肌肉动作都能分解成一个动作单元，通过分解与识别面部肌肉运动单元来分析情绪。在讨论社工安全中的人类元素（Human Element）时，认为了解目标的情绪可以改变安全测试人员的交流方式，进而适应目标对象，并对这些基本情绪及表情进行了介绍。

1.2.3 社工信息收集与目标脆弱性刻画

1. 本体脆弱性

社工信息收集是刻画本体脆弱性的基本手段，也是进行社工攻击的关键环节。社工目标的常见信息包括姓名、年龄、出生日期、电话号码、行为习惯、性格特点、近期活动等[102]，这些信息的来源十分广泛，具体可分为常见的信息收集方式和信息的交叉泄露方式[155]。

1）常见的信息收集方式

常见的信息收集方式包括基于虚拟空间的信息收集方式和基于实体空间的信息收集方式[156]。

基于虚拟空间的信息收集方式常用如下平台：搜索引擎、社交平台、权威网站、数据公司等。社工攻击者常通过搜索引擎的网页缓存中包含的历史记录、搜索时间等信息去获取社工目标的详细信息。此外，在互联网发达的今天，网络社交越来越广泛，各种程度的信息安全隐患层出不穷。社工目标用户会通过微信、QQ、微博、抖音等社交平台进行信息的分享，如果在个性资料里填写了真实的出生日期、邮箱、地址，那么当社工攻击者搜索到相关目标账号时，同样也获取到了目标的信息。

基于实体空间的信息收集方式包括收集垃圾堆里的文件、闲聊套话、潜伏在社工目标的环境中等。例如，企业的垃圾箱里往往包含许多重要资料，如员工的便利贴、活动安排、电话号码、会议记录等，如果将这些碎片拼凑在一起便可获得该员工的最近活动信息。此外，社工攻击者还会伴装成社工目标的同事、朋友，潜伏在社工目标的生活环境当中，观察目标的起居生活和行为习惯，利用这些信息与街坊邻居建立信任，套出社工目标的更多个人信息。

2）信息的交叉泄露方式

信息的交叉泄露指的是数据信息通过不同的方向暴露在社会公众面前，在云计算、大数据分析技术兴起的环境下，一旦发生泄露，将造成其他数据信息暴露在开放的网络中，毫无安全可言。

现如今，每人都有智能手机，手机号与身份证号绑定，出行使用 GPS 定位，系统激活时会让用户去同意其数据使用条款，因此用户的所有出行数据全部被记录在智能手机中。同样，在使用电商平台时，如淘宝、京东、拼多多等，基本都为实名制，这也表示用户的所有信息也被记录在数据库中。在云计算和大数据分析平台上，查询被泄露的手机号就可获得社工目标全部的个人信息。若攻击者通过身份证和手机号相互交叉验证的方式，社工目标的隐私将会被其轻易获取。

在攻击者通过各种方式对社工目标进行信息收集后，便获取了目标的详细信息和资料，通过运用大数据及相关技术对信息内容进行分析，可进一步刻画社工目标的本体特征，获取目标本体的脆弱性。目标本体的脆弱性可概括如下。

（1）认知脆弱性

思维定式可以帮助人们在熟悉的环境中快速解决问题，但情况发生变化时思维定式又会妨碍人们对新事物的正确处理。因此，无知（对信息的价值和安全认识不足）和从众的目标容易受到社工攻击。

(2) 行为和习惯脆弱性

固定行为模式是存在于人类行为中,由一个关键刺激触发的人类本能行为模式。由于这些行为是自愿的、潜意识的,因此很容易受到社工攻击,且社工目标很难意识到他们已经被利用。例如,在水洞攻击中,如果目标有定期访问某些网站的习惯,攻击者可能会感染这些网站,预先使用恶意代码,等待目标访问并触发。

(3) 情绪和情感脆弱性

情绪和情感影响认知、态度和决策。情绪(恐惧、紧张、好奇、兴奋、惊讶、愤怒、冲动等)和情感(快乐、悲伤、厌恶、内疚等)都是人类因素,当这些因素被触发时,个体的认知能力可能会极大地降低,因而可以被社工攻击利用。

(4) 心理脆弱性

心理脆弱性可进一步分为三个层次,即人性、人格特征和个体特征[103]。

① 人性。人类的一些本性是可以被社工攻击利用的安全漏洞。对诱惑的无限制需求等本性,会使意志薄弱的人做出脆弱的决定或冒险的行为。因此,人类自恋、贪婪、贪欲和暴食等天性弱点,可以在特定的社工攻击场景中被利用。

② 人格特征。人格五因素模型是根据外向性、责任性、随和性、开放性、神经质性和情绪稳定性五个基本维度对人格特征进行的分层组织。

a. 外向性维度的人格特征主要表现为活动性、热情性、积极情绪、果敢性、寻求兴奋性和合群性。因此,具有该类人格特征的人为了信任和遵从承诺等而愿意承担风险,成为社工目标。

b. 责任性维度主要体现在能力、秩序、责任、自律。具有该类人格特征的人更有效率,更有组织,更负责更可靠,更彻底。因此,具有该类人格特征的人很容易受到社工的影响,比如说服中心路线、服从权威、信息影响、社会责任规范、道德责任、承诺与一致性。

c. 随和性维度的人格特征包括信任、坦率、利他、顺从、谦虚和温柔。具有该类人格特征的人是值得信任的、令人欣赏的、慷慨的、有同情心的、宽容的和善良的。因此,他们更容易轻信他人的行为,更容易受到社工的影响。

d. 开放性维度关注幻想、美学、情感、观念、价值和行动。具有该类人格特征的人比较有想象力、好奇心,且兴趣广泛。因此,他们容易受到各种情绪激发和认知失调等效应机制的社工攻击。

e. 神经质维度的人格特征包括焦虑、敌意、自我意识、抑郁、冲动和脆弱等。高度神经质的人十分焦虑、紧张、担忧、自怜、不稳定、敏感。因此,他们容易受到恐惧诱发、认知失调、评价理解、责任扩散和去个性化等效应机制的社工攻击。

③ 个体特征。个体特征是在外界环境的影响下,在人的本性和人格特征的基础上发展起来的心理特征。在网安背景下,当一些积极的个体特征被不恰当地利用时,就会产生消极的结果。例如:信任被轻信所取代,欺骗就很容易发生;友善意味着融洽的关系和更多的表露;善良和慈善可能会使受害者向攻击者提供更多的帮助;当未经授权的攻击者试图进入需要门禁卡的区域时,通常会利用谦逊和礼貌,比如受害者会为他人开门或让他人先进入。类

似地，一些消极的个体特征也可以被利用为社工攻击的安全漏洞。例如：缺乏自信的人更可能服从权威，不太可能挑战攻击者的要求；傲慢的人可能不屑于遵守安全政策；冷漠的人可能对安全风险没有兴趣或热情；嫉妒心强的人会容易受到诱饵的钓鱼攻击。因此，轻信、友善、善良、慈善、谦逊、礼貌、羞怯、冷漠、傲慢、嫉妒等个体特征成为社工中的弱点。

2. 环境属性信息收集与挖掘

网络设备的功能随着物联网、5G 等技术的快速发展而日益增强，为提高网络的运营管理能力，政府、企业、学校和家庭等在网络空间中部署了更多的联网设备。如何有效地刻画网络设备类型、厂商、组件、使用者等之间复杂的关系显得尤为重要。设备的单位/自然人归属定义为真实使用该设备的单位/自然人。例如：具有路由功能的设备，其使用单位通常为设备的网络运营单位，如电信、移动、联通等；而具有网络出入口功能或终端功能的设备，其使用者则通常为具体的用户或公司。

学术界针对社工环境信息收集和挖掘，也有一些研究，Fachkha[104]、Wouter[105]、Romero[106]等通过向 DNS 数据库、WHOIS 数据库等其他一些公开的 IP 相关数据库查询设备使用的 IP 相关信息，包括其相关单位。但是由于电信服务商、云服务商的存在，一般通过查询公开数据库得到的设备归属信息为 IP 的注册者，而不是真正的使用者，导致设备单位/自然人归属的识别准确率低。同时，Jia Y[107]采用正则的方式从设备的流量信息中提取单位/自然人归属信息，但是其覆盖的可识别单位依赖人工预先定义；Zheng X[108]和 Pingley A[109]发现设备的物理位置有可能暴露设备使用者的信息，但是并没有挖掘具体的关联关系。同时这些方法仅考虑了设备的单个数据源，没有考虑到不同单位、不同类型的设备单位/自然人归属信息暴露程度不同的情况，导致设备单位/自然人归属的识别覆盖率不高。

设备的单位/自然人归属关系是建立网络关系图谱的关键之一，能够有效地拓展网络关系图谱的表达维度，是综合考虑设备与人、设备与组织的基础。根据公开信息判断和识别网络设备的单位/自然人归属，实现这些设备的组织、管理和保护，对于国家机关和社会团体而言是必不可少的。社会工程学的关键因素是人，是通过对社会人的心理弱点、习惯弱点的分析，通过手段达到目的的过程。对设备进行单位/自然人归属的挖掘，能够对设备进行粗粒度（单位）到细粒度（自然人）的标记，实现对设备-单位/自然人关系的组织与协调，将人的因素加入互联网络中。这一方面能够针对性地保护网络内部用户的信息甚至隐私，防止被可能存在的外部攻击者所利用；另一方面能够有效地识别网络外部攻击者的基本信息，对攻击进行溯源追踪。因此对设备进行单位/自然人归属识别，能够有效地提高对社工诈骗的防御能力。

1）社工网络和设备信息收集

现有的社工信息的保护主要采用加密、认证及访问控制等方法，而通过社工方法可直接套取密钥实现非授权访问，对于加密社工信息也往往会采用爆破方法进行恢复，难以阻止利用社工方法的渗透攻击。而社工信息中的主机信息、网络信息和设备信息，也处于易受攻击的状态。研究社工各类信息的收集时，提出多维度敏感信息技术，从而保护机制，阻断、诱捕社工攻击。

多维度（主机、网络、设备）信息收集技术框架如图 1-4 所示。在物理环境下，许多设备为了支持远程访问和管理，大多都运行 Web 服务。数据结果表明，超过 95% 以上设备都具有 Web 应用服务和响应 HTTP 请求，具体步骤如下：

① 首先，通过 HTTP 协议交互，得到 IP 地址的 HTTP 响应数据报文；

② 其次，对数据报文进行预处理，如重定向和错误状态码；

③ 然后，基于特征空间，提取报文内容的特征向量；

④ 最后，基于通用的机器学习算法，生成每一种设备类型指纹。

图 1-4 的彩图

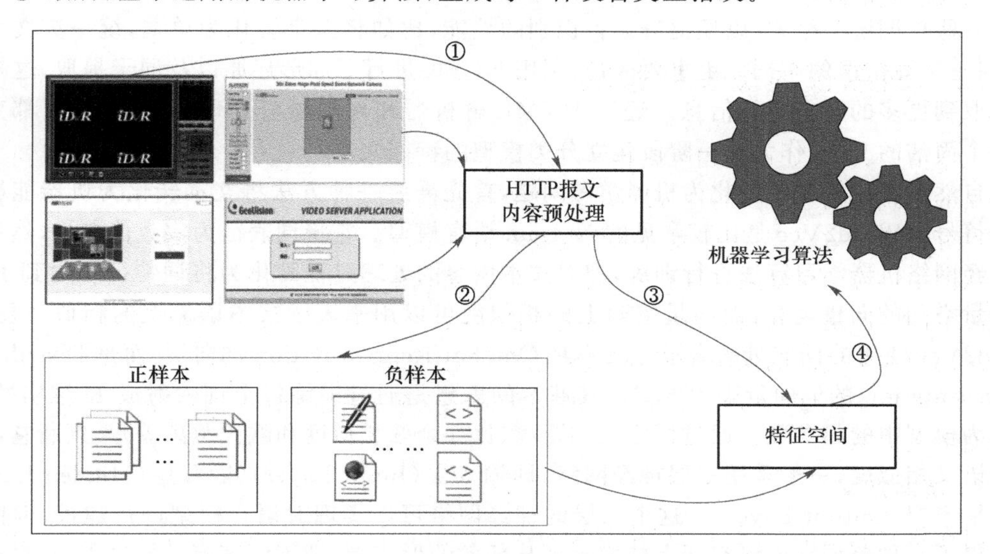

图 1-4 主机、网络、设备信息收集技术框架

为了实现信息识别，首先应当分析社工数据的应用层协议报文。这些应用层协议报文中包含丰富的设备特征或者设备信息，能够对不同的设备进行唯一表征，如图 1-5 所示，该设备的 RTSP 协议报文中存在着表征设备品牌的信息“Huawei”。基于协议报文，通过数据预处理和文本处理提取协议报文的文本特征，并训练设备分类模型来实现对社工设备信息的识别。

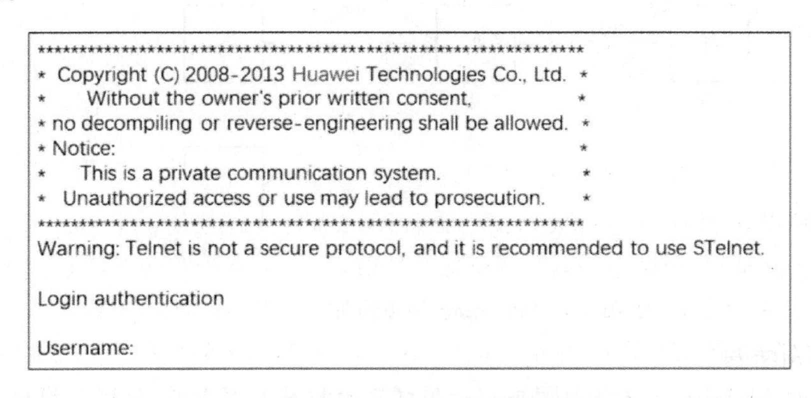

```
************************************************************
* Copyright (C) 2008-2013 Huawei Technologies Co., Ltd.  *
*      Without the owner's prior written consent,          *
* no decompiling or reverse-engineering shall be allowed.  *
* Notice:                                                  *
*      This is a private communication system.             *
*  Unauthorized access or use may lead to prosecution.     *
************************************************************
Warning: Telnet is not a secure protocol, and it is recommended to use STelnet.

Login authentication

Username:
```

图 1-5 的彩图

图 1-5 社工 Huawei 设备报文协议报文

在获取到协议的文本内容后，依然存在着许多的文档拥有着比较长的文本信息，这会加大机器学习算法提取设备特征的难度，为了避免不必要的计算以及提高模型的准确度，还需

进行一些必要的特征文本处理的工作，主要包括：①替换英文缩写词；②统一英文大小写；③删除标点符号和特殊字符；④检查并修正英文单词拼写；⑤词形还原和词干提取；⑥删除停用词。借助 Python 中常用的自然语言处理库 NLTK 来处理这些文本内容。NLTK 将文本信息进行分词，首先去掉一些非英文字符以及一些常见停顿次，比如“the”和“is”等，这些词不会包含关于设备的任何信息，如果使用这些词建立分类模型，会产生一定的识别干扰现象。去除没有意义的停顿词后，通过空格进行文本分词，基于分词得到的文本单词，首先需要对一些单词统一格式，以便提升设备识别的性能，比如将数字转化为单词，统一英文大小写，纠正拼写错误的单词。更重要的是，利用 NLTK 进行了词形还原以及词干提取，这样可以获取到更多的文本特征信息。经过 HTML 解析器和自然语言处理后，每个网页都变成了一个简洁的文本，作为下一阶段建立分类模型的特征文本。

自然语言理解问题转化为机器学习问题，首先需要一种方法将文本转化为机器能够识别的符号。Word2Vec 是比较常见的 N-gram 语言模型。它将词表征为实数值向量，然后通过神经网络机器学习算法进行训练，把对文本内容的处理过程简化为将词特征映射到 K 维的向量空间的向量运算，而向量空间上的相似度可以用来表示文本语义上的相似。显然，Word2Vec 使用的词向量的表示方法不是 One-hot Representation 词向量，而是 Distributed Representation 的词向量表示方式。其基本的思想是通过训练每个词映射成 K 维实数，K 一般为模型中的超参数。通过词之间的距离（比如余弦相似度和欧氏距离等）来判断它们之间的语义相似度，一般采用三层神经网络，即输入层（Input Layer）、隐藏层（Hidden Layer）以及输出层（Output Layer）。这个三层的神经网络可以实现对语言模型进行建模，但同时也获得了一种单词在向量空间上的表示。从任务的形式看，训练语言模型的过程中，最终的目标是想得到词向量，我们更关心的是这个词向量是否合理。

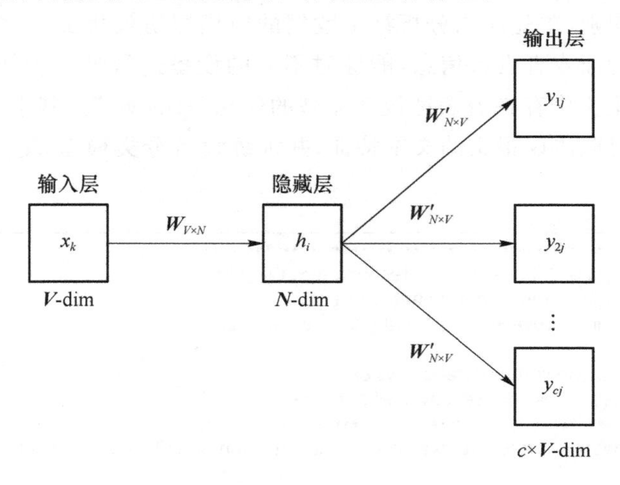

图 1-6 Skip-gram 训练词向量

(1) Skip-gram 方法

如图 1-6 所示，Skip-gram 方法是根据目标单词来预测其上下文的，可以假设输入的目标单词为 x，如果定义上下文窗口大小为 c，那么对应的上下文分别为 $y_1, y_2, \cdots, y_c$，而且这些 y 相互独立。在前向过程中，首先目标单词 x 向 Hidden 层传递，即用输入的目标单词去乘以词向量矩阵 $\boldsymbol{W}$，在 Hidden 层就可以得到该词的词向量 $\boldsymbol{V}$，然后由 Hidden 层向输出层

传递，对于每个输出单词 y_i，将 Hidden 层中的向量乘以 $\boldsymbol{W}'$ 就可以得到向量 $\boldsymbol{u}$，使用 Softmax 归一化得到概率向量，最后舍去概率最大的预测结果。同样，求解的过程需要极大化 y_i 的预测概率。在后向过程中，样本的格式为 $(x, y_1, y_2, \cdots, y_c)$，需要去极大化 $p(y|x)$。因为如果这些 y 相互独立，那么可以变成需要极大化 $p(y_1|x) \cdot p(y_2|x) \cdot \cdots \cdot p(y_c|x)$，等价变换后，求函数负对数极小化，如式(1-1)所示，使用交叉熵作为损失函数：

$$E = -\lg p(w_{O,1}, w_{O,2}, \cdots, w_{O,C} | w_I) \tag{1-1}$$

为了实现将所有样本的损失函数相加，这里可以将样本格式定位为 (x, y)。求解的过程同样需要更新词向量矩阵 $\boldsymbol{W}$ 和辅助矩阵 $\boldsymbol{W}'$ 的矩阵参数。首先，对辅助矩阵 $\boldsymbol{W}'$ 求导，如式(1-2)所示，V' 的更新式为：

$$\boldsymbol{V}'^{T+1}_{w_j} = \boldsymbol{V}'^{T}_{w_j} - \eta Q h, \quad j = 1, 2, 3, \cdots, V \tag{1-2}$$

显然，在更新辅助矩阵 $\boldsymbol{W}'$ 时，需要更新所有的 $\boldsymbol{V}'$ 向量，这时需要进行大量的计算。对词向量矩阵 $\boldsymbol{W}$ 求导后，如式(1-3)所示，$\boldsymbol{V}$ 的更新式为：

$$\boldsymbol{V}^{T+1}_{w_i} = \boldsymbol{V}^{T}_{w_i} - \eta \boldsymbol{W} \cdot \boldsymbol{Q} \tag{1-3}$$

在更新词向量矩阵 $\boldsymbol{W}$ 的过程中，只需要更新目标词语所对应的那个词向量。计算量相对于更新 $\boldsymbol{W}'$ 来说要小很多。

(2) Negative Sampling 方法

仅仅选择一小部分列向量进行更新。对于每条数据，首先将原始的 V 个词划分成正样本 W_o 和负样本 W_n，正样本就是要预测的单词，剩下的单词就是负样本。那么负样本会非常多，而只需要采样 K 个负样本和正样本一起训练。在原始的 Skip-gram 方法中，需要对所有的 V 个词进行 Softmax 计算，而使用 Negative Sampling 只需要对正样本和负样本进行计算，就可以实现计算量大大减小。而对于负样本的选择，Negative Sampling 采用一种概率采样的方式，即可以根据词频进行随机抽样。在样本的选择中，Negative Sampling 更加倾向于选择词频比较大的负样本，但对于一些停顿词，如“的”，这种词语其实是对目标单词没有很大贡献。Negative Sampling 则通过在词频基础上取 0.75 次幂来减小词频之间差异过大带来的影响，从而使得词频比较小的负样本也有机会被采到，如式(1-4)所示：

$$\mathrm{weigt}(w) = \frac{\mathrm{count}(w)^{0.75}}{\sum_u \mathrm{count}(w)^{0.75}} \tag{1-4}$$

可以将损失函数定义为：

$$E = -\lg \sigma(v'_{w_o} h) - \sum_{w_j \in W_{\mathrm{neg}}} \lg \sigma(-v'_{w_j} h) \tag{1-5}$$

这时需要极大化正样本出现的概率同时极小化负样本出现的概率，然后利用 Sigmoid 来代替 Softmax。这个过程相当于进行二分类，判断样本到是否为正样本。同样，对于辅助矩阵 $\boldsymbol{W}'$ 进行更新，经过求导后，V' 的更新公式为：

$$V'^{T+1}_{w_j} = V'^{T}_{w_j} - \eta(\sigma(V'^{T}_{w_j} h) - t_j) h \tag{1-6}$$

对比之前的 CBOW 和 Skip-gram 方法，采用 Negative Sampling 优化后也不需要更新所有 V' 向量，而只需要更新部分 V' 向量，即只需要更新选择的正样本 W_o 和负样本 W_n 的集合所对应的 V' 向量。这在很大程度上可以减少计算量。

2) 社工单位/自然人归属挖掘

网络设备的单位/自然人归属挖掘技术由基准点挖掘、相似关系挖掘、结果融合三部分组成。基准点挖掘通过使用 SSL 证书解析、在设备的访问返回信息中使用命名体识别等方式得到设备的归属单位名称从而挖掘具有高置信度单位/自然人归属的设备；相似关系挖掘在基准点挖掘结果的基础上，通过引入 IP 的拓扑关联、地址相似、位置相同等关系，对其余设备的单位/自然人归属进行推断，从而提高单位/自然人归属的识别覆盖度；结果融合针对每一个设备，根据置信度的高低选择最终的单位/自然人归属作为识别结果。整体方法框架如图 1-7 所示。

图 1-7 的彩图

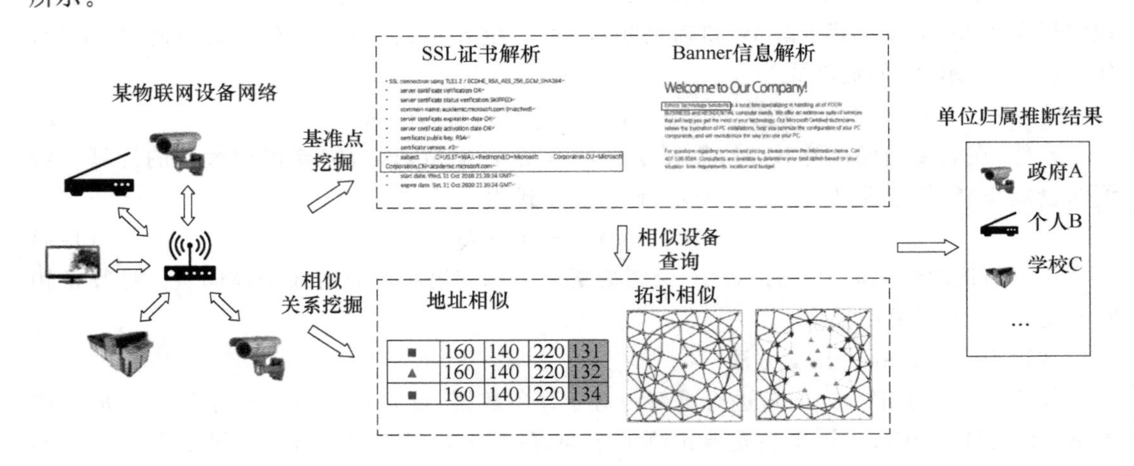

图 1-7　单位/自然人归属方法识别框架图

针对某设备网络，首先根据设备的类型、协议等特征，提取到高置信度的 IP 单位/自然人归属基准点。例如：首先，对于以 HTTPS 协议联网的物联网设备，可以通过解析 SSL 证书得到其单位/自然人归属，对于以 HTTP、FTP、SSH 等协议联网的设备，可以通过访问该设备，通过命名体识别技术解析其返回信息得到其单位/自然人归属；然后，计算单位/自然人归属基准点与其他 IP 之间的相似关系，如 IP 地址段之间的相似关系、IP 拓扑之间的相似关系等，从而实现对其他 IP 单位/自然人归属的推断；最后，通过融合单位/自然人归属基准点与单位/自然人归属推断结果实现对该设备网络中每个设备的单位/自然人归属识别。

在某物联网网络中，首先针对包含直接单位/自然人归属信息的设备，根据设备的不同类别及其特点，进行高置信度的设备 IP-单位基准点关系对的挖掘；然后针对无直接单位/自然人归属信息的设备，在基准点关系对的基础上，引入设备 IP-IP 间的关联关系，补充对设备 IP-单位基准点关系对的挖掘；最后在两种方法的基础上进行融合，实现对该物联网设备网络中每个设备的单位/自然人归属识别。

(1) 单位/自然人归属基准点挖掘

单位/自然人归属基准点定位为具有较高置信度的 IP 单位/自然人归属识别结果，主要针对的是 SSL 证书与设备的 Banner 信息。

SSL 由 Netscape 公司于 1994 年创建，旨在通过 Web 创建安全的 Internet 通信。它是一种标准协议，用于加密浏览器和服务器之间的通信。它允许通过 Internet 安全轻松地传输账号密码、银行卡、手机号等私密信息。SSL 证书就是遵守 SSL 协议，由受信任的 CA 机构颁发的数字证书。一个 SSL 证书示例如图 1-8 所示。图中方框内即为设备 IP 的单位/自然人归属相关信息，此时结合正则的方法，用 subject:(.*?) 和 O=(.*?) 即可提取出设备 IP 的单位。

```
*    Trying 2620:1ec:bdf::10...
* Connected to academic.microsoft.com (2620:1ec:bdf::10) port 443 (#0)
* found 148 certificates in /etc/ssl/certs/ca-certificates.crt
* found 592 certificates in /etc/ssl/certs
* ALPN, offering http/1.1
* SSL connection using TLS1.2 / ECDHE_RSA_AES_256_GCM_SHA384
*      server certificate verification OK
*      server certificate status verification SKIPPED
*      common name: academic.microsoft.com (matched)
*      server certificate expiration date OK
*      server certificate activation date OK
*      certificate public key: RSA
*      certificate version: #3
*      subject:       C=US,ST=WA,L=Redmond,O=Microsoft       Corporation,OU=Microsoft
Corporation,CN=academic.microsoft.com
*      start date: Wed, 31 Oct 2018 21:39:34 GMT
*      expire date: Sat, 31 Oct 2020 21:39:34 GMT
*      issuer:    C=US,ST=Washington,L=Redmond,O=Microsoft    Corporation,OU=Microsoft
IT,CN=Microsoft IT TLS CA 4
*      compression: NULL
* ALPN, server accepted to use http/1.1
> GET / HTTP/1.1
> Host: academic.microsoft.com
> User-Agent: curl/7.47.0
> Accept: */*
```

图 1-8 SSL 证书示例

Banner 信息是在访问设备时获取到的信息。例如,访问 HTTP 协议的设备时,获取到的网页信息即为 Banner 信息。命名实体识别(Named Entity Recognition),又称作"专名识别",是指识别文本中具有特定意义的实体,主要包括人名、地名、机构名、专有名词等。在设备的 Banner 信息中,可能存在软件开发商,软件名称、版本、服务类型及设备的单位/自然人归属等信息,此时可以使用 NER 技术从 Banner 信息中提取设备的单位/自然人归属,如图 1-9 所示。

Welcome to Our Company!

Elinico Technology Solutions is a local firm specializing in handling all of YOUR BUSINESS and RESIDENTIAL computer needs. We offer an extensive suite of services that will help you get the most of your technology. Our Microsoft Certified technicians relieve the frustration of PC installations, help you optimize the configuration of your PC components, and will revolutionize the way you use your PC..

For questions regarding services and pricing, please review the information below. Call 407-536-8584. Consultants are available to determine your best option based on your situation, time requirements, location and budget.

图 1-9 HTTP 协议内容中的单位信息

(2) 单位/自然人归属推断

通过 IP 之间的相似关系进行单位/自然人归属推断,对于无法直接判定为高置信度单位/自然人归属的 IP 进行单位/自然人归属的推断。IP 之间的相似关系主要包括 IP 的地址相似关系和拓扑相似关系。

IP 的地址相似定义为组成 IP 地址的 32 位数字串的相似程度。如图 1-10 所示，对于具有相同 C 段的 IP，其单位/自然人归属可能相同，从而实现了对 IP 单位/自然人归属的推断。

■	160	140	220	131
▲	160	140	220	132
■	160	140	220	134

▲ 已知单位归属的设备
■ 未知单位归属的设备

图 1-10 IP 的地址相似

IP 的拓扑相似定义设备 IP 的最近可达路由的相似程度。如图 1-11 所示，通过对 IP 的最近可达路由分析可得，对于具有相似的最近路由的设备，其单位/自然人归属可能相同，从而实现了对 IP 单位/自然人归属的推断。

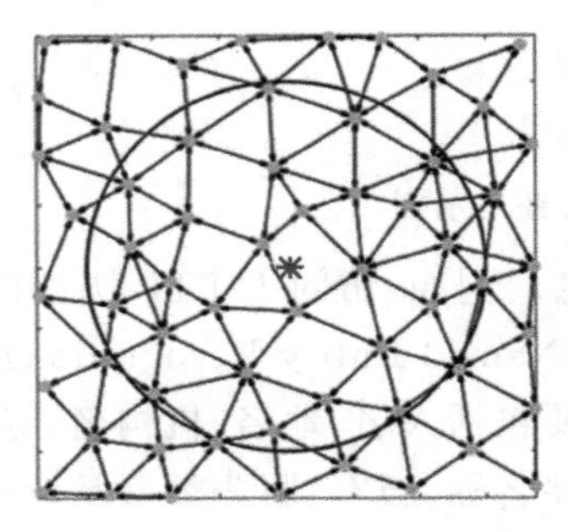
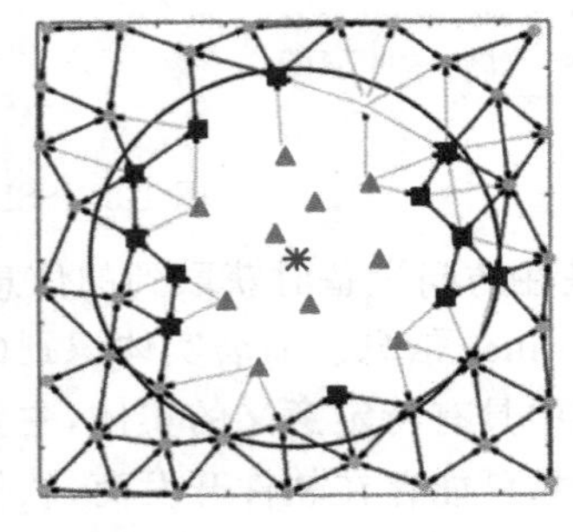

▲ 已知单位归属的设备
✳ 未知单位归属的设备
■ 路由设备

图 1-11 的彩图

图 1-11 IP 的拓扑相似

3）社工单位-人-设备关联关系

个人特性隐私数据、社交网络信息、组织规章制度等特定的社工信息，处于易受攻击的状态。人和组织信息，处于社工信息至关重要的位置，是网络攻防战的阿喀琉斯之踵。快速和大规模收集社工信息中的人和组织信息，是研究保护机制，阻断、诱捕社工攻击的基础和前提。通常，人和组织信息的收集方法有两种：基于地理位置信息的组织信息收集和基于应用层报文信息的组织信息收集。

物理空间信息和组织信息的关联关系如下：经纬度信息⇔组织信息。在网络空间中，物联网设备一旦安装、运行，它们的地理地址信息将在一段时间内不会发生改变。相对固定的地理位置的关联关系，可以帮助安全人员及时通知设备所属地区管理人员，暂停设备或在流量进出口过滤掉来自这些设备的数据包，可减少甚至避免攻击事件导致的损失。定位技术是建立设备与地理位置信息的关联关系的基础和前提。

地理位置与组织信息的关联关系建立过程如图 1-12 所示：①自动提取在线视频流地标

数据；②设计地标节点到目标节点距离计算方案，包括路由路径的选择和排查方案、网络时延与地理距离的转换等，计算经纬度信息；③基于经纬度信息，建立组织信息与地理地址(经纬度)的关联关系，并通过图形化显示出来。许多网站会集成大量的在线监控设备，并将视频流公布出来。这些视频流，大多是为了宣传美丽的风景、监测交通和天气。这些监控视频具有两个特性：①具有稳定性。视频流是由网络摄像头提供。作为物联网设备，摄像头经常固定在某一个具体位置，一旦部署、安装和运行，会保持相当长时间的稳定。②可以提供经纬度信息。摄像头一旦固定在具体的地理位置，它的经纬度信息可以在视频流中揭露。更重要的是，许多网络会特意针对这些视频流的内容，提供第三方额外的地理位置信息。因此，在线监控视频流可以作为理想的地标，为 IP 定位算法提供支持。

图 1-12 的彩图

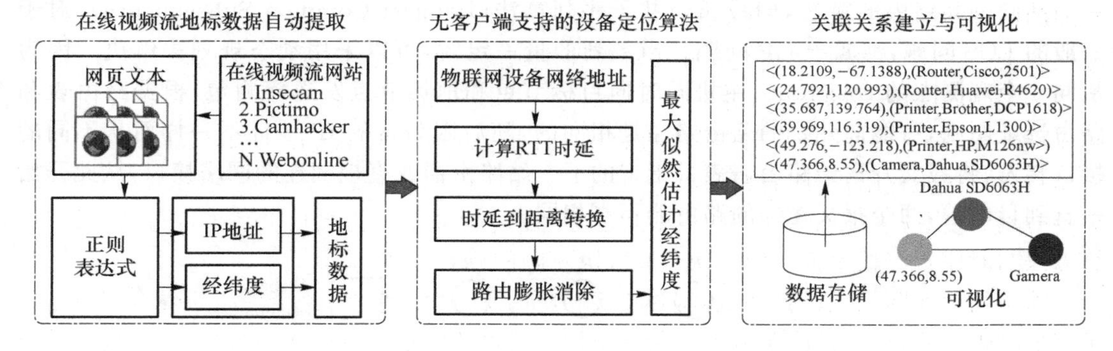

图 1-12　地理位置与组织信息的关联关系建立过程

本小节通过一个具体实例来说明监控视频流地标提取的可行性。如图 1-13 所示，网站 pictimo. com 集成了许多监控视频流，其中一个视频的网页，提供了室外环境的视频流，实时播出与“Glenwood Springs hottub，United States”地理地址相关的内容。分析该网页的 HTML 内容，视频流嵌入在 HTML 标签“〈img src＝IP address：port/mjpg”里面，同时在标签的 JS 脚本中，也能找到关于这个视频的经纬度数据(－107.340 740，39.527 105)。因此，地标提取模块，可以生成一个稳定的地表信息(IP，－107.340 740，39.527 105)来辅助定位技术。有了足够的地标，就可以实现 IP 地址和地理位置经纬度之间的高精度映射。

图 1-13 的彩图

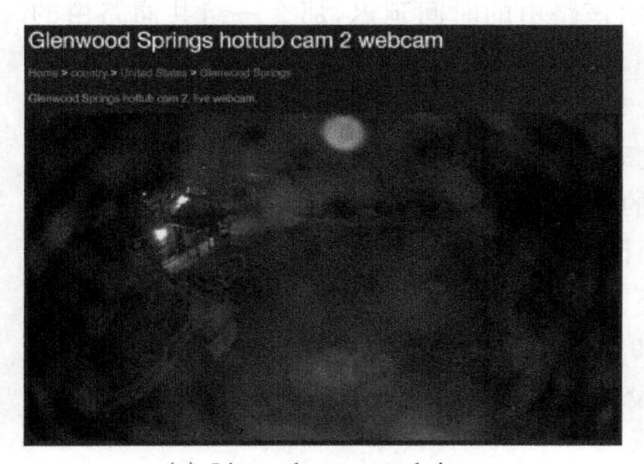

(a) Live webcam on websites

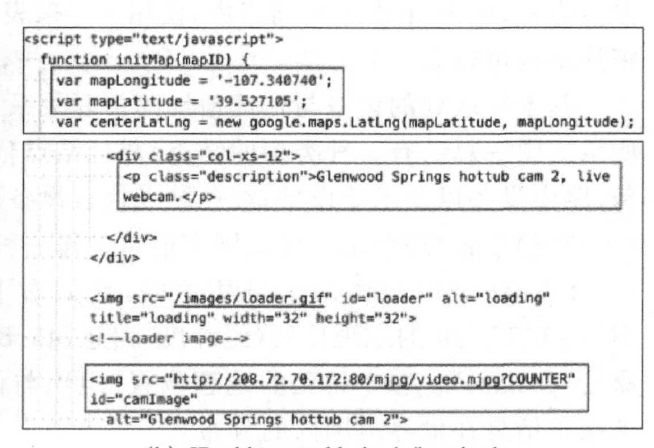

(b) IP address and latitude/longitude

图 1-13　在线视频流网页中的 IP 地址和地理位置

无客端支持的定位算法无法从地标节点发送探测包到目标节点。该实例会通过traceroute给地标节点和目的节点发送数据包，并得到地标节点和目的节点的响应。网络测量工具traceroute可以获得发送端到接收端之间的路径上的路由和每一跳路由的时延RTT(Round-Trip Time)。如图1-14所示，利用探测节点(Vantage Point，VP)给目标节点和地标分别发送traceroute，进行网络探测。其中，地标是之前收集的基于监控视频流的数据，数据格式为(IP，Latitude，Longitude)，而目的节点是要探测的设备，数据格式为(IP，类型，厂商，型号)。需要注意的是，目的节点的经纬度(Latitude，Longitude)，需要定位算法来计算具体的位置信息。在VP对目标节点和地标进行探测后，得到VP到目的节点的路径上的路由和每一跳路由的时延RTT，也得到VP到地标的路径上的路由和每一跳路由的时延RTT。

共同公共路由的算法，即最长公共子序列算法(Longest Common Subsequence)，对于一般的LCS问题，都属于NP问题。当数列的量一定时，可以采用动态规划去解决。因为从同一个观测点的traceroute主机同时向目标节点和地标节点发送探测包，根据路由表和路由选址原则，可能前几跳的路由路径是相同的，随后因为目的IP地址不一样而从不同的接口转发，将报文发送给路由表表目指定的下一站路由器或直接相连的网络接口，从此开始一直到目的地，两个报文途经的路由器不再相同。

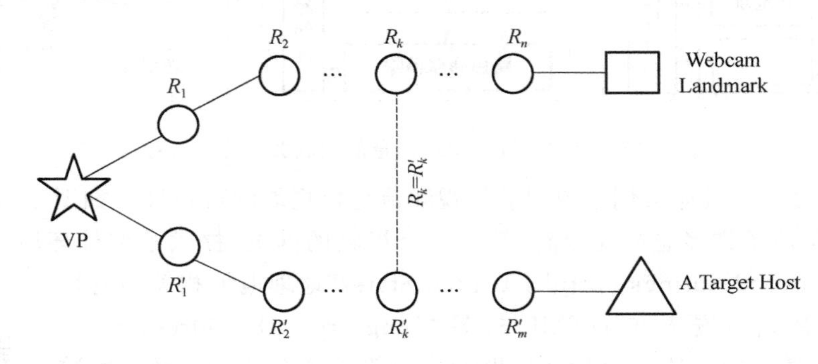

图1-14　图拓扑路由选择

如图1-14所示，当 $R_k = R'_k$ 时，剩下相同的路由都将作为共同路由来计算。经过traceroute测量之后，每一对目标节点与地标，都会得到一组共同路由作为拓扑结构，为了方便表示，用 R_i 来表示共同路由，使用 rtt_i 来表示该路由的时间延迟，那么一组共同路由的拓扑结构可以表示为 $(\langle R_1, rtt_1\rangle, \langle R_2, rtt_2\rangle, \cdots, \langle R_n, rtt_n\rangle)$。

基于获取到的设备与地理地址的关联关系，利用D3.js技术实现图形可视化，如图1-15所示。图中总共有4种类型的结点：灰色结点代表设备的类型信息，包括监控设备、打印设备、路由设备以及工业设备；红色结点代表设备的品牌和型号信息；蓝色结点代表地理位置(经纬度)信息；棕色结点代表国家信息。每一种设备信息都会与这个设备所处的地理位置(经纬度)信息以及国家信息相关联，比如右下角的监控设备中，存在着与设备“D-Link DCS-2102”关联的地理位置(经纬度)信息(45.89，−73.55)，该地理位置(经纬度)所在的国家为“Canada”。基于得到的地理位置、组织与设备的关联关系图，可以更加清晰地观察设备组织信息在世界范围内的分布。

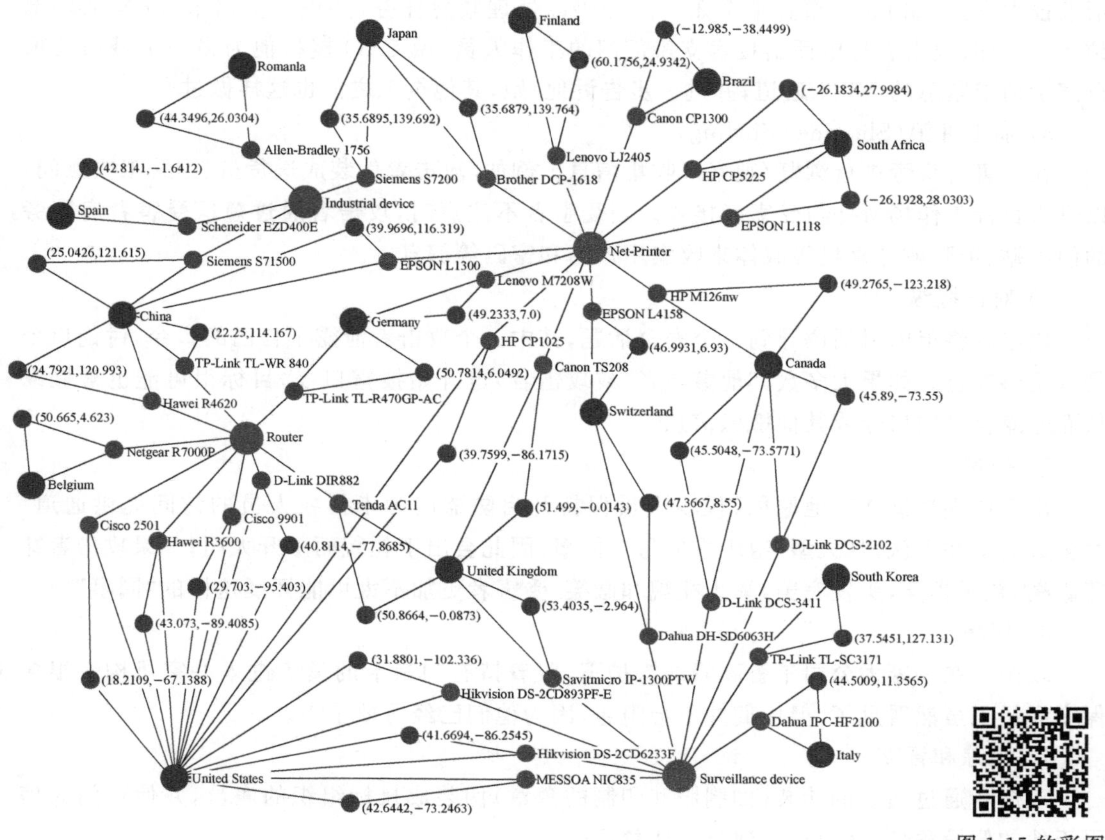

图 1-15 的彩图

图 1-15　组织、设备与地理关联关系

1.2.4　社工攻击的方法与实例

1. 社工攻击的方法

社工攻击的方法形式多种多样，了解常见的社工攻击方法是防御社工威胁的重要方面，典型的社工攻击方法如下所述[3,102]。

1）假托(Pretexting)

攻击者通过可以使用借口的场景(面对面或通过某些媒介，通常是电话)从受害者那里获取机密或敏感信息。它可以非常简单，如假扮成需要帮助的人直接寻求帮助或信息，也可以非常复杂，如假扮成内部人员、技术支持人员，通过事先调查获得有用的帮助，以更好地了解组织和受害者[3]。例如，攻击者伪装成电缆接线员，假装正在为警察完成 200 对终端的接线操作来请求得到机密信息。谁会拒绝为一个公司职员提供一点帮助以应付那项繁重的任务呢？被攻击者可能会为这位假电缆接线员感到难过，被攻击者自己也在工作中有过不愉快的时光，因此被攻击者会稍微改变一下规则来帮助这位碰到困难的“同事”[3]。

2）钓鱼诈骗(Vishing)

例如，攻击者伪装成新员工并说服目标，如果不批准其请求，那么他将遭到巨大的损失；

请求技术支持(如 Paul)重置某个账户的密码以处理紧急任务,并进一步请求 VPN 从外部访问。又如,攻击者打电话给技术支持部门的工作人员,说 CEO 授权他为另一个城市的项目演示请求紧急的 VPN 通道,并进一步告诉他/她,其他员工之前也这样做过[3]。

3) 肩上冲浪(Shoulder Surfing)

在受害者身旁进行浏览/观察来收集信息。例如,攻击者伪装成送货员、维修工或顾问,以进入目标工作场所并与受害者接触。当受害者不注意时,攻击者通过窥探受害者肩膀旁的便利贴、纸张或计算机等载体来收集用户名和密码等信息[3]。

4) 对话操纵

攻击者将组内对话诱导到一个安全话题,其中一个攻击者泄露了自己的口令,讨论口令是否足够安全。如果大多数其他参与者(或攻击者)也开始披露口令,目标很可能也被操纵从而透露自己的口令或其他敏感信息[3]。

5) 捎带

出于提供帮助或其他原因,授权人员保持开启防盗门为未授权人员的访问提供通道。大多数员工并不认识(大型)组织中的每个同事,因此会出于礼貌而敞开大门;如果攻击者穿着漂亮,鞋子锃亮,头发完美,举止礼貌和微笑,受害者更加不太可能怀疑这样的"同事"[3]。

6) 尾随

攻击者在一家大公司午餐高峰的掩护下,跟着持有门禁卡的员工进入一家机构。很多保安和员工虽然看见了,但他们并不会阻止,因为他们已经习惯了[3]。

7) 跟踪和冒充

攻击者通过适当的伪装(如制服和印制的徽章)伪装成目标组织的雇员,并使看门人信服于他的假扮角色,从而进入建筑物或禁区[3]。

8) 下耳(Baiting)

攻击者将包含恶意代码的 U 盘留在目标可能会发现的位置,U 盘外表是目标组织的标志或具有吸引力的图标,以引诱目标拿起并插入计算机,一旦插入,恶意代码可能会自动执行[3]。

9) 网络钓鱼(Phishing)

攻击者使用伪造的地址(或通过弹出窗口)发送虚假电子邮件。例如,发送虚假电子邮件通知目标在有限的时间内可领取非常优惠的折扣券(或体育赛事门票),邮件包含诱人的食物图片(或激情的运动海报),诱使目标点击恶意链接,泄露隐私信息等[3]。又如,攻击者通过 SNS 中的文字、图片或视频,了解到目标组织员工之间存在一些怨恨情绪,并向其中一些人发送嵌入恶意代码的电子邮件,声称这是一种恶作剧病毒,可以匿名转发给他们讨厌的人。这可能会危及组织中的一大群人[3]。

10) 短信网络钓鱼(Smishing)

攻击者屏蔽目标(某 CEO)的手机信号,并通过伪造该 CEO 的电话号码向其秘书发送短信:"我在另一个城市开会……,请将文件立即发送到×××@×××.×××,…"。

11) 木马攻击、陷阱

攻击者提供一个 URL 并指示它可以提供免费软件(恶意软件),或可以观看特殊的多媒体信息。一旦目标打开链接或安装软件,攻击者的计算机或移动设备就会受到威胁。

12）水坑攻击

攻击者发现目标会定期地访问某些网站，于是用恶意代码感染这些网站，等待目标触发。目标做如下操作时可能会受到威胁：访问网站；下载软件（恶意软件）；点击（恶意）链接。

13）逆向社工

攻击者使用伪造的地址向新员工发送电子邮件，通知他/她“最近将进行网络测试，如果出现网络故障，请联系×××”。攻击者造成网络故障并等待新员工的请求。在帮助解决问题后，攻击者利用之前建立的信任，进一步实施社工攻击[3]。

2. 社工攻击的实例

社工攻击的实例众多，攻击场景广泛，以下选取几例较有代表性的事件进行论述。

1）震网事件

震网事件是一个经典的基于社工攻击的成功案例。震网病毒的感染途径是通过 U 盘传播，然后修改 PLC 控制软件代码，使 PLC 向用于分离浓缩铀的离心机发出错误的命令。与其他的恶性病毒不同，震网病毒看起来对普通的计算机和网络似乎没有什么危害。震网病毒只会感染 Windows 操作系统，然后在计算机上搜索一种西门子公司的 PLC 控制软件。如果没有找到这种 PLC 控制软件，震网病毒就会潜伏下来。如果震网病毒在计算机上发现了 PLC 控制软件，就会进一步感染 PLC 控制软件。随后，震网病毒会周期性地修改 PLC 的工作频率，造成 PLC 控制的离心机的旋转速度突然升高和降低，导致高速旋转的离心机发生异常震动和应力畸变，破坏离心机，导致伊朗核计划被迫延后数年。

震网传播进入纳坦兹核工厂的方法也非常巧妙，其利用了鱼叉式网络钓鱼、诱饵投放等多种社工攻击手段。首先，攻击目标是该核工厂一位重要的工程师，攻击者了解其背景并定向发送钓鱼邮件，邮件中附有被震网病毒感染的图片，当该工程师打开图片时，他的私人计算机被感染，随后感染到他的 U 盘中。之后的某一天，该工程师在工厂内使用了被感染的 U 盘，病毒就此传进了核工厂，在工控系统的内网中广泛传播，一步步感染到指定设备并且控制了离心机的运行。

2）香港电信公司网站被入侵攻击事件

该攻击是一例教科书式的针对性的社工攻击，攻击者采用了“水坑式攻击”的方式，通过在目标受害者可能访问的网站上植入恶意软件或代码，来诱使受害者系统被感染，给攻击者敞开门户，这种攻击多用于网络间谍活动。Morphisec 调查发现，此次的水坑攻击具备非常高级的免杀逃逸特征：攻击完全是无文件的，在目标磁盘上不会留下任何持久的或可追溯的痕迹，另外还在一个非过滤端口上使用了自定义协议。通常来说，这种高级类型的水坑攻击极具针对性，并且也会具有非常复杂的攻击者背景。

3）电信网络诈骗攻击实例

电信网络诈骗，也称电信诈骗、通信网络诈骗，是指通过电话、短信、网络等方式诈骗公私财物的犯罪行为。电信网络诈骗犯罪是随着电信网络技术和银行支付业务的快速发展而产生和发展起来的一类犯罪。与传统诈骗犯罪相比，电信网络诈骗的犯罪对象是不特定的，犯罪嫌疑人采用普遍撒网的方式进行犯罪，危害性更大；同时，电信网络诈骗是非接触式犯罪，在便捷的现代通信网络工具和银行支付业务的协助下，犯罪嫌疑人不需要和受害人面对面，就能够顺利地实施诈骗并获取受害人的钱财[157]。

社会工程学的发展使得越来越多的不法分子将常见的社工攻击方式用于电信网络诈

骗，如假托（Pretexting）、钓鱼诈骗（Vishing）、肩上冲浪（Shoulder Surfing）、下耳（Baiting）等，使得电信诈骗呈现出“社会工程学诈骗”的趋势。社会工程学诈骗的核心是人，除了善于利用设备、系统漏洞等环境脆弱性外，不法分子更加重视通过各种渠道和手段获取个人信息，抓住人性的弱点，如贪婪、轻信、恐惧、无知等，布下诈骗之网，等受害人入圈套。

当前常见的电信网络诈骗主要有以下 5 类[158]。

① 类型一：利用受害人缺乏教育或无知的社工脆弱性进行诈骗。在 ATM 机诈骗中，犯罪嫌疑人在 ATM 机旁张贴告示，告知操作者使用过程若存在问题，可致电客服电话咨询，并在告示下方留下自己的电话。当受害人致电客服时，犯罪嫌疑人冒充银行工作人员，要求被害人进入英文界面进行操作，从而骗取受害人的钱财。

② 类型二：利用受害人渴望交流的社工脆弱性实施诈骗，如网络交友诈骗。随着互联网的日益发展，几乎每个人都有一个或者多个社交媒体平台注册账号，特别是喜欢社交的群体，乐于与他人建立好友关系。犯罪嫌疑人通过社交媒体任意添加好友，取得受害人信任并与之建立朋友关系，接下来以朋友的身份，以各种事由要求对方为自己“花钱”。

随着人们防范意识不断增强，广撒网式的电信网络诈骗已经不能满足犯罪嫌疑人的野心，不法分子转而使用个人信息，结合社工攻击方式，进行精准诈骗。

③ 类型三：利用受害人贪婪的社工脆弱性，实施中奖类电信网络诈骗。诈骗分子通过非法获取个人信息，在摇奖娱乐节目结束后，冒充娱乐节目的工作人员向受害人拨打电话、发送短信，告知受害人抽中了大奖，在节目组汇入奖金前需要按照奖金的一定比例先向节目组缴纳“税费”“手续费”，从而骗取受害人的钱财。

④ 类型四：利用受害人恐惧和紧张的社工脆弱性，实施电信网络诈骗。在虚构手术诈骗中，犯罪嫌疑人通过非法手段获取个人信息后，冒充医护人员拨打受害人电话，告知受害人的亲属受伤正在接受急救，紧急需要一笔手术费用。在虚构绑架诈骗。犯罪嫌疑人通过非法手段获取个人信息后，冒充黑社会团体，告知受害人其亲属现已被绑架，要求受害人立即汇款，否则撕票。为了模拟真实的场景，通常还有同伙制造被打、哭喊、求救的背景音。又如，在冒充公检法电话诈骗中，犯罪嫌疑人通过非法手段获取个人信息后，冒充公安、检察院、法院的公职人员告知受害人的账户涉嫌刑事犯罪，要求受害人将账户内的资金转入指定的安全账户或缴纳一定的保证金。

⑤ 类型五：利用受害人过于轻信的社工脆弱性实施的电信网络诈骗。在冒充类诈骗中，犯罪嫌疑人盗取 QQ、微信等网络即时通信工具，通过备注或聊天记录找到该通信工具所有人的亲友、下属，告知受害人因某种原因急需资金，要求受害人向指定账户转账。在退款诈骗中，犯罪嫌疑人冒充网店客服人员，声称由于系统错误、商品缺货等原因不能寄出货物，需要退款给购买人，要求受害人登录退款页面，填写银行账号、密码和验证码等信息。在补助金、助学金诈骗中，犯罪嫌疑人通过非法手段获取个人信息后，冒充教育、残联等单位的工作人员（诈骗角色），以向学生（目标）发放助学金、向残疾人发放救济金为由，要求受害人先向指定账户汇款以便激活受害人账户。

随着社会工程学的发展，以社工为背景的电信网络诈骗作为新型犯罪，其发展趋势主要体现在以下几个方面。

（1）骗术花样多，手段更新快，结合社工的诈骗方式层出不穷

短短几年时间里，犯罪分子从最初的打电话、发短信，发展到网络改号、使用 QQ、微信

号作案，从雇用马仔提取赃款，发展到网上转账、跨境消费、境外提现。同时，犯罪分子不断变换和升级骗术：有的假冒领导、亲戚、朋友，谎称"出车祸""被绑架"；有的假冒企业客服，谎称"中奖""欠费""交易异常"；有的冒充执法机关，谎称"涉嫌洗钱""邮包藏毒"。以此对受害人进行欺骗、威胁、恐吓，引诱受害人上当。除此之外，为增加欺骗性，诈骗分子紧跟社会热点，精心设计新型骗术，结合社会工程学，利用环境脆弱性和受害人性格的脆弱性，针对不同群体量体裁衣、步步设套，使人防不胜防。目前，主要的诈骗类型有冒充公检法诈骗、冒充熟人诈骗等六十多种，并且还在不断变化中。

(2) 利用社工并针对特定群体量身定制的精准诈骗案件高发

近两年来，利用社会工程学针对精准扶贫对象、高考学生、保险理赔对象、艾滋病人等，冒充政府机关单位以发放各类补贴为名实施精准诈骗的犯罪十分突出，受骗群众多为弱势群体，社会影响极为恶劣。当前，由于很多部门和企业在信息系统安全方面的措施不到位，防护能力不足，导致黑客轻而易举就可以窃取到公民个人信息。部分部门、行业内部安全管理缺位，个别人员利用职务之便出售公民个人信息。就发案情况来看，网络交易诈骗、网络冒充熟人等针对性极强的案件，均是诈骗犯罪分子根据网上买来的各种详细身份信息，量身定制诈骗脚本并实施的精准诈骗。此类案件的高发暴露出个人信息泄露形势十分严峻，说明侵害公民个人信息的犯罪已成为各种精准诈骗的上游支撑产业。

(3) 互联网上活跃着巨大的灰色产业群，为电信诈骗中的社工信息获取提供各项支持

随着诈骗手法的不断演变，灰色产业群也日益专业化，以满足电信诈骗犯罪中的社工信息获取需求。包括买卖公民个人信息、开贩银行卡、第三方支付平台洗钱、POS机套现、为诈骗团伙提供通信线路、开发网络改号平台、虚假交易软件、制作手机木马程序等一系列相对独立、互不相识、时分时合的职业团伙，其作案分工明确，各司其职，各获其利。犯罪分子在互联网上可以通过各种搜索引擎，便捷地搜索到作案所需的一切信息，从而为利用社工进行网络诈骗提供便利。此外，还可以通过淘宝等互联网电商平台迅速找到贩卖商家，可以通过QQ、微信、旺旺等社交软件群交流犯罪手段，可以在互联网上雇人发送伪基站信息、拨打电话、转账取款、专业洗钱。

4) 深度伪造攻击实例

深度伪造是一种基于人工智能的图像及音视频等内容的合成技术。通过深度伪造技术可以将任意的图像和音视频组合，并叠加到其他图像和音视频上，来创建比传统合成技术更为逼真的伪造图像和音视频。该技术的实现主要依赖于人工智能最新算法，即生成式对抗网络(Generative Adversarial Networks，GAN)，其原理是让两个神经网络模型彼此对抗，前一个神经网络称为"生成器"，负责生成相似度较高的合成数据；后一个神经网络称为"鉴别器"，负责将前者合成的数据与真实数据进行比对，来鉴别真伪。基于每一次的"对抗结果"，生成器会调整它合成数据时使用的参数，直到鉴别器无法辨别合成作品和真实的差异。此时，最终合成的数据(如深度伪造音视频)就难以识辨，可达到以假乱真的程度。

近年来，随着人工智能算法和应用的不断推进，各种"AI换脸"及"AI变声"手段不断涌现，利用深度伪造技术合成的虚假音视频具有门槛低、仿真度高、欺骗性强等特点。将结合社会工程学的深度伪造技术应用于电信网络诈骗等犯罪活动的案例在国外已经出现，可以预见"AI换脸"及"AI变声"将成为电信网络诈骗下一个新技术的"标配"，制作、销售换脸和变声工具及提供虚假音视频合成服务将成为犯罪链条中新的环节[159]。

通过对深度伪造技术的原理和应用方式的分析,提出了以下典型的实施电信网络诈骗的实例场景。

① 利用受害人轻信的社工脆弱性,使用“AI 变声”技术合成受害人单位领导、家人及好友等的声音,通过电话及网络语音聊天实施诈骗。国外公司 Lyrebird 开发的语音合成软件,通过受访者测试甚至可以骗过其家人,经过多轮对话,其家人仍未察觉异常。除此之外,基于人工智能的变声技术更加真实,不仅可以变换性别、音调、语速等,还可以模拟“南方口音”等特征。同时,该技术大大节省了人工打电话的成本,利用这些 AI 自动拨打诈骗电话并交互,一天能拨打上千个电话,还能做到语调、对话以假乱真[160]。

② 利用受害人恐惧、紧张的社工脆弱性,结合公检法权威人士的公开照片及视频,通过操纵人脸动作,重塑表情、口型等合成带有语音的伪造虚假视频,并编造受害人涉嫌洗钱等诈骗恐吓内容。这种视频对受害人的震慑力和恐吓程度比图片更强。此外,利用深度伪造技术合成家人或好友被警察拘捕的现场照片或视频等,或者合成受害人或其家人的隐私照片或不雅视频等进行敲诈勒索,要求其转账实施诈骗等。

③ 利用受害人贪婪的社工脆弱性,伪造新闻报道、金融权威人士及政府背书的音视频信息,欺骗投资者,进行金融诈骗,吸收公众存款及非法集资等。

1.3 基于主体心理特征的社工影响因素

1.3.1 网络钓鱼影响因素

网络钓鱼影响因素主要包括三个方面:一是什么样的人容易被钓鱼?也就是说受害者具有什么样的特征,这方面主要涉及人本身的个性特征和知识经验等。二是什么样的邮件容易钓鱼?也就是邮件的情境特征如何影响人对邮件的判断,这主要涉及人的信息加工过程。三是什么样的系统可以降低钓鱼伤害?也就是什么样的系统可以帮助人们更好地识别钓鱼邮件,这方面涉及人机协作。因此,我们将从个体、情境和系统三个方面对网络钓鱼的影响因素分别进行阐述。

1. 个体因素

早期钓鱼研究表明在面临网络欺诈时,一些用户会更容易泄露信息并且反复上当,所以学者们探讨是否存在“受害者人格”。与之相关的研究中涉及的个体差异因素包括:人格[184]、知识经验[179]、信任倾向[167]、风险倾向[190]和风险感知[202]、认知加工方式[196]等。

1) 人格

五大人格是网络钓鱼研究中常用的人格特征,五大因素与网络钓鱼风险存在不同程度的相关性。宜人性和开放性可以正向预测用户的钓鱼易感性。宜人性得分高的被试有更多的网络被骗经历[189],辨别钓鱼邮件的能力更差。开放性得分高的被试会花费更多时间来回复钓鱼邮件[167],开放性较高的女性被试更多地点击钓鱼邮件链接,但在男性被试身上未发现相关结果[184]。而外倾性、责任心和神经质在预测网络钓鱼易感性上存在不一致的结果。外倾性得分高的被试在社交媒体中更多地发布帖子和更新照片[184]，更多地回复钓鱼邮件[167]，但是却报告了更少的受骗经历[189]。责任心和神经质得分高的被试在邮件分类任务中表现更好[201]，但他们也会更多地点击钓鱼邮件。Weirich 等人[200]认为责任心高的个体会服从权威，遵守规则，降低回复不合理要求的可能。同时，责任心高的个体会反复检查邮件，查阅频率的增加会提高点击钓鱼链接的概率[196]，情绪不稳定性的个体由于较冲动而导致识别钓鱼邮件的能力较差[191]。人格特质对于用户甄别钓鱼邮件能力的影响可能与用户的知识经验或其他环境因素存在交互作用，因此，研究者也针对这些因素展开了研究。

2）知识经验

网络钓鱼研究中涉及的知识经验包括：计算机技术知识、网络安全知识、网络经验、网络欺诈知识和经验等。Downs 等人[179]发现知道网络钓鱼定义的被试，其网络钓鱼风险显著降低，他们更少地点击钓鱼链接，进入钓鱼网站或输入私密信息。在另一个研究中，研究者向被试发送钓鱼邮件，邮件知识经验丰富的被试更少回复钓鱼邮件，研究者认为，邮件知识经验会帮助用户调整区分合法邮件和钓鱼邮件的标准，让用户观察到邮件中的矛盾线索，从而降低网络钓鱼风险[167]。Vishwanath 等人发现知识经验还会影响对邮件内容的注意和评估，进而影响被试的决策。在现实生活中，很多受害者因为安全意识低，不了解网络欺诈而落入陷阱。知识经验会帮助用户理解安全警告进而更好地规避潜在风险，因此增加知识经验可以作为降低网络钓鱼风险的重要干预手段。

3）信任倾向

在电子商务的情境中，信任倾向是指基于他人行为所感受到的信心与保证，愿意接受可能受到伤害的一种心理状态[181]。容易相信他人的个体面临更大的攻击风险，这在许多研究中得到证实[199]。Welk 等人[201]的研究结果表明，容易相信他人所说的话并认为他人是好的意图的被试总体分类精度更低，更难分辨出钓鱼邮件。但是，信任对网络钓鱼风险的影响会受到其他条件的影响，例如知识经验和邮件本身的可信程度等。

4）风险感知

风险感知是个体对于外界各种客观风险的感受和认识，并强调由于对风险的直观判断和主观感受可能引发相应的风险决策行为[165]。Moody 等人[190]发现，对于财务安全更加谨慎的被试更少地点击钓鱼链接，认为网络安全风险较小的被试回复钓鱼邮件的概率更高。Wright 等人[203]测量了风险感知对欺诈检测行为的影响，但没有发现风险感知与欺诈检测行为的相关关系，研究者认为可能由于量表条目太少或者对网络欺诈的风险感知受到其他变量（如知识经验）的影响。

5）认知加工方式

在认知加工方式理论中，系统启发式模型（Heuristic-Systematic Model，HSM）将认知加工方式分为系统式和启发式。系统式加工是通过详细审查信息论据和线索，评估信息质量做出决定的方式；启发式加工则是以简单线索作为参考，没有进行大量逻辑推理做出决定的方式。启发式受“最小认知努力原则”指导，倾向于减少认知资源投入并缩短决策时间[183]。文献[196]发现，与启发式加工的被试相比，系统式加工的被试更少地回复钓鱼邮件。进一步的研究发现，系统式加工的被试会更多地审查邮件来源的真实性，对比推理邮件信息，进而做出更谨慎的判断[197]。可见，认知加工方式是影响网络钓鱼风险的重要因素，系统式加工的个体会进行深度加工和根源思考，从而对比信息中的矛盾，拥有更好的鉴别表现。

综上所述,个体差异是影响网络钓鱼风险的重要因素。知识经验、人格、风险感知、认知加工方式等均已被证明对处理钓鱼信息的行为有影响。值得注意的是,这些因素并非独立地影响网络钓鱼,但目前很少有研究综合考虑因素的交互作用。因此,有必要针对各个因素展开系列研究,确定个体特质如何影响用户对邮件的判断,研究成果可用于为不同的人群定制网络使用建议,帮助其规避安全风险。

2. 情境因素

除个体差异外,邮件内容和设置也是影响网络钓鱼的重要因素。钓鱼者利用人的心理弱点精心设置一种情境,通过恐吓、恭维、引诱欺骗等手段实施诱骗。情境设置操纵的常见方式包括:伪装发件人身份[188]、添加收件人相关信息[187]、设置紧急状况[198]等。

1) 伪装发件人身份

操纵发件人熟悉度体现为伪装成知名企业、朋友、高亮发件人等。Jagatic 等人[188]发现被试更多地点击来自朋友的邮件链接。他们认为被试会更信任熟悉的人发送的邮件,遵从邮件要求,落入陷阱。Holm 等人[187]分别以经理和安全中心的名义提示被试升级软件,结果发现用经理名义发送钓鱼邮件使回复概率增加了 22.1%。但是也有研究发现不一致的结果,Wright 等人[202]发现来自班主任的和普通的钓鱼邮件成功概率没有显著差别。在防护方面的研究发现提高对发件人的关注也可以降低钓鱼邮件的成功率。Nicholson 等人[191]发现高亮邮件中的发件人姓名、邮箱地址与发件时间,提示被试邮件有矛盾,结果表明添加高亮的钓鱼邮件成功率更低。可见,发件人身份是影响网络钓鱼的重要因素,但发件人熟悉度、权威性等在钓鱼邮件中的作用仍需进一步研究。

链接形式也是影响钓鱼成功的因素之一。钓鱼邮件中的链接包括数字链接(如 103.45.3.79)和文字链接(如 WWW.tabao.com),文字链接比数字链接提供的信息更多,增加了钓鱼邮件权威,提高钓鱼邮件的成功率。Moody 等人[190]发现文字链接的钓鱼邮件成功率显著高于数字链接钓鱼邮件的成功率。图标式链接由于看不到具体链接内容而更具有迷惑性,但目前相关研究很少。

2) 添加收件人相关信息

添加收件人相关信息表现为直呼收件人姓名、添加收件人公司信息、订单信息、账号信息等。添加收件人相关信息可以提供卷入感,促使被试回应邮件要求。Holm 等人[187]发现添加收件人姓名、所在组织名称等相关信息后,用户回复邮件的概率增加了 22.1%。Bullee 等人[171]发现鱼叉式钓鱼邮件(直呼被试姓名)的成功率是传统钓鱼邮件(模糊称呼)成功率的 1.693 倍。Wright 等人[203]也发现直呼用户名字的钓鱼邮件成功率是没有直呼用户名字的邮件钓鱼成功率的 2.6 倍,他们认为添加用户名字等信息可以促使用户用类似于启发式的方法快速做出决策。

3) 设置紧急状况

犯罪者经常在邮件中添加可诱发情绪反应时的刺激来攻击用户心理弱点[198]。设置时间紧迫性和利益诱惑是两种比较常见的方式。

操纵时间紧迫性体现为添加紧急信息,像时间截止信息或紧急线索等。Wright 等人[203]发现要求立即回应的邮件是控制条件下钓鱼邮件成功率的 3.19 倍。Wang 等人[199]认为对紧急线索的注意会影响对邮件的加工,时间紧迫性会给用户压力,使用户转变决策策略,减少深度思考并且产生迎合的需要。时间紧迫线索会激发出强烈的情绪反应,如恐惧、兴奋等;在时间紧迫的情况下,人们常考虑较少的线索,从而做出次优决策[177]。

设置和利益相关的线索会让用户兴奋,吸引用户的注意,影响用户对信息的真实性的判断[198]。Goel 等人向被试发送 8 种钓鱼邮件,结果显示与志愿者报名邮件和领取杀毒软件邮件相比,被试更多地点击查看领取礼品卡和 iPad、学费援助和课程注册邮件。Harrison 等人[185]发现奖励钓鱼邮件和警告钓鱼邮件的成功率没有显著差异,但是错误地认为退款是一个“赚钱机会”的被试网络钓鱼邮件风险更高。

综上所述,情境因素是影响钓鱼邮件成功率的重要因素,攻击者通过操纵邮件特征和内容为用户设置心理陷阱来攻破人类防火墙,因此有必要结合人的特点以及邮件特征展开系统研究,以达到提高防范钓鱼能力的目的。

3. 系统因素

系统特征是影响人机协作的重要因素[172],现有很多反钓鱼工具帮助降低网络钓鱼风险,但是有人发现这些工具是低效的[168],并且用户会忽略警报继续浏览危险网页[180]。因此,研究者开始思考邮件系统特征对防范网络钓鱼的影响,反钓鱼工具的作用通常与用户对该系统的信任有关。虽然在网络钓鱼领域中与系统可靠性相关的研究较少,但是与人机交互相关的文献可作为重要的参考,常见的系统特征包括:可靠性[175]、反馈[175]、系统透明性[192]等。

1) 系统可靠性

可靠性是系统在一定时间区间内完成一定功能的能力[170],是系统信任形成的基础,可靠性越高,用户对系统的信任水平越高[174]。研究发现,当用户发现系统产生显而易见的错误时会降低信任水平[178],这种质疑会影响任务表现[173]。Hillesheim 和 Rusnock[186]等人发现可靠性水平越高,被试绩效越好。在使用邮件系统时,邮件系统可靠性也会影响用户的回复行为,Chen 等人[175]发现邮件系统可靠性越高,被试对邮件系统越信任,判断正确率也越高。

2) 系统反馈

用户对系统的信任受到反馈的影响,如反馈准确性和真实性[193]。在网络钓鱼研究中,如果没有反馈,那么被试对系统漏报有虚高的遵从率,但提供反馈后遵从率会降低,这说明反馈有可靠性矫正的作用[175]。提供系统反馈后被试会更加信任系统,更多地听取系统建议,做出决策的时间会更短。

3) 系统透明度

系统透明度也会影响网络钓鱼风险。研究表明,提供系统解释信息可以提高用户对系统的理解程度和信任水平[192]。Ramesh 等人[192]开发了反钓鱼工具,当用户点击邮件链接时,查找与链接最相似的官方链接,帮助对比确认邮件的准确性。研究结果发现,提供邮件系统判断的标准和解释可以帮助用户理解系统决策,提高对邮件系统的信任水平,减少进入钓鱼网页的概率。Chou 等人[176]开发的反钓鱼插件,在用户浏览钓鱼网站时会显示网站的危险程度和对网站 URL、图片域名等一系列检查结果,帮助用户判断。

综上,系统的可靠性、反馈方式和透明度会影响用户使用系统时的感受和情绪状态,并间接影响对系统决策遵从等行为,进而影响对钓鱼邮件的鉴别。目前,这一领域的相关研究较少,结合个体差异和情境因素的研究将有助于开发反钓鱼辅助系统,改善人与系统的协作程度，降低网络钓鱼的风险，提高网络的安全性。

4. 网络钓鱼的心理加工过程模型

除单独分析网络钓鱼影响因素外，各因素之间联结的心理加工过程也是研究者关注的重点。网络钓鱼过程模型是分析用户处理钓鱼邮件动态过程建立的理论模型，其中较有影响力的模型为：Vishwanath 的加工模型[198]和 Harrison 的加工模型[185]。

Vishwanath 的过程模型如图 1-16 所示。Vishwanath 等人[198]认为邮件负荷、卷入程度、知识经验等个体差异形成处理邮件前的心理倾向，这个倾向会影响对邮件各元素的注意，进而影响邮件的分析加工，最终形成回复行为。研究结果显示，整个模型可以预测 46% 的回复行为，卷入程度和邮件负荷会影响对邮件元素的注意力分配，这种注意力分配偏差会影响后续分析加工最终影响网络钓鱼易感性。对紧急线索和标题的注意会增加回复行为，而对邮件来源和拼写语法的注意会减少回复行为，因此个体差异会影响对钓鱼邮件的注意加工进而影响网络钓鱼回复行为。

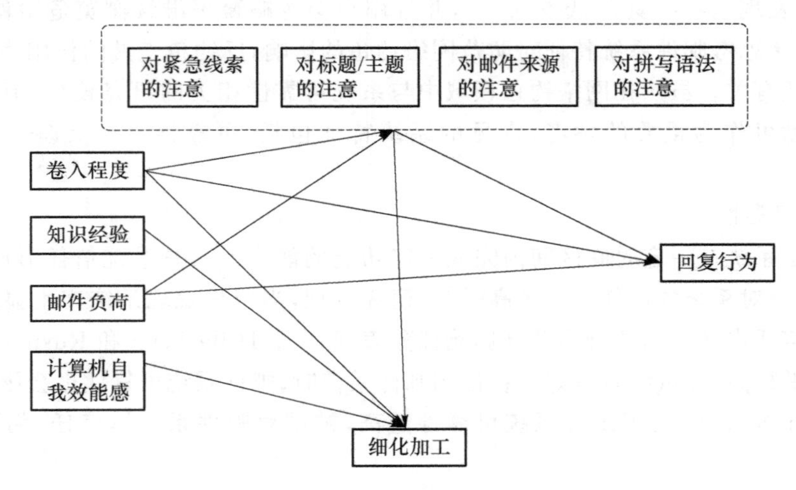

图 1-16　Vishwanath 的过程模型

Harrison 等人[185]认为邮件特征与个体差异会影响用户的认知加工过程，进而影响网络钓鱼易感性，如图 1-17 所示。他们认为邮件说服性信息和邮件拼写错误会影响被试对钓鱼邮件的加工处理，并且邮件知识经验和网络钓鱼知识会形成对邮件加工的图式影响对邮件的注意与评估，最终影响网络钓鱼易感性。研究结果证实了邮件经验和网络知识丰富的被试对邮件注意和加工水平更高，他们会对邮件进行深层次的加工，进而降低回复可能；虽然不同说服性线索的邮件回复率没有差异，但是认为“退税是一个赚钱的机会”的被试会更多地回复钓鱼邮件。由此可见，个人特质和邮件特征会共同影响网络钓鱼易感性。

上述模型都对处理钓鱼邮件的认知过程提出了各自的假设并且可以部分解释网络钓鱼易感性，但是侧重点不同。其中：Vishwanath 的过程模型将邮件内容拆解为多个元素，侧重解释对邮件不同元素注意的重要性；而 Brynne Harrison 的过程模型还思考了邮件特征的影响，认为情境因素和个体先验因素会影响认知加工过程进而影响网络钓鱼易感性。但是上述过程模型没有量化各因素在共同作用中的作用比重，因此无法预测一个因素发生变化时最终网络钓鱼易感性会怎样变化，并且无法了解如何调整各因素的比重来实现有效的干预，所以后续研究量化各因素的作用比重才能实现最终目标。

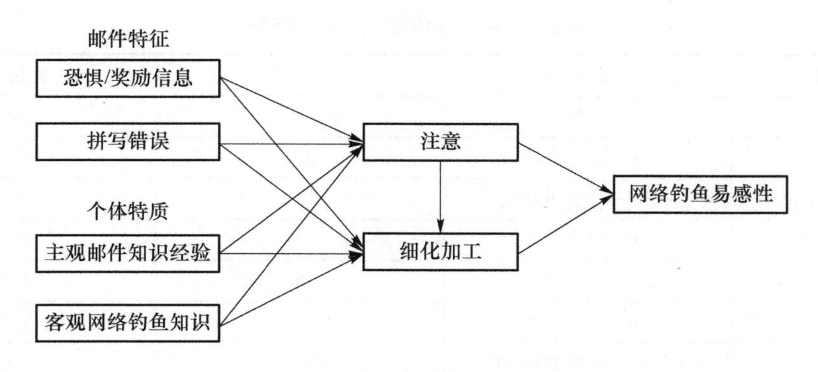

图 1-17 Brynne Harrison 的过程模型

从网络钓鱼过程模型可以看出，个体特质和邮件特征不是单独作用于钓鱼邮件的加工过程，因素间的作用也会影响回复行为。用户的知识经验与卷入程度等心理倾向和邮件特征的外部刺激会共同作用于认知加工过程，进而影响决策行为，所以后续干预手段不仅要注重单因素的影响作用，也要注意因素间联结的动态过程。

1.3.2 个体特征与情境因素的关系

1. 研究目的

通过文献回顾，可初步判断出个体特征、情境因素和系统特征是影响网络钓鱼风险的重要方面，不过以往的研究大多局限于探讨其中某一个或某两个影响因素，因此所得结论难以比较和综合。本研究试图将个体特征和情境因素结合起来，深入探讨网络钓鱼影响因素和行为机制。

2. 研究假设

时间紧迫性和收件人相关信息会占据被试认知资源，提高卷入度，与邮件鉴别表现负相关[203,171]，所以研究假设添加时间紧迫性和收件人相关信息后，被试更多地回复钓鱼邮件，更少地删除钓鱼邮件和查询钓鱼邮件的相关信息。Moody 等人[190]的研究显示个体特征和邮件特征交互影响钓鱼邮件的回复行为，在发件人是熟人的条件下，风险感知与网络钓鱼风险负相关。冲动倾向高的被试缺乏预先考虑，容易因感觉寻求点击钓鱼邮件[191]，所以研究假设时间紧迫，收件人信息和网络钓鱼风险的关系会受到冲动倾向的影响，在添加时间紧迫性和收件人相关信息后，冲动水平高的被试会更多地回复钓鱼邮件。

3. 研究方法

1）研究对象

所有被试均通过互联网平台招募，要求上网经历最少 2 年并且一周最少使用 3 次邮箱。本研究共回收 720 份问卷，剔除无效问卷后剩余 518 份有效问卷。被试年龄区间为 18～52 岁，其中男性占 45.1％，65％的被试为学生，13％的被试接受过网络钓鱼相关教育培训。具体人口学信息统计如表 1-4 所示。

表 1-4　人口学信息统计($N=518$)

统计项目	项目分类	人数/人	比例/%
年龄 * 性别	总共	518	100
	18～25 岁合计	370	90.15
	18～25 岁男性	161	41.89
	18～25 岁女性	209	48.26
	26～35 岁合计	130	8.88
	26～35 岁男性	68	3.86
	26～35 岁女性	62	5.02
	36 岁以上合计	18	0.97
	36 岁以上男性	11	0.58
	36 岁以上女性	7	0.39
专业	文科	139	26.83
	理科	238	45.95
	工科	141	27.22
职业	在校学生	343	66.22
	就业中及待业	175	31.08
学历	初中及高中	11	0.19
	大学本科或专科	264	50.96
	研究生及以上	243	46.91
是否被网络钓鱼成功欺骗过	是	49	9.46
	否	469	90.54

2）实验设计

本研究采用三因素混合设计，组内自变量为时间紧迫性(有/无)和收件人信息(有/无)；组间自变量为冲动倾向(高/低)，因变量为邮件鉴别表现，包括回复钓鱼邮件的可能性、删除钓鱼邮件的可能性和查询邮件相关信息的可能性。

3）测量工具

使用 UPPS-S 问卷测量被试的冲动倾向，该量表由 5 个分量表组成，分别为负性急迫性(4 个条目，$\alpha=0.67$)、正性急迫性(4 个条目，$\alpha=0.80$)、感觉寻求(4 个条目，$\alpha=0.69$)、缺乏坚持性(4 个条目，$\alpha=0.69$)和缺乏预见性(4 个条目，$\alpha=0.71$)，共 20 题，5 点评分(非常不同意～非常同意)，量表得分越高，冲动倾向越高。

4）实验材料

本研究使用的邮件材料操纵了邮件性质、时间紧迫性和收件人相关信息，共有 8 种水平。体现为 2(邮件性质：钓鱼邮件和合法邮件)×2(时间紧迫性线索：有时间紧迫性和无时间紧迫性)×2(收件人信息：有收件人信息和无收件人信息)，每种条件下有 2 封邮件，共 16 封邮件。其中钓鱼邮件体现为邮件地址错误与链接非官方链接；时间紧迫性体现为邮件添加时间限制信息，如 24 小时之内回复、立即点击等；收件人信息体现为直呼张伟姓名，而不用尊敬的用户代称。邮件从网络钓鱼案例和真实生活中搜集而来。

5）实验任务

被试填写人口学问卷后执行邮件鉴别任务。要求被试查阅每封邮件后在以下3个问题上进行5点评分(1极不可能～5极有可能)：①回复这封邮件的可能性；②删除这封邮件的可能性；③查询这封邮件相关信息的可能性。完成邮件辨别任务后填写冲动倾向问卷。

4. 实验结果

1）时间紧迫性与收件人相关信息对回复邮件的可能性的影响

对回复邮件的可能性进行2×2重复测量方差分析。分析结果显示，时间紧迫性主效应显著($F(1,517)=32.325$，$p<0.001$)，添加时间紧迫性后被试回复邮件可能性显著提高。收件相关信息主效应显著($F(1,517)=116.763$，$p<0.001$)，添加收件人相关信息后被试回复邮件可能性显著降低。两者的交互效应也显著($F(1,517)=28.983$，$p<0.001$)，简单效应检验发现，在有收件人信息的条件下，添加时间紧迫性后被试更多地回复钓鱼邮件(均值差值为0.418^{***})，而没有收件人信息时，有无时间紧迫性回复邮件可能性差异不显著，具体结果如表1-5和图1-18所示。

表1-5 邮件辨别任务在各个条件下的描述统计

时间紧迫性	回复邮件的可能性		删除邮件的可能性		搜索邮件信息的可能性	
	有收件人信息	无收件人信息	有收件人信息	无收件人信息	有收件人信息	无收件人信息
有	2.510±1.173	2.821±1.182	2.904±1.214	2.737±1.179	3.342±1.236	2.810±1.208
无	2.092±1.020	2.818±1.251	3.185±1.206	2.577±1.241	3.087±1.197	3.315±1.246

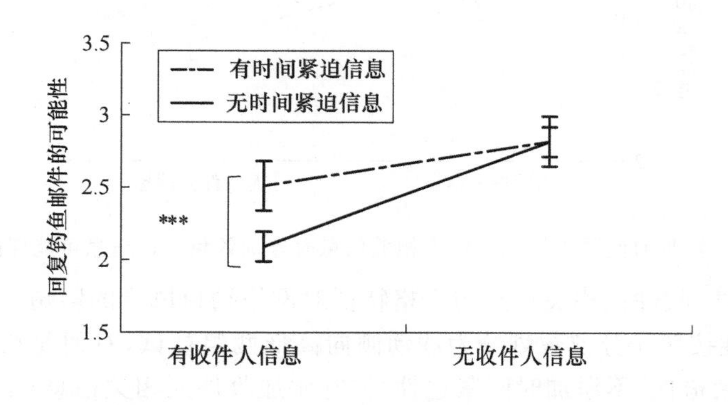

图1-18 添加时间紧迫性和收件人相关信息时回复钓鱼邮件可能性的差异

2）时间紧迫性与收件人相关信息对删除邮件的可能性的影响

对删除邮件的可能性进行2×2重复测量方差分析。分析结果显示，收件人相关信息主效应显著($F(1,517)=75.830$，$p<0.001$)，两者的交互效应也显著($F(1,517)=40.356$，$p<0.001$)。在没有时间紧迫信息时，添加收件人相关信息后被试删除邮件可能性显著提高(均值差值为0.608^{***})，但是在时间紧迫条件下，添加收件人相关信息后被试更少地删除钓鱼邮件(均值差值为0.168^{**})，具体结果如图1-19所示。

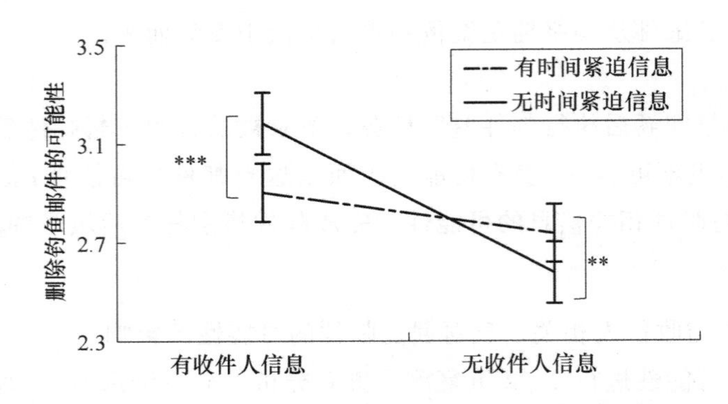

图 1-19　添加时间紧迫性和收件人相关信息时删除钓鱼邮件可能性的差异

3）时间紧迫性与收件人相关信息对查询邮件相关信息的可能性的影响

对查询邮件相关信息的可能性进行 2×2 重复测量方差分析。分析结果显示，时间紧迫性主效应显著（$F(1,517)=11.038$，$p\leqslant 0.001$），收件相关信息主效应显著（$F(1,517)=10.561$，$p\leqslant 0.001$），两者的交互效应也显著（$F(1,517)=100.000$，$p<0.001$）。在时间紧迫条件下，添加收件人相关信息后被试查询相关信息的可能性显著高于没有收件人信息时被试查询信息的可能性（均值差值为 0.534***），在没有时间紧迫信息时，添加收件人相关信息后被试查询相关信息的可能性显著低于没有收件人信息时被试查询信息可能性（均值差值为 0.228***），具体结果如图 1-20 所示。

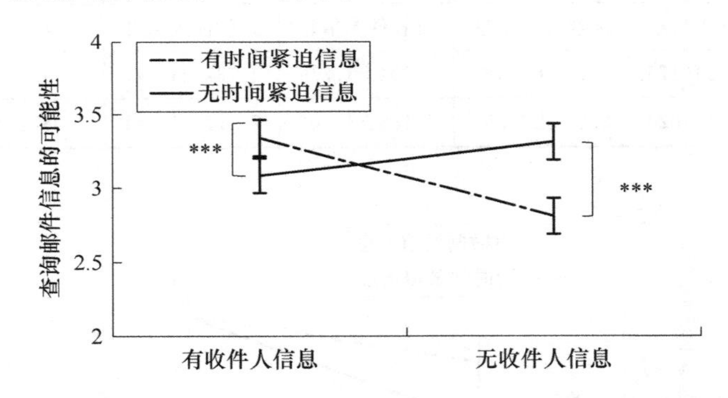

图 1-20　添加时间紧迫性和收件人相关信息时查询钓鱼邮件信息可能性的差异

4）时间紧迫性，收件人相关信息与人格特征对网络钓鱼风险的影响

将负性急迫性按照 4 分位数划分为冲动倾向高低两组被试，对回复钓鱼邮件的可能性进行 2（添加时间紧迫性/不添加时间紧迫性）×2（添加收件人相关信息/不添加收件人相关信息）重复测量方差分析，并把冲动倾向放入主体间因子分析。分析结果显示，负性急迫性主效应显著（$F(1,517)=4.176$，$p<0.05$），负性急迫性得分高的被试回复钓鱼邮件可能性较高。收件人相关信息主效应显著（$F(1,517)=37.407$，$p<0.001$），添加收件人信息后被试回复钓鱼邮件可能性降低。收件人信息与冲动倾向交互效应显著（$F(1,517)=12.680$，$p<0.001$），简单效应检验后发现，有收件人信息时冲动倾向高的被试更容易回复钓鱼邮件（均值差值为 0.738***），而没有收件人信息时，冲动倾向高低组被试回复钓鱼邮件可能性差异不显著。时间紧迫性、收件人信息和冲动倾向的其他维度交互均不显著。具体结果如表 1-6 和图 1-21 所示。

表 1-6 邮件辨别任务在各个条件下回复钓鱼邮件可能性的描述统计

时间紧迫性	添加收件人信息		不添加收件人信息	
	冲动倾向高	冲动倾向低	冲动倾向高	冲动倾向低
有	2.800±1.255	2.195±1.141	2.747±1.152	2.695±1.275
无	2.336±1.144	1.915±.940	2.778±1.232	2.890±1.258

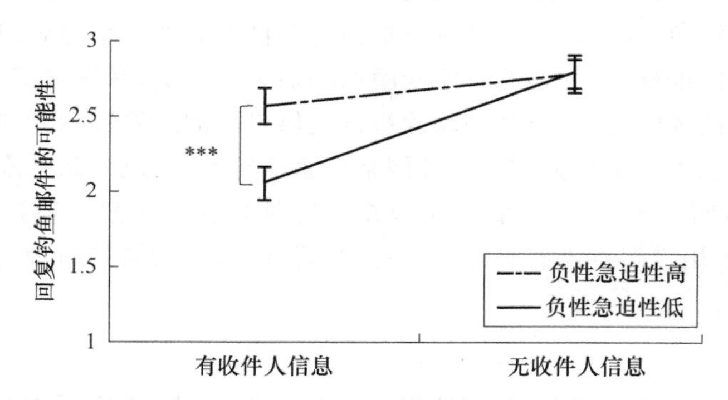

图 1-21 添加收件人信息时，高/低冲动倾向被试回复邮件的差异

本节探讨了个体特征与情境因素对网络钓鱼风险的影响。两个情境因素分别为：有无时间紧迫性和有无收件人相关信息；人格特质重点关注冲动倾向。

实验结果显示，添加时间紧迫性后，被试网络钓鱼风险提高，这与前人研究结果一致[199,203]。时间紧急信息会占据被试大量的认知资源，影响被试对邮件上下文等线索的加工，从而提高网络钓鱼风险。时间紧急信息还会影响被试的情绪，看到时间截止等信息，被试会产生恐惧、焦虑等情绪，从而加快决策过程。所以，添加时间紧迫信息后被试更容易回复钓鱼邮件，并且更少地查询邮件的相关信息，拒绝其他可能验证邮件性质的方式。

不过前人的研究显示，添加收件人相关信息后，被试处理钓鱼邮件的表现更差[171,187]，而在研究中并没有验证收件人信息对网络钓鱼风险的负面影响。原因可能是，外贸作为接触网络钓鱼邮件较多的行业，每天会应对大量钓鱼邮件。为追求更真实的人物背景，实验设置了在外贸公司工作的张伟这一角色，由于本实验 65%的被试为学生，可能不了解外贸公司的工作性质，所以造成设置情境代入感不足，卷入度较低，从而对实验结果产生一定的影响。

在回复钓鱼邮件可能性、删除钓鱼邮件可能性和查询邮件相关信息可能性上，两者交互效应显著。在有收件人信息的条件下，添加时间紧迫线索后被试更容易回复钓鱼邮件，更少地删除钓鱼邮件和查询相关信息。这表明，和添加收件人的相关信息造成的情景卷入度不足的问题相比，时间紧迫性对网络钓鱼风险的影响更大。前文详细解释过时间紧迫性对被试认知加工资源和情绪的影响，所以添加时间紧迫线索和收件人信息后，被试的网络钓鱼风险依然显著提高。

实验结果还显示，人格特质不仅会影响网络钓鱼风险，还会影响邮件情景因素与网络钓鱼风险的关系。负性急迫性得分高的被试更容易回复钓鱼邮件，这可能是因为冲动倾向高的被试情绪不稳定并且较少考虑行为后果，所以应对账户或财产等威胁的能力较差。冲动倾向高的被试可能因为好奇和感觉寻求点击链接，使得网络钓鱼风险增加。与没有收件人信息条件相比，添加收件人信息后，冲动的被试更容易回复钓鱼邮件。这可能是由于操纵收件人信息体现在是否直呼角色的名字，收件人信息的两个水平之间差异较小，而冲动倾向高的被试可能用类似启发式的方式快速进行决策，较少思考邮件细节，忽略了角色的背景信息，降低了收件人信息的正面作用，使得网络钓鱼风险增加。

研究验证了情境因素会影响网络钓鱼风险并且人格会影响情境因素与网络钓鱼风险的关系。在实际生活中，可以采取多种方式提高网络安全水平。首先，在邮件内添加时间紧迫线索提高被试网络钓鱼风险，邮件系统可以加强对邮件中时间截止等时间紧迫线索的检测，提高钓鱼邮件检测的准确率，加强应对安全隐患的能力。其次，激发被试的情绪，使之冲动，从而提高网络钓鱼的风险，所以应为冲动的被试提供更强的风险提示，如邮件内容提供链接或验证码时可以提示不安全行为的风险和网络钓鱼危害等。最后，邮件添加收件人信息时，冲动的被试更容易回复邮件，所以我们可以结合邮件特征和用户个体特征定制系统设置。例如，冲动倾向高的用户想点击有收件人信息的邮件中可疑的链接时，邮件系统强制等待3秒钟并提醒风险等。

1.4 网络运维脆弱性分析基础理论

网络运维脆弱性分析的基础，是构建网络运维脆弱性分析的基础理论，主要需要对网络运维、网络运维脆弱性、网络运维脆弱性分析等概念进行有效的辨析，定义网络运维脆弱性的内涵和外延，明确网络运维脆弱性与传统的网络安全漏洞在研究目标、研究对象和研究方法上的区别和联系，进一步明晰网络运维脆弱性产生的原因和主要分类。

1.4.1 背景和意义

没有网络安全就没有国家安全，就没有经济社会稳定运行，广大人民群众利益也难以得到保障。网络空间安全已经不再单纯是一个技术问题，而成为一个关系着国家安全和国家主权，关系着社会稳定和长治久安，关系着民族复兴和民族希望的重要问题。面对网络安全日益严峻的形势，建立维护网络安全的长效机制，全面构建网络安全防护体系，已经刻不容缓。

全面构建网络安全防护体系，其基础要求和首要任务是全面识别和分析信息网络和信息系统的脆弱性，为全面评估网络安全风险进而提升网络安全防护水平奠定基础。根据国家标准《信息安全技术 信息安全风险评估规范》(GB/T 20984—2007)，脆弱性识别是指分析和度量可能被威胁利用的资产薄弱点的过程，它以资产为核心，在网络安全风险评估时，应该针对每一项需要保护的资产，识别可能被威胁利用的弱点，并对脆弱性的严重程度进行评估，进行定性或定量的赋值。

1.4.2 基本概念

1. 网络运维

网络运行维护，简称网络运维，是指为保障网络与业务正常、安全、有效运行而采取的生产组织管理活动,它通常由网络维护管理单位或服务承包商组织实施。依据《信息技术服务 运行维护第1部分:通用要求》(GB/T 28827.1—2022),网络运维的主要工作包括例行操作、响应支持、优化改善和调研评估四大类,其操作对象通常涵盖基础环境、网络平台、硬件平台、软件平台、应用系统、业务数据等方面,可以说,运维工作贯穿整个网络或业务系统的生命周期,对网络的平稳运行起着不可替代的作用。

网络运维的概念常常和网络管理的概念一起使用,在一些场合上也常常被相互替换或同时使用,被统称为网络运维管理。严格意义上说,网络管理的内涵更偏向于顶层,更加关注网络流程的设计,根据国际标准化组织的定义,网络管理主要包括故障管理、配置管理、性能管理、计费管理等功能,涵盖了网络设计、实施和运行的整个生命周期,而网络运维的内涵更偏向于底层,更加关注于具体问题的处理流程。在这里,不对两个概念进行严格区分。

2. 网络运维脆弱性

从网络运维的基本概念可知,网络运维在保障整个网络平稳运行上无可替代。网络运维的目标是解决网络故障,保证网络正常运行,在这个过程中,网络的安全性常常被放置在次要的位置上,甚至被忽略,从而为网络安全带来隐患,也产生了网络运维脆弱性。

网络运维脆弱性,是指在网络运维管理活动中,由于运维流程设计得不规范、不严密,使得为保证运维活动的正常开展而进行的网络配置、做的运维管理动作或动作序列、实施的网络运维策略,对网络空间各要素所能够产生的负面影响。网络运维脆弱性产生的主要原因如下。

一是运维人员的疏忽或错误。网络运维工作常常十分紧急和复杂:从运维对象上来说,其包括网络设备、服务器设备、通信线路等多种对象,每种对象的维护方法各不相同;从运维流程来说,处理一个事件或问题,常常需要对整个网络进行全面分析,按照先后顺序操作多个设备;从任务数量和时限来说,每个运维人员,每天常常需要处理多个运维任务,而且这些任务也常常是突发情况,具有严格的完成时限,在这种情况下,如果没有严格的流程和事后校验机制,运维人员不可避免地会产生疏漏和错误,这些疏漏和错误,很可能会对网络的安全状态产生影响。

二是缺乏必要的理论和工具。评估网络运维配置和活动对网络安全的影响,其研究才刚刚起步,缺乏必要的理论和工具,甚至对于一些广为人知的弱点和漏洞,也缺乏较好的解决方案。以网络服务的密码管理为例,运维人员知道网络服务不能设置相同或者相近的密码,知道需要定期更换所有的密码,并且在一段时间内不能重复,但是面对成百上千的密码,如何生成密码,如何记录密码,如何更换密码,却缺乏相应的理论和工具支持,使得运维人员常常无法从根本上规避这些弱点,从而使得相关安全隐患一直存在于网络中。

3. 网络运维脆弱性分析

网络运维脆弱性分析,即针对网络中可能的运维策略、运维动作或运维系统,评估网络中为保证运维活动正常开展而进行的网络配置,或者是具体运维动作序列对网络、应用、数据安全状态所产生的负面影响,从而达到规避潜在的安全风险,提升网络安全防护水平的目的。

网络运维脆弱性分析可以针对合作网络进行,也可以针对非合作网络进行。在针对合作网络进行分析时,主要是通过对网络空间内物理域、网络域、信息域、社会域、认知域中的信息进行广泛收集和关联分析，发现所有通过运维管理不善来进行渗透的路径，其强调的重点在于渗透路径分析的全面性，以及发现这些渗透路径的效率。对于非合作网络，网络运维脆弱性分析强调的是：是否能够快速发现一条可行的渗透路径，是否能够通过诱导管理员执行特定动作，实现自身权限的快速跃升，其强调重点在于在不完全信息下的对手动作的估计和利用。在本报告中所讲的网络运维脆弱性分析，主要针对合作网络进行。

1.4.3 基本分类

按照产生脆弱性的对象不同，网络运维脆弱性可以分为网络运维配置脆弱性、网络运维动作脆弱性和网络运维策略脆弱性 3 种，对应的分析过程称为网络运维配置脆弱性分析、网络运维动作脆弱性分析和网络运维策略脆弱性分析。网络运维配置脆弱性分析的分析对象是网络配置，它主要分析因运维管理活动引入的网络配置，对网络安全状态带来的负面影响；网络运维动作脆弱性分析的分析对象是网络动作序列，它主要分析执行特定的网络运维动作序列后，对网络安全状态造成的负面影响；网络运维策略脆弱性分析则关注于给定网络运维策略，发现可能的运维动作序列对网络安全状态造成的负面影响。

3 种不同的网络运维脆弱性之间互为支撑，如图 1-22 所示。其中，网络运维配置脆弱性位于最底层，它是最简单的网络运维脆弱性，主要研究网络在某个状态下的脆弱性发现的相关问题；网络运维动作脆弱性位于中层，它主要研究正在执行的网络动作，也就是网络变化过程中的脆弱性发现问题；网络运维策略脆弱性位于最高层，主要研究在给定抽象的运维策略时，如何发现其中的脆弱性的问题。

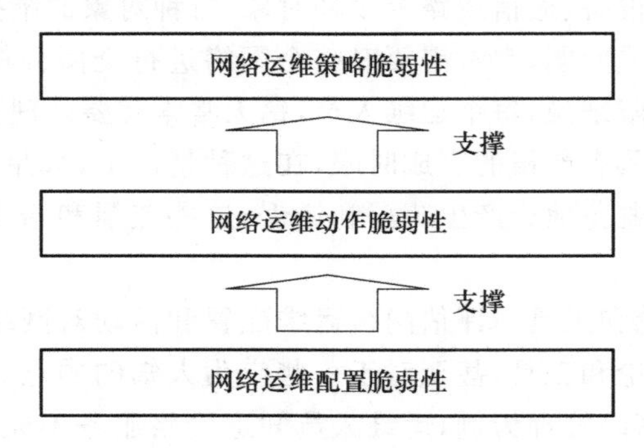

图 1-22　网络运维脆弱性的层次结构

1. 网络运维配置脆弱性

网络运维配置脆弱性主要指由于在网络配置中增加了运维的相关配置，或者配置管理不当而产生的网络脆弱性，其典型的情况如下。

1）网络多域攻击路径的防护不合理

在网络空间的安全防护配置部署过程中，需要同时在多个域内设置安全策略，这些域可能包括物理域、网络域、信息域、认知域、社会域等，这些域内的安全策略在配置时，依照管理员固有经验独立配置，容易产生多域安全策略不协调的情况，缺乏对跨域攻击的整体分析和防护能力。具体可能表现在：允许普通用户进入机房，从而使其可以物理接触敏感业务；关键网络业务使用默认密码，从而使非授权人员可以轻易访问；不同的门禁系统设置同样的密码，从而使得非授权人员可以随意进出敏感场所；等等。这些问题的存在，使得攻击者可以通过多域内的动作共同作用来发动网络攻击。

2）对运维人员个人偏好引发的脆弱性缺乏防护

在网络空间安全防护配置部署过程中，很大一部分的设置是由具体运维人员个人所决定的，这就致使网络运维管理配置上，存在着运维人员的个人风格，也可以说是个人偏好，由同一运维人员维护的设备或管理的信息，容易出现明显的相似性。比如说，安装相同或相似版本的操作系统，打相同或相似的补丁，部署相同或相似的安全设备，配置相同或相似的安全策略，使用相同或相似的密码，等等。这些相似性的存在，使得攻击者能够利用相同或相似的方法在网络中进行逐步渗透，在一台设备被攻击后，攻击者可能能够使用相同的方法去攻击其他设备，从而使得看起来挺严密的防护体系很容易就被攻破了。

3）设备功能失效会引发网络安全配置失效连锁反应

现代网络服务的架构逐渐复杂，特别是面向服务的架构（SOA）的兴起，使得某些防护策略依赖特定的网络服务（如认证服务依赖认证服务器、门禁系统依赖门禁服务器），可以通过攻击这些业务的后台服务器使得相应的防护策略失效。如果这种级联失效在网络设计时没有被充分考虑，那么有可能产生严重的后果。比如，部分前端认证产品在认证服务器无法连接时，默认采取放行策略，这样会使得攻击者通过攻击认证服务器，达到接入网络的目的。

2. 网络运维动作脆弱性

网络运维动作脆弱性主要指由于网络运维不合理的动作或动作序列产生的网络脆弱性。在网络运维过程中，最基本的动作包含状态收集和配置更改两类。前者一般是为了获取网络中的状态信息，发现可能出现的网络问题，为故障诊断提供依据；后者一般是针对特定的任务，在不同运维策略指导下为解决特定任务或处理特定问题而实施一系列的动作。通常，网络运维动作的脆弱性表现在如下三个方面。

1）网络运维动作结果引入的脆弱性

网络运维动作的一个重要作用，即是对网络空间的结构、配置、软硬件设备进行更改，这种更改可能为网络引入新的攻击点，即脆弱性。比如，新架设一个网站这个动作，可能会在物理域内引入新的网站服务器，在网络域内引入新的网络服务，在信息域内引入新的需要保护的密码信息，等等。这些对网络空间的更改均可能会对网络空间的安全性产生负面影响，致使网络的脆弱性发生变化，而这种脆弱性的变化即为网络运维动作的脆弱性。

2）网络运维动作实施引入的脆弱性

除了运维动作结果对网络空间产生脆弱性外，实施运维动作本身也会对网络空间引入新的脆弱性。一方面，运维动作一般需要运维人员提供某些敏感信息，如设备管理地址、设备的管理口令等，在这个过程中，若攻击者可以对运维人员动作进行监控，则有可能获取到这些信息。另一方面，网络运维动作的实施常常需要为运维人员授予临时的权限，这个临时的权限可能使该维修人员获得更多的权限。例如，为了处理空调故障，需要空调维修人员进入敏感数据机房，这个过程授予了空调维修人员额外的物理域权限，而他也可能使用该权限获得某些网络服务的使用权。

3）网络运维动作序列实施引入的脆弱性

在网络运维实施过程中，运维动作常常是以序列的形式出现的，而且这些网络运维动作序列会有明确的执行顺序或执行限制，因人员疏忽或意外造成执行顺序意外会为网络引入额外的脆弱性。比如，服务器部署后，因调试原因一般会开启调试端口，等调试完成后再关闭。在此过程中，若运维流程不严密，则很容易出现调试端口未关闭的情况，会使得攻击者可以利用调试端口来攻击网络，这就是因网络运维动作序列被破坏而引发的脆弱性。

3. 网络运维策略脆弱性

网络运维策略脆弱性主要指由于实施不合理的网络运维策略而产生的网络脆弱性。其中网络运维策略，主要明确了在网络运维过程中，如何组织各种运维动作，实现预定的网络运维目标。它一般是抽象的、规范性的。相较于网络运维配置和网络运维动作，网络运维策略处于高层，对其脆弱性的衡量主要是通过实施该策略可能达到的安全状态或实施的运维动作来实现的。在网络运维策略分析时，网络使用者、网络运维者和网络攻击者三类用户会分别根据自身的策略，对网络实施各种影响，使得网络状态根据不同的动作动态变化。网络运维策略应重点分析在网络攻防博弈过程中，是否能够通过运维策略使网络到达不安全的状态，或者是否允许了攻击者的攻击序列正常执行。对网络运维策略带来的脆弱性，应该重点分析攻击者能够通过引导管理员的某些动作，达到改变网络状态或提升权限的目的，具体地，可以通过如下三个方面进行分析。

1）网络运维策略实施成本引入的脆弱性

对于某一网络运维策略来说，其在实施过程中必然会需要一定的成本。这些成本可以是经济上的，也可以是人力上、设备上或时间上的。如果在网络运维策略实施过程中，这些成本无法被满足，那么该网络运维策略所规定的动作序列将无法被执行，从而为网络空间引入新的脆弱性。比如，某公司的入侵行为检测，依赖于管理员人工查看入侵检测系统上的告警信息，缺乏必要的关联分析手段时，攻击者可以通过伪造大量的虚假攻击数据包，使入侵检测系统产生大量的虚假报警，使得管理员陷入忙乱状态，无法分清真实的报警和虚假的报警，从而遗漏真实的入侵事件。

2）网络运维策略实施前提引入的脆弱性

某些网络运维策略的实施，特别是安全事件处置相关的运维策略，其实施有着较强的前提条件，攻击者可以通过某种方式使其外部依赖失效，达到绕过该运维策略的效果。比如，网络访问控制策略的实施，依赖于网络中的防火墙设备，可以通过伪造空调维护公司电话号码，给网络管理员打电话，冒充空调维护人员进入机房，改变机房内某条跳线位置，实现绕过防火墙的功能。再比如，网络依赖通过入侵检测系统来判断入侵事件，但是该系统特别依赖于交换机上配置的端口流量镜像策略，如果攻击者可以得到该网络设备的管理权限，那么可以通过关闭交换机上的端口流量镜像策略，使得该入侵检测系统失效。

3）运维策略实施负面作用引入的脆弱性

网络运维策略实施的主要目的，是处理某些网络故障或网络事件，但是在这个过程中，对网络空间的安全状态会有一定的负面影响，那么攻击者可以通过制造相应的网络故障或网络事件，利用管理员动作的负面影响，实施相应的攻击。比如，某单位在发生网络接入认证系统故障时，会临时取消网络接入认证，针对这种安全策略，攻击者可以伪造空调维护公司电话号码，给网络管理员打电话，然后冒充空调维护人员进入机房，对网络接入认证系统进行物理破坏，然后等待网络管理员取消网络接入认证，实现将攻击终端接入目标网络的目的。再比如，如果管理员无条件信任来自某个电子邮件地址发送的威胁情报信息，那么攻击者可以通过伪造邮件地址，向管理员发布虚假威胁警报，诱导管理员安装虚假的补丁，从而实现木马的植入,等等。

1.4.4 网络脆弱性分析

网络脆弱性分析的概念来自网络安全风险评估,所谓脆弱性,主要指可能被威胁利用的资产或若干资产的薄弱环节。目前,对网络进行脆弱性分析,主要从软件、硬件、协议、结构等方面进行。

1) 软件脆弱性

网络软件脆弱性也称软件漏洞,对其进行分析的过程称为漏洞挖掘。长期以来,安全界投入了大量精力对软件漏洞进行挖掘[207],主要的方法可以分为静态漏洞挖掘和动态漏洞挖掘两大类。静态漏洞挖掘可以针对源程序文件,也可以基于二进制文件。其主要特点是在不执行目标程序的情况下,提取目标程序在词法、语法、语义上的特征,从而发现程序中存在的安全漏洞,其主要的方式包括基于中间表示的方法[209]、基于逻辑推理的方法[210,211]、基于模式匹配的方法[212-214]和基于补丁比对的技术[215-216]。与静态漏洞挖掘不同,动态漏洞挖掘需要在漏洞挖掘的过程中执行目标程序,从执行程序时的环境变化发现目标程序的安全漏洞,主要包括基于模糊测试[217-220]和基于符号执行[221-222]两种方法。

2) 硬件脆弱性

硬件脆弱性主要是分析网络设备所依托的超大规模集成电路中存在的安全漏洞,主要包括硬件木马、边信道漏洞、物理攻击和防篡改漏洞等。

① 硬件木马。硬件木马是最主要的安全威胁,它首先在 2007 年由 Agrawal 等人提出[223],具体指在电路设计和制造过程中被蓄意植入或更改的特殊电路模块,或者是设计者无意留下的设计缺陷[208]。对其检测和分析的过程主要可以分为流片前检测和流片后检测两大类。在流片前,可以使用的方法包括功能验证[224]、电路设计分析[225-226]、形式化验证[227-229]等方式。而在流片后,可以使用的方法主要可分为破坏性检测[230-232]、非破坏性检测[233-234]和旁路分析[209,235]三大类。

② 边信道漏洞。边信道漏洞是指攻击者能够利用电路非主要的输入或输出通道,来对电路的状态或敏感信息进行推断[208],主要的边信道包括功耗[236]、电磁辐射[237]、光[238]、时间开销[239]等,对其攻击主要包括简单边信道攻击和差分边信道攻击[240]。

③ 物理攻击和防篡改漏洞。物理攻击和防篡改漏洞指电气设备无法抵御某些物理破坏或篡改手段带来的漏洞,如通过电源电压、时钟信号、紫外线、微探针、剥层分析等方法,对硬件结构进行篡改,暂时或永久地破坏目标元器件的电路,从而窃取存储在硬件中的密钥信息[208]。

3) 协议脆弱性

网络协议脆弱性分析主要是对计算机网络中网络协议的安全性进行分析与验证,发现其中的设计实现错误与安全缺陷。对于网络协议进行安全性分析,主要可以分为面向协议抽象规范的方法和面向协议实施的方法两大类。面向协议抽象规范的方法,其输入主要是协议的抽象设计规范,关注与协议的交互过程中,是否能够使参与协议的各方获得额外的信息[241],主要使用的方法包括计算方法和形式化方法,前者主要关注密码安全原语的安全性证明[242-243],后者则通过形式逻辑[244-245]、模型检测[246-247]和定理证明[248-249]等方法对协议交互的安全性进行证明。面向协议实施的方法，其输入是某个网络协议的具体实现，重点查找在网络协议实现过程中，是否引入额外的安全问题[250]，根据是否能够同时获取到协议实现的服务端和客户端，可以分为同时获取到服务端和客户端、仅获取到客户端、同时不能获取服务端和客户端三种情况，主要的分析方法为程序验证[251]、模型抽取[252-253]、协议逆向[254-255]、动态污点分析[256-257]等方法。

4）结构脆弱性

网络结构脆弱性分析，主要是依据复杂网络理论，以网络节点连接关系为基础，分析网络连接中的关键节点，以及节点毁坏对网络连通性或网络业务的影响。在这个研究领域，主要的研究内容包括三个方面：一是以 Barabasi 和 Albert 为代表的研究人员，主要关注于比较不同网络在不同攻击策略下的脆弱性[205,258-259]，从而研究复杂网络指标，如节点的度、介数等对网络结构脆弱性的影响；二是研究在同一网络中出现部分节点毁坏时，对网络级联故障的影响[260-261]；三是将研究扩展到相互依存网络中，主要关注存在相互依赖关系的复杂网络间，一个网络遭受破坏对另一个网络的影响[262-263]。这些研究成果不仅广泛应用于计算机网络，而且广泛应用于电力、航空、公路等其他类型网络。

基于上面的分析可以看出，传统的网络脆弱性分析，只针对网络实现时的特定组成，如软件、硬件、协议、结构等，而缺乏对网络运维管理过程中出现的脆弱性的分析，即针对网络运维配置、运维动作、运维策略等进行的脆弱性分析，本书提出的网络运维脆弱性分析的概念，实际上是从理论和实践上弥补这些不足，使网络脆弱性分析理论体系更加完整。

1.4.5 安全风险评估

正如 1.4.4 节所述，网络运维脆弱性分析将网络视为一个整体，重点分析网络在运维管理中出现的脆弱性。在安全风险评估领域，特别是基于模型的安全风险评估领域，有很多值得借鉴的工作，能够为本课题提供理论支撑。

对网络安全风险进行评估是一个被广泛研究而且取得了丰硕成果的领域。根据国家标准《信息安全技术 信息安全风险评估规范》(GB/T 20984—2007)，风险评估被定义为：依据有关信息安全技术与管理标准，对信息系统及其处理、传输和存储的信息的保密性、完整性和可用性等安全属性进行评价的过程。它要评估资产面临的威胁以及威胁利用脆弱性导致安全事件的可能性，并结合安全事件所涉及的资产价值来判断一旦发生安全事件会对组织造成什么样的影响[204]，同时给出了风险分析的原理（如图 1-23 所示）。

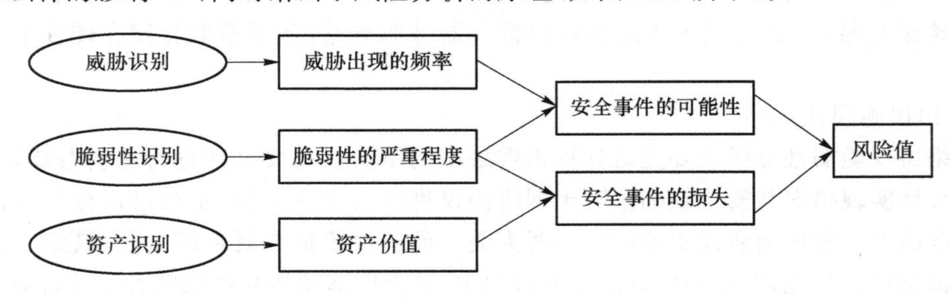

图 1-23　风险分析原理

对目标进行网络安全风险评估，可以针对整个网络，也可以针对某一信息系统进行。网络安全风险评估的主要方法、可以分为定性的网络安全风险评估、定量的网络安全风险评估和综合安全风险评估等三大类。定性的网络安全风险评估主要凭借评估者的专家知识，或者依据相关标准，对网络安全风险进行评估，主要的方法包括因素分析法[264]、逻辑分析法[265]、德尔菲法[266]等；定量的网络安全风险评估主要是对资产价值、脆弱性严重程度、威胁频率等进行估计和建模，得到相应的网络安全风险度量，常用的方法包括层次分析法[267]、概率风险分析法[268]等。综合安全风险评估综合了定性分析和定量分析两种方式的优点，主要的方法包括基于知识的网络安全风险评估[269]、基于模型的网络安全风险评估等。

基于模型的网络安全风险评估是当前网络安全风险评估的主流方式，主要的评估方法包括故障树[270]、攻击树[271-272]、攻击图[273-274]、贝叶斯模型[275-276]等，其中攻击图是所有方法里影响最为广泛的模型。攻击图[277]主要是针对攻击者入侵网络的过程进行建模。它用图的方式来描述攻击者在每个步骤中获得某些权限。它可以分为状态攻击图[279]和属性攻击图[280]两类。前者的节点主要是网络受攻击的状态，存在网络爆炸问题，不适用于大中型网络，而后者的节点表示条件攻击或原子攻击，能够更加有效地表示攻击路径。攻击图由于能够全面分析网络攻击路径，在网络安全领域具有广泛的应用[281-284]，但是攻击图是以主机漏洞为中心的，并假设彻底的主机漏洞搜索和修补将导致一个安全的网络，这些假设忽略了网络运维活动对用户权限和网络安全状态的影响。

除了攻击图，学术界还提出了其他图来表示用户权限之间的关系。Decier 等人[285]提出了基于 TAM 模型的特权图，用于找出可能转换至不安全状态的权限转移路径；Chinchani 等人[286]提出了关键挑战图来描述存储在物理实体中的信息对用户特权的影响；Mathew 等人[287]提出了能力获取图的概念，以信息为中心，集中分析信息获取对用户权限的影响；Toth 等人[288]提出了依赖关系图的概念，关注于用户和资源之间关系的网络模型，试图对计算机网络攻击的效果和对攻击的反应进行建模。这些模型的构建依赖于网络的高级语义信息，如服务可达、服务使用等，并没有给出相关语义提取的内容和过程，致使实用性不强，但是这些以图的形式对用户权限进行建模的方法，对研究网络运维脆弱性有着重要的启发作用。

1.4.6 多域信息建模

传统的网络脆弱性分析和网络安全风险评估主要关注于网络域和信息域，即网络设备及网络设备存储的数字信息，较少涉及物理域、认知域、社会域的安全问题。然而随着对网络概念的理解不断深入，特别是网络空间(Cyberspace)概念的提出，学术界认识到网络空间会受到多域行为的影响。《中国人民解放军军语》将网络电磁空间明确定义为：融合于物理域、信息域、认知域和社会域，以互联互通的信息技术基础设施网络为平台，通过无线电、有线电信道传递信号、信息，控制实体行为的信息活动空间，特别强调了网络电磁空间的多域属性。

学术界通过对多域信息的联合建模，实现对物理域、信息域、社会域活动对网络安全的影响进行分析，主要是利用形式化的方法定义多域信息，根据逻辑规则进行推理，判断系统能否达到不安全状态。Probst 等人[289-290]提出了一个用于描述跨越物理和数字领域场景的形式化模型。Kotenko 等人[291]提出了一个模型来描述社工攻击和物理访问攻击的前提和后置条件,从而可以从该模型可能的状态中判断可能的攻击场景和攻击路径[88]。Scott 等人[292]建立了一个安全模型,主要是添加了物理空间之间的相互包含关系,使得模型描述物理空间之间的可达关系,扩充了模型的表达能力。Dimkov 提出了一个称为 Portunes 图的安全模型,将抽象环境语义用一个分层图表示,涉及物理域、数字域和社会域的信息[293]。Kammuller 和 Probst 将组织基础设施的形式化建模与社会学解释相结合,为内部威胁分析提供框架[294]。

除了形式化的方法外,在信息物理系统(CPS)领域,通过对电力系统和网络系统之间的相互依赖关系进行建模,分析了电子系统的物理故障对网络安全的影响,这种影响主要是影响网络的可靠性。将电力系统和网络系统的关系分为直接作用和间接作用两大类型[295-296]。对信息物理系统的可靠性评估的方法主要有两种[297]:第一种是在定性分析电力系统与网络系统相互作用的基础上,不断对网络组件的可用性状态进行更改,得到网络的最终状态,得到网络组件可靠性指标[298];第二种是基于特定的场景,在网络系统与物理系统之间建立故障映射模型[299],并以此评估系统的可靠性。

本书对网络运维脆弱性的分析,同样也将多域动作对网络安全状态的影响进行了考虑。这一过程主要将网络空间涉及的信息和动作分为物理域、网络域和信息域三个域。其中物理域主要描述设备的空间信息,网络域主要描述网络传输相关的接口、路径和动作等,信息域主要描述网络空间中的数字信息,后期解决的关键问题由此展开。

1.4.7 网络运维脆弱性和社会工程学的关系

社会工程学的概念最早由著名黑客凯文·米特尼克在《欺骗的艺术》中提出。目前,对于社会工程学并没有一个规范化的定义。根据《欺骗的艺术》中的描述,可以将其总结为:社会工程学是通过自然的、社会的和制度上的途径,利用人的心理弱点以及规则制度上的漏洞,在攻击者和被攻击者之间建立起信任关系,获得有价值的信息,最终可以通过未经授权的路径访问某些重要数据。在本课题中,我们认为:社会工程学攻击是指攻击者利用目标人物心理、习惯等弱点,通过特定信息、行为等手段直接或间接危害网络安全的攻击方式。

无论采用哪种定义方式,社会工程学的目标均是通过一系列物理域、数字域、社会域的综合方法来获取目标网络中的某些重要数据或权限,这种方式实际上是利用与其他用户之间的信任关系达到的。根据用户权限的提权路径的不同,将社工攻击分为如下两种模式。

一是在目标网络外部与目标用户建立信任关系,从而得到该用户所拥有的一些权限,如某个空间的进入权、某个设备的使用权、某个信息的知晓权等,这些权限一般不是攻击者需要获得的权限,他们一般会利用这些权限,接触目标网络,发动网络攻击,从而实现网络权限的进一步提升。

二是利用自身获得的权限,接触目标网络,与目标用户建立信任关系,从而得到该用户所拥有的一些权限,如某个空间的进入权、某个设备的使用权、某个信息的知晓权等。这个权限,一般是目标攻击者所需要的最终权限。

两种方式的主要区别在于攻击者获取权限的先后顺序不同。在第一种方式中,攻击者的重点在于如何利用目标用户个人的心理弱点和行为习惯(一般是生活习惯),取得其信任,然后通过伪造身份进入网络,获取非法的权限和信息。在网络侧来说,其防范的重点在于身份的伪造。而在第二种方式中,攻击者一般是目标网络中的一个合法用户,社会工程学攻击在其中扮演的是一个提权的过程,而防范的重点在于内部人员的攻击防护。

通过上面的分析可以看出,网络运维脆弱性和社会工程学攻击之间有着较为紧密的关系,可以通过"用户权限"这一核心媒介进行统一描述,其中目标网络上存在的网络运维脆弱性,是攻击者发动社会工程学的重要途径,而社会工程学是网络运维脆弱性利用的重要手段,二者天然有着十分密切的联系。

1.5 网络运维脆弱性分析

本章重点研究运维脆弱性原理及分析发现技术,建立以"权限"为核心的网络运维脆弱性分析模型,对与运维相关的实体和规则进行抽象定义,涉及运维人员、运维对象和运维策略的表达,需要准确表达其在物理域、数字域和社会域的相关属性,以实现网络配置和运维活动中薄弱环节的自动发现。

1.5.1 网络基础定义

1. 多域实体

实体信息主要针对物理域、网络域、社会域等分析域内可能出现的各种实体,进行识别和梳理,可能存在的实体类型如表 1-7 所示。

表 1-7 实体类型

序号	分析域	实体名称	实体含义	示例
1	物理域	物理空间	物理空间	校园、楼宇、房间等
2		网络设备	网络设备	路由器、交换机、服务器等
3		物理实体	其他实体	门禁卡、U 盘、光盘等
4	网络域	设备接口	设备的逻辑接口	E1/1/0,F0/0/1
5		网络服务	开启的网络服务	HTTP、HTTPS、FTP、PING
6		信息实体	影响网络运维的信息	密码、密钥等
7		数字文件	存放数字信息的载体	文件、数据库等
8	社会域	人	维护、管理、使用网络的人	Alice、Bob 等

在网络运维脆弱性分析时,主要可能出现的实体包括 8 种,分别是物理域内的实体 3 种(物理空间、网络设备和其他实体)、网络域内的实体 4 种(设备接口、网络服务、信息实体和数字文件)以及社会域内的实体 1 种(人)。下面逐一介绍不同实体所代表的含义。

1）物理空间

物理空间为物理域实体，主要描述与网络运维相关的空间信息，如国家、组织、楼宇、房间等。

2）网络设备

网络设备为物理域实体，网络设备实体主要描述网络上连接的各种设备，如路由器、交换机、服务器、UPS 等。

3）其他实体

其他实体主要描述物理域内与网络运维脆弱性相关的其他物理实体，如门禁卡、身份证等身份认证介质，或 U 盘、光盘等信息载体。

4）设备接口

设备接口为网络域实体，主要描述在网络配置中可能出现的物理接口和虚拟接口，主要用于描述网络数据流路径和服务开放的关系。

5）网络服务

网络服务为网络域实体，主要描述网络中能够被用户使用的服务信息，进而准确描述网络权限。

6）信息实体

信息实体为网络域实体，主要描述网络中的各种信息，如密码、密钥等。

7）数字文件

数字文件为网络域实体，主要描述存储各种数字信息的载体，如文件、数据库等。

8）人

人为社会域实体，主要描述与网络运维脆弱性相关的，负责维护、管理、使用网络的人的信息。

2. 多域实体关系

网络运维脆弱性分析的一个难点是网络运维涉及的实体间存在着纷繁复杂的关系，这些关系在不同领域中同时对网络运维脆弱性产生影响，梳理总结这些关系，主要可以分为五大类关系，如表 1-8 所示。

表 1-8 实体关系

序号	关系类别	关系名称	存在实体	关系类型
1	包含关系	空间包含关系	物理空间与子物理空间之间	一对多
2			物理空间与网络设备之间	一对多
3			物理空间与其他设备之间	一对多
4		物理包含关系	网络设备与设备接口之间	一对多
5			网络设备与数字文件之间	多对多
6		数字包含关系	数字文件与数字文件之间	一对多
7			数字文件与信息实体之间	多对多
8	连通关系	物理连接关系	设备接口与设备接口之间	一对一
9		网络连通关系	设备接口与设备接口之间	多对多

续表

序号	关系类别	关系名称	存在实体	关系类型
10	管理关系	接口管理关系	网络服务与设备接口之间	多对多
11		文件管理关系	网络服务与数字文件之间	多对多
12		信息管理关系	网络服务与信息实体之间	多对多
13	依赖关系	接口依赖关系	网络服务与设备接口之间	多对多
14		服务依赖关系	网络服务与网络服务之间	多对多
15	信任关系	人员信任关系	人与人之间	多对多

实体之间的关系主要包含如下五类。

1）包含关系

包含关系分为空间包含关系、物理包含关系和数字包含关系。其中，空间包含关系存在于物理空间与子物理空间之间、物理空间与网络设备之间、物理空间与其他设备之间，分别代表在此空间中包含子空间（如南京包含理工大学，理工大学包含某楼宇）、包含网络设备（如机房中包含服务器）、包含其他设备（如办公室中包含某门禁卡）。

2）连通关系

连通关系分为物理连接关系和网络连通关系。前者存在于设备接口与设备接口之间，代表设备端口之间存在一条物理线路的连接；后者同样存在于设备接口与设备接口之间，代表在不考虑安全设备拦截的情况下，两个设备接口之间的流量能够进行通信。与这个连通关系相联系的是网络路径，即从源设备接口到目的设备接口之间的数据流路径。

3）管理关系

管理关系分为接口管理关系、文件管理关系和信息管理关系，分别存在于网络服务和设备接口之间、网络服务和数字文件之间、网络服务和信息实体之间，分别表示利用该服务可以对网络设备接口进行配置、对数字文件内容进行修改、对信息实体进行获取。

4）依赖关系

依赖关系分为端口依赖关系和服务依赖关系。前者存在于网络服务和设备接口之间，表示服务的开放依赖于某个接口的开启，即该服务开启于该接口上；后者存在于网络服务与网络服务之间，表示服务之间的依赖关系。

5）信任关系

信任关系主要存在于人和人之间，表示人与人的信任关系。

3. 安全防护规则

安全防护规则主要有3大类5种，如表1-9所示。安全防护信息主要用来组织权限改变，即表示权限改变的条件，在本项目中，主要定义了物理域安全防护规则、网络域安全防护规则和信息域安全防护规则3大类安全防护规则。

1）物理域安全防护规则

物理域安全防护规则主要描述在物理域内阻止非法访问的手段和方法，用于防止非法人员进入某个空间。物理域安全防护规则主要包含3类具体的安全防护信息：

a. 基于生物特征的安全防护规则，如通过相片、指纹、掌纹、虹膜等方式进行身份认证，这些安全防护方式可以被简化为允许某人通过；

b. 基于物理设备的安全防护规则，如通过锁、门禁卡等方式验证用户身份，这些安全防护方式可以被简化为允许某物通过；

c. 基于人和物的对应关系的安全防护规则，例如增加门卫识别人与证件的一致性等方式验证用户身份，这些安全防护方式可以被表示为允许某人持有某物通过。

2）网络域安全防护规则

网络域安全防护规则主要描述在网络域内阻止非法访问的手段和方法，在实际的网络中，可以使用访问控制列表、静态路由、VLAN 划分等方法实现网络隔离。在本小节中，主要考虑访问控制列表，将其描述为允许源地址为某个端口、目的地址为某个端口、目标为某个服务的数据流通过，其余基于静态路由、VLAN 划分的网络隔离。

3）信息域安全防护规则

信息域安全防护规则主要描述在信息域内阻止非法访问的手段和方法。最主要的方法是在信息存储或传输时进行加密，无论加密是通过对称密码体系还是公钥密码体系，都需要一个密钥用来对文件进行解密。所以信息安全防护策略可以简化为知晓某个信息的人能够从密文中获取明文，对于对称密码体系加密的文件，这个信息即是用于加密的对称密钥；对于公钥密码体系加密的文件，这个信息即是用于解密的私钥。

表 1-9　安全防护规则类型

序号	类型	防护	含义
1	物理域安全防护规则	基于生物特性的安全防护规则	某些特定的人可以通过安全防护规则
2		基于物理设备的安全防护规则	拥有某些物品的人可以通过安全防护规则
3		基于人和物的对应关系的安全防护规则	某些特定的人，如果拥有特定的物品，可以通过安全防护规则
4	网络域安全防护规则	基于地址或服务的安全防护规则	某个数据流可以通过安全防护规则
5	信息域安全防护规则	基于加密的安全防护规则	拥有密钥的人可以通过安全防护规则

4. 用户权限类型

用户权限类型主要有如下 9 种，如表 1-10 所示。

① 空间访问权。权限的主体为人，客体为物理空间，指用户能够进入某空间的权限。

② 物体使用权。权限的主体为人，客体为网络设备或其他实体，指用户能够按照现有配置使用某个物体、设备的权限。

③ 物体支配权。权限的主体为人，客体为网络设备或其他实体，指用户能够改变物体（如移动某个物体或更改某个配置）的权限。

④ 端口使用权。权限的主体为人，客体为设备接口，指用户能够使用这个设备接口进行网络访问。

⑤ 端口支配权。权限的主体为人，客体为设备接口，指用户能够更改设备接口的配置。

⑥ 服务可达权。权限的主体为人，客体为网络服务，指用户对该服务的请求信息流能够达到该服务，但不意味着能够正常使用该服务。

⑦ 服务支配权。权限的主体为人，客体为网络服务，指用户能够正常通过服务的安全认证，正常使用该服务。

⑧ 文件支配权。权限的主体为人，客体为数字文件，指用户能够读取、删除、修改文件。

⑨ 信息知晓权。权限的主体为人，客体为信息，指用户知晓客体代表的信息。

表 1-10 用户权限类型

序号	权限类型	权限含义
1	空间访问权	进入某空间的权限
2	物体使用权	按照现有配置使用某个物体、设备的权限
3	物体支配权	对物体进行改变，如移动某个物体或更改某个配置的权限
4	端口使用权	使用某个设备端口进行网络访问的权限
5	端口支配权	更改某个设备端口的状态或配置的权限
6	服务可达权	访问数据可以到达某个网络服务的权限
7	服务支配权	用户可以使用某个网络服务的权限
8	文件支配权	用户可以使用某个文件的权限
9	信息知晓权	用户知晓某个数字信息的权限

5. 网络运维动作

从高层语义上说，任何的网络运维动作，都可以概括成为更改实体、更改实体关系、更改安全防护规则、更改用户权限等四大动作，具体如下。

1）更改实体

指通过该网络运维动作，对原有网络空间内的实体进行更改，主要是增加/减少相应的实体数量。这个增加/减少的实体可以是任何类型的实体。可以是物理空间、网络设备、其他设备，也可以是设备端口、数字文件、数字信息，甚至也可以是一个用户。

2）更改实体关系

指通过该网络运维动作，对原有网络空间内的实体关系进行更改，主要是增加/减少/更改相应的实体关系。这个增加/减少的实体可以是任何类型的实体，同时可能对现有实体的各种关系进行更改，如改变实体之间的连接关系、改变服务的部署关系等。

3）更改安全防护规则

指通过该网络运维动作，对原有网络空间内的安全防护规则进行更改，主要是增加/减少/更改相应的安全防护规则。这个增加/减少/更改的安全防护规则可以是任何类型的安全防护规则，可以是物理域、网络域、信息域的各种安全防护规则。

4）更改用户权限

指通过该网络运维动作，可以对网络用户的权限进行更改，主要是授予或剥夺某个用户的权限，在实际的过程中，主要是空间进入权和信息知晓权。

6. 网络运维策略

网络运维策略主要是在时序上对网络运维动作的排列，即在时序上对各种先后进行的网络运维动作进行一个有序的排列。网络运维策略有如下两种定义方法：

① 第一种是直接定义，即直接定义某个动作序列，这种定义方式一般适用于临时性的运维策略或者是定义规划的运维策略，主要是一次性或者定期地执行一些动作；

② 第二种是采取“if** then**”的定义方法，即在某个情况下，进行哪些动作，这种方式

一般适用于对某个情况进行处理的运维策略，这种策略一般是某种情况触发的，也是运维中容易出现弱点的环节。

1.5.2 时序权限概率依赖图

在本节中，讨论如何利用形式化定义工具，根据预先提取的网络基础信息，形成网络高层语义的形式化描述——时序权限概率依赖图，并依托时序权限概率依赖图，提出网络运维脆弱性分析的基本模型，用于发现网络配置和运维活动的薄弱环节。

从网络运维的角度来看，网络空间一直处于动态变化的过程之中，各种网络运维操作，重点改变的是网络空间物理域、数字域之间的关系，这种关系的深层次问题在于其间接改变了网络用户权限之间的依赖关系，而这种用户权限之间的依赖关系的改变，也是网络运维脆弱性产生的根本原因。由此，提出了一种名为时序权限概率依赖图的形式化工具，来统一定义网络语义信息。

1. 基本定义

时序权限概率依赖图的形式化定义为：$G=<G_1,G_2,\cdots,G_n,\cdots>$，其中 g_i 是网络空间在 t_i时刻的权限概率依赖图。图 1-24 是一个时序权限概率依赖图的简单示例。

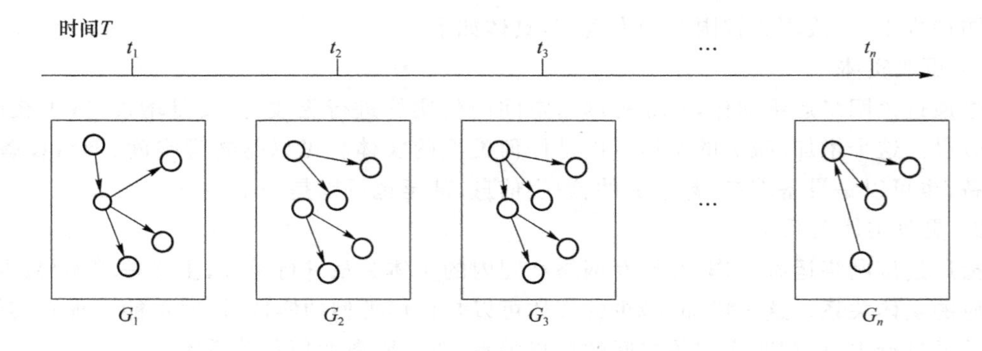

图 1-24　时序权限概率依赖图

对于某一个时刻 t_i，其所对应的权限概率依赖图可以用三元组 $G_i=<N^{(i)},E^{(i)},\sigma^{(i)},\varphi^{(i)}>$表示，其中 $N^{(i)}$是 G_i 中的节点，G_i 中包括两种节点，一种称为权限节点，代表网络中可能存在的权限，另一种表示为 AND 节点，即表示权限之间的共同依赖关系，它可以被认为是一种特殊的权限节点；$E^{(i)}$是 G_i 中的有向边，代表权限之间的依赖关系，一条由节点 n_a 指向节点 n_b的边，代表权限 n_b依赖于权限 n_a；$\sigma^{(i)}:N^{(i)}\rightarrow\{P,A\}$ 是一个从权限概率依赖图的节点到节点类型的映射，如果 $\sigma^{(i)}(n)=P$，那么节点 n 为权限节点，如果 $\sigma^{(i)}(n)=A$，那么节点 n 为 AND 节点；$\varphi^{(i)}:E^{(i)}\rightarrow R$ 是一个从权限概率依赖图的边到实数的映射，表示权限依赖概率关系的大小。

权限概率依赖图中的权限依赖于概率大小，遵循以下规范：

① 对于任意一条边 $e\in E^{(i)}$，均有 $0\leqslant\varphi^{(i)}(e)\leqslant1$，即概率值的大小需要满足相应的取值范围；

② 对于指向同一个 AND 节点的多条边，其所对应的概率值相同，且必须为 1，即：$\forall e_1$，

$e_2 \in E^{(i)}$，$\mathrm{TN}(e_1)=\mathrm{TN}(e_2) \wedge \sigma^{(i)}(\mathrm{TN}(e_1))=A \rightarrow \varphi^{(i)}(e_1)=\varphi^{(i)}(e_2)=1$，其中 $\mathrm{TN}(e)$代表边 e 的终点。

图 1-24 是某一个时刻 t_i 所对应的权限概率依赖图G_i，它表示了具有 8 个权限构成的权限概率依赖图，这 8 个权限分别为 P_1，P_2，P_3，P_4，P_5，P_6，P_7和 P_8，它们之间的边表示其中的依赖关系。例如：权限 P_2 依赖于权限 P_1 的概率为 0.6，可以表示为 $P(P_2|P_1)=0.6$，即某个用户获得到权限 P_1 后，能够获得到权限 P_2 的概率为 0.6；权限 P_5和 P_6均依赖于权限 P_2，但是其条件概率值不同，其中 $P(P_5|P_2)=0.2$，$P(P_6|P_2)=0.4$；权限 P_7和 P_8均同时依赖于权限 P_2和 P_3，其中 $P(P_7|P_2,P_3)=0.5$，$P(P_8|P_2,P_3)=0.4$。

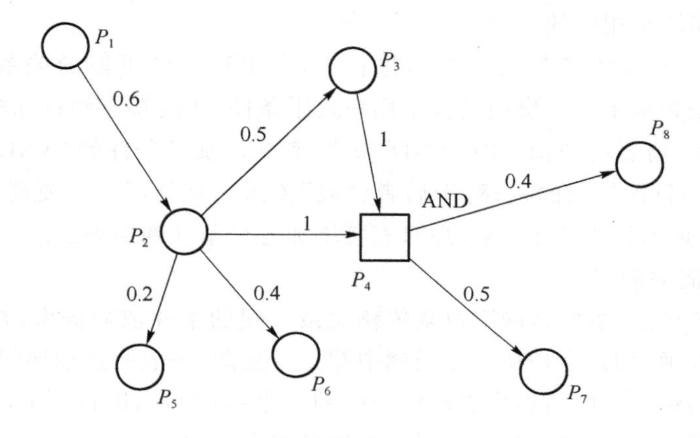

图 1-25　权限概率依赖图示例

2. 时序权限概率依赖图生成

时序权限概率依赖图的生成问题，本质上是一个规则推理的过程，如图 1-25 所示。在这个过程中，主要是通过对于网络运维脆弱性分析所涉及的基础定义，通过一定的规则，得到相应的权限依赖关系。这个过程的主要流程，可以分为用户权限提取、权限依赖关系推断、权限依赖概率确定三个步骤。

1）用户权限提取

用户权限提取的过程，首先是在目标网络空间中得到可能的多域实体，然后通过这些多域实体来确定目标网络空间内可能的用户权限，根据表 1-7 和表 1-10 所示的多域实体和用户权限类型可知，在多域实体和用户权限过程中，存在一定的数量映射关系。例如：目标网络空间内存在一个物理空间实体，则对于该网络空间内的每一个用户，均有一个与其相对应的空间进入权限；如果目标网络空间内存在一个设备接口实体，那么对于该网络空间内的每一个用户，均有一个与其相对应的端口使用权和端口支配权。

如果用符号 NS、NE、NO、NP、NV、NF、NI 和 NR 分别表示节点类型为物理空间、网络设备、物理实体、设备接口、网络服务、数字文件、信息实体和人员节点的数量，那么对于目标网络中的每一个用户，均有 NS＋2×NE＋2×NO＋2×NP＋2×NV＋NF＋NI 种权限，对于整个网络空间，存在 NR×(NS＋2×NE＋2×NO＋2×NP＋2×NV＋NF＋NI) 个不同的权限。这些权限之间，存在复杂的相互依赖关系，它们共同决定着网络中整体安全性的变化。

2）权限依赖关系推断

权限依赖关系推断，实际上是根据时序关系，分别在每一个时间点上判断用户权限之间的依赖关系。这个过程分为三个部分：一是枚举多域实体中存在的实体关系，具体的实体关系如表1-8所示；二是建立相应的权限依赖规则，每一条权限依赖规则均表示成为“if** then** ”的结构，即如果一个用户已经获取到什么权限，满足什么条件，那么能够得到什么权限；三是建立相应的权限依赖关系，即将权限依赖规则应用到现有的实体关系中，增加相应的边，例如，对于规则“用户如果获得到物理空间的空间进入权，则拥有该房间内部物体的物体使用权”，即对于所有具有空间包含关系的物理空间和物理实体，则在对应的空间进入权和物理使用权之间增加相应的边。

需要注意的是，在权限依赖关系推断过程中，会出现两种可能的关系，即“与”关系和“或”关系。前者是如果用户需要满足多个用户权限条件，才能获取到目标权限，那么多个条件之间是“与”关系，需要增加相应的“AND”节点，首先增加各条件到“AND”节点的边，然后增加“AND”节点到目标权限的边；对于后者（“或”关系），则是用户只要能够获取到多个条件中的一个，即能够获取到目标权限，那么直接增加各个条件到结果的边即可。

3）权限依赖概率确定

权限依赖概率确定，主要是确定权限依赖关系之间的条件依赖概率，在理论上，这种权限依赖概率是可以确定的，但是在实际问题中却比较复杂，一般通过抽样的方式进行统计计算。这个问题后期将作为网络运维脆弱性分析的一个可能问题进行研究，在本章中构建网络运维脆弱性分析模型的过程中，先暂时假设该概率是已知的。

1.5.3 网络运维脆弱性分析模型

在本节中，通过建立以用户权限为核心的网络运维脆弱性分析模型，实现网络运维脆弱性的全面分析。以“权限”为核心的网络运维脆弱性分析模型，实际上就是判断在当前的运维配置、运维动作或运维策略下，用户是否能够获得到相应的权限。在这个过程中，需要考虑用户的应得权限，即管理员认为用户应该获得到的权限与用户能够获得到的权限之间是否存在区别，这种区别即是网络运维脆弱性产生的根本原因。

根据分析对象的不同，网络运维脆弱性分析模型可以分为面向时间点的网络运维脆弱性分析模型和面向时间序列的网络运维脆弱性分析模型。

1. 面向时间点的网络运维脆弱性分析模型

1）基本流程

面向时间点的网络运维脆弱性分析，实际上是根据在当前时刻下的用户实际权限和用户应得权限之间的关系，来判断用户是否存在潜在风险。

基于当前权限的网络运维脆弱性分析，是判断在当前配置的条件下，是否能够获得不应该获得的权限。对于用户的应得权限，可以通过一个用户权限矩阵 $\mathrm{PD} \in R^{M \times N}$ 来定义，其中 M 是网络空间内的用户数，N 是网络空间内所有用户的可能权限数，这个矩阵 PD 被称为用户应得权限矩阵。

对于用户应得权限矩阵 PD 中的元素，只有 0 或 1 两种可能的取值。当 $\mathrm{pd}_{ij}=0$ 时，证

明第 i 个用户不应该拥有第 j 个权限；当 $pd_{ij}=1$ 时，证明第 i 个用户应该拥有第 j 个权限。

类似地，也可以定义用户实际权限矩阵 $PF \in R^{M \times N}$，代表用户在当前网络配置下，可能获得到相应权限的概率，如 $pf_{ij}=0.5$，则代表第 i 个用户拥有第 j 个权限的概率为 0.5。

同样地，还可以定义用户初始权限矩阵 $PI \in R^{M \times N}$，代表用户在初始时，可能获得到相应权限的概率，如 $pi_{ij}=0.3$，则代表在网络初始时，第 i 个用户拥有第 j 个权限的概率为 0.3。在定义了 3 种矩阵后，可以定义面向时间点的网络运维脆弱性分析模型，其主要的流程如图 1-26 所示。

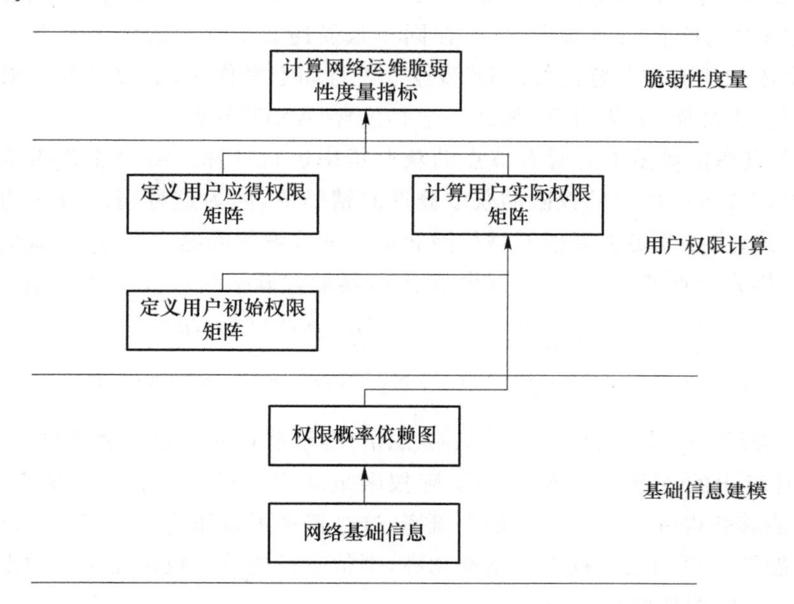

图 1-26 面向时间点的网络运维脆弱性分析模型

该模型主要可以分为基础信息建模、用户权限计算和脆弱性度量三个阶段。在基础信息建模阶段，主要是对目标网络中的基础信息，如多域实体、多域实体关系、用户权限等进行收集，并根据其相互关系，构建相应的权限概率依赖图；用户权限计算阶段主要是根据预定义的用户初始权限矩阵，依托权限概率依赖图，计算用户实际权限矩阵；脆弱性度量阶段主要是根据用户实际权限矩阵和用户应得权限矩阵之间的差别，计算脆弱性度量指标。

2）用户实际权限计算

在用户实际权限计算过程中，主要是依托权限概率依赖图，根据用户初始权限，计算用户实际权限，这个过程如图 1-27 所示。

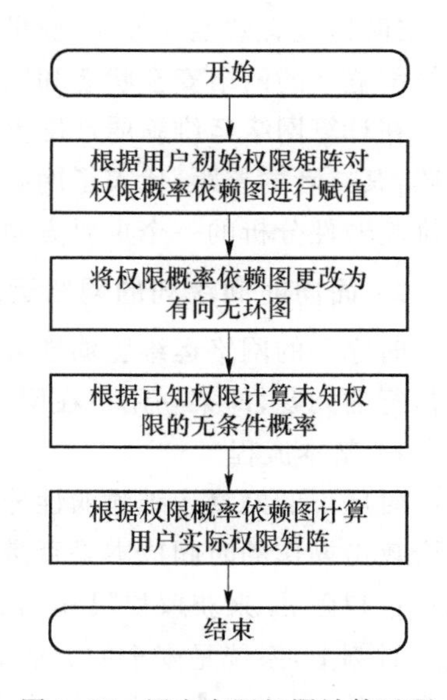

图 1-27 用户实际权限计算过程

用户实际权限计算过程，主要是根据预先生成的权限概率依赖图，构建相应的节点值函数，即对于某个时刻

t_i 所对应的权限概率依赖图 $G_i=<N^{(i)},E^{(i)},\sigma^{(i)},\varphi^{(i)}>$，构建节点值函数 $V:N^{(i)}\rightarrow R$，表示某个节点在当前能够获得到的概率。

① $\forall n\in N^{(i)}$，均有 $V(n)=0$；然后根据用户初始权限矩阵中的值对节点进行逐一赋值；接着，对图中每一个节点，如果它不是初始时被赋值的节点，则根据其父节点当前的值进行更新，直至该值不再变化；最后，根据图中各个节点的值来生成用户实际权限矩阵。

② 将所有值不为 0 的节点作为攻击的初始节点，然后将权限概率依赖图转换为由向无环图，主要的步骤包括：首先删除所有指向初始节点的边；其次，在删除图中的所有“AND”节点后，查找图中的所有强连通子图，对在同一张强连通子图中的多个节点合并为一个节点；最后，再次添加所有被删除的“AND”节点。进行如上操作后，更改后的权限概率依赖图大致是一张有向无环图（如果有环，那么环中必包含“AND”节点）。

③ 对权限概率依赖图中的所有节点的获取概率进行计算。需要注意的是，在这里，我们并不是计算该节点所代表的权限的获取概率的精确值，因为这种精确概率的计算需要使用到全概率公式，难以满足大规模网络权限获取概率求解的问题。在这里，我们使用权限获取的最大概率作为节点的值，即对于某个节点 n，其最大概率如式(1-7)所示。

$$v^{(i)}(n)=\begin{cases}\min\limits_{n'\in \mathrm{PRE}(n)\wedge \mathrm{NSG}(n,n')} v^{(i)}(n')\times\varphi^{(i)}((n',n)) \\ \max\limits_{n'\in \mathrm{PRE}(n)} v^{(i)}(n')\times\varphi^{(i)}((n',n)) \quad \sigma^{(i)}(n)=P\end{cases} \tag{1-7}$$

其中，PRE(n)表示为节点 n 的父节点，NSG(n,n')表示节点 n 和 n' 不属于同一强连通子图。

④ 根据计算出的节点的值，对用户实际权限矩阵中的每一个值进行赋值，代表在当前状态下，用户能够获得到相关权限的最大概率，这个概率可以作为系统安全性度量的一个指标，如果用户能够获得到无关权限的概率越高，则他越可能发生权限滥用的情况。

3）网络运维脆弱性度量

网络运维脆弱性度量，可以从用户整体权限分布情况、网络配置分布情况、提权路径分布、安防措施有效性等方面，衡量配置、权限、安全防护措施之间的关系，从而真实反映当前网络配置下的网络安全状态和网络理想安全状态之间的差距。

在计算网络运维脆弱性度量指标时，其基本输入为用户实际权限矩阵和用户应得权限矩阵，其二者的差距，代表了网络当前安全状态和理想安全状态之间的差距，这也就是网络运维脆弱性分析的一个重要方面。

2. 面向时间序列的网络运维脆弱性分析模型

时序下的网络运维脆弱性分析，实际上是判断潜在的攻击序列，是否能够在时序的条件下执行的问题，即某一用户在网络权限依赖关系变化过程中，是否能够获取到相关的权限。

1）基本流程

时序下的网络运维脆弱性分析，实际上是判断某条攻击路径是否能够被执行，以及执行这个攻击操作的时间成本是否满足安全防护要求等。如图 1-28 所示，攻击者在 t_1 时刻，可以通过权限 n_0 来获取权限 n_1，但是在当前时刻，无法获取到目标权限 n_4，所以可以认为在这个时刻上，系统是安全的。然而由于系统存在一系列的运维动作，在时序上权限依赖图是动态变化的，所以攻击者可以在 t_2 时刻，通过权限 n_0 来获取权限 n_1，接着在 t_3 时刻，可以通过权限 n_2 来获取权限 n_3，直至在 t_n 时刻，可以通过权限 n_3 来获取权限 n_4。

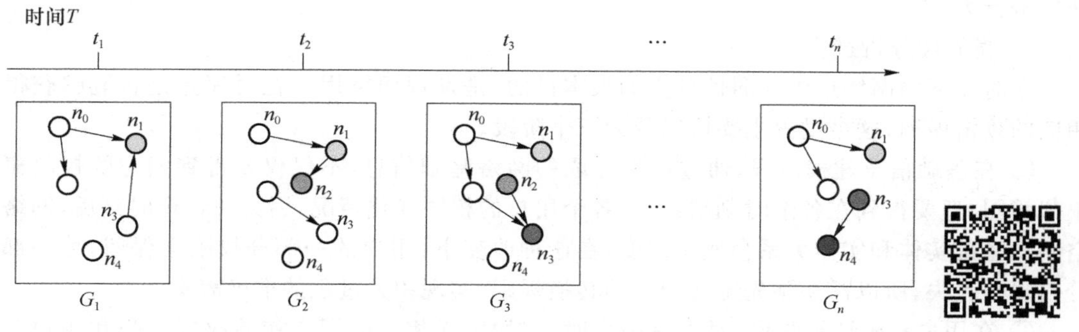

图 1-28 时序下的网络运维脆弱性分析示意图

图 1-28 的彩图

2）分析模型

时序下的网络运维脆弱性分析，分析的是在一个时间序列上，用户能够获取到的实际权限（网络实际安全状态）和其应得权限（网络理想安全状态）之间的差异。相较于在一个时间点下的用户权限分析，在时序下的用户权限分析更为复杂，其分析模型的基本框架如图 1-29 所示。

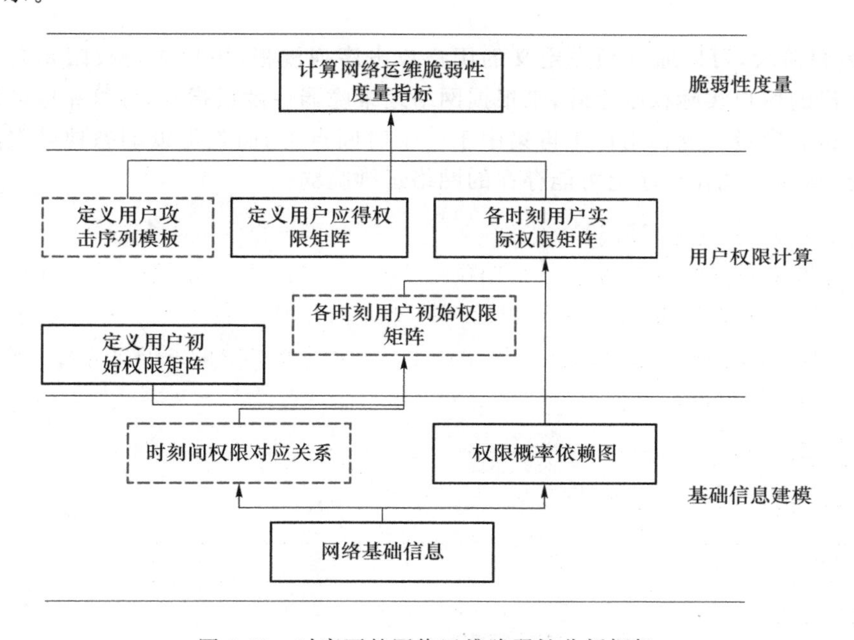

图 1-29 的彩图

图 1-29 时序下的网络运维脆弱性分析框架

相较于图 1-26 所示的面向时间点的网络运维脆弱性分析模型，时序下的网络运维脆弱性分析模型的基本结构是一致的，但是增加了三个模块：第一个模块在基础信息建模的过程中，不仅构建权限概率依赖图，而且提取时刻间的权限对应关系，用于表明用户在下一个时刻，可能继承的上一时刻权限的权限；第二个模块为各时刻的用户初始权限矩阵，即对于时序上的每一个时间点，均定义用户在该时间点的初始权限；第三个模块是定义用户攻击序列模板，主要表明恶意攻击者能够获得什么样的权限序列，才能够对网络发动相应的攻击，它实质上是一个用户权限序列，表明用户能够在时序上获得到这个权限序列，才能够成功地发动攻击行为。

3）脆弱性分析过程

在时序下的网络运维脆弱性分析的根本目的，是发现网络用户在时序上是否能够获得相应的攻击序列，这个过程主要可以分为三个阶段。

① 在基础信息建模阶段，通过预先提取的网络基础信息，不仅仅要得到相应的权限概率依赖图，还要得到在各个时刻结束后，各个用户的权限变化情况，因为在各个时刻后，网络空间的基础实体和实体关系会发生改变，在这种改变下，用户的一部分权限会保留，另一部分权限会丢失，所以需要预先定义相关的转换规则，实现相关过程的准确表示。

② 在用户权限计算阶段，对于每一个时刻，均定义相应的用户初始权限矩阵和用户实际权限矩阵，对于第 1 个时刻的用户初始权限矩阵，由系统预先进行定义，对于后面第 t 个时刻的用户初始权限矩阵，它由其上一个时刻（$t-1$ 时刻）的用户实际权限矩阵进行计算；对于时刻 t 的用户实际权限矩阵，实际上是通过 t 时刻的用户初始权限矩阵进行计算，其计算方法与时序权限概率依赖图中的实际权限矩阵的计算方法相同。

除了用户实际权限计算外，还需要定义相应的用户攻击模板，这个模板主要表明攻击者可能的攻击方式，也就是指明如何判断一个用户是可能的攻击者，从而实现对潜在攻击者的判别。

③ 在脆弱性度量阶段，可以通过预先定义的用户攻击序列模板，用户应得权限矩阵和各个时间点所计算出的用户实际权限矩阵，来根据网络运维脆弱性度量指标，计算相应的网络运维脆弱性的分析和度量。这种指标不再集中于一个时间点上，而是可以动态地度量用户权限的变化情况，从而发现在时序上可能存在的网络运维脆弱性。

第2章
社会工程学信息收集、关联与刻画

面向国家安全和国防安全的信息化战略，针对新的攻击模式“社会工程学攻击”给政治、国防、经济带来的日趋严重的威胁问题，围绕“社会工程学在网络安全中的应用、检测与防御体系”科学问题，本章开展了社会工程学信息收集、关联与刻画方法研究，如图2-1所示。本章针对社会工程学信息碎片化难以全面刻画网络空间虚拟人的问题，提出了多类型协议深度识别与感知方法，通过应用协议识别和文件还原，支持流量中社工信息提取，并融入机器学习卷积神经网络算法解决未知流量的识别问题；提出了行为信息采集分析方法，支持对样本、IP、域名、哈希、证书等线索的采集和关联分析；提出了基于语义分析和反爬虫技术破解的分布式数据爬取方法，支持互联网中社工信息爬取；提出了目标指纹信息提取与关联映射方法、基于图模型的跨域信息关联汇聚方法，支持社工主体虚实属性映射，以及跨域社会工程学信息关联汇聚；提出了知识库构建方法，基于Hive、Hbase、ElasticSearch组件的大数据存储与检索框架，通过分布式计算存储框架，实现社工主体属性、行为、关系数据的存储和检索，支持人物画像等知识库的构建。为社会工程学应用、检测和溯源的研究提供数据支撑，为解决由社会工程学带来的日趋严重的安全问题奠定基础，本章分别对基于流量协议识别的信息采集方法、行为信息采集方法、网络信息爬取方法、信息关联汇聚以及知识库构建等方法分别进行了描述。

2.1 基于流量协议识别的信息采集方法

社工主体的属性和行为主要承载于网络流量中。在当前的高速网络环境下，针对在线应用及其协议复杂性和多样性的问题，2.1节提出了基于流量属性信息采集和机器学习抽取流量特征的方法，采集流量数据，设计和训练算法，构造分类器，从不同维度对流量特征进行学习，深度识别、感知和分析网络流量，准确标记、分类网络流量中的应用和协议类型，并结合流量归属、终端类型等关联信息，实现对社会工程学相关信息的提取。

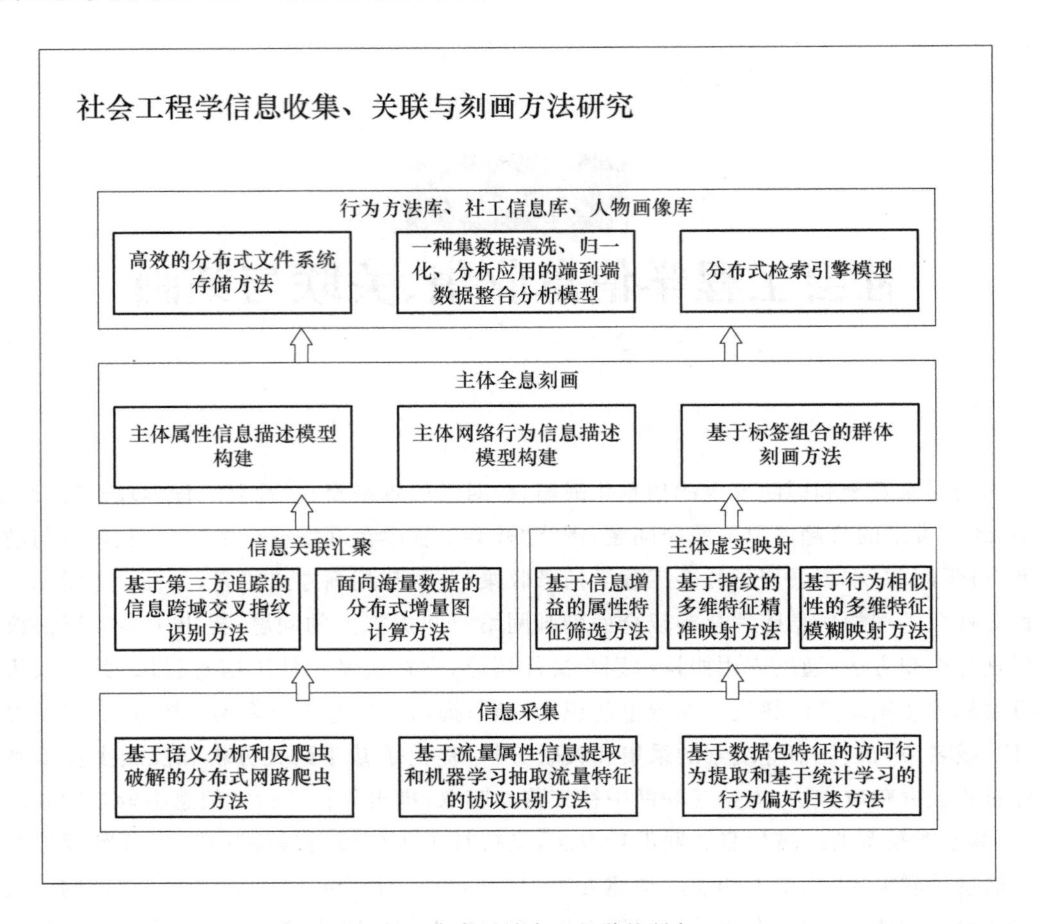

图 2-1　本章对社会工程学的研究

2.1.1　AI 应用识别引擎系统研究

AI 应用识别引擎的技术框架如图 2-2 所示，该引擎的实现采用了构件化、模块化、多实例化和可升级、可配置的设计思想，体现了“高聚合、低耦合”的原则，具有高度的可重用性、可移植性和可扩展性。

对用户而言，应用识别引擎作为服务提供者在本质上体现为可供链接的动态库或静态库，其开放一套可供外部调用的标准 API 接口实现引擎初始化、引擎销毁、引擎配置、应用类型识别、规则库升级、调试诊断功能，同时，运用平台接口依赖注入机制接受平台或 OS 资源管理相关的标准接口函数（如内存操作、文件操作、日志与告警、锁、定时器等）的注册并在引擎内部进行回调，从而使得应用识别引擎整体上构件化，实现了对具体底层平台和应用环境的解耦，易于使用并且可维护。

应用识别引擎采用了可热插拔的模块化架构，内部包含单包特征匹配、统计特征匹配、多包特征匹配、算法插件匹配、深度解析匹配、强关联匹配等核心模块，除了单包特征匹配核心模块外，其余各匹配核心模块均可以根据配置进行动态加载/卸载，从而打开或关闭相应模块的识别功能，满足各种识别功能模块组合和定制的需求；各匹配核心模块均支持通过统一的引擎配置接口和平台命令行操作接口进行识别参数配置和调优以及规则库升级，实现应用识别引擎的识别性能（吞吐量等）与识别精度（识别率、误识率等）的最佳平衡。

图 2-2 的彩图

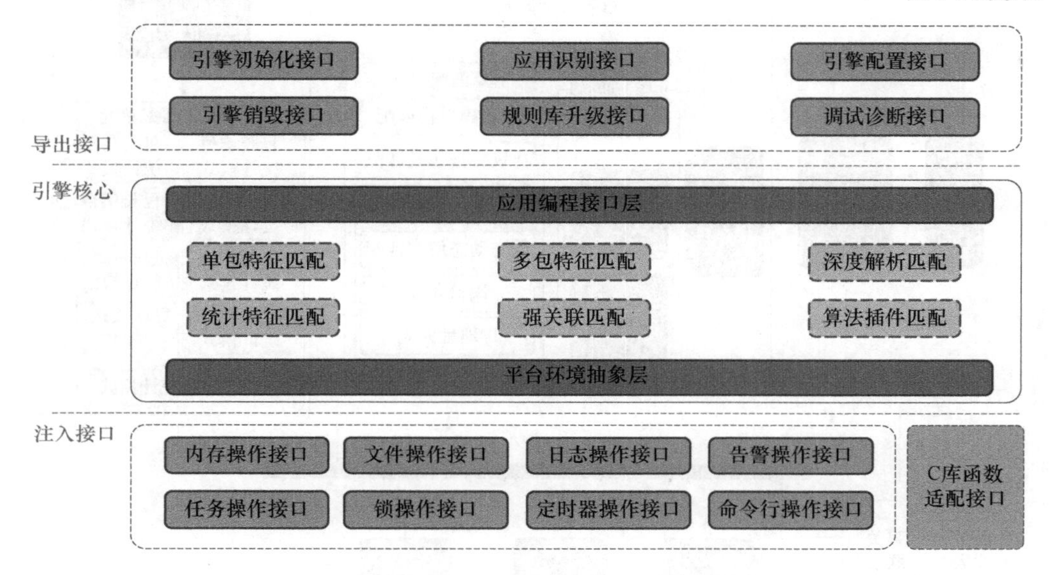

图 2-2　技术架构框架示意图

如图 2-3 所示，AI 应用识别引擎基于多核心硬件平台实现了多实例、多层次、流水线特征匹配框架，输入流量的匹配路径由强关联匹配核心、单包特征匹配核心、多包特征匹配核心、统计特征匹配核心、算法插件匹配核心、深度解析匹配核心等各级流水节点依次顺序构成，每一级流水线节点均可根据其识别结果决定是否结束识别或交由下一级节点继续识别；AI 应用识别引擎支持多实例化，每个引擎实例与不同的 CPU 核心进行绑定，同时，输入流量可通过硬件平台（如支持 Flow Director 的 NIC）的分流机制（如 RSS）被直接分发到不同的 CPU 核心，各个引擎实例实现了独立调度和并行执行，可通过增加引擎实例的数目实现整体匹配性能的线性增长，具备强大的性能扩展能力。

在应用识别实现中，AI 应用识别引擎基于 XML 语言提供了特征条件、解密套件条件、应用协议特征、应用协议命中动作、多种检测识别模型及相应的规则描述方法；AI 应用协议识别引擎包括识别模块（强关联识别模块、单包识别模块、多包识别模块、算法解密识别模块、通道提取识别模块等）、配置模块以及应用协议特征匹配单元、全流表存储单元、半流关联表存储单元、规则库存储单元。AI 应用识别引擎解决了灵活的规则描述配置机制以及在线、精确和全面识别应用协议和加密流量识别的问题。

强关联识别模块通过关联表匹配单元进行强关联匹配和应用协议识别。关联表匹配单元对输入数据包的源（或目的）IP、源（或目的）端口和传输层协议的三元组进行哈希运算后查找半流关联表存储单元中的强关联表并根据命中的关联表节点确定流的应用协议类型，并将全流表存储单元中当前流对应的流节点标记为已识别的应用协议类型。

图 2-3 的彩图

单包识别模块通过分流匹配单元和深度包检测单元进行匹配和应用协议识别。其中,深度包检测单元的工作过程通常可分为预处理和匹配两个阶段。

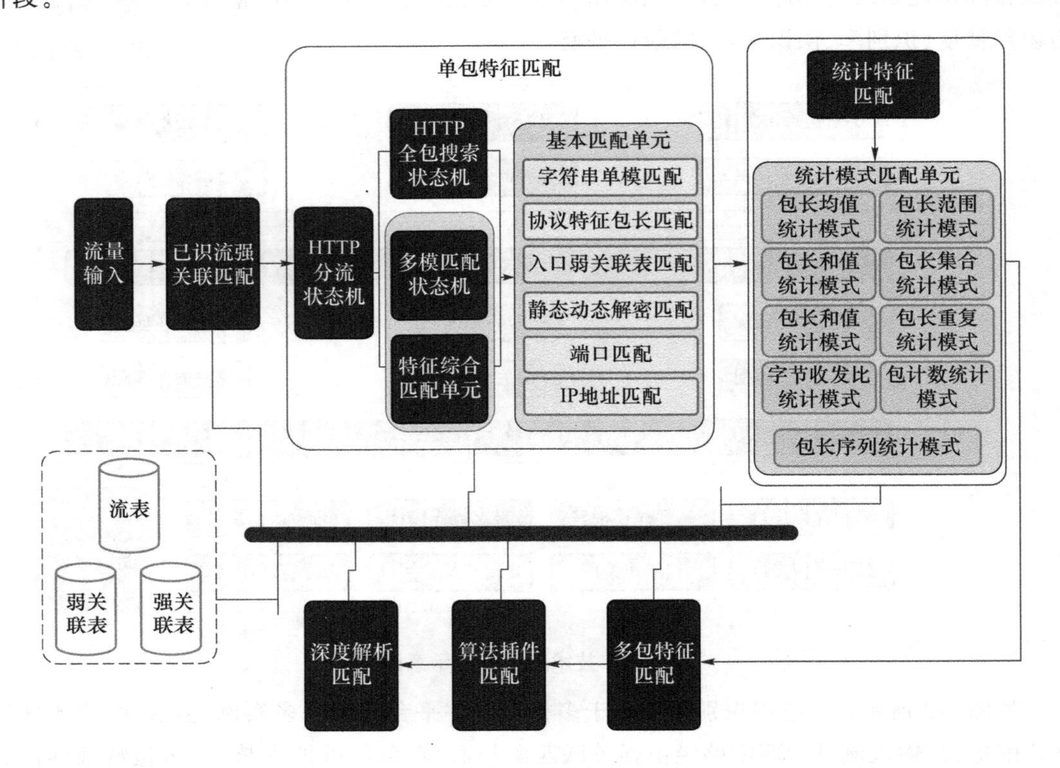

图 2-3　技术架构流水线示意图

在深度包检测单元的预处理阶段,配置模块对输入的规则库存储单元中保存的单包识别模块、多包识别模块、算法解密识别模块和通道提取识别模块的影子规则库统一进行预处理,生成深度包检测单元的核心,即多模式串匹配单元和混合匹配单元,并执行无缝热切换使新生成的深度包检测单元核心生效,规则库存储单元中的影子规则库成为处于活动状态的主规则库,而原主规则库则成为影子规则库,原深度包检测单元核心将被销毁。

深度包检测单元的预处理会生成深度包检测单元(包括 Web 应用深度包检测单元、TCP 深度包检测单元和 UDP 深度包检测单元)。其中,Web 应用深度包检测单元由单包识别模块的 Web 类应用规则的数据包特征生成,TCP 深度包检测单元由通过 TCP 协议传输的非 Web 类应用相应的单包识别模块、多包识别模块、算法解密识别模块和通道提取识别模块的规则的数据包特征或预过滤数据包特征生成,而 UDP 深度包检测单元由通过 UDP 协议传输的应用相应的单包识别模块、多包识别模块、算法解密识别模块和通道提取识别模块的规则的数据包特征或预过滤数据包特征生成。

在深度包检测单元的匹配阶段,多模式串匹配单元和混合匹配单元以待分类流中的带有效负载的数据包和规则库存储单元中的主规则库作为输入,并联合基本特征匹配单元和关联表匹配单元对应用协议识别规则的数据包特征进行匹配，输出初步命中的应用协议识别规则子集和应用协议识别规则的数据包特征或预过滤数据包特征的应用协议基本特征的命中状态，然后，匹配结果判别单元对应用协议基本特征之间应满足的逻辑关系进一步进行验证，从而筛选出最终命中了数据包特征的单包识别规则、命中了数据包特征或预过滤数据包特征的多包识别规则，以及命中了预过滤数据包特征的算法解密识别规则和通道提取识别规则并输出。

多包识别模块通过单包识别模块的深度包检测单元进行匹配和应用协议识别。多包识别模块通过深度包检测单元过滤出初步命中的多包识别规则子集，对命中的规则生成相应的流多包子节点并将其保存在当前待识别流所对应的全流表存储单元中，对后续到达的数据包，由深度包检测单元继续匹配，多包识别模块根据匹配结果和保存的匹配状态判定流多包子节点对应的规则的命中状态，同时更新匹配状态并将其保存在全流表存储单元中的流多包子节点中。

算法解密识别模块通过算法插件匹配单元、动态解密匹配单元和静态解密匹配单元进行匹配和应用协议识别。算法解密识别模块首先通过单包识别模块的深度包检测单元过滤出初步命中的算法解密识别规则子集，然后对命中规则的函数算法解密特征或密码算法解密特征分别用算法插件匹配单元、动态解密匹配单元或静态解密匹配单元继续匹配，最后根据匹配结果判定最终命中状态。

通道提取识别模块通过正则表达式匹配单元和算法插件匹配单元进行关联通道提取并进而通过强关联识别模块进行应用协议识别。通道提取识别模块通过已经成功识别并且指定了提取关联类型的通道关联动作的单包识别模块、多包识别模块或算法解密识别模块获取候选的通道提取识别规则子集，并根据单包识别模块输出的通道提取识别规则预过滤数据包特征的命中状态，最终确定用以进行通道提取的规则；通道提取识别模块根据规则指定的正则通道提取器或函数通道提取器，分别由正则表达式匹配单元或算法插件匹配单元提取关联通道的IP地址、端口和传输层协议，并根据规则指定的强关联类型的通道关联动作将关联基本特征添加到半流关联表存储单元中的强关联表中；若待提取的关联通道数据分布在多个数据包之中，则为命中的规则生成相应的流通道提取子节点并将其保存在当前流所对应的全流表存储单元中，对当前及后续到达的数据包，缓存相应的关联通道数据，然后再进行关联通道的提取。

配置模块对应用协议识别引擎的识别参数进行设置和查询，包括流扫描数据包个数、延迟确认动作开关，强关联识别模块、多包识别模块、算法解密识别模块和通道提取识别模块的启用/禁用开关，单包识别模块的数据包载荷全包扫描开关、数据包载荷头尾部扫描字节数、HTTP报文数据扫描字节数，强关联识别模块的关联表老化超时间隔、特定应用协议的关联表老化超时间隔等；配置模块通过规则库存储单元对应用协议识别引擎的规则库进行配置，包括规则库的加载与解析、规则库的预处理、规则库的在线升级及热切换、规则库的持久化存储和规则库的查询等。

2.1.2 DEC通用解码引擎系统研究

DEC通用解码引擎系统如图2-4所示，分为启动和运行两个阶段，启动阶段主要是完成解码配置库的加载和解码事务预编译，为运行阶段提供必要的初始化；运行阶段主要负责具体的应用解码和输出，包含字段映射模块、事务分发模块、事务处理模块以及事务输出模块4个模块。

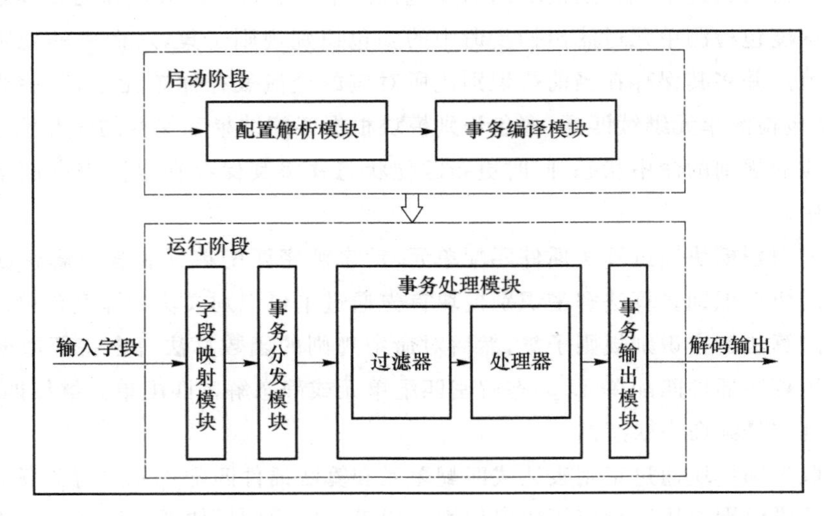

图2-4 DEC通用解码引擎系统框架

配置解析模块属于系统启动阶段，用来解析配置库语法，涉及解码全局配置、各应用协议内部字段、输出字段、映射关系以及应用中各事务处理逻辑描述等。图2-5列出了配置库中的主要事务层次模型。

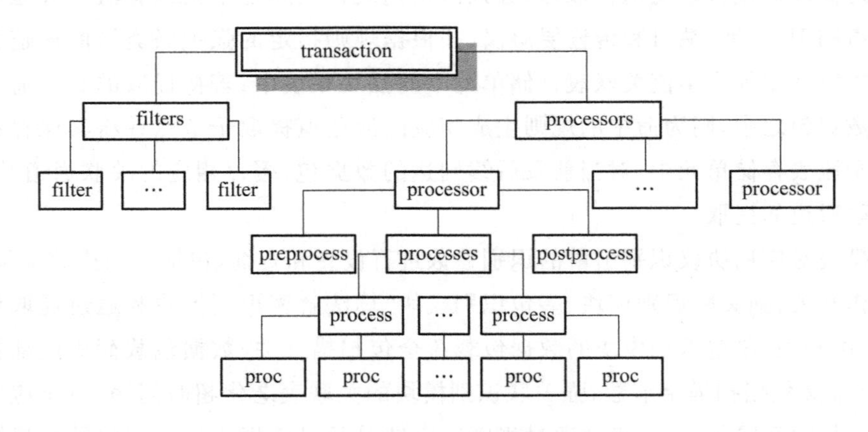

图2-5 配置库中的主要事务层次模型

<transaction>为应用的一个事务，通常一个应用可包含多个事务；<filter>表示当前事务的过滤条件，对应于事务处理模块中的过滤器，只有当过滤条件匹配时才会进行事务的后

续处理，一个事务若包含多个< filter >，则表示有多个入口匹配条件；< processor >对应的是事务处理模块中的处理器，一个事务可包含多个< processor >处理器，每个处理器针对的是当前事务中一个内部字段的处理；每个事务处理器都包含 3 个子标签：< preprocess >、< processes >和< postprocess >；< preprocess >是针对内部字段的预处理，< processes >为内部字段中核心解码状态的处理的集合，每个解码状态对应的标签为< process >；< process >解码状态内可包含嵌套的子状态处理< proc >。

事务编译模块也属于系统启动阶段，主要是对解析完成的配置进一步处理和抽象，包含事务中涉及的模式状态机编译、事务逻辑分类、字段依赖关系处理等；经过编译之后生成全局解码上下文信息，提供给运行阶段的各模块使用。

字段映射模块主要是给当前解码提供内部字段。映射模块依据解码上下文判断输入的字段是否为关心的字段，如果是，则把当前输入字段映射为解码的内部字段，之后把内部字段送入后续模块；如果不是所关心的字段，则直接返回丢弃当前字段。

事务分发模块主要实现内部字段逻辑分发，依据内部字段所属事务类型进行分发，而事务主要分为 HTTP、TCP 和 UDP 3 类。

事务处理模块是解码的核心模块，负责事务的精确定位和事务解码；在系统运行阶段接收事务分发模块传入的内部字段，内部过滤器模块对事务实现精确定位，之后处理器才进行具体的事务业务处理。

图 2-6 为事务处理流程。

过滤器主要是在事务未命中的情况下对传入的内部字段内容条件匹配直到命中为止，匹配条件为< filter >对象，由于一个事务可能包含多个< filter >且每个< filter >所涉及条件也可能跨字段，所以过滤器处理也会跨越不同的字段；另外，不同事务的< filter >有重叠时过滤器需要处理事务之间的优先级问题。

处理器主要涉及入口条件判断、事务状态以及嵌套状态处理、解码动作处理等。< processor >< preprocess >< postprocess >< process >< proc >< action >这几个涉及事务处理标签都包含一个 cond 属性，当 cond 值为 true 时，处理器必须首先判断其下< condition >对象所包含的条件是否满足，只有满足条件才会往下执行，否则依据当前处理进行同层次跳转。比如，若外层< processor >条件不成立则当前字段不再处理，若< process >条件不成立则当前事务状态跳过直接进入下一状态，若< action >条件不成立则表示当前动作跳过执行下个动作；事务状态处理< processor >是对一个完整的内部字段而言的，其可以包含多个处理状态块< process >，每个< process >内部可能包含嵌套的子状态< proc >，< process >和< proc >对应的处理过程是一致的；< action >可以位于处理器的各个层次上，而且各层次支持多个< action >动作，用来输出字段或者缓存中间内部字段。

事务输出模块主要是给外部提供解码字段查询功能，字段可以是事务处理过程中通过< action >动作直接输出的，也可以是通过解码配置上下文信息获取到的映射字段输出的。

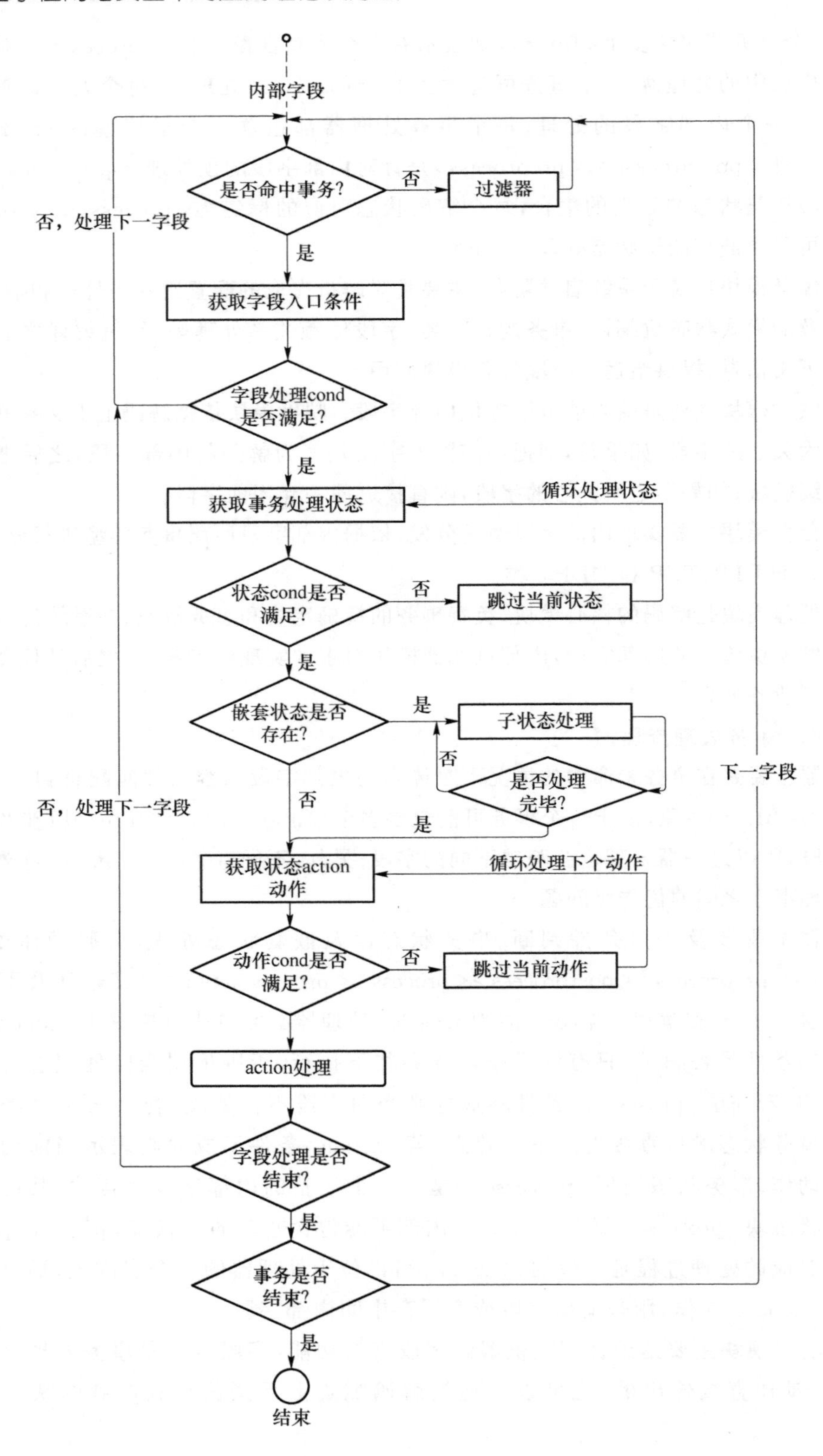

内部字段
是否命中事务?
否
过滤器
否，处理下一字段
是
获取字段入口条件
字段处理cond
是否满足?
是
获取事务处理状态
循环处理状态
状态cond是否
满足?
否
跳过当前状态
是
嵌套状态是否
存在?
是
子状态处理
否
是否处理
完毕?
下一字段
否，处理下一字段
否
是
获取状态action
动作
循环处理下个动作
动作cond是否
满足?
否
跳过当前动作
action处理
字段处理是否
结束?
是
事务是否
结束?
是
结束

图 2-6　事务处理流程图

2.1.3 FS 文件还原引擎系统研究

FS 文件还原系统数据处理框架如图 2-7 所示，流文件还原以解码完成后的字段列表作为输入，内部完成文件还原，输出为还原后的完整文件。如果流 HOOK 框架存在，则作为流转发平台的一个独立模块，针对不同的安全业务，完成基于流的按需调度。如果流 HOOK 框架不存在，则流转发平台直接输出所有处理结果，包括解码字段列表、还原后文件。

图 2-7 的彩图

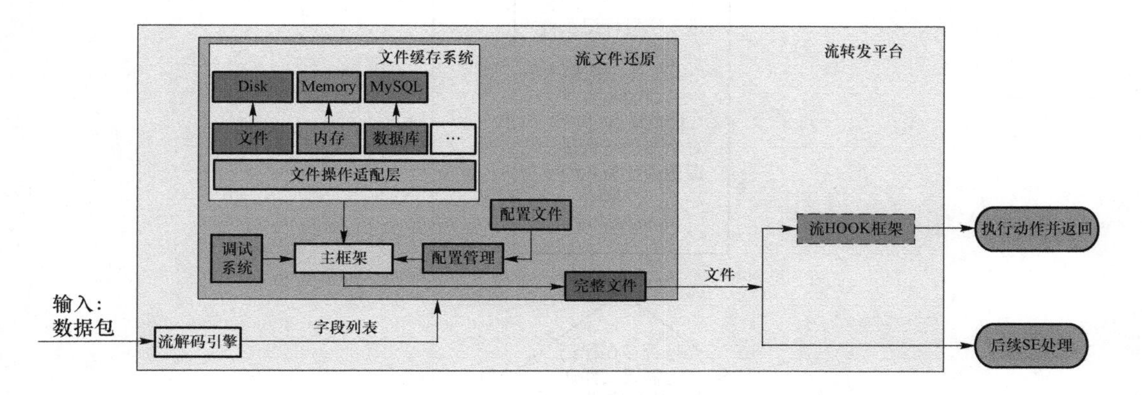

图 2-7 FS 文件还原系统数据处理框架

流文件还原分为单流场景和多流场景。单流场景分为：单次文件传输，完成后关闭连接；单次文件传输，完成后不关闭连接直接进行下一次文件传输。多流场景分为：文件名和数据流是两条流；文件名和数据流是多条流；文件名和数据流是多条流，且一条流中出现的文件标识不唯一，但在流内的特定范围内是唯一的，后续可以被再次复用。

流文件还原通过获取需要进行文件还原的文件名，并将该流设置为主流，实现文件名和文件的 UID 关联。在获取 FILE_BEGIN 标志后，设置文件传输开始并初始化文件块结构，在获取到 FILE_CONTENT 字段后开始循环处理，并将文件内容缓存到文件结构块中，在写满后，将内容保存到文件流中。处理完成后，清除关联文件块，并清除关联文件信息。

文件还原主要依赖于解码器字段的实现，不同解码器对应的文件输出字段各有差别，需要统一地转化为文件类字段，结合文件传输的起始标记，动态构建文件会话和文件 hash 头，最终实现文件拼接和存储，覆盖多个场景：单流单文件、单流多文件、多流单文件、多流多块，文件和数据分离等。

整个文件还原字段处理主流程如图 2-8 所示。

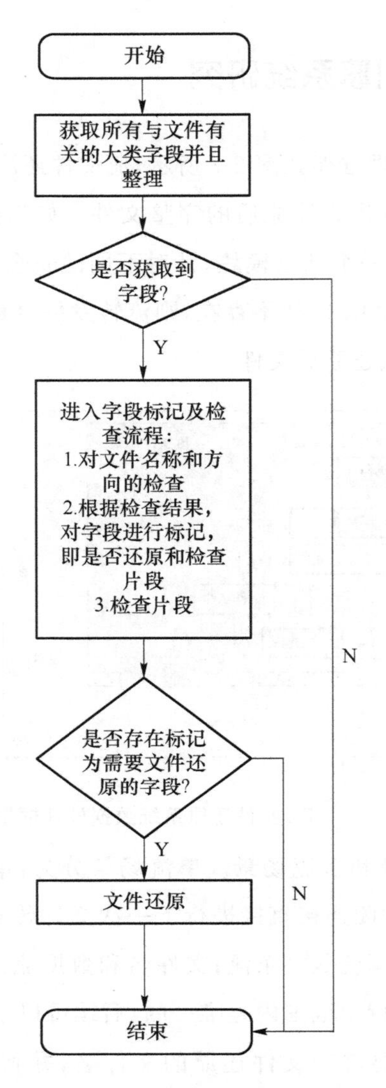

图 2-8　文件还原字段处理主流程图

2.1.4　机器学习

基于机器学习的流量识别方案,主要包括特征自学习、模型构建和流量识别验证 3 个阶段。

1. 特征自学习

特征自学习以传统识别中的端口特征、字符串特征、加密流量样本作为 3 类不同的样本原始数据,对原始数据所属的分类进行标记,对端口、字符串类型特征进行量化和归一化处理,加密流量数据则单独分类并归一化处理。

2. 模型构建

模型构建采用卷积神经网络(CNN)构建算法模型识别未知流量和加密流量。通过无人工参与的透明特征提取和特征选择方法、深层非线性网络结构学习方法提供强大的特征自学习能力。选用基于特征条件独立性假设的分类算法,通过参数可调优的多次迭代构建模型,提供高准确度的分类能力的分类器,卷积神经网络用于未知和加密流量识别,贝叶斯分类器用于常规流量识别。

3. 流量识别验证

流量识别验证和训练阶段数据的预处理过程是一样的,唯一不同的是训练需要保存数据的标签,而识别处理本来就不知道类别,也就无类别标签可保存。流量数据导入后,首先会经过一系列预处理,之后作为输入送给分类器进行类型预测,选择概率最大的类别作为最终识别结果。

2.2 行为信息采集与行为库构建方法

以情报为中心、以大数据分析技术为手段、以专家团队为支撑的数据驱动型动态信息安全防御思想,利用在终端领域积累的海量终端行为数据,针对终端行为数据和网络基础数据,提供大数据协同安全分析系统,为线索查询、数据关联、威胁分析等网络空间作业提供辅助能力支撑。

2.2.1 行为库体系架构

行为库体系框架如图 2-9 所示,该架构包括第三方情报源、多源情报数据汇聚、数据存储与计算、情报分析处理、情报展示发布、情报管理和服务、系统管理以及系统标准 8 部分组成。

第三方情报源是引入威胁情报数据的主要来源,主要用于在互联网端接入各家云端情报进行情报数据更新服务。

多源情报数据汇聚旨在通过单向网闸引入多个第三方情报数据源,并结合自有工程中产生的情报数据进行汇聚,它是通过情报数据识别校验、数据清洗、数据融合、数据标准化等过程后,生成符合标准的威胁情报。

数据存储与计算旨在为整个系统提供数据存储和计算资源,存储内容包括基础情报信息数据、威胁情报数据、威胁知识数据、情报标签数据、系统日志数据、用户信息数据等,分析计算包括情报线索关联分析、情报信息挖掘、情报检索分析、图计算搜索与关联。

情报分析处理旨在对 IP、域名、样本进行查询分析,对 APT 组织进行分析,通过线索关联拓线和情报子图挖掘来分析威胁情报,实现为情报服务提供有力的支撑。

情报展示与发布主要用于展示情报的概况、情报的运营状态、情报质量评估展示及安全事件的轮播,通过对情报来源与情报分类的展示,来描述系统情报的状况,有助于对情报的管理和服务。

情报管理与服务的主要功能是对情报数据进行运营管理,并为外部需求提供情报服务,情报数据管理包括了情报生命周期管理、情报数据管理、情报权限管理、情报标签管理、情报运营管理和情报接口管理,情报服务包括威胁检测服务、威胁分析服务、情报共享服务、情报接入服务、情报查询服务和情报统计服务。

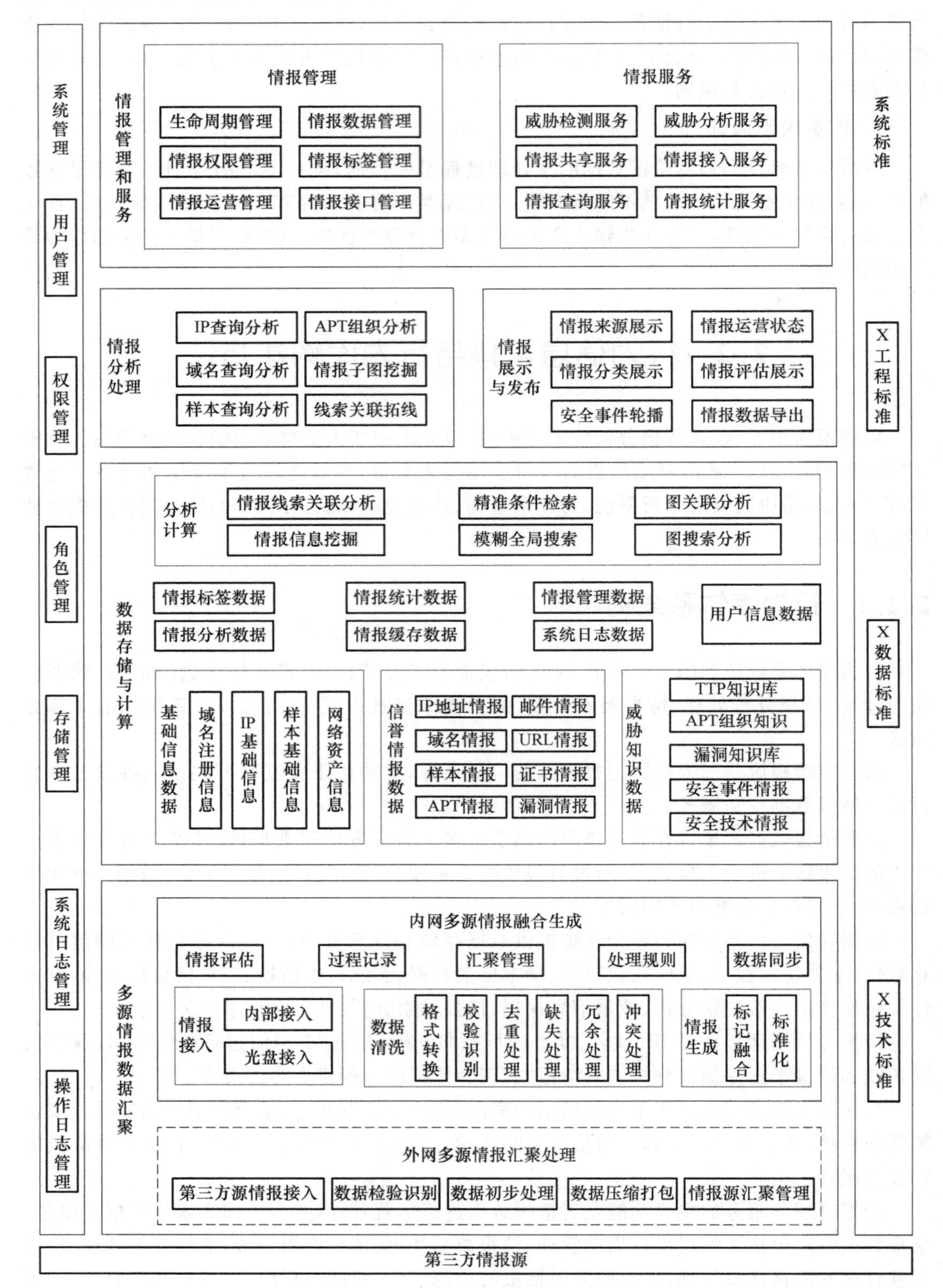

图 2-9　行为库体系框架

2.2.2 多源数据采集汇聚方法

1. 数据接入

数据接入模块支持对多方行为数据进行汇聚，接入第三方威胁情报数据和自有业务情报数据。汇聚接入方式包括 API 接口自动导入、离线文件批量导入和人工手动录入。其主要功能包括：

① 支持导入外网多源情报数据、支持从内网其他应用系统通过 API 接口导入自有业务情报数据、支持离线批量导入情报数据、支持手工导入情报数据；

② 导入的数据格式包括 json\txt\xml\csv 等；

③ 批量导入支持自定义模板，包括制定分隔符和分行方式；

④ 对通过 API 接口自动导入的数据提供多种加密方式，可与第三方源数据协商和更改加密方式，模块支持 AES、DES 等对称加密算法，RSA、DSA 等非对称算法以及 MD5、SHA-1 等 Hash 算法。

2. 数据清洗

数据清洗是多源数据汇集分系统的核心功能模块，尽管通过技术规范对接入源数据格式提出了要求，但第三方数据源各自采用的情报数据标准并不统一，多种行业标准同时存在需要转换成内网支持的归一化标准的数据格式，另外实际接入的数据有很大可能存在重复、不完整、噪声等问题。通过数据清洗处理，可实现对数据的高效利用和挖掘。其主要功能包括：

① 文件格式转换，系统支持将非结构化(如 txt)、半结构化(如 csv)、结构化(如 json、xml)文件格式转化成工程内网文件格式；

② 数据校验，能够对数据格式(内容格式，如 IP、域名、Hash 值等)、数据结构(字段是否匹配)进行校验；

③ 支持结合信誉评价机制进行去伪处理，包括错误、失效等不合理的数据；

④ 支持以用户灵活配置的方式对数据进行按条件清洗；

⑤ 支持对数据质量存在问题的数据进行二次汇入清洗；

⑥ 持续监控情报数据，能根据配置的阈值自动处理低于输出阈值的情报数据；

⑦ 数据清洗流程包括数据预处理、去重处理、冗余处理、缺失修正、冲突处理等。

3. 数据生成

行为信息生成对源数据采集处理后的中间数据进行接收，在去重处理、冲突处理、汇聚分类以及融合生成处理后生成威胁情报数据。

行为数据生成按处理顺序分为去重、冲突处理、汇聚分类、融合生成 4 个步骤。去重是对源数据自身内容去重和域数据库中的数据对比后去重；冲突处理是对采集过程中出现的冲突数据和与数据库中的数据冲突进行处理，并对冲突产生的数据自动打上标记；汇聚分类是对冲突处理过后的数据按类型进行精准自动分类，并通过数据模型和关联模型进行数据匹配；融合生成是对分类形成的数据进行多源数据处理，通过数据标签、人工干预的形式对数据进行多源标记，并生成标准行为数据进行入库。

4. 数据存储

行为数据存储模块主要是对多源行为原始数据、关键过程数据、结果数据以及日志数据进行存储，确保数据的安全可靠存储。

原始数据存储：对导入的第三方多源数据进行校验识别后存储到大数据平台。

关键过程数据存储：对数据清洗和生成过程中的关键数据进行存储，保证数据处理过程的可靠性和健壮性。

结果数据存储：主要用于将汇聚处理好的情报入库，供后续子系统进行数据调用。

日志存储：主要用于记录针对系统的各种操作进行记录留存。

2.2.3 分析处理方法

1. 概述

多源数据分析处理分系统能够基于海量的多源情报数据进行分析处理，为数据查询分析提供综合查询、专用分析模型、高级可视化图关联分析、专题数据分析等功能。多源数据分析处理分系统支持线索查询、线索基本信息展示、多线索节点关联、图线索分析关联等多种分析方法。多源数据分析处理分系统支持基于域名、IP 地址、哈希 MD5/Sha1、证书指纹、机器唯一码类型、IP 信誉、域名信誉、URL 信誉等的安全事件线索研判，支持域名、IP、哈希、证书指纹、IP 信誉、域名信誉、URL 信誉等线索的安全事件线索拓展，可以对单一线索进行拓展，比如时间上的拓展和安全维度上的拓展，支持根据相应的分析模型，结合平台数据，利用模型对全网数据进行分析挖掘，对查询结果进行进一步的安全事件线索关联分析。系统通过系统挖掘的事件线索，结合安全专家的线下配合，为用户开展 APT 攻击、恶意软件、钓鱼网站等事件追踪溯源提供支撑。

2. 功能与组成

多源数据分析处理分系统由高级可视化图关联分析子系统、行为数据专用模型分析子系统、综合查询分析子系统和行为数据专题分析子系统组成。

1）高级可视化图关联分析子系统

高级可视化图关联分析子系统基于本系统行为信息大数据，通过关联关系分析、时序分析、地理信息分析、可视化统计分析、路径计算以及社会网络分析等多种可视化分析模型，针对大规模的数据集进行可视化查询检索，实现对网络攻击要素之间潜在的关联进行人机交互式分析挖掘，包括对 IP、域名、样本 Hash 以及终端识别码的关联分析。最终高级可视化图关联分析子系统将关联分析的结果以线索拓线的方式进行可视化展示，实现数据分析过程的可收敛和透明化。

在高级可视化分析的过程中，高级可视化图关联分析子系统能对各顶点进行移动、聚合、展开等操作，可手动添加、删除新的数据节点和边，扩展或消除数据之间的关系，弥补自动分析过程中出现的噪音，以全方位、多维度的分析方法实现对数据信息的深层次剖析，帮助用户迅速精准定位关键信息。

高级可视化图关联分析子系统能对超大规模的安全威胁数据集进行可视化分析，形成复杂的关联图谱，打通不同来源的安全数据，统一以图的结构存储和展示，重点关注数据间的关联关系，极大地扩充网络安全分析人员的视野。通过该系统，安全分析人员可以更加快捷直观地找到某两个可疑的事件或 IP 节点之间的关联关系，最终还原整个恶意攻击的全貌。在展示方式上，高级可视化图关联分析子系统支持网状布局、环状布局和层次布局，从不同角度理解数据，直观高效地完成数据分析工作。

2）行为数据专用模型分析子系统

行为数据专用模型分析子系统提供多种专用的行为数据分析模型，包括安全事件杀伤链分析模型、攻防钻石分析模型、时序分析模型、聚类分类分析模型、攻击行为关联分析模型。安全分析人员在进行情报数据分析处理时可根据具体的分析需求灵活调用一种或多种分析模型，从不同的维度和视角对海量安全情报数据进行深入挖掘分析。

3）综合查询分析子系统

综合查询分析子系统提供信誉查询分析、基础数据查询分析、知识数据查询分析和综合查询分析等功能，可为安全分析人员多种查询分析组合，如可单独查询信誉信息、基础数据信息或知识数据信息，也可结合信誉、知识数据和基础数据进行组合查询，满足安全分析人员查询需求。

4）行为数据专题分析子系统

行为数据专题分析子系统可为安全分析人员提供 APT 组织分析（包括 APT 组织、黑客组织等的基础属性、所属国家）、攻击目标、使用漏洞、攻击样本、攻击手法、受控主机、失陷 IP 等信息。行为数据专题还可就某一特定安全事件提供专题行为数据分析，并对这些安全事件专题分析进行统一管理（包括专题分析的增加、修改和删除）。

3. 工作原理

多源行为数据分析处理分系统通过综合查询分析子系统、高级可视化图关联分析子系统、行为数据专用模型分析子系统、行为数据专题分析子系统为行为数据分析人员和安全研究人员提供多种查询分析功能。

情报分析人员和安全研究人员可以通过综合查询分析子系统对基础数据、信誉和知识数据进行综合查询，查询分析模块自动识别线索类型并自动选择关联模型进行线索分析，在线索分析过程中根据对预期效果的识别可选择性地进行线索拓展操作。同时，通过综合查询分析子系统，用户可以一键跳转到高级可视化图关联分析子系统，对不同来源的安全数据进行可视化分析形成关联图谱，并对关联线索进行高级可视化呈现与操作。

安全研究人员通过综合查询分析子系统和高级可视化图关联分析子系统还可以方便地调用行为数据专用模型分析子系统提供的各种专用分析模型对海量行为数据进行深入挖掘分析。

同时，供行为数据专题分析子系统通过调用综合查询子系统、高级可视化图关联分析子系统和行为数据专用模型分析子系统提供的个功能模块为分析人员提供对 APT 组织的分析能力和对热点安全事件、重大威胁情报进行专题建模和多维度数据关联分析的分析能力。

2.2.4 展示发布方法

情报展示与发布分系统是对所涉及的行为数据进行来源展示、存储展示、消费展示以及质量展示，同时为用户提供情报数据上报、情报数据下发、报告发布以及通告发布展示的功能。

行为数据展示与发布分系统是部署在内网环境的本地行为数据平台中的核心系统之一，保障用户对行为数据统一质量管理能力和情报数据概览能力。

该分系统通过 Web 界面，供相应的分析人员进行数据概览、系统资源监控信息查看、数据统计结果查看、数据展示布局的配置、数据的上报和下发以及报告发布等操作，实现针行为数据情况实时监控，对数据质量信息的全面掌握；支持对数据输出的配置管理功能，支持对数据上报至上级平台的汇总，以及向专有设备下发数据的联动能力。

对于行为数据的展示与发布，不仅需要对大规模数据进行运算统计的能力，还需要针对不同的数据源、数据类别、业务消费以及展示结果进行细化设计，对不同数据的差异性进行灵活适配，调整平台的内容，为数据的统计评估的准确性提供保障。

2.3 社会工程学中网络信息的抓取方法

本章主要研究了如何从网络社会中抓取信息，为后续进行“网络社会人”行为画像进行支撑。

由于互联网规模的不断扩大，特别是随着移动互联及社交网络平台的不断涌现，互联网信息正在以指数级增长，各种各样的信息资源被整合到一起，而且大量数据属于地理位置分散的异构数字化信息，所有信息形成了一个宏大的信息库。如何快速、高效、安全地从浩瀚的数据中提炼、分析各种行为数据成为社会工程学的研究热点。网络爬虫是一种按照一定的规则，自动地抓取万维网信息的程序或者脚本，已被广泛应用于互联网领域。搜索引擎使用网络爬虫抓取 Web 网页、文档甚至图片、音频、视频等资源，通过相应的索引技术组织这些信息，提供给搜索用户进行查询。网络爬虫则是数据采集的重要手段，也是研究重点中的重点。当前的网络爬虫大致可以分为以下几种类型：①基于整个 Web 的爬虫；②增量式爬虫；③基于主题的爬虫；④基于用户个性化的爬虫；⑤移动爬虫；⑥基于元搜索的爬虫。

随着技术的发展，网络爬虫也遇到一些挑战，这些挑战正是本章的研究重点：①从网络信息生成的趋势看，越是价值高、规模大的信息往往越是深藏在深层网络中，但是当前大部分网络爬虫还无法对深层网络的资源进行有效地采集，因此深层网络爬虫的研究是一大关键点；②网络爬虫现在所爬取的内容基本上都是基于字面的内容，还难以对语义进行处理。Web2.0 的兴起，特别是语义万维网的研究，为网络爬虫根据语义去抓取内容提供了一条可行的路径；③海量的数据即使是通过现有的分布式网络爬虫技术也难以支撑目前的体量，因此基于大数据平台的分布式网络爬虫值得重点研究；④此外，各类反爬虫网站的出现，也为数据采集提供了障碍，如何破解反爬虫技术是另一个关键点。

2.3.1 能在深层网络上进行数据采集的网络爬虫

互联网网页按存在方式可分为“表层网”和“深层网”。表层网指传统网页搜索引擎可以索引的页面，以超链接可以到达的静态网页为主的 Web 页面。深层网则指那些存储在网络数据库，不能通过超链接访问而通过动态网页技术访问的资源集合。移动互联技术促进了社交平台的发展,大型社交平台的各类信息是社会工程学的重要数据源。通常情况下此类资源的爬取较为困难,为此需要从多个侧面去研究针对此类问题的网络爬虫。其主要的研究手段有以下几个方面:

① 通过构建 ajax 模拟器进行研究。ajax 技术在 Web 中得到广泛的应用,利用 ajax 模拟器能够从以 ajax 为基础的网络站点抽取信息。

② 通过构建多媒体网络爬虫进行研究。在当前网络中图片、声音、图像和电影的搜索是非常困难的,利用多媒体网络爬虫就可以较好地抓取这类资源,构建数字图像库。

③ 通过构建面向 P2P 网络的爬虫进行研究。对等网络在社交人员交流、文件交换、分布式计算等方面有较大前景。通过 P2P 网络爬虫抓取社交人员共享的资源而此类资源将是价值比较高的。

2.3.2 基于语义分析的网络爬虫研究

语义模型是一种新的数据构造器和数据处理原语,用来表达复杂的结构和丰富的语义的一类新数据模型。目前研究中有学者提出了一种语义网络,它建立在模式识别中的语义句法方法的基础之上,并结合专家系统研究中发展的专家工具网络(ETN)。语义网研究领域提出了一种语义模型描述。由于语义网中提出的"资源描述框架"表述简单且具有较强的描述能力,得到了广泛关注,并在其上提出更强的语义描述模型——本体,同时也被应用到相关领域。本章从面向特定领域的应用着手,建立一个轻量级语义信息模型——"语义字典"。语义字典信息的构建既要考虑信息描述的完备性,又要考虑其实现的复杂性,还要简化现有的语义标注方法,初步实现大众化语义标注,并在原型系统中验证该方法的可行性。本章以"语义字典"作为网络爬虫的知识库,进而实现基于语义分析去搜索相关的数据。

本章还对反爬虫技术应对策略库有所研究。当前爬虫网络主要是从用户请求的 Headers、用户行为分析、网站目录和数据加载方式进行抓取。前两种方式是经常遇到的且比较好解决,可以采用填写 Headers、利用代理 IP 或虚拟大量局域网 IP 等方法解决;而基于 AJAX 技术则会增加爬取的难度,需要研究基于 JavaScript 脚本的模拟器,去调用 AJAX;破解防爬虫策略库的构建就是为网络爬虫提供策略支持,它可以根据不同场景自适应地选取对应的破解策略。

2.3.3 网络获取数据软件设计

网络数据抓取工具的结构如图 2-10 所示。

网络数据抓取工具主要由 3 个层次组成:数据获取、数据清洗和数据分析。

1. 数据获取及防爬虫策略库

1) 防爬虫策略库

当前爬虫网络主要是从用户请求的 Headers、用户行为分析、网站目录和数据加载方式进行抓取。前两种方式是经常遇到的且比较好解决,可以采用填写 Headers、利用代理 IP 或虚拟大量局域网 IP 等方法解决;而基于 AJAX 技术则会增加爬取的难度,需要研究基于 JavaScript 脚本的模拟器,去调用 AJAX;破解防爬虫策略库的构建就是为网络爬虫提供策略支持，它可以根据不同场景自适应的选取对应的破解策略。

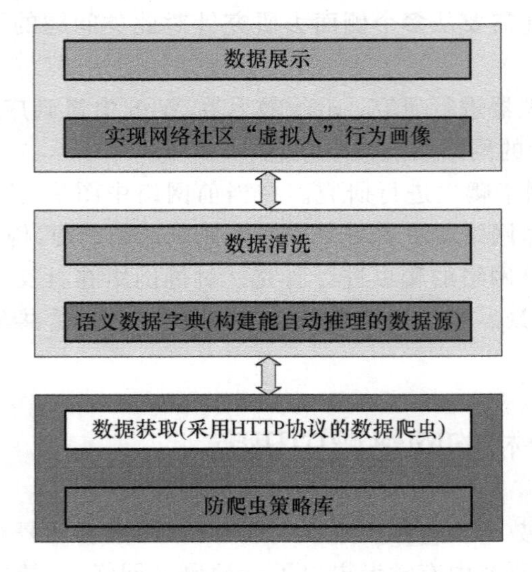

图 2-10 的彩图

图 2-10　网络数据抓取工具的结构示意图

2）爬虫客户端

爬虫客户端主要是采用 Java 语言编写的 HTTP 客户端，从 Web 网络页面及网络社区获取数据。它会针对不同的网络社区采用不同的防爬策略。

2. 数据清洗及数据语义处理

1）语义数据词典的建立

语义网络（Semantic Web，SW）的核心思想可以分为两个方面：一个是 Semantics；另一个是 Web。语义（Semantics）指的是提供能被计算机“理解”的数据，即它的逻辑分析与语义表示的维度。网（Web）指的是那些语义数据不是孤立存在的，而是彼此互连，形成一个网状结构，即它的数据连接的维度。本章的研究过程提出了以自然语言来标注相关 Web 爬取数据，然后通过语义相关推理算法进行数据分析。

2）数据清洗

该模块对一些无关的信息进行过滤，提取感兴趣的数据，主要借鉴现有的一些较为成熟的算法。

3. 数据分析

人际关系是社会学、心理学、管理科学的一个重要而有实际价值的领域。对于人际关系的研究已逐渐从定性走向定量。统计方法（特别是图论方法）奠定了人际关系定量化的基础。如果将人际关系研究中的图论方法中的人看作是其他对象，将人际关系看作是有一定关系的对象的系统，那么图论方法可以很容易地移植与推广到其他领域。我们用点代表“人”，用边代表一个“人”与另一个“人”有某种“关系”。这样具有人际关系的人群就表示成了一个图。聚类分析已经成为数据挖掘研究领域的一个非常活跃的研究课题，聚类就是一个将数据集划分为若干组或类的过程，通过聚类使得同一组内的数据对象具有较高的相似度，而不同组中的数据对象则是不相似。没有任何一种聚类算法可普遍适用于揭示各种多维数据集所呈现出的多种多样的结构。根据数据在聚类中的积聚规则以及应用这些规则的方法，有多种聚类算法。通常，聚类算法可被分成层次化聚类算法、划分式聚类算法、基于密度和网格的聚类算法和其他聚类算法 4 个类别。

2.3.4　网络爬虫设计

1. Java 爬虫的操作流程

1）下载

① 选择并使用网络工具包下载指定 url 的网页源代码；

② 使用 get/post 的方式提交请求；

③ 设置请求的 headers 参数；

④ 置请求的 cookies 参数；

⑤ 设置请求的 query/formData 参数；

⑥ 使用代理 IP；

⑦ 分析目的请求的各种必要参数的来源；

⑧ 对于分析和解决成本过大的请求，可以使用模拟浏览器进行下载（phantomjs＋selenium）。

2）分析

① 对于 html 格式的文本，使用 Jsoup 等工具包解析；

② 对于 json 格式的文本，使用 Gson 等工具包解析；

③ 对于没有固定格式，无法用特定工具解析的文本，使用正则表达式工具获取目标数据。

2. 单点登录与 Jsoup 解析

单点登录与 Jsoup 解析应用场景：访问第三方门户系统，根据相应需求抓取相关网页数据。需要有单点登录与使用 Jsoup 进行页面解析重要的两个部分。

1）单点登录简介

单点登录全称 Single Sign On（简称 SSO），是指在多系统应用群中登录一个系统，便可在其他所有系统中得到授权而无须再次登录，包括单点登录与单点注销两部分。

（1）登录

相比于单系统登录，SSO 需要一个独立的认证中心，只有认证中心能接受用户的用户名密码等安全信息，其他系统不提供登录入口，只接受认证中心的间接授权。间接授权通过令牌实现，SSO 认证中心验证用户的用户名密码没问题，创建授权令牌，在接下来的跳转过程中，授权令牌作为参数发送给各个子系统，子系统拿到令牌，即得到了授权，可以借此创建局部会话，局部会话登录方式与单系统的登录方式相同。登录设计如图 2-11 所示。

① 用户访问系统 1 的受保护资源，系统 1 发现用户未登录，跳转至 SSO 认证中心，并将自己的地址作为参数。

② SSO 认证中心发现用户未登录，将用户引导至登录页面。

③ 用户输入用户名密码提交登录申请。

④ SSO 认证中心校验用户信息,创建用户与 SSO 认证中心之间的会话,称为全局会话,同时创建授权令牌。

⑤ SSO 认证中心带着令牌跳转会最初的请求地址(系统 1)。

⑥ 系统 1 拿到令牌,去 SSO 认证中心校验令牌是否有效。

⑦ SSO 认证中心校验令牌,返回有效,注册系统 1。

⑧ 系统 1 使用该令牌创建与用户的会话,称为局部会话,返回受保护资源。

⑨ 用户访问系统 2 的受保护资源。

⑩ 系统 2 发现用户未登录,跳转至 SSO 认证中心,并将自己的地址作为参数。

⑪ SSO 认证中心发现用户已登录,跳转回系统 2 的地址,并附上令牌。

⑫ 系统 2 拿到令牌,去 SSO 认证中心校验令牌是否有效。

⑬ SSO 认证中心校验令牌,返回有效,注册系统 2。

⑭ 系统 2 使用该令牌创建与用户的局部会话,返回受保护资源。

图 2-11 的彩图

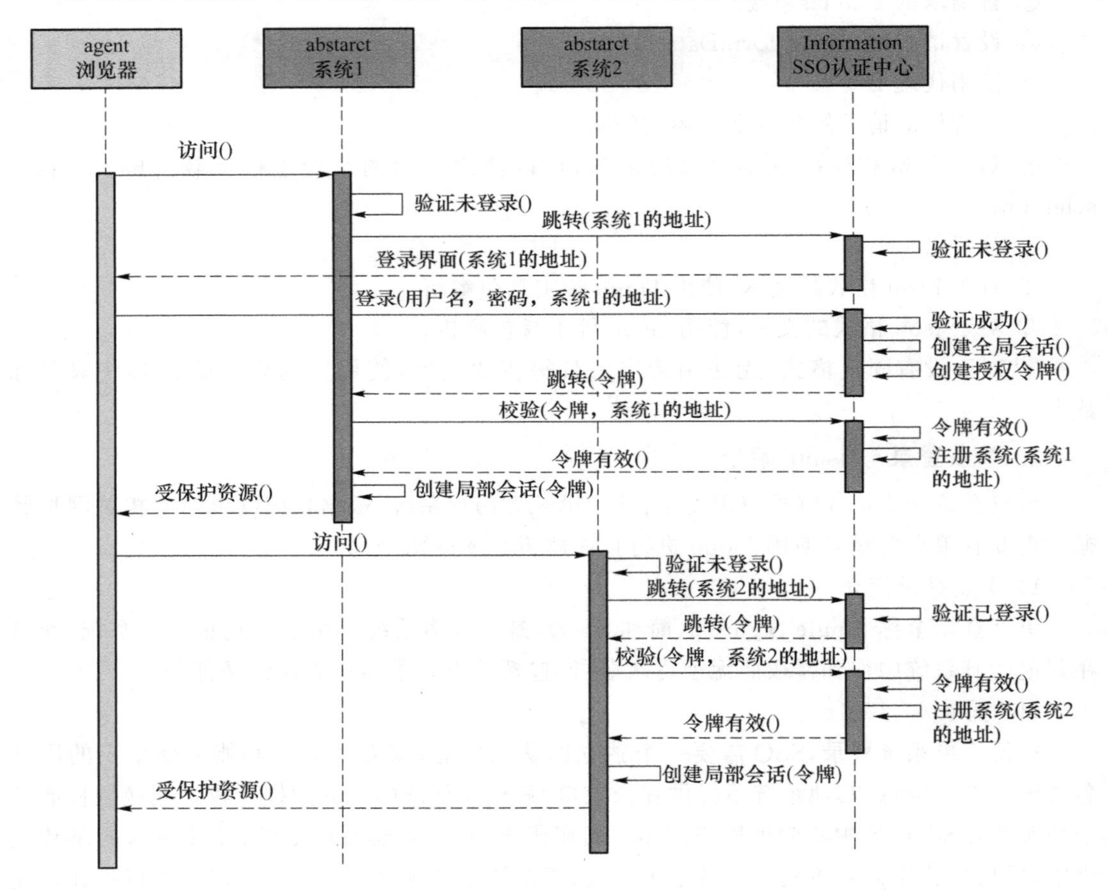

图 2-11　登录设计

用户登录成功后,会与 SSO 认证中心及各个子系统建立会话,用户与 SSO 认证中心建立的会话称为全局会话,用户与各个子系统建立的会话称为局部会话,局部会话建立之后,用户访问子系统受保护资源将不再通过 SSO 认证中心,全局会话与局部会话有如下约束关系:

① 局部会话存在，全局会话一定存在。

② 全局会话存在，局部会话不一定存在。

③ 全局会话销毁，局部会话必须销毁。

（2）注销

单点登录自然也要单点注销，在一个子系统中注销，所有子系统的会话都将被销毁，用图 2-12 来说明。

图 2-12 的彩图

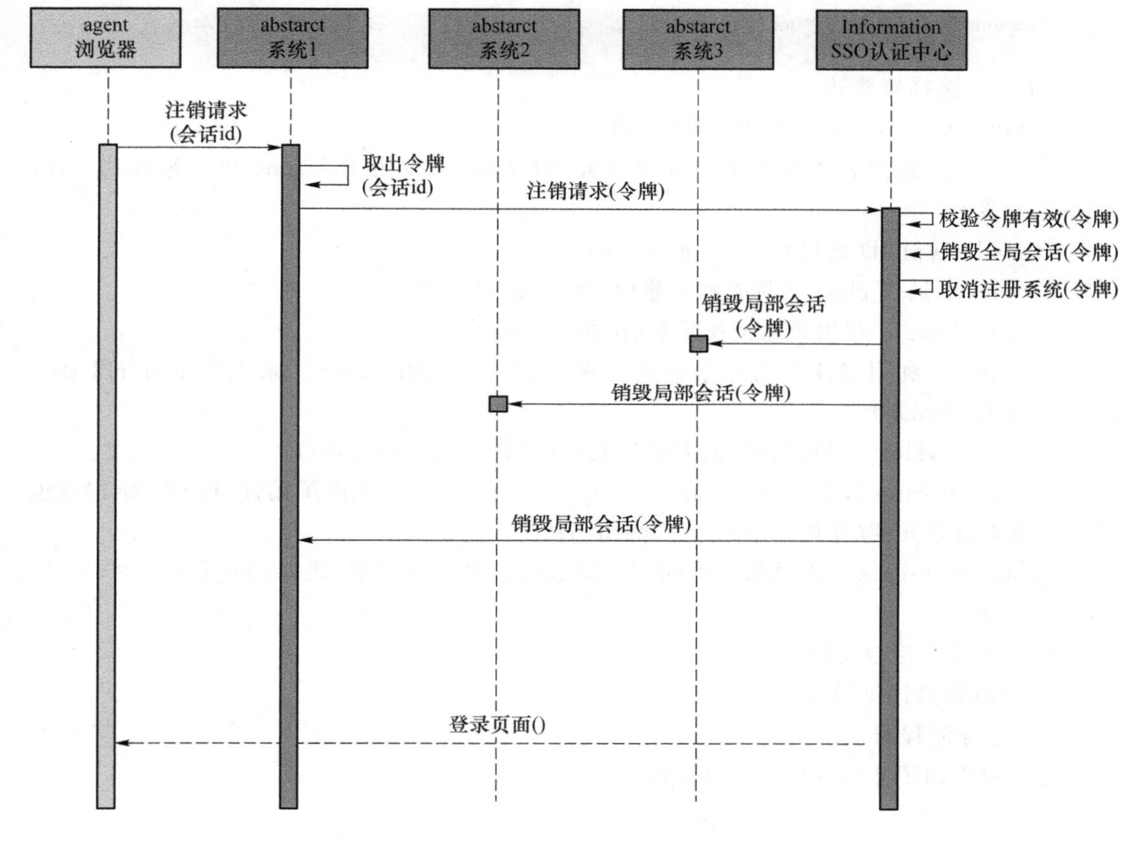

图 2-12　注销设计

SSO 认证中心一直监听全局会话的状态，一旦全局会话销毁，监听器将通知所有注册系统执行注销操作。

简要说明上图：

① 用户向系统 1 发起注销请求。

② 系统 1 根据用户与系统 1 建立的会话 ID 拿到令牌，向 SSO 认证中心发起注销请求。

③ SSO 认证中心校验令牌有效，销毁全局会话，同时取出所有用此令牌注册的系统地址。

④ SSO 认证中心向所有注册系统发起注销请求。

⑤ 各注册系统接收 SSO 认证中心的注销请求，销毁局部会话。

⑥ SSO 认证中心引导用户至登录页面。

2）Jsoup 网页解析

Jsoup 使用起来比较简单，使用 Jsoup 进行页面解析，其实就是使用选择器针对大数据量的网页进行筛选，获得所需要的数据。

常用选择器语法如下：

```
Elements links = doc.select("a[href]");                    //带有 href 属性的 a 元素
Elements pngs = doc.select("img[src $ = .png]");           //扩展名为.png 的图片
Element masthead = doc.select("div.masthead").first();     //class 等于 masthead 的 div 标签
Elements resultLinks = doc.select("h3.r>a");               //在 h3 元素之后的 a 元素
```

Selector 选择器概述：

① tagname：通过标签查找元素(比如：a)。

② ns|tag：通过标签在命名空间查找元素(比如：可以用 fb|name 语法来查找<fb：name>元素)。

③ #id：通过 ID 查找元素(比如：#logo)。

④ .class：通过 class 名称查找元素(比如：.masthead)。

⑤ [attribute]：利用属性查找元素(比如：[href])。

⑥ [^attr]：利用属性名前缀来查找元素(比如：可以用[^data-] 来查找带有 HTML5 Dataset 属性的元素)。

⑦ [attr=value]：利用属性值来查找元素(比如：[width=500])。

⑧ [attr^=value]，[attr $ =value]，[attr * =value]：利用匹配属性值开头、结尾或包含属性值来查找元素(比如：[href * =/path/])。

⑨ [attr~=regex]：利用属性值匹配正则表达式来查找元素(比如：img[src~=(?i)\.(png|jpe?g)])。

⑩ *：这个符号将匹配所有元素。

3) 网络爬虫详细设计

(1) 业务流程图

业务流程如图 2-13～图 2-15 所示。

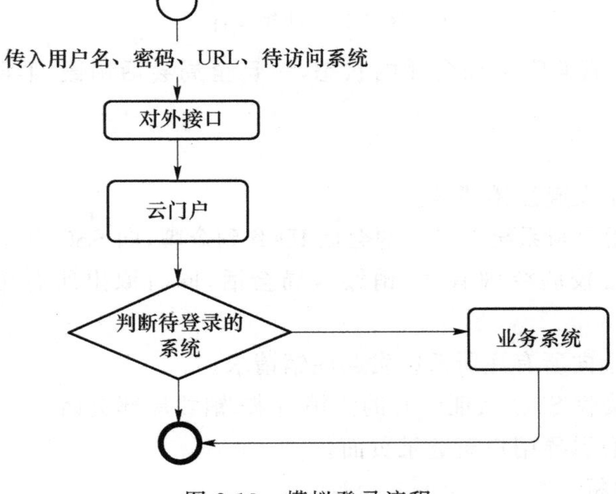

图 2-13　模拟登录流程

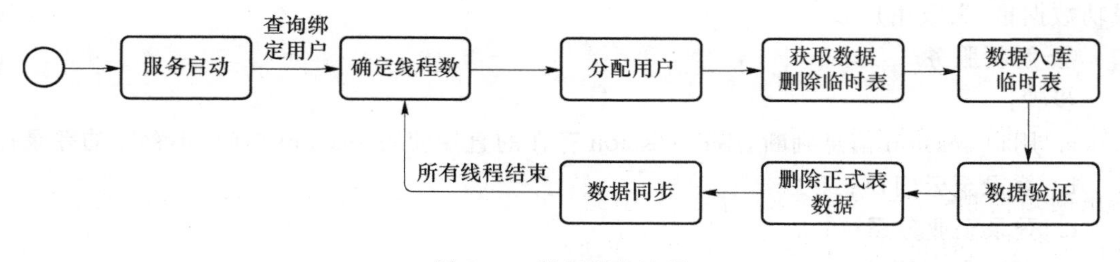

图 2-14 数据服务流程

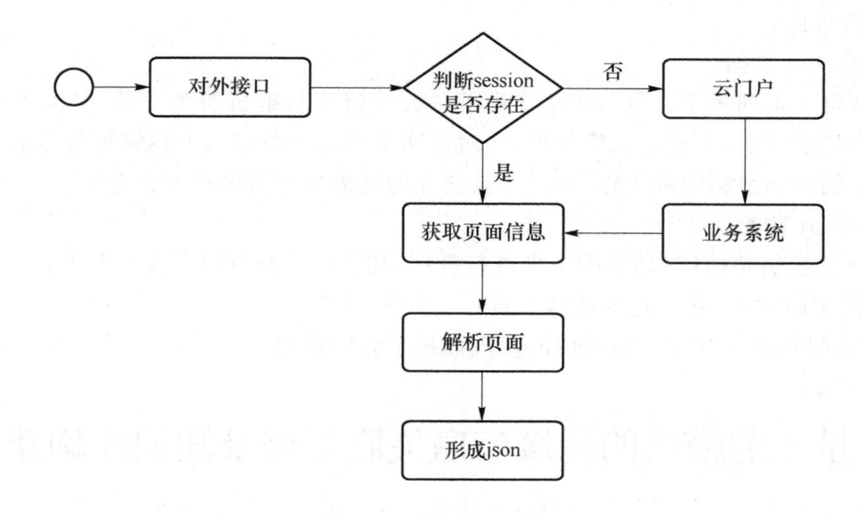

图 2-15 解析服务流程

(2) 业务流程

与图 2-13～图 2-15 相对应,爬虫服务可拆分为 3 个服务。

① 模拟登录服务

提供对外接口,用户传入用户名、密码、URL、待访问系统、返回类型,系统根据返回类型返回 HTML 代码或者 cookie 信息。

② 数据服务

信息爬取步骤:

a . tomcat 启动;

b. 爬取新闻信息和公告信息;

c. 获取绑定用户数,根据绑定用户数计算使用的线程数;

d. 为线程分配用户;

e. 开始爬取,并删除临时表信息;

f. 数据入临时表;

g. 数据验证,用于处理爬取失败的用户,正式表的数据不删除;

h. 删除正式表数据;

i. 临时表数据同步至正式表;

j. 判断所有线程结束后,返回 c;

k. 需要记录日志,直接写入文件,记录内容有启动时间、线程数、用户数、成功用户数、成功数据量、失败用户数。

③ 解析服务

步骤：

a. 用户 session 信息判断，用户 session 存在的直接使用 session 访问，不存在的登录；

b. 登录至云门户；

c. 登录至业务系统；

d. 爬取页面信息；

e. 解析页面；

f. 形成 json 数据。

实时获得工单列表条目数和工单详细信息大致流程与解析服务一致，其实就是多爬取了一次工单列表页面，不进行入库处理，实时返回工单列表数量。上述解析服务流程基本可以满足常见的页面数据爬取工作，对于涉及交互的则需根据具体情况来分析。

（3）tomcat 监控

tomcat 监控需要使用 shell 脚本来进行管理，其管理主要有以下两个要点：

① 每天定时重启，初步定为凌晨 0 点；

② 10 分钟扫描一次 tomcat 进程，发现挂掉了立即重启。

2.4 基于图模型的跨域信息关联汇聚及知识库构建研究

本章提出了目标指纹信息提取与关联映射方法、基于图模型的跨域信息关联汇聚方法，支持社工主体虚实属性映射，以及跨域社会工程学信息关联汇聚；提出了知识库构建方法，基于 Hive、Hbase、ElasticSearch 组件的大数据存储与检索框架，通过分布式计算存储框架，实现社工主体属性、行为、关系数据的存储和检索，支持人物画像等知识库的构建。

2.4.1 目标指纹信息提取与关联映射方法

基于流量协议识别、公开信息爬取等渠道获取的数据，提取用户指纹信息，例如上网 IP、各类网络 ID 等网络虚拟世界的信息，及地理位置等物理世界的实体信息，运用账号关联、相似性计算、IP 属性聚合等技术，实现网络空间虚拟人信息的关联映射。

目标指纹提取模块，针对实体设备、网络账号、真实社会个体等多层次网络对象，通过深度语义清洗、碎片属性修正、冗余信息压缩、虚假信息标记、多模关联理解、属性冲突消歧等技术，提取账号、语种、操作、内容等目标属性信息。

账号关联模块建立用户各种账号的链接关系，最大限度地描绘一个人的网络行为，获得跨平台一致体验。对于多渠道、多终端、多类型的账号，建立关联关系图谱，包括网络个体节点、节点属性、节点关系的对齐。针对图谱中信息的冗余性、噪音性和长尾性，对动态增长的图谱进行聚合、去噪与剪枝优化，实现目标多维度刻画，并且支持属性动态可扩展。

相似度计算模块完成无强关联账号的用户指纹归一功能。针对多个用户指纹，分别根据从预先建立的数据库中获取每个指纹对应的行为属性信息，根据行为属性信息确定多个候选集合，其中每个候选集中包括相关联的多个用户指纹。基于候选集训练分类模型，从而计算不同用户指纹的行为相似度，实现归一。

IP属性聚合模块实现IP属性的聚合，包括IP运营商信息、服务端、地理位置等信息；支持读取第三方IP属性库，提供目标使用IP地理属性、网络属性、节点属性等信息。

索引与检索模块实现目标指纹的精确与模糊检索；支持文件导入式批量查询及多条件组合查询；提供其他系统查询接口，支撑上层业务分析与展示。

任务调度模块分为离线数据处理任务调度、实时数据处理任务调度、模糊拉通部分任务调度3种。离线数据任务调度设定周期为每天运行前一天的数据。实时数据的处理主要是Java程序和Spark程序；这些服务只需启动一次，保证后台线程正常运行即可。模糊拉通部分任务调度预先在后台进行训练生成模型，在工作流中进行数据的ETL处理与预测任务。

2.4.2 基于图模型的跨域信息关联汇聚方法

本章研究了基于图模型的信息关联汇聚方法和跨域交叉指纹识别方法，通过分布式增量图计算，以及交叉指纹计算最大连通子图，为满足海量数据处理需求，提出基于Hadoop平台设计分布增量式最大连通子图计算方法。针对多源海量数据，实现多渠道、多终端、多类型的网络个体信息的自动关联对齐，包括网络个体节点、节点属性、节点关系的对齐。针对图谱中信息的冗余性、噪音性和长尾性，对动态增长的图谱进行聚合、去噪与剪枝优化，支持属性动态可扩展，目前该方法已能够支持千亿级规模数据的关联聚合。

网络用户图谱是通过对网络用户在网络中产生的属性行为数据进行分析，规约得到的体现用户本质特征的属性、特征、模式、网络特性等指标的集合。网络用户图谱由表征用户性状的、多个相互独立的片段构成，其中每个片段是决定用户在某一方面的性状的多维向量。以下给出一种网络用户图谱描述模型，其定义如下。

定义2-1：网络用户图谱 $M=\{(g,i,c)\mid g\in G,i\in I,c\in C\}$，其中 M 的每一个元素 m 表示一个片段。每一个片段 m 由一个三元组表示，其中 G 表示网络用户全局标识集，I 表示网络用户相关标识集、C 表示一个可扩展的表示网络用户特征的属性集合。

基于网络流中共现的用户相关标识对生成用户全局标识是一个求无向图连通子图的问题。针对数据规模大，且用户相关标识对应关系动态变化的情况，基于单台服务器的处理性能较难满足需求。Hadoop是一个进行海量数据分布式处理的开源软件框架。Hadoop能支持PB级海量数据，可扩展性强。本章设计并实现了基于MapReduce计算框架网络用户增量式全局标识生成算法，该算法的主要思想是：将用户标识作为节点，用户标识间关联关系作为节点之间的边。用户全局标识生成的过程即为找到所有连通子图，并为每个子图生成唯一编码的过程。算法流程图如图2-16所示，整个算法包括三个过程：迭代处理、全局标识生成、全局标识更新。

在迭代处理过程中，根据输入的用户相关标识元组生成每个节点的邻接列表，生成每个节点的关联标识集合。这个过程一直迭代处理，每次处理完判断上次迭代的结果是否与本次结果一致，当结果不在变化时完成迭代。全局标识生成过程根据输入的关联标识集合，查询库中已关联标识得到所有的关联标识，即将输入的连通子图与库中存储的连通子图合并。

全局标识更新过程根据新生成的全局标识，首先将新节点入库，然后更新库中所有已关联节点的全局标识。算法 2-1～算法 2-5 详细描述了三个过程的原理。

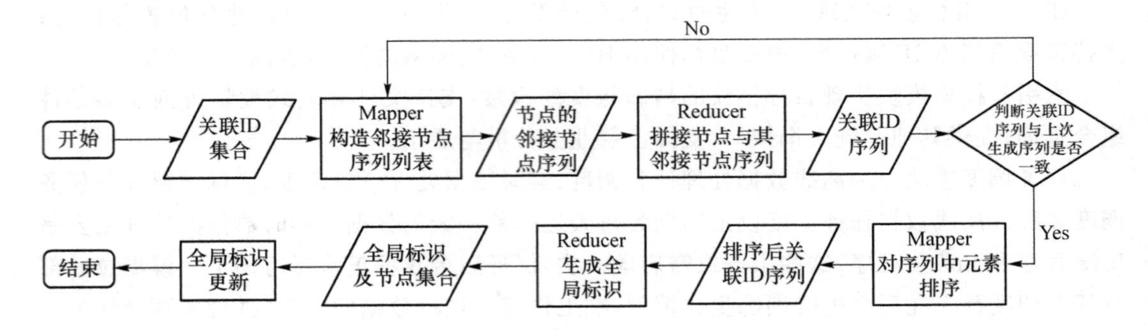

图 2-16　基于 MR 分布式增量全局标识生成流程图

算法 2-1　迭代处理过程 Map 函数算法

Algorithm1-mapper：生成输入节点集合中每个节点的邻接节点序列 Mapper 函数算法

Input:　$G=(V,E)$

Output:　$S=\{(v_i,s_{v_i})\mid v_i\in V\}$

1　**for each** $v_i\in V$ **do**

2　　$s_{v_i}=(V_i,\leqslant_i), V_i\leftarrow\varnothing$　　//V_i 是与节点 v_i 有关联关系的节点集合

3　　**for each** $v_j\in V$ 且 $i\neq j$ **do**

4　　　**if** $(v_i,v_j)\in E$ **then**

5　　　　$V_i\leftarrow v_j$

6　　　　$s_{v_i}\leftarrow(V_i,\leqslant_i)$　　//生成节点与 v_i 关联的有序节点序列

7　　　$s_i\leftarrow(v_i,s_{v_i})$

8　　$S\leftarrow s_i$

9　**return** S

算法 2-2　迭代处理过程 Reducer 函数算法

Algorithm1-reducer：拼接节点与其邻接节点序列的 Reducer 函数算法

Input:　$S=\{(v_i,s_{v_i})\mid v_i\in V\}$

Output:　$S'=\{(V_i',\leqslant_i')\mid v_i\in V_i', V_i'\subseteq V\}$

1　**for each** $v_i\in V$ **do**

2　　**for each** $s_i\in S$ **do**

3　　　$V_i'\leftarrow v_i$　　//V_i' 是包含 v_i 以及与 v_i 有关联关系节点集合

4　　　$s_{v_i}'\leftarrow s_{v_i}$　　//将 v_i 加入与 v_i 关联的有序节点序列头部

5　　　$\leqslant''_i\leftarrow\leqslant_i'$

6　　$S'\leftarrow s_{v_i}'$

7　　**return** S'

算法 2-3 全局标识生成过程 Mapper 函数算法

Algorithm2-mapper:按照字符序更新关联节点序列的 Mapper 函数算法

Input: $S'=\{(V'_i,\leqslant'_i)\mid v_i\in V'_i,V'_i\subseteq V\}$

Output: $S''=\{(V'_i,\leqslant''_i)\mid v_i\in V'_i,V'_i\subseteq V\}$

1 **for each** $s'_i\in S'$ **do**

2 $\leqslant''_i\leftarrow\leqslant'_i$ //按照字符序更新 V'_i 中节点 v_i 间序关系

3 $s''_i\leftarrow s'_i$ //合并相同序关系的节点序列

4 **return** S''

算法 2-4 全局标识生成过程 Reducer 函数算法

Algorithm2-reducer:根据输入生成包括已关联的所有关联节点全局标识的 Reducer 函数算法

Input: $S''=\{(V'_i,\leqslant''_i)\mid v_i\in V'_i,V'_i\subseteq V\},P=\{(g_o,V_o)\mid g_o\in\Omega,V_o\subset\Lambda\}$

Output: $P'=\{(g_i,V'_i)\mid g_i\in\Psi_i,V'_i\subseteq V\cup\Lambda\}$

for each $s''_i\in S''$ ***do***

  for each $v_i\in V'_i$ ***do***

    $g_{o_i}\leftarrow rowkey_{v_i}$ //根据节点 v_i 的 **rowkey** 查询库中已有的全局标识 g_{o_i}

    $V_{o_i}\leftarrow g_{o_i}$ //根据全局标识 g_{o_i} 查询所有已关联节点 V_{o_i}

  $V'_i\leftarrow V'_i\cap V_{o_i},V_{o_i}\subset V_o$

$g_i\leftarrow uuid(V'_i)$ //根据节点 V'_i 生成全局标识 g_i

Return P'

算法 2-5 全局标识更新过程算法

Algorithm3:根据新生成的全局标识及节点集合为节点分配全局标识算法

Input: $P'=\{(g_i,V'_i)\mid g_i\in\Psi,V'_i\subseteq V\cup\Lambda\},P=\{(g_o,V_o)\mid g_o\in\Omega,V_o\subset\Lambda\}$

Output: $P''=\{(g_n,V'_n)\mid g_n\in\Omega\cup\Psi,V_n\subset\Lambda\cup V\}$

for each $g_i\in\Psi$ **do**

  更新 V'_i 中属于 V_o 中节点的全局用户标识;

Return P''

2.4.3 知识库构建方法

目前用户图谱的构建主要存在如下问题:①互联网设备和应用的种类和数量呈爆发式增长,用户的相关属性种类多、变化快,难以快速有效提取目标片段;②网络行为数据呈现碎片化、孤立的特点,无法基于强关联特征直接关联网络目标行为。

基于多源网络流量数据,针对多层次网络对象,通过深度语义清洗、碎片属性修正、冗余信息压缩、虚假信息标记、多模关联理解、属性冲突消歧等技术,提取属性和行为信息。搭建基于 Hive、Hbase、ElasticSearch 组件的大数据存储与检索框架，通过分布式计算存储框架，在数据仓库底层存储原始数据，通过 ETL 之后，汇总数据并存储在高效的分布式文件系统上，利用基于分布式的检索引擎进行查询，能够用于支持人物画像库、社工库等知识库的构建。

1. 存储设计

图 2-17 的彩图

系统分为应用集群（App Cluster）、中间件集群（GE Cluster）和 Hadoop 集群（Hadoop Cluster），如图 2-17 所示。

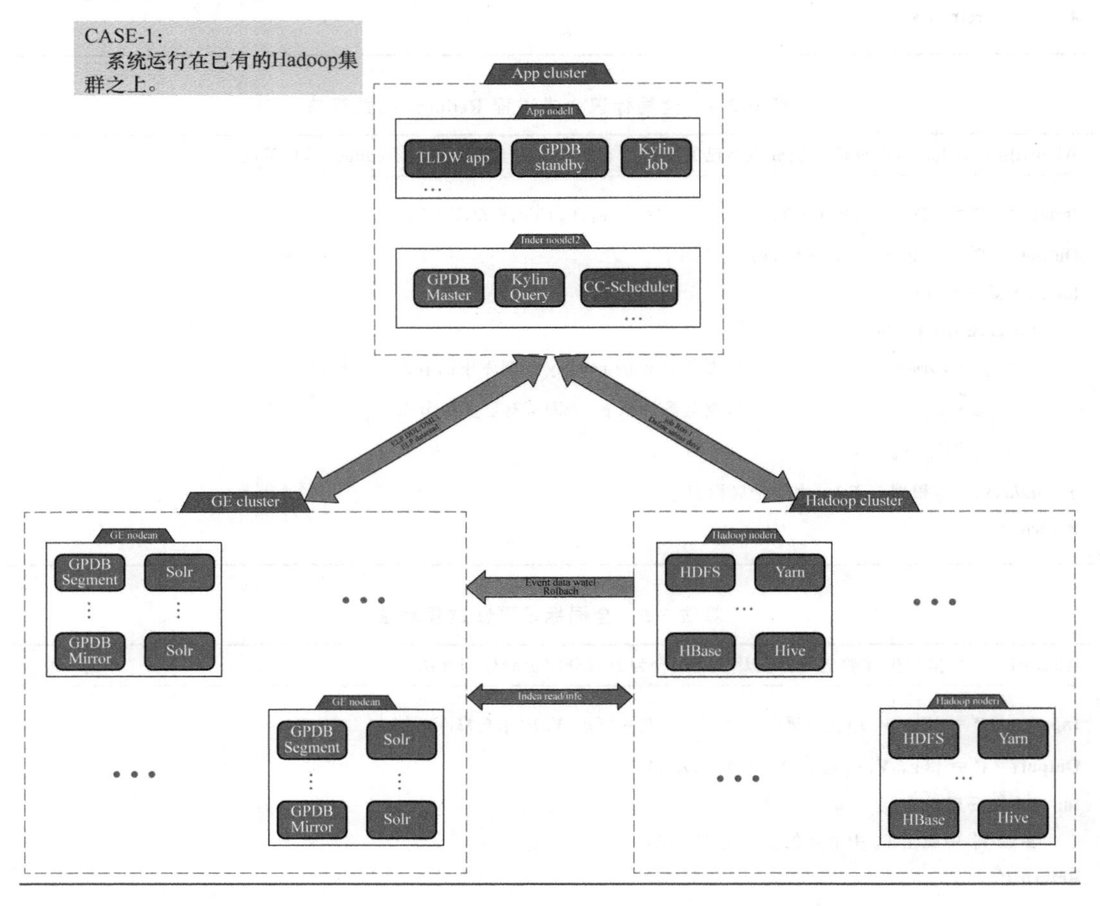

图 2-17　存储设计图

2. Solr

Solr Schema 字段，系统部署时，可以选择不支持多源文件。配置参数如下。

① Multidst：系统是否是多数据源支持，只有在首次部署时修改。

② Idcompressed：Id 是否需要压缩（启用 SHA1）。

Solr 中存储的数据包括：

① Entity 数据。

② Link-relation 数据。

③ Link-event 压缩后的数据。具体包含如下字段：

a. Relation_id

b. Relation_type

c. From_entity_id

d. To_entity_id

3. HDFS

HDFS 用于存储清洗后的数据，包括 Entity 相关数据和 Link 相关数据。

1）Entity 相关数据

Entity 相关数据使用 Parquet 格式存储，Parquet 格式数据生成如下可配置（全局配置）参数：

① Parquet. block. size（默认 256 MB），只对通过 Spark 方式写入的数据有效。

② Parquet. compression，取值有 none，gzip（默认），snappy。此参数只可在首次部署时修改。

目前 Parquet 支持的数据类型如表 2-1 所示。

表 2-1 Parquet 基本类型映射

类型	Parquet 中对应的类型	描述
string	binary	添加 UTF8
text	binary	添加 UTF8
number	DOUBLE	
integer	INT4	
datetime	INT8	
bool	BOOLEAN	

Parquet 支持多值的 Entity 摘要数据。Parquet 的每个多值列，用一个 Group 包装（主要是兼容 Hive）。例如，netty 为 array（string）格式：

```
1.  message ip {
2.    optional binary id (UTF8);
3.  optional group nettype (LIST){
4.              Repeated group bag{
5.                    Optional binary array_element (UTF8);
6.              }
7.        }
8.     …
9.  }
```

2）Link 相关数据

Link 相关数据包括 Relation 和 Event 两类。

(1) Relation

Parquet 的内容格式采用 Flat Schema 模式，即只有一个 Row Group，例如：

```
1.  message wbid_maid {
2.    optional binary id (UTF8);
3.  Optionalbianry from_entity_id (UTF8);
4.      Optional binary to_entity_id (UTF8)
5.  }
```

(2)Event

Parquet 的内容格式采用 Flat Schema 模式，即只有一个 Row Group，例如：

```
1.  message wbid_host {
2.    optional binary id (UTF8);
3.      Optional bianry from_entity_id (UTF8);
4.      Optional bianry to_entity_id (UTF8);
5.  }
```

Event 详情数据在 Hive 中以外表方式存在(分区，使用 partition_date 字段分区)，其用途如下：

a. Kylin 构建的数据源；

b. MPPLOADER 的数据源。

创建分区表模板：

```
1.  CREATE EXTERNAL TABLE < table name >(
2.    id STRING,
3.    from_entity_id   STRING,
4.    from_entity_id   STRING,
5.    batchid   STRING,
6.    start_time   BIGINT,
7.    sip   STRING,
8.    ua   STRING,
9.  )
10. PARTITIONED BY (partition_date STRING)
11. STORED AS PARQUET
12. LOCATION < hdfs path >;
```

4. Kylin

使用 Kylin 构建 OLAP 查询，构建的数据是 TRANSFORMER 生成的 Event 数据。数据以外表方式存在 Hive 中(Parquet 格式)。

Kylin 建立 Cube 需要能够读取如下参数：

① 构建 Cube 时，Property 的设置(配置文件可修改，多个参数)。

② kylin. cube. is-automerge-enabled 开关，默认设为 false。

③ Automerge. segments. days,可选。default=7。

④ Automerge. mergedsegmets. days,可选。default=28。

⑤ Max dimension combination,可选,default=0。

⑥ Cube engine type,默认 MapReduce,取值有 MapReduce 和 Spark。

第3章
社会工程学检测与溯源

社会(Social)是“由一定的经济基础和上层建筑构成的整体,泛指由于共同利益而互相联系起来的人群”;工程(Engineering)则是“将自然科学的理论应用到具体工农业生产部门中形成的各学科的总称”,是“用较大而复杂的设备来进行的工作”。社会工程学将“社会”和“工程”两个词结合起来,是一门涉及人、自然科学理论和相关工程应用的艺术或科学[311]。

社会工程学由来已久,涉及生活的各个方面。在积极的方面,人们在社会活动中利用社会工程学获得自己想要的东西,比如律师、医生或心理学家利用社会工程学从病人和客户那里获得信息。但是在消极的方面,骗子利用社会工程学进行诈骗,以非法手段获得钱财。随着网络和通信技术的进步,社会工程学在网络空间中取得了飞速的发展,一些网络攻击者将社会工程学延伸到网络攻击中,以更好地实施网络攻击。

网络空间安全与传统的网络安全相比,一个重要的变化就是认知域的引入,认知域与传统的物理域、信息域同为网络空间的重要组成部分,而认知域中最重要的威胁即为社会工程学,社会工程学与传统网络攻击结合则会带来更大的威胁。

2002 年 Kevin Mitnick 在《欺骗的艺术》[312]一书中正式提出了网络空间安全中社会工程学的概念。该书将网络空间安全中的社会工程学总结为:通过自然的、社会的和制度的途径,利用人的心理弱点(如人的本能反应、好奇心、信任、贪婪)以及规则制度的漏洞,在攻击者和被攻击者之间建立起信任关系,获得有价值的信息,最终可以通过未经用户授权的路径访问某些敏感数据和隐私数据[312]。在维基百科中,对网络空间安全中的社会工程学的定义是:“操纵他人采取特定行动或者泄露机密信息的行为。”[313]

社会工程学由传统的诈骗形式发展而来,随着移动通信网、互联网的飞速发展,传统的诈骗与之相融合,到如今已经形成紧密的共同体。移动通信网和互联网与人紧密衔接,含有大量的个人信息,是攻击者在开展社会工程学攻击过程中可以采用的最有效的工具。攻击者一方面通过网络空间收集大量的社会工程学信息,另一方面利用网络空间中的各种通信平台、社交平台实施攻击。社会工程学已经成为当今网络空间安全的重要威胁形式,攻击者利用社会工程学开展对个人的攻击和对国家电力、金融等重要信息系统的攻击。近几年,社会工程学事件日渐增多,导致千亿经济损失,引起重大关注。

当前针对社会工程学的研究仍处于起步阶段,尚未形成较完善的研究体系。在社会工程学(社工)基础理论领域,传统社工以纯认知为主,缺乏与信息域攻击的融合;对复杂社工模型理解不透彻;对社工的关键组成认识不清晰,没有明确主要致效要素;对社工目标"人"的理解浮于表面,缺乏深层内部探索和度量;对认知隐私的理解不到位,对人格隐私的分析与保护研究较少。以上问题导致对社会工程学、社工目标和认知隐私的认识不充分、不准确。

社会工程学检测研究及应用由来已久,钓鱼邮件检测是社会工程学检测研究最多、应用最广、应用时间最长的领域,钓鱼网站检测由于互联网的广泛使用也成为社会工程学检测的重点之一,电信诈骗、钓鱼短信等检测也多由此扩展而来。在检测技术方面,研究及应用主要集中在基于特征的检测上面,通过抽取邮件或网页的各类特征(如链接、行为等),使用统计模型或机器学习等方法来区分社会工程学行为,这种方法也是当前最广泛应用的方法。但是,随着防御技术的发展,社会工程学也不断进化,传统的检测模型、方法暴露出一些不足,因此需要更多角度、更深层次的检测技术。本章从理解社会工程学和社工目标着手,提出了基于会话-对话的社工模型,基于社工要素的社工分析,通过问卷和眼动(眼球移动)跟踪等方法,发现社工与主体属性的内在联系;并从基于行为模式、基于异常行为、基于认知特征等角度提出一系列检测方法,把社工和主体的外在和内在特征作为检测的依据,把心理特征、风格特征等引入检测技术,进一步拓展了高维特征的内容,提高了检测能力;在社会工程学溯源方面,给出了基于移动网和宽带网流量及信令检测分析的社会工程学攻击路径溯源方法。

本章参考了社会工程学检测与溯源的相关研究文献,总结相关理论、技术与方法,并将相关工作及内容归纳分类,期望能够初步建立起较完备的理论体系和检测方法架构,面向复杂社会工程学攻击,达到社会工程学检测和溯源的目的。

3.1 社会工程学检测基础理论

3.1.1 认识社会工程学

1. 社会工程学模型

通过收集社会工程学案例,分析社会工程学攻击的过程、源、目标、目的、结果之间的相互作用关系,研究主体认知在社工各环节存在的影响,Kangfeng Zheng[352] 建立了社会工程学攻击会话-对话模型,打破了传统社会工程学模型的循环结构,重点探讨了社会工程学对话之间的关系,更细致地描述了社会工程学攻击,使得社会工程学攻击与传统网络攻击之间的联系与区别更明确。社会工程学攻击会话-对话模型更适合描述复杂攻击,同时也为社会工程学检测与防御提供了基础。

Kangfeng Zheng 提出了一种基于会话和对话的社会工程学框架,如图 3-1 和图 3-2 所示,用于解释社会工程学攻击组件及其关系,这有助于社会工程学防御。Kangfeng Zheng

定义社会工程学会话(Social Engineering Session,SES)为整个社工攻击过程,而社会工程学对话(Social Engineering Dialogue,SED)如图 3-3 所示,为 SES 中的不同攻击阶段,并使用攻击图形式化表示所提出的社会工程学框架。Kangfeng Zheng 使用该框架分析了 3 个案例,以证明其有效性。

图 3-1 的彩图

图 3-2 的彩图

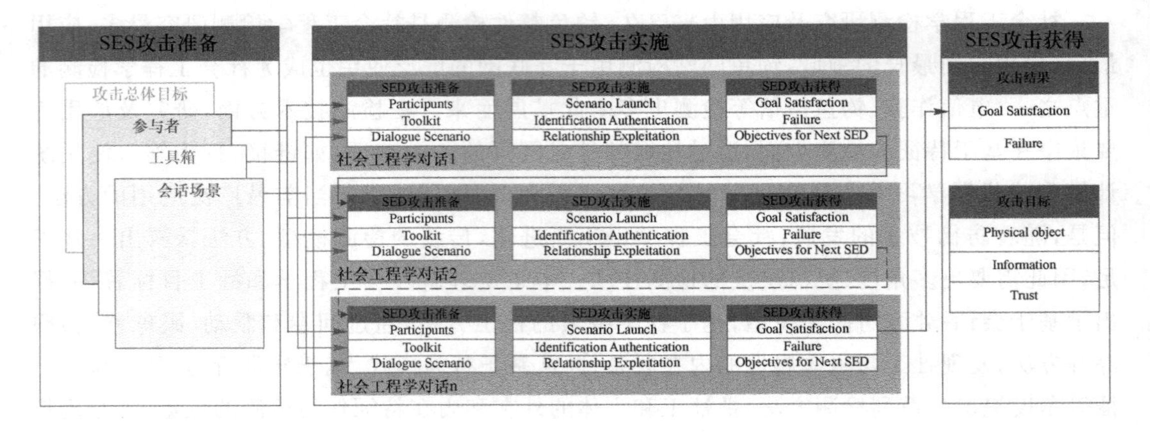

图 3-1　社会工程学会话框架

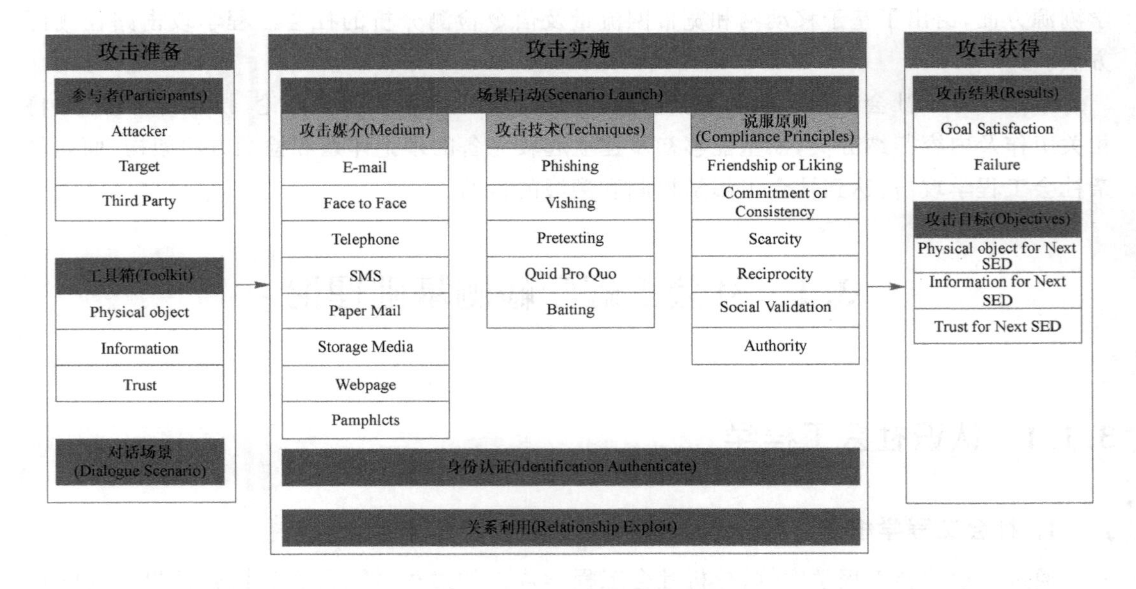

图 3-2　社会工程学对话框架

每个 SED 都是一个集成的系统,包括攻击准备、攻击实现和攻击获得。单个 SED 的失败并不代表整个攻击过程的失败,因为整个社会工程学(Social Engineering,SE)攻击过程可以包括数个 SED。

Kangfeng Zheng 将一个完整的 SE 攻击定义为一个 SES,它是一个或多个 SED 的有序组合,如图 3-4 所示。在 SES 中还有三个步骤:攻击准备、攻击实现和攻击获得。

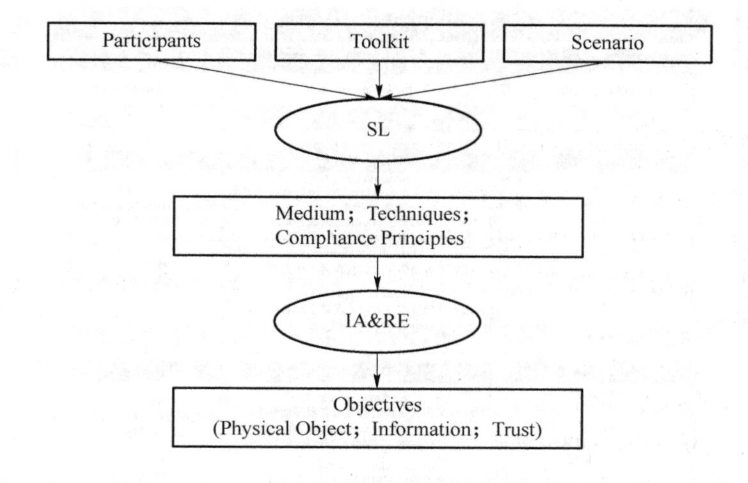

图 3-3 SED 攻击图

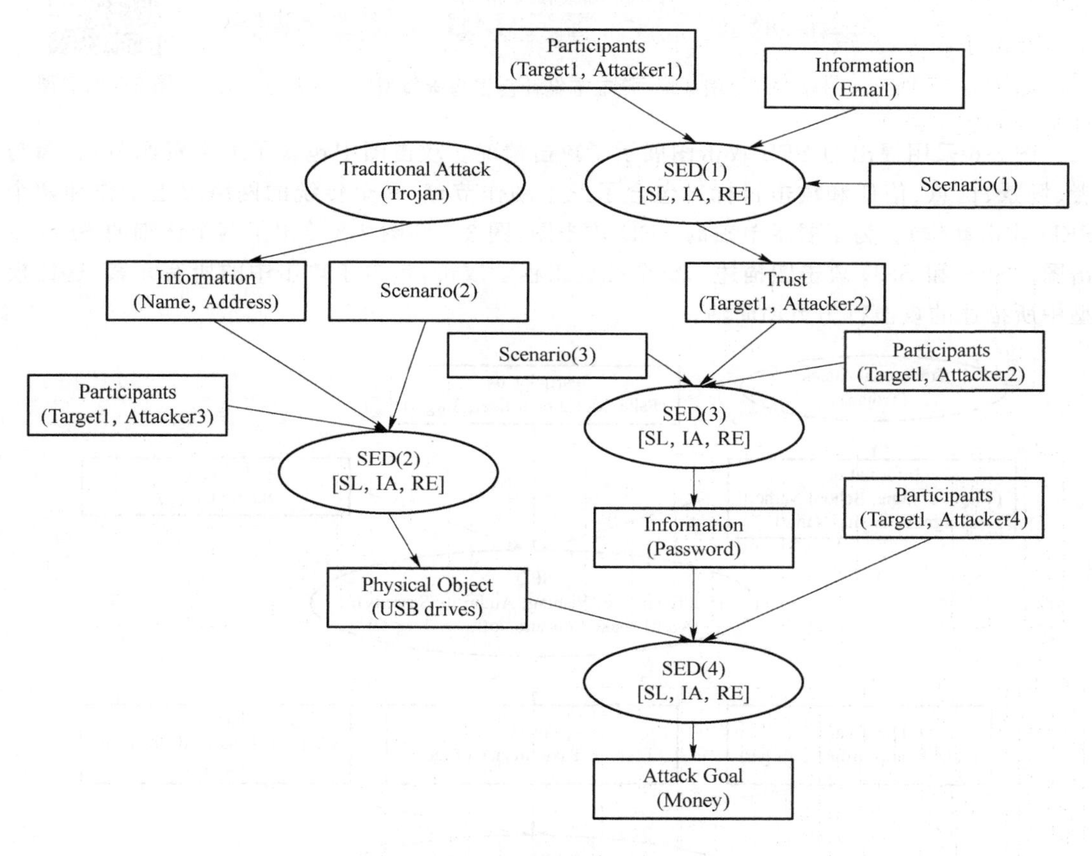

图 3-4 SES 攻击图例

案例分析

1）电话诈骗攻击

Kangfeng Zheng 使用基于会话和对话的社会工程学框架，解释了著名的电话诈骗案——徐玉玉案，如图 3-5 所示。本案例分析表明了电话诈骗中不同阶段和各阶段之间的相关性。

图 3-5　徐玉玉案社会工程学模型

图 3-5 的彩图

图 3-6 采用提出的 SES 攻击图展示了攻击情况。攻击图中包含了五类资源节点(参与者、场景、信息、信任和攻击目标)；包含了三个动作节点(一个传统的网络攻击动作和两个 SED 攻击动作)。为了展示单独的 SED 攻击图，图 3-7 和图 3-8 给出了两个详细的 SED 攻击图。SES 和 SED 攻击图描述了整个社会工程学攻击，包含了攻击中的所有元素，这比模型中所描述的攻击行为更加简洁。

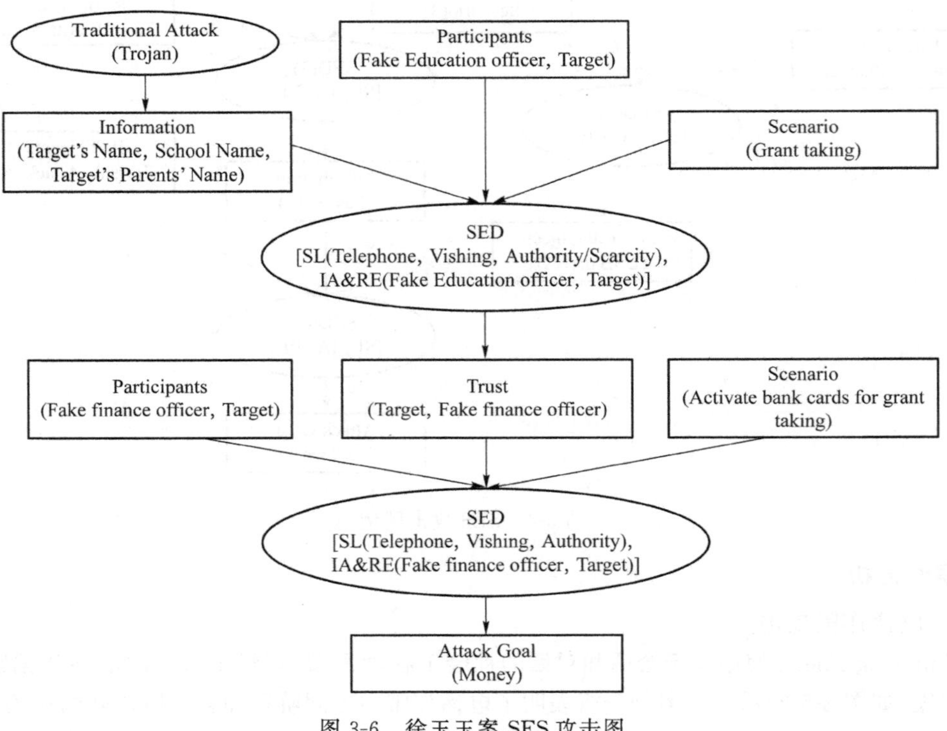

图 3-6　徐玉玉案 SES 攻击图

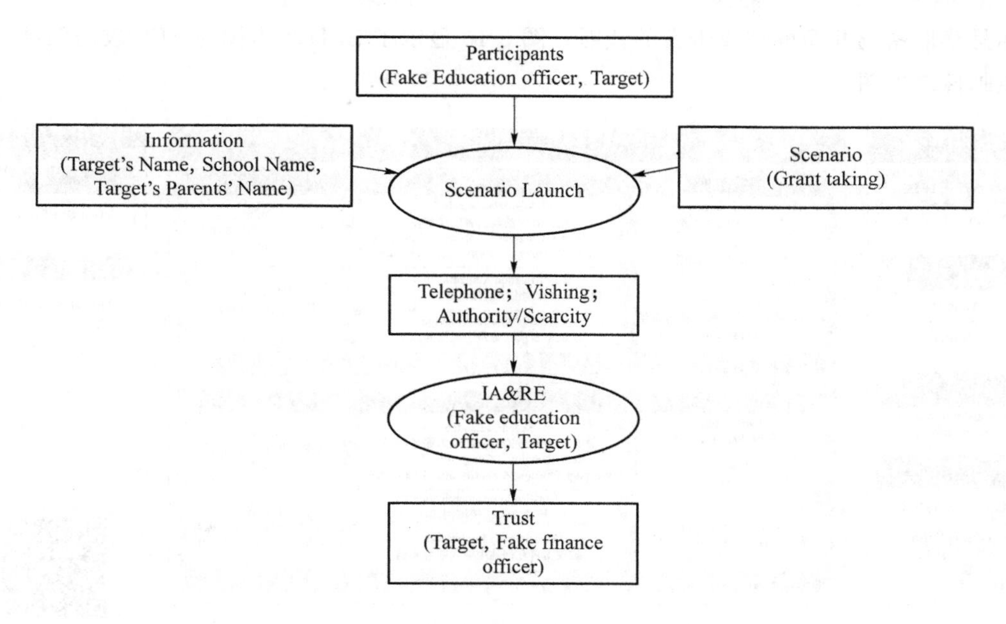

图 3-7 徐玉玉案第一阶段 SED 攻击图

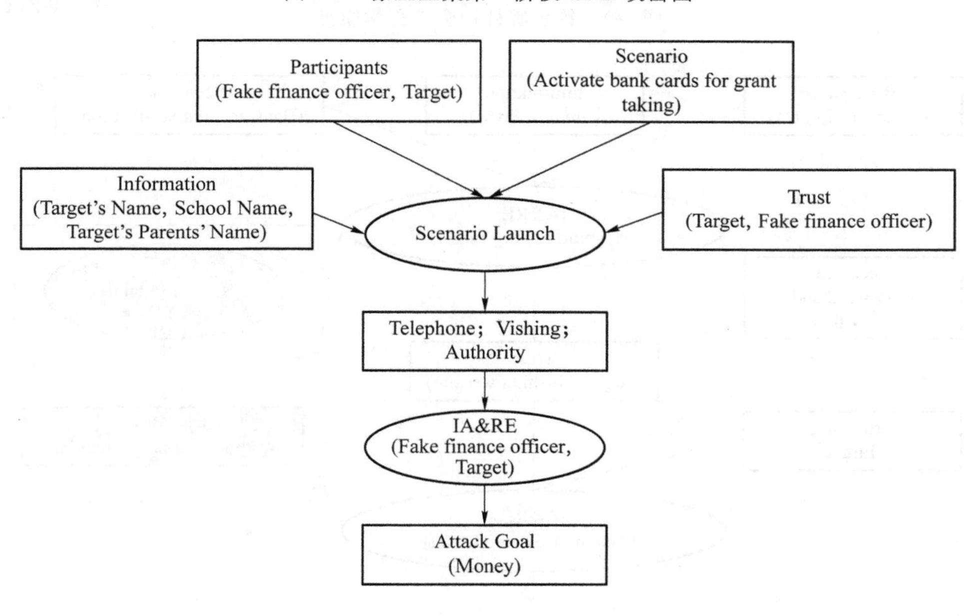

图 3-8 徐玉玉案第二阶段 SED 攻击图

2）钓鱼邮件攻击

Kangfeng Zheng 使用基于会话和对话的社会工程学框架，解释了典型的钓鱼邮件攻击过程，如图 3-9 所示。本案例分析表明了钓鱼邮件攻击中不同阶段和各阶段之间的相关性。

本次钓鱼邮件攻击包含两个 SED。第一个 SED 是攻击者向被攻击者发送钓鱼邮件。当被攻击者阅读这封钓鱼邮件并信任它时，就建立了一种关系。第一个 SED 的目标是获得被攻击者对嵌入链接的信任。第二个 SED 在被攻击者单击 URL 时启动。第二个 SED 的目标是获取密码并窃取被攻击者的钱财。图 3-10 显示了 SED 攻击图与 SES 攻击图结合的钓鱼邮件攻击图。

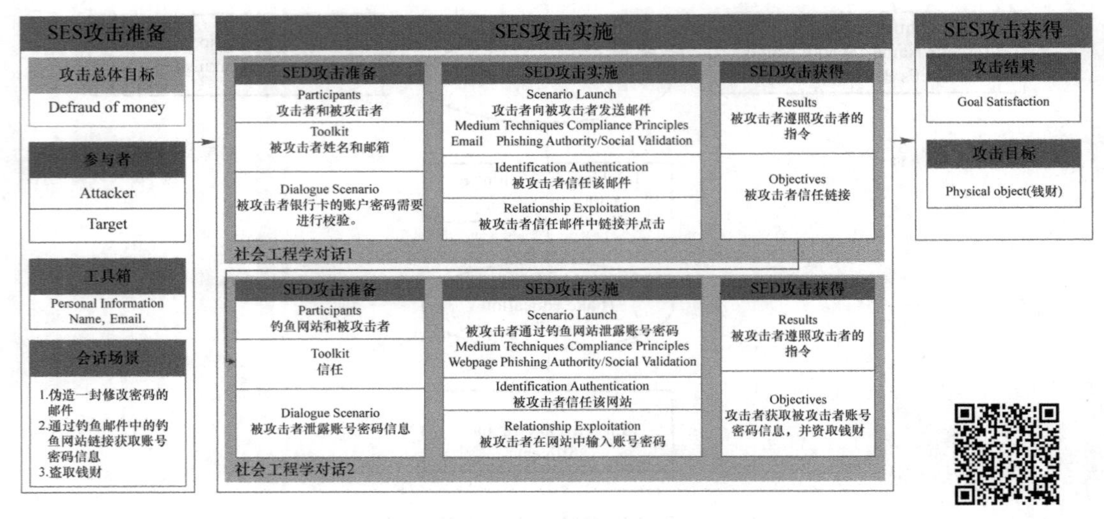

图 3-9 的彩图

图 3-9　钓鱼邮件社会工程学模型

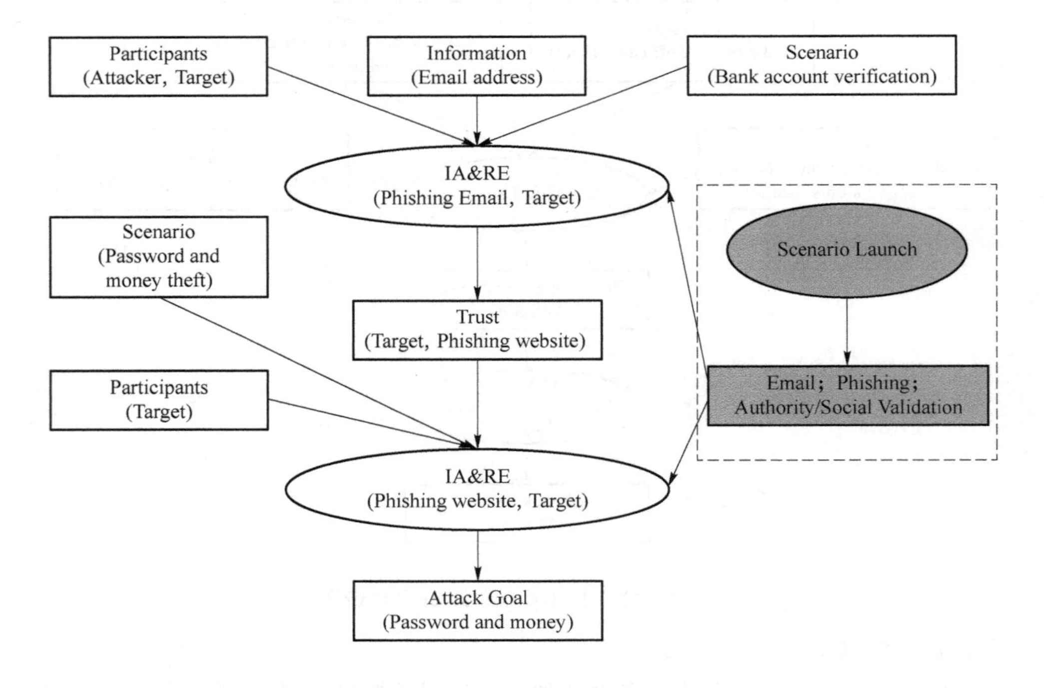

图 3-10　钓鱼邮件攻击图

3）水坑攻击

Kangfeng Zheng 使用基于会话和对话的社会工程学框架，解释了典型的水坑攻击，如图 3-11 所示。本案例分析表明了水坑攻击中不同阶段和各阶段之间的相关性。

图 3-11 和图 3-12 展示了水坑攻击的攻击过程。从这两个图可以看出：水坑攻击不

需要个人信息，这与之前的攻击形式不同；水坑攻击中使用的说服原则是喜好(Liking)。攻击者充分利用了受害者的兴趣和爱好。第一个 SED 的目的是获取被攻击者对视频的信任，诱使被攻击者下载并运行恶意代码。SED 攻击为下一次传统网络攻击奠定了基础。这个案例说明了传统网络攻击和社会工程学攻击的不同组合形式，不仅传统的网络攻击可以为社会工程学攻击提供信息，社会工程学攻击也可以为传统的网络攻击提供基础。

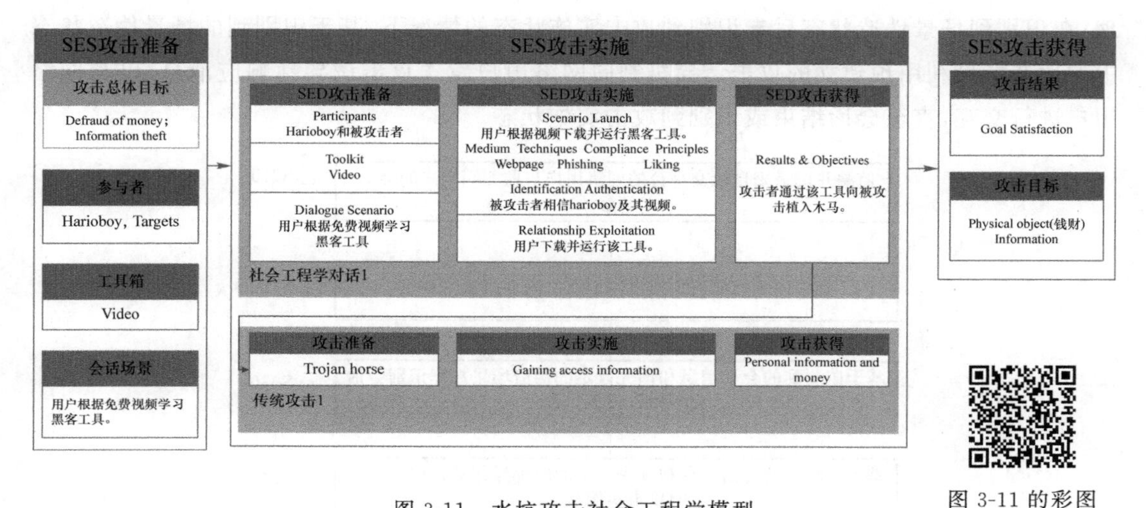

图 3-11 水坑攻击社会工程学模型

图 3-11 的彩图

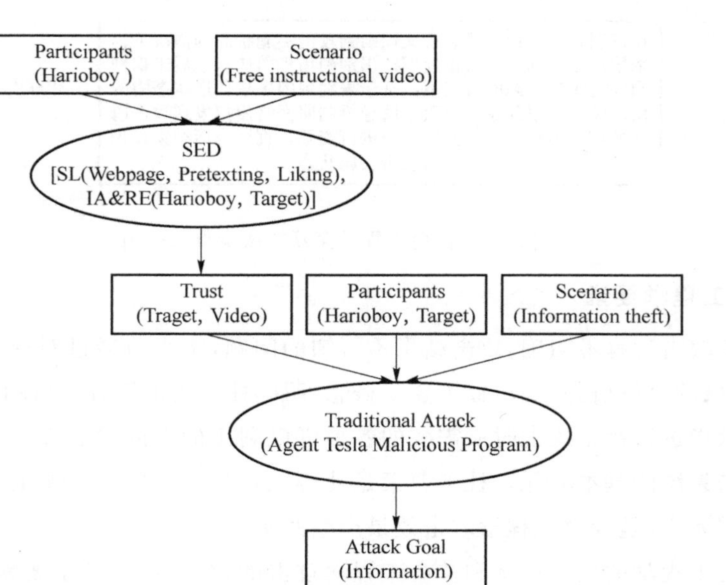

图 3-12 水坑攻击 SES 攻击图

案例分析证明了基于会话和对话的框架和攻击图将有助于打破在社会工程攻击期间建立的信任链，从而使社会工程防御成为可能。

基于上述案例分析，郑康锋等人的[410]发明专利《社会工程学交互方法、装置及存储介质》，提供了一种社会工程学交互方法、装置及存储介质，如图 3-13 所示。该方法包括以下步骤：监测并记录来自社交平台的网络用户与监测端用户的会话消息；基于监测到的会话消息识别会话的身份认证状态；基于监测到的会话消息和预先设定的伪造场景数据识别会话的场景伪造状态；基于监测到的会话消息和预先设定的敏感操作数据识别会话的攻击实施状态；在识别到场景伪造状态后又识别到攻击实施状态的情况下，采用沙箱机制进行攻击处理；在识别到场景伪造状态后未识别到攻击实施状态的情况下，基于识别到的场景伪造状态中的伪造场景利用预建立的攻击诱导机制向网络用户发送攻击诱导性响应消息，以与网络用户进行交互，直至会话结束或识别到攻击实施状态。

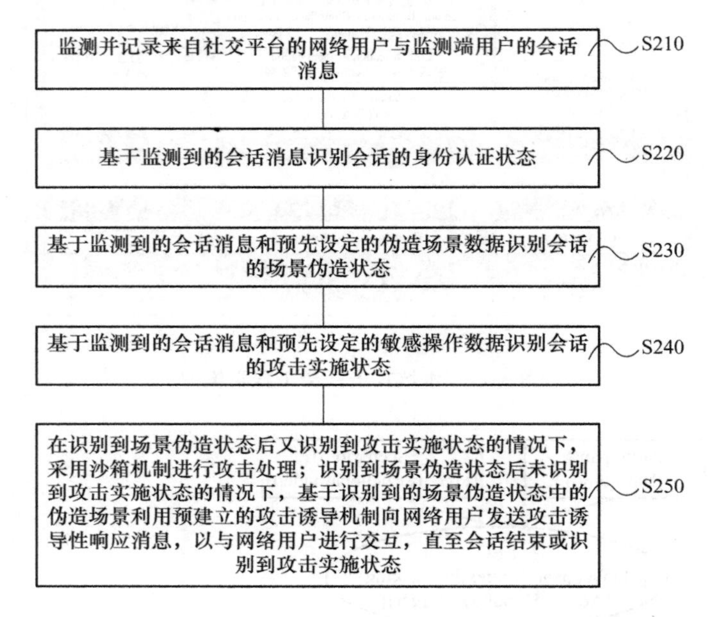

图 3-13　社会工程学交互方法步骤流程图

2. 社会工程学要素

针对社工攻击过程不明确，攻击结果不可知的问题，本小节通过对社工攻击过程、攻击条件、攻击结果的分析研究，提出社工要素概念，明确社工攻击组成、过程和致效的动因。

社工要素指进行社工攻击时所需要的各种可以利用的人的脆弱性或者漏洞，是构成社会工程学攻击系统的基本单元。社工要素是社会工程学攻击的核心构成，是社会工程学攻击作用的关键元素，是社会工程学攻击效果产生的源头。

根据社会工程学的攻击过程和社会工程学攻击的致效机理，社工要素可以分成身份要素、过程要素、条件要素、结果要素四个部分，如图 3-14 所示。

图 3-14 的彩图

1）身份要素

社工身份要素可以分为攻击者要素、目标要素、第三方要素、关系要素、动机要素、情绪要素、人格要素，如图 3-15 所示。

身份要素

主体	类别	子类	要素
攻击者	认知	记忆	遗忘
			记忆错误
			记忆偏差
			记忆模糊
		感觉	视觉错误
			听觉错误
			嗅觉错误
			其他
		知觉	知觉偏差
			知觉错误
目标	知识		技能
			文化差异
			专业知识
	注意力状态		自动注意
			自觉注意
			自然注意
第三方	生理状态		生理缺陷
			性别
			年龄
			精神状态

类别	子类	要素
动机		财务
		报复
		友情
		自尊
		恐惧
		好奇
情绪	积极情绪	高兴
		崇拜
		满足
	中性情绪	平静
		惊讶
		无聊
	消极情绪	厌恶
		悲伤
		愤怒
		恐惧
人格		开放性
		责任
		外倾性
		宜人性
		神经质

关系				
雇佣关系	主仆关系	同事关系	朋友关系	敌对关系
血脉关系	亲戚关系	家人关系	情侣关系	夫妻关系

过程要素

类别	子类	要素
途径	基于物理	垃圾箱
		当面接触
		跟随
	基于技术	互联网
		在线网络
		社交网络
	基于社会	心理
		情感
载体		钓鱼邮件
		钓鱼网站
		钓鱼电话
		钓鱼短信
		钓鱼信件
隐蔽		邮件图标伪造
		发件人伪造
		图片网址隐藏
		文字外链接隐藏
		附件
		电话号码伪造
		URL拼写错误
		广告弹窗
认证		关系认证
		身份认证
		载体认证
脆弱性		性格缺陷
		异常情绪
		生理状态
		知识储备不足
说服性原则		喜欢
		承诺一致性
		稀缺性
		权威
		社会责任
		互惠
后效		认证确认
		通信完成
		信任建立

条件要素

类别	要素		
信息	目标信息：当前状态信息、主体属性信息	攻击信息：技术信息、工具信息	
信任	目标	步骤	环境条件
	角色	规则	建立信任
场景	司法行政	通信服务	生活供应
	自然人欺骗	邮政快递	金融保险
	博彩中奖		
传播	传播方式	传播技术	传播宿体
	传播途径	传播内容	传播反馈

结果要素

类别	要素	
目的要素	银行卡账户	个人基本信息
	用户的账号密码	家庭情况
	身份证号码	兴趣爱好
结果要素	获取目标信息	未获取目标信息
	有效性	价值性

图 3-14 社工要素总体框架图

身份要素

主体	类别	子类	要素
攻击者	认知	记忆	遗忘
			记忆错误
			记忆偏差
			记忆模糊
		感觉	视觉错误
			听觉错误
			嗅觉错误
			其他
		知觉	知觉偏差
			知觉错误
目标	知识		技能
			文化差异
			专业知识
	注意力状态		自动注意
			自觉注意
			自然注意
第三方	生理状态		生理缺陷
			性别
			年龄
			精神状态

类别	子类	要素
动机		财务
		报复
		友情
		自尊
		恐惧
		好奇
情绪	积极情绪	高兴
		崇拜
		满足
	中性情绪	平静
		惊讶
		无聊
	消极情绪	厌恶
		悲伤
		愤怒
		恐惧
人格		开放性
		责任
		外倾性
		宜人性
		神经质

关系				
雇佣关系	主仆关系	同事关系	朋友关系	敌对关系
血脉关系	亲戚关系	家人关系	情侣关系	夫妻关系

图 3-15 社工身份要素

2）过程要素

社工过程要素包括途径要素、载体要素、隐蔽要素、认证要素、脆弱性要素、说服原则要素、后效要素，如图 3-16 所示。

过程要素		
途径	基于物理	垃圾箱
		当面接触
		跟随
	基于技术	互联网
		在线网络
		社交网络
	基于社会	心理
		情感
载体	钓鱼邮件	
	钓鱼网站	
	钓鱼电话	
	钓鱼短信	
	钓鱼信件	
隐蔽	邮件图标伪造	
	发件人伪造	
	图片网址隐藏	
	文字外链接隐藏	
	附件	
	电话号码伪造	
	URL拼写错误	
	广告弹窗	
认证	关系认证	
	身份认证	
	载体认证	
脆弱性	性格缺陷	
	异常情绪	
	生理状态	
	知识储备不足	
说服原则	喜欢	
	承诺一致性	
	稀缺性	
	权威	
	社会责任	
	互惠	
后效	认证确认	
	通信完成	
	信任建立	

图 3-16　社工过程要素

3）条件要素

社工条件要素包括信息要素、信任要素、场景要素、传播要素，如图 3-17 所示。

条件要素				
信息	目标信息	当前状态信息	攻击信息	技术信息
		主体属性信息		工具信息
信任	目标	步骤	环境条件	
	角色	规则	建立信任	
场景	司法行政	通信服务	生活供应	自然人欺骗
	邮政快递	金融保险	博彩中奖	
传播	传播方式	传播技术	传播宿体	
	传播途径	传播内容	传播反馈	

图 3-17　社工条件要素

4）结果要素

社工结果要素包括目的要素、结果要素，如图 3-18 所示。

通过对社工要素和主体属性关联关系的分析，本小节提出了一种基于眼球及鼠标追踪的个性化反钓鱼教育培训模型，目的在于提高用户在处理网页信息时的安全意识及识别网络钓鱼的能力。该模型与目前主流的反钓鱼教育培训模型不同：一是引入了认知评估，为不同认知属性的用户设计了个性化的训练方案；二是结合了眼球移动和鼠标移动这两种用户在处理网页信息时的主要活动，通过分析眼球的注视时间、注视区域，鼠标的悬停、缓慢移动这些典型特征，捕捉用户在识别网络钓鱼时的心理活动及注意力程度。

结果要素		
目的要素	银行卡账户	个人基本信息
	用户的账号密码	家庭情况
	身份证号码	兴趣爱好
结果要素	获取目标信息	未获取目标信息
	有效性	价值性

图 3-18 社工结果要素

眼动仪设备型号为 Eyelink 1000 plus[447]（加拿大 SR Research 公司），采样频率为 1 000 Hz，屏幕分辨率为 1 024×768 像素，如图 3-19 所示。被试人员通过眼动仪记录看到钓鱼邮件时的眼球移动过程，眼球移动热力图如图 3-20 所示，眼球移动轨迹图如图 3-21 所示，热力图和轨迹图可以跟踪被试人员对钓鱼邮件的认知过程。

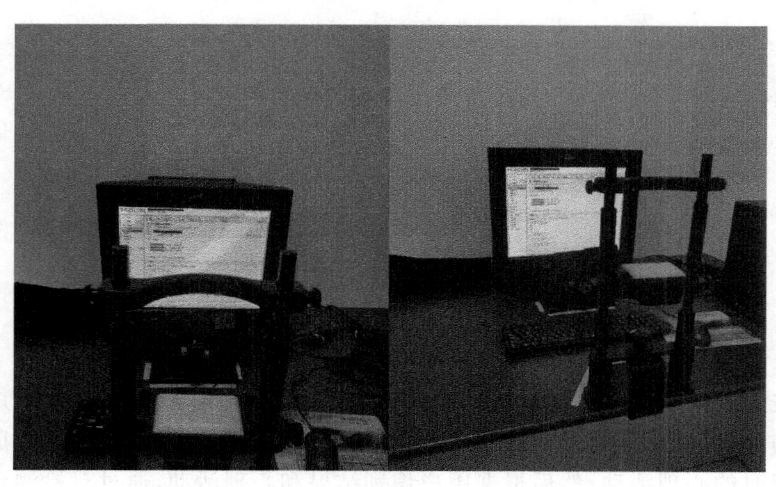

图 3-19 眼动仪

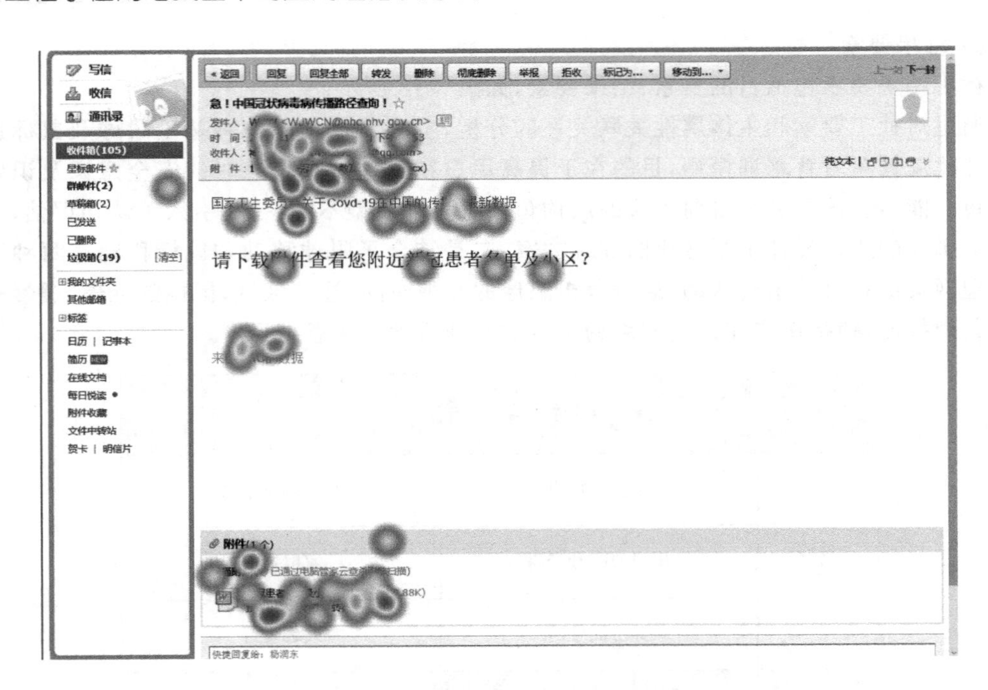

图 3-20　眼球移动热力图

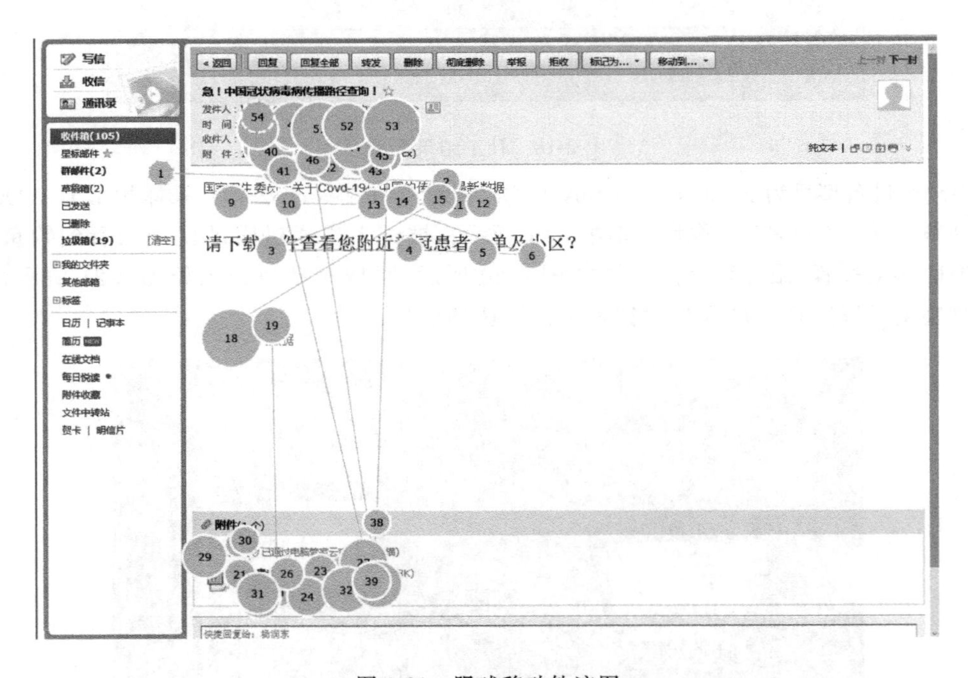

图 3-21　眼球移动轨迹图

模型首先根据用户个人特征，构建一个个性化的钓鱼识别模拟环境，在用户识别钓鱼的同时，捕捉用户眼球移动行为及鼠标移动行为，并通过分析眼球及鼠标移动特征探测用户在做出相关决策时的心理活动；然后根据用户识别结果和心理活动，通过对检测到用户的敏感行为引入弹窗提醒、音效警告等进行告警及进一步促进用户与网页的交互，如果用户错将钓鱼网页判断为正常网页，将通过鼠标行为限制用户进行敏感操作，以帮助用户养成浏览网页时的良好安全习惯，并且提高处理网络钓鱼时的注意力。

视线移动和鼠标动作都在一定程度上表现了用户在处理网页信息时的心理活动。该模型在衡量用户注意控制程度上选取的主要特征是：视线停留时间、位置以及鼠标悬停和缓慢移动的时间、位置。网页的主要安全指标包括：上锁形状的安全图标、协议类型(http/https)、URL 地址等。很多时候用户在浏览网页时，视线在安全指标处停留时间短，频率高，最后识别钓鱼网站失败。这表明，用户只是潜意识地浏览了钓鱼信息，但是没有经过深层次的认知加工，表现了用户在处理网页信息时注意控制的缺乏。同理，鼠标的移动数据也展示了同样的道理，并且监控鼠标活动是非入侵方式的检测，不容易干扰用户。而且用户的敏感操作(点击未知链接、下载可疑文件、提交表单信息)都需要使用鼠标完成，对鼠标监控的同时也方便在用户执行敏感操作时禁用鼠标相关活动以限制用户行为。

基于眼球及鼠标追踪的个性化反钓鱼教育培训模型可以分为五个主要模块：用户认知评估、配置测试环境、眼球及鼠标移动追踪、干预用户决策、测试结果评估。此模型的工作流程如图 3-22 所示。

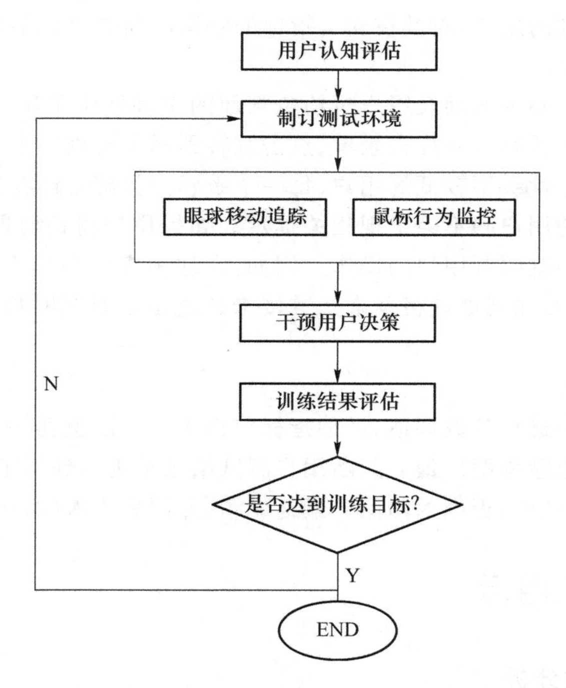

图 3-22　基于眼球及鼠标追踪的个性化反钓鱼教育培训模型工作流程图

(1) 用户认知评估

通过量表采集用户个人特征信息，并对用户的认知水平进行评估。收集用户的信息：年龄、性别、人格类型、职业、教育程度、使用计算机时间、对网络安全专业知识掌握水平、是否曾成为钓鱼攻击的受害者并受到损失。根据认知评估，我们将用户认知属性划分为三个不同的等级，从 1 到 3 表示其反钓鱼能力逐渐增强，相应的反钓鱼教育培训的难易程度逐渐减弱。

(2) 配置测试环境

根据用户个人特征信息及测试分数定制测试环境,根据用户认知属性级别的不同,准备识别钓鱼难度不同的五个钓鱼网站页面和五个正常网站页面并打乱顺序,让用户判断网页是否为钓鱼,并对网站提供的交互请求作出反应,如提交账户名及密码的表单、下载网站提供的文件、点击网站提供的链接等。

(3) 眼球及鼠标移动追踪及分析

提取眼球移动的注视时间、注视区域特征,提取鼠标移动的悬停、缓慢移动特征,并对这些特征进行分析,捕捉用户心理活动。

根据重要安全指标位置的不同对网页划分关注区域,包括安全图标、地址栏、网页其它内容,其中安全图标指网页是否有 SSL 证书,具有 DV SSL、OV SSL 认证的网页会出现上锁的图标,而具有 EV SSL 认证的网页不仅会出现上锁的图片,地址栏还将显示出公司名称并变成绿色。采集眼动及鼠标数据,计算用户视线在不同关注区域停留的时间和次数以及鼠标出现悬停和缓慢移动的位置及时间。已有研究表明,用户视线及鼠标在安全指标处的停留时间越长,表示用户对钓鱼元素的注意程度越高,致使用户识别网络钓鱼的正确率也越高。不同认知属性级别的用户,对其在安全指标的停留时间要求也不相同。

(4) 干预用户决策

根据分析得到用户心理活动及用户对钓鱼判断的正确性干预用户和网页之间的交互。网页交互时敏感操作包括填写并提交表单、点击跳转到网页提供的未知链接、点击下载网页提供的文件等。认知属性级别较低的用户,每一个敏感操作都会伴有告警音效及弹窗提醒,而认知属性级别较高的用户则不会出现相关提示。如果用户将钓鱼网站误认为正常网站,则将会通过鼠标活动强制限制用户的操作。例如,在注视安全图标未超过指定时间时用鼠标单击提交表单失效,在注视地址栏及未知链接未超过指定时间时单击跳转到未知链接失效等。

(5) 训练结果评估

对用户的训练结果进行分数评估,评估指标包括用户错误识别钓鱼网站的次数、用户执行敏感操作的次数及危险程度。最后判断用户测试结果是否达到指定目标,如果达到,则返回用户最终成绩,训练结束;否则返回用户最终成绩,并回到步骤(2)继续训练。

3.1.2 认识社工目标

1. 目标认知属性分析

目标认知属性是在社工攻击中,被攻击目标的基本属性,包括基本特征、人格、经验、知识、情绪、记忆等属性。

1) 情绪属性分析

Qingbiao Li[411] 提出了一个层次化的 transformer 框架用于对话情感分析。如图 3-23 所示,首先,Qingbiao Li 使用 transformer(指 transformer 的编码部分)对词级输入进行建模,并捕获话语级嵌入的上下文,transformer 在许多自然语言处理(Natural Language Processing,NLP)任务中是一个强大的表示学习模型,可以比循环神经网络(Recurrent Neural Network,RNN)和卷积神经网络(Convolutional Neural Network,CNN)更有效地利用上下文信息。其次，针对数据稀缺的问题，Qingbiao Li 使用了一个如图 3-24 所示的预训练语言模型 BERT（Bidirectional Encoder Representation from Transformers）作为底层 transformer，这相当于在模型中引入外部数据，帮助模型获得更好的话语嵌入。最后，同一个话语可以在同一个语境中传递不同的情感。

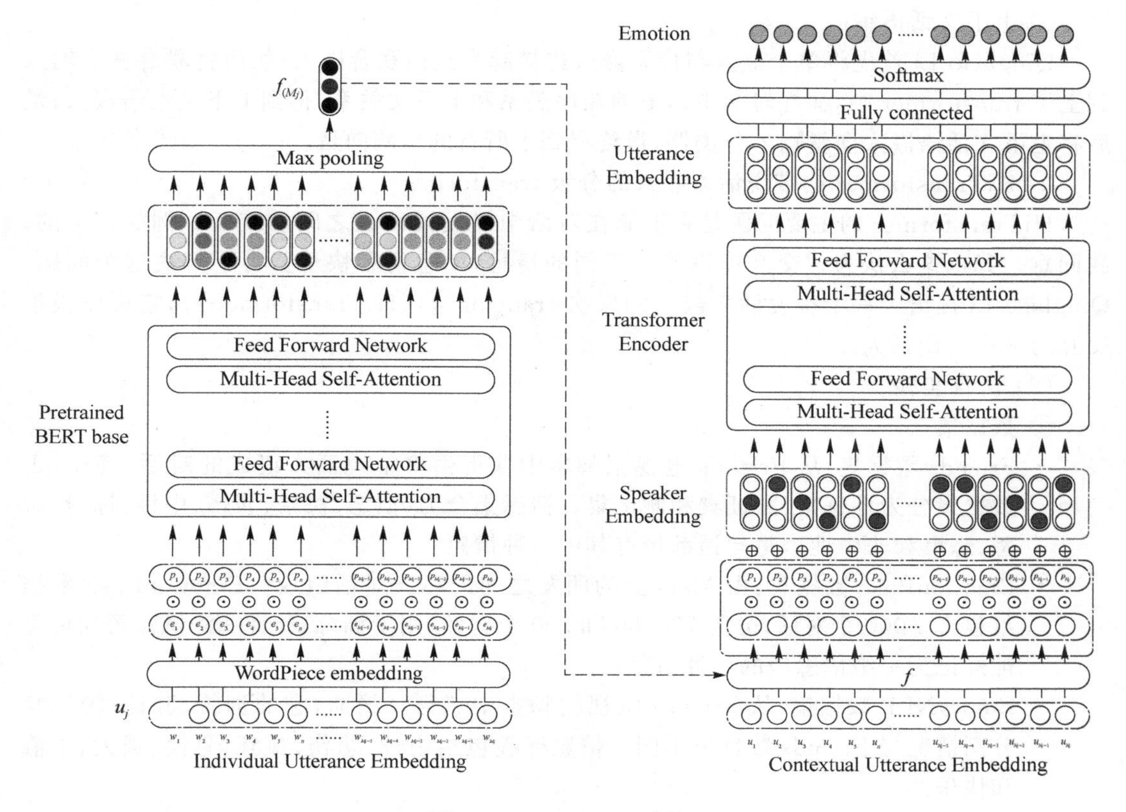

图 3-23 transformer 框架

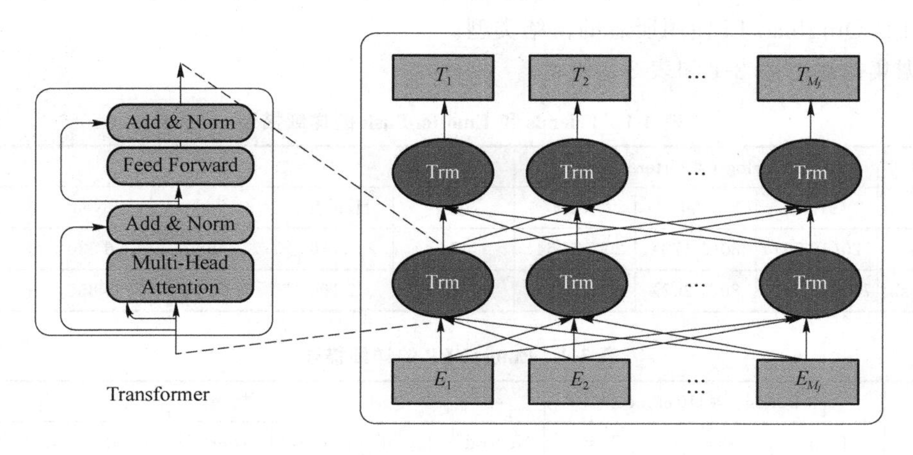

图 3-24 BERT 结构

(1) 算法过程

① 个人话语编码

由两个级别的 transformer 组成:低层 transformer 模型通过词级输入获得个体话语嵌入。上层 transformer 捕获上下文信息并获得上下文话语嵌入。

② 上下文话语编码

Qingbiao Li 首先将单个嵌入与位置嵌入连接起来获得联合嵌入;然后将联合嵌入输入到上层 transformer 中,捕捉对话中话语的顺序关系和上下文关系,得到上下文话语嵌入;最后将上下文话语嵌入向量输入分类器,最终得到了所有的预测向量。

③ HiTransformer-s:带说话人嵌入的分级 transformer

HiTransformer 的主要问题是它不能在对话中捕捉说话人之间的交互。例如,"是的,我同意。我也这么认为。"交互可以传达不同的情感,如悲伤和快乐。为了解决这个问题,Qingbiao Li 提出了一个有说话人嵌入的层次 transformer(HiTransformer-s),它可以模拟交互对话中的说话人。

(2) 仿真实验

① 数据集

- Friends 数据集:从 Friends 电视剧脚本中获得由多个说话人组成的对话。Friends 数据集分为训练集、验证集和测试集。情感集合为{愤怒、快乐、悲伤、中性、惊讶、厌恶、恐惧和非中性},每句话都带有其中一种情感。
- EmotionPush 数据集:由 Meta 上的朋友之间的私人对话组成。EmotionPush 数据集包含 1 000 个对话,分为 720、80 和 200 个对话,用于训练、验证和测试。每句话都被标记为一组情感中的一种情感。
- EmoryNLP 数据集:从 Friends 电视剧脚本中获得。然而,它的训练、验证、测试集分割情况与 Friends 数据集不同。情感标签包括中性、悲伤、疯狂、恐惧、强大、平静和快乐。

对于前两个数据集,Qingbiao Li 仅使用四种情绪类型:愤怒、喜悦、悲伤、中性。对于 EmoryNLP,Qingbiao Li 使用所有的情绪类型。

数据集描述如表 3-1 和表 3-2 所示。

表 3-1 Friends 和 EmotionPush 的详细描述

Dataset	#Dialog(#Utterance)			情绪				
	Train	Val	Test	Ang	Hap/Joy	Sad	Neu	Others
Friends	720(10 561)	80(1 178)	200(2 764)	756	1 710	498	6 530	5 006
EmoryPush	720(10 733)	80(1 202)	200(2 807)	140	2 100	514	9 855	2 133

表 3-2 EmoryNLP 的详细描述

Dataset	#Dialog(#Utterance)			情绪						
	Train	Val	Test	Neutral	Joyful	Peaceful	Powerful	Scared	Mad	Sad
EmoryNLP	713 (9 934)	99 (1 344)	85 (1 328)	3 776	2 755	1 191	1 063	1 645	1 332	844

② 比较方法

- SA-BiLSTM：一个自注意力机制的双向 LSTM 模型，EmotionX 挑战赛第二名。
- CNN-DCNN：一种卷积-反卷积自动编码器，EmotionX 挑战赛的优胜者。
- bcLSTM＋：一个带有 1-D CNN 的模型，用于提取话语嵌入和双向建立话语关系。
- bcGRU：bcLSTM＋的一个变体，带有 BiGRU 来捕捉话语层面的上下文。
- CoDEmid：CoDEmid 是一个上下文相关的编码器(CoDE)模型，具有双向 GRU。
- PT-CoDEmid：CoDEmid 的一个变体，它预先训练一个上下文相关的编码器(CoDE)，用于从未标记的对话数据中学习规则。
- HiGRU：分层门控递归单元(HiGRU)框架，低层 GRU 用于对单词级输入进行建模，高层 GRU 用于捕获单词的上下文话语层面的嵌入。
- HiGRU-f：具有个体特征融合的 HiGRU 变体。
- HiGRU-sf：具有自注意机制和特征融合的 HiGRU 变体。
- SCNN：一种基于序列的卷积神经网络，利用先前话语的情感序列检测当前话语的情感。
- IDEA：使用两种不同的 BERT 模型，使用滑动窗口以提供对话的背景。预训练在 Twitter 数据上执行，因为它在本质上类似于基于聊天的对话。在这两种模型中，Qingbiao Li 特别关注了层级失衡问题损失函数。

在 Friend、EmotionPsh 和 EmoryNLP 数据集上的测试结果如表 3-3 所示。

表 3-3 Friend、EmotionPush 和 EmoryNLP 上的测试结果

Model	Friends			EmotionPush			EmoryNLP		
	Macro-F1	WA	UWA	Macro-F1	WA	UWA	Macro-F1	WA	UWA
SA-BiLSTM	—	79.8	59.6	—	**87.7**	55.0	—	—	—
CNN-DCNN	—	67.0	62.5	—	75.7	62.5	—	—	—
$bcLSTM_+$	63.1	79.9	63.3	60.3	84.8	57.9	25.5	33.5	27.6
bcGRU	62.4	77.6	66.1	60.5	84.6	56.9	26.1	33.1	27.4
$CoDE_{mid}$	62.4	78.0	65.3	60.3	84.2	58.5	26.7	34.7	28.8
$PT\text{-}CoDE_{mid}$	65.9	81.3	66.8	62.6	84.7	60.4	29.1	36.1	30.3
HiGRU	—	74.4	67.2	—	73.8	66.3	—	—	—
HiGRU-f	—	71.3	68.4	—	73.0	66.9	—	—	—
HiGRU-sf	—	74.0	**68.9**	—	73.0	**68.1**	—	—	—
SCNN	—	—	—	—	—	—	26.9	37.9	—
HiTransformer	66.66	82.11	63.71	63.90	86.87	61.55	31.36	37.25	29.24
HiTransformer-s	**67.88**	**82.18**	68.78	**65.43**	86.92	63.03	**33.04**	**37.98**	**32.67**

2）人格属性分析

在网络空间安全这一领域，对于人格的研究主要包括三个方面，即人格的测量、安全脆弱性研究和安全防护研究[314]，对于人格的研究应用最广的是大五人格模型(Big Five Factors Model)[315-316]，它从神经质(Neuroticism)、外向性(Extravertion)、开放性

(Openness)、宜人性(Agreeableness)、尽责性(Conscientiousness)五个方面描述人格。

人格的测量是进行人格研究的基础。传统上,研究者为了获取人格数据,需要召集一些被试人员,对其进行一系列的人格测验,获取人格信息。这种测量的方法需要被试者的主动参与,难以获得大规模的样本。因此,一些社会计算领域的研究者利用大数据的方法,通过大量收集网络数据,从其中的网络行为、文本内容等信息[317-319]中推测用户人格,达到大规模获取样本的目的,实现统计有效性。

基于上述人格测量方法,郑康锋[412]的发明专利“一种社交网络用户的人格识别系统和方法”,该专利提出一种社交网络用户的人格识别系统和方法,属于机器学习和主体认知领域。该发明系统包括社交网络爬虫模块、社交网络用户人格分析模块、社交网络用户数据库模块、分析结果响应模块,如图 3-25 所示。首先,爬取用户授权的网络行为数据,生成带人格标签的离线网络行为数据集;然后,基于带人格标签的离线网络行为数据提取用户行为特征;再后,将数据分为训练集和测试集,采用不同的机器学习算法,最终选取最优模型;最后,继续模型优化,直到获得达标的人格分析模型,进而得到该用户的人格标签。该发明通过分析社交网络用户的线上行为,挖掘强相关特征,根据群智能优化算法选出最优特征组合,分析得到社交网络用户的人格,为个性化推荐和用户心理预警提供基础。

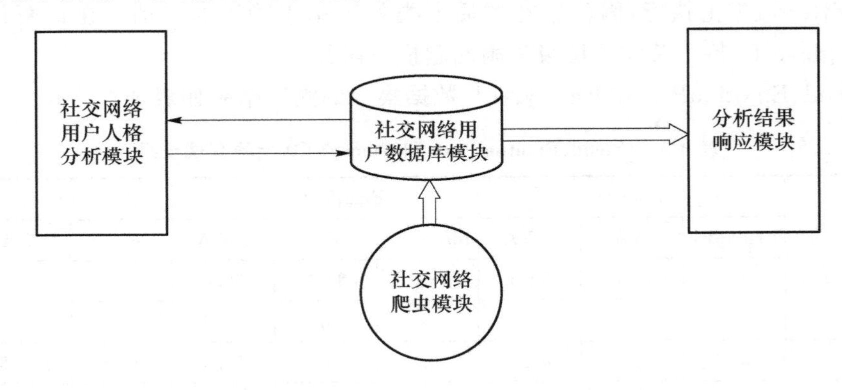

图 3-25 社交网络用户的人格识别系统框架图

人格与安全脆弱性的研究是社会工程学中人格研究的核心。这一部分的研究旨在了解社会工程学中人格脆弱性的主要表现。人的安全脆弱性体现在两个方面:一方面是由于安全意识薄弱或行为与意识的不一致造成的安全脆弱性,会无意的破坏内部安全,成为内部威胁;另一方面是由于内在的心理弱点,使得人在遭受主动攻击,如受到社会工程学攻击时,无法做出正确的决定。总结已有的研究,可以将脆弱性归为内部脆弱性和决策脆弱性两个方面。内部脆弱性主要研究组织内部人员的人格如何影响其安全行为;决策脆弱性主要研究人在受到社会工程学攻击时,人格会如何影响被攻击者做出决策。对于人格与安全脆弱性的另一个重要研究就是人格与决策脆弱性的关系。

对于人格表现出的安全脆弱性,需要提出相应的安全防护策略。一方面,要根据安全体系中不同人的人格差异,进行针对性的安全意识培训;另一方面,对于人格的安全脆弱性也需要开发有效的技术防护措施。

2. 目标认知过程计算

本小节分析了主体属性内部之间的关联关系及外部因素对主体属性的影响，建立了主体属性在内部因子和外部刺激双作用下动态变化的模型，开展了基于主体属性与外部环境的认知模拟，阐释了认知属性变化的过程及原因，推进了人工认知模型的进展，对未来认知模型及虚拟主体的研究具有重要的推动作用。本小节分别对情绪、人格两个认知属性进行了计算研究，实现了对部分认知属性的模拟。

1）情绪计算

本小节通过分析刺激事件的形式、内容、途径，对不同的刺激事件进行特征提取，利用人工智能方法，将刺激事件转换成刺激向量。在个人心境、人格、情绪状态、时间等因素的综合作用下，计算出当前情绪状态和心境，实现对情绪的模拟，如图 3-26 所示。

图 3-26 的彩图

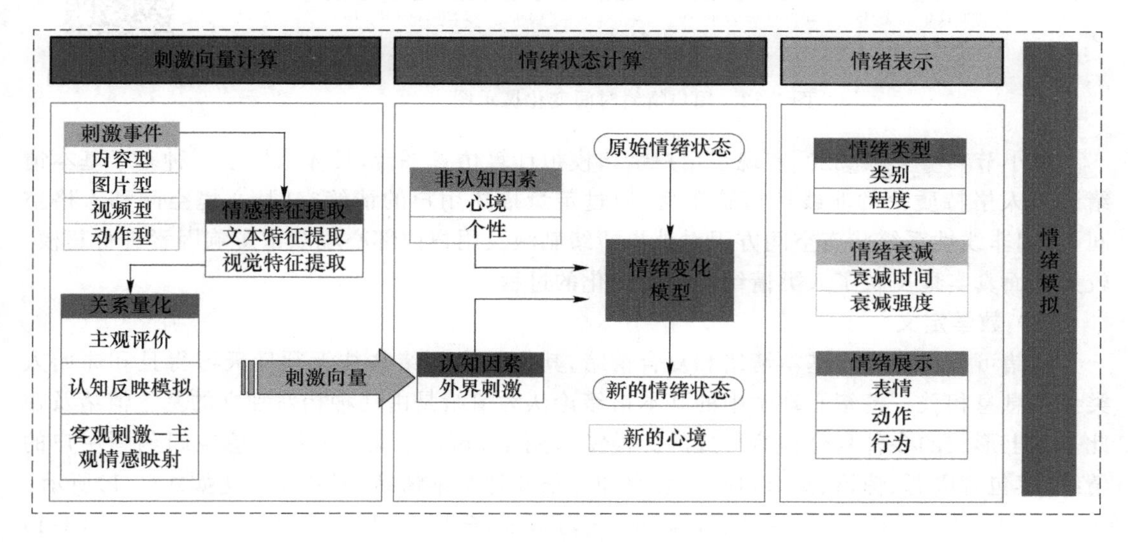

图 3-26　情绪模拟过程

情绪模拟实现了在刺激事件的刺激下情绪向量的计算，情绪衰减变化、情绪连续变化和当前情绪下的行为、表情、动作，如图 3-27 和图 3-28 所示。

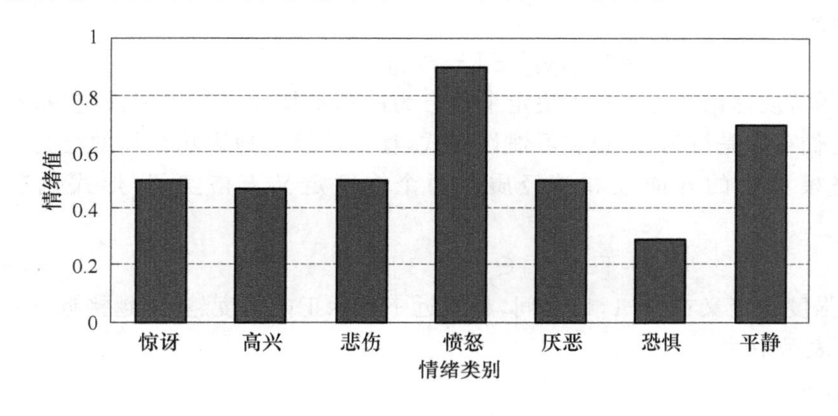

图 3-27　情绪模拟展示

图 3-27 的彩图

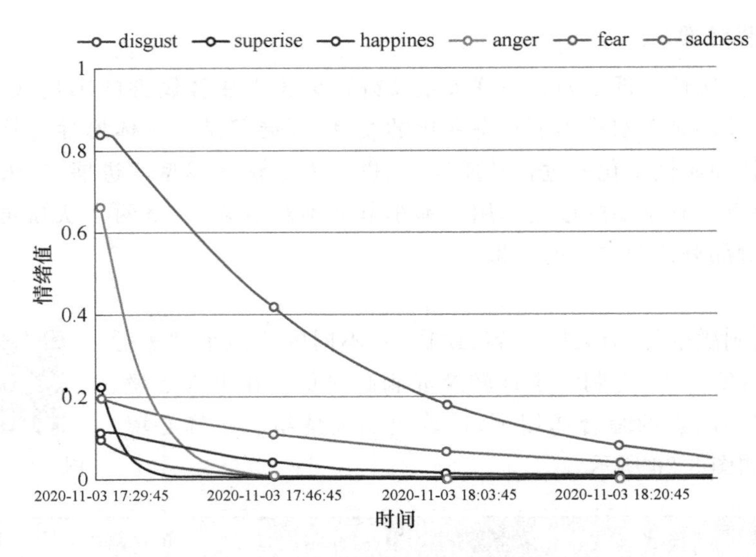

图 3-28 的彩图

图 3-28　用户情绪时间变化展示图

本小节参考文献[320]实现了用户情绪模拟计算仿真平台，具体采用了一种基于基本情绪论和人格特质论的非线性情感模型，通过定量描述用户的情绪空间、心境空间和人格空间，利用非线性系统状态空间方程对外界情绪刺激及用户内部心境双重影响因素进行建模，较为全面真实地反映了人类情绪产生及变化的过程。

（1）数学定义

情绪可以被分类为基本情绪和复合情绪，其中基本情绪往往无须后天习得且和原始人类生存息息相关。情绪心理学中的基本情绪论认为情绪是由几种相对独立的基本情绪及在此基础上形成的多种复合情绪构成的。模型采用 Ekman 定义的六维情感空间刻画用户的情绪，其包含厌恶、惊讶、高兴、愤怒、恐惧和悲伤 6 种基本情绪，形式化表达如式(3-1)所示：

$$e=[x_1,x_2,x_3,x_4,x_5,x_6]\in[-1,1]^6 \tag{3-1}$$

心境作为一种微弱而持久的情绪状态，不如情绪及感觉等具体、强烈，也不太容易受到特定事件刺激的影响，常常在一段时间内稳定而弥散地作用于人的情绪。该模型参考了 Mehrabian 的 PAD 模型定义了二维心境空间，其包含愉悦度和唤醒度两种心境度量，形式化表达如式(3-2)所示：

$$m=[y_1,y_2]\in[-1,1]^2 \tag{3-2}$$

人格心理学中的特质理论认为人格由决定个体行为的基本特性进行评测，这些基本特性被称为“特质”，它们可以是行为、思想和习惯性模式，稳定而持久地影响个体的行为。该模型选取大五人格模型中的外向性和神经质性两个维度定义人格空间，形式化表达如式(3-3)所示：

$$p=[z_1,z_2]\in[-1,1]^2 \tag{3-3}$$

以上各维度的强度均定义在[−1,1]之间，越接近 1 表示正向强度越大，越接近 −1 表示负向强度越大，0 表示中性。

（2）状态空间模型

模型定义外界刺激为系统输入，设定个性、衰减因子等系统参数，定义各时刻情绪状态

为系统状态,定义系统输出为更新后的心境,建立情感模型的状态空间方程,如式(3-4)所示:

$$\begin{cases} X(t+1) = -1 \vee [\varphi(Y(t), M(t), P) + \phi(U(t), M(t), P)] \wedge 1 \\ Y(t+1) = -1 \vee [f(\beta, Y(t), X(t+1), \cdots, X(t-n))] \wedge 1 \end{cases} \tag{3-4}$$

其中,$X(t)$为t时刻情绪状态,$U(t)$为t时刻外界刺激,$Y(t)$为t时刻的心境,φ为表示情绪自身衰减引起的情绪变化分量的非线性函数,ϕ为表示外界刺激引起的情绪变化分量的非线性函数,P代表个性。

情绪衰减同时受到心境和个性以及情绪自身性质的影响,将其分别定义为外部衰减因子γ_i和内部衰减因子C_i,具体表示如式(3-5)、式(3-6)所示:

$$\varphi_i = \gamma_i (1 - c_i) X_i(t) \tag{3-5}$$

$$\gamma_i = \text{EXP}\left((-1)\frac{Y(t)A_i^{\text{atte}} + PB_i^{\text{atte}}}{t}\right) \tag{3-6}$$

外界刺激引起的情绪分量定义如式(3-7)、式(3-8)所示:

$$\varphi_i = \begin{cases} \exp(Y(t)A_i^{\text{stim}} + PB_i^{\text{stim}})U_i(t), & U_i(t) \geqslant 0, \quad i = 1, 2, \cdots, n \quad (3\text{-}7) \\ \exp(-Y(t)A_i^{\text{stim}} + PB_i^{\text{stim}})U_i(t), & U_i(t) < 0, \quad i = 1, 2, \cdots, n \quad (3\text{-}8) \end{cases}$$

其中,A^{stim}和B^{stim}分别表示心境和人格对各基本情绪的影响参数矩阵,A^{atte}和B^{atte}为对应的转置矩阵,分别表征情绪对心境及人格的影响。

心境变换比较缓慢,通过一段时间的情绪积累才会引起心境的变化,心境更新公式如式(3-9)、式(3-10)所示:

$$f = -1 \vee \left[(1-\beta)Y(t) + \left(\sum\nolimits_{i=t-n}^{t} \omega_i \times X(i)\right) \times (A^{\text{stim}})^T\right] \wedge 1 \tag{3-9}$$

$$\omega_i = \frac{i}{\sum\limits_{j=1}^{n} j} \tag{3-10}$$

2) 人格计算

当前的认知隐私泄露主要来自于对大数据的有效分析,攻击者在获取数据后,通过机器学习等方法对目标对象进行人格分析、情感分析等,如图 3-29 所示。

图 3-29 的彩图

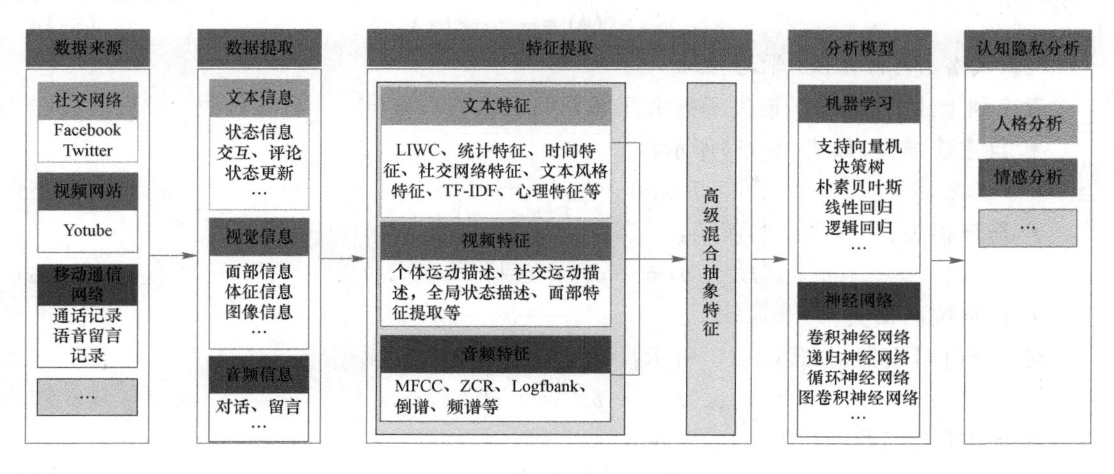

图 3-29 人格分析模型

人格模拟根据当前的文本内容，通过 transformer 模型模拟设定人格用户生成相应文本。人格模拟主要是通过用户文本分析、人格识别、人格转换、文本生成等多个方面进行模拟。

本小节基于文献[321]实现用户人格模拟计算仿真平台，具体采用一种利用 transformer 作为基本模块的生成对抗训练框架，借助注意力机制的特征提取能力，输入文本及待转换的风格标签可直接输出目的风格的文本，具有更好的风格转换效果和语义保持效果。

文献[321]放弃了先提取文本的语义向量再结合风格特性进行文本生成的 pipeline 的做法，通过风格 transformer 网络和辨别器网络两部分进行生成对抗学习，从而避免了显式剥离文本语义和文本风格的过程，端到端地实现了文本风格的转换。

风格 transformer 网络采用 transformer 模型完成文本风格转换，遵循编码-解码器结构，通过输入原始文本和指定的风格类型，由 transformer 输出迁移到指定风格的文本，其中 $x=(x_1,x_2,\cdots,x_n)$ 为输入序列，$z=(z_1,z_2,\cdots,z_n)$ 为连续的中间表示，$y=(y_1,y_2,\cdots,y_n)$ 为输出序列，风格信息以向量嵌入表示并与输入数据拼接，如式(3-11)、式(3-12)所示：

$$p_\theta(y|x,s) = \prod_{t=1}^{m} p_\theta(y_t|z,y_1,\cdots,y_{t-1}) \tag{3-11}$$

$$p_\theta(y_t|z,y_1,\cdots,y_{t-1}) = \text{softmax}(o_t) \tag{3-12}$$

辨别器的作用在于对文本自身风格与风格标签是否一致给出判断，并将分类结果与真实结果进行对比，以分类损失指导风格 transformer 在训练过程中进行语义保持和风格控制，可采用的辨别器类型有条件辨别器和多类辨别器两种。同时为了对未配对文本训练数据提供监督手段，模型构建了两种监督任务：①对原始文本指定自身原始风格进行转换；②对原始文本指定另一风格进行转换，并对转换后文本进行二次转换为原始风格。对于风格 transformer，可定义自重建损失、循环损失和风格控制损失三种损失以衡量以上定义的两种监督任务的完成情况。

(1) 辨别器学习：

目的是训练辨别器使得其区分出真实句子和重构句子，损失函数定义如下。

对于条件辨别器，如式(3-13)所示：

$$L_{\text{discriminator}}(\phi) = -p_\phi(c|x,s) \tag{3-13}$$

对于多类辨别器，如式(3-14)所示：

$$L_{\text{discriminator}}(\phi) = -p_\phi(c|x) \tag{3-14}$$

(2) 风格 transformer 学习：

考虑到上述监督方式，损失函数由几部分组成。

- 自重建损失，如式(3-15)所示：

$$L_{\text{self}}\theta = -p_\theta(y=x|x,s) \tag{3-15}$$

- 循环损失，如式(3-16)所示：

$$L_{\text{cycle}}(\theta) = -p_\theta(y=x|f_\theta(x,s),s) \tag{3-16}$$

- 风格控制损失：

对于条件辨别器，如式(3-17)所示：

$$L_{\text{style}}(\theta) = -p_\phi(c=1|f_\theta(x,s),s) \tag{3-17}$$

对于多类辨别器，如式(3-18)所示：

$$L_{\text{style}}(\theta) = -p_\phi(c=s|f_\theta(x,s)) \tag{3-18}$$

3. 目标认知隐私

认知隐私是集个人属性、社会属性以及推理属性的综合概念，是与个人相关的具有不被他人搜集、分析及利用的权利的属性资料集合。认知隐私分析主要分为认知隐私泄露源头分析与认知隐私泄露过程分析。

1）认知隐私泄露源头分析

社工主体认知隐私隐含在网络空间文本数据中，社交网络文本是泄露用户认知隐私的重要源头，保护文本所携带的隐私信息可以从源头上有效阻断认知隐私泄露。“人格”是一个相对稳定、全面的心理学特征，广泛应用于安全领域与人有关的研究中。因此，本小节将人格作为认知隐私保护初期研究的切入点，通过文本变换的方法在数据源头上实现人格隐私保护。

郑康锋[413]提出了一种基于GAN模型的用户人格隐私保护方法，如图3-30所示。在获取人格信息的所有途径中，通过分析用户所发出的文本数据（主要来自社交网络）获取人格，是最有效且准确的方法。即：社交网络文本是泄露用户人格的最重要渠道，保护文本所携带的隐私信息可以阻断攻击者获取用户人格信息。该方法从源头入手，利用GAN模型生成与语义相似的文本信息，通过混淆或改变与人格相关的源数据，隐藏数据中的人格信息，实现文本数据在语义相似条件下的人格变换，进而达到保护用户人格隐私的目的。

图 3-30 的彩图

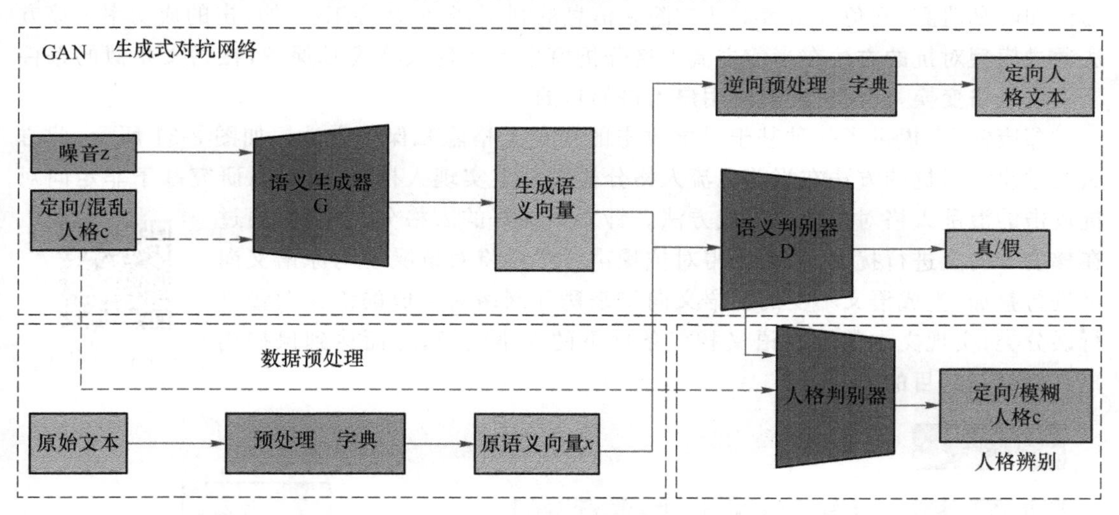

图 3-30 基于GAN模型的用户人格隐私保护方法

此方法在社交网络用户人格分析与预测模型研究基础上，进一步探寻用户人格隐私保护的方法。社交网络用户人格的获取来源于对用户文本数据的分析，文本数据的泄露间接泄露了用户人格，对文本数据特征的保护或者改变对用户人格的分析会产生一定的干扰。该发明从用户文本数据的角度出发，采用GAN生成语义相似的定向或非定向混乱人格文本，从而定向或非定向地改变用户文本特征，混淆或隐藏与人格相关的数据信息，进而达到用户人格隐私保护的目的。

该方法的技术方案分为语义生成、语义判别以及人格判别三个部分：语义生成部分使用语义生成器生成语义向量，同时将原始文本通过预处理生成原语义向量；语义判别部分使用语义判别器判别生成语义与原语义之间的差异；人格判别部分利用人格判别器来判别输入文本的人格类别。

（1）语义生成

在定向人格变换方法中，将噪声 z 和大五人格的 One-Hot 编码标签值输入语义生成器，而在混乱人格变换方法中将属于多个人格的混合编码和噪声 z 输入语义生成器，由语义生成器产生合成数据即生成语义向量。将生成的语义向量以字典的形式经过逆向预处理得到人格文本。在定向人格变换方法中得到的是定向人格文本，而在混乱人格变换方法中得到的是混乱人格文本。原始文本以字典的形式经过预处理后生成了原语义向量。

（2）语义判别

将语义生成部分中得到的语义向量和原语义向量输入语义判别器。语义判别器将会对二者进行判别，得到判别结果，分为真、假两种结果。

（3）人格判别

定向人格变换方法中，人格判别器的输入为：大五人格的 One-Hot 编码标签值和语义判别部分得到的判别结果。混乱人格变换方法中，人格判别器的输入为：属于多个人格的混合编码和语义判别部分得到的判别结果。由人格判别器生成最终变换后的人格或者模糊人格。

2)认知隐私泄露过程分析

在认知隐私信息泄露过程中，干扰或欺骗攻击者的人格分析可以有效地防止社工目标的认知隐私泄露，避免攻击者对认知隐私信息的利用，降低社会工程学攻击的成功率。该方法通过模型对抗的方法在当前主流人格分析模型上实现人格隐私保护，在语义相似的条件下实现人格变换，进而达到隐藏用户人格的目的。

郑康锋[414]提供了一种基于对抗攻击的用户人格隐私保护方法。如图 3-31 所示，此方法通过模型对抗的方法在当前主流人格分析模型上实现人格隐私保护，研究基于非定向对抗攻击的混乱人格对抗样本生成方法。针对训练好的人格分类模型，通过在梯度方向上进行扰动，从而获得对抗噪声。然后将对抗噪声与原语义向量进行叠加，生成语义不变的新语义向量来诱导网络对生成的语义向量进行误分类，实现文本数据在语义相似条件下的人格变换，进而达到保护用户人格隐私的目的。

图 3-31 的彩图

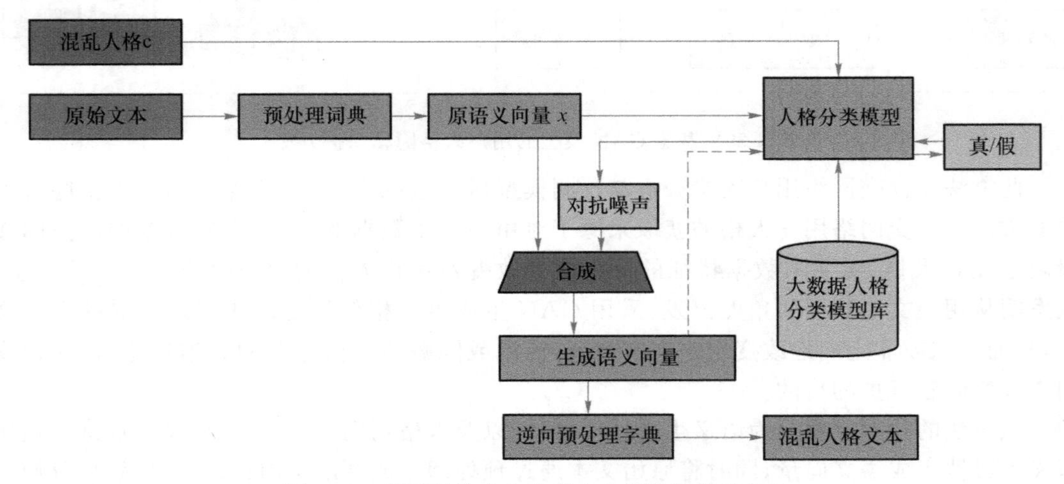

图 3-31　基于对抗攻击的用户人格隐私保护方法

此方法通过分析当前主流的人格分析方法，构建大数据人格分类模型库。从分析对抗的角度，对人格分类模型进行扰乱。针对训练好的人格分类模型，基于混乱人格标签产生对抗噪声，与原语义向量叠加生成语义不变的新语义向量来诱导人格分类模型对生成的语义向量进行误分类。使得攻击者只能获得基于人格分类模型生成的混乱人格文本，实现人格信息的改变或干扰，从而达到保护用户人格隐私的目的。

该方法主要分为原始文本的预处理，对抗噪声的生成，对抗噪声与原语义的叠加，以及语义逆向处理四个部分。

（1）原始文本的预处理

获得原始文本后，要先对其进行预处理获得原语义向量，以方便后续与产生的对抗噪声进行叠加。

（2）对抗噪声的生成

针对训练好的人格分类模型，选择合适的对抗噪声生成算法，将混乱人格 c（指用户输入的不是人格 One-Hot 编码值，而是属于多个人格的混合编码）进行处理，产生优质的对抗噪声。

（3）对抗噪声与原语义的叠加

将对原始文本预处理以后的原语义向量与对抗噪声叠加生成新语义向量，并检测新语义向量是否更改了语义，如果语义被更改，则需要重新生成对抗噪声，并重新进行叠加，直到新语义向量不会更改语义。

（4）语义逆向处理

将获得的新语义进行逆向预处理，从而获得所需的混乱人格文本。

3.2　社会工程学检测

3.2.1　社会工程学检测框架

现有社会工程学检测主要以基于特征的检测技术为主，这些特征多为信息域特征（如邮件或网页的各类特征），然后使用统计模型或机器学习等方法来区分社会工程学行为，基本忽略了认知域特征，且相关研究散乱，不成体系。针对当前与社工检测相关的理论体系不完备、检测方法不全面、认知域检测缺失等问题，本节建立了从基础理论、方法到验证的社会工程学检测框架，形成了较系统、较完整的，能够结合主体认知的社会工程学检测与溯源框架图，如图 3-32 所示。

该框架从基础理论出发，开展基于社会工程学、社工目标和认知隐私的检测机理研究，形成基于会话和对话的社工模型、基于社工要素的社工分析、主体认知属性分析与模拟、认知隐私保护、基于问卷和眼动跟踪的社工与主体认知关联分析等研究成果。在社会工程学检测技术研究层面，全面梳理社工基本特征和主体认知特征，完成社工复杂行为模式提取，形成从社工行为模式、用户异常行为、主体认知特征三方面出发的社会工程学检测体系。检测方法从行为模式、主体特征、文本内容、终端操作、认知特征等多角度出发，形成网络钓鱼行为检测、劫持社交账户检测、社工机器人检测、身份识别、基于主体认知特征的钓鱼邮件检测等研究成果，提出了基于攻击路径跳转跟踪的溯源方法。

图 3-32 的彩图

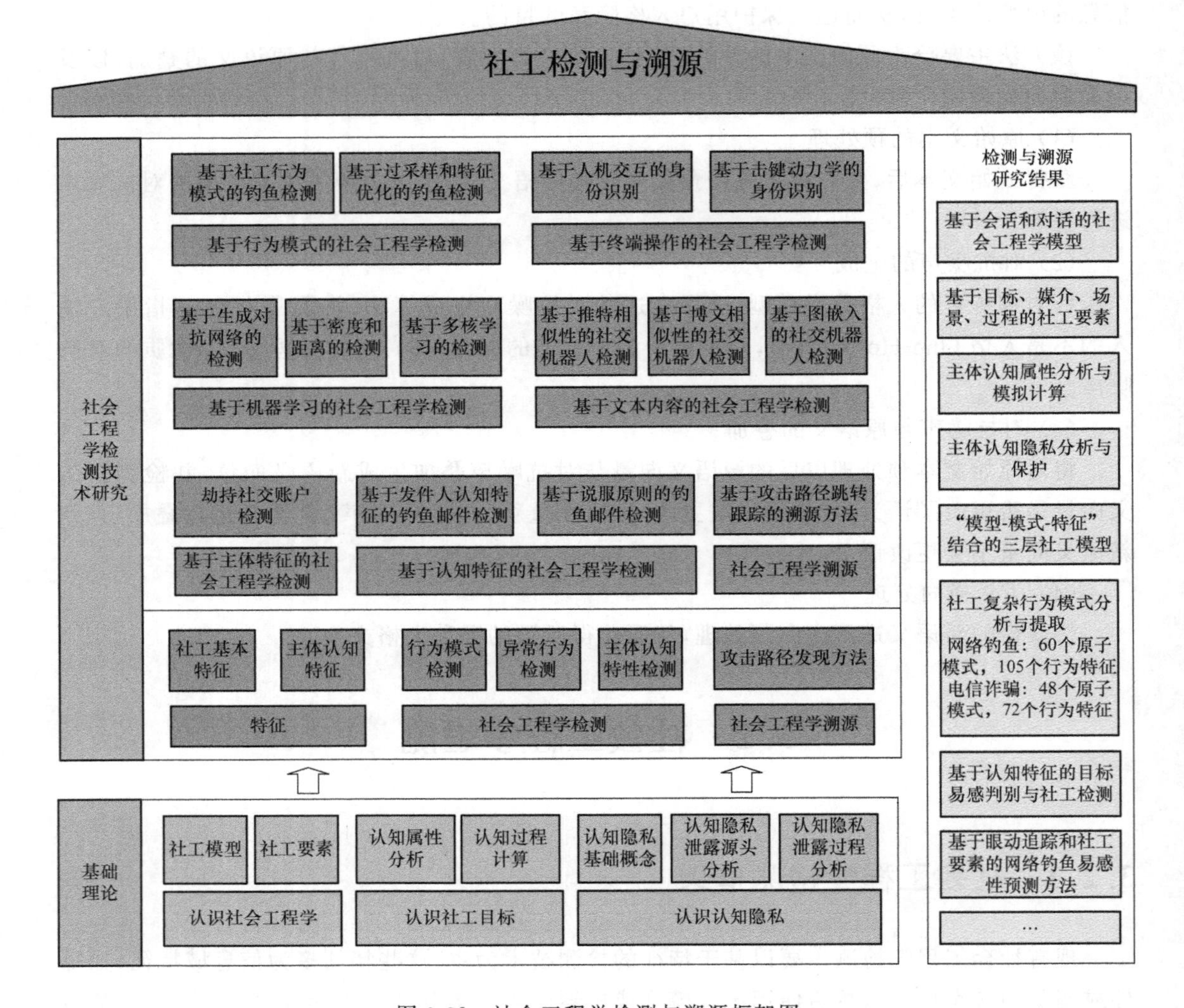

图 3-32　社会工程学检测与溯源框架图

3.2.2　基于社工行为模式的检测技术

1. 概述

基于社工行为模式的检测方法通过提取社工行为表示特征，发现并构建社会工程学攻击行为模式，研究正常行为模式与异常攻击行为模式之间的距离，定义衡量阈值，判断主体当前行为模式的偏离程度，发现异常行为，有效检测社会工程学攻击。

目前，社会工程学攻击行为模式根据攻击的方式可以分为三大类，基于技术的攻击行为模式、基于社会的攻击行为模式以及基于物理的攻击行为模式。基于技术的攻击行为模式是通过互联网、社交网络和在线服务网站进行的,攻击者收集目标的敏感信息,如密码、信用卡细节以及其他安全信息。基于社会的攻击行为模式是利用与受害者的关系来诱导他们的心理和情感。这种攻击最危险也最成功,因为它们涉及人与人之间的互动,例如诱骗和鱼叉式网络钓鱼。基于物理的攻击行为模式是指攻击者为收集目标的信息而进行的物理行动,比如,在垃圾箱中寻找有价值的文件。以上攻击行为模式涉及多种复杂社工攻击行为子模式,我们主要对其中两种子模式,网络钓鱼攻击行为模式以及电信诈骗攻击行为模式进行抽取并分析。网络钓鱼攻击行为模式可以分为钓鱼邮件、钓鱼网站、钓鱼短信攻击等子类,电信诈骗攻击行为模式可以分为电话诈骗、短信诈骗攻击等子类。当前基于社工行为模式的检测技术主要针对钓鱼邮件、钓鱼网站、电信诈骗等几种典型社会工程学攻击形式。

目前钓鱼邮件检测的方法主要包括基于黑名单和基于机器学习的方法两种形式[322]。基于黑名单的方法是通过设置黑名单列表的方式实现钓鱼邮件的检测[323-324]。黑名单方法是当前应用最广泛的检测方法,主要是检测邮件发件人和邮件中包含的URL链接是否在预设的黑名单中。邮件发件人黑名单一方面是通过用户手动设置,另一方面是邮件服务商提供。链接黑名单与钓鱼网站的检测方法基本一致,当前有许多组织机构提供了公开的黑名单。基于机器学习的钓鱼邮件检测方法[325-326]是研究最多的方法,基本思想是提取钓鱼邮件中的头部、文本等特征,采用机器学习算法建立分类模型,通过分类实现钓鱼邮件检测。基于机器学习的钓鱼邮件检测方法可以弥补基于黑名单检测方法实时性的不足,但是需要合理的预设数据集,才能保证检测的准确性。当前较新的研究一般趋向于采用综合的方法对钓鱼邮件进行检测,即首先采用基于黑名单的方法对邮件进行过滤,然后再采用其他方法加强钓鱼邮件的检测准确率[311]。

钓鱼网站的检测方法主要分为基于黑名单的检测方法、基于启发式和机器学习的检测方法、基于视觉相似度的检测方法等[327-328]。基于黑名单的检测方法是目前主要的钓鱼网站检测方法,其中包括Google研发的钓鱼网站检测工具Google Safe API[329],以及著名的钓鱼网站公开黑名单列表PhishTank[330]、spamhaus[331]等。但是基于黑名单的检测方法由于是静态的,检测存在严重的滞后性,所以一些研究者为了解决这个问题,提高检测效果,提出了一种改进的黑名单检测方法PhishNet[332],该方法通过对已知钓鱼网站URL进行分解,根据一定规则进行重组,实现钓鱼网站黑名单列表的扩充。基于启发式和机器学习的检测方法[333-334]通过自主学习钓鱼网站特征,可以弥补黑名单技术不能实现对0-hour攻击检测的不足。CANTINA检测方法[335]是其中一种典型的算法,它根据页面内容词汇特征的Google搜索排名来判断其是否为钓鱼网站。后来又有研究者在其基础上提出了CANTINA+检测方法[336],在CANTINA基础上加入了机器学习算法对URL词汇特征、Form表单、WHOIS信息、PageRank值等钓鱼网站特征进行学习,最终实现钓鱼网站的检测。近年来随着计算机视觉的发展,基于视觉相似度的钓鱼网站检测方法[337]取得了一定的发展。有研究者通过提取页面图像颜色特征和坐标特征,采用EMD(Earth Mover's Distance)相似度算法对网页进行分类检测[338]。在其基础上,又演化出了基于嵌套EMD的钓鱼网站检测算法[339]，该检测算法首先对页面图像进行分割，分析子图之间的关系特征，在前面检测算法的基础上提高了检测的准确率。

电信诈骗的检测有几种不同的形式：通过银行账户的交易特征[340-341]来进行电信诈骗的检测；基于信令特征进行电信诈骗检测；通过短信文本内容进行检测；其他一些检测方法[311]。有些研究者根据不同时间窗口，提取了频率、货币等特征，采用逻辑回归分类方法来检测电信诈骗[340]。后来呼叫频率、被叫时长等信令特征也被用来进行电信诈骗的检测[342]。目前短信电信诈骗的检测方法一般采用短信文本特征，包括非内容特征和内容特征两种，非内容特性是指诸如短信长度、时间等[343]元素，内容特征多数为采用自然语言处理方法提取的特征，包括字词特征[344-345]、主题特征[346-347]等。数字与字母转换序列特征、小写单词特征、两字词语和三字词语特征等即为四类内容特征[348]。后来被提出的钓鱼字词特征、LIWC 特征以及 LDA 主题特征也为内容特征[349]。而非内容特征主要包括系统日志、时间戳、URL 等[350]。

总体来看，当前社会工程学检测主要集中于对典型社会工程学攻击形式的较为具体的检测方法研究，采用的方法大部分是基于机器学习的分类方法，其中结合了自然语言处理技术和其他统计方法。一些基于黑名单的方法和基于内容的方法已经在社会工程学检测领域取得了较为成功的运用，但是对于新型的社会工程学攻击形式和一些有针对的社会工程学攻击形式（如“鱼叉式”钓鱼攻击等），当前的检测方法效果仍然不是很明显，还需要进一步地研究[311]。

2. 社工行为模式与特征提取

1）社工行为模式提取

目前社会工程学的理论研究尚处于起步阶段，没有较为成熟的理论框架。针对社会工程学在网络空间的攻击过程不明确，对网络安全的影响过程不清晰等根本性问题，本小节对基于主体认知与攻击行为综合表征进行建模，解析社会工程学攻击在各环节的不同行为特点，对复杂社工行为进行模式抽取，形成社会工程学检测和防御理论依据。

本小节采取有向图建模方法，对攻击行为节点抽象化，形成行为攻击的有向序列，完成网络钓鱼和电信诈骗两大类复杂社工攻击行为模式抽取，其中包括子模式和原子模式的抽取，形成“模型-模式-特征”结合的三层社会工程学模型，如图 3-33 所示。

针对网络钓鱼，60 个原子模式，提取出 105 个行为特征；针对电信诈骗，48 个原子模式，提取出 72 个行为特征，如图 3-34 所示。

（1）网络钓鱼

网络钓鱼是一种欺诈形式，是一种网络犯罪。攻击者会伪装成信誉良好的实体或个人通过电子邮件或其他通信渠道，使用网络钓鱼电子邮件分发可执行各种功能的恶意链接或附件，从受害者中提取登录凭据或账户信息；或者自动下载恶意软件，让受害者使用恶意软件感染自己的计算机[351]。

在本小节中，我们根据攻击过程中的媒介差别，将网络钓鱼的攻击行为建模为钓鱼邮件攻击行为模式[352]、钓鱼网站攻击行为模式[353]以及钓鱼邮件和钓鱼网站相结合的攻击行为模式[354-355]。

① 钓鱼邮件攻击行为模式

图 3-33 的彩图　图 3-34 的彩图

钓鱼攻击者最常使用的形式就是钓鱼邮件，使用伪装的电子邮件欺骗收件人将敏感信息（如账号和密码）回复给指定的收件人，或引诱收件人点击链接跳转到特定的网页。

图 3-33 “模型-模式-特征”结合的三层社会工程学模型

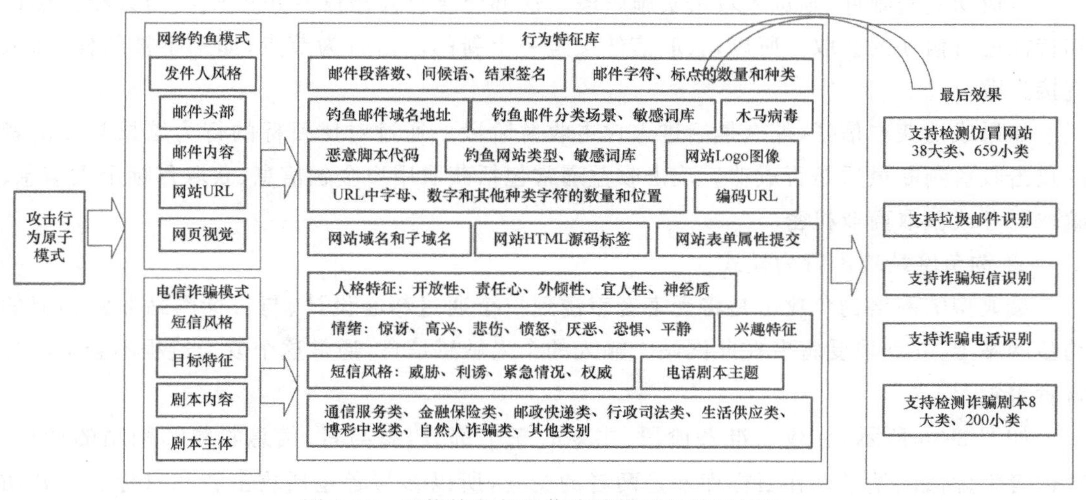

图 3-34 网络钓鱼与电信诈骗模式的特征提取

如图 3-35 所示,在攻击准备阶段,主要有三个部分:参与者、信息收集和垃圾邮件的制作。攻击者给目标发送电子邮件是两者的交互,所以参与者包括攻击者和目标。邮件发送的成功与否可看成一个攻击行为节点,由于某些用户会使用垃圾邮件过滤器来阻止垃圾邮件的出现,所以若发送失败,则攻击结果为失败。

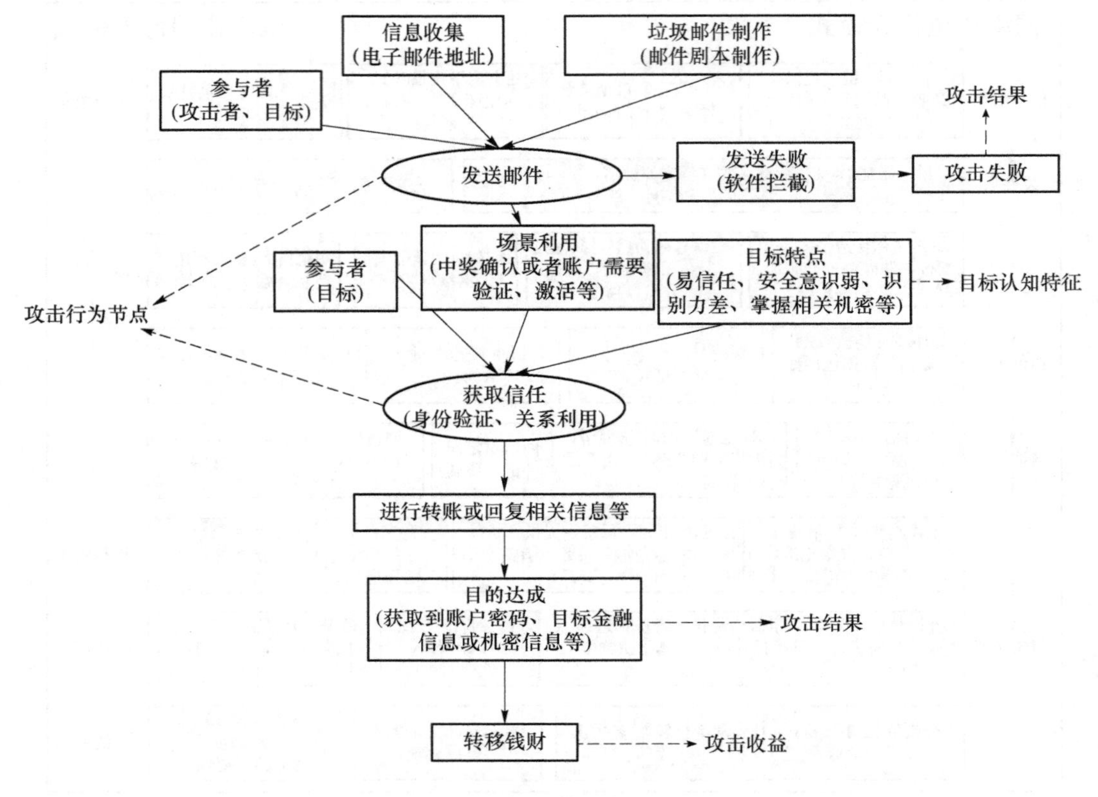

图 3-35　钓鱼邮件攻击行为模式

若成功发送邮件,则进入攻击实施阶段。这部分结合垃圾邮件里的剧本场景和目标认知特征进行信任的获取。所以,获取信任又是一个新的攻击行为节点,如果不被信任,那么直接失败。

如果成功获取信任,那么最后进入攻击收益阶段。通过对比目标的行为结果与攻击者的攻击收益判断最后是否成功。攻击收益通常包括获取用户金融信息、获取目标个人信息、骗取财务或获取商业机密。

② 钓鱼网站攻击行为模式

最典型的网络钓鱼攻击是将受害者引诱到一个通过精心设计、与目标网站非常相似的钓鱼网站上,并获取受害者在此网站上输入的个人敏感信息,通常这个攻击过程不会引起受害者警觉[353]。

如图 3-36 所示,在攻击准备阶段,主要有三个部分:参与者、信息收集和网站的伪造。攻击者将虚假网站呈现在目标面前是两者的交互,所以参与者包括攻击者和目标。网站访问与否则可看成一个攻击行为节点,由于伪造好的钓鱼网站也常常可能被拦截而不被用户成功访问,所以若钓鱼网站被拦截,则攻击结果为失败。

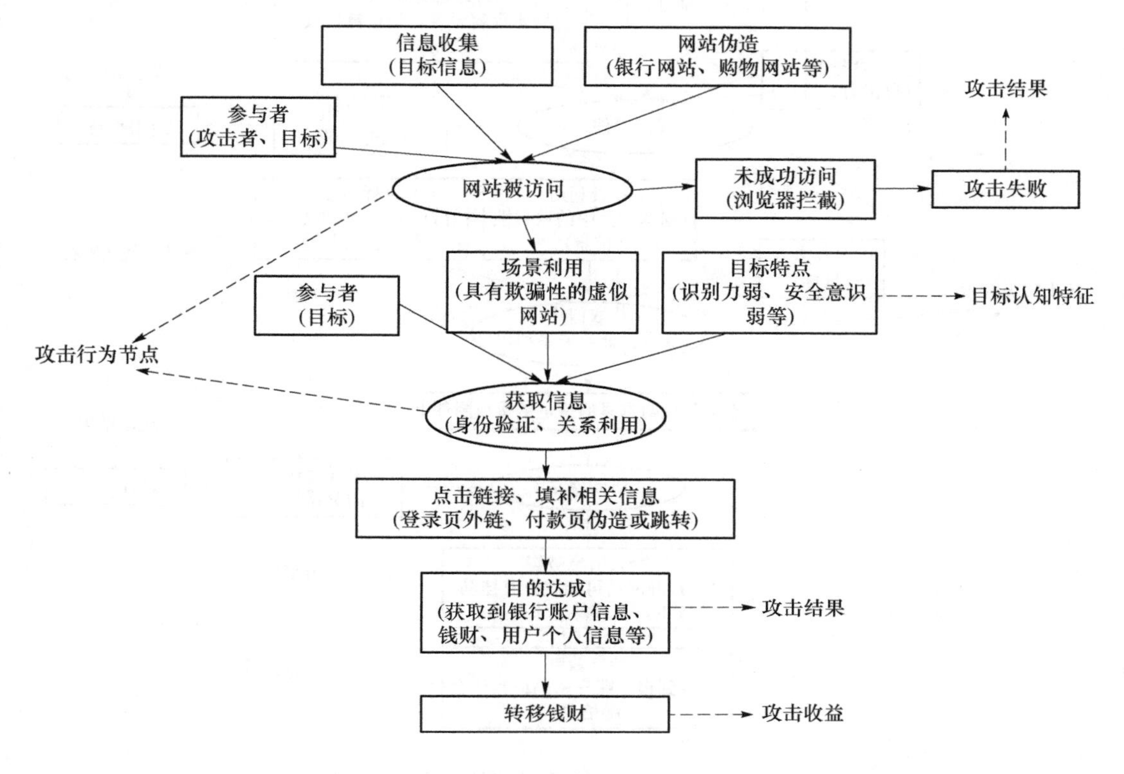

图 3-36 钓鱼网站攻击行为模式

若成功访问网站,则进入攻击实施阶段。这部分结合伪造网站的内容和目标认知特征进行信任的获取。所以,获取信任又是一个新的攻击行为节点,如果不被信任,那么直接失败。

如果成功获取信任,那么最后进入攻击收益阶段。此阶段与钓鱼邮件攻击行为模式收益阶段相似。

③ 钓鱼邮件与钓鱼网站相结合的攻击行为模式

钓鱼邮件和钓鱼网站相结合的攻击包含了垃圾邮件的制作以及网页的伪造[355],而且钓鱼网站的链接通常都是附在钓鱼邮件里,钓鱼邮件则是通过精心制作的剧本引导用户去点开钓鱼链接。

正如其名,此模式是前两种模式的综合模式。如图 3-37 所示,和前两种模式不同的是,它有两个攻击准备阶段。第一个攻击准备阶段与钓鱼邮件攻击行为模式攻击准备阶段相似。第二个攻击准备阶段与钓鱼网站攻击行为模式攻击准备阶段相似。

若成功访问网站,则进入攻击实施阶段。此阶段与钓鱼网站攻击行为模式实施阶段相似。

如果成功获取信任,那么最后目标进入攻击收益阶段。此阶段与钓鱼邮件攻击行为模式收益阶段相似。

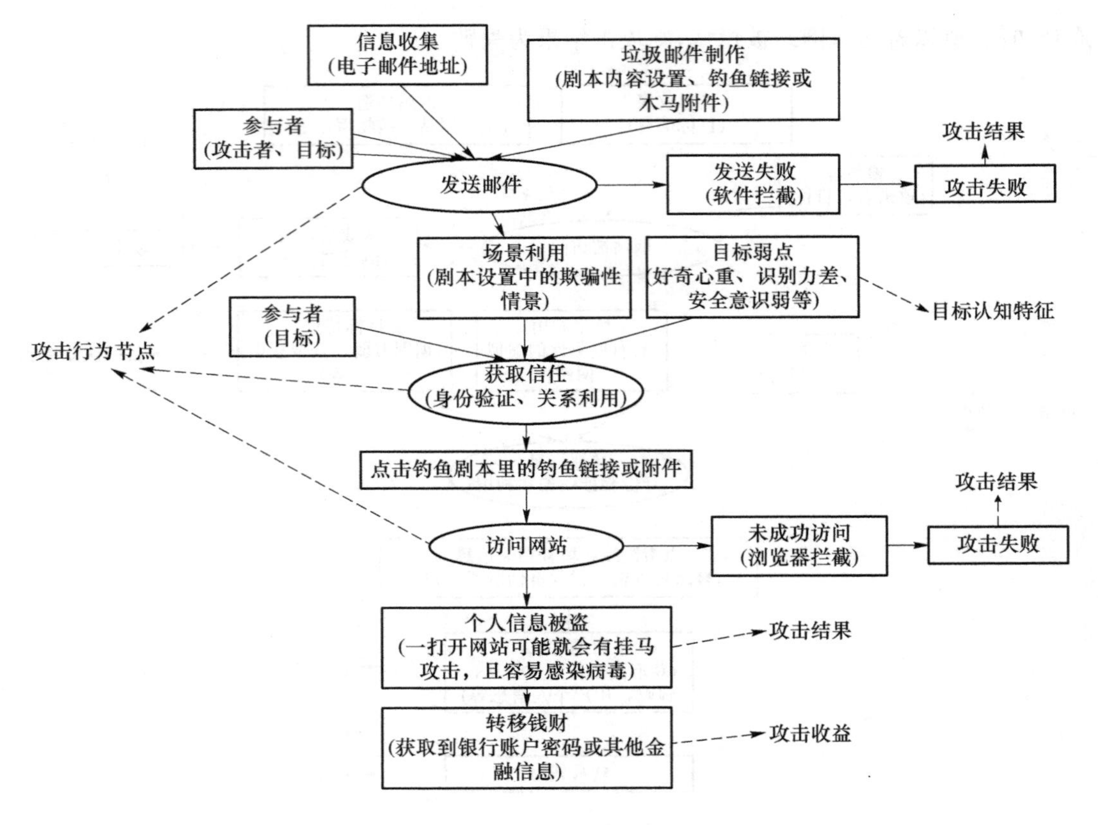

图 3-37　钓鱼邮件和钓鱼网站相结合攻击行为模式

(2) 电信诈骗

电信诈骗犯罪又叫虚假信息诈骗犯罪(如图 3-38 和图 3-39 所示),是指以非法占有为目的,利用手机、小灵通、固定电话、VOIP 电话、网络等通信工具,采取虚构事实或者隐瞒事实真相的方法,骗取较大数额公私财物的行为。

① 电信诈骗攻击行为模式

剧本类型:虚假炒股推荐,虚假购物,虚假招兼职代刷信誉,冒充 QQ、微信好友。

攻击行为节点:诈骗电话,获取用户信任。

目标认知特征:好奇心重,识别力差,同情心重,容易信任,安全意识弱,贪婪,易感。

攻击者目标:骗取财物,访问恶意网站,转账汇款。

a. 信息收集,通过信息倒卖、手机泄露、恶意软件、网站漏洞等技术手段,收集目标信息。

b. 剧本制作,根据收集的信息对目标人格进行分析,然后利用目标的人格和个人信息,制作剧本。

c. 剧本利用,通过拨打目标电话,与目标进行交谈,引导目标,诱导目标,最终让目标产生信任。

d. 汇款或者暴露信息,通过建立信任,骗取目标的钱财或者目标的信息。

e. 洗钱,通过多种手段,将非法获取的钱财转化成合理的收入。

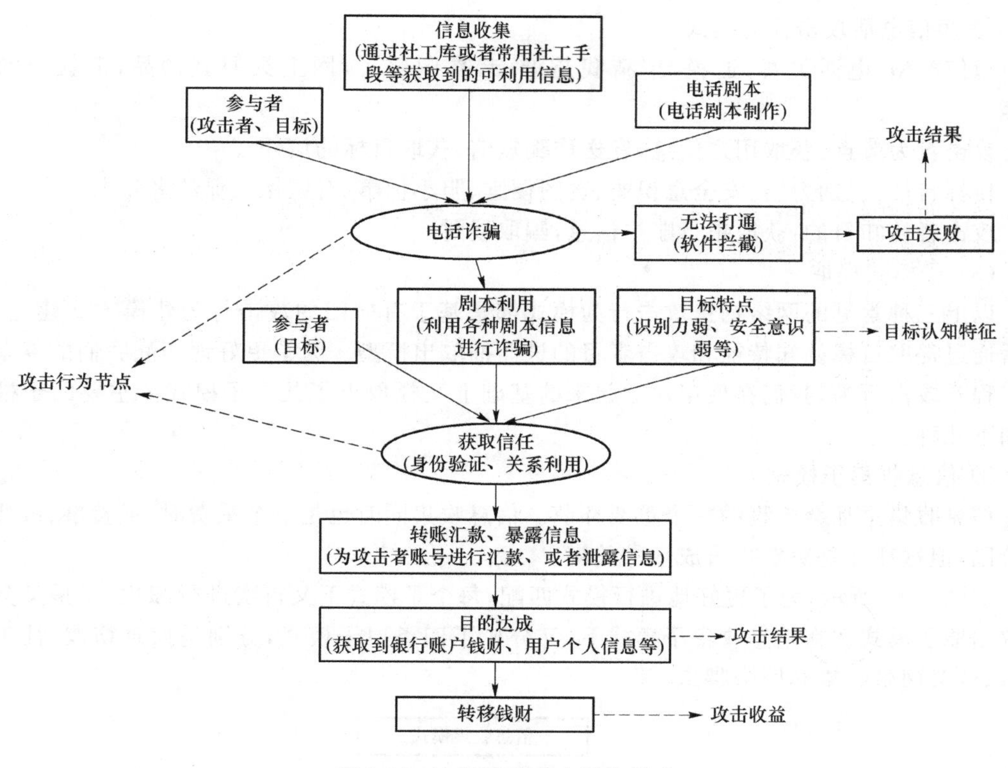

图 3-38 电话诈骗攻击行为模式

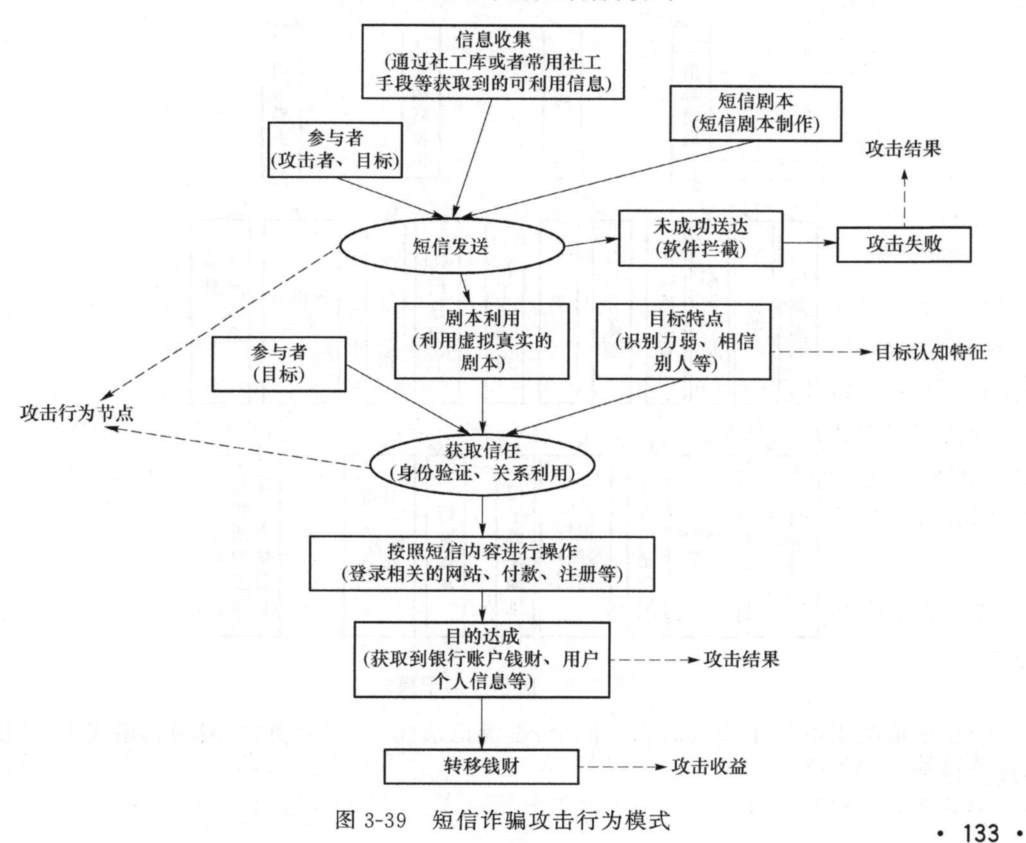

图 3-39 短信诈骗攻击行为模式

② 短信电话攻击行为模式

短信类型：电话欠费，退税，猜猜我是谁，恭喜中奖了，网上买便宜物品，汇款新的账户等。

攻击行为节点：获取用户信息，发送诈骗短信，获取目标的信任 。

目标特征：识别力弱、安全意识弱、贪图便宜、胆小怕事、有医保社保的老年人。

攻击者认知目的：获取银行账户信息，骗取钱财。

（3）子模式提取

以上三种常见的网络钓鱼攻击行为模式都是基于有向图的攻击行为建模方式建立的，然后通过提取目标认知特征和攻击者目的进而抽取出模型。为了更好地匹配我们的复杂社会工程学攻击行为，我们在模型建立起来的基础上又提取出了几个子模式。主要的子模式有如下几种。

① 信息收集子模式

信息收集是社会工程的一个重要环节。信息收集同时也是一个最费时、最费事、最费力的阶段，但这往往是决定攻击成败的关键。

如图 3-40 所示，为了更好地进行模式匹配，每个子模式下又再次进行细化，于是又分别抽取出原子模式。在信息收集子模式下，又分成了四类原子模式，分别是信息窃取、社工库工具、社交网络收集和网络爬虫。

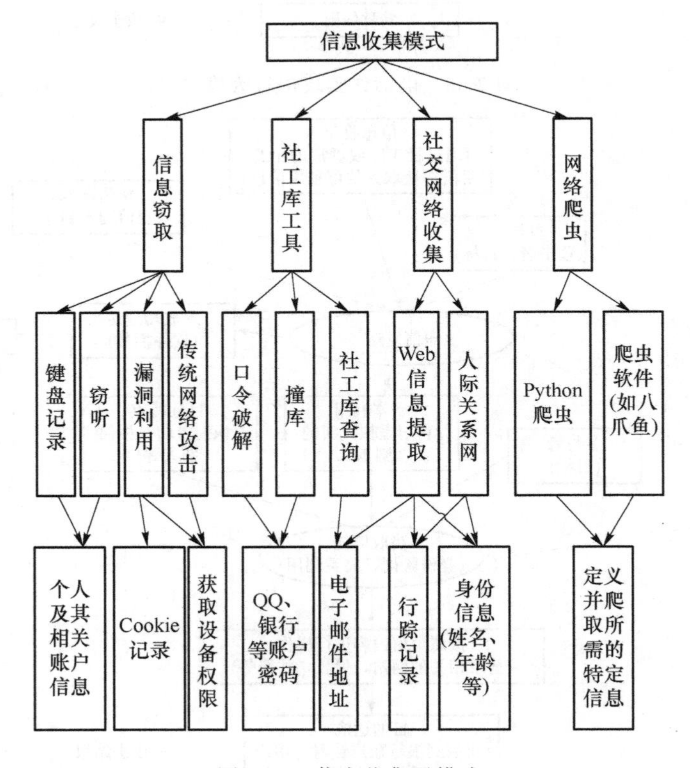

图 3-40　信息收集子模式

信息窃取类型的原子模式有以下四个：键盘记录模式、窃听模式、漏洞利用模式、传统网络攻击模式。

社工库工具类型的原子模式有以下三个：口令破解模式、撞库模式、社工库查询模式。

社交网络收集类型有以下两种原子模式：Web 信息提取模式、人际关系网模式。

网络爬虫类型的原子模式有以下两个：Python 爬虫模式、爬虫软件模式。

② 发件人子模式

鱼叉式钓鱼邮件，通过伪装成目标的熟人进行有针对性的钓鱼。但是每个个体的性格、性别、写作习惯都不一样，即使是蓄意地模仿，也不能做到完全相似。因此我们也提取了基于发件人身份特征的模式，实现对鱼叉式钓鱼邮件的检测。如图 3-41 所示，在验证发件人身份的过程中，需要从邮件中提取风格特征和心理特征，然后使用分类器对邮件进行分类。

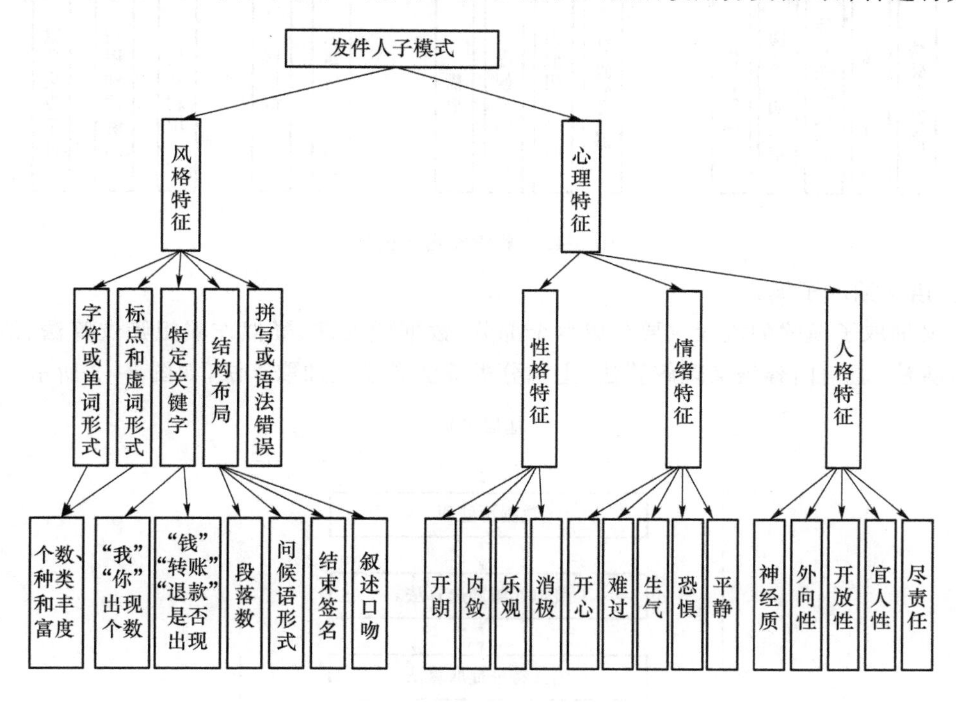

图 3-41 发件人子模式

在发件人子模式中，主要包含两种类型的原子模式：风格特征和心理特征。

风格特征类型包含以下五个原子模式：字符或单词形式、标点和虚词形式、特定关键字模式、结构布局模式、拼写或语法错误模式。

心理特征类型包括以下三个原子模式：性格特征、人格特征、情绪特征。

③ 短信发送子模式

如图 3-42 所示，短信发送子模式分为短信名称伪造、短信号码伪造、伪基站以及短信格式四种子模式。

a. 短信名称伪造包括：伪装运营商，伪装银行，伪装法院或公安，伪装亲朋长辈，伪装领导等。

b. 短信号码伪造包括：伪装运营商（如 10086），伪装银行（如 9558888），伪装公安号码等。

c. 伪基站：比如使用伪基站发送大量垃圾短信、诈骗短信。

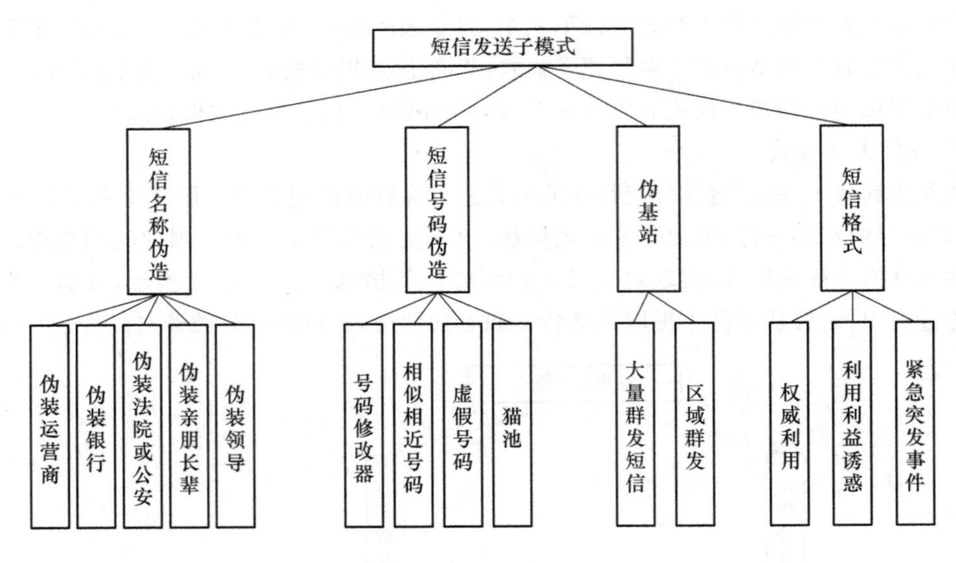

图 3-42　短信发送子模式

④ 语义抽取子模式

语义抽取子模式的流程主要分成六个部分：数据预处理、疑似诈骗粗筛选算法、语义特征提取算法、通信内容语义理解算法、主题分类算法和模式抽取算法，如图 3-43 所示。

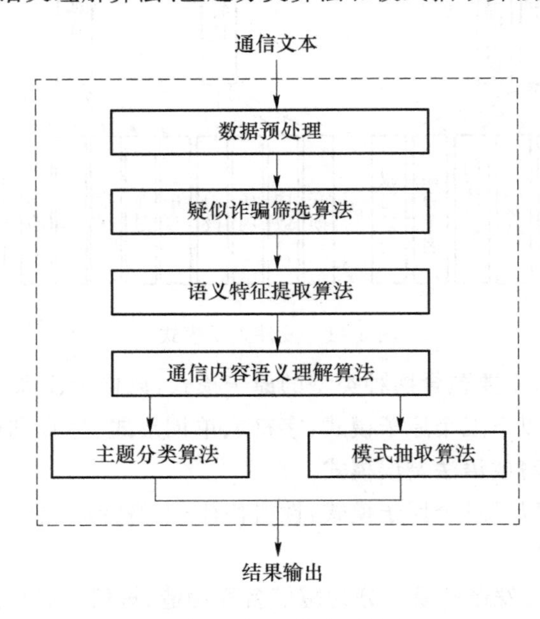

图 3-43　语义抽取子模式

如图 3-44 所示，语义抽取子模式主要有主体类型、陈述动作、联系动作和涉钱动作四个部分。

第一部分重要信息是主体类型信息，不同类别的通信文本，内容是不同的；不同类别的通信内容出现电信诈骗的概率也不相同。

如表 3-4 所示，电信诈骗通信内容主要有八个大类别，具体为通信服务类、金融保险类、邮政快递类、行政司法类、生活供应类、博彩中奖类、自然人诈骗类、其他类别。

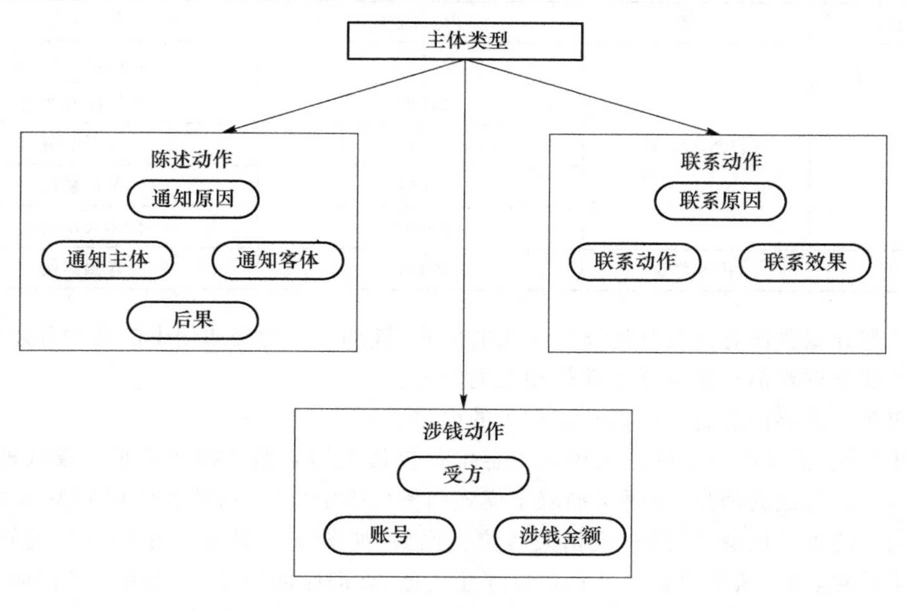

图 3-44 语义抽取子模式主要信息

表 3-4 通信内容分类表

类别代码	类别	内容代码	具体内容
201	通信服务类	201001	手机
		201002	固话
		201003	宽带
		201004	通信服务类其他
202	金融保险类	202001	非法集资
		202002	金融凭证
		202003	信用卡
		202004	贷款
		202005	保险
203	邮政快递类	203001	邮政包裹
		203002	快递物流
		203003	邮政快递类其他
204	行政司法类	204001	司法传唤
		204002	事主涉案
		204003	行政司法类
205	生活供应类	205001	生活供应
206	博彩中奖类	206001	博彩中奖

续表

类别代码	类别	内容代码	具体内容
207	自然人诈骗	207001	仿冒机构与身份
		207002	虚构他人事故
		207003	虚假营销
		207004	敲诈勒索
		207005	自然人诈骗类
208	其他类型	208001	诈骗其他

第二部分重要信息是与陈述动作相关的内容，该部分指的是通信中的通知陈述的内容。

第三部分重要信息是与联系动作相关的内容。

第四部分重要信息是与涉钱动作相关的内容。

整体来说，语义抽取子模式的模式内容主要包括主体类型和模式信息。模式槽位代表通信内容中最关键的信息，在语义抽取子模式的槽位确定以后，后续会使用相关算法自动识别通信内容的关键信息，并且对应相关槽位。比如，如图 3-45 所示，“中国电信通知固定电话有使用异常业务，截至今日未处理将要停止业务，查询原因请按 5，转由人工说明，或缴纳 100 元预付款即可继续使用，代缴银行账号“12 *** 56””这条通信内容，就可以抽取为如图的主要信息。其中主体类型是通信服务类陈述动作、联系动作和涉钱动作的所有槽位都得到有效填充。

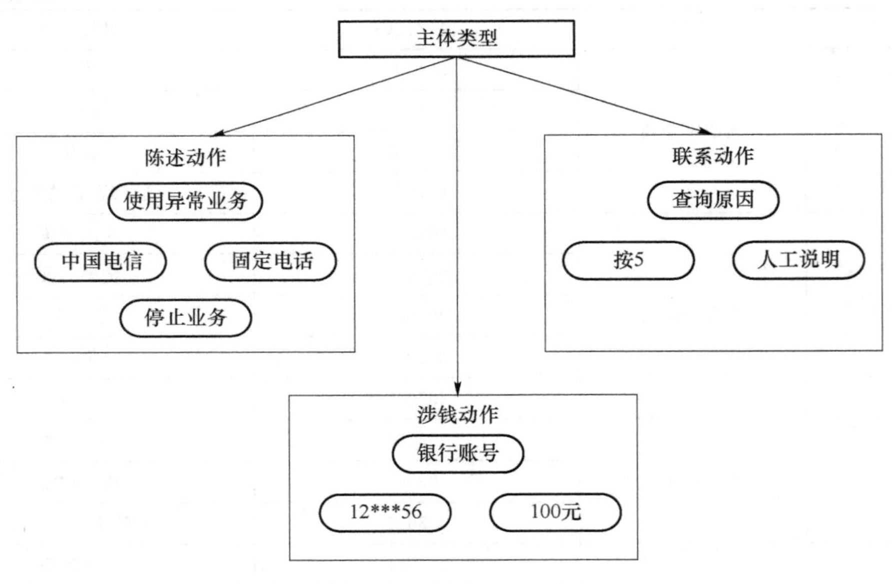

图 3-45　语义抽取子模式实例

⑤ 钓鱼邮件子模式

钓鱼邮件攻击中最重要的一环就是钓鱼邮件的制作，其中包含情景剧本等多方面的制作，这是攻击者与目标直接交互的媒介，直接关系到能否取得攻击目标的信任。

如图 3-46 所示，钓鱼邮件子模式包含邮件地址伪造、邮件附件、邮件主题和邮件正文四种类型的原子模式。

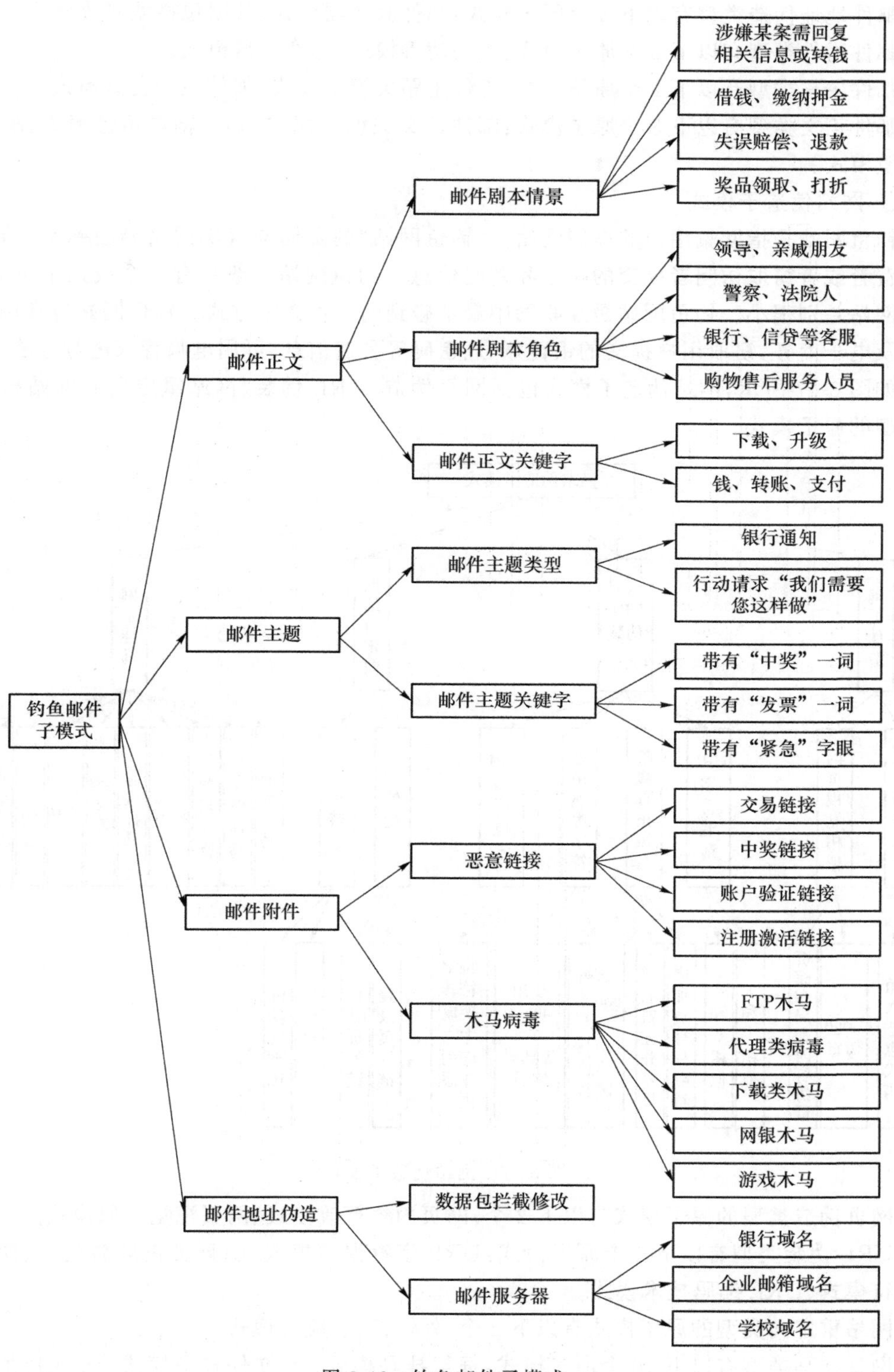

图 3-46 钓鱼邮件子模式

邮件地址伪造类型有以下 2 个原子模式:邮件服务器模式、数据包拦截修改模式。

邮件附件类型有以下 2 个原子模式:木马病毒模式、恶意链接模式。

邮件主题类型有以下 2 个原子模式:邮件主题关键字模式、邮件主题类型模式。

邮件正文类型有以下 3 个原子模式:邮件正文关键字模式、邮件剧本角色模式、邮件剧本情境模式。

⑥ 网站伪造子模式

钓鱼网站是指欺骗用户的虚假网站。"钓鱼网站"的页面与真实网站界面基本一致,欺骗消费者或者窃取访问者提交的账号和密码信息。钓鱼网站一般只有一个或几个页面,和真实网站差别很小。钓鱼网站是互联网中最常碰到的一种诈骗方式。钓鱼网站通常伪装成银行及电子商务,窃取用户提交的银行账号、密码等私密信息,可用电脑管家进行查杀[355]。

如图 3-47 所示,网站伪造子模式包括网页伪造、URL 伪装、网站重定向和网站挂马四种类型的原子模式。

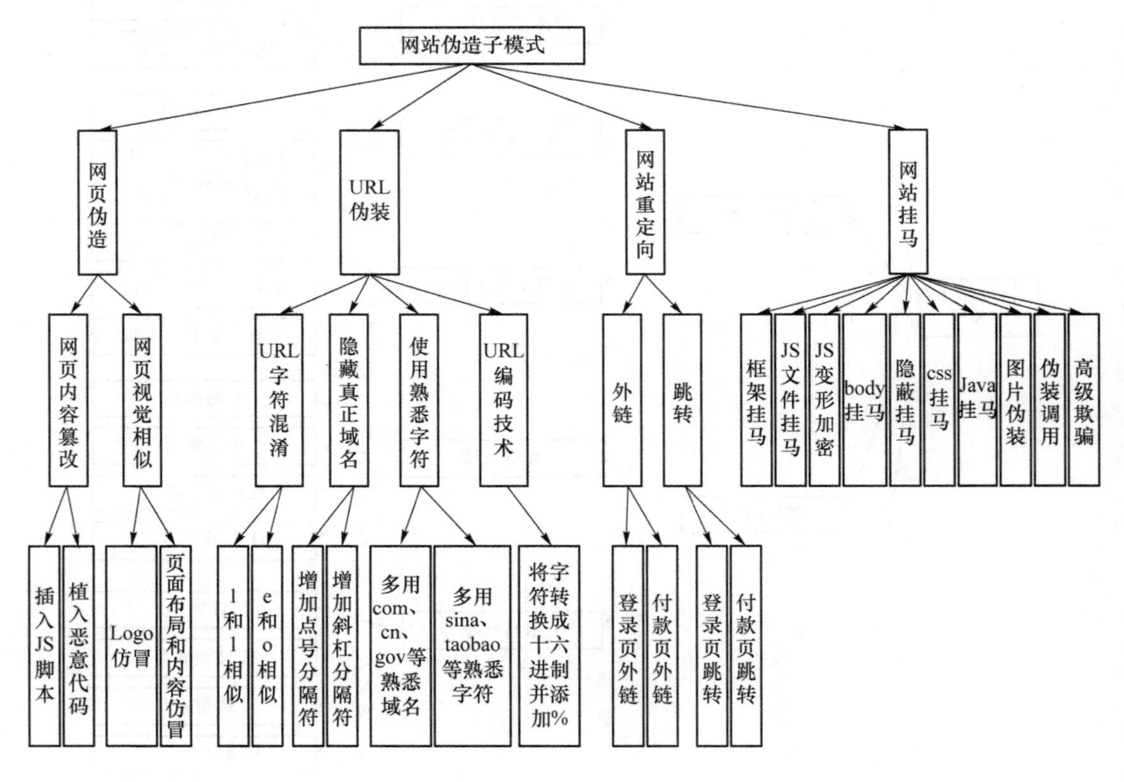

图 3-47 网站伪造子模式

网页伪造类型的原子模式有以下 2 个:网页内容篡改模式、网页视觉相似模式。

URL 伪装类型有以下 4 个原子模式:URL 字符混淆模式、隐藏真正域名模式、使用熟悉字符模式、URL 编码技术模式。

网站重定向类型的原子模式有以下 2 个:外链模式、跳转模式。

网站挂马类型有以下 10 个原子模式:框架挂马模式、JS 文件挂马模式、JS 变形加密模式、body 挂马模式、隐蔽挂马模式、css 挂马模式、Java 挂马模式、图片伪装模式、伪装调用模式、高级欺骗模式。

⑦ 电信诈骗剧本子模式

如图 3-48 所示，电信诈骗剧本子模式包括权威威胁类、贪图便宜类、冒充他人或者机构和紧急事件类 4 种类型的原子模式。

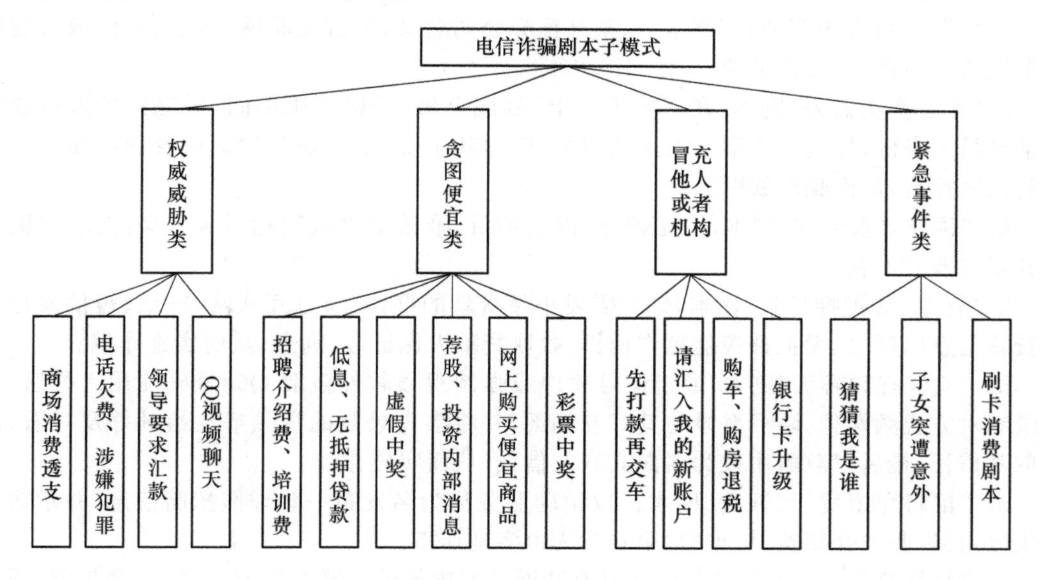

图 3-48 电信剧本子模式

a. “电话欠费、涉嫌犯罪”剧本，通常冒充电信局、公安局、检察院、法院、税务等机关工作人员，拨打事主家里的电话，谎称“您家电话欠费”或“您涉嫌重大犯罪”，以此方式将事主银行卡和存折上的钱转到骗子提供的所谓安全账号内。

b. “购车、购房退税”剧本，事先通过一些手段获取购车购房人的详细资料，以国税局或财政局工作人员名义，通过电话或短信方式联系事主，谎称根据国家最新出台的政策，事主可享受购车、购房退税，以缴纳手续费、保证金等名义，诱导其到 ATM 机进行假退税、真转账的操作。

c. “猜猜我是谁”剧本，先给事主打电话，不讲明自己身份，以“你猜我是谁”等语言让事主猜测并报姓名，诱导事主误认为对方是自己同学、同乡、朋友或生意伙伴。随后，骗子会给事主打电话，以车祸需治疗、嫖娼或赌博被抓、家人住院等理由，要求事主向其指定账户汇款。

d. “虚假中奖”剧本，利用受害人投机致富的侥幸心理，借助网络、短信、电话、刮刮卡、信件等媒介，发送虚假中奖信息，继而以收取手续费、保证金、邮资、税费为由骗取钱财。

e. “网上买便宜商品”剧本，先建立虚假网站或使用插件在各大网站发布虚假廉价商品信息，诱骗事主汇款从而骗取钱财，或以次充好、以假货进行诈骗，或要求先垫付预付金、手续费、托运费等骗取钱财。

f. “请汇入我的新账户”剧本，发送诸如“我的银行卡消磁了，把钱直接汇到我同事的某某账户上”之类的短信，让事主误以为是商业伙伴或债权人的短信，按要求把款项汇到其指定账户，从而上当受骗。

g. “银行卡升级”剧本，发短信称事主的银行卡某项功能已过期需要升级，提供一个与该银行网站非常相似的网址，页面与银行网站一模一样。当事主输入账号和密码时，犯罪分子用事先植入的木马程序迅速盗取账号和密码，将事主账户上的钱款转走。

h. “商场消费透支”剧本，通过给事主发送消费透支等内容的短信，当事主打电话询问时，再以银行、警方名义设下层层圈套，要求事主把钱转移到所谓安全账户内。

i. “荐股、投资内部消息”剧本，以某某证券公司名义，通过互联网、电话、短信散发虚构的个股内幕消息，收取会员费。

j. “子女突遭意外”剧本，在事主子女上课（或上班）手机关机期间，冒充医务人员或学校辅导员等身份，打电话给事主家人或朋友，谎称其子女“出车祸”或“上体育课摔伤”住院，急需汇医疗费，从而骗取钱财。

k. “领导要求汇款”剧本，冒充领导，以批项目、推销书籍或纪念币等名义，要求被骗人向其指定账号汇款。

l. “低息、无抵押货款”剧本，针对需要小额货款的群体，通过互联网、电话、短信发送虚假贷款信息以低息、无抵押等优惠作诱饵，收取贷款人保证金、利息，从而实施诈骗。

m. “QQ 视频聊天”剧本，通过盗号软件或强制视频软件盗取 QQ 号码使用人的密码，并录制对方视频影像，随后登录与其好友聊天，并将事先录制的视频播放给其好友观看，以骗取其信任，最后以急需用钱为名向其好友借钱，从而实施诈骗。

n. “招聘介绍费、培训费”剧本。以招聘业务员为名发布一些虚假招聘信息，并承诺待遇优厚，再以收取介绍费、培训费、服装费为由实施诈骗。

o. “预测彩票中奖号码”剧本，通过互联网散发虚构的预测彩票信息，实行会员制，通过注册会员，“预测”中奖号码，收取会员费、保证金、税金等，从而实施诈骗。

p. “先打款再交车”剧本，通过短信或互联网发布此类信息，且受害人与其联系，便以需要订金等手法骗取事主钱财。

q. 刷卡消费剧本，通过手机短信“提醒”手机用户，称该用户银行卡在某地刷卡消费等，如用户有疑问，可致电××号码咨询。在用户回电后，其同伙即假冒银行及公安人员谎称该银行卡可能被复制盗用，要求用户到 ATM 机上进行所谓的更改数据信息操作，或是根据其电话指引进行所谓的加密操作，逐步将目标引入转账陷阱。

⑧ 诈骗实施子模式

a. 伪基站模式：利用伪基站冒充机构、他人发送诈骗短信。

b. 木马病毒：给用户发送诈骗短信，要求目标登录携带病毒的网站，对目标的账户等信息进行窃取。

c. 钓鱼网站：利用诈骗短信，让目标登录钓鱼网站，对账户进行窃取。

d. 改号软件：利用改号软件，将本机号码修改成为官方机构、组织、朋友、亲人的号码，进行电话诈骗。

e. 猫池：利用猫池，拨打诈骗电话或者发送诈骗短信。

⑨ 洗钱模式

a. 分批取款：多批次在不同地点进行取款。

b. 多次银行转账：在收到目标汇款后，将汇款经过多次银行转账，甚至跨国进行转账。

c. 赌场洗钱：将汇款汇入境外赌场以筹码兑换的方式进行洗钱。

d. 线上购物变现：将汇款购买物品，再将物品转卖变现。

⑩ 信任获取子模式

获取信任的核心是身份验证和关系利用。身份验证是建立连接并验证攻击者与目标之间的身份的过程。关系利用是利用攻击者与目标之间的信任关系。在此阶段,攻击者将利用目标的心理弱点来激发目标的情绪。这也是社会工程学攻击的核心环节,它直接关乎到社会工程学攻击的成功与否。

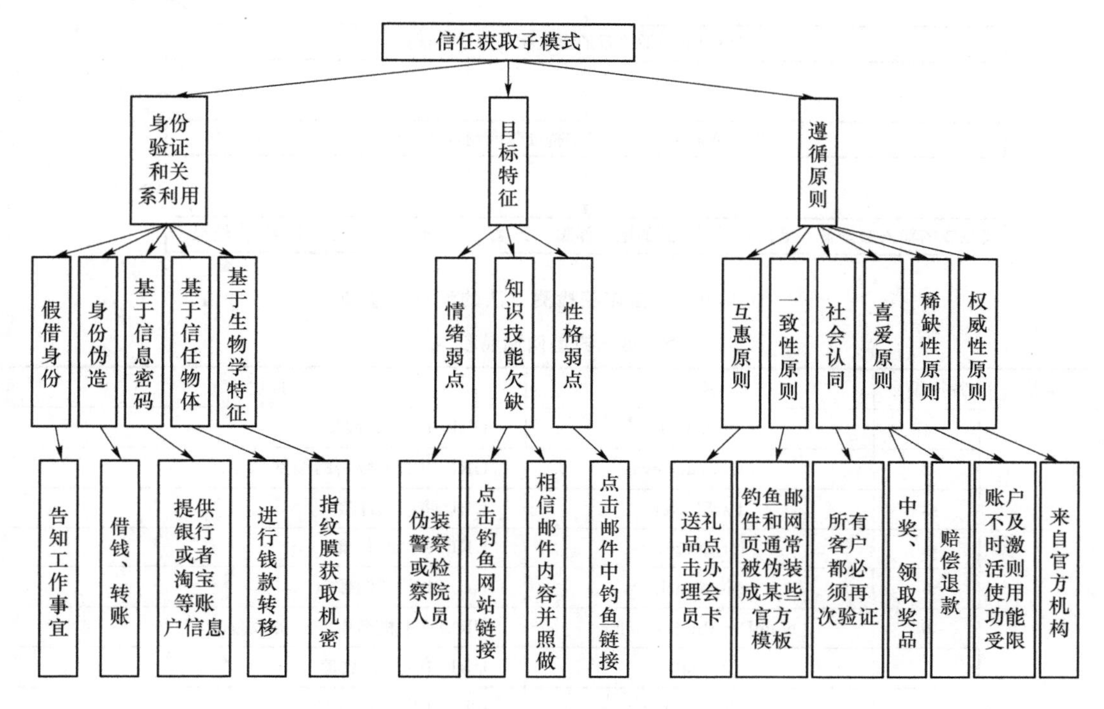

图 3-49 信任获取子模式

如图 3-49 所示,信任获取子模式包括身份验证和关系利用、目标特征、遵循原则 3 种类型的原子模式。

身份验证和关系利用类型有以下 5 个原子模式:假借身份模式、身份伪造模式、基于生物学特征模式、基于信息密码模式、基于信任物体模式。

目标特征类型有以下 3 个原子模式:知识技能欠缺模式、性格弱点模式、情绪弱点模式。

遵循原则类型有以下 6 个原子模式:互惠原则模式、一致性原则模式、社会认同模式、喜爱原则模式、稀缺性原则模式、权威性原则模式。

基于以上分析,吴桐[434]申请了专利《电信诈骗检测方法及装置》,其电信诈骗检测方法的流程如图 3-50 所示。该方法包括:在用户电信通话过程中,获取用户的通话语音;提取用户的通话语音的语气相关声学特征;根据提取的语气相关声学特征生成输入数据;将生成的输入数据输入至预先训练得到的电信诈骗分类器进行分类,得到电信诈骗检测结果。通过上述方案能够提高电信诈骗检测的实时性。

2) 社工行为特征提取

在社工基本特征的研究中,研究人员通过分析各种攻击方式(包括钓鱼网站、钓鱼邮件等),提取社工攻击特征,组成社工基本特征,为社工的深入研究提供支撑。

(1) 钓鱼网站特征

钓鱼网站特征可以分成 URL 特征、页面特征和域特征三大类别,共 55 个,如表 3-5 所示。

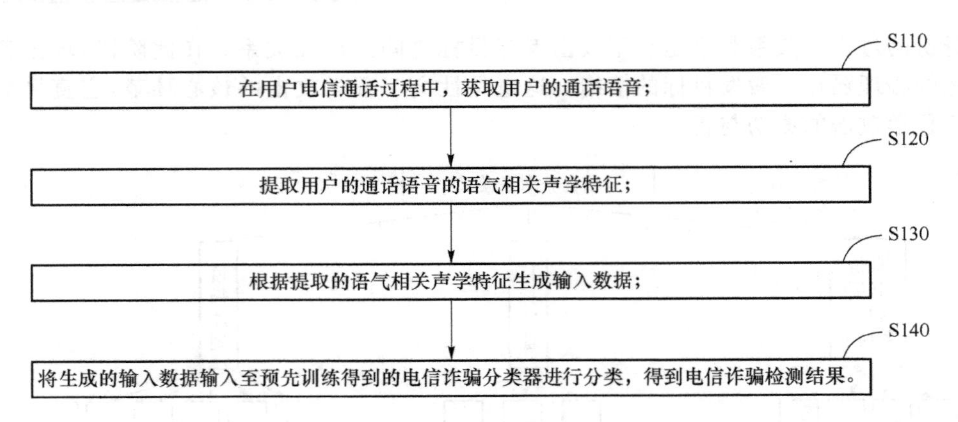

图 3-50　电信诈骗检测方法的流程示意图

表 3-5　钓鱼网站特征表

类别	特征编号	名称	描述
URL 特征	1	NunDots	URL 中“.”的数量
	2	SubdomainLevel	URL 中的子域名的级别
	3	PathLevel	URL 路径的深度
	4	UrlLength	URL 字符的长度
	5	NumDash	URL 中“—”的数量
	6	NumDashInHostname	URL 的主机名中“—”的数量
	7	AtSymbol	URL 中 @ 的数量
	8	TildeSymbol	URL 中“～”的数量
	9	NumUnderscore	URL 中“_”的数量
	10	NumPercent	URL 中“%”的数量
	11	NumQueryComponents	Url 中查询的数量
	12	NumAmpersand	URL 中“&”的数量
	13	NumHash	Url 中“#”的数量
	14	NumNumericChars	URL 中数字字符的数量
	15	NoHttps	检查 URL 中是否有 HTTPS
	16	RandomString	检查 URL 中是否有随机字符串
	17	IpAddress	检查 IP 地址是否用于 URL 的主机域名部分
	18	DomainInSubdomains	检查 TLD 或者 ccTLD 是否在网页的子域名中
	19	DomainInPaths	检查 url 路径中是否使用了 TLD 和 ccTLD
	20	HttpsInHostname	检查 HTTPS 中是否对 url 进行了主机名模糊处理
	21	HostnameLength	主机域名中的字符串长度
	22	PathLength	计算 URL 中的路径字符长度
	23	QueryLength	计算 URL 中的查询的总字符长度
	24	DoubleSlashInPath	URL 中是否存在“/”
	25	NumSensitiveWords	检查敏感词(如:安全、账户、登录、注册等)的数目
	26	EmbeddedBrandName	检查商标的名称是否在 URL 中

续 表

类别	特征编号	名称	描述
页面特征	27	PctExtHyperlinks	计算网页中外部链接的百分比
	28	PctExtResourceUrls	计算网页中外部资源的百分比
	29	ExtFavicon	检查是否与网页 URL 域名加载了不同的 favicon
	30	InsecureForms	检查 url 是否加载了其他的域名
	31	RelativeFormAction	检查表单中的操作是否使用了 https 协议
	32	ExtFormAction	检查操作表单是否含有相对的 url
	33	AbnormalFormAction	检查表单操作属性是否包含“#”,“about:blank”,空字符串
	34	PctNullSelfRedirectHyperlinks	计算包含空值的超链接字段百分比,自重定向值(如“#”),当前网页的 URL 或某些异常值
	35	FrequentDomainNameMismatch	检查 HTML 源代码中最常见的域名是否与网页 URL 域名匹配
	36	FakeLinkInStatusBar	检查 HTML 源代码是否包含 JavaScript 命令 onMouseOver,以在状态栏中显示虚假 URL
	37	RightClickDisabled	检查 HTML 源代码是否包含禁用右键单击功能的 JavaScript 命令
	38	PopUpWindow	检查 HTML 源代码是否包含用于启动弹出窗口的 JavaScript 命令
	39	SubmitInfoToEmail	检查 HTML 源代码是否包含 HTML“mailto”函数
	40	IframeOrFrame	检查 HTML 源代码中是否使用了 iframe 或 frame
	41	MissingTitle	检查 HTML 源代码中标题标签是否为空
	42	ImagesOnlyInForm	检查 HTML 源代码中的表单范围是否仅包含文本,而不包含图像
	43	SubdomainLevelRT	计算网页 URL 主机名部分的点数。应用规则和阈值来生成值
	44	UrlLengthRT	计算网页 URL 中的总字符数。应用规则和阈值来生成值
	45	PctExtResourceUrlsRT	分类计算网页 HTML 源代码中外部资源 URL 的百分比。应用规则和阈值来生成值
	46	AbnormalExtFormActionR	检查表单操作属性是否包含外部域,“about:blank”或空字符串。应用规则来生成价值
	47	ExtMetaScriptLinkRT	计算属性中包含外部 URL 的元标记、脚本标记和链接标记的百分比。应用规则和阈值来生成值
	48	PctExtNullSelfRedirectHyperlinksRT	计算 HTML 源代码中使用不同域名的超链接百分比,以“#”开头,或使用“JavaScript :: void(0)”。应用规则和阈值来生成值

续 表

类别	特征编号	名称	描述
域的特征	49	PageRank	计算页面排名，根据生成值来计算
	50	URLRank	计算 URL 的浏览量，根据生成值来计算
	51	host page rank	计算主机域名排名
	52	page index	计算网页索引排名
	53	id address	计算域名的 ID 值
	54	whois	计算 whois 的属性
	55	geographic	计算地理位置

(2) 钓鱼邮件特征

钓鱼邮件特征可以分成邮件头部特征、邮件正文特征、邮件连接特征、邮件脚本特征四大类别，共 16 个特征，如表 3-6 所示。

表 3-6　钓鱼邮件的特征

类别	特征编号	名称	描述
邮件头部特征	1	Static characteristics	邮件发件人地址的域名是否为整封邮件的静态域名
	2	Email Format	邮件的格式是否为 HTML
	3	Email Keyword	邮件的标题是否出现 bank，debit，verify 关键字
	4	Email Address	发件人地址和回复地址是否一致
	5	Consistent domain names	Message-ID 的域名是否为邮件发件人的域名
	6	Email title	邮件的标题篡改
邮件正文特征	7	sensitive words	邮件中的敏感词
	8	Hidden connections	邮件中的隐藏连接
邮件连接特征	9	URL Features	连接 URL 特征
	10	Connection Pointers	显示的链接和链接实际指向 URL 不同
	11	IP Type	IP 类型的链接
	12	Word linking points	正文 here，click 单词处指向的链接不是邮件的静态域名
	13	Domain Number	域名的数量
	14	Link Number	链接的数量
	15	Link and theme	链接的主题与邮件不符合
邮件脚本特征	16	JS script	邮件是否有 JS 代码

3. 社工行为特征评估与优化

1) 钓鱼邮件特征评估

钓鱼邮件攻击仍然是获取受害者敏感信息的一种有效方式，因此网络钓鱼检测仍然是一个重要的研究热点。Xiujuan Wang[426] 从电子邮件中提取了多种特征，以便于利用机器学习算法检测网络钓鱼邮件。

Xiujuan Wang 分析了不同特征对检测钓鱼邮件结果的影响。如图 3-51 所示，该方法首先准备了 39 个原始特征，然后采用了 6 种不同的评价特征方法进行特征选择（如与距离和最大信息系数等新统计相关的方法），最后引入了 4 个分类器来验证所选特征的有效性。

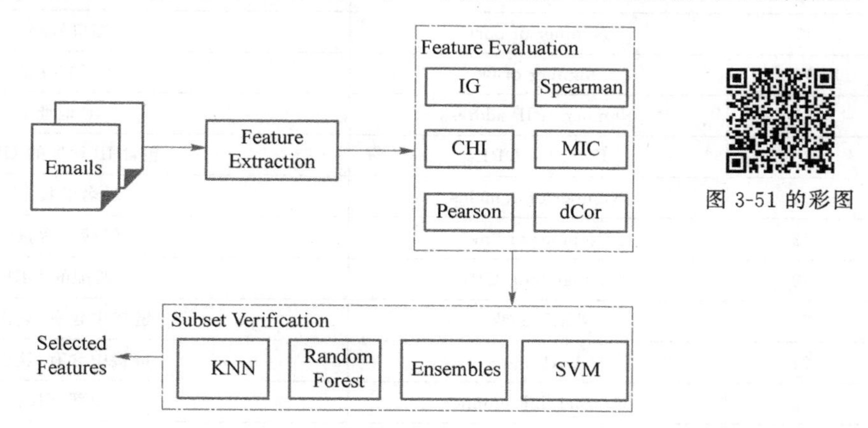

图 3-51 课题框架

算法过程如下。

（1）特征的选取

传统的钓鱼邮件检测选择的特征包括基于内容的特征、基于结构的特征和基于外部的特征。然而随着网络技术的发展，现今的钓鱼邮件与合法邮件往往在内容上极为相似，因此基于词袋频率的特征变得不再可靠，该方法也不再考虑这些特征。结合已有的研究，Xiujuan Wang 选取了 39 种原始特征，如表 3-7 所示。

表 3-7 原始特征

特征编号	名称	描述
1	Subject has keyword bank	邮件的主题字段中含有“银行”
2	Subject has keyword debit	邮件的主题字段中含有“借记”
3	Subject has keyword FW	邮件的主题字段中含有“Fwd:”
4	Subject has keyword RE	邮件的主题字段中含有“RE”
5	Subject has keyword verify	邮件的主题字段中含有“验证”
6	Subject word number	邮件主题中的单词总数
7	Subject character number	邮件主题中的字符总数
8	Word_num and Character_num	邮件主题中的单词总数与字符总数的比例
9	Sender and reply-to addresses	发件人地址与回复地址是否相同
10	HTML emails	邮件包含 HTML 格式
11	Number of dots	“.”的数量
12	Sender domain is modal domain	发件人地址为模式域名
13	Here links to non_modal domain	链接为非模式域名
14	Age of linked_to domain	链接的域名注册时间
15	Number of external links	外部链接的数量
16	The existence of port number	端口号码的存在

续 表

特征编号	名称	描述
17	Number of port	端口号码
18	Number of @	“@”的数量
19	Number of IP address	IP 地址
20	IP_based URLs	包含 IP 地址的 URL
21	Number of domains	域名的数量
22	Number of link	链接的数量
23	Nonmatching URLs	不匹配的 URL
24	URL click	链接中含有“点击”
25	URL here	链接中含有“这里”
26	Internal link number	内部链接
27	Linked image number	包含链接的图像
28	onClick JavaScript events	“点击”包含 JavaScript 脚本
29	Javascript from an unmodal domain	JavaScript 表格为非模式域
30	Change status	包含修改状态栏的代码
31	Pop-up window	包含弹出窗口的代码
32	The existence of Javascript	邮件中包含 JavaScript 脚本
33	Suspension	邮件正文中包含“暂停”
34	Dear	邮件正文中包含“亲爱的”
35	Verify your account	邮件正文中包含“请验证您的账户”
36	The existence of body forms	邮件包含 HTML 表单
37	Text Word_num and Character_num	邮件正文中单词总数与字符总数的比例
38	Number of account	邮件正文中“账户”出现的次数
39	Suspended number	邮件正文中“暂停”出现的次数

(2) 特征的评估

Xiujuan Wang 采用了 6 种特征选择的方法，包括互信息(Mutual Information)、皮尔逊相关系数(Pearson Correlation)、斯皮尔曼相关系数(Spearman Correlation Coefficient)、卡方检验(CHI-square)、距离相关系数(dCor)、最大信息系数(MIC)，并用以上方法找到特征子集 As，即包含了 K 个与钓鱼检测结果最相关的特征。

(3) 分类器验证

Xiujuan Wang 采用了 4 种常用分类方法验证特征选择的有效性，包括 KNN、RF、SVM、Ensemble。并且使用准确率和 F1 分数作为衡量标准。

2) 基于过采样和特征优化的短信网络钓鱼检测

Tong Wu[415] 提出了一种基于过采样和特征优化的短信网络钓鱼检测的方法，以提高检测的准确性，如图 3-52 所示。其中，过采样选用自适应合成采样算法，特征优化选用二进制粒子群优化(BPSO)算法。实验选取了 3 种类型的特征，包括令牌特征、主题特征、LIWC

特征，并使用随机森林算法进行钓鱼检测以验证过采样和特征优化的有效性。

研究的主要贡献有两点：一是采用了自适应合成采样方法（ADASYN）解决了短信网络钓鱼中正负样本不平衡的问题；二是结合以往研究中的最优特征，提出包括令牌特征、主题特征和 LIWC 特征在内的新的特征框架，并采用二进制粒子群优化（BPSO）算法进行特征优化，最后提高了短信网络钓鱼检测的准确性。

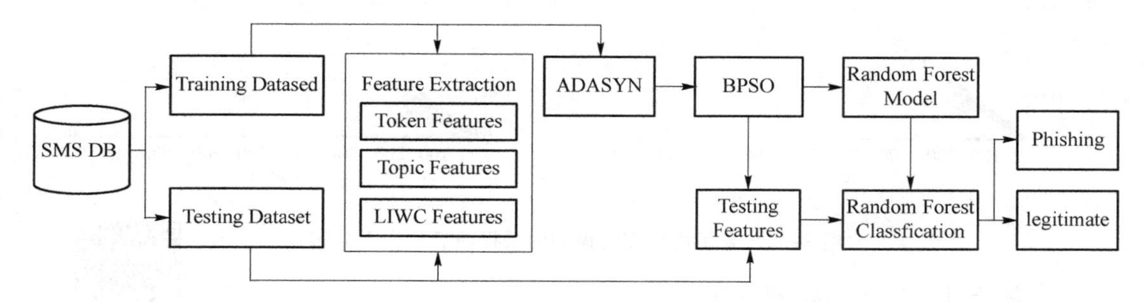

图 3-52 短信网络钓鱼检测框架

算法过程如下。

（1）短信网络钓鱼特征

如图 3-53 所示，令牌特征一共选取了 32 种，其中包括 4 种结构特征和 28 种功能词特征。

Features Type	Features
Structure features	number of character, number of up character, number of !, number of word
Function words features	Call, account, won, free, now, prize, www, reply, please, urgent, cash, txt, claim, ur, mobile, stop, text, uk, statement, identifier, expires, code, private, thanks, award, contact, only, win

图 3-53 令牌特征

由于短信文本的稀疏性，Tong Wu 采用比特主题模型（BTM）对单词共现模式进行建模，并利用整个语料库中的聚合模式来学习主题。最后将 BTM 获得的每条消息的主题概率分布作为主题特征。通过语言查询和单词计数工具一共获得 93 种 LIWC。

（2）自适应合成采样方法（ADASYN）

ADASYN 的关键思想是利用密度分布，自适应地改变少数样本的权重以调整不平衡的样本分布，自动生成每个少数样本需要生成的合成样本数，样本分布如图 3-54 所示。

（3）二进制粒子群优化算法（BPSO）

离散粒子群算法 PSO 主要优化连续实值问题，而 BPSO 是在 PSO 基础上，优化离散空间约束问题，如式(3-19)、式(3-20)所示：

$$\mathrm{T}(v_{ij})=\frac{1}{1+\mathrm{e}^{-v_{ij}}} \tag{3-19}$$

$$x_{ij}=\begin{cases}0, & \mathrm{rand}<\mathrm{T}(v_{ij})\\ 1, & \mathrm{rand}\geqslant\mathrm{T}(v_{ij})\end{cases} \tag{3-20}$$

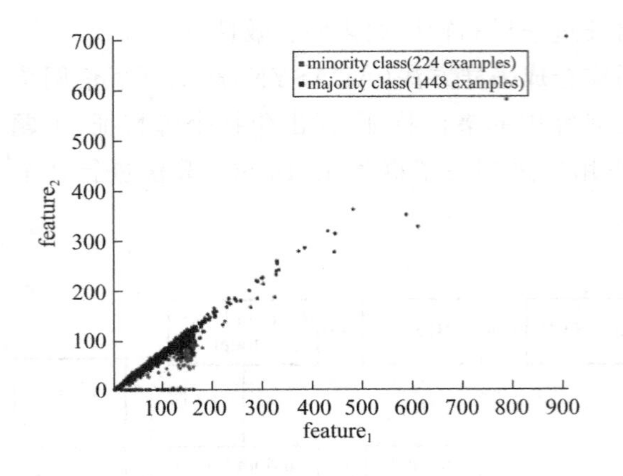

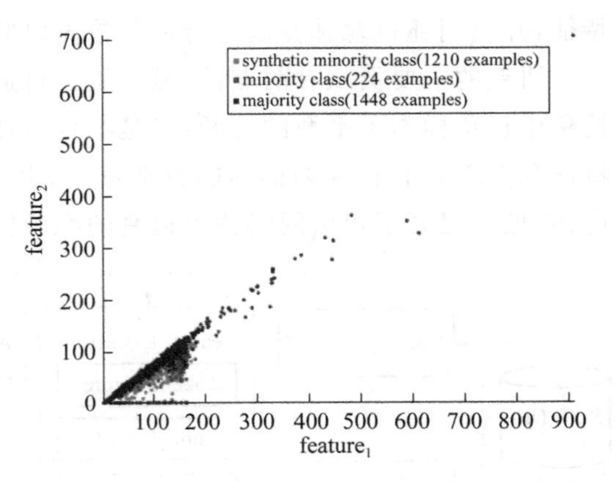

图 3-54 采用过采样法得到的采样前后的样本分布

图 3-54 的彩图

4. 基于社工行为的检测算法

在钓鱼邮件检测方面，王秀娟[418]从密度和距离的角度，提出一种新的钓鱼邮件检测方法。如图 3-55 所示，在对钓鱼邮件与正常邮件数据的分析对比基础上，提出将邮件数值化后，挖掘每封邮件数据的密度和距离特征，从而形成邮件数据的二维表征。应用分类器算法，对新数据进行分类，实现钓鱼邮件检测。与现有研究成果进行对比，验证了该方法对于钓鱼邮件检测的有效性。

基于密度和距离的钓鱼邮件检测方法中的特征使用了当前研究中常用的邮件表征特征，在这些特征中提取了用于发件人身份验证的 119 维特征和用于普通钓鱼邮件检测的 16 维 URL 特征、23 维关键词、10 维邮件正文特征。

图 3-55 PDMBD 框图

图 3-55 的彩图

此算法主要基于距离特征和密度特征的定义。其中距离特征定义如下。

数据点 A 基于距离的特征定义如下：

$$D_{\mathrm{A}}=d_{1\mathrm{A}}+d_{2\mathrm{A}} \tag{3-21}$$

其中，$d_{1\mathrm{A}}$表示数据点 A 到所有聚类中心的距离之和，$d_{1\mathrm{A}}$定义如下：

$$d_{1\mathrm{A}}=d(\mathrm{AC}_1)+d(\mathrm{AC}_2)+\cdots+d(\mathrm{AC}_N)=\sum_{k=1}^{N}d(\mathrm{AC}_k) \tag{3-22}$$

$d(\mathrm{AC}_k)$表示 A 点与第 k 个聚类中心 CK 的距离。使用 K-Means 聚类算法对邮件数据集进行聚类，找到每个类的聚类中心。邮件数据集中只包含正常邮件和钓鱼邮件两种类型，因此聚类中心有 2 个，定义 $K=2$。

$d_{2\mathrm{A}}$表示数据点 A 到其最近邻居点的距离，使用欧氏距离计算方法。$d_{2\mathrm{A}}$定义如下：

$$d_{2\mathrm{A}}=d(\mathrm{A},\mathrm{neigh}N(\mathrm{A})) \tag{3-23}$$

其中，A 的邻居点用 neigh N(A)表示，neigh N(A)表示 A 点的最近邻居点，定义如下：

$$\mathrm{neigh}\ N(\mathrm{A})=\mathrm{neigh}(\mathrm{A}_i)\,|_{\mathrm{d(A,neigh(A)=min)}} \tag{3-24}$$

即与 A 距离最短的邻居点为 A 的最近邻居点。

密度特征定义如下。

在几何的计算中,一般将空间区域中点的数目与区域面积的比值定义为空间密度。对于一个点,它的空间局部密度是一定距离内的空间邻近域中点的个数与该邻近域面积的比值。为了方便计算局部密度,王秀娟提出了一种局部密度计算方法,计算聚类中的密度。即:每一个数据点在一定范围内包含的其所属聚类中数据点的个数,定义如下:

$$\rho_i = \sum_j \chi(d_{ij} - d_c), \quad i,j \in C_k \tag{3-25}$$

其中,d_c 表示一个截断距离,由人工选择。d_{ij} 表示 i 点到 j 点的距离,以数据点 i 为圆心,d_c 为半径画一个圆,在圆内的数据点个数是该点 i 的局部密度,即计算每个点与 i 点的距离,取小于 d_c 的数据点个数。这里 i 点和 j 点属于同一个 K-means 聚类之后的类别。

5. 仿真实现

本小节中,我们将对每一篇论文中的实验分别进行介绍。

1) 钓鱼邮件特征评估

(1) 数据

选用了 4 423 个来自 monkey. com 的钓鱼邮件数据集以及 5 994 个来自 Enron. com 的合法邮件数据集。

(2) 实验一:验证特征选择的有效性

首先直接使用 39 种原始特征用于分类,然后使用 6 种特征选择的方法选出最佳的 K 个特征,用特征子集代替原始特征集再次分类,比较两次分类结果的差异。

实验使用 6 种特征选择方法分别对 K 从 0 到 20 的取值进行分类测试并获取结果。如图 3-56 和图 3-57 所示,直接使用原始特征分类,准确率和 F1 分数都达到了 99%左右。而经过特征选择后,当 K 远小于 39 时,准确率和 F1 分数就能达到 99%,这验证了此方法进行的特征选择是有效的。具体来说,不同的特征选择方法,对应的 K 值不同,Pearson/Spearman/IG/ CHI/MIC/dCor 分别对应达到条件的 K 值为 5/9/15/4/8/6。

(3) 实验二:最佳特征的选取

当 K 值为 15 时,使用 6 种特征选择的方法,选取的最佳特征如图 3-58 所示。其中 Spearman、IG、CHI、MIC、dCor 均有 4 个共同的最佳特征,即特征 9、10、23、34。

实验测试了 K 值为 4,选取的特征为 9/10/23/34 时的分类结果,如图 3-59 和图 3-60 所示。实验结果表明,使用 4 个公有特征与使用 39 个原始特征得到的准确度和 F1 分数差异不大,验证了特征 9、10、23、34 是钓鱼邮件检测中具有成本效益的特征。

2) 基于过采样和特征优化的短信网络钓鱼检测

(1) 算法对照

为了比较自适应合成采样方法和二进制粒子群优化算法的有效性,实验一共分为 3 组:第一组是直接使用随机森林进行短信网络钓鱼检测;第二组是先使用 ADASYN 平衡正负样本比例,再使用随机森林进行分类;第三组是先使用 ADASYN 平衡正负样本比例,再使用 BPSO 进行特征选择,最后使用随机森林进行分类。

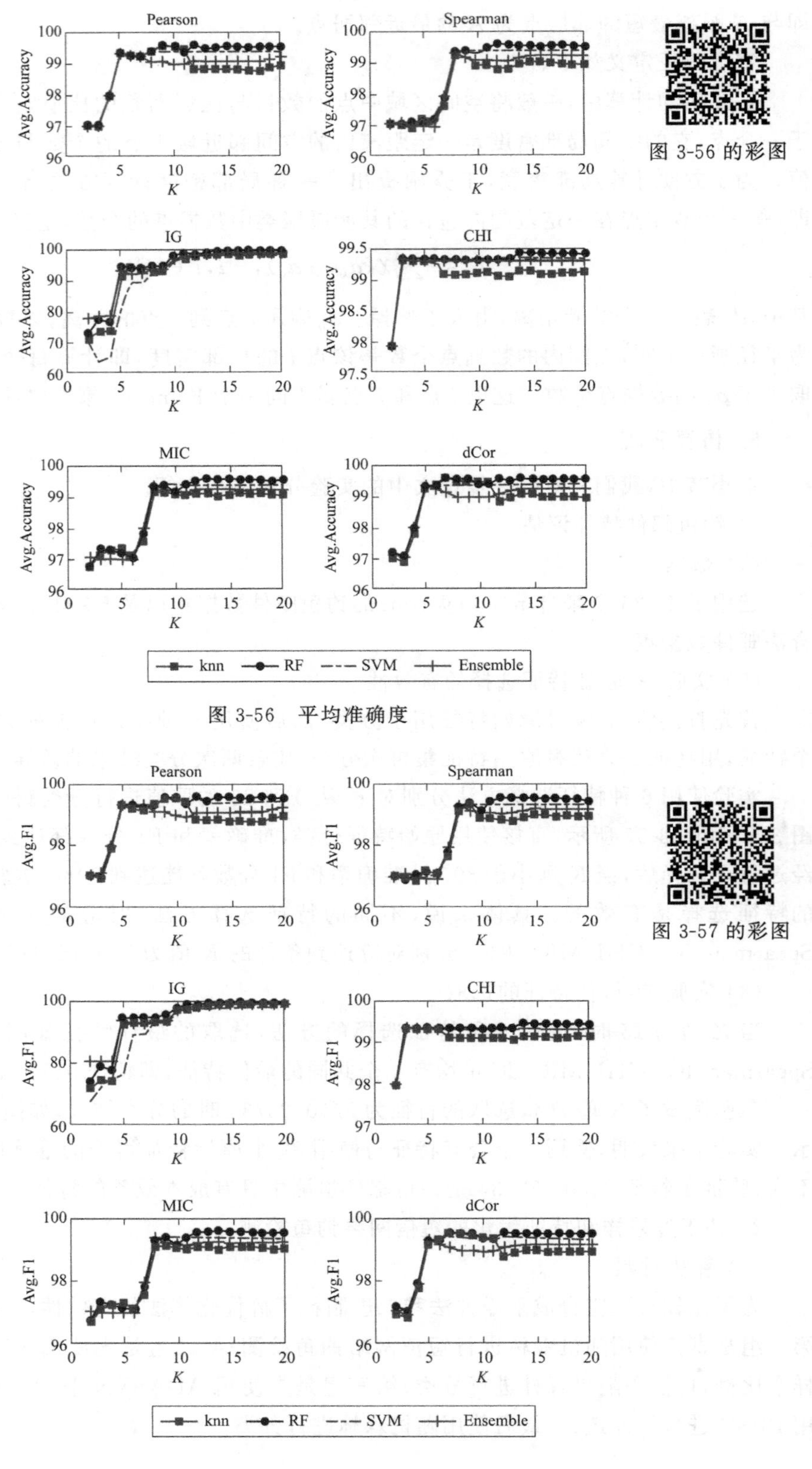

图 3-56　平均准确度

图 3-57　平均 F1

Metrics	TOP15 FEATURES IN ORDER
Pearson	26 10 11 23 9 21 36 34 38 15 22 7 20 27 25
Spearman	26 10 11 21 15 22 23 9 38 7 36 34 27 14 6
IG	7 37 8 6 15 21 22 11 14 10 23 38 9 34 27
CHI	10 23 9 34 36 20 25 24 12 13 16 17 33 28 32
MIC	10 14 21 11 15 22 23 9 38 8 7 34 27 36 37
dCor	10 11 21 23 9 38 34 15 22 36 27 7 14 6 20

图 3-58 最佳特征

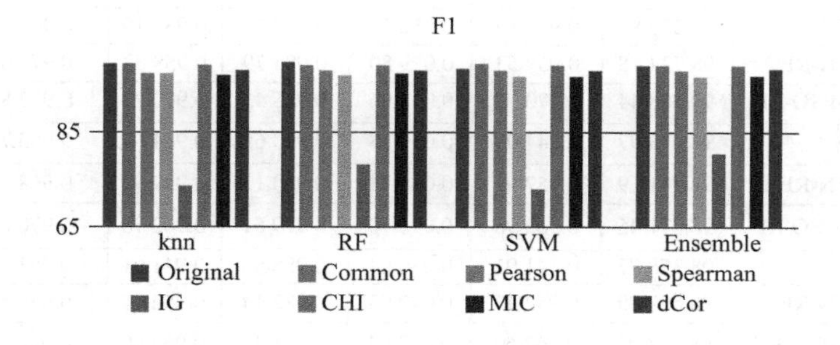

图 3-59 的彩图

图 3-59 $K=4$ 时 F1 对比

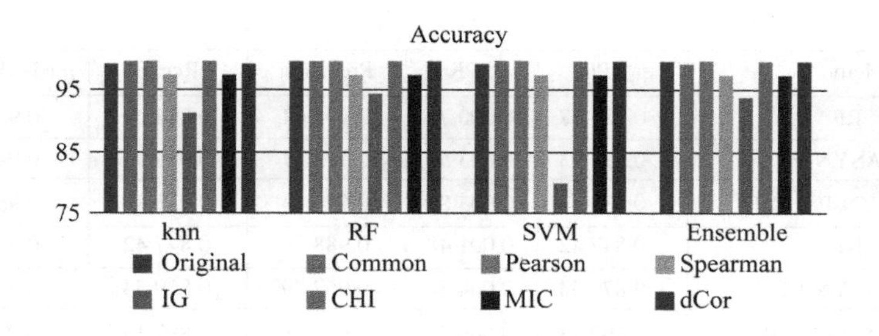

图 3-60 的彩图

图 3-60 $K=4$ 时准确率对比

(2) 实验结果分析

① ADASYN 和 BPSO 的有效性

如图 3-61 和图 3-62 所示,实验结果表明,ADASYN 方法和 BPSO 方法在不考虑训练和测试数据集之间的不同分割的情况下,在不同程度上提高了短信网络钓鱼检测的准确度。此方法着实有效。

② 不同类型特征性能比较,如图 3-63 和图 3-64 所示。

3) 基于密度和距离的钓鱼邮件检测方法

(1) 实验数据

王秀娟使用的实验数据集为安然公司邮件数据集(Enron Email Dataset)。这个数据集是通过 CALO(A Cognitive Assistant that Learns and Organizes)项目收集整理。该数据集由约 150 个用户的数据组成，用户主要是安然公司的高级管理人员。该数据集包含共约 0.5 M 的消息。这一数据是公开的，由联邦能源管理委员会调查并张贴到网络上。从中挑选 10 位发件人的邮件集，要求每位发件人的邮件数量大于 50 封。

Splits	Method	ACC(%)	TPR	FPR	Precision	Recall	F1-Measure	MCC
10-fold cross validation	RF	98.381 73	0.941 72	0.053 95	0.989 17	0.941 72	0.963 60	0.931 67
	ADASYN-RF	98.579 20	0.956 98	0.043 53	0.981 54	0.956 98	0.968 60	0.937 42
	ADASYN-PSO-RF	98.744 18	0.964 13	0.035 53	0.981 94	0.964 13	0.972 63	0.947 08
3 : 7	RF	97.826 76	0.923 12	0.080 13	0.982 43	0.923 12	0.949 93	0.902 57
	ADASYN-RF	97.990 77	0.937 69	0.053 22	0.976 15	0.937 69	0.955 68	0.917 79
	ADASYN-PSO-RF	98.149 67	0.945 75	0.054 73	0.973 23	0.945 75	0.958 83	0.918 02
5 : 1	RF	98.227 85	0.935 19	0.052 21	0.990 24	0.935 19	0.960 46	0.929 51
	ADASYN-RF	98.734 18	0.959 53	0.039 80	0.985 79	0.959 53	0.972 04	0.945 58
	ADASYN-PSO-RF	99.008 44	0.970 73	0.032 96	0.985 43	0.970 73	0.977 85	0.953 62
4 : 1	RF	98.473 97	0.944 09	0.051 88	0.990 65	0.944 09	0.965 74	0.935 39
	ADASYN-RF	98.581 69	0.957 92	0.048 84	0.980 13	0.957 92	0.968 51	0.936 99
	ADASYN-PSO-RF	98.671 45	0.962 98	0.041 10	0.979 61	0.962 98	0.970 87	0.942 77
3 : 1	RF	98.378 77	0.941 91	0.056 03	0.988 50	0.941 91	0.963 56	0.930 47
	ADASYN-RF	98.507 89	0.952 47	0.047 03	0.982 14	0.952 47	0.966 59	0.932 75
	ADASYN-PSO-RF	98.637 02	0.962 60	0.042 43	0.978 32	0.962 60	0.970 09	0.940 80

图 3-61　实验结果

Splits	Method	TPR	FPR	Precision	Recall	F1-Measure	MCC
10-fold cross validation	RF	0.884 07	0.000 75	0.994 64	0.884 07	0.935 74	0.928 85
	ADASYN-RF	0.917 93	0.003 56	0.975 57	0.917 93	0.945 46	0.938 14
	ADASYN-PSO-RF	0.931 37	0.003 81	0.974 14	0.931 37	0.951 97	0.945 26
3 : 7	RF	0.847 42	0.001 48	0.988 86	0.847 42	0.912 58	0.903 83
	ADASYN-RF	0.879 54	0.004 56	0.967 89	0.879 54	0.921 27	0.911 37
	ADASYN-PSO-RF	0.897 13	0.005 45	0.962 38	0.897 13	0.928 47	0.918 70
5 : 1	RF	0.870 87	0.000 49	0.996 30	0.870 87	0.929 14	0.921 93
	ADASYN-RF	0.921 26	0.002 44	0.983 39	0.921 26	0.951 10	0.944 64
	ADASYN-PSO-RF	0.944 88	0.002 92	0.980 53	0.944 88	0.962 26	0.956 85
4 : 1	RF	0.888 59	0.000 41	0.997 01	0.888 59	0.939 60	0.932 98
	ADASYN-RF	0.918 12	0.003 73	0.974 57	0.918 12	0.945 35	0.937 86
	ADASYN-PSO-RF	0.928 86	0.004 35	0.971 11	0.928 86	0.949 16	0.942 07
3 : 1	RF	0.884 49	0.000 83	0.993 96	0.884 49	0.935 99	0.928 84
	ADASYN-RF	0.909 09	0.003 15	0.978 21	0.909 09	0.942 25	0.934 61
	ADASYN-PSO-RF	0.928 34	0.004 64	0.968 95	0.928 34	0.947 94	0.940 57

图 3-62　钓鱼信息的分类结果

Features	ACC(%)	TPR	FPR	Precision	Recall	F1-Measure	MCC
Token features	97.362 89	0.927 00	0.064 77	0.958 05	0.927 00	0.941 48	0.888 40
Topic features	98.098 43	0.955 62	0.047 07	0.960 65	0.955 62	0.957 91	0.913 19
LIWC features	98.134 27	0.944 30	0.057 72	0.972 24	0.944 30	0.957 34	0.913 85

图 3-63 单一类型特征的实验结果

Type	Original Feature Number	Average Selected Number	Proportion
All features	175	86.4	49.49%
Token features	32	13.4	41.88%
Topic features	50	25.9	51.80%
LIWC features	93	47.3	50.86%

图 3-64 特征的优化结果

(2) 实验结果分析

这里将原始数据与降维数据分类结果作对比。

对 119 维特征进行降维处理,使用 K-NN、SVM、RF 分类器分类进行结果对比。原始数据结果定义为Ⅰ组,经过降维之后的数据结果定义为Ⅱ组。结果如图 3-65 所示,可以看出,对于维度较大的数据经过降维处理后再进行分类,准确率和检测率都会得到提升。

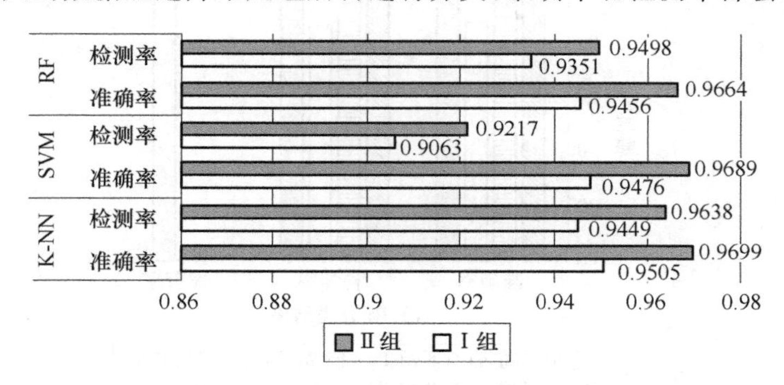

图 3-65 基于发件人验证的原始数据和降维之后的数据结果对比

对 16 维 URL 特征、23 维关键词特征、10 维邮件正文特征进行降维处理,使用 K-NN、SVM、RF 分类器分类,再进行集成,对比结果。原始数据结果定义为Ⅰ组,经过降维之后的数据结果定义为Ⅱ组。结果如图 3-66 所示,可以看出,对于维度较小的数据经过降维处理后再进行分类,准确率和检测率也会得到提升。

为了验证所提出的基于密度和距离算法的有效性,王秀娟在实验中选取了几组对照组进行结果比较。首先王秀娟提出的 DBDRM 作为实验组,截断距离选取 60%距离值。对没有经过任何处理的原始特征使用分类器进行分类,作为对照组Ⅰ。为了验证密度特征向量的有效性,只保留 DBDRM 算法中距离这一维特征进行分类,作为对照组Ⅱ。最后,使用信息增益方法对原始特征进行信息选择,为了和此方法中的 DBDRM 算法进行对比,只选择增益值最大的前两维数据进行分类,作为对照组Ⅲ。对比结果如图 3-67 所示。

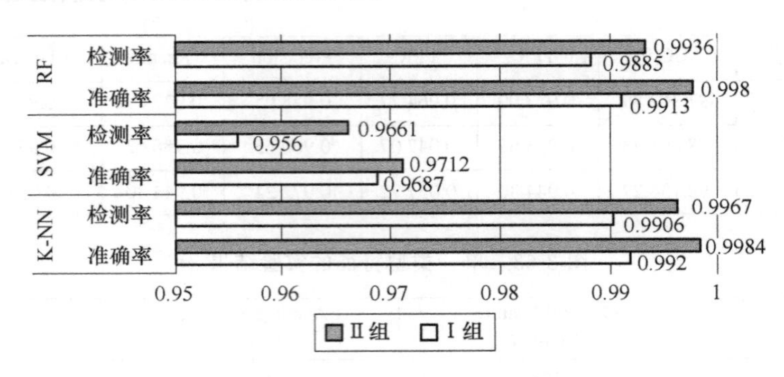

图 3-66　基于分类集成的原始数据和降维之后的数据结果与其他降维方法结果对比

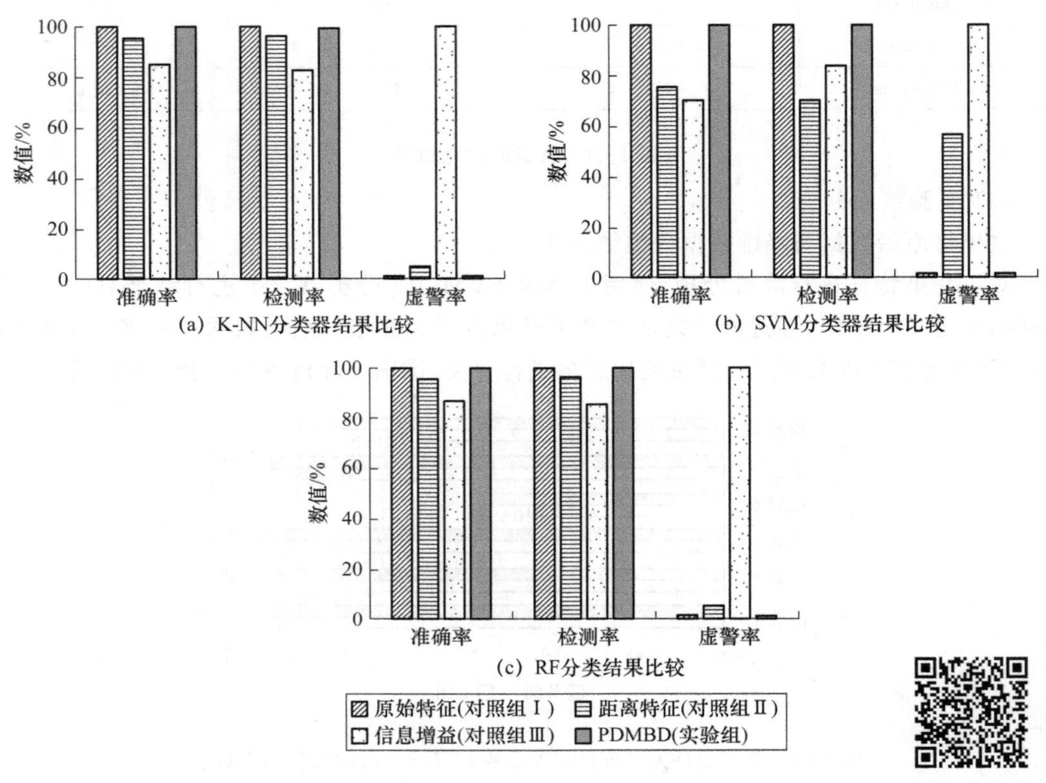

图 3-67　不同特征分类对比

图 3-67 的彩图

从图 3-67 可以看出，无论是哪种分类器，DBDRM 方法的准确率、检测率都要高于距离特征和信息增益，虚警率是 4 种方法中最低的。虽然原始特征的准确率、检测率在 4 种方法中最好，但是 DBDRM 与其相差不大，甚至在 K-NN 分类器中 DBDRM 的准确率和检测率还要优于原始特征。

3.2.3　基于异常行为的检测技术

1. 概述

基于用户异常行为的社会工程学检测技术针对的是社工攻击环节中的“攻击目标”。基于用户异常行为的社会工程学检测技术研究目标主体的正常行为模式，并对目标主体偏离正常行为的程度进行判断，从而发现异常行为，能够有效检测社会工程学攻击。本节基于多种角度深入探究异常行为检测技术，形成账号劫持检测、恶意社工机器人检测、基于多核学习机的用户主体识别和基于击键特征的身份检测等机器学习检测模型。

关于账号劫持检测，目前的方法主要关注特征选择，并基于这些特征的提出新的检测方法[356]。目前的研究主要集中在对文本特征以及用户行为和用户习惯的特征的研究上。文本特征方面的检测方法有：从推特等突出主题的内容中提取出文本特征进行检测[357]、对推文进行情绪分析从而识别垃圾邮件账户[358]、利用推文中的标签过滤明显的垃圾邮件并识别剩余的异常[359]等。关注用户行为和用户习惯的特征的研究包括模拟普通用户行为并将真实行为与模型行为进行比较进行检测[360]、通过检查行为的变化特征来检测被黑客攻击的推特账户[361]。此外，有些研究者采用对用户的社交网络账户配置文件进行建模的方法[362]。当前的研究还包括对检测方法性能的评估方法[363]。有些研究者在用户级融合了多种数据模式，以检测被劫持的账户[364]。

恶意社工机器人检测中涉及的恶意社工机器人是指存在于社交网络中的不良用户，包括水军、垃圾用户、僵尸粉等形式，恶意社工机器人可以给社交网络造成严重的负面影响。社工机器人检测方法主要包括基于分类的检测方法、基于图论的检测方法等[365-367]。社工机器人检测可以看作二分类问题，基于分类的检测方法目前研究最多，应用最广。基本思想是采用机器学习算法对社工机器人行为特征进行提取和建模，并进行分类，常用的机器学习算法包括朴素贝叶斯(NaiveBayes，NB)，决策树(Decision Tree ，DT)，随机森林(Random Forest，RF)等。基于分类的检测方法流程包括监控社交平台来获取原始数据，对数据进行预处理并提取能区分正常用户和恶意机器用户的特征，再选用合适的分类器或改进分类器进行分类，从而识别出两类用户。基于图论的检测技术包括基于图特征的检测和基于社交网络结构特征的检测技术。基于图特征的检测方法是采用图的方式来描述用户的社交网络关系，通过图结构挖掘相关特征来检测，典型的代表特征有聚类系数、节点核数等。基于社交网络结构特征的检测技术是通过对比正常用户和恶意机器人用户社交网络关系结构来进行检测。现有的基于结构的方法可分为两类：基于随机游走的方法和基于信念传播的方法[311]。

基于多核学习机的用户主体识别中的多核学习方法(Multiple Kernel Learning，MKL)是一种实现特征融合的方法。当目标呈现多个特征时，将每个特征映射到适当的核函数，然后将不同的内核组合成一个新的核，应用于分类器。目前，多核学习方法同时适用于来自不同来源的单一特征和多个特征[58]。多核学习方法在分类、多类目标检测、模式识别、特征提取等领域有广泛的研究和应用。当样本特征存在异构信息、非标准化数据、大规模样本、不规则数据、数据分布不平坦等问题时，多核学习方法可以解决这些问题[311]。

基于击键特征的身份检测与社会工程学主体身份相关研究有很大关联，而社会工程学主体身份相关研究可以由主体身份特征的相关分析体现，当前主体身份特征研究主要分为主体生物特征和主体心理特征[311]。击键是一种常用的主体生物特征[369]。主体击键行为包括键盘击键行为、鼠标击键行为和手机击键行为三个方面。当前研究者们一般采用静态、动态两种形式对击键身份识别开展研究[370-371]。静态形式指的是用户输入固定格式的字符串，动态形式是用户自由输入文本。与静态方法相比，动态文本的击键动力学分析更接近真实场景。大多数研究者通过设置一定的实验场景来开展对击键行为的研究[372-374]，也有一些其他研究者研究真实环境中收集的完全自由输入行为。目前的鼠标击键动力学研究主要集中在鼠标特征提取和分类方法选择上。在目前的研究中，鼠标特征分为两类：击键行为统计特征[375-378]和鼠标点击特征[379-381]。统计特征计算鼠标在一段时间内的移动轨迹特征，鼠标点击特征是基于鼠标点击行为的计算特征。此外，一些研究者研究了鼠标击键特征的优化问题[382-383]，这些研究也在一定程度上提高了身份认证方法的准确率。另外，还有一些研究人员开展了多因子结合的身份认证方法的研究[384]，使用键盘和鼠标融合数据进行身份认证[385]。

虽然当前的基于用户异常行为的社会工程学检测技术很多，但也有需要改进的地方。关于被劫持社交账户的检测方法大多在准确性方面还不够理想。在恶意社工机器人的检测中，由于社交网络中机器人的数量远远少于现实世界中正常人的数量，故在机器人分类检测中，正负样本之间存在不平衡的问题，最终的结果可能因此缺乏可信度，此外，异常用户的数据收集过程也相对麻烦。恶意社工机器人的检测方法也缺乏通用性和有效性，这些方法对恶意社工机器人的洞察力也有待提高。传统的单核用户主体识别方法可靠性不高，而且学习效果不如多核学习方法好[58]。基于击键行为的身份检测方法有效性不高，大多数工作都只研究了一个身体位置的按键认证，但在日常生活中，手机被用于各种活动[76]，按键和触摸屏生物识别模型可能受到不同身体运动条件的干扰，故按键生物识别技术常常不够可靠。

2. 异常行为检测技术原理

在对被劫持社交账户的检测的研究中，Xiujuan Wang[356]在分析对比现有研究成果的基础上，对用户的行为模式提出两大类特征，并针对实际需求与用户在平台上的活动特点，基于信息流提出 7 种小特征，构建用户画像。基于该用户画像，XiuJuan Wang 提出基于监督式层次分析法(Supervised Analytic Hierarchy Process，SAHP)的异常账户被劫持检测方法，对 7 种特征提出具体异常分数计算方式，利用信息增益率对特征进行排序，为层次分析法提供定量上的支持，得出各特征权重，从而计算出每条消息的加权异常分数，再选取不同的阈值，对账户进行被劫持异常检测，账号劫持检测算法框架图如图 3-68 所示。

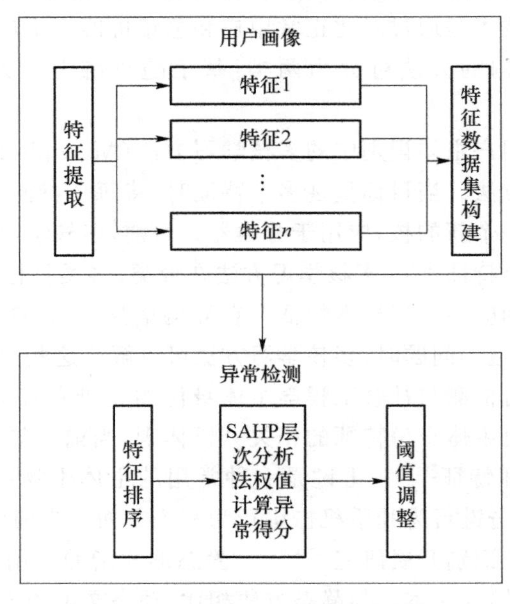

图 3-68　账号劫持检测算法框架图

针对恶意机器人检测中正负样本之间的不平衡问题，Bin Wu[416]提出了利用生成对抗性网络(GANs)的方法来解决这一问题，如图 3-69 所示。由于社交网络中机器人的数量远远少于现实世界中正常人的数量，故在机器人分类检测中，正负样本比例的差异导致了最终结果缺乏可信度。Bin Wu 通过 GANs 生成社工机器人样本，调整了原始数据集中机器人与正常人样本的比例，由此提高恶意社工机器人检测的准确性。

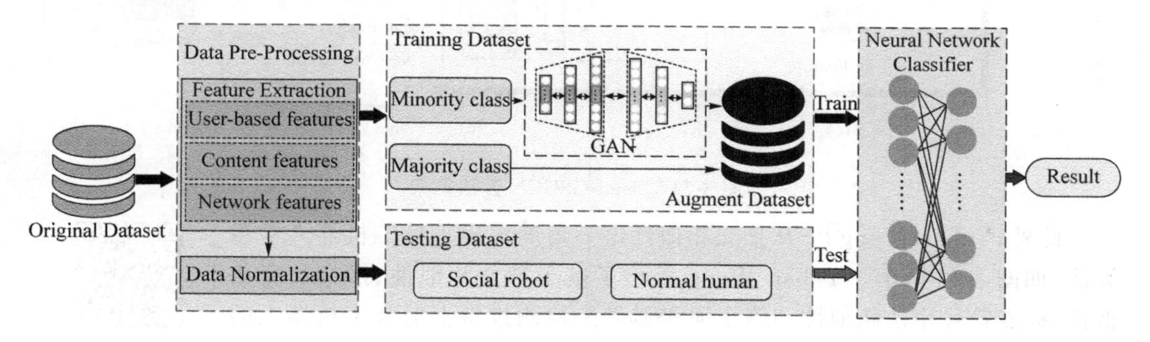

图 3-69 恶意社工机器人检测框架

在恶意机器人检测中，异常用户群体相对于正常用户群体其数量较少的问题除了会造成正负样本比例的差异，还会造成在数据的收集过程中，异常用户的收集相对麻烦。本章团队提出基于变分自编码和 K 近邻组合的社工机器人检测方法，如图 3-70 所示，通过网络获取社工机器人公开数据，并通过预处理提取特征，再使用变分自编码进行编码以及解码，正常样本特征经过解码与初始特征更为相似，而异常样本与初始特征差异大，将原始特征与解码后的特征进行融合，再利用异常检测方法(K 近邻)进行异常检测。这一方法解决了社工机器人检测现有方法中存在的打标签成本高和正负样本不均衡的问题，通过减少参与模型的训练异常样本，实现社交网络机器用户的高效检测。

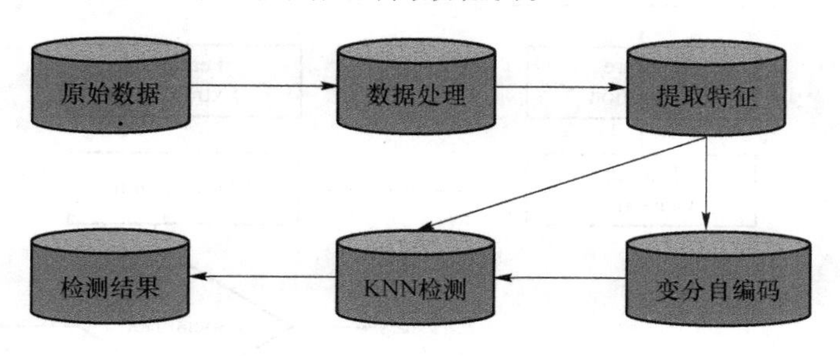

图 3-70 流程图

为提高恶意社工机器人检测方法的有效性和检测效果，Xiujuan Wang[419]提出了一种在社交网络中的社工机器人检测方法，即基于加权网络拓扑的机器人检测方案，如图 3-71 所示，该方法基于网络结构信息，通过引入改进的网络表示学习算法提取网络局部结构特征，结合基于图滤波的图卷积神经网络算法获取网络全局结构特征，建立了端到端的半监督组合模型——命名为 Semi-GSGCN，所提方法检测社工机器人具有较高的通用性和有效性，该方法对社交网络中的机器人也具有更强的洞察力。

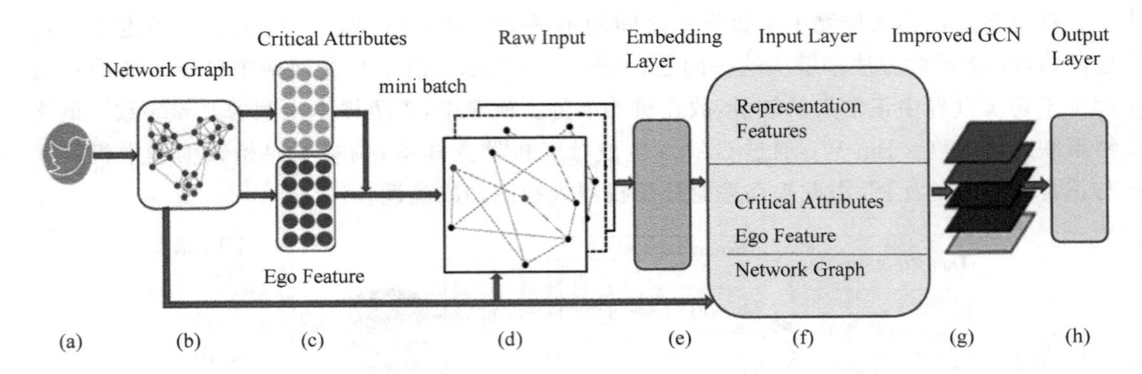

图 3-71　Semi-GSGCN 方法框架

此外，Yahan Wang[417]从推文相似性这一角度提出了社工机器人检测方法，如图 3-72 所示。Yahan Wang 提出了基于推文相似性、推文长度相似性、标点符号用法相似性和停止词相似性来检测推特上的社工机器人的方法。此外，Yahan Wang 还采用了 LSA(后期语义分析)模型来计算内容的相似度。

图 3-71 的彩图

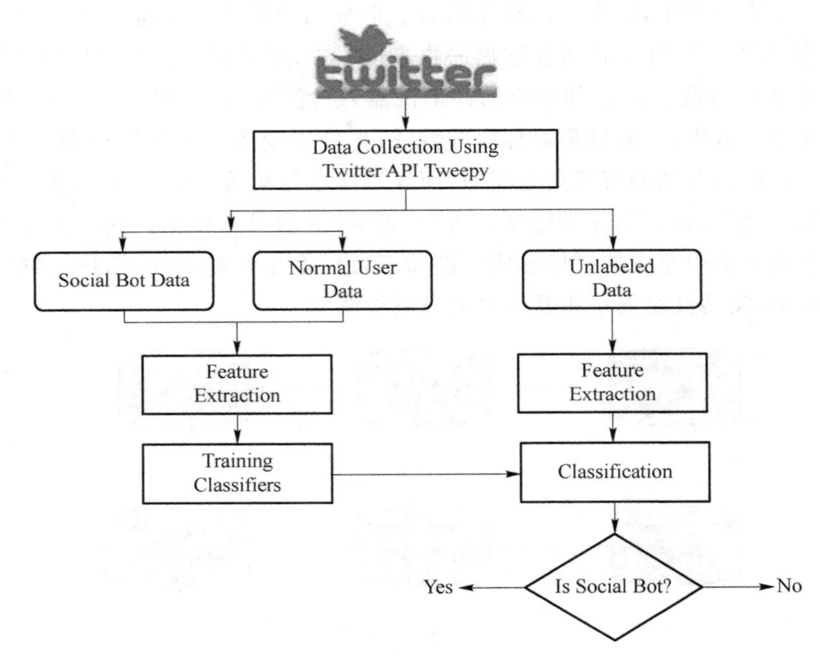

图 3-72　社工机器人检测系统

引入多核学习可以解决样本特征中存在异构信息、非标准化数据、大规模样本、不规则数据、数据分布不平坦等问题。在基于多核学习的方法中同时使用双指标对提高身份认证的有效性很有帮助。Xiujuan Wang[368]提出了基于多核学习融合鼠标和键盘行为特征的终端用户身份认证方法(User Authentication Based on MKL，UAMKL)。Xiujuan Wang 用于特征融合的多核算法是 AverageMKL，此算法中组合核定义如式(3-26)所示。特征融合的具体过程为：输入提取到的键盘和鼠标特征到核函数，键盘和鼠标两类特征分别对应 K_1，

K_2 核函数，如式(3-27)和式(3-28)所示，再经过加权求和，输出一个新的组合核：

$$\begin{aligned}\text{NewK} &= M_q^{\alpha}(K_1(r_1, r_1^*), K_2(r_2, r_2^*)) \\ &= (\alpha_1 (K_1(r_1, r_1^*))^q + \alpha_2 (K_2(r_2, r_2^*))^q)^{\frac{1}{q}}\end{aligned} \tag{3-26}$$

$$K_1(r_1, r_1^*) = r_1^T r_1^* \tag{3-27}$$

$$K_2(r_2, r_2^*) = \exp\left(-\frac{\| r_2 - r_2^* \|}{2\delta^2}\right), \quad \delta > 0 \tag{3-28}$$

其中，NewK 是一个新的组合核。M 是特征线性加权融合函数，q 次方默认取 1，$\alpha_1, \alpha_2 > 0$，a_i 是表现出特征选择过程的权系数，并且权系数之和为 1。K_i 是基本核函数，r_1, r_1^* 是键盘输入特征，r_2, r_2^* 是鼠标输入特征。对于某个用户所提取的键盘特征维度远大于样本数，应选用线性核，而鼠标特征维度远小于样本量，应选用 RBF 核。将鼠标和键盘行为特征映射到合适的核函数，式(3-28)中，δ 表示 RBF 核的宽度，并控制核函数的自适应性，exp 是指数函数。

在使用真实环境的人类计算机交互行为进行用户识别中也使用了多核学习方法。Tong Wu[427]提出了一种利用真实环境人机交互(HCI)行为数据提高方法可用性的新的用户识别方法，如图 3-73 所示。其中，用户行为数据是在不设置文本长度、动作编号等实验场景的情况下连续采集的。为了说明真实环境 HCI 数据的特点，通过随机抽样方法和支持向量机(Support Vector Machine，SVM)算法分析了键盘和鼠标数据的概率密度分布和性能。在分析真实环境中 HCI 行为数据的基础上，由于键盘和鼠标数据的异质性，首先采用多核学习(MKL)方法进行用户 HCI 行为识别。对所有可能的核方法进行比较，确定 MKL 算法的参数，以保证算法的鲁棒性。

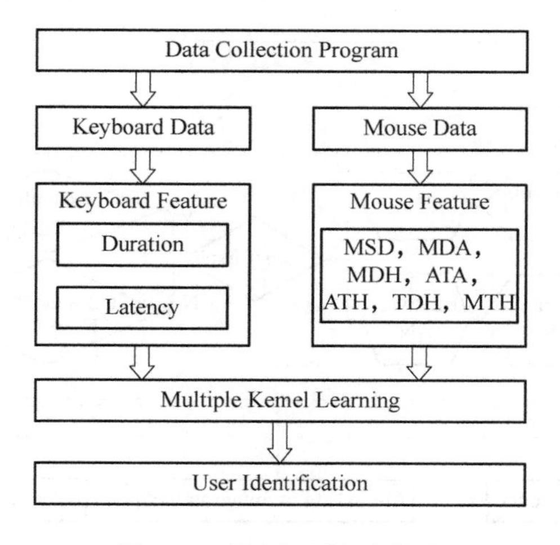

图 3-73 用户识别方法描述

Tong Wu[424]提出了基于特征相关性分析和特征优化的击键动力学身份认证。由于很少有研究深入探究击键特征选择，Tong Wu 从特征分布、特征相关性和特征贡献 3 个方面分析击键特征，提供了更多关于击键行为的细节，同时提出了一种有针对性的特征选择优化策略，它通过一个新定义的自适应度函数来平衡相关特征，并最终选择了最优特征子集。

Yuhua Wang[386]提出了一种使用按键生物识别技术的智能手机用户身份验证方法，如图 3-74 所示。由于日常生活中手机被用于各种活动，按键和触摸屏生物识别模型可能受到不同身体运动条件的干扰，故按键生物识别技术常常不够可靠。为了提高可靠性，Yuhua Wang 提出了一种基于差分进化和对抗性噪声的手机用户击键认证方法(DEANUA)，如图 3-75 所示。通过构建对抗性噪声样本来模拟用户在不同情境下的行为特征，从而降低错误率，提高稳健性和认证可靠性。

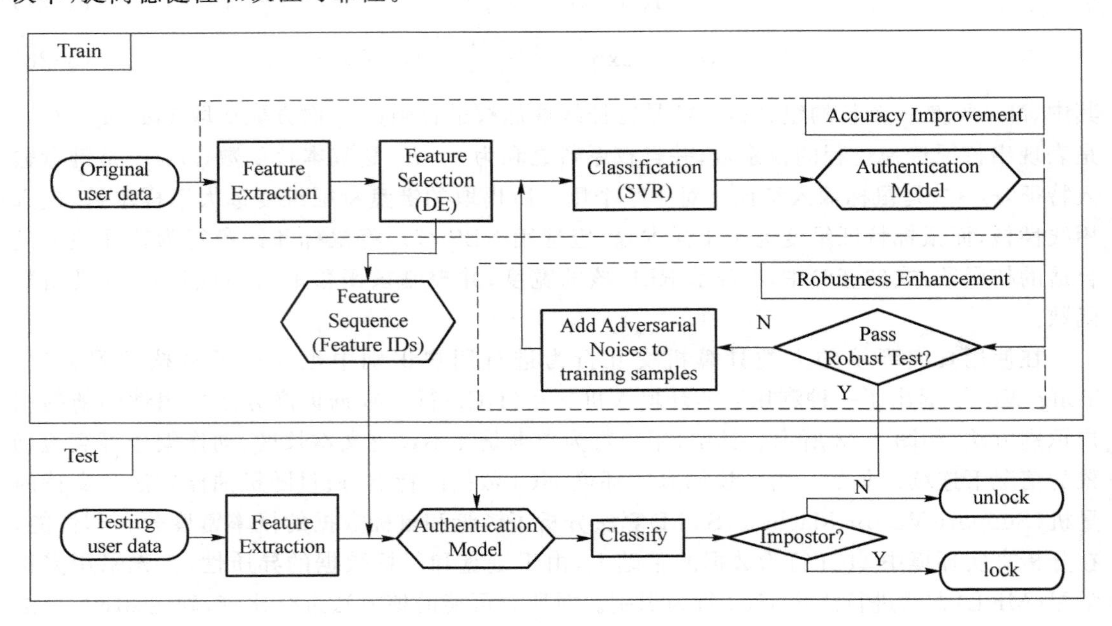

图 3-74　手机用户击键身份认证框架

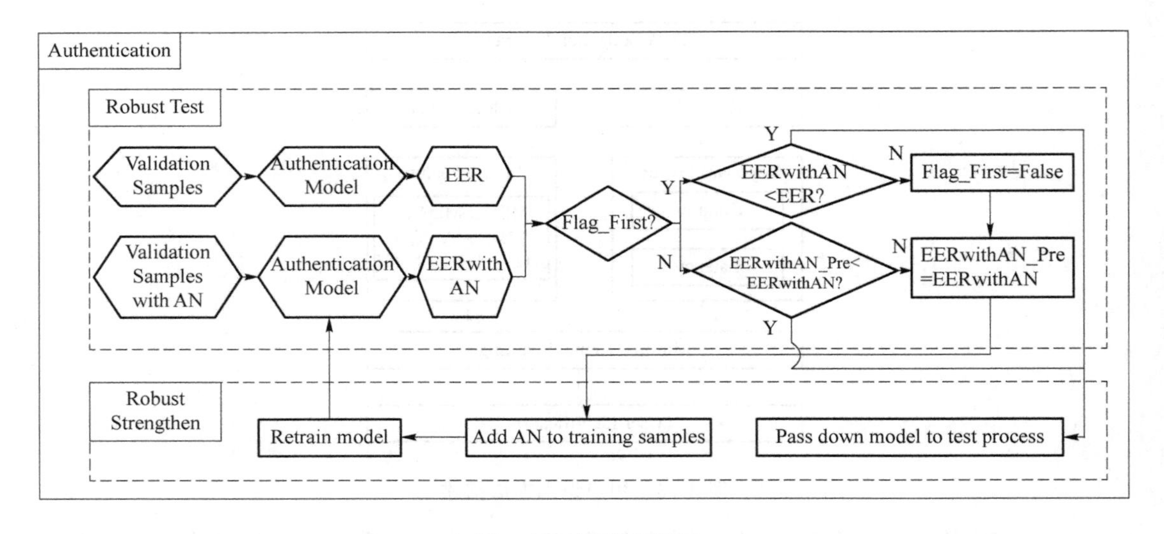

图 3-75　认证流程图

为提高基于击键特征的身份认证方法的精确度，Tong Wu[425] 提出了基于改进二元粒子群优化的用户击键动力学身份认证，如图 3-76 所示。Tong Wu 结合信息增益(IG)，提出了一种新的混合二元粒子群优化(BPSO)方法，融合了反向学习和分布式技术。用户击键动作作为一种行为特征，其特征选择对用户识别系统的准确性至关重要，这一方法在特征减少率和分类精度方面取得提升，同时降低了特征间的相关性，能够更好地区分用户特征。

Tong Wu 提出了一种更优的特征选择算法,可以消除无关的或冗余的特征,并实现比使用所有特征的方法更好的分类性能。

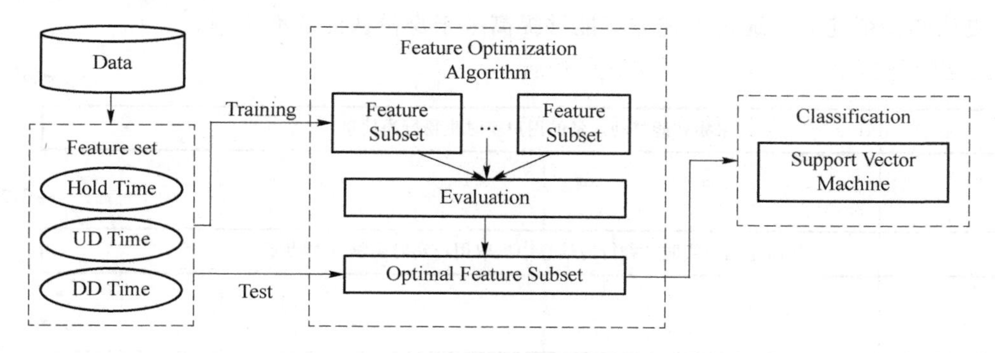

图 3-76 击键特征优化框架

王秀娟[438]申请了专利"基于多核学习融合鼠标和键盘行为特征的用户识别方法",如图 3-77 所示。该发明采用用户键盘和鼠标的双指标行为特征,既可以弥补用户单一键盘击键特征或鼠标击键特征带来的不稳定性,也可以提高身份认证的准确性和安全性。该发明提出了一种基于鼠标特征和键盘特征融合的用户身份识别方法,在不受控的环境中,通过程序监控用户人机交互行为,来获取日常工作中的键盘和鼠标操作所产生的真实数据,提取鼠标和键盘两种特征,并利用 MKL 进行特征融合和高效的分类,最终实现用户的高效身份认证。

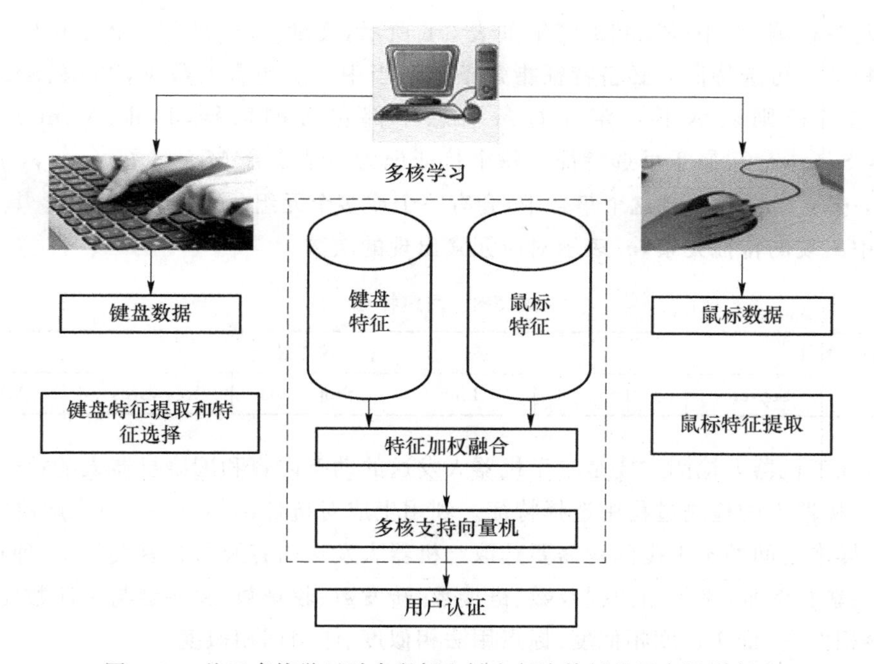

图 3-77 基于多核学习融合鼠标和键盘行为特征的用户识别方法

吴桐[436]申请专利"身份认证方法及装置",该发明提供了一种身份认证方法及装置,如图 3-78 所示。该方法包括:采集智能移动设备的用户实时生物行为信息;从用户实时生物行为信息中提取用户实时生物行为特征;从用户实时生物行为特征中得到用户实时认知特征;将用户实时生物行为特征和用户实时认知特征与预先建立的用户模型进行比对,以认证采集智能移动设备的用户身份的合法性,其中,用户模型是根据用户历史生物行为特征和用户历史认知特征建立。通过上述方案能够提高基于身份认证的准确率。

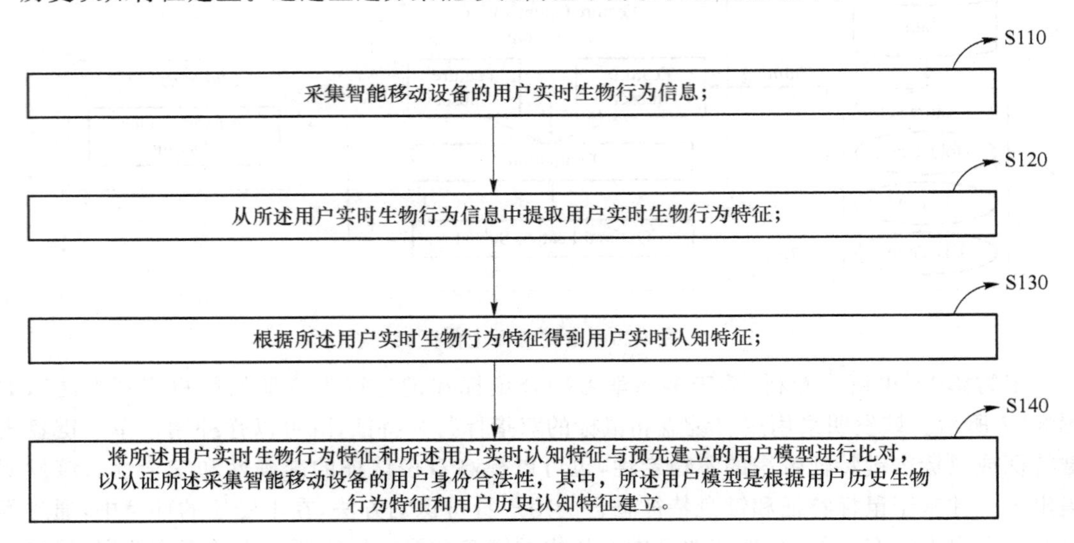

图 3-78 身份认证方法及装置

3. 异常行为特征提取

账号劫持检测[356]中提取到的特征如表 3-8 所示,文献[356]的作者将表中的 7 个特征分为必备特征与可选特征。必备特征指每条消息当中一定包含的数据,Time、Source 等属此类。可选特征则表示不一定在每条信息中都包含的数据,Link、Mention、Topic、Keywords、Stopwords 属于可选特征。每个特征记为一个集合 $M=\{<f_1, n_1>, <f_2, n_2>, <f_3, n_3>, \cdots, <f_i, n_i>\}$,在这个集合中,会有一个或多个元组(tuple)$<f_i, n_i>$。其中,$f_i$ 表示该集合中出现的特征元素,n_i 表示对应元素出现的次数。

表 3-8 用户特征

行为特征		文本特征				
Time	Source	Topic	Link	Stopwords	Keywords	Mention

目前,社工机器人检测主要是基于机器人发送的动态内容和围绕机器人的社会关系图,可以在社工机器人的检测过程中选择特征。利用生成对抗性网络(GANs)来解决机器人检测中正、负样本之间的不平衡问题需要选取与机器人发送内容及行为有关的 11 种特征[416],包括平均主题标签数、平均用户提及数、链接数、转发数、收藏数、关注者与关注数比例、推文来源、内容相似度、推文长度相似度、标点用法相似度、停用词相似度。

基于变分自编码和 K 近邻组合的社工机器人检测方法在特征提取过程中,首先获取原始社工机器人数据集进行处理得到特征矩阵,表示为 $X'=\{x'_i\}_{i=1}^{N}$,i 为样本。所提取的特征如下:提及@别人比例、推文中平均使用表情数、推文中平均包含停用词个数、8 种符号平均数量“#”“,”“.”“;”“!”“””“(”“)”、所发推文中平均含有 URL 的数量、原推文平均长度、转发推文平均长度、推文转发量比例、推文平均相似度。

获取特征之后，再对样本每维特征进行归一化，归一化公式如式(3-29)所示：

$$x_{il}=\frac{x'_{il}-l_{\min}}{l_{\max}-l_{\min}} \tag{3-29}$$

其中，l 表示特征矩阵中样本 i 的特征维度，$l_{\max}$ 为样本数据 l 维度中的最大值，$l_{\min}$ 为样本数据 l 维度中的最小值，归一化之后的特征数据集表示为 $X=\{x_i\}_{i=1}^{N}$。

基于加权网络拓扑的机器人用户检测方案[419]中提取的特征包括用户的自我特征和结构特征共 10 维。自我特征通常是可以直接获得的用户信息，从公共数据集提供的基本信息中提取五维特征，包括 screenname 的长度、小写字母个数、大写字母个数、数字个数以及特殊字符个数。结构特征包括度中心度、紧密中心度、介数中心度、局部聚类系数、PageRank。

使用推文相似性进行社工机器人检测[417]的数据收集过程在使用 Twitter API 时也称为 Tweepy 从互联网上收集 Twitter 数据。原始数据包括用户简介和用户推文。特征提取是从用户简介中提取 Twitter 用户元数据。在推文处理过程中利用推文来找出内容特征。

基于多核学习融合鼠标和键盘行为特征的终端用户身份认证方法[368]提取鼠标和键盘两类重要特征，对于用户的击键行为，通过两个时间点来决定其击键时序特征：即一个键的按下时间点和一个键的释放时间点。通过对用户各击键时间点的选取，组合成用户击键时间序列，并定义了如下两类键盘特征。

① 单键特征：某个键从按下到释放的时间。

② 组合特征："释放-按下"特征表示从第一个键释放到第二个键按下的时间；"按下-释放"特征表示从第一个键按下到第二个键释放的时间；"按下-按下"特征表示从第一个键按下到第二个键按下的时间；"释放-释放"特征表示从第一个键释放到第二个键释放的时间。

所有的单键特征一共 110 维，组合特征为 110×110×4=48 400 维。

基于多核学习融合鼠标和键盘行为特征的终端用户身份认证方法[368]对于鼠标特征的提取，定义了 4 种用户鼠标行为〔鼠标移动(MM)、拖放(DD)、点选单击(PC)和静止〕，提取了如下 7 类共 49 维鼠标行为特征。

① 鼠标移动速度与移动距离的比较(记为 MSD)表示在不同的距离范围时，用户鼠标行为的平均操作速度，距离分为 8 段，第一段为 1 到 100，往后间隔均为 150 像素，向量的长度为 8。

② 每个移动方向下平均鼠标移动速度(记为 MDA)表示在不同方向时，用户鼠标行为的平均操作速度，向量的长度为 8。

③ 移动方向直方图(记为 MDH)表示在不同方向时，用户鼠标行为的数量，向量的长度为 8。

④ 移动距离直方图(记为 TDH)表示在不同的距离范围时，用户操作的数量比例，向量的长度为 8。

⑤ 运动经过时间直方图(记为 MTH)表示在不同的持续时间范围时，用户操作的数量比例，时间分为 10 段，每段的时间为 300 ms，向量的长度为 10。

⑥ 每种动作下平均鼠标移动速度(记为 ATA)表示在不同鼠标动作类型时，用户操作的平均速度，向量的长度为 4。

⑦ 每种动作直方图(记为 ATH)表示在不同鼠标动作类型时，用户操作的数量比例，向

量的长度为 3。

使用真实环境的人类计算机交互行为进行用户识别的方法中所用到的鼠标与键盘特征是从不同的操作设备中提取出来的。因为需要使用真实环境的人类计算机交互行为进行用户识别，文献[368]的作者为 Windows 操作系统开发了键盘数据采集程序和鼠标动作采集程序。21 名参与者自愿在自己的机器上部署数据采集程序，并在不受任何限制的情况下进行日常活动，平均每个用户收集 199 200 个键盘记录和 172 364 个鼠标记录，以复制用户日常 HCI 场景的真实环境。对于键盘数据，文献[368]的作者创建了一个映射矩阵来存储所有延迟特性，如表 3-9 所示。文献[368]的作者计算了鼠标移动(MM)、拖放(DD)、点选单击(PC)和静止 4 种类型的操作，以对用户鼠标操作进行分类，并提供统一的特征标准。同时基于计算机屏幕上的鼠标指针坐标提出从 1 到 8 的 8 个方向，如图 3-79 所示，文献[368]的作者共使用了 60 个鼠标特征。

表 3-9　延迟时间特征的映射矩阵

	A	B	C	…
A	(A,A)	(A,B)	(A,C)	(A,…)
	{UD,DD,UU,DU}	{UD,DD,UU,DU}	{UD,DD,UU,DU}	{UD,DD,UU,DU}
B	(B,A)	(B,B)	(B,C)	(B,…)
	{UD,DD,UU,DU}	{UD,DD,UU,DU}	{UD,DD,UU,DU}	{UD,DD,UU,DU}
C	(C,A)	(C,B)	(C,C)	(C,…)
	{UD,DD,UU,DU}	{UD,DD,UU,DU}	{UD,DD,UU,DU}	{UD,DD,UU,DU}
…	(…,A)	(…,B)	(…,C)	(…,…)
	{UD,DD,UU,DU}	{UD,DD,UU,DU}	{UD,DD,UU,DU}	(UD,DD,UU,DU)

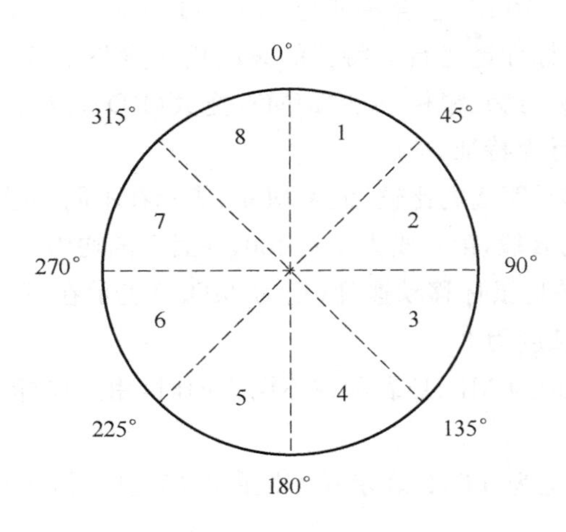

图 3-79　鼠标移动的 8 个方向

基于特征相关性分析和特征优化的击键动力学身份认证对 RHU 击键公共数据集从特征分布、特征相关性和特征贡献 3 个方面进行统计分析，说明了击键行为和 Hold Time、UD Time 和 DD Time 3 种类型击键特征之间的相关性。结果如图 3-80、图 3-81、图 3-82 所示，分析表明，单型特征的所有精度都低于组合型特征的精度。

Features	Mean(ms)	SD(ms)
Hold Time	75.135 9	23.519 2
UD Time	364.102 6	238.114 6
DD Time	439.256 4	230.384 3

图 3-80 平均值和标准差结果

Features	Correlation Coefficient
Hold, UD	0.096 4
Hold, DD	0.160 7
UD, DD	0.976 6

图 3-81 相关系数结果

Features	Accuracy(%)	SD
Hold Time	26.277 4	3.640 6
UD Time	65.234 6	3.159 7
DD Time	67.537 3	3.644 5
Hold+UD	74.957 3	2.754 2
Hold+DD	74.434 2	5.734 9
UD+DD	69.728 1	5.239 6

图 3-82 随机森林结果

使用按键生物识别技术的智能手机用户身份验证方法在特征提取过程中,通过在每个方向轴中添加更多的时间特征和所有的加速度特征来细化特征;并采用差分进化(DE)特征选择方法,它能够考虑特征之间的关系,处理速度快,整体性能优异。

基于改进二元粒子群优化的用户击键动力学身份认证从 4 种改进的 BPSO 方法入手,将信息增益理论、反向学习和分布式技术与 BPSO 方法相结合,取得了良好的性能。

1) IG-BPSO

IG 方法没有考虑特征之间的相关性,IG 转换函数如图 3-83 所示,而 BPSO 等随机搜索算法是降低特征之间相关性的有效方法;文献[356]的作者将 IG 与 BPSO 相结合,可以自适应地调整粒子的飞行速度;相较于单独的 IG 方法,IG 和 BPSO 的组合在最优特征子集下获得了更好的性能。

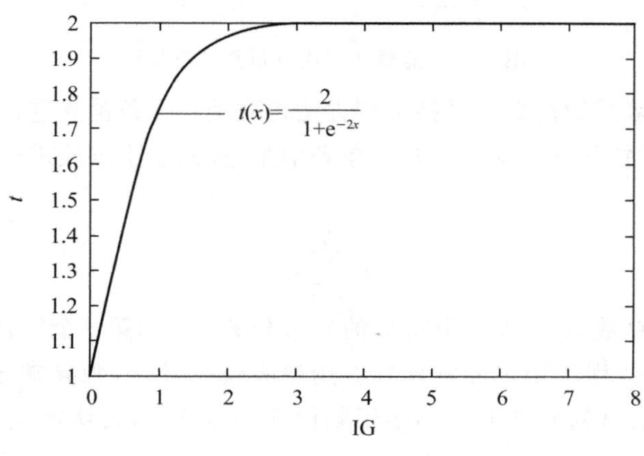

图 3-83 IG 转换函数

2）OIG-BPSO

在 IG-BPSO 中，为了更快地找到最佳特征，失去了粒子的多样性，文献[356]的作者将反向学习（OBL）与 BPSO 相结合以增加粒子的多样性。

3）DIG-BPSO 和 DOIG-BPSO

DIG-BPSO 和 DOIG-BPSO 两种方法基于使用不同 BPSO 方法分布式组合的策略，其中 DIG-BPSO 是经典 BPSO 和提出的 IG-BPSO 方法的结合，DOIG-BPSO 是将反向学习与 DIG-BPSO 结合。

4. 基于异常行为的检测算法

账号劫持检测中所用到的监督式层次分析算法框架如图 3-84 所示。文献[356]的作者将整个方案分为 4 个层次：目标层（检测账户是否被劫持）、准则层（上文所述 7 类特征）、方案层（特征所占权重），监督层（信息增益）。目标层用于检测账户是否被劫持。准则层选用上文提出的 7 类特征作为研究的评估准则进行评估。方案层通过确定特征所表现出来的不同异常程度，得到特征权重。信息增益层通过对特征选择中的信息增益计算对不同特征的重要程度进行评估，并以此为基础建立比较矩阵。在层次分析法中，最关键步骤在于比较矩阵的建立，在传统的层次分析法中，这一步常选用专家评估的方式进行打分，主观性过强，文献[356]的作者通过特征选择中的信息增益计算对不同特征的重要程度进行评估，从而为层次模型提供定量支持。

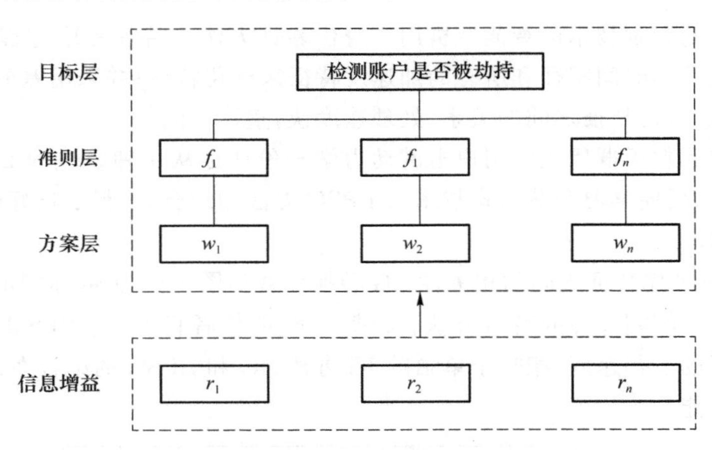

图 3-84　监督式层次分析算法框架图

文献[356]的作者采取的账号劫持检测方法是对用户每条消息进行异常分数计算，判断该用户是否出现被劫持异常。对于用户的单条信息，按照以下方式进行异常分数 s 计算，如式(3-30)所示：

$$s = \sum_{i=1}^{j} s_{v_i} w_i \tag{3-30}$$

其中，j 为特征类别总数，s_{v_i} 为第 i 个特征的异常分数，w_i 为第 i 个特征的权值。每个特征均可计算异常分数 s_v，用于用户异常评判。用户表现越异常，则异常分数越高。当用户消息流中出现某一条信息的异常分数不小于阈值 δ，即 $s \geqslant \delta$，则认定该用户遭到劫持，否则为正常。

基于生成对抗网络恶意社工机器人检测方法中用到的 GAN 网络如图 3-85 所示。训练后的生成器 G 利用随机噪声 z 产生一个新的样本，其输出与原训练集合并。鉴别器 D 无法区分输入样本的来源。

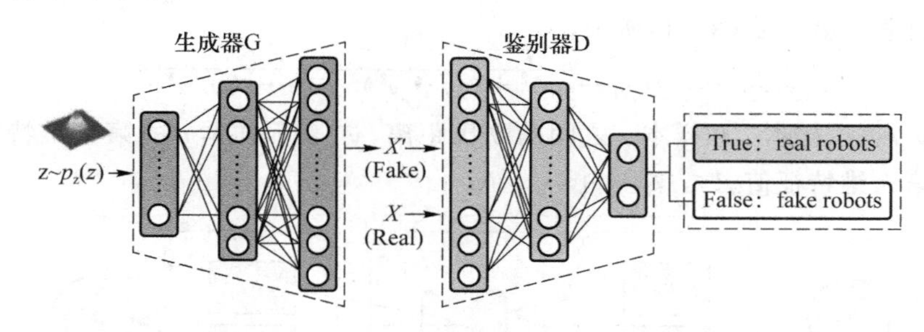

图 3-85 GAN 数据增广训练示意图

基于生成对抗网络恶意社工机器人检测方法如图 3-86 所示，具体过程为：将训练后的生成器 G^* 输入随机噪声 z，其输出与原始训练集 X_t 合并。在增强数据集(Ca)和原始训练集上(Co)训练不同的分类器。

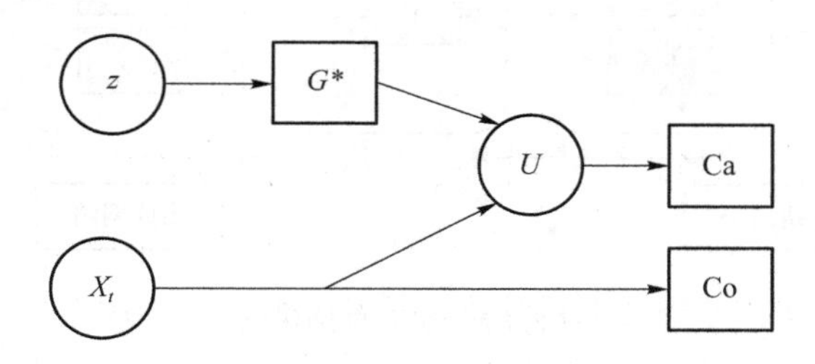

图 3-86 GAN 数据增广生成示意图

主要步骤：

① 将训练集划分为 T 和 S，使用训练集 T 训练分类器 Co；

② 训练集 T 中的少数样本构成新的训练集 F，使用 F 训练 GAN，并不断调整 GAN 的超参数；

③ 使用训练得到的生成器 G^* 将随机噪声 z 转化得到少数样本 F'，此时判别器 D 已很难区分它的来源。

④ 将训练集 T 和 F' 混合，并用于训练分类器 Ca，比较 Co 与 Ca 的有效性。

基于变分自编码和 K 近邻组合的社工机器人检测方法中主要用到了变分自编码器(VAE)和 KNN 算法，如图 3-87 所示。变分自编码器作为深度生成模型的一种形式，是基于变分贝叶斯推断的生成式网络结构。变分自编码利用两个神经网络建立两个概率密度分布模型：一个用于原始输入数据的变分推断，生成隐藏变量的变分概率分布，称为推断网络；另一个根据生成的隐变量变分概率分布，还原生成原始数据的近似概率分布，称为生成网络。KNN 算法是给定一个训练数据集，对新的输入实例，在训练数据集中找到与该实例最邻近的 k 个实例，若 k 个实例的多数属于某个类，就把该输入实例分为这个类。即先获取一个带有标签的样本数据集(训练样本集)，其中包含每条数据与所属分类的对应关系，输入没有标签的新数据后，将新数据的每个特征与样本集中数据对应的特征进行比较。计算新数据与样本数据集中每条数据的距离，然后对求得的所有距离进行排序（从小到大，越小表示越相似）。再取前 k（通常 $k \leqslant 20$ ）个样本数据对应的分类标签。求取这 k 个数据中出现次数最多的分类标签并以它进行新数据的分类。距离度量选常用的欧氏距离，其中多维空间两点间距离计算公式如式(3-31)所示：

$$d(y_i, y_j) = \sqrt{(y_i^1 - y_j^1)^2 + (y_i^2 - y_j^2)^2 + \cdots + (y_i^n - y_j^n)^2} \tag{3-31}$$

其中，$d(y_i, y_j)$表示样本 i 和样本 j 之间的欧氏距离，y_i^n 表示样本 i 的第 n 维特征值，y_j^n 表示样本 j 的第 n 维特征值，$1 \leqslant i \leqslant N$，$1 \leqslant j \leqslant N$。

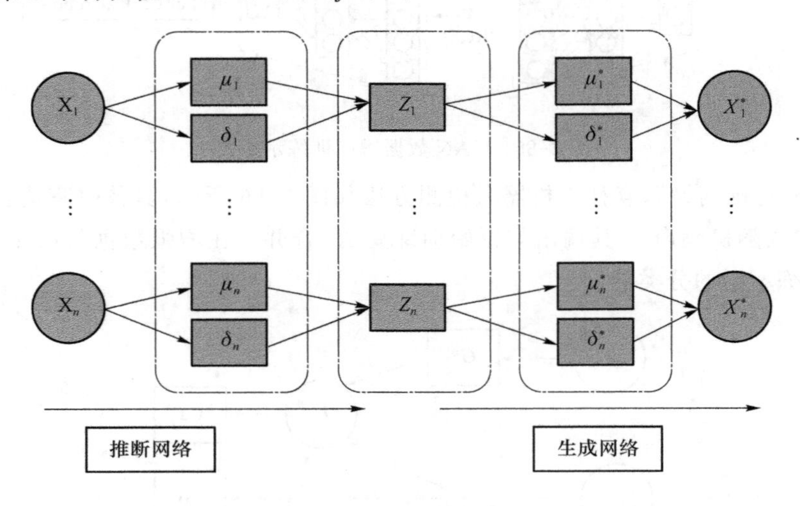

图 3-87　变分自编码器

基于变分自编码和 K 近邻组合的社工机器人检测算法的具体步骤为：数据获取与预处理，对获取的原始数据利用程序处理得原始特征矩阵；通过深度生成模型进行特征生成；将原始特征与生成特征进行特征融合后，利用异常检测方法检测社工机器人。

社交网络中的社工机器人检测即基于加权网络拓扑的机器人检测方案主要用到了增强版的 GCN 和改进的图嵌入算法。改进的图嵌入算法如表 3-10、表 3-11 所示。增强版的 GCN 如式(3-32)所示：

$$f(X, A) = \delta(A^{(k)} \cdot \sigma(A^{(k)} \cdot X \cdot W^{(0)}) \cdot W^{(1)}) \tag{3-32}$$

$A^{(k)}$是过滤器，$\widetilde{L}$ 是新的邻接矩阵 $\widetilde{A}$ 下的正则化拉普拉斯矩阵 $\widetilde{L} = \Phi \widetilde{\Lambda} \Phi^{-1}$，则有式(3-33)：

$$A = I_N - \widetilde{L} = \Phi(I_N - \widetilde{\Lambda})\Phi^{-1} \tag{3-33}$$

滤波器的频率响应函数 $\hat{A}^{(k)} = (I_N - \widetilde{L})^k$，利用指数 k 方便地调整滤波器的强度，可以提高标签效率。最后通过最小化损失函数来调整参数，损失函数如式(3-34)所示：

$$\text{Loss} = -\sum_{l \in \text{YL}} \sum_{f=1}^{F} Y_{lf} \ln Z_{lf} \tag{3-34}$$

其中，l 为样本号，f 为类别号，YL 为拥有标签的集合，Y 为实际标签集合，Z 为预测集合。

表 3-10 NGraphsage 嵌入生成算法

Input: Graph $G(V,E,L)$; inputfeatures $\{x_{v_t}, \forall_{y_t} \in V\}$; depth K; weight matrices W^k,

$\forall k \in \{1,\cdots,K\}$; non-linearity σ; differentiable aggregator functions AGGREGAT E_k,

$\forall k \in \{1,\cdots,K\}$; neighborhood function $N: v \to 2^V$

Output: Vector representations z_v for all $v \in V$

1. $h_v^0 \leftarrow x_v, \forall v \in V$
2. for $k=1,\cdots,K$ do
3. for $v \in V$ do
4. $h_{N(v)}^k \leftarrow \text{AGGREGATE}_k(\{\omega_{v,u} \cdot h_u^{k-1}, \forall u \in N(v)\})$
5. $h_v^k \leftarrow \sigma(W^k \cdot \text{CONCAT}(h_v^{k-1}, h_{N(v)}^k))$
6. end
7. $h_v^k \leftarrow \dfrac{h_v^k}{\|h_v^k\|_2}, \forall_v \in V$
8. end
9. $z_v \leftarrow h_v^k, \forall_v \in V$

表 3-11 AGraphsage 嵌入生成算法

Input: Graph $G(V,E,L)$; inputfeatures $\{x_{v_1}, \forall v_i \in V\}$; depth K; weight matrices W^k,

$\forall k \in \{1,\cdots,K\}$; non-linearity σ; dif ferenti ableaggregator functions AGGREGAT E_k,

$\forall k \in \{1,\cdots,K\}$; neighborhood function $N: v \to 2^V$

Output: Vector representations z_v for all $v \in V$

1. $h_v^0 \leftarrow x_v, \forall v \in V$
2. for $k=1,\cdots,K$ do
3. for $v \in V$ do
4. $e_v^k = \{\text{consin}(h_v^{k-1}, h_u^{k-1}), \forall u \in N(v)\}$
5. $a_v^k = \left\{\dfrac{\exp(e_{v,u}^k)}{\sum_{u \in N(v)} \exp(e_{v,u}^k)}, \forall e_{v,u}^k \in e_v^k\right\}$
6. $h_{N(v)}^k \leftarrow \text{AGGREGAT } E_k(\{\alpha_{v,\mu}^k \cdot h_u^{k-1}, \forall u \in N(v), \forall \alpha_{r,u}^k \in a_v^k\})$
7. $h_v^k \leftarrow \sigma(W^k \cdot \text{CONCAT}(h_v^{k-1}, h_{N(v)}^k))$
8. end
9. $z_v \leftarrow h_v^k, \forall v \in V$
10. end
11. $z_v \leftarrow h_v^k, \forall v \in V$

使用推文相似性进行社工机器人检测。在获取特征向量后，使用标记数据来训练常用的分类器，得到最优分类器模型。未标记的数据需要提取特征向量并输入到分类器模型中，选择最优分类器模型得到最终的预测结果。

基于多核学习融合鼠标和键盘行为特征的终端用户身份认证方法的具体算法过程为：将每个用户数据分为训练集和测试集，用户 $i(1 \leqslant i \leqslant N)$标记为合法用户，其中 $N=21$ 表示用户数，其他用户 $j(1 \leqslant j \leqslant N-1, i!=j)$标记为非法用户。首先，对于标记为合法用户的每个用户，训练样本被标记为正样本，其余 $N-1$ 个用户被标记为非法用户，训练样本被标记为负样本。为了保持正负样本的平衡,采用下采样法从负样本中选取与正样本比例相同的负样本。接下来,重复该实验,直到每个剩余用户 j 都被标记为合法用户。然后将时间片从1到6个不同的值中取出来,重复上述步骤,这样每个实验组就有了不同的分类器模型和不同的分类算法。

基于多核学习融合鼠标和键盘行为特征的终端用户身份认证方法,如图3-88所示,作者考虑到键盘特征和鼠标特征的差异性,每种特征选择对应不同的核函数进行映射,不同的核函数组合成一个新的核函数,再将组合后的核函数应用于分类器中,使用新的分类器进行检测,以鼠标和键盘两类特征来提高检测的可靠性和准确性。

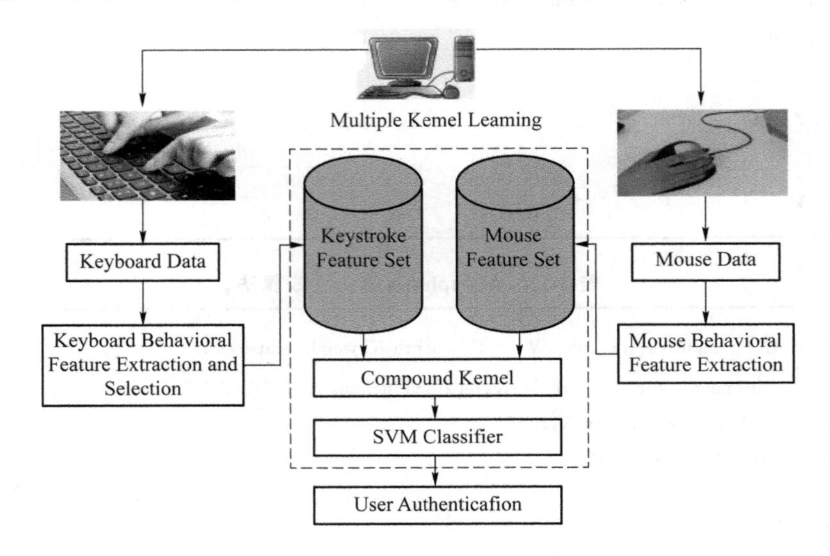

图 3-88 UAMKL 方法框架

使用真实环境的人类计算机交互行为进行用户识别[427],通过加权二范数正则化来解决MKL问题,对激励稀疏核组合的权重附加约束,并解决了一个标准的SVM优化问题,其中核被定义为多核的线性组合。文献[356]的作者使用了两个基核函数——一个多项式函数和一个高斯函数,后者是另一种形式的径向基函数(RBF)。每一个都有不同的参数,将它们线性组合起来对用户进行分类。将RBF、高斯函数和多项式函数定义如式(3-35)、式(3-36)、式(3-37)所示:

$$K_{\mathrm{RBF}}(x,z)=\exp(-g\cdot\|x-z\|^2) \tag{3-35}$$

$$K_{\mathrm{Gaussian}}(x,z)=\exp\left(-\frac{\|x-z\|^2}{2\sigma^2}\right) \tag{3-36}$$

$$K_{\mathrm{Poly}}(x,z)=\langle x,z\rangle^d \tag{3-37}$$

基于特征优化的击键动力学系统采用差分进化(DE)算法进行特征优化,采用随机森林(RF)分类算法进行用户分类。

使用按键生物识别技术的智能手机用户身份验证的算法具体过程如下。

1) 训练阶段

在训练过程中,文献[356]的作者注重提高准确性:

① 通过在每个方向轴中添加更多的时间特征和所有的加速度特征来细化特征;

② 采用差分进化(DE)特征选择方法,该方法能够考虑特征之间的关系,处理速度快,整体性能优异;

③ 使用支持向量回归(SVR)确定一个样本来自合法用户的概率,该方法具有很好的准确性和稳健性,同时易于使用、计算速度快。

2) 对抗性噪音生成

为了处理不同身体运动条件的身份验证,文献[356]的作者建立了一个考虑了所有运动状态(4 种情况:躺,坐,站,走)的模型,如图 3-89 所示,虽然不同的身体运动状态有不同的特征分布,但它们在一些关键方面是相似的。因此,文献[356]的作者根据这些因素应用对抗性噪声来模拟用户。

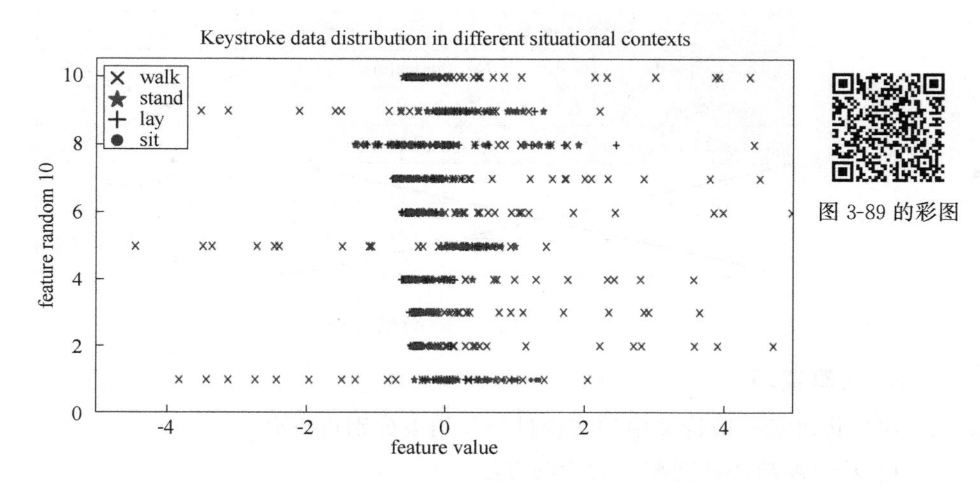

图 3-89 不同环境下的击键数据分布

3) 稳健性测试

在稳健性测试中,对抗性噪声会被添加到验证样本中,通过观察等错误率(EER)是否会下降测试该模型是否足够稳健。若 EER 下降,则表明模型对所有身体运动状态都不够稳健,文献[356]的作者将用对抗性噪声样本重新训练模型。若 EER 增加,则表明模型对所有身体运动状态都有很好的泛化能力。

4) 评估阶段

考虑到认证的实用性,文献[356]的作者建立了具有不同程度的冒名顶替者知识的模型,使用等错误率(EER)来评估模型性能,评估过程如图 3-90、图 3-91、图 3-92 所示。

target user train	target user validation	target user test
No.1 impostor train	No.1 validation	No.1 test
No.2 impostor train	No.2 validation	No.2 test
No.? impostor train	... validation	... test
No.m impostor train	No.m validation	No.m test

图 3-90 评估过程 1

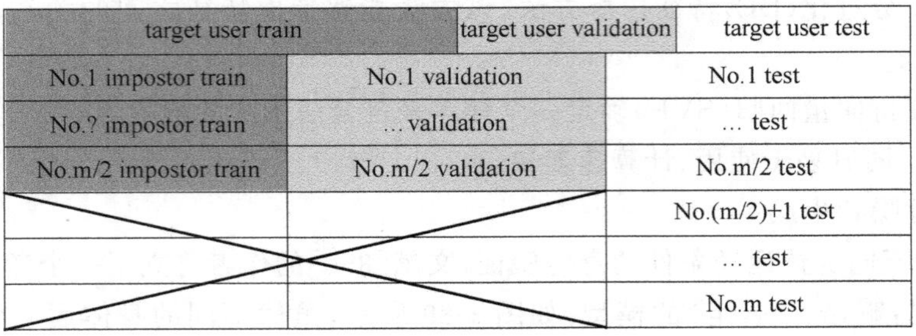

target user train	target user validation	target user test
No.1 impostor train	No.1 validation	No.1 test
No.? impostor train	... validation	... test
No.m/2 impostor train	No.m/2 validation	No.m/2 test
		No.(m/2)+1 test
		... test
		No.m test

图 3-91　评估过程 2

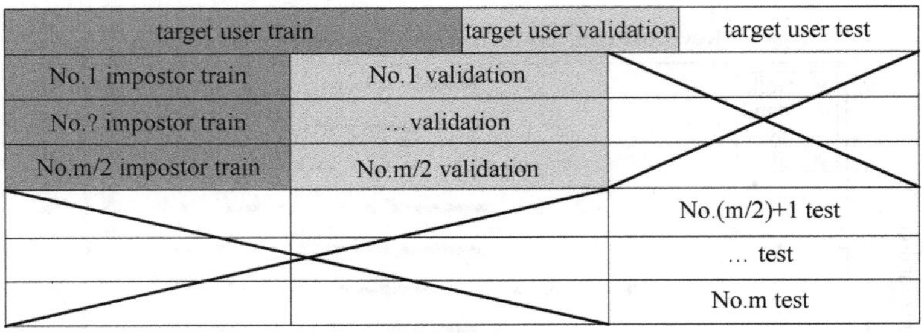

target user train	target user validation	target user test
No.1 impostor train	No.1 validation	
No.? impostor train	... validation	
No.m/2 impostor train	No.m/2 validation	
		No.(m/2)+1 test
		... test
		No.m test

图 3-92　评估过程 3

5. 仿真实现

这里将对每一篇论文中的实验过程和结果分别进行介绍。

1) 基于被劫持社交账户的检测方法

(1) 实验数据

在原始数据的选择上，文献[356]的作者选用了文献中所使用的数据集——从 2015 年 10 月起，对推特当中大约 10%的公开推文进行了为期 3 个月的监控，并且选取了至少发文 200 条、3 个月观察期内至少发送 90 条，且在推文中提及过他人至少 100 人次的用户。经过筛选，文献[356]的作者共选出 616 个原始账户。

基于文献所提出的方法，文献[356]的作者利用原始数据，构造被劫持用户。其中 $N=190$，$K=3\,299$，$m=150$，$j=21$，即共 6 598 个用户，每个用户各 190 条推文数据，第 1～150 条作为画像部分。第 151～171 条为自身原始推文，该部分为账户正常数据，故在实验中作为正常对照组。第 172～190 条为交换后所构造出来的异常数据，这部分作为异常实验组，与前部分的正常对照组进行实验结果对比，以观察检测效果。

(2) 实验结果分析

观察实验结果可以发现，不论阈值的选择情况如何，在用户正常部分对照组的检测中，只有极为少量的用户(<10%)会被标记为被劫持账户。而在异常部分实验组中，第一条推文即被检测出来异常的账户相当之多，检测效果明显。随着被检测推文数量的增多，被检测出来的异常账户也随之增长。同时，不同阈值的检测结果差异明显。因此，对于不同目的的检测，可以选用不同的阈值。如图 3-93 所示，对于需要进行精准被劫持检测的系统，文献[356]的作者选用高阈值，以提升准确率为目标，降低劫持账户的误判率。如果需要先筛选

出一部分的疑似被劫持账户，那么可以采用低阈值进行初步检测，以扩大检测的筛选范围。

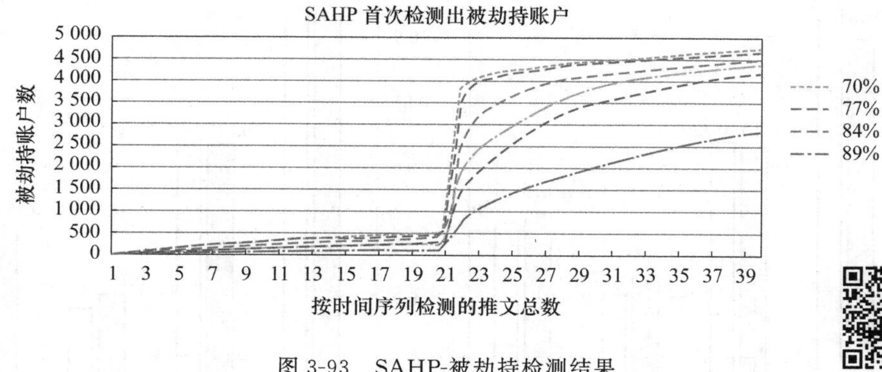

图 3-93 SAHP-被劫持检测结果

图 3-93 的彩图

(3) 异常检测对比

SAHP 与 COMPA 两种方法的实验数据进行结果统计对比，如图 3-94、图 3-95 所示。

对比数据发现，低阈值处(70%，77%)，COMPA 的效果要好于或持平于 SAHP 检测。随着阈值的升高，SAHP 的检测效果逐渐提升，Accuracy 最高可达 0.815，Precision 最高可达 0.972。在 89% 阈值处，SAHP 与 COMPA 的效果差距最大，Precision 要高出 0.007，Accuracy 高出 0.048，F1 值高出 0.081。同时，两种检测方法的 Accuracy、Recall、F1 都在下降，只有 Precision 在提升。

与监督式机器学习算法对比如下。

将 SAHP 与 3 种传统监督式机器学习方法(SVM、决策树、朴素贝叶斯)进行比较。SAHP 取阈值 $\delta=92\%$ 作为 SAHP 的检测标准。对 6 598 个账户依次选取其 25%(48 条)、30%(57 条)作为训练集对模型训练，并对剩下的数据进行测试，结果如表 3-12 与表 3-13 所示。

表 3-12 25%训练集测试结果

模型	Precision	Recall	F1
朴素贝叶斯	0.535	0.500	0.517
SVM	0.761	0.467	0.556
决策树	0.456	0.467	0.461
SAHP	0.952	0.526	0.678

表 3-13 30%训练集测试结果

模型	Precision	Recall	F1
朴素贝叶斯	0.595	0.571	0.582
SVM	0.777	0.536	0.634
决策树	0.565	0.536	0.550
SAHP	0.955	0.554	0.700

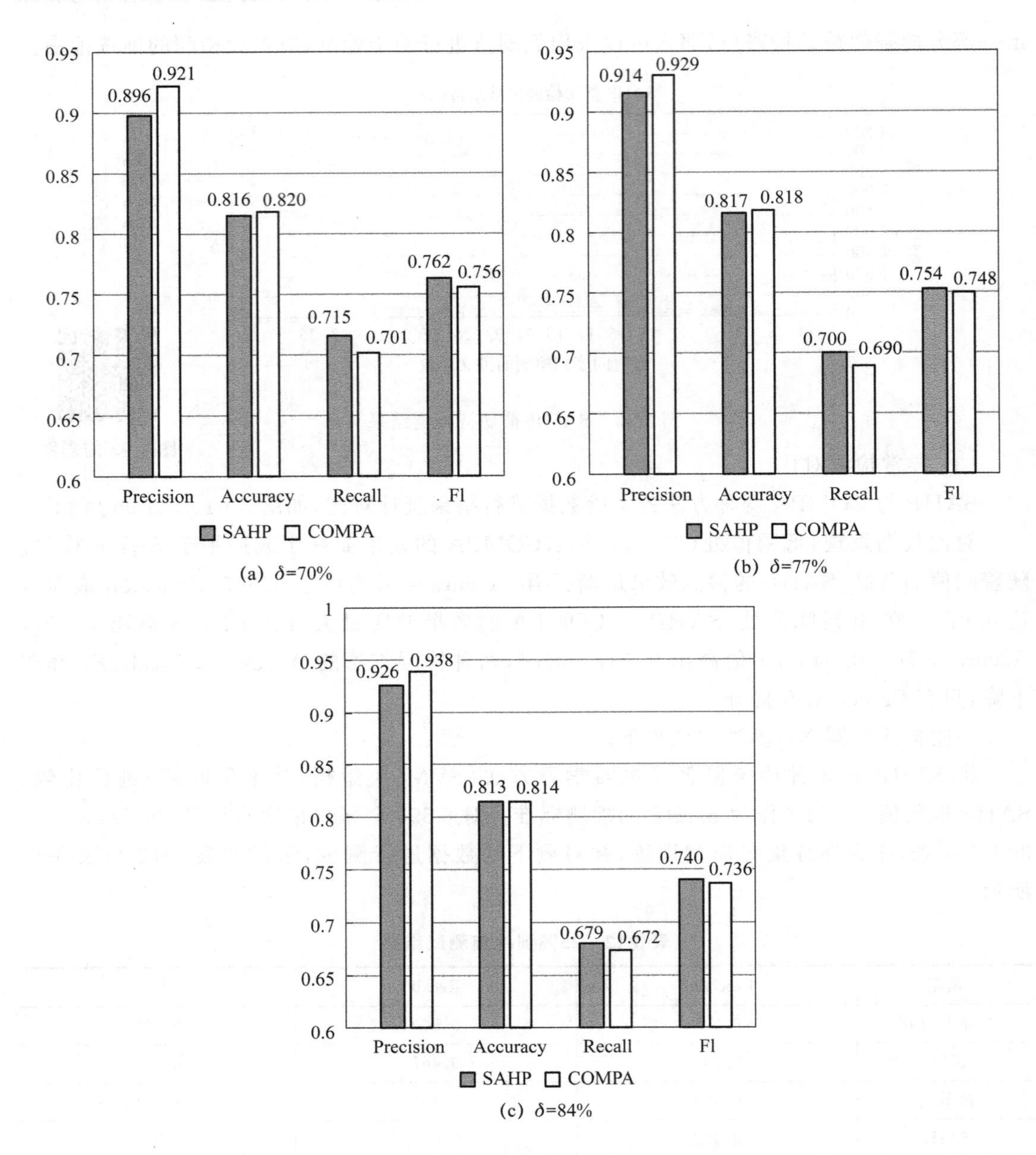

(a) δ=70%

(b) δ=77%

(c) δ=84%

图 3-94　检测结果对比(δ:70%～84%)

从结果数据可以得出,在采用较少数据集进行模型构建时,实验结果均有下降。但由于SAHP选取了较高的检测阈值,Precision的值达到了一个较高水平。综合来看,SAHP由于是对用户的行为模式进行确定,而非极个别的数据识别,因此利用较少的数据集构建起用户的稳定画像,便可达到一定的检测效果。

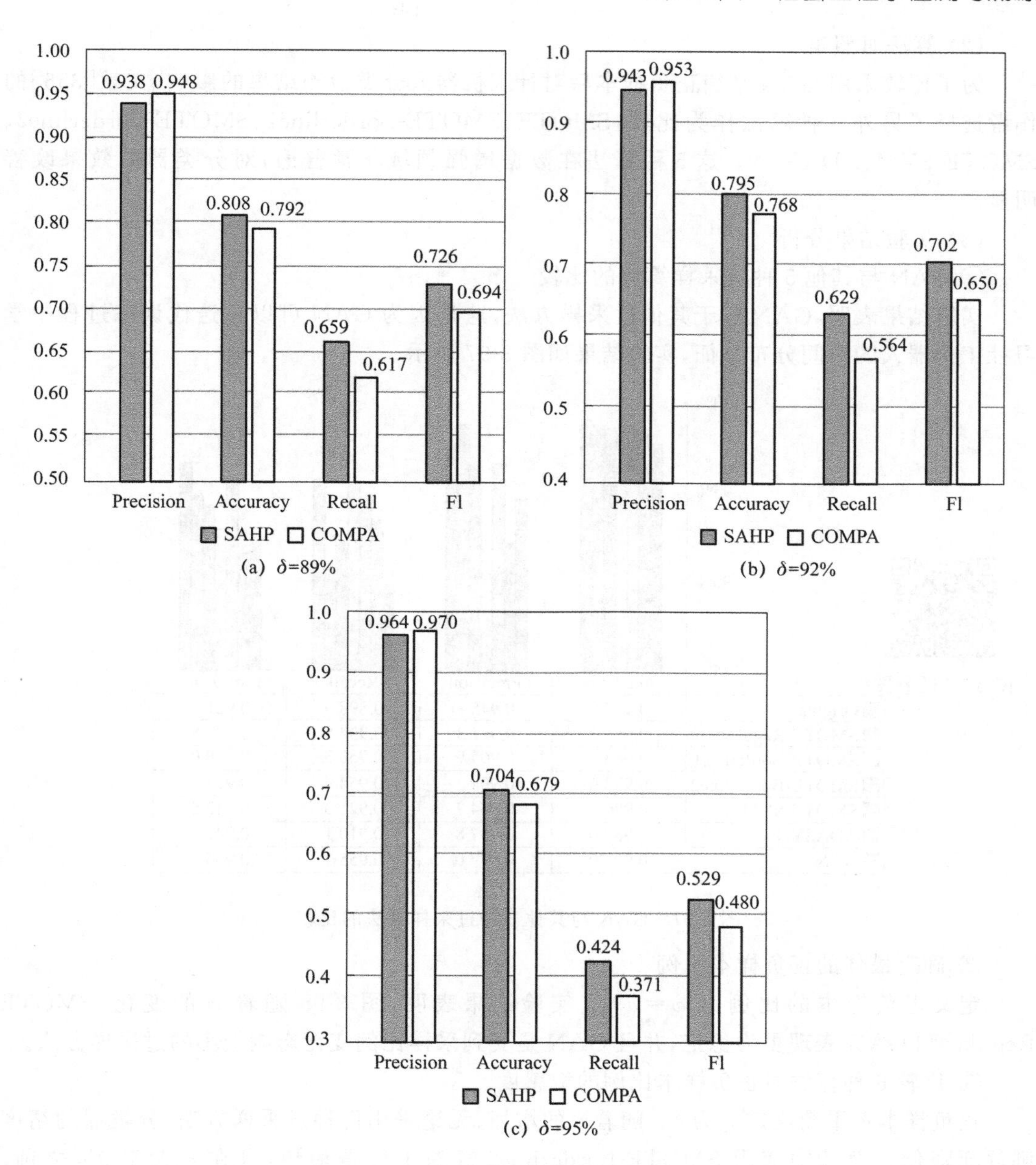

(a) δ=89%

(b) δ=92%

(c) δ=95%

图 3-95 检测结果对比(δ:89%～95%)

2)基于生成对抗网络恶意社工机器人检测方法

(1)原始数据集,如图 3-96 所示。

Category	Number of accounts
Normal user	1 971
Social bot	462
Total	2 433

图 3-96 数据集

(2) 算法对照组

为了比较采用 GAN 平衡正负样本后对社工机器人分类检测结果的影响，文献[356]的作者选择了另外 5 种算法作为比较：SMOTE、SMOTE-Borderline1、SMOTE-Borderline2、SMOTE-SVM、ADASYN。这 5 种算法在数据增强领域非常普遍，对分类器的效果改善明显。

(3) 实验结果分析

① GAN 与其他 5 种过采样算法的比较

实验结果表明，GAN 优于其他过采样方法，这是因为 GAN 可以在迭代训练过程中学习社工机器人的空间分布特征，实验结果如图 3-97 所示。

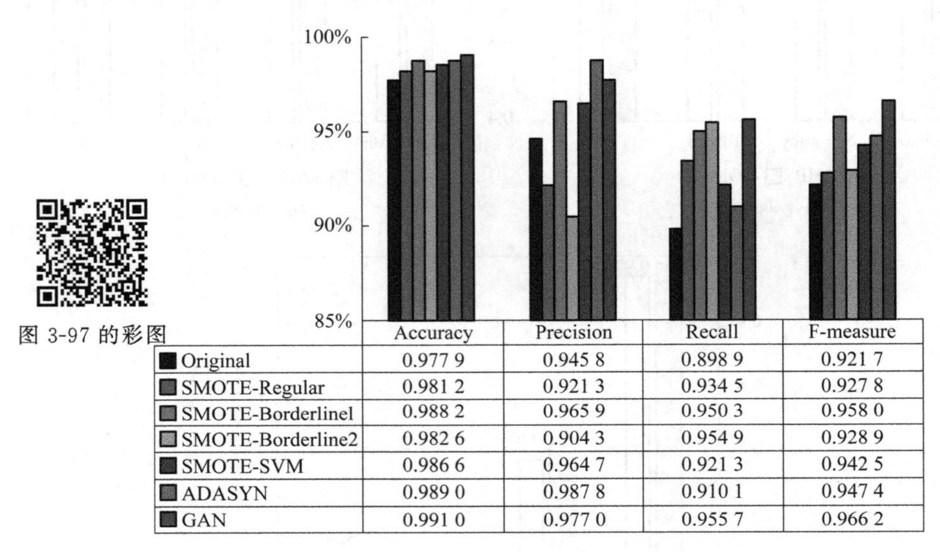

	Accuracy	Precision	Recall	F-measure
Original	0.977 9	0.945 8	0.898 9	0.921 7
SMOTE-Regular	0.981 2	0.921 3	0.934 5	0.927 8
SMOTE-Borderlinel	0.988 2	0.965 9	0.950 3	0.958 0
SMOTE-Borderline2	0.982 6	0.904 3	0.954 9	0.928 9
SMOTE-SVM	0.986 6	0.964 7	0.921 3	0.942 5
ADASYN	0.989 0	0.987 8	0.910 1	0.947 4
GAN	0.991 0	0.977 0	0.955 7	0.966 2

图 3-97　GAN 与其他 5 种过采样算法的比较

② 确定最佳的正负样本比例

定义正负样本的比例为 $\varphi = a : b$，实验结果表明，图 3-98 随着 φ 的变化，SMOTE Regular 和 GAN 表现更为稳定，并且 GAN 是受到采样比例变化影响最小的过采样方法。

③ 比较 6 种算法对正负样本比例的敏感度

正负样本不平衡度定义为 δ。随着 δ 的增加，无论采用何种过采样方法，分类器的精度都逐渐降低。而其中使用 SMOTE-Borderline2 算法下降得最快，且在 δ 大于 9% 之前，GAN 比其他方法表现得更好，实验结果如图 3-99 所示。

3) 基于变分自编码和 K 近邻组合的社工机器人检测方法

作者采用训练时间和 AUC 以及精度作为评价指标，AUC 是 ROC 曲线(受试者工作特征曲线)下的面积。AUC 是在所有的正负样本对中正样本排在负样本前面占样本对数的比例。AUC 的计算如式(3-38)所示：

$$\mathrm{AUC} = \frac{\sum_{i \in \text{正样本}} \mathrm{rank}_i - \frac{M(1+M)}{2}}{M * P} \tag{3-38}$$

φ	Category (%)	Original	SMOTE -Regular	SMOTE -Borderline1	SMOTE -Borderline2	SMOTE -SVM	ADA SYN	GAN
1∶1	Accuracy	98.79	98.66	98.93	98.39	98.79	98.93	**99.06**
	Precision	100.0	93.41	96.55	95.29	95.45	95.51	**98.81**
	Recall	89.89	**95.51**	94.38	91.01	94.38	**95.51**	93.26
	F-measure	94.68	94.45	95.45	93.10	94.91	95.51	**95.95**
2∶1	Accuracy	98.79	98.26	**98.93**	97.32	98.12	98.53	**98.93**
	Precision	100.0	93.18	96.55	92.59	96.30	**100.0**	95.51
	Recall	89.89	92.13	94.38	84.27	87.64	87.64	**95.51**
	F-measure	94.68	92.65	95.45	88.27	91.77	93.41	**95.51**
4∶1	Accuracy	98.79	98.66	98.39	97.32	**98.93**	98.39	98.79
	Precision	100.0	97.59	95.29	82.86	95.51	91.40	**97.62**
	Recall	89.89	91.01	91.01	**97.75**	95.51	95.51	92.13
	F-measure	94.68	94.19	93.10	89.69	**95.51**	93.41	94.80
6∶1	Accuracy	98.79	98.66	98.26	98.53	99.06	98.39	**99.20**
	Precision	100.0	97.59	98.72	91.49	96.59	98.73	**98.82**
	Recall	89.89	91.01	86.52	**96.63**	95.51	87.64	94.38
	F- measure	94.68	94.19	92.22	93.99	96.05	92.86	**96.55**
8∶1	Accuracy	98.79	98.53	98.66	97.86	98.79	**99.20**	98.79
	Precision	100.0	94.32	92.47	87.63	**100.0**	97.70	94.44
	Recall	89.89	93.26	**96.63**	95.51	89.89	95.51	95.51
	F-measure	94.68	93.79	94.50	91.40	94.68	**96.59**	94.97

图 3-99 的彩图

图 3-98　不同采样方法产生的分类器评价指标随 φ 变化的趋势图

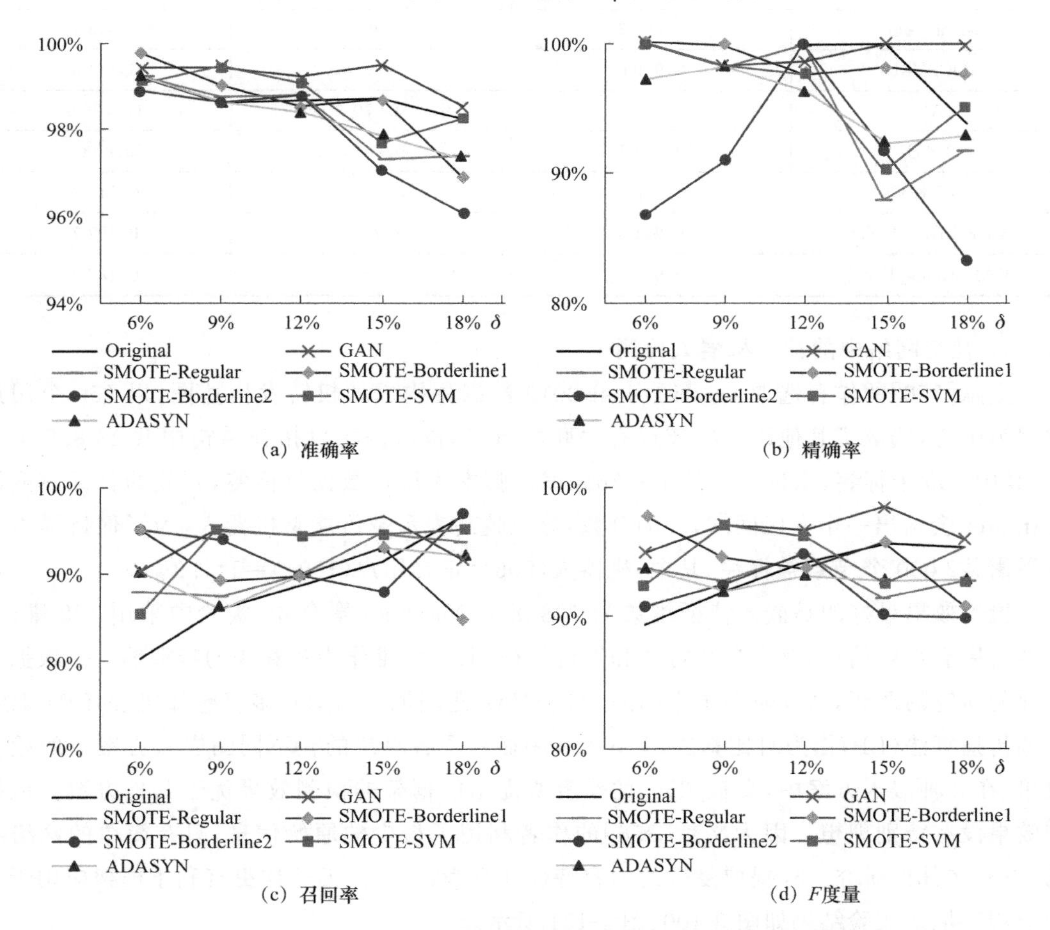

图 3-99　不同采样方法产生的分类器评价指标随 δ 变化的趋势图

其中，M 代表正类样本数，P 代表负类样本数。公开的社工机器人数据非常少，文献[356]的作者在实验中选取公开的 CLEF2019 数据集，此数据集带有标签，其中 2 880 个训练集，1 240个验证集，每个账户 100 条推文，所有的账户标记为机器人和正常用户（包括性别标记），所以总的正常用户为 2 060，机器人用户为 2 060。

文献[356]的作者选择了几种常见的异常检测算法作为比较，这几种算法在异常检测领域非常普遍，实验结果如表 3-14 所示，VAE 和 KNN 组合优于大部分异常检测检测方法，但是耗费时间有待提升。

表 3-14 各算法对比

算法	ROC	prn	time
ABOD	0.946 2	0.972 3	2.131 3
CBLOF	0.897 1	0.963 1	2.172 7
LOF	0.885 5	0.964 1	0.607 4
IForest	0.872 2	0.965 0	0.355 1
KNN	0.916 1	0.970 9	0.059 8
Mean_KNN	0.930 1	0.970 9	0.045 9
Media_knn	0.924 3	0.967 0	0.053 9
OCSVM	0.919 0	0.971 8	0.131 6
AE	0.882 6	0.970 4	17.726 6
VAE	0.871 1	0.966 5	22.408 7
VAE-KNN	0.928 7	0.986 4	0.115 7
VAE-Mean_KNN	**0.941 0**	**0.986 4**	**0.107 7**
VAE-Media_KNN	0.935 1	0.985 4	0.139 6

4）社交网络中的社工机器人检测

文献[356]的作者选取 cresci-rtbust-2019 数据集构成加权转发拓扑图，以 759 个用户数据为中心，选取了其他跟这些节点有关联的节点，提取的转发拓扑结构中共 13 835 个节点，其中 759 个标签，未标记标签 1 3076。编写脚本为用户数据打标签，开放的打标签网站 botmeter 会给出一个在区间[0,5]的分数，分数越高表示越可能是机器人，为了保持样本正负平衡共2 000 个节点被标注，其中，机器人（906）∶正常用户（1094）＝1∶1.2。

检测效果最好的是嵌入特征维数为 128 维的 Maxpool 聚合器，实验中采用 128 维，为了维持原有重要信息，融合自我特征和结构特征，共 138 维作为各算法的特征输入。根据对之前的研究的调研，选择研究中常用的 DT、SVM、逻辑回归（LR）、多层感知机（MLP）、RF、标签传播算法（LP）作为对比算法，图 3-100 中显示了各算法的在不同图嵌入方案下的检测效果，在 3 种嵌入方案中，文献[356]的作者所提出的框架的检测效果优于其他方案。但检测效果没有特别理想。因为文献[356]的作者利用了最少的原始信息，只有简单的网络结构，没有像其他研究一样提取复杂的内容特征和行为特征等，但这样更有利于框架应用于各种应用环境。实验结果如图 3-100、图 3-101 所示。

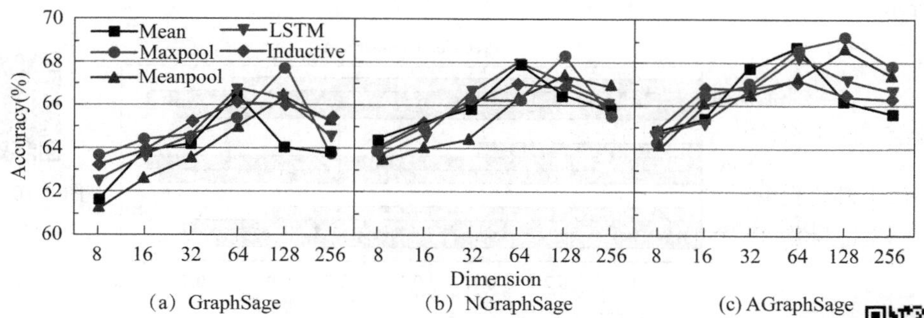

图 3-100 的彩图

图 3-100　3 种方法的 5 种聚合器下不同维度的对检测的影响

GE Method	Semi-supervised		Supervised (1abel 2，000 nodes)	
Graphsage	MLP	$56.8_{(0.042\ 56\text{s})}$	LR	$61_{(0.005\ 95\text{s})}$
	LP	$64.6_{(0.003\ 05\text{s})}$	SVM	$61.2_{(0.244\ 59\text{s})}$
	GCN	$67.8_{(1.032\ 2\text{s})}$	DT	$67.2_{(0.009\ 96\text{s})}$
	Semi-GSGCN	$69.4_{(2.609\ 04\text{s})}$	RF	$68.6_{(0.010\ 01\text{s})}$
NGraphsage	MLP	$61_{(0.038\ 90\text{s})}$	LR	$62.6_{(0.007\ 97\text{s})}$
	LP	$64.6_{(0.004\ 59\text{s})}$	SVM	$67_{(0.250\ 33\text{s})}$
	GCN	$68.2_{(1.041\ 20\text{s})}$	DT	$68.2_{(0.007\ 72\text{s})}$
	Semi-GSGCN	$70.2_{(2.755\ 11\text{s})}$	RF	$70_{(0.012\ 10\text{s})}$
AGraphsage	MLP	$61.8_{(0.039\ 86\text{s})}$	LR	$63_{(0.006\ 98\text{s})}$
	LP	$64.6_{(0.004\ 43\text{s})}$	SVM	$68_{(0.247\ 40\text{s})}$
	GCN	$69.2_{(1.036\ 24\text{s})}$	DT	$69_{(0.006\ 99\text{s})}$
	Semi-GSGCN	$70.8_{(2.875\ 82\text{s})}$	RF	$69.3_{(0.009\ 97\text{s})}$

图 3-101　使用不同的方法检测社工机器人的效果

5）使用推文相似性进行社工机器人检测

（1）原始数据集，如图 3-102 所示。

Data	Number of accounts
Normal user	891
Social bot	1 119
Total	2 010

图 3-102　数据集组成

（2）相似性算法的选择

文献[356]的作者选择了 3 种相似度算法（基于单元匹配的相似度算法、SimHash 算法和 LSA 算法）比较，通过比较发现基于 LSA 模型的相似度算法比其他算法具有更好的性能。因此，文献[356]的作者使用 LSA 模型来分析推文的相似性。实验结果如图 3-103、图 3-104 所示。

（3）特征排序

Pearson 相关系数验证了文献[356]的作者提出的推文相似性特征有助于社工机器人检测，并证明了推文的 4 个相似性特征对社工机器人检测具有很大的影响。实验结果如图

3-105 所示。

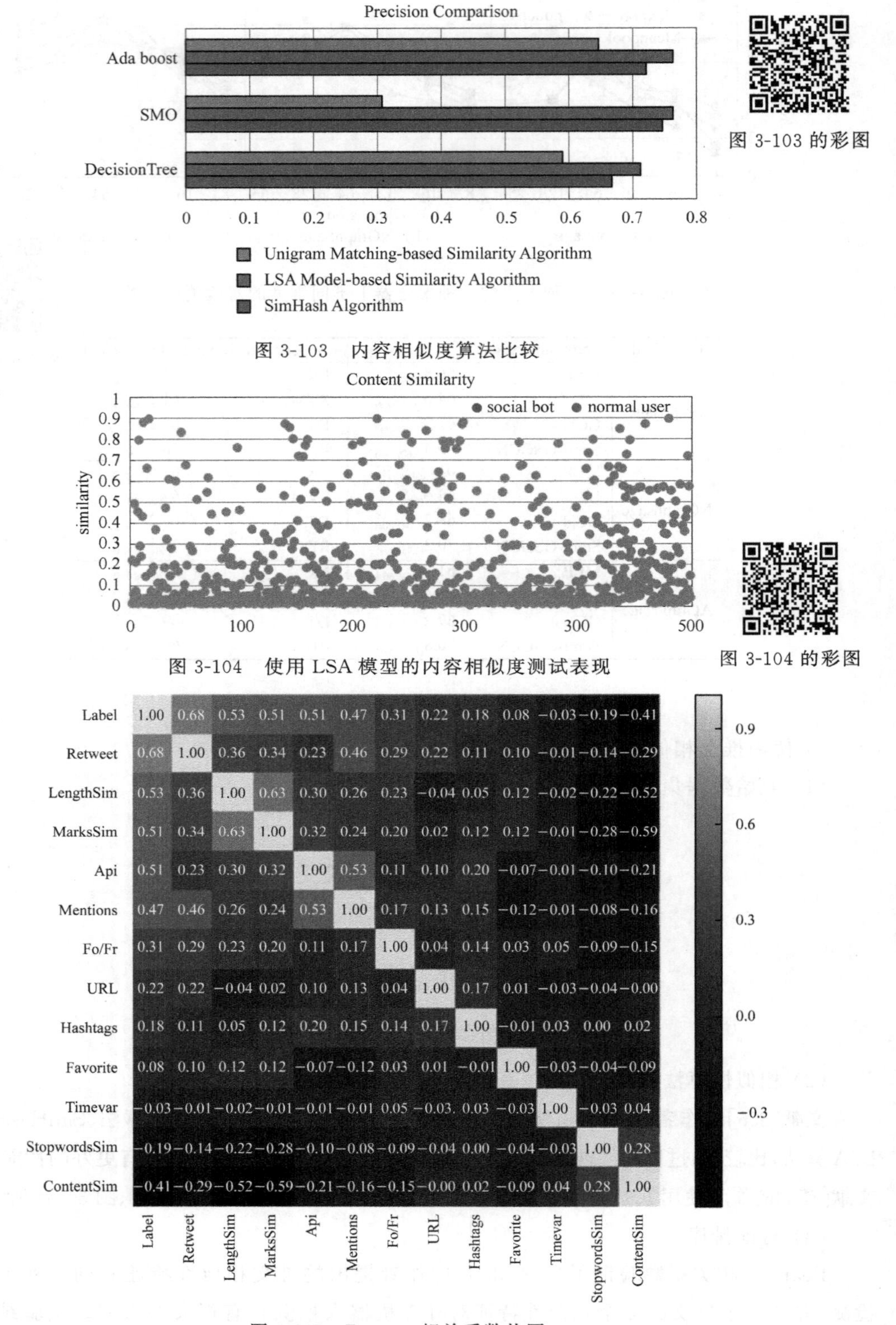

图 3-103 内容相似度算法比较

图 3-104 使用 LSA 模型的内容相似度测试表现

图 3-105 Pearson 相关系数热图

(4) 算法对照组

为了比较,文献[356]的作者选择了 Madhuri Dewangan[446]论文中提出的数据集,使用相同的分类器和参数来证明文献[356]的作者提出的推文相似性特征是有效的。

(5) 实验结果分析

① 特征相关性排序

实验结果(如图 3-106 所示)表明,文献[356]的作者提出的 4 个相似性特征与标签具有很强的相关性。

Rank	Feature	Pearson correlation coefficient	Old/ New
1	Ratio of retweet to total tweets	0.68	Old
2	The similarity of tweet length	0.53	New
3	The similarity of punctuation usage	0.51	New
4	Tweet source(Api)	0.51	Old
5	Average number of mentions	0.47	Old
6	The simil aritv of content	−0.41	New
7	Ratio of followers to number followed	0.31	Old
8	A verage number of links	0.22	Old
9	The similarity of stop words	−0.19	New
10	A verage number of hashtags	0.18	Old
11	Number of favorites	0.08	Old
12	The average difference between two consecutive tweets	−0.03	Old

图 3-106 特征相似度排名

② 3 种不同的监督学习算法比较

文献[356]的作者使用了 3 种不同的监督学习算法:随机森林、梯度增强分类算法和 Adaboost 分类算法。实验结果表明,推文的相似性特征对社工机器人的检测很有意义。它可以使用各种机器学习算法来提高社工机器人检测的性能。在这 3 种分类器中,梯度增强分类器的总体性能最好。文献[356]的作者提出的方法可以达到 98.09%的精度,召回率为 98.01%,F1 为 98.11。与 Madhuri Dewangan 的论文[446]相比,所有评价指标都得到了改进。所有结果都证明了该方法的有效性。实验结果如图 3-107、图 3-108 和图 3-109 所示。

Comparison experiments	Random Forest	GradientBoostingClassifier	AdaboostClassifier
Compared paper	0.964 414	0.968 311	0.963 993
Method in this paper	0.978 421	0.980 915	0.977 031

图 3-107 准确度表现

Comparison experiments	Random Forest	GradientBoostingClassifier	AdaboostClassifier
Compared paper	0.963 679	0.968 179	0.963 204
Method in this paper	0.977 627	0.980 109	0.976 137

图 3-108　召回率表现

Comparison experiments	Random Forest	GradientBoostingClassifier	AdaboostClassifier
Compared paper	0.966 144	0.967 699	0.963 213
Method in this paper	0.978 115	0.981 098	0.976 103

图 3-109　F1 表现

6）基于多核学习融合鼠标和键盘行为特征的终端用户身份认证方法

在不受控的环境中通过数据采集程序采集 21 名用户数据进行实验，实验表明，当选择时间片为 5 min 时，所提出算法的键盘特征、鼠标特征和融合特征的性能分别达到最大值，分别取得了 80.2%、84.5%和 89.6%AAcc，如图 3-111 所示。实验结果直观地表明，该算法比其他算法对不同时间切片提取的单个特征进行分类更为有效。综合实验，得到的最佳结果是：当时间片选择 5 min（平均 109 次击键和 1 515 个鼠标行为）时，该算法得到的最佳结果为 AAcc=89.6%，AFAR=8.8%，AFRR=11.9%。结果表明，双指标特征身份认证在一定程度上提高了系统身份的识别率，从而防止了系统的身份泄露或金钱损失。实验结果如图 3-110 和图 3-111 所示。

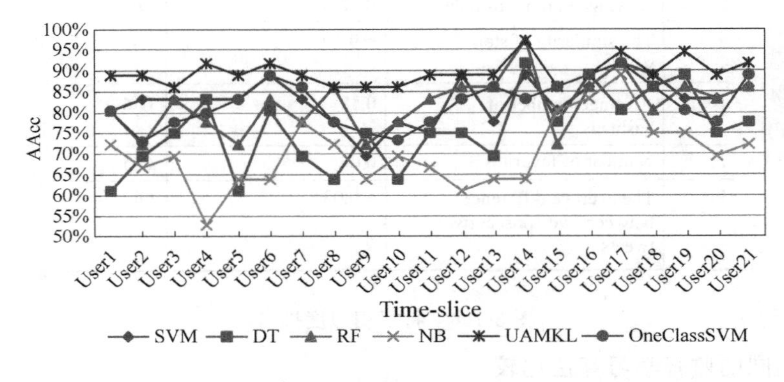

图 3-110 的彩图

图 3-110　时间片为 5 分钟每个用户不同算法的认证效果

图 3-111 的彩图

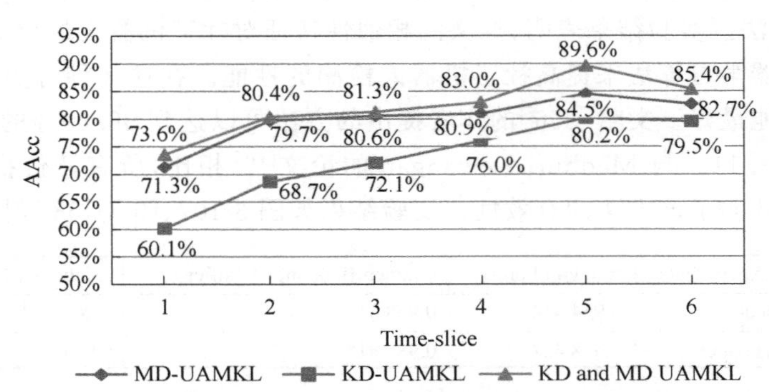

图 3-111　单特征和融合特征下 UAMKL 算法在不同时间片效果对比

7）使用真实环境的人类计算机交互行为进行用户识别

（1）特征分布分析

实验数据表明，鼠标数据的分布比键盘数据的分布更平坦，如图 3-112、图 3-113 所示。

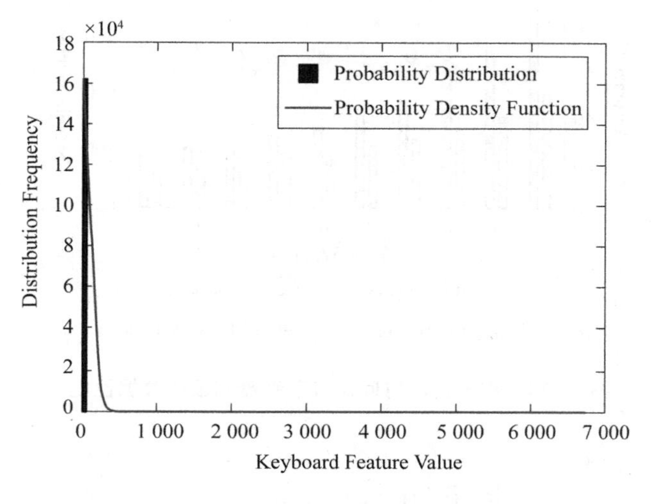

图 3-112 的彩图

图 3-112　键盘数据分布

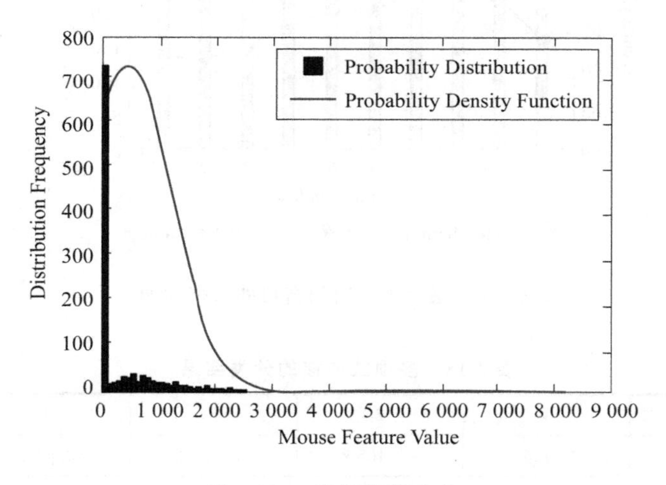

图 3-113 的彩图

图 3-113　鼠标数据分布

（2）具有不同时间窗口的功能性能分析

文献[356]的作者利用键盘操作数据、鼠标操作数据及其融合数据对 1～10 min 的时间窗进行了比较。实验结果表明，键盘数据的分类精度降低，而鼠标数据的分类精度提高，精度的变化与样本的数量几乎没有关系，不同的键盘和鼠标数据的特征提取方法是更重要的因素。实验结果如图 3-114 和图 3-115 所示。

（3）实验结果分析

① 内核选择

为了选择适合 MKL 算法的候选核，文献[356]的作者比较了不同次数的多项式核函数的性能，并通过使用 LibSVM 的网格优化算法找到了 RBF 核函数的最佳 c 值和 g 值。然后,比较核函数的不同组合,确定多项式和 RBF 核的驱动边界。结果如表 3-15、表 3-16、表 3-17 所示,全局多项式核和局部高斯核具有最好的性能。

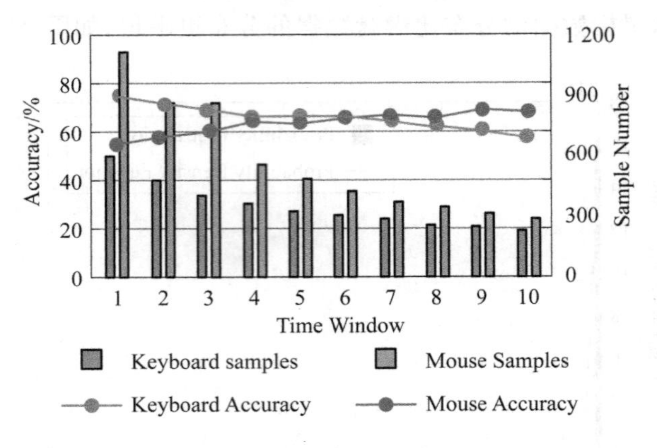

图 3-114 在不同的时间窗口下键盘和鼠标数据性能

图 3-114 的彩图

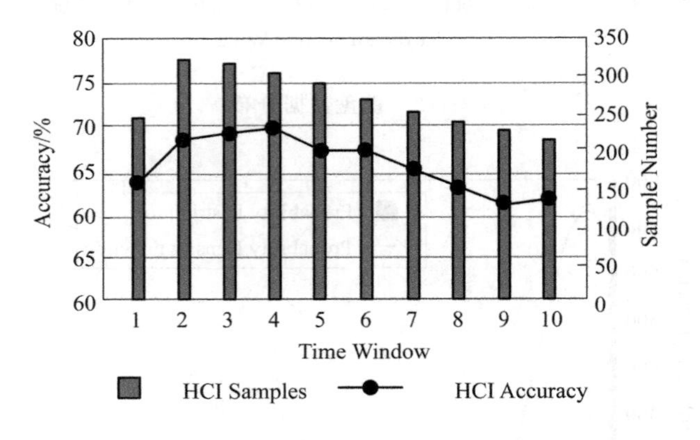

图 3-115 融合不同时间窗口的数据性能

表 3-15 多项式内核的分类结果

Polynomialdegree	1	2	3	4	5
Keyboard(1-min)	73.926 0	48.465 2	17.039 2	12.449 2	11.469 5
Mouse(10-min)	59.402 3	60.724 1	62.712 6	62.827 6	60.356 3
Fusion(4-min)	62.526 9	45.032 3	27.989 2	20.397 8	14.763 4

表 3-16 RBF 内核的最佳精度

Time-window length	Kernel	c	g	σ	Accuracy/%
Keyboard(1-min)	RBF	27.857 6	0.003 9	11.3	74.137 9
Mouse(10-min)	RBF	22.378 6	0.483 5	1.0	67.576 8
Fusion(4-min)	RBF	9.189 6	0.003 9	11.3	69.736 8

表 3-17 用多核方法得到的结果

Kernel	Variable	Accuracy/%	SD	CV	Time/s
Polynomial，Gaussian	Random，Random	69.19	9.71	14.03	126.99
Polynomial，Gaussian	All，All	73.74	7.14	9.69	235.43
Polynomial，Gaussian	All，Random	74.39	6.89	9.26	118.95
Polynomial，Gaussian	Random，All	68.29	10.10	14.78	256.39
Polynomial，Gaussian，Polynomial	Random，Random，All	73.61	9.41	12.78	147.20
Polynomial，Gaussian，Gaussian	Random，Random，All	67.60	10.18	15.07	389.94
Polynomial，Gaussian，Gaussian	All，Random，All	73.49	8.49	11.55	299.51
Polynomial，Polynomial，Gaussian	All，Random，All	73.69	7.87	10.68	232.16

② 验证方法的可用性

实验结果表明，精度的提高主要来源于多核学习方法的使用，证明了该方法的有效性和可用性。该方法通过统一的分类模型提高和平衡了每个用户的识别精度。如表 3-18 所示，由于键盘特征数量较多，HCI 数据的性能分布更接近键盘数据的性能。同时，HCI 数据的性能分布也利用了鼠标特征，提高了单个键盘特征的性能，证明了 MKL 算法和所提出的方法的优点。实验结果如图 3-116、图 3-117 和图 3-118 所示。

表 3-18 识别结果

Data	Number of training samples	Number of testing samples	Number of correct samples	Accuracy/%
HCI	304	165	137	83.03
Mouse	293	94	70	74.47
Keyboard	603	391	311	79.54

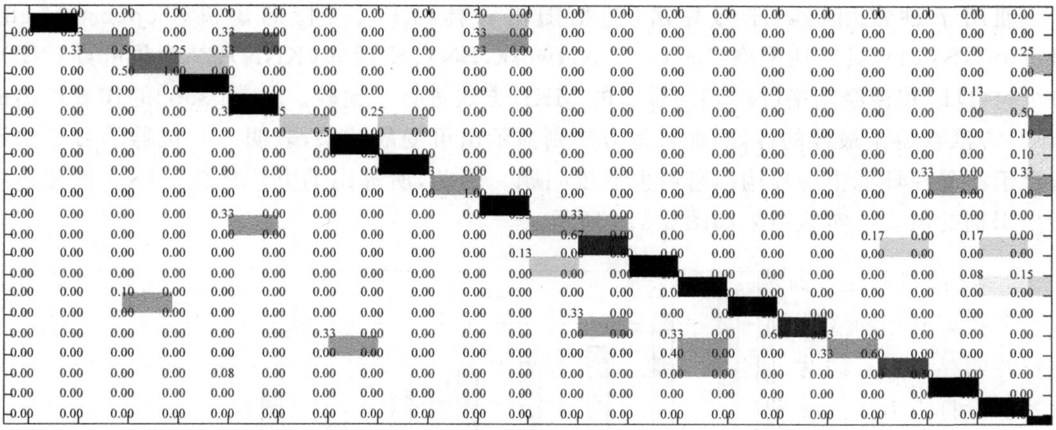

图 3-116 使用 HCI 数据进行分类结果分布

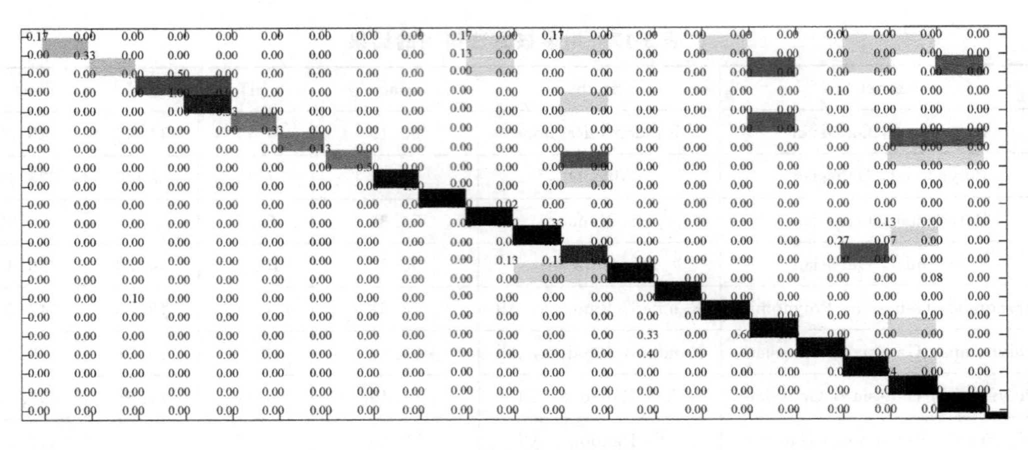

图 3-117　利用键盘数据进行分类结果分布

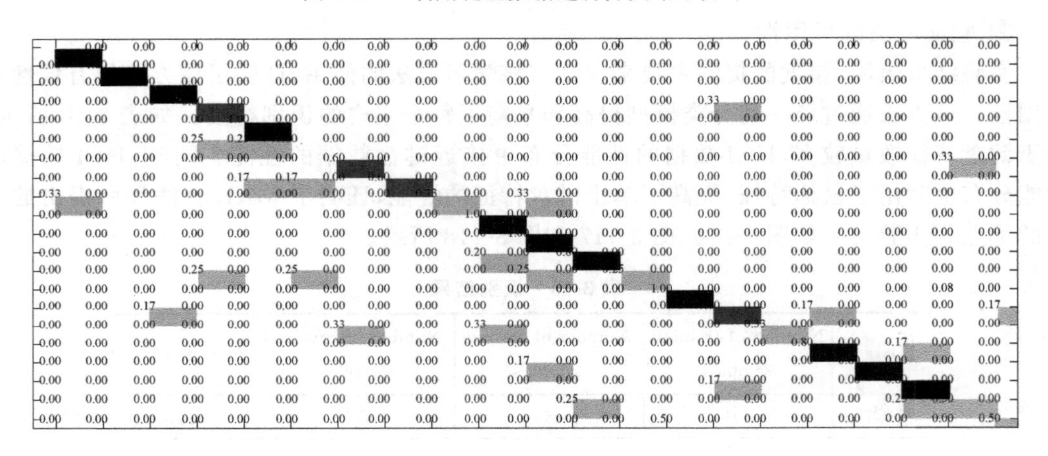

图 3-118　利用鼠标数据进行分类结果分布

③ 比较 8 种算法的分类结果

使用 7 种常用机器学习算法〔包括随机森林(RF)、支持向量机(Support Vector Machine,SVM)、贝叶斯网络(Bayesian Network,BN)、K 近邻(KNN)、朴素贝叶斯(NB)、决策树(DT)和神经网络(NN)〕与提出的 MKL 方法进行了比较。文献[356]的作者提出的 MKL 方法获得了最佳的性能,而其他方法则显示出可变的结果,表明一些机器学习算法不适合于不受控环境中的异构信息或大规模问题。因此,所提出的方法适应了不受控环境中用户识别的需要。实验结果如图 3-119 所示。

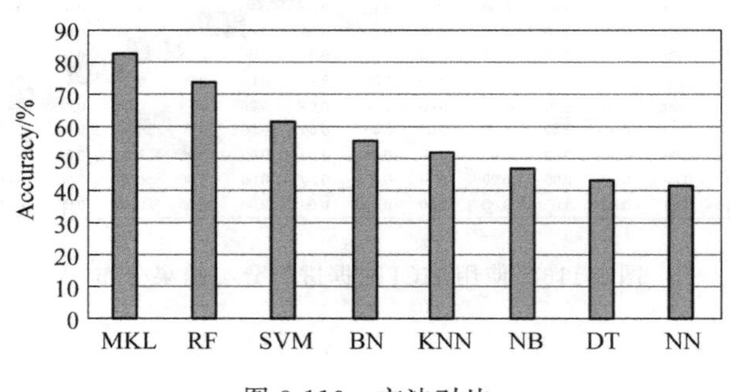

图 3-119　方法对比

8）基于特征相关性分析和特征优化的击键动力学身份认证。

（1）实验说明

文献[356]的作者选择 RHU 公共数据（Hold Time 特征、UD Time 特征、DD Time 特征）作为实验数据；随机森林分类算法采用 10 折交叉验证法，为保证结果的可靠性，所有实验进行 10 次，以精度值的平均值作为最终结果。

（2）实验数据分析

① 性能比较

如表 3-19 所示，该方法的平均准确率高于 RF 算法，使用 DE 算法选择特征后平均特征数减少，且总特征平均值和单特征平均数相对稳定。

表 3-19 10 次 DE-RF 结果

Times	RFAccuracy/%	DE-RF Accuracy/%	Number of all features	Number of Hold features	Number of UD features	Number of DD features
1	83.157 9	86.315 8	20	6	7	7
2	76.842 1	80.000 0	23	8	8	7
3	74.736 8	76.842 1	22	7	8	7
4	75.789 5	77.894 7	22	9	7	6
5	71.875 0	76.081 7	25	8	9	8
6	73.958 3	73.958 3	24	9	7	8
7	81.250 0	83.333 3	23	7	9	7
8	67.708 3	70.833 3	19	7	5	7
9	70.526 3	75.789 5	21	6	8	7
10	81.250 0	82.291 7	25	8	9	8
Means	**75.709 4**	**78.330 0**	**22.4**	**7.5**	**7.7**	**7.2**

② 特征选择分析

实验结果表明，用户的第一次和最后一次按键输入行为可以更好地表达用户行为特征；相距较远的字符切换操作可以更好地区分用户；在一定程度上 UD Time 和 DD Time 可以相互替代；上述特征被特征选择算法重复选择的概率较大。

③ 适应度函数比较

重复 10 次实验，采用随机森林分类算法和差分进化算法对特征选择进行性能评价；如表 3-20 所示，通过增加适应度函数的调整值，提高了分类准确率，减少了选择的特征数量，其中最明显的变化是选择的 Hold Time 的数量，从 9.1 减少到 7.5。

9）使用按键生物识别技术的智能手机用户身份验证[386]

（1）实验准备

实验招募了 104 名参与者，并使用了 PIN 代码 1-1-1、3-2-4-4 和 5-5-5-5；参与者被要求输入至少 20 次无错误的 PIN 代码，共收集到 4 位 PIN 码的击键样本 6 311 份，其中应用程序在过程中自动记录用户的加速度、压力、大小和时间数据。

表 3-20　有无调整值的实验结果

Experimental results	Without adjustment factor	With adjustment factor
Accuracy	76.253 3%	78.330 0%
Number of all features	24.0	22.4
Number of Hold features	9.1	7.5
Number of UD features	7.0	7.7
Number of DD features	7.9	7.2

(2) 特征选择方法分析

在特征选择过程中，采用差分进化(DE)特征选择方法从所有(146 个)候选对象中选择有用的特征。如表 3-21、表 3-22 所示，差分进化(DE)特征选择方法选择的特征子集对应的等错误率均最低，同时差分进化(DE)特征选择方法还具有更低的能源消耗。

表 3-21 特征选择对比

Group	Input	Baseline EER	SVR EER
The original 63 features	1 111	23.333 30	8.333 33
	3 244	12.089 50	3.063 71
	5 555	21.333 30	7.333 33
The new 146 features	1 111	11.649 98	4.986 14
	3 244	8.490 31	2.713 04
	5 555	9.624 41	4.881 35
Pearson feature selection (top 100)	1 111	15.833 30	5.277 78
	3 244	9.658 02	2.713 04
	5 555	10.388 89	5.166 67
BPSO feature selection	1 111	11.666 70	3.102 49
	3 244	6.191 14	0.435 82
	5 555	15.180 70	1.666 67
DE feature selection	1 111	7.500 00	**2.119 11**
	3 244	6.666 67	**0.126 60**
	5 555	9.842 41	**0.776 92**

表 3-22　BPSO 和 DE 的时间测试

Group	Number of particles(agents)	Number of iterations	Time/s
BPSO	100	10	2 273
DE	100	10	1 919

(3) 性能比较分析

性能比较分析如表 3-23 所示。

表 3-23 EER 对比

Group	Input	Baseline EER	SVR EER	SE EER	SM EER	KNN EER	RF EER
Zheng et al.	1 111	6.960 00					
	3 244	3.650 00					
	5 555	7.340 00					
VP1(a)	1 111	11 .649 90	**4.986 15**	24.666 5	15.000 0	28.333 3	23.333 3
	3 244	8.490 30	**2.713 05**	14. 999 9	12.500 0	16.250 0	18.750 0
	5 555	9.624 41	**4.881 36**	27.333 2	20.000 0	21.666 7	18.333 3
VP1(b)	1 111	7.500 00	**2.119 11**	23.333 2	15.000 0	26.250 0	21.666 7
	3 244	6.666 67	**0.126 60**	11.551 2	11.250 0	15.000 0	10.000 0
	5 555	9.842 42	**0.776 92**	27.571 2	20.368 9	23.333 3	16.666 7
VP2(a)	1 111	**11.649 90**	12.008 60	28.394 9	14.999 8	20.368 9	21.988 4
	3 244	**8.490 30**	8.988 55	14. 999 9	12.499 9	14.277 7	18.950 1
	5 555	**9.624 41**	11.749 10	29.999 7	19.999 8	16.499 9	19.241 7
VP2(b)	1 111	**7.500 00**	7.764 08	27.999 7	14.045 4	21.902 1	24.305 9
	3 244	**6.666 67**	6.833 33	12.499 9	11.064 5	12.277 4	18.195 8
	5 555	**9.842 42**	10.438 90	27.999 7	21.706 4	10.944 4	20.715 4
VP3(a)	1 111	12.208 20	13.333 30	27.993 9	15.271 4	24.672 8	25.585 3
	3 244	9.187 03	**8.750 00**	14. 999 9	12.499 9	16.620 9	23.356 9
	5 555	10.577 20	**10.000 00**	29.579 3	19.999 8	16.499 9	21.981 3
VP3(b)	1 111	7.972 08	**6.463 02**	23.781 6	17.123 0	26.484 3	29.968 7
	3 244	6.666 67	**6.354 64**	13.880 4	12.499 9	14.886 9	22.343 3
	5 555	10.205 00	**10.000 00**	28.329 9	24.999 7	10.944 4	23.611 0

VP = Verification Process, a = 146 features, b = feature sequence by DE

(4) 稳健性测试分析

如表 3-24 所示,VP3 在有无对抗性噪声测试样本的模型间具有稳健性;SVR 对所有身体运动状态具有较好的泛化能力。实验结果如图 3-120 所示。

表 3-24 EER 有无噪声对比

Group VP3b	Input	Baseline	SVR
EER without perturbations	1111	7.972 08	**6.463 02**
	3 244	6.666 67	**6.354 64**
	5 555	10.205 00	**10.000 00**
EER with adversarial noise only in test samples	1 111	21.388 80	**10.860 10**
	3 244	18.230 20	**10.929 90**
	5 555	24.428 20	**11.666 70**

VP=Verification Process, a = 146 features, b = feature sequence by DE

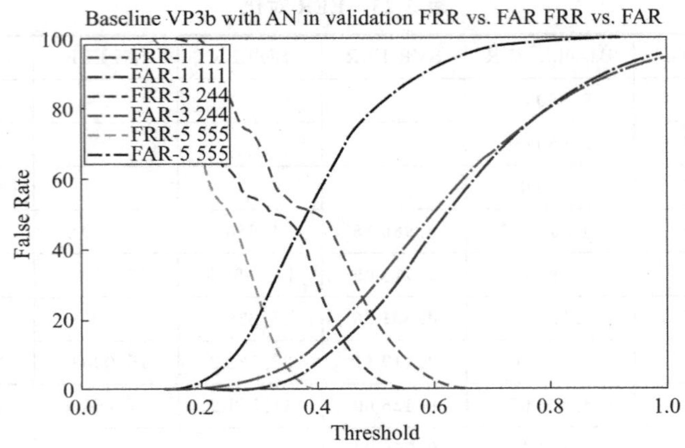

图 3-120 的彩图

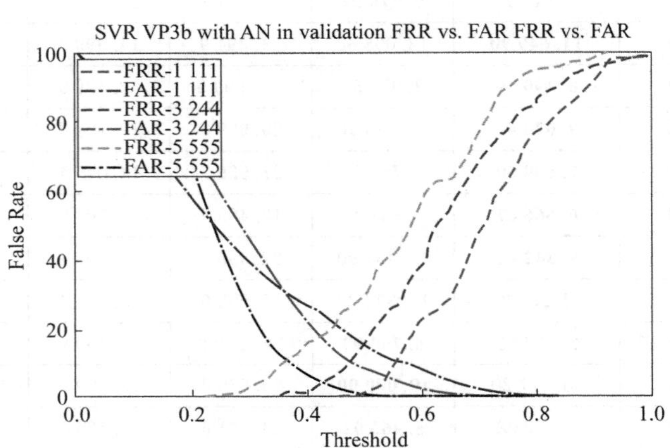

图 3-120 EER 有噪声的表现

（5）稳健性改进分析

实验中逐组添加一个样本，以找到 EER 最低的最佳身份验证模型。如表 3-25 所示，几乎所有的模型在对各种身体运动状态的样本进行再训练后都有轻微的改善，而不仅仅是 SVR 模型。实验结果如图 3-121 所示。

表 3-25 逐组添加一个样本

Group VP3b with AN test samples	Input	Baseline	SVR
(a) Train samples	1111	21.388 8	**10.860 10**
	3 244	18.230 2	**10.929 90**
	5 555	23.847 4	**11.666 70**
(b)a+AN train samples * 1	1 111	20.625 0	**10.305 40**
	3244	18.055 0	**10.189 20**
	5 555	23.333 3	**10.758 20**

续 表

Group VP3b with AN test samples	Input	Baseline	SVR
(c)a+AN train samples * 2	1 111	20.546 6	**10.562 70**
	3 244	17.717 0	**9.166 67**
	5 555	23.104 7	**10.092 70**
(d)a+AN train samples * 3	1 111	19.606 1	**10.096 50**
	3 244	17.709 0	**8.709 32**
	5 555	22. 893 9	**9.426 37**
(e)a+AN train samples * 4	1 111	20.763 7	**10.466 20**
	3 244	17.620 5	**9.166 67**
	5 555	23.333 3	**10.000 00**

VP = Verification Process, a = 146 features, b = feature sequence by DE, AN train samples * n = train samples with n groups of AN

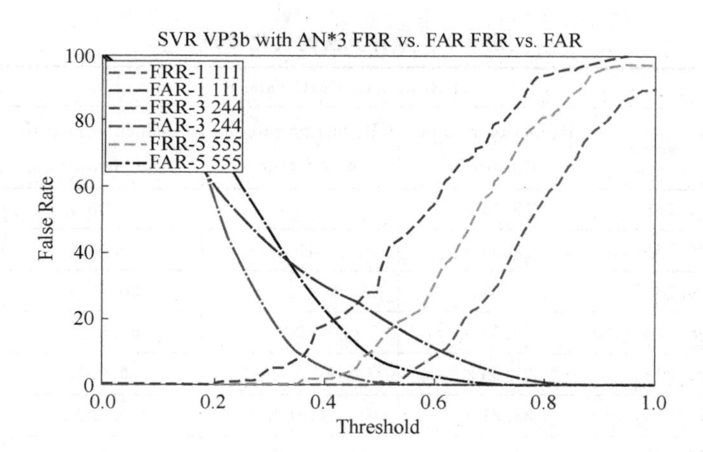

图 3-121 的彩图

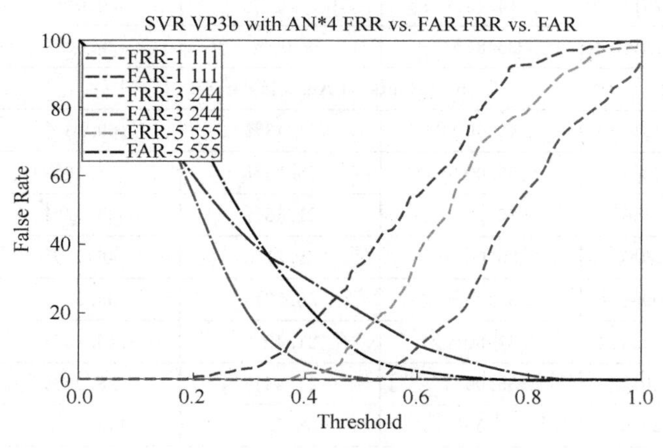

图 3-121 EER 在 SVR 上有噪声的表现

10）基于改进二元粒子群优化的用户击键动力学身份认证

（1）实验数据集

实验中所使用的 3 种公开击键数据集如表 3-26 所示。

表 3-26 3 种公开击键数据集

Dataset	Users	Input characters	Features	Samles per user
CMU	51	. tie5Roanl	31	400
Android	42	. tie[123?]5[abc][Shift]R[Shift]oanl	41	51
RHU	51	rhu. university	53	15～20

（2）实验结果分析

① 优化结果分析

实验比较了 8 种优化算法（4 种提出方法和 4 种传统方法）；二元粒子群优化算法（BPSO）、差分进化算法（DE）、遗传算法（GA）和蚁群优化算法（ACO）。优化结果如表 3-27 所示。

表 3-27 8 种算法的优化结果

Algorithm	Accuracy	Reduction rate of all features	Reduction rate of hold features	Reduction rate of UD features	Reduction rate of DD features
(a) Results on CMU dataset					
IG-BPSO	87.75%	19.35%	0	40.00%	20.00%
OIG-BPSO	86.76%	12.90%	0	20.00%	20.00%
DIG-BPSO	86.76%	22.58%	0	20.00%	50.00%
DOIG-BPSO	86.27%	29.03%	0	50.00%	40.00%
BPSO	86.27%	29.03%	0	30.00%	60.00%
DE	74.51%	38.71%	36.36%	50.00%	30.00%
GA	87.75%	16.13%	0	30.00%	20.00%
ACO	85.29%	25.81%	9.09%	20.00%	50.00%
(b) Results on Android dataset					
IG-BPSO	70.56%	45.00%	21.43%	69.23%	46.15%
OIG-BPSO	69.63%	35.00%	28.57%	38.46%	38.46%
DIG-BPSO	69.16%	25.00%	21.43%	30.77%	23.08%
DOIG-BPSO	70.09%	35.00%	35.71%	46.15%	23.08%
BPSO	70.09%	35.00%	28.57%	53.85%	23.08%
DE	66.82%	37.50%	21.43%	46.15%	46.15%
GA	70.56%	35.00%	21.43%	23.08%	61.54%
ACO	67.29%	27.50%	28.57%	15.38%	38.46%
(c) Results on RHU dataset					
IG-BPSO	84.21%	35.00%	35.71%	30.77%	38.46%
OIG-BPSO	83.16%	37.50%	28.57%	15.38%	69.23%

续表

DIG-BPSO	85.26%	47.50%	57.14%	38.46%	46.15%
DOIG-BPSO	85.26%	30.00%	21.43%	23.08%	46.15%
BPSO	84.21%	45.00%	57.14%	46.15%	30.77%
DE	81.05%	45.00%	35.71%	69.23%	30.77%
GA	85.26%	35.00%	35.71%	30.77%	38.46%
ACO	84.21%	27.50%	35.71%	23.08%	23.08%

实验结果表明,IG-BPSO 方法具有较好的性能,而 OIG-BPSO 的精度较低;与 BPSO、DE 和 ACO 相比,IG-BPSO 和 DOIG-BPSO 具有稳定的性能、更好的精度和更少的特征数;OIG-BPSO 和 DIG-BPSO 的性能相对较差。

② 特征相关系数分析

为验证解决单独的 IG 算法忽略特征间相关性的问题,文献作者分析了特征优化后的特征相关性。实验结果如表 3-28 所示,特征优化方法降低了特征之间的相关性,减少了特征冗余。

表 3-28 相关系数分析

Results on CMU dataset		
Features	Correlation coefficient	After optimisation
Hold, UD	0.170 5	0.097 8
Hold, DD	0.095 0	0.038 1
UD, DD	0.990 4	0.515 9
Results on android dataset		
Hold, UD	0.067 9	0.019 7
Hold, DD	0.064 5	0.033 4
UD, DD	0.999 4	0.183 1
Results on RHU dataset		
Hold, UD	0.096 4	0.046 2
Hold, DD	0.160 7	0.175 7
UD, DD	0.976 6	0.252 4

3.2.4 基于主体认知特征的检测技术

1. 概述

社会工程学攻击作为认知域攻击的典型应用,为当前网络空间安全认知域的研究提供了大量的数据和案例基础。社会工程学检测研究主要集中在钓鱼网站检测、钓鱼邮件检测、账号劫持检测、社工机器人检测等方面。而现有的检测技术多集中于攻击过程和攻击目标异常行为检测,忽略了目标主体的认知特征检测。

目前在社会工程学中对于主体认知特征的详细定义还没有统一的定论，主体认知特征包括了与人的认知相关的众多因素，包括人格、情绪、记忆以及各种心理要素等[387]。认知层的特征一般存在于社会工程学主体信息、攻击内容信息等与人相关的信息里，例如，在钓鱼邮件的攻击文本内容里，就可以提取出认知特征用于社会工程学检测。

人格作为一种稳定的心理特征，是现在有关认知特征研究的主要切入点。人格是构成一个人的思想、情感及行为的特有的统合模式，这个独特模式包含了一个人区别于他人的稳定而统一的心理品质。

用户身份分析也是现在主体认知特征应用研究的一个重要方向。传统的用户身份分析更多是基于生物特征，包括指纹、人脸、虹膜、步态、击键、签名等。而认知特征中包含了人在与周边人、环境交互过程中逐步形成的较稳定的心理特质，包含了有关用户身份的关键信息，也可以用于生成用户画像及验证用户身份。

由于社会工程学攻击的实施很大程度上依赖于说服原则(Compliance Principes)，且说服原则是基于心理学提出的，所以说服原则作为社会工程学的关键心理机制也是目前主体认知特征应用研究的一个重要方向。说服原则是指攻击者用来引导被攻击者遵从其指令的心理要素，说服原则主要包括互惠(Reciprocity)、权威(Authority)、一致性(Commitment)、稀缺性(Scarcity)、社会认同(Social Validation)、喜好(Liking)等。

网络钓鱼攻击中选用的说服原则主要是权威、喜好和稀缺性。例如，权威原则指人们总是愿意听取专家的意见，攻击者可以利用这一点，通过仿冒银行、知名机构、受害者上司等身份发送钓鱼信息，增强钓鱼信息的可靠性；稀缺性原则指物品和机会越匮乏，人们就会认为其越有价值，攻击者可以利用这一点，通过在网络钓鱼中加入截止时间、名额有限、先到先得等词汇，促使受害者产生压力和紧迫感，影响受害者判断。利用说服原则在网络钓鱼中广泛使用这一点，可以通过提取出邮件中有关说服原则的词汇出现的次数作为关联邮件的心理特征，与传统的钓鱼邮件检测相结合，进一步识别出不可信任的邮件。

目前，在社会工程学研究中，与主体认知有关的心理特征的提取大都是基于文本的。为了提取待检测文本中的认知层特征，可以使用文本心理词特征提取方法 LIWC。LIWC 特征是通过 LIWC 工具获得的，LIWC 是自然语言处理技术中的一种方法。与其他文本分析工具的区别在于，它引入了因果词、情绪词、认知词等心理学词语，对文本的统计特征和心理学特征进行提取。LIWC 广泛应用于自然语言处理和心理学领域。

从当前的研究情况来看，与人属性相关的研究已经有了很大的发展，并且已经成功应用在了个性化推荐、身份认证、社交网络分析等多个领域。在社会工程学领域，对主体认知的研究也逐步重视起来，主体认知特征被广泛使用于攻击检测、身份认证、易感性分析及攻击行为与心理特征的关联分析等。但是总体来说，与社会工程学直接相关的"人"的认知域研究还相对薄弱且不成体系。人是社会工程学的核心要素，与人相关的认知域研究是突破社会工程学攻击机理研究、实现社会工程学防御的关键。所以，社会工程学主体相关研究仍需要进一步的发展。

2. 主体认知分析与提取

1）主体认知分析

在现有研究成果的基础上，这里系统分析主体认知与攻击过程之间的关系，完成针对社工主体的从认知特征到网络钓鱼易感性的关联分析，阐释多方面影响因素联结的动态过程，建立心理特征与网络钓鱼行为之间的关联模型。

Xinyue Cui 提出了一种网络钓鱼易感性的评测方法——基于钓鱼邮件易感人群的心理-认知-行为模型。该方法可用于用户邮件钓鱼易感性的评估，已通过情景模拟实验证明了该方法预测钓鱼邮件判断能力的有效性。

Xinyue Cui 针对攻击目标认知特征存在个体差异的问题，对攻击目标的人格特质、知识经验和认知因素进行解析，建构了个体网络钓鱼易感性的理论模型，形成被攻击者网络钓鱼易感性的关联模型，如图 3-122 所示。

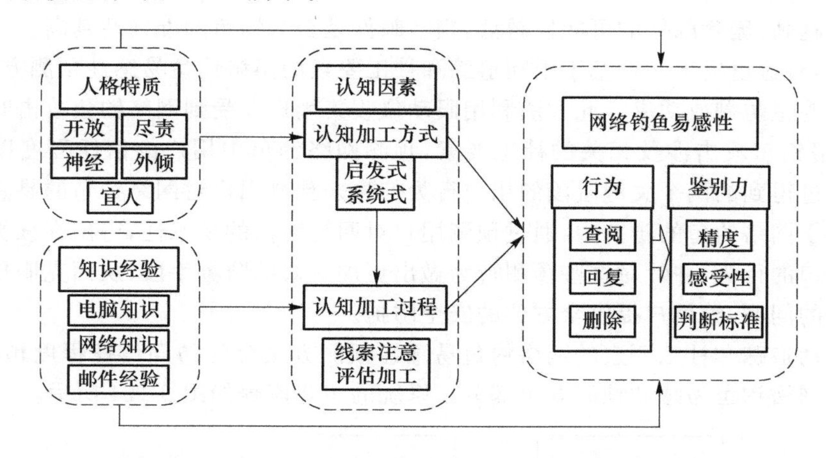

图 3-122 基于攻击目标心理特征的网络钓鱼易感性模型

通过情景模拟实验，Xinyue Cui 采集了 414 名用户面对钓鱼邮件时的反映，并且对采集的数据进行路径分析，建立了基于个体认知加工特征的网络钓鱼易感性的关联模型，如图 3-123 所示。该模型解析了人格特征、知识经验和认知加工对邮件用户识别钓鱼邮件行为的影响。在人格特质方面，大五人格模型使用开放性、责任心、外倾性、宜人性、神经质性 5 种特质涵盖人格描述的所有方面，而本书主要研究开放性、责任心、神经质 3 种人格特质对钓鱼易感性的影响。在知识经验方面，本书主要研究网络经验、计算机及网络相关知识对钓鱼易感性的影响。

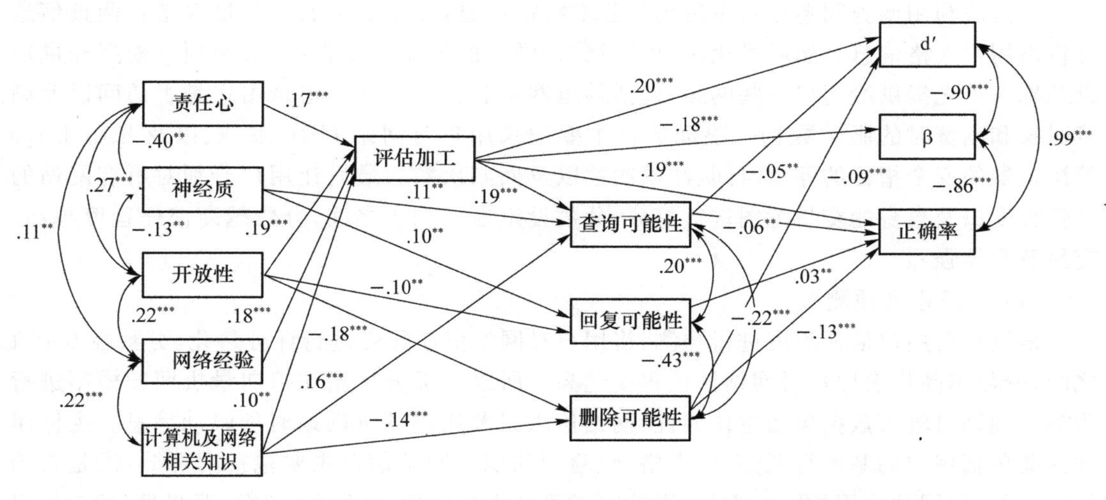

图 3-123 人格特质、知识经验及认知加工方式对网络钓鱼易感性的影响

实验结果显示：在人格特质方面，用户责任心和开放性得分越高，其对邮件的评估加工程度也越高，表明其对钓鱼邮件的判别能力也越强；而用户神经质得分越高，则其与评估加工的关联性越低，且查询和回复邮件的可能性越高，表明其对钓鱼邮件的判别能力较弱，更容易受到网络钓鱼的攻击，这说明个体的人格特质通过影响其对信息评估加工的能力，进而影响用户判别网络钓鱼的正确性。在知识经验方面，用户网络经验、计算机及网络相关知识越丰富，则其对邮件的评估加工程度越高，表明其对钓鱼邮件的判别能力也越强。此外，计算机和网络相关知识还能直接影响用户处理邮件时的选择，相关知识越丰富的用户，查询邮件的可能性越高，删除邮件的可能性越低，判断邮件是否为钓鱼的准确性越高。

除此以外，这里提出一种基于眼动追踪和社工要素的网络钓鱼易感性预测方法，目的在于提高网络钓鱼防御成功率。此方法利用眼动仪收集用户在受到网络钓鱼攻击时的数据信息，结合网络钓鱼攻击涉及相关的社工要素，预测网络钓鱼中用户的信任程度以及交易意图。最后通过得到的两个关键阶段的用户行为信息来预测用户对网络钓鱼的易感性。此方法可以应用于网络钓鱼的防御中，通过预测用户对网络钓鱼的易感性，得出在该类型网络钓鱼攻击下用户的行为，并针对这些预测行为做出更加有效的防御手段，从而克服传统防御方法适应性差的问题，给用户提供全方位的安全防护。

基于眼动追踪和社工要素的网络钓鱼易感性预测方法分为访问信任程度预测、交易意图预测以及网络钓鱼易感性预测 3 个部分。系统的主要流程如图 3-124 所示。

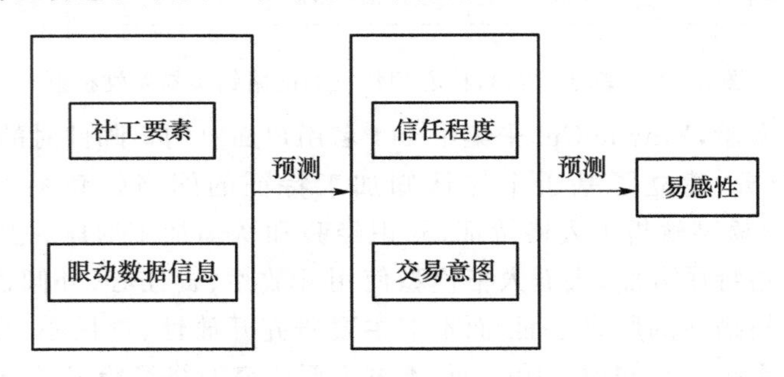

图 3-124　系统流程图

该方法利用调查问卷形式采集用户基本特征信息，并按照大五人格量表结合调查信息分析出用户人格信息。然后量化用户针对钓鱼网站的经验和知识，为后面训练模型提供信息基础。首先提供给用户一些网站，包括钓鱼网站和正常网站。记录用户是否访问以及浏览时长和浏览时的眼动数据。眼动数据主要记录用户对网站 URL、lock、以及 http/https 等浏览器的安全指标的停留时间、注视次数以及回归次数。最后让用户分别对所有网站的信任程度以及自身的交易意图进行打分，分数设定在 0 到 1 之间，分数越高信任程度越高，交易意图越强烈。

（1）信任程度预测

该模块对用户信任程度进行预测，将用户对网站信任程度进行评分量化，分数在 0 到 1 之间，分数越高代表用户对网站信任程度越高。所以此部分采用支持向量机回归模型进行预测。训练时输入数据包括主体属性、网站信息以及用户浏览网站时的眼动信息。主体属性主要包括用户的基本特征信息、人格、经验和知识。网站信息主要包括两部分：①是否为钓鱼网站；②网站采用的影响方式，影响方式可分为权威性、一致性、兴趣、互惠性、稀缺性以及社会性。

权威性即人们更有可能回应处于权力或者权威地位人的请求。一致性即人们寻求履行自己的承诺,例如网站可以提醒用户曾经承诺支持某个特定的慈善机构,用户就很有可能对其进行访问。兴趣即通过用户的个人兴趣诱导用户进行访问。互惠性则是基于一些服务或者回报诱导用户。稀缺性则是通过某些“压力”促使用户感觉到网站访问机会稀缺难得,比如可以通过“时间压力”,限制用户某个时间内才可以访问到网站内容。社会性是基于人们的一种社会心理,即人们往往会做其他人(通常是同龄人)正在做的一些事情。

眼动信息主要包括 3 个部分,涉及用户对网站 URL、lock、http/https 以及主体内容的停留时间、注视次数以及回归次数。停留时间和注视次数主要反映用户是否对特定的内容进行了深度加工,而回归次数则反映了某部分引起了用户关注,得到了用户进一步的检查。

(2) 交易意图预测

该模块对用户交易意图进行预测。与信任意图相同,将用户交易意图进行评分量化,分数在 0 到 1 之间,分数越高代表用户交易意图越高。同样采用支持向量机回归模型进行预测。输入数据包括主体属性、网站信息以及眼动信息 3 个部分。数据具体包含内容与信任意图预测相同。

(3) 网络钓鱼易感性预测

该模块利用预测到的用户的两个关键行为信息对网络钓鱼易感性进行预测。该模块会将网站分为高、中、低 3 个易感等级,是无监督学习,采用 K-Means 聚类算法。训练时输入数据包括用户信任程度和用户交易意图。输出数据即为高、中、低 3 个易感等级。

2) 主体认知特征提取

这里对于社会工程学认知域的研究,主要集中于主体认知特征,研究基于网络数据的主体认知特性提取方法。主体认知特征广泛存在于人与周围人、与环境相互交互的场景中,而文本是其中最稳定、最易于分析的交互媒介,可以从检测文本中提取部分社工主体心理特征用于社会工程学检测。

(1) 风格特征

同一个人即使在不同的作品中,其写作风格仍然相对相似。利用这一原理,已有研究试图对写作风格进行定义,并且提出了 1 000 多种特征,但是这些特征没有使用统一的标准进行优化。

Xiujuan Wang 选取了 97 种风格特征,并将其划分为 4 种类型,包括基于令牌的特征(Token-based Features)、语法特征(Syntactic Features)、结构特征(Structural Features)、特定内容特征(Content-specific Features)。这些特征大多数在相关研究中被选用,验证了其在定义“人”方面的有效性。风格特征的选取如图 3-125 所示。

(2) 性别特征

根据统计调查,男性和女性即使是表达相同的意思,其选用的词语也有较大的差距。例如,女性经常使用强调程度的副词和表达情感的形容词,而男性经常使用第一人称和带有命令性质的词汇。

利用这一原理,Xiujuan Wang 选取了 7 种性别特征,包括 Affective Adjectives、Exclamation、Expletives、Hedges、Intensive Adverbs、Judgmental Adjectives、Uncertainty Verbs,以区分发件人的性别。性别特征及其对应的特征词汇如图 3-126 所示。

Feature category	Featcure description	Feature category	Featcure description
Token-based features	Character count (N)	Structural features	lines in an e-mail
	Ratio of digits to N		Sentence count
	Ratio of letters to N		Paragraph count
	Ratio of uppercase letters to N		Presence/absence of greetings
	Ratio of spaces to N		Has tab as separators between paragraphs
	Ratio of tabs to N		Has blank line between paragraphs
	Occurrences of alphabets (A-Z) (26 features)		Presence/absence of separator between paragraphs
	Token count(T)		Average paragraph length in terms of characters
	Average sentence length in terms of characters		Average paragraph length in terms of words
	Average token length		Average paragraph length in terms of sentences
	Ratio of characters in words to N		Use e-mail as signature
	Ratio of types to T		Use telephone as signature
	Vocabulary richness		Use URL as signature
Syntactic features	Occurrences of function words (25 features)	Content-specific featurcs	agreement, team, section, good, parties, once, time, pick, draft, notice, questions, contracts, day (13 features)
	19. Occurrences of punctuations，.? ! ; ' "(8 features)		

图 3-125　风格特征的选取

Feature	Words included in the feature
Affective Adjectives	adorable, charming, sweet, lovely, divine
Exclamation	good heavens, hey, oh
Expletives	wow, woah
Hedges	well, kind of, sort of, possibly, maybe
Intensive Adverbs	really, very, quite, special
Judgmental adjectives	distracting, bothersome, nice
Uncertainty Verbs	wonder, consider, suppose

图 3-126　性别特征及其对应的特征词汇

(3) 人格特征

根据对心理学相关文献研究，不同个性的人经常使用不同的词汇。例如，乐观的人倾向于使用快乐、好、满足等，而悲观的人倾向于使用悲伤、抱歉、可怜等。惊讶、恐惧、积极和消极等情绪可以用不同的语言来表达。

利用这一原理，Xiujuan Wang 选取了 15 种人格特征，每个人格特征都对应各种心理词汇。

(4) 说服原则特征

说服原则包括权威原则、好感原则、互惠原则、社会认同原则、言行一致原则、稀缺原则。Xue Li 发现钓鱼电子邮件中使用的说服原则主要是权威性、互惠性和稀缺性。Xue Li 根据 TF-IDF 算法，选取几个具有高度相关性的特征作为说服原则特征词，然后统计特征词出现的次数作为说服原则特征，如图 3-127 所示。

Persuasion Principle	Corresponding words
Authority Reciprocation Scarcity	Paypal, Verify, Fraud, Management, Identity Benefits, Bank, Customers, Accounts, Updates Limited, Services, Suspension, Suspended, Terminated

图 3-127 说服原则特征

3. 主体认知模型检测算法

Xiujuan Wang 提出了一种基于身份验证的鱼叉式钓鱼邮件检测方法。由于鱼叉式钓鱼攻击目标性很强，攻击者往往从会伪装成受害者的可信任发件人，这使得鱼叉式钓鱼邮件与合法邮件用传统的检测方法难以区分。

为了解决这一问题，Xiujuan Wang 提出了一种基于身份验证的鱼叉式钓鱼邮件检测方法(SPBA)。该方法在主体认知特征提取的研究的基础上，从信任邮件数据集与不可信邮件数据集中选取了与发件人有关的 3 种特征，包括邮件风格特征、性别特征和人格特征，然后通过机器学习分类器进行身份验证，以此检测鱼叉式钓鱼邮件。SPBA 的框架如图 3-128 所示。

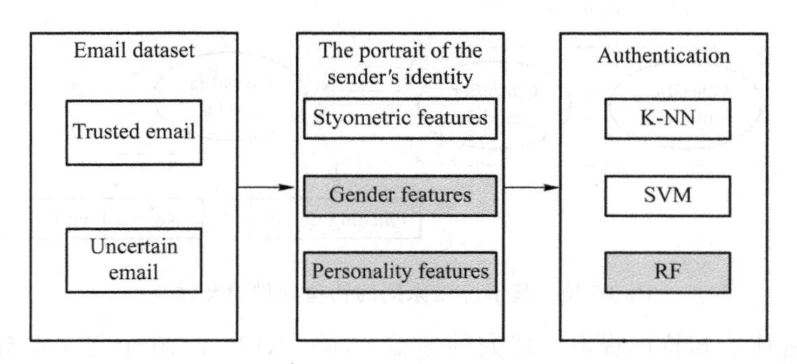

图 3-128 SPBA 框架

在特征提取之后，需要使用机器学习的算法检测发件人身份真实性。Xiujuan Wang 采用 K 最近邻、支持向量机、随机森林 3 种常用的分类器验证发件人身份肖像。整个鱼叉式钓鱼邮件检测的过程如图 3-129 所示。

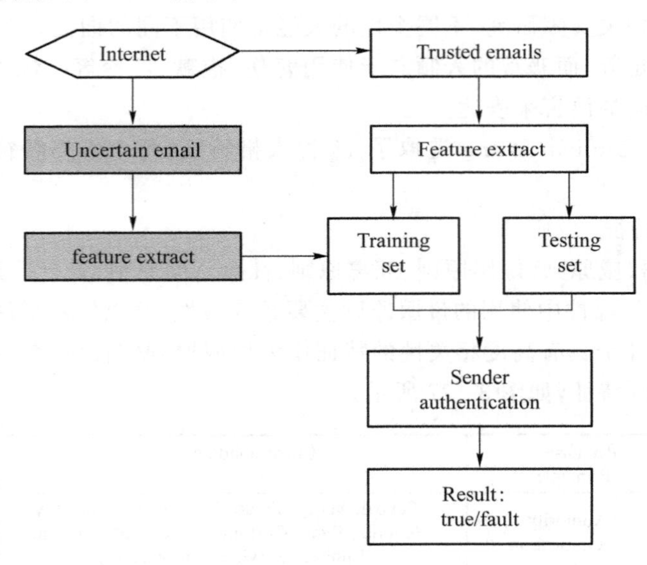

图 3-129　鱼叉式钓鱼邮件检测的流程图

Xue Li 提出利用说服原则选取邮件特征以提高钓鱼邮件检测的有效性。由于钓鱼邮件本质上是社会工程学攻击，它极大地利用了人性的弱点，故选取特征时应该考虑心理因素。Xue Li 选取了与说服原则有关的特征并通过信息增益进行特征选择，由此提高钓鱼邮件检测的准确性。基于说服原则的钓鱼邮件检测框架如图 3-130 所示。

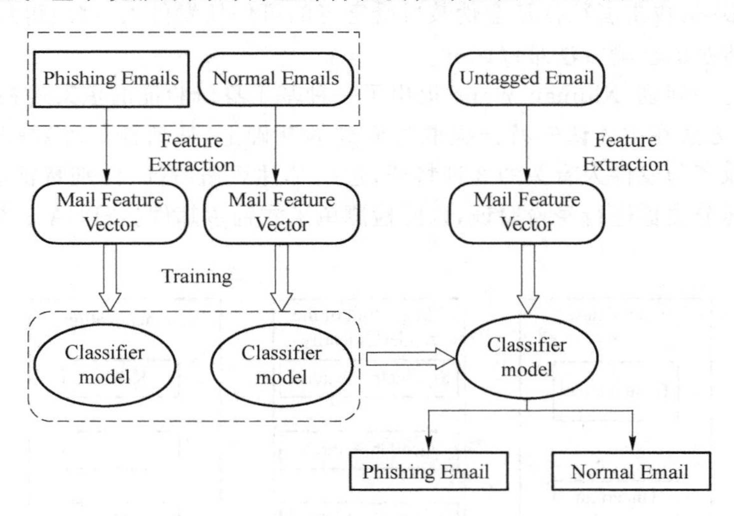

图 3-130　基于说服原则的钓鱼邮件检测框架

该方法在主体认知特征提取的研究的基础上，除了选择了 10 个与文本有关的特征作为基础特征，还通过分析 6 种说服原则，使用 TF-IDF 算法找出与说服原则高度相关的词语，统计特征词出现的次数作为说服原则特征。最后使用 K 最近邻、决策树、贝叶斯算法进行分类并比较结果。

整个检测分两个阶段：第一阶段为分类器训练阶段；第二阶段为分类器测试阶段。利用训练集对分类器进行训练,利用得到的分类器模型对测试集进行分类,最后比较检测结果。

吴桐[435]提出专利"社会工程学攻击的防御方法及装置",流程如图 3-131 所示,方法步骤如下:当用户终端接收到通信消息时,获取所述通信消息的内容;提取获取的所述通信消息的内容中的主体认知特性特征;根据提取的主体认知特性特征判断所述通信消息是否为社会工程学攻击;在所述通信消息为社会工程学攻击的情况下,根据预先评估得到的所述用户终端的用户安全意识等级选择防御措施;根据选择的防御措施针对所述通信消息执行防御动作。通过上述方案为用户提供适应性的安全防护,满足用户全方位的安全防护需求。

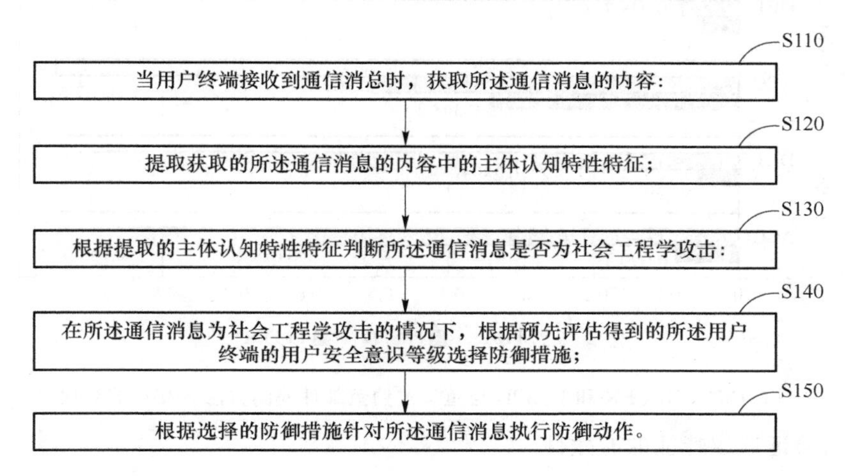

图 3-131　社会工程学攻击的防御方法的流程示意图

4. 仿真实现

本小节将对上述方法的仿真实现分别进行介绍。

1) 基于身份验证的鱼叉式钓鱼邮件检测

(1) 实验数据

实验从安然电子邮件数据集中选择了 10 个发件人,每个发件人约有 50 封邮件。对于每一个发件人,保留其自身的邮件作为正常数据集,从其他 9 个发件人中选取相同数量的邮件作为鱼叉钓鱼数据集。

(2) 评价指标介绍

实验选取准确率作为钓鱼邮件检测方法的性能主要评价指标,对于不同类型的特征还比较了其特征均值和方差。

(3) 实验结果分析

实验一:SPBA 与传统钓鱼邮件检测方法的比较

实验选取了两种传统的钓鱼邮件检测方法 PILFER 和 FSSPD,与 Xiujuan Wang 提出的鱼叉式钓鱼邮件检测方法 SPBA 进行比较,实验结果如图 3-132 所示。PILFER 选取的 10 种特征全部与 URL 有关,FSSPD 在 PILFER 的基础上还选取了与邮件内容相关的特征。

实验结果表明,PILFER 在各种分类器上的表现都较差,对鱼叉式钓鱼邮件几乎没有分辨能力;FSSPD 相较于 PILFER 检测效果有所提升,但总体效果仍不明显,最大精度保持在 60%左右;SPBA 表现最佳,各个分类器的准确率都在 90%以上,使用随机森林算法,准确率最高且达到了 95.05%。实验验证了 Xiujuan Wang 提出的基于身份验证的鱼叉式钓鱼邮件检测是有效的。

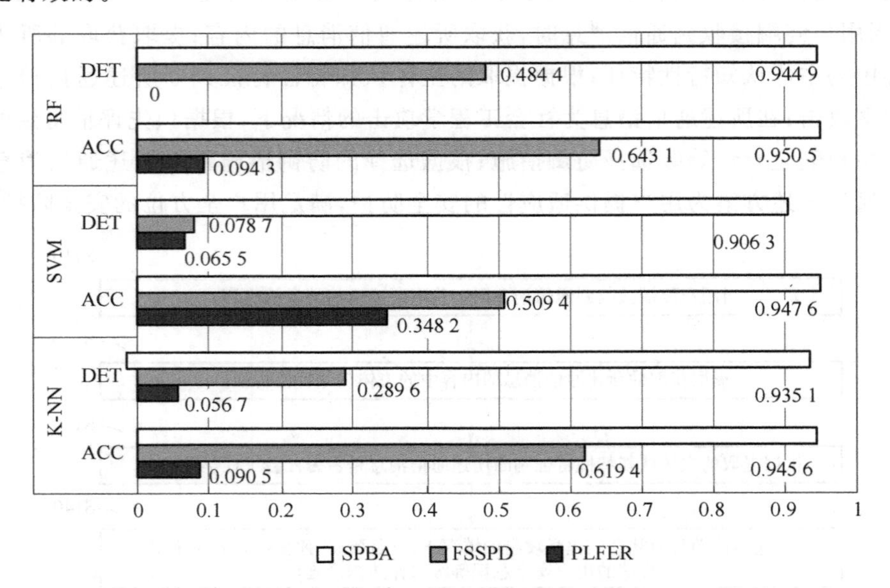

图 3-132 PILFER 和 FSSPD 与鱼叉式钓鱼邮件检测方法 SPBA 的对比

实验二：验证选取特征的有效性

实验选取一个发件人的 603 邮件，并从其他 9 个发件人选取数量相同的邮件，计算从以上两个数据集中提取的特征的均值和方差，结果如图 3-133 所示。

实验表明，不同的发件人，性别特征、人格特征和风格特征之间的均值和方差都有明显差异，因此 Xiujuan Wang 选择的 3 种特征具有发件人身份验证的能力。

Feature		μ_1	σ_1	μ_2	σ_2
gender	Intensive adverbs	0.114 618	0.409 788	3.227 889	3.700 785
	Hedges	0.059 801	0.269 881	1.151 233	1.510 76
	Exclamation	0.006 645	0.099 612	0.949 817	1.247 788
character	Insight	0.299 003	0.672 403	5.665 148	6.312 168
	Happiness	0.294 02	0.709 403	5.596 415	6.314 865
	Negations	0.598 007	1.648 878	2.814 103	3.775 731
stylometrie	Character count(N)	655.054 8	1 217.84	954.454 6	1 380.695
	Token count(T)	138.129 6	234.820 4	199.417 2	276. 125 1
	Paragraph count	17.137 87	26.218 65	27.213 43	34.104 65

图 3-133 特征均值和方差对比

实验三：不同类型特征的比较

为了进一步比较性别特征和人格特征的有效性，Xiujuan Wang 还进行了 4 组比较实验：第一组使用风格特征、个性特征和性别特征；第二组使用风格特征和个性特征；第三组使用风格特征和性别特征；而第四组只采用风格特征。结果如图 3-134 所示。

实验表明，无论采用何种分类器，第一组的准确率都最高，第四组的准确率都最低，而第二组和第三组的结果较为接近。这证明了性别特征与人格特征对鱼叉式钓鱼检测是有效的，但是二者之间有效性的差异还需要进一步研究。

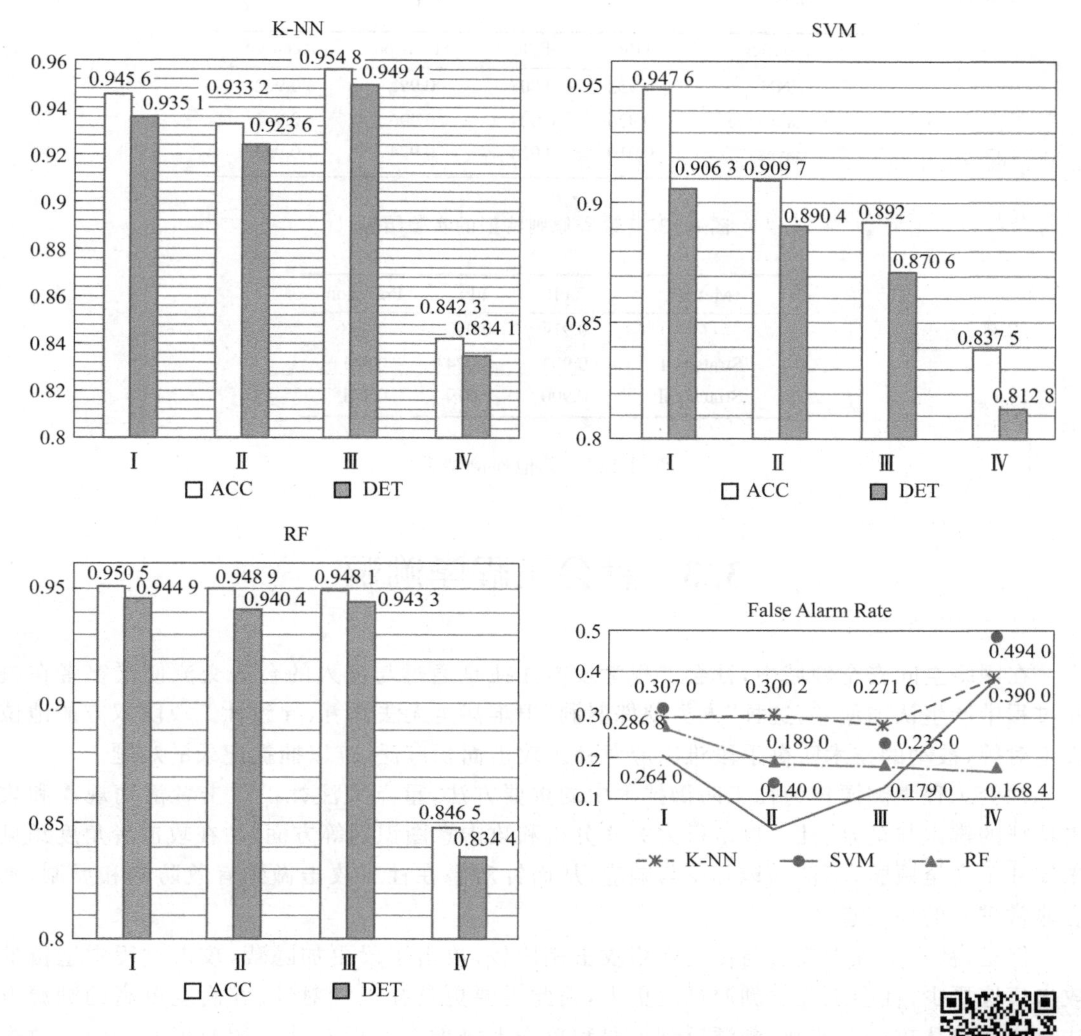

图 3-134　3 种分类器的实验结果

图 3-134 的彩图

2）基于说服原则的钓鱼邮件检测方法

（1）实验数据

训练样本集包括 1 000 封钓鱼电子邮件和 1 000 封正常电子邮件。测试样本集包括 500 封钓鱼电子邮件和 500 封正常电子邮件。

（2）评价指标介绍

实验选取 TPR、FPR、精确度和准确率作为钓鱼邮件检测方法的性能评价指标。

（3）实验结果分析

实验一：3 种分类算法的比较

如图 3-135 所示，实验结果表明，KNN 在 TPR、准确率、精确率等指标上表现得更好，决策树表现次之，贝叶斯分类器表现相对较差。

实验二：说服特征的有效性

如图 3-136 所示，实验结果表明，采用说服原则特征的方法在 TPR 和准确率等指标上都比只采用基础特征的方法表现得更好，这说明了基于说服原则的钓鱼邮件检测的有效性。

Classifier	TPR	FPR	Precision	Accurary
KNN	0.952	0.008	0.992	0.972
DecisionTree	0.926	0.004	0.996	0.961
Bayes	0.910	0.024	0.974	0.943

图 3-135　说服原则特征的实验结果

Method	TPR	FPR	Precision
Felle	0.914	0.060	0.908
Strategy Ⅰ	0.933	0.024	0.941
Strategy Ⅱ	0.900	0.019	0.921

图 3-136　其他检测结果

3.3　社会工程学溯源

在网络空间安全领域中，社会工程学攻击往往是通过与他人的合法交流使受害者在决断过程中产生认知偏差，这种“人类硬件漏洞”很难甚至无法修复，导致社工攻防双方的地位极不对等，被动的技术防御手段难以应对社工攻击面积广泛、难以捕捉记录的难题。

社会工程学溯源作为社工防御技术中的重要方法，重点关注社工攻击者活动规律和攻击特征的辨识与记录、社工攻击行为关联分析和攻击意图识别等方面，站在攻击者角度预见未知社工安全威胁，不被动地等待与响应，从而针对潜在社工攻击做到有效防御和反制，具有非常重要的现实意义。

但是，社会工程学攻击与传统网络攻击相比较，攻击手段更加隐蔽，攻击过程中遗留的攻击痕迹更少，社会工程学溯源难度更大，因此需要更具社工针对性、准确度更高的溯源方法。本章将从攻击源捕获、溯源反制手段和攻击者画像三方面对社工溯源展开介绍。攻击源捕获主要介绍蜜罐技术，并提出一种基于社会工程学的蜜罐方法，诱导社工攻击者开展攻击，从而记录社工攻击行为，为社工溯源提供数据支撑；溯源反制手段主要介绍 IP 追踪溯源和社交账号异常检测两种方法，并提出社工机器人账号的检测，定位并识别社工攻击者；攻击者画像主要介绍如何通过攻击遗留痕迹建立特定攻击者的画像，并提出社工机器人模拟和调度方法，为社交网络中社工攻击者的全面身份刻画提供技术支撑；形成基于流量检测分析的社会工程学攻击路径跳转规则模型，发现社会工程学隐蔽攻击路径，实现社会工程学攻击路径溯源。

3.3.1　社工溯源方法

1. 攻击源捕获

这里主要介绍蜜罐技术。蜜罐技术是目前网络安全领域的一种常用的主动防御技术，蜜罐被定义为一类安全资源，其价值就是吸引攻击方对它进行非法使用。蜜罐技术本质上是通过布置一些作为诱饵的主机、网络服务或者信息，诱使攻击方对它们实施攻击，从而可以对攻击行为进行捕获和分析，了解攻击方所使用的工具与方法，推测攻击意图和动机，能够让防御方清晰地了解所面对的安全威胁。

一些社工蜜罐项目研究将蜜罐技术应用到社交网络当中，旨在帮助网络维护者识别和过滤垃圾邮件以及防范社工攻击。Kyumin Lee 等人[394]通过在 Myspace 和 Twitter 两个社交网络社区中部署社交蜜罐以吸引攻击者发送垃圾邮件，同时对攻击活动进行监测，收集欺骗性钓鱼邮件的特征并构建垃圾邮件分类器进行统计分析，实验结果表明社交蜜罐可以吸引垃圾邮件行为，这些行为与垃圾邮件发送者的可观察特征及其在网络中的活动（如推文频率）密切相关。

通过将蜜罐技术与社会工程学结合，武斌[443]申请并获得专利"社会工程学蜜罐系统、蜜罐系统部署方法和存储介质"，该专利在社工蜜罐信息收集与分析能力的基础上，进一步增加人的客观属性和主观属性的配置，以构建社交网络中的社工机器人，其可通过社工平台支撑模块建立与社交平台的通信接口，在社交平台上自动生成和发布社交信息、接收来自社交平台上的网络用户与社工机器人的交互信息，同时还能自动生成响应信息以与网络用户自动进行社交交互并识别网络用户的社工行为。社工机器人模拟在配置上涵盖了人的基本属性、认知属性、动态属性和社会属性，在交互响应过程中智能识别网络用户的身份认证状态以及伪造场景状态，并诱导社工攻击者实施攻击。社工机器人还可根据交互信息，结合社工模型库、社交平台特性库和社工模式库等信息库记录社工行为，以供后续进行策略分析。

2. 溯源反制手段

溯源反制技术指的是通过攻击行为的特征追踪到社工行为主体的攻击主机、攻击控制主机、攻击者、攻击组织机构等信息，并通过技术手段进行主动防御或通过法律手段对攻击者进行制裁。这里主要介绍 IP 追踪溯源和社交账号异常检测两种方法。

1)IP 追踪溯源

社工攻击者常常通过伪装身份从暗处与受害者建立联系，其身份信息具有迷惑性和欺骗性。与此同时，攻击者不仅在实际交互场景中伪造自己的逻辑身份信息以获取受害者的信任，还利用传统的互联网协议易欺骗、难认证的弱点，隐藏通信过程中的物理地址信息，如 IP 地址。IP 地址作为设备连接网络分配的标识，对于标识和寻址通信方具有重要作用。因此，攻击者在发起攻击时往往采用多种技术来隐藏自身的信息，如虚拟 IP 地址、僵尸网络、匿名网络、跳板主机等。一般而言，防御方仅能从攻击数据流中获取到数据包的源 IP，如果能结合 IP 溯源手段确定攻击者的真实 IP，那么在攻击者定位、攻击数据过滤拦截、网络取证等方面都有极大的帮助。

IP 溯源技术与攻击者所采用的隐藏手段和攻击场景密切相关。以僵尸网络为例[395]，基于僵尸网络（Botnet）的攻击是一种复杂融合的攻击模式，具有规模大、隐蔽度高的特点，主要借助蠕虫病毒等恶意程序感染大量僵尸主机（bot），并通过 C&C 主机（Command and Control Server）协同指挥僵尸主机发动攻击，针对僵尸网络的构成原理，其运行和检测的核心在于 bot 和 C&C 主机之间的通信机制。检测方溯源僵尸网络往往需要获取至少一个 bot 主机的控制权以追踪 bot 与 C&C 主机以及 C&C 主机与攻击者间的通信活动，当无法控制 bot 时可采用蜜罐技术主动感染僵尸程序，从而控制一个僵尸网络成员。追踪攻击者的方法主要围绕 bot 主机的回传信息，通过添加水印信息或者嵌入可执行代码，从而检测出回传路径或获取攻击者主机信息,透过 botnet 平台完成对攻击者的溯源。

虚假 IP、匿名网络、跳板主机等隐藏方式与僵尸网络在检测方面具有相似的特点,均需针对攻击者与攻击中介及攻击中介与受害者间的通信数据流进行记录或修改,可以按照设计思想分为四类。

(1) 数据包标记:通过在协议数据包中添加标记,并结合网络中各节点部署的监控器,识别出攻击者与受害者间的通信。

(2) 数据流水印:不同于基于数据包的修改方法,该方法通过对数据流采用特殊的发包方式嵌入水印,无须修改数据包,不依赖于数据包的通信协议与加密状态。

(3) 日志记录:在不影响现有网络设施的情况下,通过对主机及数据包的日志查找历史攻击数据包的传播痕迹,从而重构出攻击路径。

(4) 渗透测试:利用攻击手段进行取证,通过攻击者主机或攻击软件中的漏洞编写特定的可执行代码,经由攻击者与受害者间的通信中介对攻击者实施攻击,以获取攻击者的信息。

2) 社交账号异常检测

在社会工程学攻击中,垃圾邮件和钓鱼邮件是攻击者常用的攻击媒介,大量的广告邮件、恶意链接等信息在社交网络中广泛传播,严重影响了用户的社交体验。同时社工机器人也为网络钓鱼和舆论操纵提供了可能,攻击者通过程序模拟“人”在网络社交平台的行为,因此,异常账号检测是在线社交网络安全和社会工程学研究的关键问题之一。有关社交网络中异常账号检测的研究工作大致可以分为四类,分别为基于行为特征的检测方案、基于内容的检测方案、基于图的检测方案和无监督学习的检测方案。其中基于行为特征和基于内容的检测方案认为社工机器人等异常账号其行为和产生内容必然与正常用户存在差异,从而将异常账号检测看为一个分类问题,即分别利用账号的行为特征和账号发布的内容来区分正常账号和异常账号。这类方法往往选取多维度的特征(如用户信息特征、好友关系特征、消息内容特征等)来对账号进行表征,其中兼具高区分度和高鲁棒性的特征更有利于检测攻击者布置的异常账号。除此以外,社交网络中账号之间的关联关系是一类更为关键的特性,账号及账号间的联系具有图的性质,基于图的检测方案正是利用这一性质,将异常账号检测问题转化为图中异常结点的局部连接结构的检测问题。这类方法需要对社交网络结构提出一定的假设,并通过随机游走等算法来挖掘结点的邻域结构,从而实现社区发现或攻击边的检测。同时社交网络中往往存在多样的图关系,如好友关系、访问关系、分享关系等,均可能有助于异常账号检测。无监督学习的方法假设正常账号有相同的特征或者符合一定的模型,通过特征的聚类可以总结归纳出正常账号的特点从而实现异常账号的鉴别,其最大的优势在于能够检测出未知的异常账号。

3. 攻击者画像

传统的网络安全防御技术往往聚焦于攻击者的攻击特征,而忽略了攻击者自身特征的重要性。社会工程学攻击作为一种直接以人为攻击对象的攻击手段,其攻击过程中涉及的技术相对较少,更侧重于与受害者交互从而建立信任关系。攻击者在社工过程中留下的交互痕迹有助于建立特定攻击者的画像,以进一步实现攻击者的识别和分类,提升社工防御与溯源的能力。下面将介绍攻击者身份画像。

画像是指通过收集个人以及群组的多维信息,通过自动分析产生出对应特征并进行关联。在传统的物理犯罪中对罪犯进行特征描述和物理监视以识别其攻击意图具有广泛的应用,但在网络空间社会工程学攻击中的对应领域仍待进一步探索。Henson 等人[397]曾指出网络罪犯的行为不同于普通罪犯,网络罪犯的作案特点主要取决于他们的技能、经验、知识、技术、教育背景、操作模式和目标。单就技术手段而言,社工攻击者可能不断调整和设计新的社工场景及机制,而攻击者画像具有一定的稳定性,有助于在长时间跨度的社工攻击中识别攻击者及组织。

攻击者数据来源是画像技术的基础,随着网络安全态势感知平台的完善健全,不同数据源的信息将被整合利用。常用的数据来源可分为内部情报和外部情报两大类:内部情报通常指内部安全管理人员对于资产信息、漏洞扫描信息、各种安全日志记录信息以及内部人员安全意识评估及认知属性的掌握;外部情报则包括公开社工库、常见僵尸网络 IP 信息、钓鱼网站库、安全厂商漏洞通告等公开的或第三方供应商的数据。数据源的整合将提高攻击者画像的精度和准确度,从而及时对攻击作出反应。

Landreth 等人[399]在 20 世纪 90 年代早期的工作中将黑客分为“新手、学生、游客、不速之客和小偷”几类,以揭示他们的动机和个人特征。黑客特征分析项目[400]试图通过在任务中使用调查问卷来揭示有用的特征,如年龄、人口统计、个人属性等,从而对黑客的行为和背景进行编码。Kjaerland 等人[401]从 CERT/CC 报告入手,通过对 839 起针对商业机构的网络攻击和 558 起针对政府部门的网络攻击进行案例分析,从攻击方法、攻击来源、攻击目标多个维度总结了攻击者的作案手法。Shaw 等人[402]从心理学的角度出发研究攻击者行为,研究了具有恶意意图的内部威胁事件,提出恶意网络活动的因素可能与消极的个人社会经历、缺乏社交技能、报复、经济利益等有关。Watters 等人[403]在考察黑客所在地区的腐败、GDP 等区域经济因素的基础上,对网络入侵者的社会学、经济学和人口学特征进行建模识别。

Stelios Kapetanakis 等人[404]提出一种基于案例推理(CBR)攻击者画像方法,间接测量给定攻击场景下攻击者的特征,其通过攻击者行为模型(如规避风险的方式)、人口统计信息(如性别)以及技术特点(如速度)建立攻击者画像。案例推理旨在基于过去的攻击证据,通过匹配最接近的目标来检索过去的知识,有助于在不确定性和模糊性的社工攻击场景下提供推理分析。

其他研究者致力于将攻击者群体画像与聚类算法相结合以探究更深入的画像信息,洪飞等人[405]在攻击者画像的基础上选取合适的算法和簇数利用 K-Medoide 无监督聚类算法构建攻击者群体画像,同时分析每个簇的主要特征,并根据攻击手段给出相应的预防措施。此外,黄志宏等人[406]通过在构建的安全事件威胁特征图上应用社群聚类算法进行网络社区划分,使得能够基于社区较为容易地发现攻击者的特征。

通过对社交网络中攻击者的模拟分析,武斌[442]申请并获得专利“基于用户属性的社会工程学机器人模拟方法和装置”,该专利提供了一种基于用户属性的社会工程学机器人模拟方法和装置,如图 3-137 所示。该方法包括:为目标机器人配置用户属性;根据为所述目标机器人配置的用户属性,生成运行参数;在所述目标机器人运行的过程中,根据所述运行参数生成语料内容;按照所述运行参数,在所述目标机器人对应的平台账号发送语料内容。通过上述方式解决了现有的无法有效防御社会工程学攻击的问题,达到了准确高效防御社会工程学攻击以提升数据安全的技术效果。

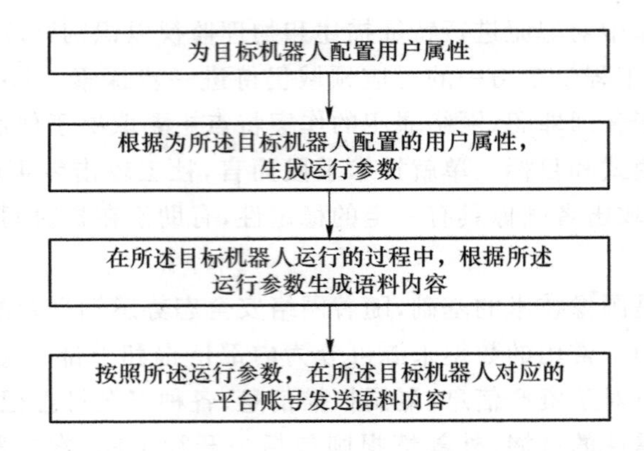

图 3-137　基于用户属性的社会工程学机器人模拟方法步骤流程图

针对大规模社工机器人的实际调度指挥问题，郑康锋[441]申请并获得专利"基于微服务的社工机器人调度系统和调度方法"，该专利提供了一种基于微服务的社工机器人调度系统和调度方法，如图 3-138 所示，该调度系统包括：微服务注册中心，用于对服务节点进行注册；服务请求端，用于以微服务的形式向已经在微服务注册中心注册的服务节点发起服务请求；一级负载均衡模块，用于以微服务的形式在微服务管理平台注册，作为服务请求的入口和调度中心；二级负载均衡模块，用于对所在服务节点的状态进行监管，并向一级负载均衡模块反馈；多个服务节点，用于完成一级负载均衡模块分配的服务请求。在上例中，采用了微服务的形式，可以避免服务之间因争用数据库和争用缓存资源而带来问题，通过负载均衡可以扩展网络设备和服务器的带宽，增加吞吐量，加强网络数据的处理能力。

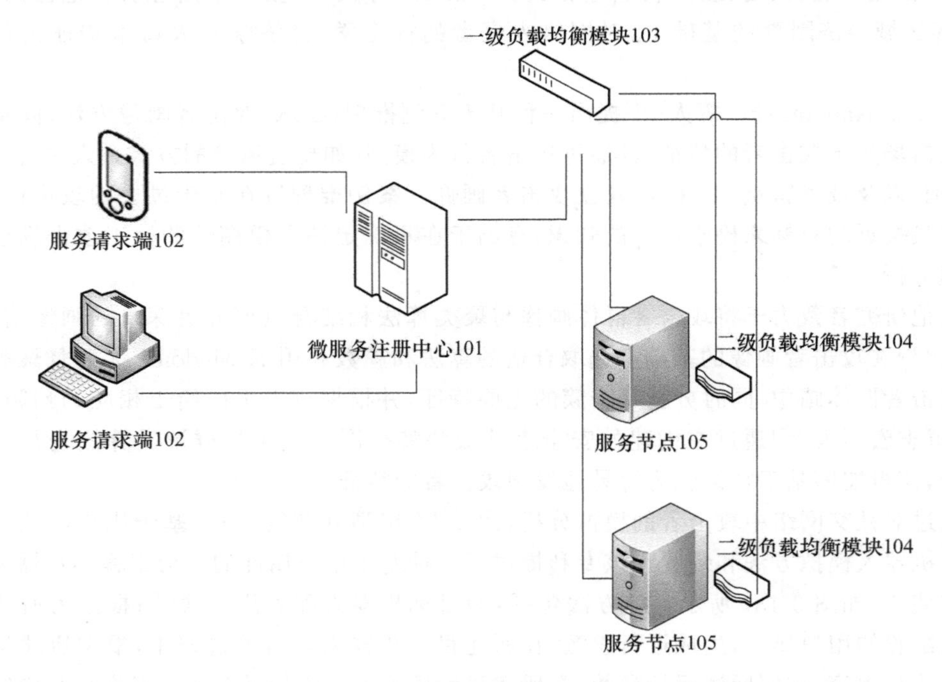

图 3-138　基于微服务的社工机器人调度系统框架图

3.3.2 基于攻击路径还原的溯源方法研究

社会工程学攻击和其他网络攻击一样,逐步发展出针对性强、持续时间长、攻击手段复合多样的特点,实施多步攻击已经成为主流攻击行为。攻击路径还原技术属于网络安全度量及防御策略的一种,可以提高对多步攻击的识别和防护能力,同时增强对攻击者认知、意图及威胁的度量。

目前对组合型网络攻击行为的建模方法主要有攻击树方法和攻击图方法。其中攻击树是描述资产或目标在哪些情形下可能遭受攻击的概念模型,是一种对已定义系统执行威胁和风险分析的分析方法。攻击图同样是一种基于模型的网络脆弱性评估方法,其通过描述攻击者从攻击起始点到其攻击目标的所有路径对系统中的脆弱性进行关联分析,同时可直观地展示系统的脆弱性关系。考虑到社工攻击往往具有攻击连续性且常常利用各阶段的成果针对性开展后续的攻击,攻击图中攻击路径检测聚焦于入侵意图和攻击图中“线”信息的评估,其对于攻击路径的分析能力更有利于理解攻击者的攻击意图和攻击实施方法。

此外,Nelms 等人[408]系统研究了基于社工的软件下载攻击,追溯并重构了攻击受害者在到达触发可执行文件下载路径前的网络路径(页面及网址序列),利用深度包检测,实时处理网络流量,重建并记录所有与下载可执行文件相关的 HTTP 流量,通过回溯算法对捕获的 HTTP 事务构图并追溯最可能的 HTTP 事务序列[409],并利用特征提取和无监督技术对下载事务举行聚类,观察到很大一部分软件下载攻击通过在线广告传递(如通过少数底层广告网络服务)。

基于上述前人的研究,陈乔[437]首先对移动上网日志、固网僵木蠕日志、通话日志进行了采集及分类,为开展数据分析方法研究提供了数据支撑。基于已有的样本数据分析,形成一项发明专利“一种基于随机森林算法的社会工程学入侵攻击路径检测方法”,该检测方法旨在对社会工程学入侵攻击过程中双方交互行为进行建模分析,为入侵攻击路径建立数学模型,并将该模型应用于社会工程学入侵攻击前期检测。检测方法流程示意图如图 3-139 所示。该专利完成基于移动网和宽带网流量及信令检测分析的社会工程学攻击路径溯源,发现社工攻击路径,构建路径溯源模型。

具体方法包括:利用通信网已有的信令采集系统、上网日志采集系统、僵木蠕检测系统获取通信日志数据,建立以用户为单位的社会关系网络模型;从上述步骤获取的通信日志数据中筛选出与社会工程学入侵攻击有关的疑似数据作为疑似样本;用上述步骤中获得的样本训练随机森林分类器(将上述步骤生成的随机森林模型用于通信网日志数据进行新样本检测,通过检测识别出疑似社会工程学入侵攻击事件)。

具体实施步骤如下:

① 利用通信网已有的信令采集系统、上网日志采集系统、僵木蠕检测系统获取通信日志数据,建立以用户为单位的社会关系网络模型;

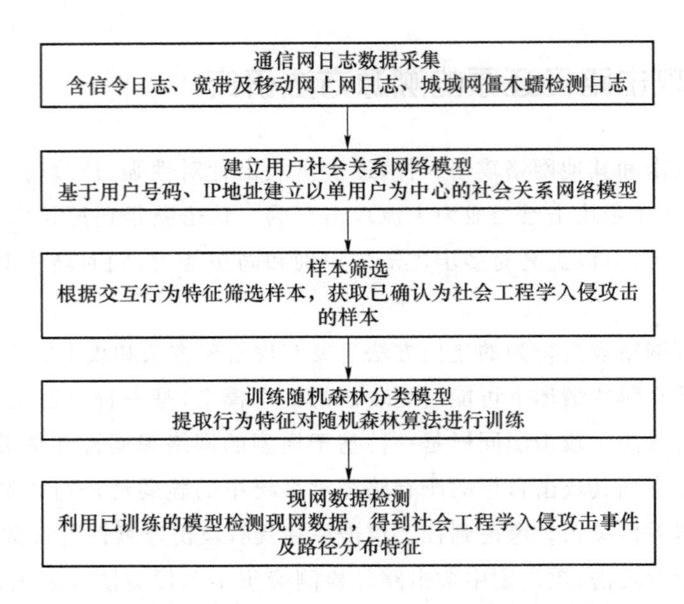

图 3-139　随机森林算法的社会工程学入侵攻击路径检测方法的流程示意图

② 从步骤①中获取的通信日志数据中筛选出与社会工程学入侵攻击有关的疑似数据作为疑似样本，同时，获取已确认为社会工程学入侵攻击事件的通信日志数据作为正样本；

③ 采用步骤②获得的样本训练随机森林分类器；

④ 将步骤③生成的随机森林模型用于通信网日志数据进行新样本检测，通过检测识别出疑似社会工程学入侵攻击事件。

a. 进一步地，在上述步骤①中，还包括：对用户的社交圈及关系强度进行测度，根据用户标识对获取的通信日志数据进行关联，生成以用户为中心的社会关系网络模型，将安全事件与用户社会关系网络模型进行关联。

b. 进一步地，获取的通信日志数据包括：电话通话日志、短信日志、邮件日志、病毒文件上传及下载日志、钓鱼网站访问日志。其中，所述日志中记载的内容包括：主被叫号码、发送/被访问的钓鱼 URL、邮件发件人/收件人、病毒文件特征码、时间戳。

c. 进一步地，在上述步骤②中，疑似样本筛选的原则包括：通信双方为社交关系弱连接，发起方与多个弱连接对象存在交互行为，通信双方的交互方式在一定时间周期内为多种。

d. 进一步地，在上述步骤③中，对随机森林分类器进行训练所使用的分类特征包括：社会关系强度、主动方社会关系网络特征、主动方行为特征、正常交互方式及时序特征、异常/恶意交互方式、时序特征、投送病毒行为特征、投送钓鱼网站 URL 行为特征。

e. 进一步地，对确定的上述样本采用 bootstrapping 方法进行重置随机抽样。

与现有技术相比，陈乔[437]提出的一种基于随机森林算法的社会工程学入侵攻击路径检测方法，通过机器学习方法，使用通信网的行为日志数据进行分析训练，实现了对社会工程学入侵攻击事件和路径的有效检测和识别，可进行溯源追踪和事前防范。

本章面向社会工程学检测的需求，针对目前社会工程学检测机理研究不完善、社会工程学主体(人)理解不充分、社会工程学检测方法不完备、社会工程学溯源研究不健全 4 个关键问题，总结和论述了从基本理论、方法到验证的社会工程学检测与溯源方法，相关内容包括社会工程学检测机理、社工主体认知特性、社会工程学检测和社会工程学溯源 4 个方面。本章基于海量社会工程学案例、社工信息数据和行为数据，涵盖社会工程学在网络安全中的信息域、认知域等相关属性，对社会工程学技术原理进行深层探究和建模，综合研究社会工程学攻击过程、源、目标、目的、结果之间的相互作用关系，解析社会工程学攻击与传统攻击在各环节的不同，研究主体认知在社会工程学各环节存在的影响，最终形成一套多学科交叉的网络安全中社会工程学检测框架及技术体系。

第4章 社会工程学应用与防护

4.1 社会工程学防护

4.1.1 面向社工邮件的社会工程学行为防护

社工邮件攻击是一种以电子邮件为载体的社工攻击方式，如今已经成为许多高级持续性威胁（Advanced Persistent Threat，APT）攻击得以开展、奏效的惯用手段和关键因素，对网络空间中的关键设施、数据、用户和操作构成了严重、普遍、持续的网络安全威胁[448]。

1. 社工邮件防御问题分析

要分析社工邮件防御问题，首先需要了解社工邮件的概念，辨析与普通邮件之间的区别，然后掌握当前社工邮件检测技术与社工邮件对抗攻击的发展现状，从而系统地对社工邮件防御问题进行分析，得出防御必要性的结论。

1）社工邮件与普通邮件

目前，社工邮件主要可以分为两类：钓鱼邮件和诈骗类社工邮件。钓鱼邮件是一种典型的社工邮件类型，其目的是通过邮件骗取收件人信任，诱使收件人对邮件进行直接回复、点击邮件正文中的恶意链接和打开隐藏恶意程序的附件等，进而执行恶意代码，非法获取有效信息。而不同于常见的钓鱼邮件，诈骗类社工邮件采用的手段更多样，攻击范围更广泛并且攻击目的也更多元。其形式与普通邮件更接近，对接收人的认知和行为的影响程度的差异性也更大，只要能通过邮件内容影响到用户的认知、心理或者行为，进而促进社工攻击过程的，都在诈骗类社工邮件的范畴之内，例如攻击者冒充父母、上级或者管理员，发布虚假信息、诱骗更换密码等，均属于诈骗类社工邮件。

由于互联网高度普及的同时对用户信息的保护不全面，使得个人隐私信息泄露问题较为严重，攻击者可以通过各种渠道收集被攻击对象的详细信息，从而制作出信息关联度极高，隐匿性极强的社工邮件。由于这类社工邮件中包含了攻击目标对象的真实信息，其攻击成功率会大大增加，并且一旦攻击成功就可能对用户或系统造成巨大影响，攻击者也会相应获得巨大的收益，因此现如今攻击者更倾向于采用与真实邮件极其相似的社工邮件实施攻击[449]，使得用户真假难辨，防不胜防。

在邮件的内容和形式上，社工邮件的文本内容往往与普通邮件(非攻击性的、真实的邮件)的文本内容差异极小，因为社工邮件可以包含或不包含攻击目标相关的真实信息，包含或不包含恶意链接、代码或附件，而只是传递一种误导性的、影响性的信息。与此同时，一些攻击者往往以已知的、取得受害者信任的社工邮件或普通邮件为基础，构造新的社工邮件，即变种社工邮件，这种邮件通常隐蔽性更高，与普通的邮件也更难区分，因此社工邮件及其变种社工邮件也更加难以防御。现阶段用户及传统的邮件检测系统都很难有效识别出社工邮件及其变种社工邮件，因为经过攻击者的精心构造，从邮件发件人和邮件正文内容信息来看，跟普通邮件几乎没有差别，不易被察觉。正因为社工邮件与普通邮件的高度相似性，使得这类邮件的攻击成功率非常高，识别难度也非常大。

2）社工邮件检测技术与对抗攻击

通过对社工邮件识别技术的调查研究发现，目前针对钓鱼类社工邮件的检测识别技术发展较为成熟，而针对诈骗类社工邮件的识别还有许多挑战。因为钓鱼邮件具有显著特征，如内容结构特征、URL 特征和附件特征等，所以使用检测技术可以很好地将钓鱼邮件与真实的普通邮件进行区分。目前钓鱼邮件检测技术主要可以分为两类：基于规则的检测技术和基于内容的检测技术。[449]

(1) 基于规则的检测技术

基于规则的检测技术使用一组规则将邮件划分为社工邮件和普通邮件，最具代表性的通常包括黑名单和白名单技术，优点是操作简单、处理时间较短且不需要训练，但该技术需要有效地保持对黑名单和白名单列表的及时更新。URL 过滤技术是安全企业应用最早、最广泛的一种反钓鱼技术。近年来，国内外陆续成立了很多专门的组织机构来应对网络钓鱼攻击，接受用户的举报，并将其作为黑名单中钓鱼网站的来源。另外，黑名单也可以包含频繁发送社工邮件来源地址列表，用来跟踪社工邮件的来源。白名单技术则维护一个信任列表，用户或系统可以将已知并可信的邮件来源地址、可信链接添加到白名单中。如果发件地址与白名单匹配，则判定该邮件不是社工邮件，可以将它转发至用户的收件箱中；反之，则判定该邮件可能是一封社工邮件，拦截并发送到邮件检测系统进一步详细检查。黑白名单检测技术原理简单，易于使用，但是存在很严重的滞后性，维护一个及时可靠的黑白名单列表并非易事，因此往往需要与其他技术结合。

(2) 基于内容的检测技术

基于内容的检测技术主要基于邮件文本内容、邮件内含的 URL 及附件中提取的有用静态特征信息进行检测。随着人工智能的不断发展，机器学习分类模型以用于垃圾邮件检测，其基本工作流程是从电子邮件中提取单词、短语以及其他检测特征，然后利用获取的邮件特征作为机器学习模型的代表输入进行检测。目前，各专家学者除了不断尝试新的检测思路，提取更多新检测特征外，在检测算法上也在不断尝试。SVM 支持向量机算法、回归滤波器的检测算法、分类与回归树方法、随机森林分类、朴素贝叶斯分类器、贝叶斯网络的回归树学习算法、BP 神经网络算法、模糊神经网络算法等几种模型均被应用到邮件检测中。基于机器学习的邮件检测技术识别能力更高，取得了巨大成就，并且得到了广泛的应用和部署。

检测技术在钓鱼邮件识别任务上目前已经取得了很好的成效，但对于与普通邮件极为相似的社工邮件，如诈骗类社工邮件，却难以进行检测。虽然诈骗类社工邮件的内容信息是虚假的，但是这类邮件经过精心构造，与真实的普通邮件区分度很低，诈骗类社工邮件不具有明显的共有特征，因此难以与普通邮件进行区分。检测技术难以从诈骗类社工邮件中提取特征，因此不适用于此类社工邮件的识别。

基于人工检查的方式可能发现这类社工邮件，如果该邮件不做任何改变，则可以通过规则匹配的方式进行过滤。但目前，已经有很多安全研究人员开始尝试对邮件内容进行修改和改造，生成对抗性邮件来逃避邮件识别。Wittel 和 Wu[450]将针对邮件识别器的攻击分为如下三种类型。

① 令牌攻击(Tokenization Attacks)：邮件发送者通过拆分或修改某些文本特征来干扰邮件识别，例如在单词中间插入额外的空格。

② 混淆攻击(Obfuscation Attacks)：使用编码或者误导的方式掩盖攻击行为。

③ 统计攻击(Statistical Attacks)：邮件发送者试图调整邮件内容的统计特征来迷惑邮件识别器。

Daniel[451]提出了一个统计攻击的例子，可以有效逃避最大熵和朴素贝叶斯分类器的识别。Kuchipudi[452]提出并应用了 3 种邮件文本制作技术，能够在不改变原始邮件语义的情况下，实现欺骗。

① 同义词替换技术：由于朴素贝叶斯分类器需要使用频率特征，所以调整电子邮件中的单词对邮件的分类有最大影响，在不改变原始含义的前提下，可以使用基于自然语言处理的同义词对原始单词进行替换。

② 特殊词插入技术：由于邮件过滤器的主要特征之一是 TF-IDF，因此操纵单词的出现频率也可以达到欺骗的目的，可以插入一些无关词，也可以插入不可能出现的词，比如在英文中插入汉字，无须改变原始邮件的含义。

③ 敏感词间隔技术：在部分敏感词中间使用空格进行分割，使得文本解析器认为每一个字符都是一个独立的单词，从而扰乱模型中单词的频率分布。测试表明，这类对抗性技术在欺骗机器学习模型方面具有明显效果；Wang[453]研究了目前针对机器学习的邮件分类的可行性，并提出了两类新颖的邮件文本制作方法。一类方法是通过估计近似的 TF-IDF 值调整电子邮件中每个单词的出现频率，控制邮件的统计信息，使得邮件分类器无法从统计特征中获取有用信息，进而逃避邮件识别。另一类方法是对原始电子邮件中的元素进行添加，删除或者修改，从而产生扰动对抗邮件识别。因此，要针对诈骗类社工邮件设计防御方法。

3）社工邮件防御必要性

与普通邮件极为相似的诈骗类社工邮件识别是目前社工邮件识别面临的一大难题，因为攻击者往往以已知的社工邮件或普通邮件为基础，精心构造变种社工邮件，以提高邮件的隐蔽性，并且还会在其中使用大量欺骗和对抗技术，在保持原始邮件语义不变的情况下对抗邮件识别器，这使得用户和邮件识别系统都难以从普通邮件中区分出社工邮件。

为此，设计针对此类社工邮件的防御技术是十分必要的。社工邮件检测的思路往往是提取社工邮件特征与非社工邮件特征，然后使用机器学习等技术进行二分类，主要回答“哪一类”的问题；而社工邮件防御则根据已知社工邮件数据集，考虑被识别邮件是否由已知社工邮件数据集中的邮件变种而来，回答“是不是”的问题。从数据集上也可以较好地区分二者，对于邮件检测，若要进行社工邮件的识别，则需要有社工邮件数据集和非社工邮件数据集，而对于邮件防御，则只有已知的社工邮件数据集。

社工邮件防御技术可以有效地针对变种社工邮件进行识别，即使攻击者通过精心构造邮件文本，逃避了邮件检测系统，依然可以使用邮件防御技术识别该邮件是否由已知社工邮件变种而来，从而实现更有效的防御。社工邮件防御技术是对邮件检测系统的补充，能够实现对邮件的进一步识别，因此社工邮件防御技术的研究具有重要意义。

2. 社工邮件防御方案

通过分析，社工邮件的识别难点在于，社工邮件内容由攻击者精心构造，在文本内容上难以与普通邮件进行区分，经过混淆和欺骗，有可能逃避邮件检测器的检测。为此必须要研究社工邮件的防御技术，从而对邮件进行进一步识别，提出社工邮件防御方案。

1）社工邮件防御基本原理

虽然攻击者可以对邮件内容进行对抗性修改，但是有一些特点不能改变，比如邮件原义不能被修改，即产生的变种社工邮件必须与原始的邮件语义相近。综合目前对于邮件检测对抗的研究，主要是通过删除、替换或插入词和语句，修改某些文本特征来干扰邮件检测。因此变种后的社工邮件依然保留了大量原始特征，在进行社工邮件防御时，可以从词元素、句子结构、文本语义和附件4个层面构建社工邮件识别模型，判别被识别邮件是否是已知社工邮件的变种。

（1）词元素

邮件文本的主体是由词元素组成，虽然攻击者修改了部分词或者插入其他元素，但是依然会有大量词元素原封不动保留在邮件中。词元素较直接地反映了被识别邮件和原始邮件的关系，一旦发现被识别邮件和已知社工邮件数据集中的一封社工邮件共享大量的词元素，则可以认为它们具有“亲缘关系”。值得考虑的是，不能直接使用提取出的词元素进行比较，因为攻击者依然有可能采用同义词替换技术，因此，在进行词元素模型构建的时候，需要消除同义词之间的语义距离，从而增加社工邮件的识别准确性。这里给出一个方案，可以采用代表词的方式，首先采集一个完整的同义词词库，将所有出现的同义词都使用同一个词进行表示，从而消除同义词之间的语义距离。

（2）语句结构

对于每一封邮件，都具有不同的语句结构，语句结构与该文本的表达内容相关，也与创作者相关。例如，有的人习惯使用主动语态对事物进行描述，而有的人则更习惯使用被动形式。句子由词元素组成，而词元素可以分为名词、动词、形容词和副词等，在每个句子中起着不同的作用，因此可以使用词元素的词性对句子结构进行编码，通过计算邮件之间句子的近似度（如编辑距离）可以表征邮件之间的近似关系。

（3）主干内容

虽然社工邮件可以被精心构造，但是其原始语义不能被修改，因此可以使用主干内容对邮件进行识别。邮件的主干内容表达了一封邮件的主旨大意，并且消除了攻击者插入的干扰因素，有利于社工邮件的识别。

（4）附件

攻击者经常会修改邮件中的附件，故意插入恶意软件，诱使用户点击运行。因此考虑维护一个恶意软件特征库，对邮件附件进行比对，若包含恶意软件，则可以识别为社工邮件。

2）社工邮件防御方案

基于以上考虑，设计并提出了一种社工邮件防御方法，如图 4-1 所示。

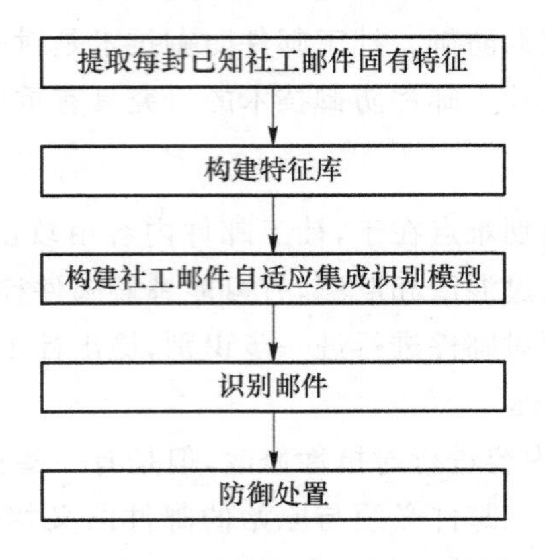

图 4-1　社工邮件防御方法主体流程

首先对已知社工邮件的特征进行提取，构造已知社工邮件特征库，然后基于已知特征进行社工邮件自适应集成识别模型的构建，最后使用集成策略进行决策，将识别出的社工邮件进行防御处置。具体算法示例如图 4-2 所示。

（1）构建社工邮件特征知识库

① 获取已知社工邮件数据集，并对其进行预处理。将已知社工邮件的内容解析为邮件主题、邮件主体和附件 3 个主要部分。

② 提取已知社工邮件的基本词元素特征、句子结构特征、主干内容特征和附件特征。

③ 构造基本词元素(单词)特征知识库。对于每一封已知社工邮件，提取邮件中的所有基本词元素、去停用词，然后查找并加入每个词元素的同义词进行扩展，再对扩展后的所有词元素进行词干提取和词形还原，形成社工邮件的基本词元素特征集。每封社工邮件分别创建词元素特征集，用所有社工邮件的词元素特征集构成基本词元素特征知识库。

④ 构造句子结构特征知识库。对于每一封已知社工邮件，将邮件内容按句分割，再对每个句子的结构进行编码。句子结构的编码算法不限，本例选用的句子结构编码算法如下：首先对句子分词，然后逐个进行词性标注，用词性英文字母的首字母代替词元素构成句子的结构编码，形成句子结构特征知识库。

⑤ 构造主干内容特征知识库。对于每一封已知社工邮件，提取邮件主干内容并计算主干内容的特征值。计算主干内容特征值的算法不限，本例选用 Simhash 作为计算主干内容特征值的算法。具体计算特征值的步骤如下：首先提取文本主干，主要基于词频统计的方法，构建＜词-权重＞对，按照权重大小依次排序；然后对邮件内容按句分割，将每个句子中出现的所有词的权重总和作为句子的重要性度量，依次由大到小按句子的重要性进行排序，截取文本中最重要的前 N 个句子，再按原来句子的相对顺序恢复语句顺序，构成文本主干；接着，对文本主干中的词元素进行同义词替换，将具有同义词的词元素全部替换为代表词，消除不同形式的同义词造成的主干文本距离偏差；最后，进行主干特征值计算，得到同义词替换后的主干，计算该主干的 Simhash 值，并将计算后的结果加入主干内容特征知识库中。

⑥ 构造附件特征知识库。对于每一封已知社工邮件，计算其附件文件的特征值。附件特征值的计算算法不限，本实施例选用 SHA256 作为附件的特征值。构造步骤如下：对每

一份附件计算其 SHA256 值作为该附件的指纹，保存所有指纹，构成附件特征知识库。

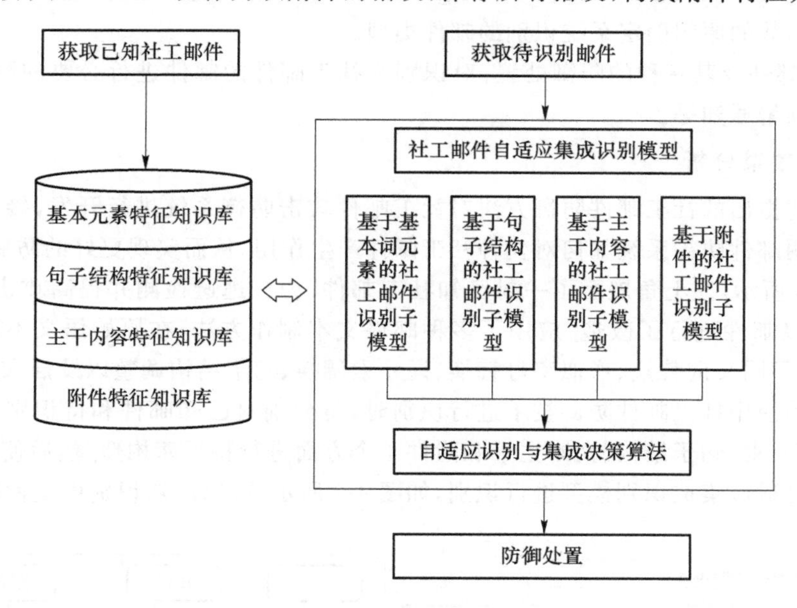

图 4-2　社工邮件攻击防御系统结构

(2) 待识别变种社工邮件的预处理

① 待识别社工邮件预处理。将变种社工邮件的内容解析为邮件主题、邮件主体和附件 3 个主要部分。

② 提取待识别社工邮件的基本元素特征、句子结构特征、主干内容特征和附件特征。

(3) 构建社工邮件及其变种的自适应集成识别模型

① 分别构建社工邮件及其变种的集成识别子模型。

② 基于基本词元素的社工邮件识别子模型：从基本词元素特征库中获取每封已知社工邮件的词元素知识，从输入中获得变种社工邮件的词元素特征，计算并记录每封已知社工邮件与所有变种社工邮件词元素特征的匹配度。

③ 基于句子结构的社工邮件识别子模型：从句子结构特征库中获取每封已知社工邮件的句子知识，从输入中获得变种社工邮件的句子结构特征，计算并记录每封已知社工邮件与所有变种社工邮件句子结构特征的近似度。

④ 基于主干内容的社工邮件识别子模型：从主干内容特征库中获取每封已知社工邮件的主干知识，从输入中获得变种社工邮件的主干内容特征，计算并记录每封已知社工邮件与所有变种社工邮件句主干内容特征的距离。

⑤ 基于附件的社工邮件识别子模型：从附件特征库中获取每封已知社工邮件的附件知识，从输入中获得变种社工邮件的附件特征，计算所有变种社工邮件的附件特征。

⑥ 设计子模型自适应识别算法：基本原理是对于每个识别子模型，记录所有待识别变种社工邮件的计算结果，根据输出结果的分布情况，使用自适应算法找到最佳分类阈值，根据最佳分类阈值进行识别。

⑦ 集成识别模型决策：在得到 4 个子模型的自适应识别算法的识别结果后，通过集成决策得到最终社工邮件防御系统的识别结果。可选地，本实施例中采用多数投票法，即摩尔

投票算法(Boyer-Moore Majority Vote Algorithm),以单个识别算法的识别结果为基础,采用少数服从多数的原则确定系统识别的邮件类型。

⑧ 社工邮件及其变种的防御处置:对识别为社工邮件的邮件进行必要的防御处置,如标定、拦截、预警通知等。

3. 防御效果分析

基于上述提出的社工邮件防御方法对社工邮件攻击防御系统进行开发,接下来使用一个实例来说明邮件防御系统如何对变种社工邮件产生作用,从而实现更好的防御。

如图 4-3 所示,左上角展示了一封已知社工邮件,为了逃避检测并提高攻击成功率,攻击者特意对该邮件进行了改造,应用了多种邮件文本制作方法,在原始语义不改变的基础上,分别使用了同义词替换、形似字母替换、词元素调换、句子结构调整以及插入无关语句等多种技术。当使用社工邮件防御技术进行识别时,将分别对已知邮件和待识别邮件进行分析,分别从词元素、句子结构、文本主干和附件 4 个方面进行特征库构造,然后使用社工邮件及其变种的自适应集成识别模型进行识别,如图 4-3 所示,可以成功识别该变种邮件。

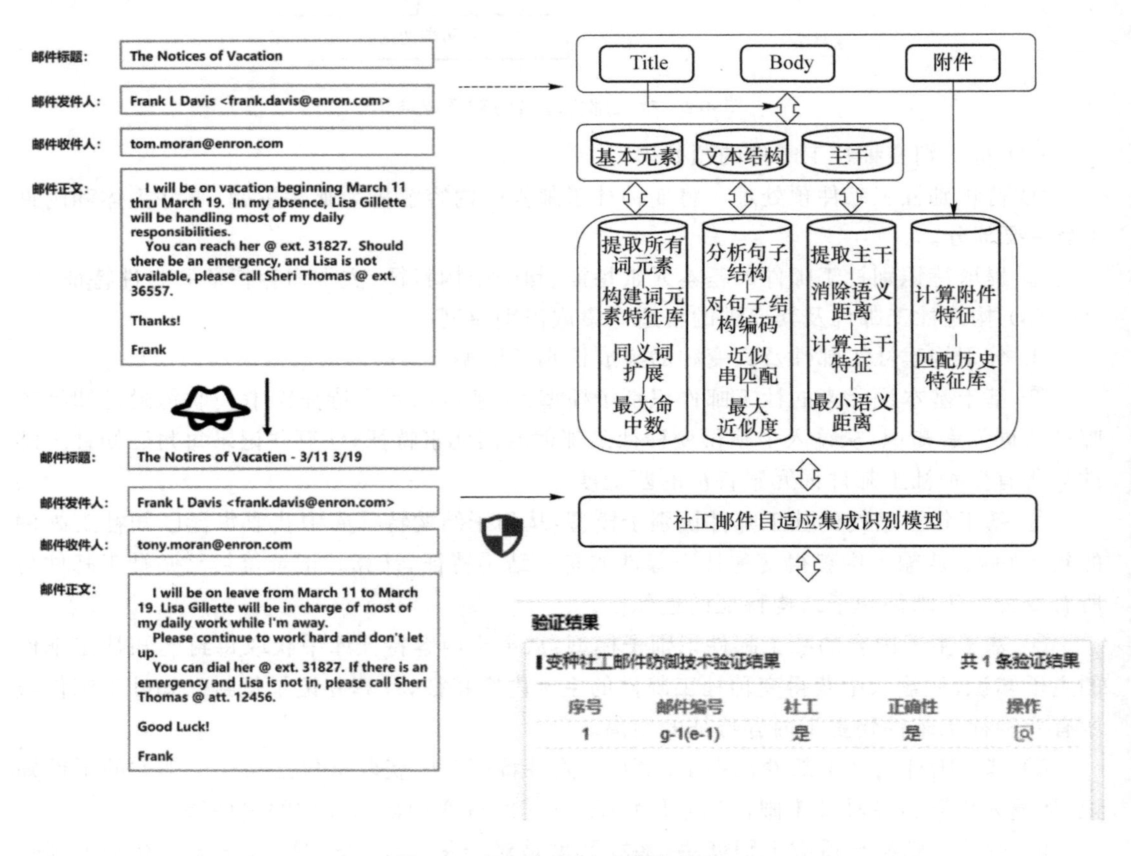

图 4-3　社工邮件攻击防御示例

综上所述,社工邮件攻击防御系统研究社工行为特征提取技术,从词元素、句子结构和文本主干等多个角度提取了已知社工邮件特征,实现了对已知社工邮件的变种进行识别和防御,并且防御成功率不小于 80%。

但该方法依然存在局限性,对自适应算法的要求较高,如果要继续提高算法识别性能,则需要设计并开发更好的自适应算法。同时,该方法对于语义转述后差异较大的邮件识别也有缺陷,如果攻击者对邮件内容修改幅度过大,例如将“千里之行,始于足下”修改为“做任何事都要放眼足下,一步一个脚印”,则需要在后续算法中加入自然语言理解模块才能进行识别。

4.1.2 面向电信诈骗的防护

1. 电信诈骗的背景、类型、手段、趋势

随着打击治理电信网络诈骗工作的不断深入,实务界和学术界逐渐意识到,单纯靠打击难以遏制电信网络诈骗犯罪持续高发的态势。需要转变观念,从以打击为主转变为打击和防范并重,才能有效地减少此类犯罪的发生。利用社会工程学进行电信诈骗是一种针对人或者人性的攻击手段,比传统的电信诈骗方式的目的性更明确,手段更具欺骗性和隐蔽性。其常利用目标周围环境、设备的漏洞和人本身具有的贪婪、轻信、恐惧等脆弱性进行诈骗,因此除了从传统的立法防控、防骗宣传等方面开展电信网络诈骗防范工作,还应该做好技术上的预警拦截等工作。

1) 完善立法防控

“良法是善治之前提”,立法防控是电信网络诈骗犯罪防治的首要环节。完善相关法律法规,加强立法防控,是提高电信网络诈骗犯罪成本、压缩犯罪空间、提升打击惩治效果的有效途径[458]。公安机关的侦查思路要不断调整,相关法律法规也应持续完善。结合侦查打击电信网络诈骗犯罪的实际需要,目前亟须推动立法完善,明确出卖本人银行卡、手机卡、网上支付账户等行为的法律责任,使公安司法机关在惩处该类人员时有法可依;明确认定诈骗数额、涉上下游犯罪一罪与数罪、取款人员单独构罪与共犯、受雇人员主犯与从犯等的司法认定规则,统一公安与检法部门之间的认识。同时,也应考虑将电信网络诈骗犯罪纳入“有组织犯罪”范畴,提高对主犯的量刑幅度,将参与但没有诈骗成功的团伙参与者纳入刑罚范围,加大对电信网络诈骗团伙惩处的力度。

此外,学者们普遍认为,应将电信网络诈骗犯罪从刑法 266 条诈骗罪中分离出来,在刑法中单独设立电信网络诈骗罪,以加强对此类犯罪的打击力度。一方面,要提高法定刑设置。目前司法实务中将电信网络诈骗犯罪作为普通诈骗犯罪的一种,只是在量刑时酌情从严惩处,难以适应电信网络诈骗犯罪危害极大的特点,不符合罪责刑相适应原则。电信网络诈骗犯罪隐蔽性强,侦破难度大,社会影响广泛,犯罪成本低且犯罪收益高,为了体现罪责刑相适应,有必要提高法定刑设置。另一方面,要改变当前诈骗犯罪以“数额”为中心的评价体系。对于网络诈骗而言,诈骗次数、被害人人次、利用网络发送诈骗信息的手段行为等,均属于网络诈骗刑事责任的评价要素。这些变化现行刑事立法和刑事司法均未予以重视,使得诈骗犯罪刑事责任评价体系表现出明显的局限性和滞后性。对此需要以“人次标准+物次标准”的形式对责任刑要素进行必要的扩容,并将其中部分要素置于和数额同等的评价地位,同时重视一般预防刑刑法,增加其在立法中的考量比重,以弥补刑事惩罚的不确定性,遏制网络诈骗的犯罪态势。

2) 强化防骗宣传

预防电信网络诈骗,一个很重要的方面是从减少被害人自身存在的诱发或者强化犯罪动机的因素着手，削弱、阻断和割离被害人与犯罪人的互动关系。在诈骗犯罪中，犯罪人与被害人之间存在形式不同的互动。如果没有被害人的配合，那么诈骗分子的犯罪目的就难以实现。因此，要尽快建立完善全覆盖的诈骗手法快速发布机制、全环节的防诈骗提醒机制和全民化的防诈骗宣传参与机制，深入开展宣传教育，不断增强广大群众识骗、防骗的意识和能力，努力在全社会营造防骗反骗的浓厚氛围，有效遏制电信网络诈骗犯罪。

首先，要采取多种形式全方位宣传。其一，公安、银行、运营商、互联网企业等相关部门要通过广播电视、报纸杂志、官方微博、微信公众号、LED显示屏、发放反诈骗传单等多种载体和方式深入到社区、学校、企业等多个场所扩大宣传覆盖面，加大反电信网络诈骗的宣传力度，利用政务微博、公安微信、举报电话等各种平台向群众发布诈骗常识、通报当前典型案例、剖析作案手法、传授防范技能，增强民众识骗、防骗和反骗的意识和能力。其二，要不断创新宣传方式。通过拍摄宣传片、公众号警醒、有奖问答、专项宣传活动进社区等方式充分发挥群众的主观能动性，积极了解预防电信网络诈骗的知识。其三，可以发挥名人效应。利用本地明星和公众人物受众多的资源优势，聘请口碑好、影响力大的明星，作为防范电信网络诈骗形象大使，出席各类宣传活动；协调电视台等部门制作防范电信网络诈骗宣传公益广告，邀请明星和公众人物参与拍摄，在各个网络、电视台利用热点时段反复播放，使群众耳熟能详、入脑入心。其四，可以利用抖音等新媒体平台实现精准宣传。当前，抖音、快手等短视频新媒体风靡全国，用户非常广泛。可以与抖音等公司加强合作，根据其年龄、职业等特征在抖音平台精准投放防范电信网络诈骗宣传视频，用大众喜闻乐见的方式达到公安机关宣传预防的目的。此外，宣传要突出重点。针对受害高危人群（城市老年人群体、农村及偏远地区人群等）进行重点宣传与展示，配合典型案例，充分利用当前便捷的信息传递手段，提高宣传效率。

其次，要在社区警务中加强反诈宣传。其一，把社区作为宣传防范电信网络诈骗的主阵地，针对此类犯罪的规律特点，制作防骗宣传册，挨家挨户上门免费发放，不断提高群众的防骗意识和识别能力。其二，要树立起“互联网＋社区警务”的意识，积极将公安机关传统的防范宣传与互联网深度融合，运用互联网思维和手段形成新的宣传方式。要不断强化现有的“社区安全屋”微信公众平台信息推送和互动咨询功能，帮助群众提高隐私保护意识和不慌张、不轻信、不转账、不汇款“四不”防范意识，并需随互联网的发展进一步丰富和提升防范宣传力度和水平。其三，要利用好警民联系微信群、QQ群、社区App（手机应用软件）等网上联系、社交的工具，及时发布电信网络诈骗警情。同时，要引导信息员、协管员、志愿者等，以其民间个体身份、面貌协助警方在小区网上论坛、业主QQ群、地方热门网站、微信公众号、朋友圈等开展网上贴身反诈骗宣传。要做好线上线下融合工作，特别是针对不擅长使用网络的老年人群体，仍然要发挥传统社区警务工作优势，做好关爱、防范等工作。

最后，明确宣传目的，实现宣传效果最大化。其一，在宣传目的上，应通过被害预防教育，让公民知道在遭受诈骗侵害时第一时间报警，准确告知公安机关骗子的银行账号、电话等相关信息，这将有助于快速冻结涉案银行卡，最大限度地减少被害人的损失；保存好相关证据，如转账凭证、网银转账截图、接收的木马链接信息内容，这些都是公安机关开展侦查工作、串并案件的重要依据；即便资金损失很少或者没有损失，也要将电信网络诈骗的信息、线索提供给公安机关。其二，电信网络诈骗大多是通过受骗人报案、通信运营商报案和群众举报 3 种方式发现的，如果受骗人、运营商不及时报案，群众没有举报，公安机关很难发现电信网络诈骗活动。因此，要通过宣传调动全民参与防诈的积极性，有关部门可以拿出部分专项资金对积极举报的群众进行奖励，通过适当的奖励机制来鼓励群众积极上报诈骗信息。

3）加强预警拦截

加强预警拦截，强化技术防控，就是在多个方面从技术上阻断电信网络诈骗的传播，使其不能产生危害性后果。

首先，电信运营商的预警拦截。电信运营商作为电信服务提供者，应担负起社会责任，与公安机关联动建立诈骗电话预警拦截机制，依托技术手段提高对境内外诈骗通信的发现、识别、检测、拦截能力。利用大数据、人工智能，能够在海量的通信数据、4G 网络数据中精准识别诈骗号码、网站样本、木马病毒以及受害事主的同时，自动推送关联数据支撑，提高预警率、劝阻成功率。在具体操作上，可以利用大数据建立诈骗电话大数据分析模型，关联主叫号码特征，对主叫号码的前缀、码长、规范性等进行分析，结合投诉数据，输出疑似诈骗号码，配置到黑名单库实时拦截；通过对海量呼叫信令的分析，输出疑似受害用户号码，在通话结束后 1～5 min 之内以自动短信、电话提醒、上门紧急劝阻或依法切断通话、停机销号、屏蔽联系渠道等措施及时阻断诈骗分子与潜在受害者的通联。此外，电信网络诈骗拦截系统应部署于电信运营商的核心网之上，通过省级拦截系统实现对辖内各运营商间疑似诈骗电话、短信的有效识别和拦截处理，为用户创造一个干净的通信环境，配合通信主管部门和公安部门打击电信网络诈骗。国家级拦截系统则整合各省拦截系统的接口数据，对各省拦截系统报告的高危“数据流”进行再分析和识别，分析全国范围内电信网络诈骗“数据流”的分布和变化。

其次，金融领域的紧急支付。其一，在犯罪嫌疑人转账过程中进行拦截是减少电信网络诈骗损失最直接有效的方法，应尽快由中国人民银行、国家金融监督管理总局统一部署，全面开放公安机关对银行异地查证权限，特别要明确紧急止付、快速冻结等具体操作办法，建立被骗资金快速冻结通道。要简化资金账户冻结的审批流程，使得侦查人员能及时冻结账户，防止资金被快速转移。建立健全即时查询、开展紧急止付、快速冻结工作机制，实时审核各地接警录入侦办平台的涉案账户信息，开展紧急止付、快速查询冻结工作。其二，银行等金融部门要完善异常资金流动的预警系统，对于平日里没有资金流动的账户要密切监控，涉嫌冒用他人身份开设的账户一旦出现大额资金转入并迅速转出的情况要立刻报警，并及时反馈给侦查机关，从而建立起一个快捷、高效的警银联动工作机制。其三，通过大数据分析技术，实时监控银行账号的开户信息、网银登录信息以及转账信息，适时封堵并向侦查机关提供协助，是金融机构义不容辞的责任。金融机构不仅应当对受害人直接汇款的账号进行检查，还要对涉案资金流出转入的全部账号开展全方位的细致检查，并留存这些数据待查。其四，要完善诈骗预警、监控及汇款交易实时拦截系统建设。各银行及支付机构应加快反欺诈系统建设，一方面对经由网点柜面、ATM 和自助终端、网上银行、手机银行等全业务渠道办理的每一笔转账汇款交易，进行全天候实时筛查和预警控制，对确认的高风险账户非柜面交易采取限制措施；另一方面综合各部门反欺诈平台掌握的监控数据信息，逐步构建和完善新型电信网络诈骗数据分析模型，实时向客户提供预警提示信息，并提出相应的防范策略，基本实现发现疑似诈骗行为，即时报警、紧急止付、资金实时拦截、涉案账户快速冻结等功能，及时阻断诈骗资金流转。

最后，加强大数据、人工智能等技术在电信网络诈骗犯罪预测、重点人员监控中的应用。其一，要提高数据挖掘、处理能力，建立反诈骗数据库，对有过诈骗行为的人员进行跟踪监控，对各种诈骗行为实行智能跟踪和预警，一旦发现异常，能立即启动相关预案。一旦发生诈骗案件，公安机关应该根据诈骗者的数据轨迹，利用大数据工具进行跟踪和挖掘，实行精准打击。其二，推动产学研融合，积极探索利用人工智能等新技术解决电信网络诈骗治理的重点难点问题，加快突破深度伪造仿冒研判、智能群呼设备识别等技术瓶颈。汇聚资源形成反诈大数据中心，推动大数据分析、智能监测预警等人工智能技术在现有反诈系统中的应用，提升技术反制的自动化、精准化和及时性。其三，利用大数据挖掘研判犯罪趋势。在大数据时代，可以利用人工智能、机器学习等技术，进行电信网络诈骗现场数据模型的构建，通过模型对电信网络诈骗犯罪的相关信息和特征进行分析和提取，以此对诈骗事件实施准确的判断。以“公安部电信诈骗案件侦查平台”数据为基础，通过对犯罪情况的充分了解，构建电信网络诈骗犯罪研究模型，通过对本地电信网络诈骗犯罪的发生情况进行总结分析，对即将发生的电信网络诈骗案件进行准确预测。

2. 深度伪造的社会工程学行为防护

深度伪造作为电信网络诈骗的一种新手段，手段变换多样，技术原理复杂，带来的潜在威胁较大，有别于普通的电信网络诈骗方式。针对深度伪造社工行为的防护措施如下。

① 及时发现并阻断非法提供深度伪造工具及服务。对深度伪造技术加强监管，包括深度伪造工具研发、深度伪造内容合成与发布等环节，建立全链条的监管机制。深度伪造工具的研发和内容合成服务是电信诈骗犯罪的重要环节，应从源头加大发现和打击的力度。

② 加大深度伪造技术检测算法的研究力度。搜集数据集，构建深度伪造音视频样本库。以机器学习算法、深度学习模型为基础，结合音视频的空间特征和时序特征，形成音视频数据处理、模型训练、跨样本集检测一体化的深度伪造音视频检测方案，并不断优化、创新。

③ 电信服务提供商及互联网公司部署深度伪造音视频检测系统，加大内容审核，及时发现并拦截利用深度伪造音视频实施电诈犯罪的活动。对于正常应用及合成的内容要经过授权并明显标识。同时，加强对人脸、声音等个人生物特征的保护，对未经授权的使用及仿冒等加大打击力度。

④ 公布典型深度伪造案例，加大宣传，提升民众辨别伪造音视频的能力及安全防范意识，引导民众保护好个人照片及声音等隐私信息。

⑤ 加强相关立法研究。为依法惩治电信网络诈骗等犯罪活动，保护公民合法权益，维护社会秩序，2016 年最高人民法院、最高人民检察院、公安部联合制定了《关于办理电信网络诈骗等刑事案件适用法律若干问题的意见》，明确规定：明知他人实施电信网络诈骗犯罪，非法获取、出售、提供公民个人信息的（如用户个人信息及照片、音视频等），制作、销售、提供“木马”程序和“钓鱼软件”等恶意程序的（如深度伪造音视频合成工具），提供互联网接入、服务器托管、网络存储、通信传输等技术支持的（如提供深度伪造图像及

音视频合成服务),以诈骗罪的共同犯罪处理。在未来还应形成专门的法律法规,以更有效打击深度伪造图像及音视频。

4.1.3 社会工程学信息保护

1. 社工信息保护问题分析

社工信息,在广义上,是指任何有助于攻击者执行社工攻击的信息。常见的社工信息如真实姓名、用户名、密码、手机号、身份证号、IP 地址、ID 信息等。社工信息既是社工攻击意图获取的目标资源,也是发起一些社工攻击所依赖的重要的前置资源。因此,社工信息是应对社工攻击威胁所需要重点保护的对象,也是防御社工攻击的重要方面。

当前的技术方法主要是通过用户登录认证和数据加密的方式对用户的重要信息进行保护。然而,这些技术方法仍不能有效地抵御登录口令和重要信息的社工猜解、暴力破解等方式的攻击。攻击者通过逆向分析认证流程,可以轻易破解用户口令和重要信息。即使登录过程中有验证码的缓解,攻击者仍可以编写程序或采用手工验证方式通过或绕过验证码,继续执行认证登录和重要信息的破解。此外,攻击者在增加算力、采用全空间的爆破字典的情况下,在充足的时间段内,在理论上几乎一定可以破解特定账户的密码,进而导致用户重要信息安全性的丧失,引起不可预知的网络攻击和安全风险。

2. 蜜罐加密体制原理

"蜜"在网络安全中经常被用来描述为一个虚假的资源。该资源被设计用来转移或抵制攻击者对系统的企图。例如,蜜词是数据库中虚假的用户名和密码,一旦被使用,就检测到了入侵。蜜罐加密技术是解决现行加密技术脆弱性的有效手段。通过该项技术,当使用任何一个不正确的密钥解密时,会产生看似可信但实际虚假的输出结果,该结果消息看起来也像是被正确破解了。因此,采用暴力破解方法的攻击者无法从猜测结果获得任何有效信息。[454-456]

蜜罐加密方案的创新之处在于分布式转换编码器(Distribution-Transforming Encoder),简称 DTE。它将纯文本的消息空间映射到 n 位字符串的种子空间,DTE 主要致力于解决消息空间的概率分布,它将消息映射到种子空间的一段种子区间。对于加密过程,从种子区间随机选择一个种子,并与密钥异或得到密文。对于解密过程,密文与所给密钥异或得到种子,再使用 DTE 将该种子映射到明文消息。无论该密钥正确与否,解密过程都会从消息空间取出一则消息,以此迷惑攻击者[455]。

通过以上方案,对所有潜在的解密行为,不论正确性如何,都会映射到某条特定消息,因为解密所得的结果是通过预期的概率分布得到的。

下面,以一个基本的例子来说明加密与解密过程。

考虑图 4-4 中对冰激凌口味编码的简单示例,消息空间由不同的口味组成,Message={Chocolate, Mint, Strawberry, Vanilla},通过了解一些人对冰激凌口味的偏好,给每种口味分配一定的概率,在此处 Probability={ Chocolate:3/8, Mint:1/8, Strawberry:2/8, Vanilla:2/8 }。由以上概率分配结果,可以使用 3 bit 的种子空间,将每种口味映射到一个种子范围。

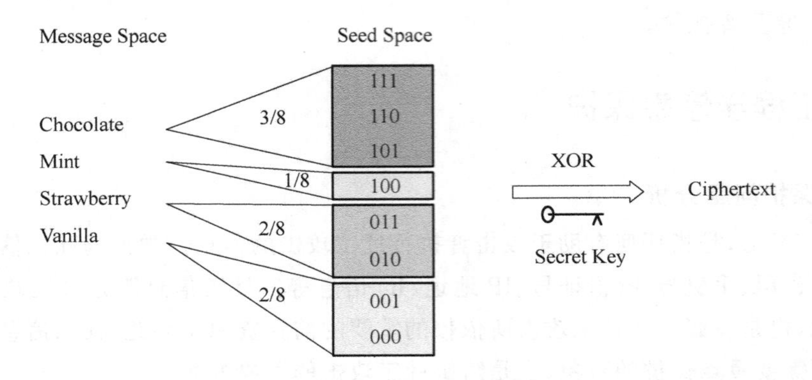

图 4-4　蜜罐加密体制示例

图 4-4 的彩图

上述消息空间与种子映射关系的构建中使用了概率分布函数(Probability Distribution Function)与加权概率分布函数(Cumulative Distribution Function)的概念,首先分别得到消息的 PDF、CDF。DTE 根据消息的 PDF 和 CDF 值建立明文消息与种子的映射关系,且确保消息的 PDF 值与相关的种子区间在整个种子空间的概率相同。

对于信息加密的过程,例如"Chocolate",首先根据 DTE,找到该消息对应的种子范围,在该范围中随机选择一个种子,后续将这个种子用密钥进行异或运算,产生密文。

而考虑信息解密的过程,首先使用密文与密钥进行异或并返回结果,该结果作为种子值。种子对应于消息的 CDF 的种子范围,但对于大多数消息空间,CDF 是单向的,无法进行逆向求解。此处,可以进行预先的计算,实现一个逆向解析表用作 DTE 的解码部分,通过在逆向解析表中进行线性扫描或二分查找找到对应的明文消息。

蜜罐加密也有一定的局限性。例如,当消息空间较大时,解密过程中种子到明文消息的逆向解析过程所花时间较长,若设计不当将会影响整个系统的性能。又如,针对不同的应用,由于要构建不同的消息空间与 DTE,蜜罐加解密技术的实现通常需要定制[9]。

综上所述,蜜罐加密体制是一种能够抵抗暴力破解的加密方法,即使攻击者尝试了所有可能的密钥,也无法成功辨识解密所得到的明文消息是否是正确可信的。

3. 基于蜜罐加密的社工信息防护

传统信息保护方法常用哈希加盐、n 位密钥加密等方法对个人信息进行防护,其中加密的安全性随着盐值的随机性或密钥的大小而增加。但当攻击者进行暴力猜解时,该方法存在一个致命的缺陷:如果使用某口令成功登录了系统,那么该用户的社工信息将会完全暴露,且攻击者可以根据社工信息的可信度来判断口令是否真实有效[455,457]。

鉴于目前传统信息保护方法的缺陷,介绍一种登录认证和社工信息保护方案,核心思想是将蜜罐加密方法应用于 Web 服务这一场景,克服了现有登录认证和重要信息保护技术存在的不足,不依赖于验证码等缓解措施,使持正确口令的访问者(合法用户)获取正确的信息,而持错误口令的访问者(攻击者)(即使在逆向分析认证流程的情况下)无感地获取混淆欺骗性的错误信息;该方案使得在服务端并不存储登录口令明文或加密的口令的情况下,实现对社工信息的访问认证和加密保护,这是一种高度欺骗、误导攻击者的技术,可有效地抵御登录口令和重要信息的社工猜解、暴力破解、逆向分析等攻击,可有效实现对社工信息的安全防御和保护。

1）社工信息防护技术模型

如图 4-5 所示，基于蜜罐加密的社工信息防护技术模型主要分为三个部分：社工信息预处理、社工信息加密、社工信息混淆欺骗响应，下面将针对以上各部分的步骤进行详细阐述。

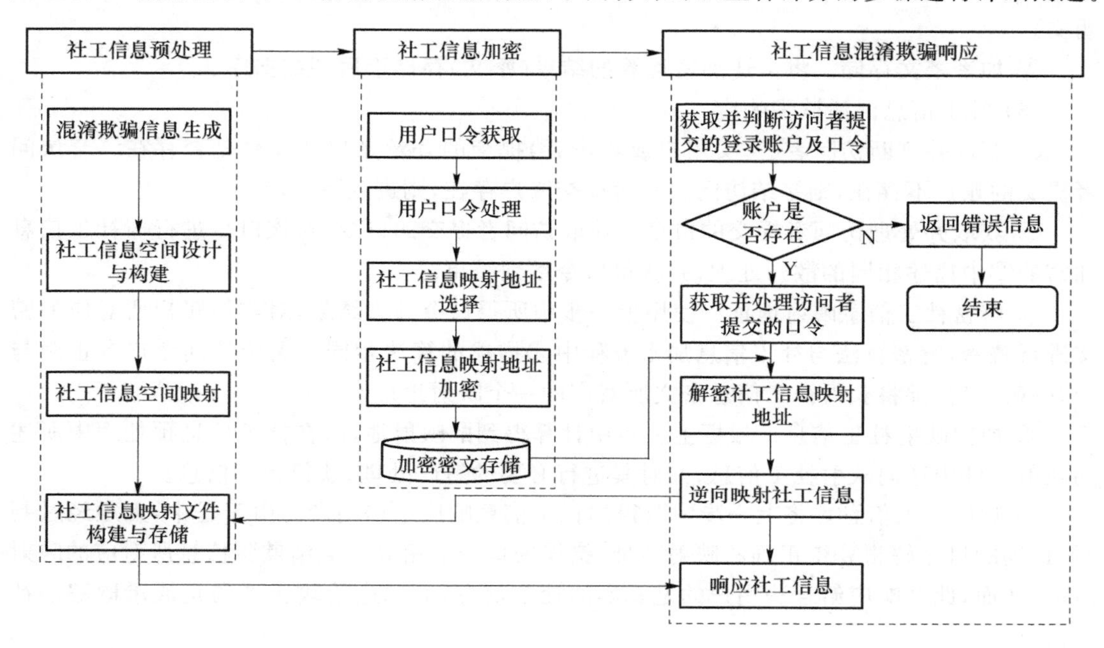

图 4-5　社工信息保护技术模型

（1）社工信息预处理

① 混淆欺骗信息生成。构建混淆欺骗社工信息生成脚本，可以是简单地生成并增加模式相同、内容相似的虚假社工信息，也可以将要保护的社工信息对象的全空间信息条目生成，并用于后续混淆欺骗式的响应。

② 社工信息空间设计与构建。为了提高信息检索和处理的效率，减少性能开销，可对社工信息空间（包含要保护的社工信息和用于混淆欺骗的虚假信息）进行必要的设计构建，如十六进制转换、Unicode 编码、升序排序、降序排序等。

③ 社工信息空间映射。将设计好的社工信息空间映射到一个地址/索引值或一个地址块上。这种映射可以是规律性的映射，如等概率均匀映射、特定分布函数的映射；也可以是非规律性的映射，如随机映射。所采用的地址，可以是连续的，也可以是不连续的。

④ 社工信息映射文件构建与存储。构建并存储以上社工信息空间映射的文件。为了系统响应性能，若映射文件过大，可将该映射文件分割为多个文件存储；分割方法可采用固定文件大小模式、最大阈值行数模式等。

（2）社工信息加密

① 用户口令获取。可以在用户注册的过程中实时地获取特定登录账户的口令，也可以在注册之后获取用户的口令。值得注意的是，用户口令仅用于后续计算，任何口令及口令的加密形式均不做硬盘存储处理，即使原先有存储，在加密之后也要彻底删除。

② 用户口令处理。为了提高社工信息加密、混淆欺骗的强度，对口令进行散列处理，可

采用 MD5、SHA 等散列算法。

③ 社工信息映射地址选择和加密。首先，对于所属该用户的社工信息，选择社工信息所对应的任何一个地址/索引值。其次，使用该用户的口令的散列结果对要保护的社工信息进行加密处理；加密处理采用可逆的加密算法⊕，即满足：明文⊕key＝密文，密文⊕key＝明文。

④ 加密密文存储。将上述加密运算的结果(密文)存储于后端数据库。

(3) 社工信息混淆欺骗响应

① 获取并判断访问者(真实用户或攻击者)提交的登录账户及口令是否存在。若访问者提交的账户不存在，则终结访问。若所提交账户存在，则进入下一步。

② 获取并处理访问者提交的口令。获取访问者提交的口令，对该口令进行与社工信息加密的②中描述相同的散列处理，并获得口令散列结果。

③ 解密社工信息映射地址。使用上一步中所得口令散列结果，对与该账户所对应的密文进行解密，解密算法与社工信息加密流程中③描述的算法相同。无论访问者口令正确与否，解密之后，都将获得社工信息密文所对应的一个映射地址。

④ 逆向映射社工信息。根据上一步中计算得到的映射地址，在社工信息预处理中所述的映射文件中逆向映射社工信息，并对其进行必要的解码处理，获得社工信息。

⑤ 响应社工信息。将上一步中获得的社工信息响应给访问者。由于③中，无须经过判断，正确的口令解密算得正确的映射地址，错误的口令解密算得混淆欺骗信息所对应的映射地址，从而，此处响应给合法用户的是真实的社工信息，而响应给攻击者的是混淆欺骗的社工信息。

2) 社工信息防护技术系统设计

基于本书 227 页“1)社工信息防护技术模型”所述的技术模型，此处给出社工信息保护系统的具体结构，如图 4-6 所示。

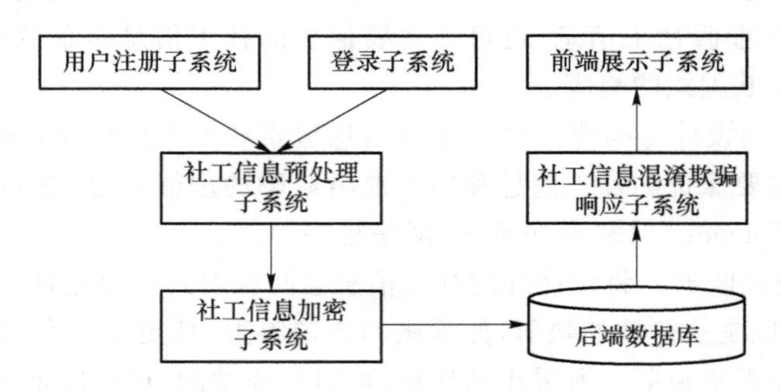

图 4-6 社工信息保护系统结构

社工信息保护系统主要分为以下几个子系统。

① 用户注册子系统。用于提供用户的账户注册功能、社工信息注册功能等。

② 登录子系统。用于给访问者提供一个登录接口，获取访问者的登录账户及口令。

③ 社工信息预处理子系统。包括社工混淆欺骗信息生成模块，社工信息空间构建模块，社工信息映射文件构建与存储模块。

④ 社工信息加密子系统。包括用户口令处理模块、社工信息映射地址查找与选择模块、社工信息映射地址加密模块、加密密文存储模块。

⑤ 后端数据库。用于存储账户的登录用户名，以及其他各种社工信息密文。

⑥ 社工信息混淆欺骗响应子系统。包括账户存在性判断模块、口令处理模块、社工信息映射地址解密模块、社工信息逆向映射模块、社工信息解码及影响模块。

⑦ 前端展示子系统。用于展示社工信息混淆欺骗响应子系统的输出。

3）社工信息防护系统处理流程实例

此处以一个基本的例子来说明社工信息保护系统对社工信息的保护能力与用户展示效果，依据本书 227 页“1)社工信息防护技术模型”所述的技术模型，对系统处理流程进行分步叙述。

根据混淆欺骗社工信息生成脚本，生成混淆欺骗社工信息，对于真实信息（姓名：张三。手机号：131xxxx0001。身份证号：110107xxxxxxxxx001)，生成虚假社工信息集合，其中两个组样例可以是（李四，152xxx ** 020，110101xxxxxxxx0304)，(王行五，1387x ** xx302，110117xxxxxxxx5020)。分别对上述社工信息空间（包含要保护的社工信息和用于混淆欺骗的虚假信息）进行必要的设计构建，如对手机号按升序排列、对姓名进行 Unicode 编码后再升序排列。将设计好的社工信息空间映射到一个地址块上。根据姓名中元素的使用频率，对姓名进行非均匀映射。后续，分别构建并存储以上社工信息空间映射（姓名、手机号、身份证号）的映射文件。

获取用户的真实口令和待保护的社工信息，在用户注册的过程中实时地获取特定登录账户的口令，如（user1，correct：1234321），对应的社工信息为（叶 *，1310000 ****，11000019 **** 01001)。首先，对口令进行散列处理，对于所属该用户的不同社工信息，分别选择社工信息对应种子区间中所对应的任何一个地址。以身份证号为例，其 11000019980101001 在对应种子区间中选择编号 12 的种子。接下来，对社工信息映射地址加密，方法是使用该用户的口令的散列结果对选取种子编号 12 进行加密处理。最后对加密密文存储，将上述加密运算的结果（密文）存储于后端数据库。

获取访问者（真实用户或攻击者）提交的登录账户信息及口令，判断访问者提交的用户账户是否存在，若访问者提交的账户不存在，则终结访问；若所提交账户存在，则进入下一步。接下来，获取访问者提交的口令，对该口令进行与加密流程中相同的散列处理，并计算得到口令的散列结果。此处，合法访问者的口令计算得到 self_hash(correct：1234321) = 0x721c63501356bf79，非法访问者的口令计算得到 self _ hash (wrong：123456) = 0x49ba59abbe56e057。使用上述口令散列结果，对与该账户所对应的密文进行解密。无论访问者口令正确与否，解密之后，都将获得社工信息密文所对应的一个映射地址，可有效抵御社工猜解、暴力破解等攻击过程中的跳转。此处以身份证号为例，合法访问者解密得到编号为 12 的种子，非法访问者将得到与上述差异较大的种子编号，此处为 1934892。根据计算得到的映射地址，在种子映射表中逆向映射社工信息，并对其进行必要的解码处理。对于合法访问者，逆向映射获得社工信息（叶 *，1310000 ****，11000019 **** 01001)；而非法访问者所逆向映射后得到的社工信息是混淆欺骗的社工信息，如（何 **，135221 **** 9，23083319 ****** 001)。将以上获得的社工信息响应给访问者。其中可以观察到，正确的口令解密算得正确的映射地址，错误的口令解密算得混淆欺骗信息所对应的映射地址，从而，此处响应给合法用户的是真实的社工信息，而响应给攻击者的是混淆欺骗的社工信息。

4. 社工信息保护效果分析

社工信息保护系统通过支持构建混淆欺骗式数据隐藏方法，实现了社工信息混淆欺骗响应机制，实现对社工信息的有效保护；此外，对于解密得到的虚假信息，其与真实信息格式高度相似，具有强烈的混淆性，可以使得攻击者相信他得到了正确的社工信息，但其实该社工信息均是错误的。

4.1.4 基于对抗样本的社工信息保护方法

现有的安全检测、防御技术方法，使用数据加密、防火墙、入侵检测系统和防病毒软件等安全机制，应对网络中的信息安全威胁和设备安全威胁，达到防御恶意攻击，保护设备和网络内部的安全以及防止敏感数据泄露的目的。然而，现有的安全检测、防御技术方法，没有考虑到人为因素对于安全检测和防御的重要性和脆弱性，导致基于社会工程学的网络攻击频发。2020 年一共发生了 76 个数据泄露事件，导致众多社会工程信息遭到泄露。①5.38 亿条微博用户信息在“暗网”出售，其中 1.72 亿有账号基本信息，泄露的数据包括：用户 ID、粉丝数、关注数、性别、地理位置等。②成人视频网站 CAM4 发生重大数据泄露事件，共泄露 108 亿条记录，包括用户姓名、电子邮件地址、出生地等信息以及其他用户细节，如口语习惯、支付记录、邮件往来记录等。③体育连锁巨头迪卡侬(DECATHLON)数据泄露事件，共 1.23 亿条记录被泄露，包括员工的身份信息、工作电子邮件地址、雇佣合同信息(工作时长、地点、资质、合同期、职位)、客户电子邮件和登录信息等。

无论防火墙、加密方法、入侵检测系统和防病毒软件如何保证安全，人为因素依然是整个安全链中最薄弱的环节。在社会工程学攻击的实施过程中，攻击者需要知道用户信息，如用户名、出生日期、邮箱地址、手机号、喜好、口语习惯、支付习惯、性别、职位、地理位置、单位信息、对应的社交网络账号以及家庭住址等社会工程学信息，以便依据这些信息，分析出当前用户在社会工程学上的脆弱性并加以利用，发现潜在的社工漏洞，进行特定的攻击，从而操纵个人和企业泄露有价值而且敏感的数据。例如，已知被攻击者的邮箱地址，攻击者可以向被攻击者发送一个带有恶意文档作为附件的邮件。只要被攻击者打开附件，攻击者就可以轻易地在被攻击者所属公司的网络中找到落脚点，进而探知公司更多的敏感信息。根据国家安全部调查，社会工程学攻击是最严重的攻击之一，全世界网络系统都受到其威胁。

有效防御社会工程学攻击，将能为个人和企业的敏感数据提供更加严密的保护，减少社会工程学攻击带来的财产损失。鉴于以上脆弱性，介绍一种基于对抗样本生成的社会工程学攻击的防御方法，在未知敌手模型内部结构和参数的情况下使已知用户信息的社会工程学攻击失效，为个人和企业的敏感数据，提供一种低成本、严密的安全保障。总体路线如图 4-7 所示：①采集已有的数据泄露事件作为训练数据，使用采集到的数据训练神经网络，生成模型作为社会工程学攻击模型；②采用置信度方法和梯度损失函数方法两种评估方法，对用户相关信息中的每个事项进行评分，以衡量该事项对于攻击模型输出结果的影响程度；③基于评估方法，选择并收集用户相关信息中对于模型输出结果影响最大的用户信息，生成替换表；④对于给定的一个基于社会工程学攻击的样本，如邮件等，基于步骤③得到的替换表，使用包含相同或相似视觉信息的事项，替换用户相关信息中原事项，进行微小扰动，生成对抗样本，致使社会工程学攻击模型出现错误，从而保护用户，避免其遭受社会工程学攻击。

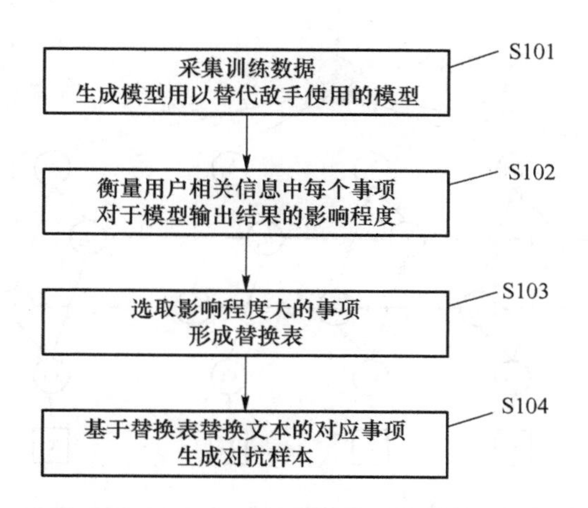

图 4-7 基于对抗样本生成的社会工程学攻击的防御方法

1. 社工信息的威胁模型

依据收集到的已有数据泄露事件中遭到泄露的用户信息事项，包括用户的姓名、性别、出生日期、邮箱地址、电话号码、地理位置、单位信息、职位、喜好、支付习惯以及设备信息，作为训练数据。由于收集到的原始用户信息事项是结构化的列表形式，而模型需要“语句”这样由词语组成的序列形式的数据作为输入。所以本方法将收集到的原始数据表格，按照顺序转化为描述用户相关信息的语句。例如：“张妍，性别女，出生日期为 19950815，邮箱地址是 zhangyan@163. com，电话号码是 13511111111，现居地北京，是××公司的工程师，日常喜好香水，习惯用银行卡支付，使用 levono Y7000P。”使用已有的描述用户信息事项的语句作为输入，利用基于注意力的长短期记忆网络（Attention-Based Bidirectional Long Short-Term Memory Networks）的注意力机制的神经网络模型以替代敌手使用的模型。

如图 4-8 所示，该模型利用双向长短期记忆神经网络的注意机制来自动聚焦于对分类有决定性影响的词语，在不使用额外知识的情况下，捕捉句子中最重要的语义信息。注意力机制模型包含 5 个部分。

① 输入层：通过本层将语句输入该模型。

② 嵌入层：将每个词语映射到一个低维向量。给定一个由 T 个词语组成的语句：$s=\{x_1,x_2,\cdots,x_T\}$，通过公式 $\boldsymbol{e}_i=\boldsymbol{W}^{\mathrm{wrd}}\boldsymbol{v}^i$，将每个词语 x_i 转化成对应的词向量（Word Embedding）$\boldsymbol{e}_i$。其中，$\boldsymbol{W}^{\mathrm{wrd}}$是通过学习得到的矩阵，$\boldsymbol{v}^i$ 是一个以词语总量为维度的向量。

③ LSTM 层：利用双向长短期记忆网络（Bi-LSTM），全称为 Bi-directional Long Short-Term Memory，从嵌入层获得高级特性。

④ 注意力层：产生一个权重向量，通过乘以权重向量，将每个时间步骤的词语级别的特征合并到一个句子级的特征向量中。最终按照公式 $h^*=\tan(r)$表示语句。其中，$r=\boldsymbol{H\alpha}^{\mathrm{T}}$，$\boldsymbol{\alpha}=\mathrm{softmax}(\boldsymbol{w}^{\mathrm{T}}\boldsymbol{M})$，$\boldsymbol{M}=\tanh(\boldsymbol{H})$，$\boldsymbol{H}$ 是 LSTM 层的输出向量，$\boldsymbol{H}=[h_1,h_2,\cdots,h_{\mathrm{T}}]$。

⑤ 输出层：将语句级特征向量最终用于关系分类，使用了激活函数 softmax 得到每种攻击策略的概率，并输出概率最大的策略，作为社会工程学攻击策略。

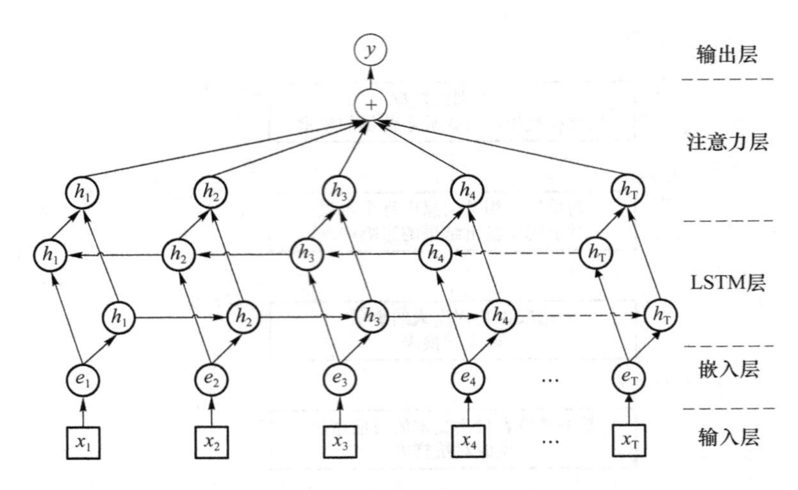

图 4-8　基于注意力的长短期记忆神经网络模型

2. 社工信息的对抗样本生成

首先，将收集的数据作为原始样本输入到本书 231 页得到的模型中，采用两种评估方法（置信度方法和梯度损失函数方法），对语句中的每个词语进行评分，以衡量用户相关信息中每一个事项对于模型输出结果的影响程度。评分高的词语对于模型的输出结果影响较大，这样的词语发生微小的改动往往可以在很大程度上改变一段文字的分类归属，从而导致敌手模型产生错误。再通过两种评估方法，筛选出对于模型输出结果影响程度大的用户信息，在后序步骤中进行改动，以更加高效的方式导致敌手模型失效。社工信息的对抗样本生成如图 4-9 所示。

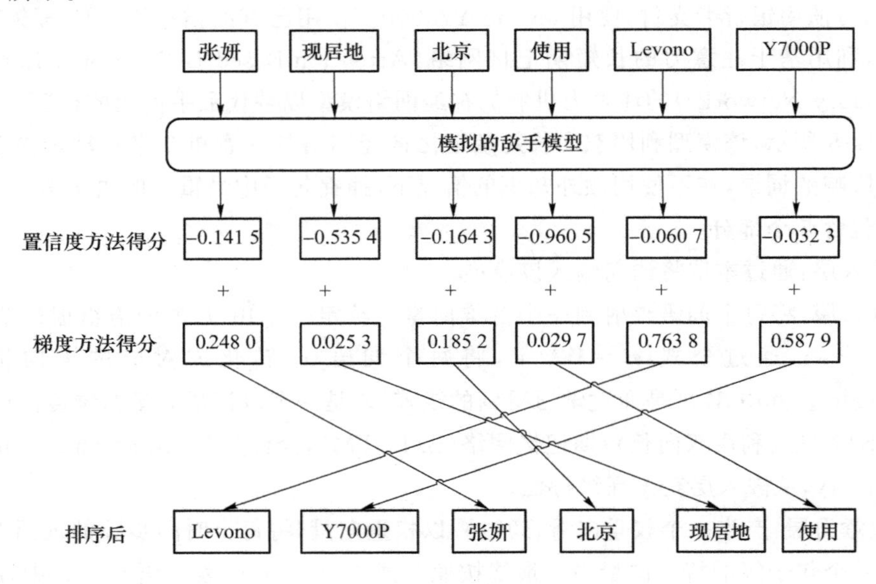

图 4-9　社工信息的对抗样本生成

置信度方法是可用的一种评估方法。对于一段文字，如果其中的一个词语被删除会在更大程度上改变这段文字分类归属的置信度概率，则证明该词语会在更大程度上决定这段

文字的分类归属，对模型输出的影响程度更大。因此，采用置信度方法衡量每个词语对于模型输出结果的影响程度，通过公式 $C_F(w_k, y_i)=F(s_i)-F(s_i^{|w_k})$，计算输入的样本中每个词语对于模型输出结果的影响程度得分。其中，F 表示模型，s_i 表示第 i 个原始样本，y_i 为第 i 个样本的类别标签，w_k 为样本的第 k 个词语，$s_i^{|w_k}$ 表示去除第 k 个词语的样本。

梯度损失函数法也是一种可行的评估方法。使用快速梯度符号法(Fast Gradient Sign Method)的概念，通过反向传播求出模型对于输入样本语句中每个词语的损失梯度。对于一段文字，如果某个词语通过反向传播算法求得的损失梯度越大，则该词语会在更大程度上决定这段文字的分类归属，对模型输出结果的影响程度就更大。所以，采用梯度损失函数法衡量词语对于模型输出结果的影响程度，通过公式 $C_G(w_k, y_i)=-\nabla_{w_k}J(s_i, F, y_i)$，计算样本中每个词语对于模型输出结果的影响程度得分。其中，w_k 为样本的第 k 个词语，F 表示模型，J 为模型的损失函数，s_i 表示第 i 个原始样本，y_i 为第 i 个样本的类别标签。

分别获得采用置信度和梯度损失函数两种评估方法得到的样本中每个词语对于模拟敌手模型影响程度的得分：C_F 和 C_G。将两种评估方式得到的得分相加，通过公式 $C=C_F+C_G$，结合两种评估方法，得到每一个词语对于模拟敌手模型影响程度的最终得分。对于每一个输入模型的文本样本，以对于模型的影响程度分数从大到小的顺序排列文本中的词语，并从每个样本中，提取出得分最高的三个词语，组成初始表。处理完所有样本后，对得到的初始表进行去重，组成临时表。

3. 基于对抗样本的信息保护

选取并使用包含相同或相似视觉信息的字作为原始样本中的字。对于人类而言，字包含的视觉信息对人类评估字符含义起决定性作用，包含相同或相似视觉信息的字将会被人类轻松识别。例如，拉丁字母“A”(Unicode 0041)与希腊字母“Λ”(Unicode:039b)包含相似的视觉信息，拉丁字母“a”(Unicode:0061)与西里尔字母“а”(Unicode:0430)包含相同的视觉信息。它们分别会被人类判断为大写的拉丁字母“A”以及小写的拉丁字母“a”；汉字“壸”(Unicode:58f8)与“壶”(Unicode:58f6)也包含相似的视觉信息。然而人类与神经网络模型处理文本的方式有明显区别：当前的神经网络模型在处理文本时，不考虑视觉上字的相似性的概念。模型在处理文本时，多将字视作组成一个词语的离散单元，单个字的变化很容易使模型将一个词语错误地识别成另一个词语，导致模型发生错误。图 4-10 利用人类与模型对于文本的不同处理模式作为模型的盲点，使用包含相同或相似视觉信息的手段对原始样本进行轻微的扰动，在保证用户可以正常还原样本信息的基础上，使攻击者使用的敌手模型出现错误，导致已知用户信息的社会工程学攻击失效。

基于之前的替换表，对于给定的一个基于社会工程学攻击的文本，如邮件等，将给定文本中的用户相关信息事项进行比对，判断是否包含替换表中的用户信息。如果包含替换表中的用户信息，则将对应事项取出，在该事项中随机选择一个字，用与其包含相同或相似视觉信息的字加以替换，最后将替换字后的事项放回给定文本中原来的位置，完成替换生成对抗样本。如果给定文本中不包含替换表中的用户信息，则使用本书 232 页中衡量词语对模型输出结果影响程度的方法为样本中的词语进行评分，并将两种方法所得评分相加，得到词语对模型的影响程度。按照其影响程度从大到小进行排序。选择影响程度最大的 3 个词语，在对应词语中随机选择一个字，用与其包含相同或相似视觉信息的字加以替换，将替换字后的词语放回给定文本中原来的位置，完成对抗样本的生成。

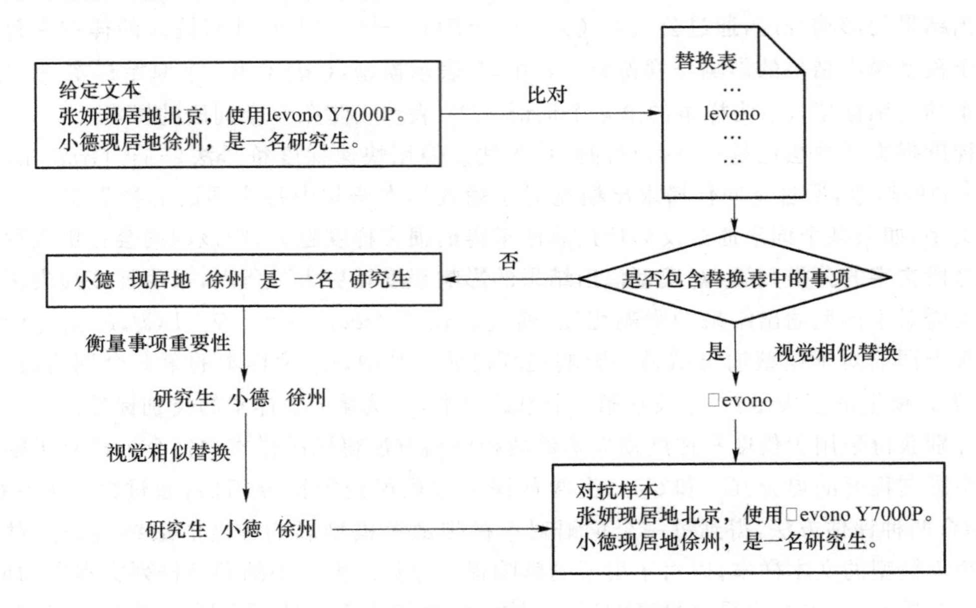

图 4-10 基于对抗样本的信息保护

4.2 面向网络运维脆弱性的风险评估

4.2.1 网络运维脆弱性风险评估指标体系

1. 指标体系概述

对不同网络的运维脆弱性的评价，主要是研究在相同或相似的网络主体结构上，不同的网络运维配置或网络运维活动对网络安全性的影响。

1）网络运维配置脆弱性评价指标

网络运维配置指标评价现有网络运维配置对网络安全的影响，主要从现有网络运维配置情况对用户权限的影响入手，综合考虑用户整体权限分布情况、网络配置分布情况、提权路径分布、安防措施有效性等方面，衡量配置、权限、安全防护措施之间的关系，从而真实反映网络配置对网络安全状态的影响。

2）网络运维活动脆弱性评价指标

网络运维活动指标评价某个网络运维动作对网络安全的影响，主要从该运维活动前后用户权限和网络状态的变化情况入手，综合考虑用户整体权限分布变化、网络配置分布变化、提权路径变化、安防措施有效性变化等方面，从而真实反映网络运维活动对网络安全状态的影响。

2. 用户权限分布和变化

网络权限的分布情况是衡量网络运维配置好坏的首要参考，对于一个好的网络运维配置来说，直觉上，对用户权限的分配应满足下列3点：一是用户实际权限矩阵与拟分配权限之间应尽量接近；二是敏感权限应仅授予较少的人员掌握；三是部分权限应满足隔离要求。该3个方面可以用下面4个指标进行衡量。下面的4个指标，同样可以利用相应的差值，来计算相应的运维动作的脆弱性，因篇幅问题，不再赘述。

1）权限差值

权限差值PDF定义为：

$$\mathrm{PDF}(s)=\frac{\|\mathbf{PF}^{(s)}-\mathbf{PD}^{(s)}\|_1}{MN} \tag{4-1}$$

如式(4-1)所示，权限差值代表在当前网络配置 s 下用户实际权限矩阵 $\mathbf{PF}^{(s)}$ 和其应得权限矩阵 $\mathbf{PD}^{(s)}$ 之差的L1范数的平均值，M 和 N 分别代表权限矩阵的行数和列数，即用户数和服务数。

（1）敏感权限差值IPDF

$$\mathrm{IPDF}(s)=\frac{\|\mathbf{IPF}^{(s)}-\mathbf{IPD}^{(s)}\|_1}{MN} \tag{4-2}$$

如式(4-2)所示，敏感权限差值代表在当前网络配置 s 下所有用户对敏感权限的拥有矩阵 $\mathbf{IPF}^{(s)}$ 和相应的应得权限矩阵 $\mathbf{IPD}^{(s)}$ 之差的L1范数的平均值，M 和 N 分别代表该敏感权限矩阵的行数和列数，即用户数和敏感服务数。

（2）敏感权限用户比例IPP

$$\mathrm{IPP}(s)=\frac{\mathrm{RN}(\mathbf{IPF}^{(s)})}{M} \tag{4-3}$$

如式(4-3)所示，敏感权限用户比例RN(*)代表矩阵非全0行的数量，即拥有敏感权限的用户的数量，M 代表用户的整体数量。由于 $\mathrm{RN}(\mathbf{IPF}^{(s)})\leqslant M$，则 $0\leqslant \mathrm{IPP}\leqslant 1$，IPP越大，说明拥有敏感权限的用户比例越高。

（3）权限隔离用户比例CPP

$$\mathrm{CPP}(s)=\frac{\sum_{i=1}^{M}\sigma(\mathbf{IPF}_i^{(s)})}{M} \tag{4-4}$$

如式(4-4)所示，$\mathbf{IPF}_i^{(s)}$ 代表矩阵 $\mathbf{IPF}^{(s)}$ 的第 i 行，$\sigma(v)$ 为权限隔离检测函数，用于检测向量 v 中是否存在权限冲突，如果有冲突，则 $\sigma(v)$ 返回0，否则返回1。$\sigma(v)$ 的冲突检测一般由匹配一系列的冲突检测规则决定，例如规定用户不允许同时拥有服务 i 和服务 j 的权限，则检查待检向量 v 的第 i 个分量和第 j 个分量是否全部大于某个阈值 k，如果为是，则返回1，如果为否，则返回0。

3. 提权路径分布

对网络运维脆弱性的衡量，不仅要衡量用户权限分布的情况，而且要考虑用户获取到这些权限的路径的情况，直觉上说，对于同样的用户权限分布，其衡量标准可以有两种：一是用户获取到固定的权限所需的提权路径越短，网络运维脆弱性越强；二是用户使用的提权路径相似性越差，网络运维脆弱性越强。同样，上述指标是针对某一个网络配置的，也可以利用相应的差值，来计算相应的运维动作的脆弱性。

1）提权路径的平均长度

提权路径的平均长度 APVLEN 的定义为：

$$\text{APVLEN} = \frac{\sum_{i=1}^{M} \sum_{j=1}^{|\text{AP}_i|} \text{len}(\text{ap}_{i,j})}{\sum_{i=1}^{M} |\text{AP}_i|} \tag{4-5}$$

其中，AP_i 表示第 i 个用户所有可能存在的提权路径的集合，$\text{ap}_{i,j}$ 表示 AP_i 中的第 j 个元素。本质上，APVLEN 计算所有用户所有提权路径的平均长度，作为对网络当前配置下运维脆弱性的有效度量。

2）N 跳以下的提权路径相对数量

由于大多数的网络具有小世界特性，对于提权路径长度 N 大于一定跳数的提权路径，在实际的网络渗透中不存在实际价值，所以需要关心小于一定跳数的提权路径的数量。一般来说，N 不应大于 6，对于小型网络，一般不应大于 3。

N 跳以下的提权路径相对数量 NAPC 定义为：

$$\text{NAPC}(s) = \frac{\sum_{i=1}^{M} \sum_{j=1}^{|\text{AP}_i|} \sigma(\text{len}(\text{ap}_{i,j}), N)}{MN} \tag{4-6}$$

其中，AP_i 表示第 i 个用户所有可能存在的提权路径的集合，$\text{ap}_{i,j}$ 表示 AP_i 中的第 j 个元素，函数 len(*)代表求路径的长度，函数 $\sigma(a,b)$ 代表将 a 与 b 进行比较，如果 $a \geqslant b$，则返回 1，如果 $a < b$，则返回 0。在 NAPC 的计算过程中，是将提权路径的绝对数量除以用户数 M 和服务数 N 的乘积，而不是除以提权路径的总数，这是由于对于不同的网络来说，一般随着网络的扩大其可能的提权路径也会增多，而 N 跳以下的提权路径所占的比例却不会有显著变化，后者难以有效地反映网络运维脆弱性的状态。

3）提权路径的相似性

提权路径的相似性 APS 的定义为：

$$\text{APS}(s) = \frac{\sum_{i=1}^{P} \sum_{j=1}^{P} \omega(p_i, p_j)}{P^2} \tag{4-7}$$

其中，P 表示所有提权路径的集合，p_i 和 p_j 分别表示第 i 条、第 j 条提权路径，$w(p_i, p_j)$ 表示相似性度量函数，用于度量 p_i 和 p_j 之间的相似性。相似性的度量采取公共子序列的方式进行，即：

$$w(p_i, p_j) = \frac{|\text{PL}(p_i, p_j)|^2}{|p_i| \times |p_j|} \tag{4-8}$$

其中，$\text{PL}(p_i, p_j)$ 为 p_i 和 p_j 的公共子序列，| * |表示求向量的距离。

4. 网络配置分布

网络配置分布主要衡量网络配置对网络安全状况的影响程度，对于一个好的网络运维配置,网络配置分布应该满足以下要求:一是单一网络参数的变化应影响尽量少的网络安全性的变化,否则在出现误配置的情况下,将严重影响网络安全;二是网络配置参数的变化应该趋于一致,即更改不同的网络配置应该尽量影响数量相对平均的用户权限。这些方面将主要用下面 3 个指标衡量。同样,上述指标是针对某一个网络配置的,也可以利用相应的差值,来计算相应的运维动作的脆弱性。

1) 最大配置权限影响

最大配置权限影响的定义为:

$$\mathrm{CMAXF}(s)=\max_{c\in C}\frac{\|\mathbf{PF}^{(s)}-\mathbf{PF}^{(s')}\|_1}{MN} \tag{4-9}$$

式(4-9)表示对于配置集合 C 中的每一个配置 c,计算其改变后的配置 s' 下用户权限矩阵 $\mathbf{PF}^{(s')}$ 与在原配置下 s 用户权限矩阵 $\mathbf{PF}^{(s)}$ 的差值矩阵的 1 范数,然后对其进行归一化,最后返回对于所有配置的最大值,计算结果中 $0\leqslant \mathrm{CMAXF}\leqslant 1$,CMAXF=0 表示改变所有配置都将不会改变任何用户权限,CMAXF=1 表示改变某一个或多个配置将会导致所有用户权限反转。

2) 平均配置权限影响

平均配置权限影响 CAVGF 的定义为:

$$\mathrm{CAVGF}(s)=\operatorname*{avg}_{c\in C}\frac{\|\mathbf{PF}^{(s)}-\mathbf{PF}^{(s')}\|_1}{MN} \tag{4-10}$$

式(4-10)表示对于配置集合 C 中的每一个配置 c,计算其改变后的配置 s' 下用户权限矩阵 $\mathbf{PF}^{(s')}$ 与在原配置下 s 用户权限矩阵 $\mathbf{PF}^{(s)}$ 的差值矩阵的 1 范数,然后对其进行归一化,最后返回对于所有配置的平均值,计算结果中 $0\leqslant \mathrm{CAVGF}\leqslant 1$,CAVGF=0 表示改变所有配置都将不会改变任何用户权限,CAVGF=1 表示改变某一个或多个配置将会导致所有用户权限反转。

3) 配置权限影响方差

配置权限影响方差的定义为:

$$\mathrm{CDEVF}(s)=\operatorname*{DEV}_{c\in C}\frac{\|\mathbf{PF}^{(s)}-\mathbf{PF}^{(s')}\|_1}{MN} \tag{4-11}$$

式(4-11)表示对于配置集合 C 中的每一个配置 c,计算其改变后的配置 s' 下用户权限矩阵 $\mathbf{PF}^{(s')}$ 与在原配置下 s 用户权限矩阵 $\mathbf{PF}^{(s)}$ 的差值矩阵的 1 范数,然后对其进行归一化,最后计算所有配置改变权限情况的方差。CDEVF 表示配置对权限影响情况分布的集中程度,方差越小,表示更改不同的配置对权限的影响相对一致。

5. 安全防护有效性

网络安全防护有效性是衡量网络安全配置的重要指标,对于网络中可能存在的运维脆弱性,可以通过合理地配置相应的安防策略,使得相应的运维脆弱性风险降到最低。由于在利用网络运维脆弱性进行攻击时,所有的物理动作或网络流量均符合设备本地的安全策略,而且所有访问服务的行为均为正常行为,即其不能被入侵检测系统所发现,所以对其进行审计是发现网络运维脆弱性攻击的唯一手段,所以对于网络运维脆弱性安全防范的有效性,主要可以通过提权路径的审计覆盖率 APCR 反映。同样,上述指标是针对某一个网络配置的,也可以利用相应的差值来计算相应的运维动作的脆弱性。

提权路径的审计覆盖率的定义为：

$$\mathrm{APCR}=\frac{\sum_{i=1}^{M}|\mathrm{CAP}_i|}{\sum_{i=1}^{M}|\mathrm{AP}_i|} \tag{4-12}$$

其中，AP_i 表示第 i 个用户所有可能存在的提权路径的集合，CAP_i 表示第 i 个用户能够被审计到的提权路径的集合。

在计算 CAP_i 时，需要首先定义相应的审计策略，即定义哪些路径上的流量能够被审计。审计策略集合 S 由一系列的审计策略 s 组成，其中 S 由端口有序对 (N_1, N_2) 表示，表示能够审计由网络端口 N_1 流向网络端口 N_2 的数据流。对于任意路径 $P\in \mathrm{AP}_i$，如果 P 中网络访问动作存在着由端口 N_1 流向网络端口 N_2 的数据流，那么 $P\in \mathrm{CAP}_i$。

4.2.2 基于矩阵补全的网络运维脆弱性风险评估

无法准确获得目标网络的实体关系数据是一个很重要的问题，直接决定着网络运维脆弱性分析模型在实际网络中的应用，在本小节中，提出一种基于矩阵补全的网络运维脆弱性风险评估方法，该方法不再通过推理的方式计算用户的实际权限，而是通过部分已经获取到的用户权限状态，来推断未知的用户权限状态情况，从而实现用户实际权限的有效推理，进而发现网络中存在的运维脆弱性。

1. 总体框架

基于矩阵补全的多域用户权限联合估计方法整体流程如图 4-11 所示，其主要包括多域实体提取、多域权限枚举、用户权限矩阵建立、用户权限多方式获取、未知用户权限推断等阶段。

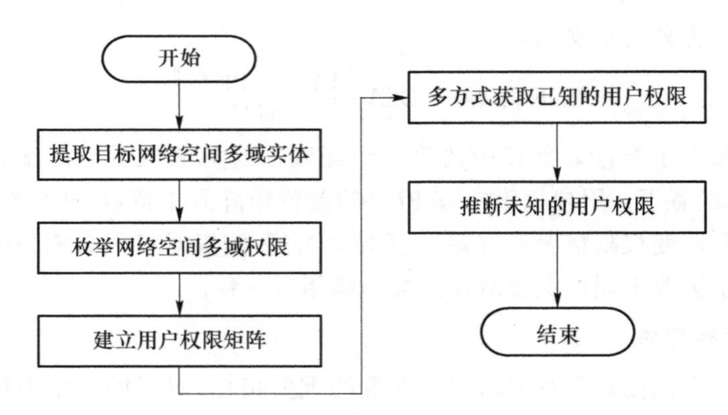

图 4-11　基于矩阵补全的多域用户权限联合估计框架

1）多域实体提取

对目标网络空间的用户权限进行估计的第一步，是对目标的网络空间中的多域实体进行提取，这里的多域实体主要采用本书 1.5.1 小节“1. 多域实体”中的定义，具体包括空间、物理、接口、服务、文件、数字信息、人员等实体。

2）多域权限枚举

提取了目标网络空间中的多域实体后，可以根据其枚举网络空间中可能的多域权限，这个过程中涉及的权限主要包括空间访问权、物体使用权、物体支配权、端口使用权、端口支配权、服务可达权、服务支配权、文件支配权和信息知晓权等。

在权限的枚举过程中，主要是根据多域实体的类型和数量来确定网络空间中存在的权限，若网络空间中存在一个空间实体 A，则具有一个对应的权限，即空间 A 的空间访问权；若存在某个物理实体 B，则具有两个对应的权限，即物理实体 B 的物理使用权和物体支配权；若存在一个接口实体 C，则具有两个对应的权限，即接口实体 C 的端口使用权和端口支配权；若存在一个服务实体 D，则存在两个对应的权限，即服务实体 D 的服务可达权和服务支配权；若存在一个文件实体 E，则存在一个对应的权限，即文件实体 E 的文件支配权；若存在一个数字信息实体 F，则存在一个对应的权限，即数字信息实体 F 的信息知晓权。

3）用户权限矩阵建立

在枚举出了目标网络空间中的所有用户权限后，即可以建立对应的用户权限矩阵，如果目标网络空间中可能的用户权限共有 N 个，而目标网络空间中可能的用户共有 M 位，因为每一个用户均有可能获得任意一个权限，则可以建立一个 M 行 N 列的用户权限矩阵 $\boldsymbol{X} \in \boldsymbol{R}^{M \times N}$，对于 $\boldsymbol{X}$ 中的元素，共有 3 种值，其中 $X_{ij}=0$ 代表第 i 个用户不拥有第 j 种权限，$X_{ij}=1$ 代表第 i 个用户拥有第 j 种权限，$X_{ij}=\mathrm{Nan}$ 代表不确定第 i 个用户是否拥有第 j 种权限。在初始时，将所有人员对所有权限的获取情况均置为 Nan，即对于所有权限，均不知道所有人员是否能够获取到这些权限。

4）用户权限多方式获取

建立了用户权限矩阵后，即可以通过多种方式对权限矩阵中的部分权限值进行验证，验证用户权限的方式，大体可以分为直接判断和间接判断两个方法，对于直接判断，即可以通过外部辅助方法，来确定用户权限的获取情况，如可以通过对物理空间的摄像头信息进行识别和判断，可以判断用户是否拥有进入某个空间的权限；还可以通过间接的方式来判断用户是否具有某个权限。例如：可以通过问卷调查或者用户是否能够访问某个服务来间接推断用户是否获得了某个信息的知晓权；通过某个数字文件的传播来判断用户是否获得了某个文件的文件支配权；等等。这些方式，可以根据具体的网络空间的不同而不同。

若根据上述方法，明确了用户 i 能够获取到权限 j，则可以置 $X_{ij}=1$；若明确了某个用户 i 不能够获取到权限 j，则可以置 $X_{ij}=0$；若不能确定某个用户 i 是否能够获取到权限 j，则可以置 $X_{ij}=\mathrm{Nan}$ 不变。

5）未知用户权限推断

在未知用户权限推断阶段，最为主要的任务是根据用户已经明确获得或明确无法获得的权限，推断用户对其他权限的获取情况，其主要思想是将包含未知元素的用户权限矩阵 $\boldsymbol{X} \in \boldsymbol{R}^{M \times N}$，分解为两个矩阵 $\boldsymbol{U} \in \boldsymbol{R}^{M \times K}$ 和 $\boldsymbol{U} \in \boldsymbol{R}^{N \times K}$（其中 $K \ll M$ 且 $K \ll N$），使得 $\boldsymbol{X} \approx \boldsymbol{U}\boldsymbol{V}^{\mathrm{T}}$，通过梯度下降的方法，通过使得分解的误差（$\|\boldsymbol{X}-\boldsymbol{U}\boldsymbol{V}^{\mathrm{T}}\|_{\mathrm{F}}^{2}$）在已知的权限上最小，从而确定矩阵 $\boldsymbol{X}$ 中未知权限的值，这个方法被称为基于矩阵分解的用户权限矩阵补全方法，其基本流程如下。

2. 基于矩阵分解的用户权限矩阵补全方法

基于矩阵分解的用户权限矩阵补全方法的主要过程如图 4-12 所示，其主要可以分为矩阵输入、矩阵初始化、矩阵元素确定、矩阵补全等阶段。

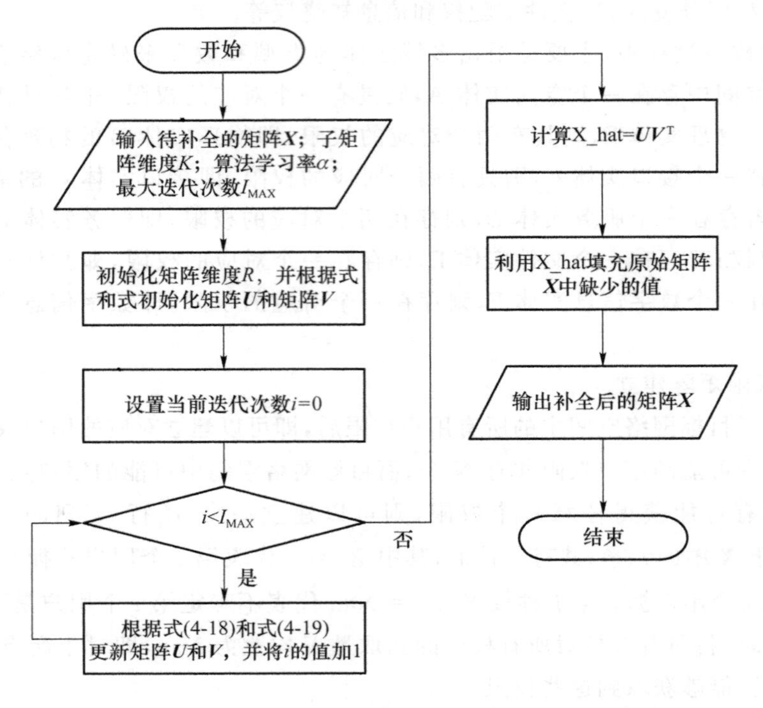

图 4-12　基于矩阵分解的用户权限矩阵补全方法流程

1）矩阵输入

基于矩阵分解的用户权限矩阵补全方法的输入包括 4 个，分别是输入待补全的矩阵 $\boldsymbol{X}$、子矩阵维度 K、学习率 α 和最大迭代次数 I_{MAX}。其中，$\boldsymbol{X}\in\boldsymbol{R}^{M\times N}$ 是一个维度为 $M\times N$ 的矩阵，其元素的值主要包括 0，1 和 Nan 三种；子矩阵维度 K 为一个小于 M 和 N 的常数，代表将 X 分别迭代为一个维度为 $M\times K$ 的矩阵 $\boldsymbol{U}$，以及一个维度为 $N\times K$ 的矩阵 $\boldsymbol{V}$，使得 $\boldsymbol{X}\approx\boldsymbol{UV}^{\mathrm{T}}$；学习率 α 为一个小于 1 的常数，主要代表调整矩阵 $\boldsymbol{U}$ 和 $\boldsymbol{V}$ 之中的元素的幅度的大小；最大迭代次数 I_{MAX} 是一个大于 1 的整数，主要代表算法迭代的次数，用于迭代生成两个子矩阵 $\boldsymbol{U}$ 和 $\boldsymbol{V}$。

2）矩阵初始化

在矩阵初始化阶段，主要是将两个子矩阵 $\boldsymbol{U}$ 和 $\boldsymbol{V}$ 中的元素进行初始化，两个矩阵的元素初始化时，通常给定一个较小的值，在实际中，按照均值为 $\frac{1}{K}$，方差为 1 生成随机数，对子矩阵 $\boldsymbol{U}$ 和 $\boldsymbol{V}$ 中的元素进行初始化。

3）矩阵元素确定

首先，建立如下的优化目标：

$$J=\|\boldsymbol{X}-\hat{\boldsymbol{X}}\|^2+\frac{\beta}{2}(\|\boldsymbol{U}\|^2+\|\boldsymbol{V}\|^2)\tag{4-13}$$

如式(4-13)所示,其中,$\| * \|^2$ 是矩阵 $*$ 的 F2 范数,β 是正则化参数。所以,式(4-13)可表示为:

$$\begin{aligned}J &= \|\boldsymbol{X}-\hat{\boldsymbol{X}}\|^2+\frac{\beta}{2}(\|\boldsymbol{U}\|^2+\|\boldsymbol{V}\|^2)\\&=\|\boldsymbol{X}-\boldsymbol{U}\boldsymbol{V}^{\mathrm{T}}\|^2+\frac{\beta}{2}(\|\boldsymbol{U}\|^2+\|\boldsymbol{V}\|^2)\\&=\sum_{i,j,x_{ij}\neq \mathrm{Nan}}\Big(x_{ij}-\sum_{l=1}^{k}u_{il}v_{jl}\Big)^2+\frac{\beta}{2}\Big(\sum_{i,j}u_{il}^2+\sum_{i,j}v_{jl}^2\Big)\end{aligned} \tag{4-14}$$

然后,采用梯度下降的方法,对子矩阵 $\boldsymbol{U}$ 和 $\boldsymbol{V}$ 中的元素进行更新。如果用式(4-15)来定义错误矩阵 $\boldsymbol{E}$,对于矩阵 $\boldsymbol{U}$ 和 $\boldsymbol{V}$ 中的元素,其导数可以用式(4-16)和式(4-17)表示。

$$\boldsymbol{E}=\boldsymbol{X}-\hat{\boldsymbol{X}}$$

$$e_{ij}=x_{ij}-\sum_{l=1}^{k}u_{il}v_{il} \tag{4-15}$$

$$\frac{\partial J}{\partial u_{il}}=-2e_{ij}v_{il}+\beta u_{il} \tag{4-16}$$

$$\frac{\partial J}{\partial v_{jl}}=-2e_{ij}u_{il}+\beta v_{jl} \tag{4-17}$$

最后,在每一轮迭代中,均使用矩阵 $\boldsymbol{X}$ 中每一个已经确定的元素(值为 0 或值为 1 的元素)对 $\boldsymbol{U}$ 和 $\boldsymbol{V}$ 的元素进行更新,其更新方式为式(4-18)和式(4-19):

$$u'_{il}=u_{il}-\alpha\frac{\partial J}{\partial u_{il}}=u_{il}+\alpha(2e_{ij}v_{il}-\beta u_{il}) \tag{4-18}$$

$$v'_{il}=v_{il}-\alpha\frac{\partial J}{\partial v_{il}}=v_{il}+\alpha(2e_{ij}u_{il}-\beta v_{il}) \tag{4-19}$$

4) 矩阵补全

在矩阵补全阶段,主要是使用两个子矩阵 $\boldsymbol{U}$ 和 $\boldsymbol{V}$ 来计算原矩阵 $\boldsymbol{X}$ 中的缺失的值,具体的计算方式为首先计算矩阵 X_hat$=\boldsymbol{U}\boldsymbol{V}^{\mathrm{T}}$,然后对于 $\boldsymbol{X}$ 中所有的值不确定的元素,均使用 *X_hat* 中对应位置的值进行替换,即对于所有 $X_{ij}=\mathrm{Nan}$,均有 $X_{ij}=\mathrm{X\_H}_{ij}$。通过这种方式,实现了对原矩阵 $\boldsymbol{X}$ 中缺失值的补全。

3. 实验环境

为了满足试验的需要,我们基于 Python 环境模拟,模拟了一个典型的网络空间环境,该网络空间环境是 M 公司网络的一个简化。在该环境中,不仅仅模拟了物理设备、物理连接和网络服务,还包含了其所处的物理空间、存储的数字文件和信息,以及网络管理员和网络用户。在该环境中,共有 20 个设备,其中包括 1 台路由器、1 台防火墙、1 台入侵防御系统,3 台交换机(交换机 1、交换机 2 和交换机 3),6 台服务器(Web 服务器、数据库服务器、FTP 服务器、门禁服务器、办公系统服务器和内部 Web 服务器),3 台门禁系统前端机(门禁机 1,门禁机 2 和门禁机 3),以及 5 台终端(终端 T1、终端 T2、终端 T3、终端 T4 和终端 T5)。各个设备之间的物理连接如图 4-13 所示。

所有设备分布在 3 栋楼宇共 8 个房间之内。终端 T1、终端 T2 和终端 T3 部署在楼宇 1 内的房间 1-1;交换机 1 部署在楼宇 1 内的房间 1-2(设备间);门禁机 1 部署在楼宇 1 内的房间1-3(大厅)。终端 T4 和终端 T5 部署在楼宇 2 内的房间 2-1;交换机 2 部署在楼宇 2 内的房间 2-2(设备间);门禁机 2 部署在楼宇 2 内的房间 2-3(大厅)。路由器、防火墙、入侵防御系统和所有服务器都部署在楼宇 3 内的房间 3-1(机房);门禁机 3 部署在楼宇 3 内的房间3-2(大厅)。

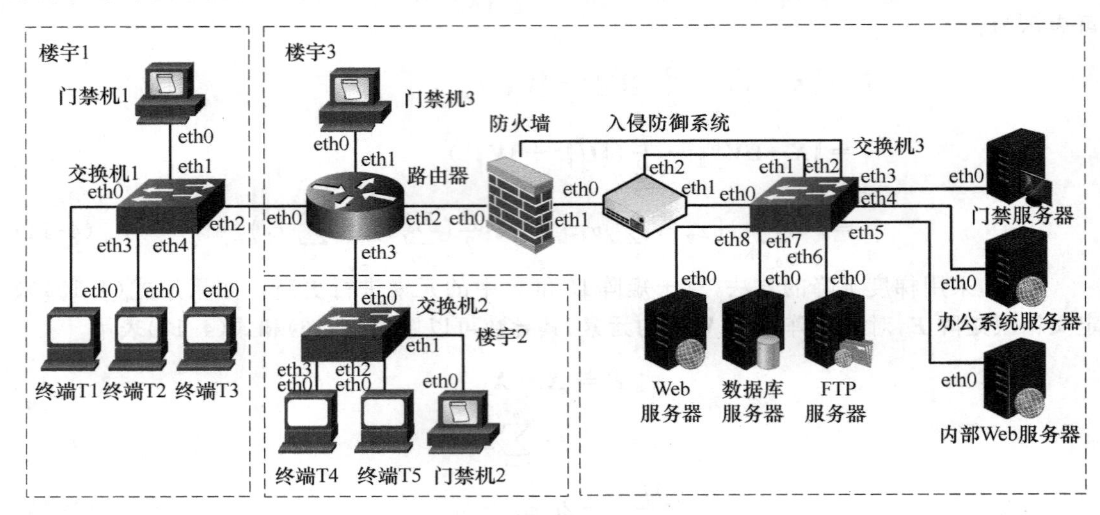

图 4-13　实验网络结构示意图

图 4-13 的彩图

在网络中共有 26 个网络服务,其中包括 6 个业务服务和 20 个管理服务。在业务服务中,Web 服务器和内部 Web 服务器分别在 80 端口提供 Web 服务;办公系统服务器在 80 端口提供文件流转服务,它分别给不同的用户指定不同的用户名、密码,并分配不同的权限,为了描述服务功能简便,可以认为不同的用户登录的是不同的服务;FTP 服务器在 21 端口提供 FTP 服务,该 FTP 服务被所有网络管理员所共享,用于分享网络管理信息;数据库服务器在 1433 端口提供数据库服务,该数据库服务被 Web 服务器和办公系统服务器使用,作为存储数据的底层支撑;门禁服务器在 8080 端口提供认证服务,用于判断用户是否能够通过门禁机。除了业务服务,所有的设备均提供 1 个管理服务,其中所有的服务器和终端均在 3389 端口提供远程桌面服务,路由器和交换机在 22 端口提供 SSH 服务,防火墙和入侵防御系统在 80 端口提供基于 Web 的管理服务。

在网络空间中,共涉及 6 个文件和 42 条信息。6 个文件包括 FTP 上的网络管理信息文件,数据库服务器上的数据库文件,门禁服务器上的认证信息文件,内部 Web 服务器上的信息存储文件,以及 Web 服务器上的配置文件和内部 Web 服务器上的配置文件。42 条信息包括不同网络服务上的管理密码,门禁系统上使用的用户认证信息,办公系统上存储的用户机密信息,加密后的用户机密信息,以及加密密钥等信息。

基于这个模拟网络环境,我们进行了 3 种不同的实验来验证所提出的框架和方法。在进行这些实验之前,首先生成完整的用户权限矩阵。在此过程中,我们首先在仿真环境中创建了 500 个虚拟用户,这些用户具有不同的初始权限。初始权限只包括进入顶层空间的权限(授予所有用户)和了解不同信息的权限(随机授予不同用户)。然后,利用本书提出的方法计算每个用户的实际权限。最后,我们得到了一个用户权限矩阵,并在接下来的实验中将其作为实际值。

4. 实验结果

根据上文(本书 241 页“3. 实验环境”)提出的模拟环境,共进行 3 个实验。在实验 1 中,主要分析参数 K 对算法性能的影响,当 K 的值从 5 增加到 195,迭代次数 I_{Max} 从 100 次增加到 1 000 次，其他参数设置为 $n=1\,000$，$\alpha=0.01$，$\beta=0.1$ 时，UPMC-MD 方法的准确率变化如图 4-14 所示。

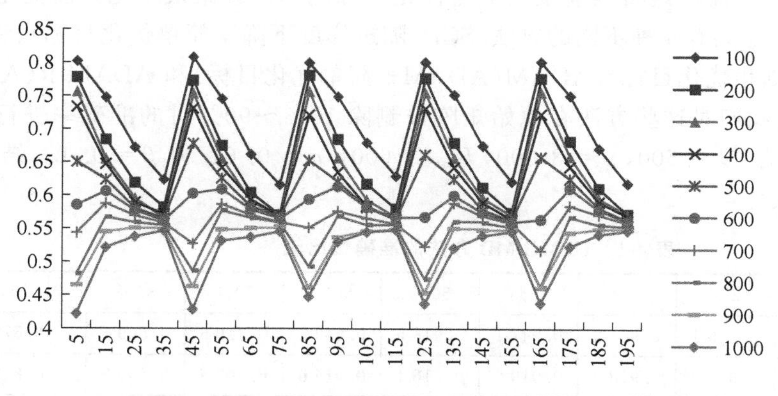

图 4-14 的彩图

图 4-14　UPMC-MD 框架在不同 K 值下的准确性

在实验 2 中，我们选择了 4 种不同的 K 值来评估迭代次数对算法精度的影响。在此过程中，样本数量 N 的值从 100 增加到 900，迭代次数 I_{Max} 的值从 100 增加到 1 900，其他参数设置为 $n=3\,000$，$\alpha=0.01$ 和 $\beta=0.1$。UPMC-MD 方法的准确率变化如图 4-15 所示。

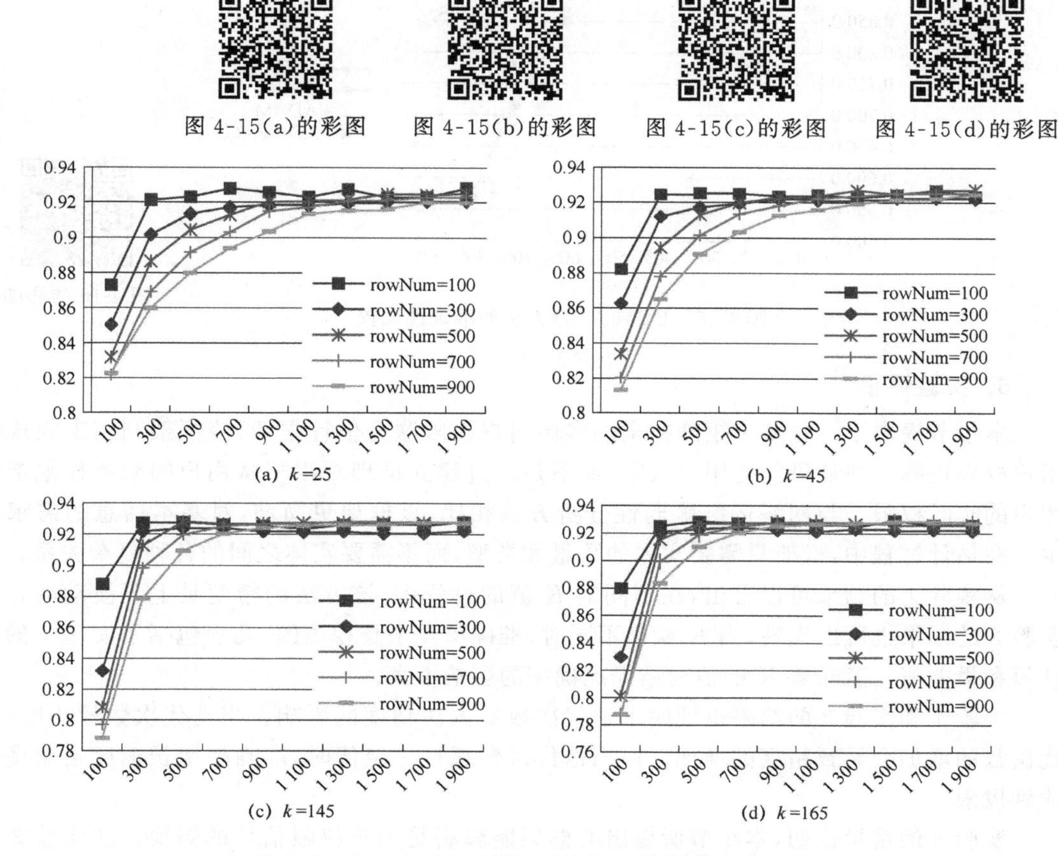

图 4-15　UPMC-MD 框架在不同 I_{Max} 值下的准确性

实验 3 对不同优化目标和优化方法的影响进行了评价。在此过程中，可以将优化目标替换为 $J=\|\boldsymbol{X}-\hat{\boldsymbol{X}}\|^2$，即简单地将当前函数值与优化目标之间的差距最小化。而优化方法可以用 ADAM 代替。总共有 4 种不同的方法：SGD(随机梯度下降＋简单优化目标)、SGD-R(随机梯度下降＋正则化优化目标)、ADAM(ADAM＋简单优化目标)和 ADAM-R(ADAM＋正则化优化目标)，我们对这些方法在原始矩阵被删除 10%～90%时的准确率进行了评估。其他参数设置为 $N=500$，$n=3\ 000$，$I_{\text{Max}}=600$，$\alpha=0.01$ 和 $\beta=0.1$。结果如表 4-1 和图 4-16 所示。

表 4-1　UPMC-MD 方法的准确性比较

优化算法	10%	20%	30%	40%	50%	60%	70%	80%	90%
SGD	0.971 4	0.969 1	0.961 2	0.947 1	0.918 5	0.848 2	0.719 5	0.569 5	0.573 0
SGD-R	0.919 4	0.919 9	0.918 9	0.919 2	0.916 1	**0.916 0**	**0.907 5**	0.893 3	0.843 2
ADAM	**0.980 3**	**0.979 6**	**0.976 5**	**0.969 5**	**0.945 7**	0.878 8	0.731 7	0.574 1	0.554 8
ADAM-R	0.909 8	0.912 6	0.907 1	0.909 6	0.907 3	0.909 6	0.905 1	**0.894 5**	**0.857 2**

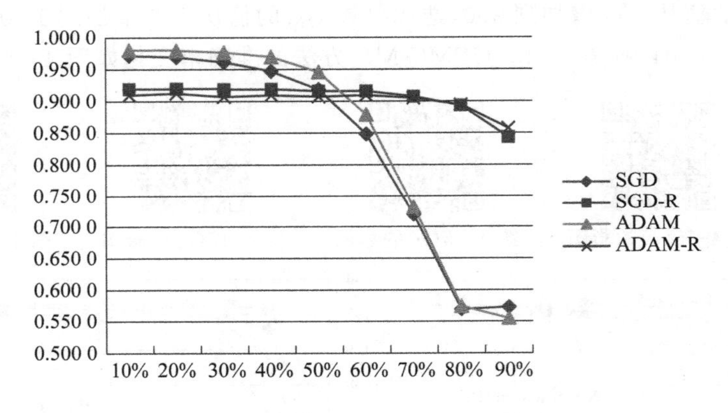

图 4-16 的彩图

图 4-16　UPMC-MD 方法的准确性比较

5. 实验评估

本小节提出了一种基于矩阵补全的多域用户权限联合估计框架，该框架利用未完成的用户权限矩阵来估计可能的用户权限，而不是通过建立推理规则来从用户的初始权限推断用户的实际权限。与网络运维脆弱性分析方法相比，该框架更简洁，对基本信息的需求更少。在估计过程中，框架只需要实体的数量和类型，而不需要实体之间的各种复杂关系。

从实验 1 的结果可以看出，在不同的 K 值的过程中，该方法的精度是上下波动的。从实验 2 的结果也可以发现，当 K 赋值不同时，准确率几乎是相等的，几乎包括了实验 1 的最佳值和最差值。意味着 K 的值对结果准确率的影响不大。

实验 1 和实验 2 的结果也证明了迭代次数对方法精度的影响。当迭代次数较小时，迭代次数的增加会导致精度的增加。但当迭代次数超过一定值时，准确率增长速度会减慢并达到极限。

实验 3 的结果证明，本小节所提出的框架能够满足用户权限估计的需要。从实验 3 的结果可以发现，即使原始矩阵中有 90%的缺失数据，在不同的数据缺失率下，框架仍具有较高的准确率(超过 80%)。这意味着用户权限矩阵中的数据具有较好的相关性,这是该框架和方法的基础。实验 3 还发现,在迭代次数为常数的情况下,随着缺失数据率的增加,估计精度降低,这与我们的日常知识是一致的。比较不同优化目标的结果,当原始矩阵中缺失数据较多时,正则化优化目标更准确。同时,比较两种优化方法的结果,当优化目标为正则化时,SGD 和 ADAM 的优化效果基本相同。但是由于 SGD 比 ADAM 简单得多,我们建议在接下来的工作中使用 SGD。

4.3　网络安全防护策略智能化生成

4.3.1　基于强化学习的恶意用户行为智能检测

1. 问题概述

通过抓取和分析目标网络流量,识别和发现用户恶意行为,是当前网络安全管理的通用做法。基于网络流量的网络安全管理主要分为三类:一是通过网络流量的五元组信息进行判断,即判断该源地址是否允许访问目的地址和目的服务,这在本质上是一种合规性检查,通过这种检查,可以部署防火墙、路由器、交换机等设备,配置访问控制列表、路由表、VLAN 等,实现网络区域隔离和控制。这种方式的缺点在于,它只能实现终端或地址级别的访问控制,即完全允许或完全不允许某个地址访问某个服务,而不能实现更细粒度的控制。二是通过从网络流量的负载中提取特征信息,并将其映射到高层语义,实现对恶意行为的识别,目前被广泛部署的入侵检测系统(IDS)、入侵防御系统(IPS)即是通过这种方式发现恶意攻击行为。这种检测方式,本质上是对网络单个数据报文或报文序列的特征进行提取的过程,很容易被机器学习算法所扩展,近来学术界和工业界也提出了大量行之有效的算法,逐步实现了恶意流量特征提取的自动化,但是这种方式通常只能针对单个数据包或单条数据流来判断恶意性,而缺乏对网络整体安全态势的理解。三是通过同时抓取和集中存储网络多条链路上的流量信息,识别恶意行为并进行关联分析,其典型产品为近年来兴起的安全态势感知类产品。这种检测方式,有效利用了网络多个链路中的不同安全信息,能够进一步提高对多步攻击和协同攻击的识别精度,但是在实际使用中,这类产品十分依赖于数据流采集的完整性,如果采集流量的链路过少,那么很难准确发现潜在的攻击威胁,从而感知全网的安全态势。

在实际的企业网络安全设备部署上,受制于设备采购成本和管理成本,不可能实现全网流量的全部采集、存储和分析,一般只是有选择性地在重点链路上部署相应的防护设备,实现部分基础数据的抓取和分析。对于这种问题,我们将其归结为网络运维策略脆弱性的一个方面。传统基于流量特征的恶意用户行为检测算法由于缺乏对用户时序动作序列特征的深入分析,难以有效发现用户隐藏在正常行为序列后的攻击行为,致使攻击者可以通过精心构造网络攻击,采取合法动作绕过安全设备的监控实施攻击。本书首先分析了一个典型的场景,并在此基础上提出一个基于强化学习的恶意用户行为检测策略生成方法,该方法能够根据观测到的用户行为序列,分析用户进行恶意攻击的可能性,并根据多个状态下采取不同动作所获得的奖励信息,通过自学习的方式生成管理员安全防护策略,从而有效地避免传统用户恶意行为检测过于依赖采集数据完整性的问题。

2. 典型环境

该典型环境来源于某个企业网络的真实环境,该企业网络主要分为业务网络和管理网络两部分,其中业务网络主要面向企业内部用户访问各种业务系统,管理网络主要面向网络管理员,用于对网络设备进行配置,业务网络和管理网络之间相互不能通信。在业务网和管理网中,分别配置有相应的终端、交换机和服务器,以及相应的安全防护设备,该环境的简化环境如图 4-17 所示。

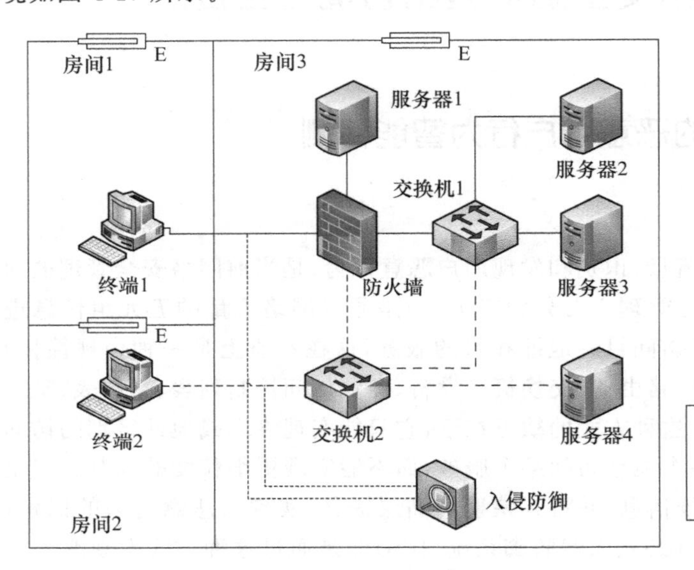

图 4-17 的彩图

图 4-17　典型网络环境

在该环境中,业务网共包含 6 台设备:终端 1 台(终端 1),服务器 3 台(服务器 1,服务器 2,服务器 3),交换机 1 台(交换机 1),防火墙 1 台(防火墙)。因业务安全需要,在防火墙上设置如下安全策略:只允许终端 1 访问非敏感业务 Web_2(部署在服务器 2 上)和 Web_3(部署在服务器 3 上),而不允许其访问敏感业务 Web_1(部署在服务器 1 上);允许终端 1 对服务器 2 和服务器 3 进行管理,分别访问其远程桌面服务 RemoteDesk_2 和 RemoteDesk_3;禁止服务器之间的相互访问。在管理网中,涉及 4 台设备:终端 1 台(终端 2),交换机 1 台(交换机 2),服务器 1 台(服务器 4),入侵防御系统 1 台。通过管理网,终端 2 可以访问到防火墙的配置服务 Firewall_M,交换机 1 的配置服务 S1_M,以及服务器 4 的远程桌面服务 RemoteDesk_4。入侵防御系统对终端 1 到防火墙,以及终端 2 到交换机 2 的流量进行监听,监听信息主要基于源地址、目的地址、源端口、目的端口、目的服务的五元组信息,一旦发现不符合安全规则的异常流量,则进行报警。

在当前的安全配置下,用户可以通过某些精心构造的攻击序列来访问到敏感业务 Web_1,这个恶意的攻击序列为:首先,恶意的用户使用终端 2 访问服务器 4 的远程桌面服务 RemoteDesk_4,然后通过服务器 4 访问防火墙上的 Firewall_M 服务,修改相应的访问控制列表,允许服务器 2 或服务器 3 访问服务器 1 的 Web_1 服务,接着使用终端 1 访问服务器 2

的 RemoteDesk_2,或服务器 3 上的 RemoteDesk_3 服务,接着使用服务器 2 或服务器 3 访问服务器 1 的敏感服务 Web_1,实现敏感数据的获取,最后,该用户可以再次使用终端 2 访问服务器 4 的 server4_manage 服务,然后通过服务器 4 访问防火墙上的 firewall_manage 服务,删除添加的访问控制列表,从而完成攻击。

在这个攻击过程中,入侵防御系统虽然全程对链路“终端 1-防火墙”和链路“终端 2-交换机 2”同时进行监控,但是因为只监控到终端 1 访问 RemoteDesk_2 或 RemoteDesk_3,以及终端 2 访问 RemoteDesk_4 的相关信息,所以其不会进行报警,然而用户实际上已经完成了攻击。通过后面的实验可以发现,针对同样的场景,采用本书提出的基于强化学习的用户恶意行为检测方法,可以有效发现用户潜在的攻击行为。

3. 整体架构

一些强化学习采用的是一种非常通用的框架,在入侵检测领域有着十分广泛的应用前景,它能够通过与管理人员或管理设备的交流和反馈,实现普适的入侵检测知识与用户网络实际情况的结合,从而产生适用于本地网络的安全管理策略,减少安全管理的成本。基于这些考虑,本书提出一个基于强化学习的用户行为智能检测框架,该框架基于 DDPG 模型,能够根据智能分析引擎与安全管理人员的不断反馈,智能化地生成适用于本地网络的安全管理策略,从而实现恶意用户行为的智能检测,达到降低安全管理成本、减少网络运维策略脆弱性的目的。

恶意用户行为智能检测框架的基本结构如图 4-18 所示,框架整体主要分为 3 个模块:智能分析引擎模块、网络空间状态感知模块和多域动作执行模块。智能分析引擎模块是整个模型的核心,主要负责判断在何种状态下采取何种动作。网络空间状态感知模块主要负责感知网络空间的当前状态,这种感知是依托于某种手段的,是局部而非全局的,它是整个智能分析引擎判断情况的依据。多域动作执行模块主要的功能是执行多域动作,并得到相应的奖励。这个模块不仅仅能够执行一些网络动作,而且能够执行一些物理域和信息域的动作。这也意味着,这个模块不仅仅可以是软件模块,而且可以是人、摄像头、传感器或其他实体,只要能够执行某个具体的动作,并感知相应的奖励,即可作为该模块,融合到恶意用户行为智能检测框架之中。

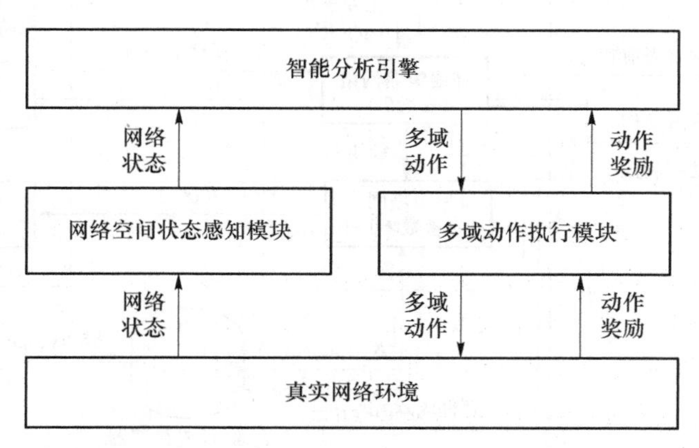

图 4-18 恶意用户行为智能检测框架

从上面的分析可以看出,该模型不仅仅能够防御来自网络的恶意攻击行为,而且对于来自物理域、认知域和社会域的攻击行为，只要能够满足一些简单的先决条件，就可以使用该框架进行防御。这些先决条件如下。

1）攻击应该是独立同分布的。在网络环境中，面临的攻击应该是独立同分布的，也就是说两次攻击之间不存在着依赖关系，而且各种攻击发生的概率大致相当。对于一个真实的开放的网络环境来说，常常需要面临大量的不同组织、不同类型的恶意攻击者，这些攻击者之间并不存在协同关系，而且掌握的攻击能力也大体可以分为几个层次，对于常见的攻击类型和攻击手段，可以大致认为其满足独立同分布的要求。

2）多域动作的收益可以被度量。使用该框架进行恶意用户行为智能检测，另一个必须的条件是多域动作的收益可以被度量，而且这种度量应该是一个简单的标量。在真实的网络环境下，配合网络的安全管理部门，某个具体多域动作的收益是能够快速评估和度量的，这就使得恶意用户行为智能检测框架不仅能够在线快速学习安全管理部门人员的知识，而且能够快速响应网络条件的变化。

3）网络空间状态可以被感知。使用该框架的第三个必要条件，是需要感知网络空间的状态，这也是该框架的主要输入，智能分析引擎会根据这些输入来分析、评估和选择相应的动作。对于网络空间不同域内的入侵，需要感知的安全状态也有所不同，可以是物理域内的人员进出空间的状态，也可以是网络域内计算机网络行为，还可以是信息域内对信息的读取或写入的状态，甚至是社会域内人员之间关系的改变，等等。这些状态的收集，是判断恶意用户行为的前提条件。

4. 智能分析引擎基本架构

恶意用户行为智能检测总体框架的核心是智能分析引擎，该引擎实际上是一个标准的强化学习架构，通过对环境进行感知，执行相应的动作并获取奖励，然后对网络进行进一步训练，从而得到更新后的网络。该网络采取 DDPG 框架，其主要的结构如图 4-19 所示。

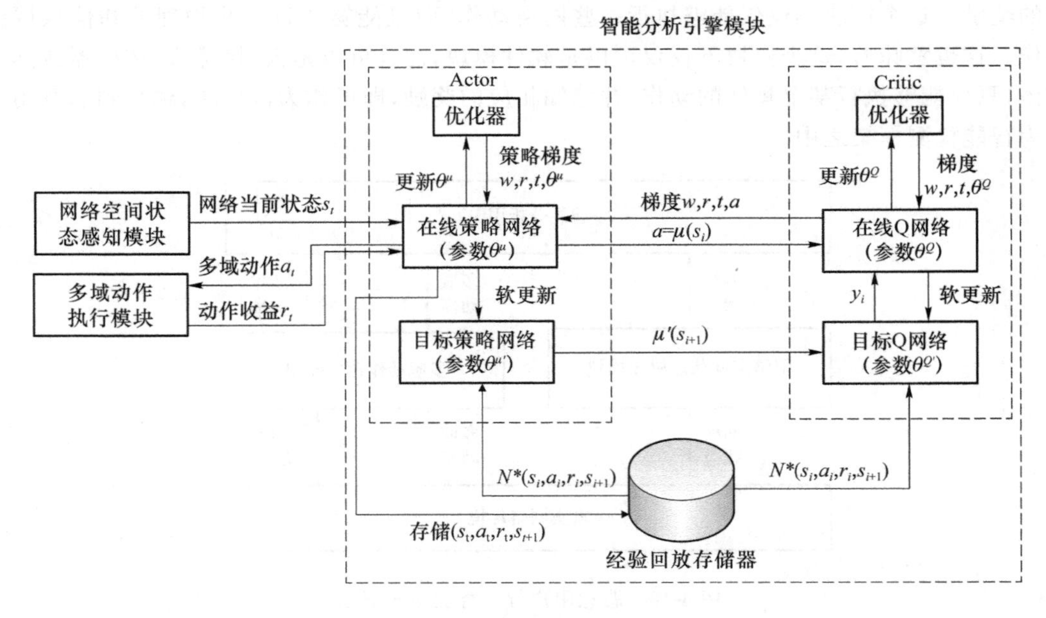

图 4-19　智能分析引擎基本架构

在智能分析引擎模块中,主要包含 4 个网络和 1 个经验回放存储器。4 个网络包括2 个策略网络(Actor)和 2 个 Q 网络(Critic),分别为在线策略网络、目标策略网络、在线 Q 网络和目标 Q 网络。

2 个策略网络具有相同的结构,如图 4-20 所示,其输入为网络空间的状态,输出为需要选择的动作。结构上,在原有 DDPG 的输入层和隐藏层之间,增加了一层 RNN 隐藏节点。改造后的策略网络分为 5 层。第 1 层为输入层;第 2 层为 RNN 隐藏层,包含 32 个 GRU 结构的节点;第 3 层、第 4 层分别为全连接层,包含 48 个全连接节点,激活函数使用 ReLu 函数;第 5 层为输出层,使用 Sigmoid 函数作为激活函数,最后输出一个代表多域动作的多维向量,代表需要执行的多域动作。

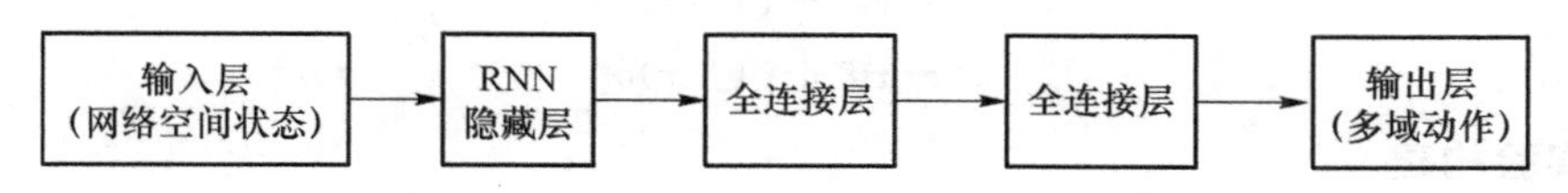

图 4-20 策略网络结构

2 个 Q 网络则具有另外一种结构,如图 4-21 所示,其输入不仅为网络空间的状态,而且包括一个多维向量,代表相应的多域动作,输出为 1 个标量,代表相应状态、动作对对应的 Q 值。其网络分为 4 层。第 1 层为输入层;第 2 层、第 3 层分别包含 48 个全连接节点,激活函数使用 ReLu 函数;第 4 层为输出层,输出一个标量,使用线性函数作为激活函数,代表相应状态、动作对对应的 Q 值。

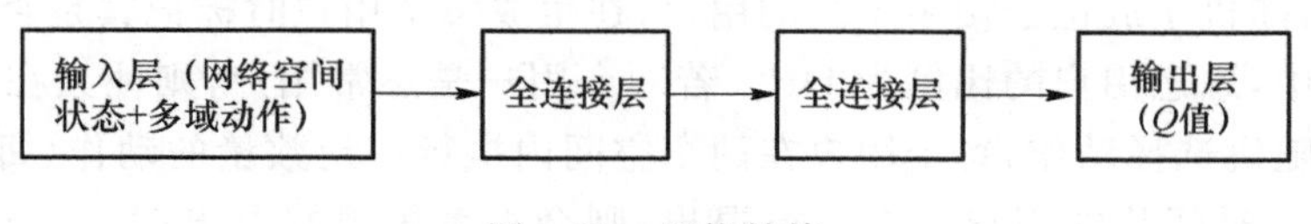

图 4-21 网络结构

5. 智能分析引擎核心算法

整个智能分析引擎,主要是基于 DDPG 模型,根据网络空间状态感知模块的输入,以及多域动作执行模块的反馈,实时对智能分析引擎模块中的 4 个网络进行优化调整,生成恶意用户行为检测行为。其主要步骤如下。

① 对智能分析引擎的各个模块进行初始化,包括随机初始化在线 Q 网络 $Q(s,a|\theta^{Q})$和在线策略网络 $\mu(s,\theta^{\mu})$,并使用在线 Q 网络和在线策略网络的参数来初始化目标策略网络 μ' 和目标 Q 网络 Q′,即 $\theta^{Q'} \leftarrow \theta^{Q}, \theta^{\mu'} \leftarrow \theta^{\mu}$,以及初始化经验回放存储器为空。

② 不间断地从网络空间状态感知模块获取网络空间的当前状态,假定在 t 时刻时,其输入的状态为 s_t。

③ 利用在线策略网络,根据输入的状态选择对应的动作 $\mu(s_t)$,并根据该动作按照比例 β 加入一定的噪声,使得模型能够获取一定的探索能力。调用多域动作执行模块执行该动作,并获得相应的回报 r_t。

④ 通过网络空间状态感知模块,获取下一时间的状态 s_{t+1},然后将四元组($s_t, \alpha_t, r_t, s_{t+1}$)存储至经验回放存储器。

⑤ 从经验回放存储器中随机选取 N 个随机的状态转移序列 $N^*(s_t, \alpha_t, r_t, s_{t+1})$,输入目标策略网络和目标 Q 网络,计算 $y_i = r_t + \gamma Q'(s_{t+1}, \mu'(s_{i+1}|\theta^{\mu'})|\theta^{Q'})$,并如式(4-20)所示计

算损失：

$$L=\frac{1}{N}\sum_{i}(y_i-Q(s_i,\alpha_i|\theta^Q))^2 \tag{4-20}$$

⑥ 利用梯度下降法，在最小化损失 L 条件下，更新在线 Q 网络。

⑦ 利用抽样策略梯度，更新在线策略网络，如式(4-21)所示：

$$\nabla_{\theta^\mu}J\approx\frac{1}{N}\sum_{i}\nabla_a Q(s,a|\theta^Q)\mid_{s=s_i,a=\mu(s_i)}\nabla_{\theta^\mu}\mu(s|\theta^\mu)\mid_{s_i} \tag{4-21}$$

⑧ 如式(4-22)和式(4-23)所示，利用更新后的在线策略网络和在线 Q 网络，更新目标策略网络和目标 Q 网络，在这个过程中，τ 一般取一个较小的值，如 0.001。

$$\theta^{Q'}\leftarrow\tau\theta^Q+(1-\tau)\theta^{Q'} \tag{4-22}$$

$$\theta^{\mu'}\leftarrow\tau\theta^\mu+(1-\tau)\theta^{\mu'} \tag{4-23}$$

6. 实验构建

1）试验构建

在本书中，采取了 Python 程序对图 4-17 所示场景进行模拟仿真，得到相应的用户动作，然后对本报告提出的恶意用户行为智能检测框架进行了实现，进行相应的实验。在实验中，智能分析引擎通过对监控的目标流量进行观察，得到相应用户的网络动作，并根据其来判断用户的行为是否是恶意的，若是恶意的，则通知管理员对服务器状态进行查看，否则，不对服务器状态进行查看。

在实验时，随机生成位于楼宇 1 内的用户，在生成每个用户时标记其是否是恶意的。在整个用户群体中，恶意用户的比例为 UP。若一个用户是正常用户，则他只在能够正常进行的网络动作中随机选择动作，每个用户在两个空间内执行一定数量的动作(每个动作占用 1 个时间片)，超过时间片的用户若未自行退出，则会被系统强制退出；若一个用户是恶意用户，则他随机发动攻击，在每一步发动攻击的概率为 AP，用户开始攻击后，他倾向于尽快执行完整个攻击序列，攻击序列执行完毕后(攻击成功)，他会自行退出房间，若某个攻击用户在攻击序列执行过程中被抓住，则也会被强制退出房间。

管理员能够通过当前的动作，得到相应的奖励，当管理员发现服务器被攻击时，管理员得到一定的奖励 R；当管理员对服务器状态进行查看，但是服务器没有被攻击时，管理员得到一定的负面奖励 R'；当管理员没有对服务器进行查看，但服务器被攻击成功时，管理员得到更多的负面奖励 R_{cost}。

在实验中，用户每进行一个动作，管理员均进行一次动作，并得到相应的奖励值。模型训练过程中，累加 500 个用户所有动作的奖励，作为一次训练的奖励。在每次训练过程中，模型将被训练 500 次。实验过程中其他的参数设置如下所述：在实验环境部分，攻击者的比例 UP=0.4，攻击者每次执行攻击的比例 AP=0.3，每个用户执行的动作数量最多不超过 60 个，在每次训练或测试中，均随机生成 500 个用户；在奖励部分，$R=100$，$R_{\mathrm{P}}=-100$，R_{cost} 根据实验设置取 0 到 20 之间的值；在 DDPG 模型相关的参数设置上，设置折扣系数 $\gamma=0.99$，Actor 网络学习率为 1×10^{-4}，Critic 网络学习率为 1×10^{-3}。

2）基准方法

为了证明本书提出的方法的有效性，将本方法与两个基准方法进行对比。

① 随机方法。第一个方法为随机查看当前是否存在攻击，在该方法中，引入一个参数

γ,取值范围为[0,1],代表随机查看动作占总动作的比例。

② DQN 方法。采用改进后的 DQN 算法,在使用 DQN 算法时,其参数设置为:学习率 learning_rate=0.01,收益折扣系数 γ=0.9,探索概率 ε=0.1,目标网络替换迭代次数 iter=200,记忆上限 memory_size=2 000。

7. 实验结果

首先,对本节所提方法的正确性进行验证,分别在将 R_{cost} 的值设定为 5,10,15,20 时,对 DDPG 模型进行训练,并对训练过程进行记录和可视化,在训练过程中每 500 个用户进出该环境,所获得的总体奖励值变化情况如图 4-22 所示。

图 4-22 的彩图

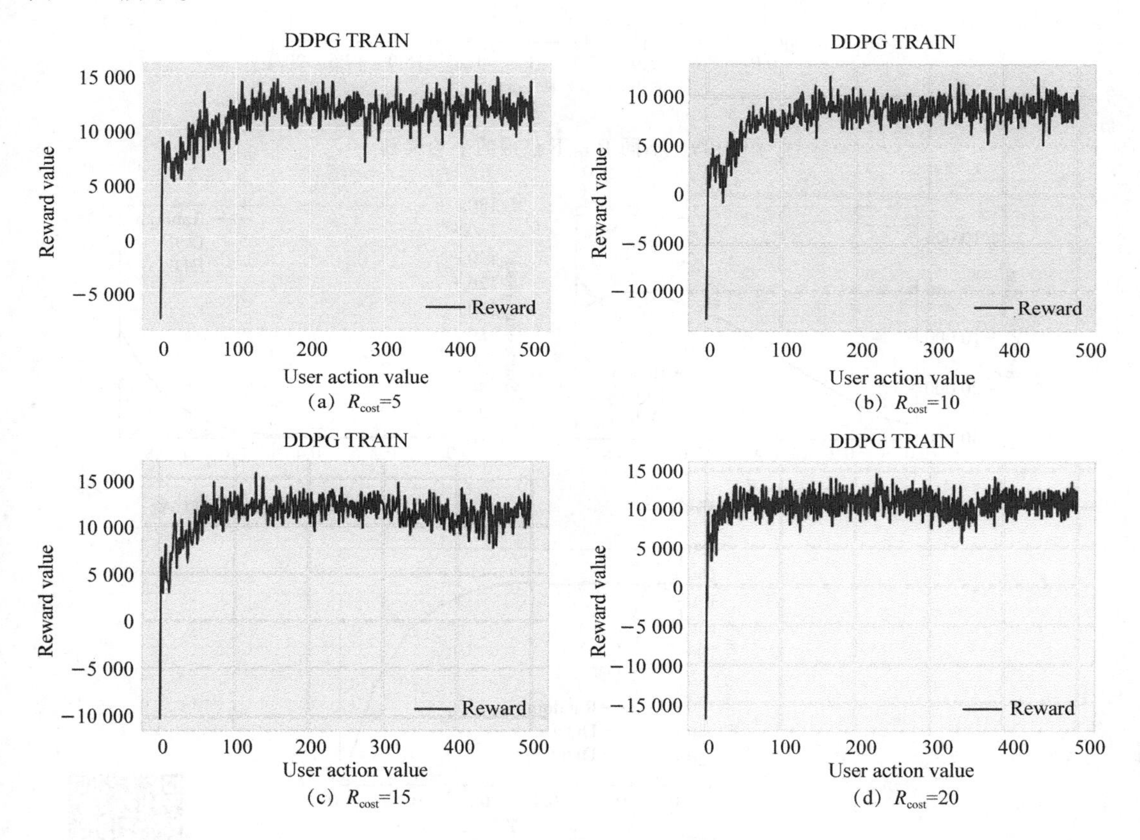

图 4-22 训练过程中的奖励值

其次,进一步比较了不同的 R_{cost} 对框架性能的影响,分别在 R_{cost} 的取值由 1 逐步变化到 20 时,对模型进行训练,每个 R_{cost} 下将模型训练 10 次,测试每个模型的性能,比较在不同 R_{cost} 下模型的平均奖励,其结果如图 4-23 所示。

最后,验证了所提方法的优越性,在相同的场景下,将基于 DDPG 模型的方法与随机检查方法、基于 DQN 模型的方法进行了比较,比较结果如图 4-24 所示,其中横坐标为随机查看动作占总动作的比例,纵坐标分别为奖励值、发现的攻击者数量和未发现的攻击者数量。实验共进行了 11 次,分别将随机查看动作占总动作的比例取值设为 0,0.1,0.2,0.3,0.4,0.5,0.6,0.7,0.8,0.9 和 1,由于该参数与基于 DDPG 模型、基于 DQN 模型的两种方法无关，所以分别将两个模型训练 11 次，并测试模型性能。

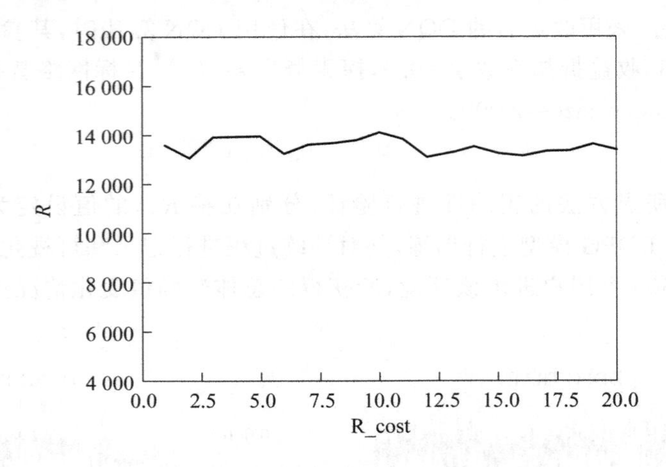

图 4-23　不同 R_{cost} 下获得的平均奖励

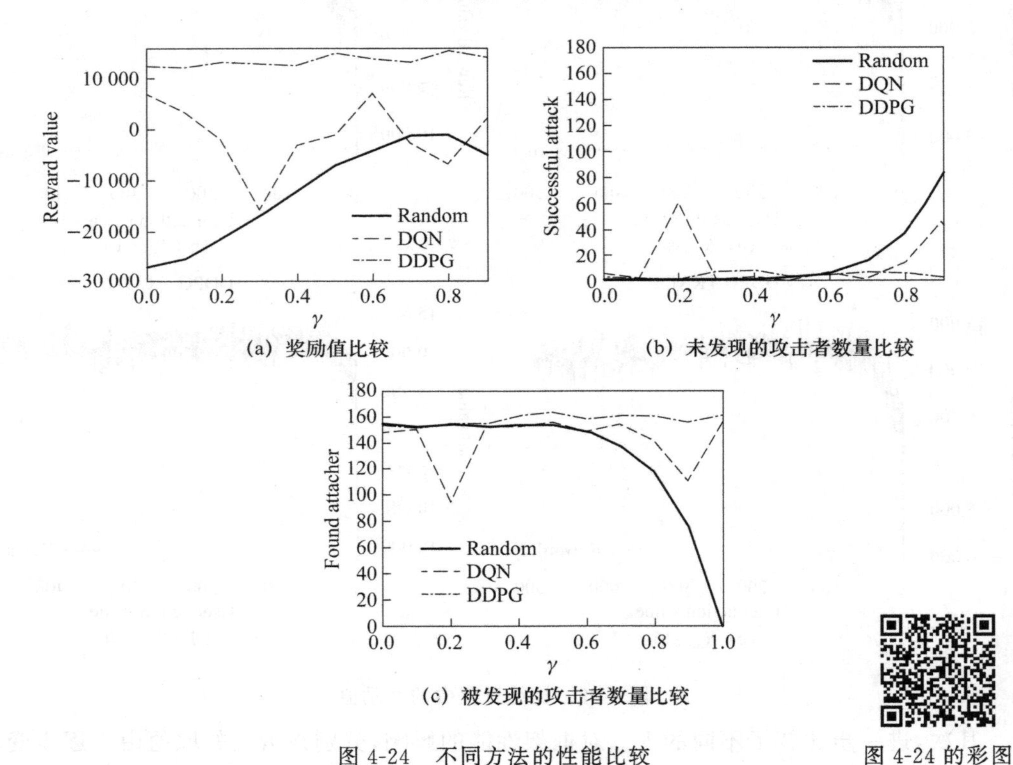

(a) 奖励值比较

(b) 未发现的攻击者数量比较

(c) 被发现的攻击者数量比较

图 4-24　不同方法的性能比较

图 4-24 的彩图

8. 实验评估

首先，通过图 4-22 的结果可以发现，随着训练次数的不断增加，R 值呈现一个缓慢上升的趋势，直到最后趋近于收敛，这符合强化学习的一个学习过程，说明本书提出的模型能够从监控到的用户行为中逐步学习出恶意用户的动作的特点规律，并不断提升自身的判断准确率，从而验证了本书所提出算法的有效性。

其次，通过图 4-23 的结果可以发现，无论管理员在该环境下，查看服务器状态的费用如何变化，模型总能够获得到一个比较好的奖励。也就是说，该模型能够很好地适应环境的变化,并根据环境的变化适时调整自身的策略。也就是说,该模型不仅仅能够在某一特定环境下取得良好效果,而是能够针对这个问题的不同环境,均能够取得较好的效果,证明算法具有良好的鲁棒性。

最后,通过图 4-24 的结果可以发现,无论从获取的奖励值、发现的攻击者的数量,还是从未发现的攻击者的数量出发,基于 DDPG 模型的方法的表现均好于随机查看的方法和基于 DQN 模型的方法,它能够在发现较多的攻击者的同时,同时取得较好的收益(表示在所有查看动作中,未发现攻击者的动作数量相对较少)。

通过图 4-24 的结果还可以发现,对于随机查看的方法,当查看动作所占的比例较低时,无论出现何种状态,网络管理员均不会对服务器状态进行查看,导致能够成功的攻击者数量较多,被发现的攻击者数量较少,导致此时的奖励均值较低;当查看动作比例逐渐上升时,网络管理员能够成功查看到更多的恶意用户,致使奖励均值逐渐升高;当查看动作比例较大时,网络管理员相当于大部分时间均进行查看,此时虽然能够发现更多的恶意用户,但是却浪费了大量的精力,由于 R_{cost} 的存在,使得此时的奖励逐渐减小,这种趋势在图 4-23 的结果中表现明显,符合实验预期。

同样分析图 4-24 中基于 DQN 方法的结果,可以发现,基于 DQN 模型在训练 500 次后,并没有达到一个比较稳定的状态,在奖励值、发现攻击者的数量等指标上均出现了较大的波动,平均效果相对不佳,证明在该场景下,使用基于 DDPG 模型的方法要好于基于 DQN 模型的方法。

4.3.2 面向网络运维脆弱性的社会工程学防护模型

基于网络运维脆弱性和社会工程学的紧密联系,提出一种面向网络运维脆弱性的社会工程学防护模型,其主要框架如图 4-25 所示。

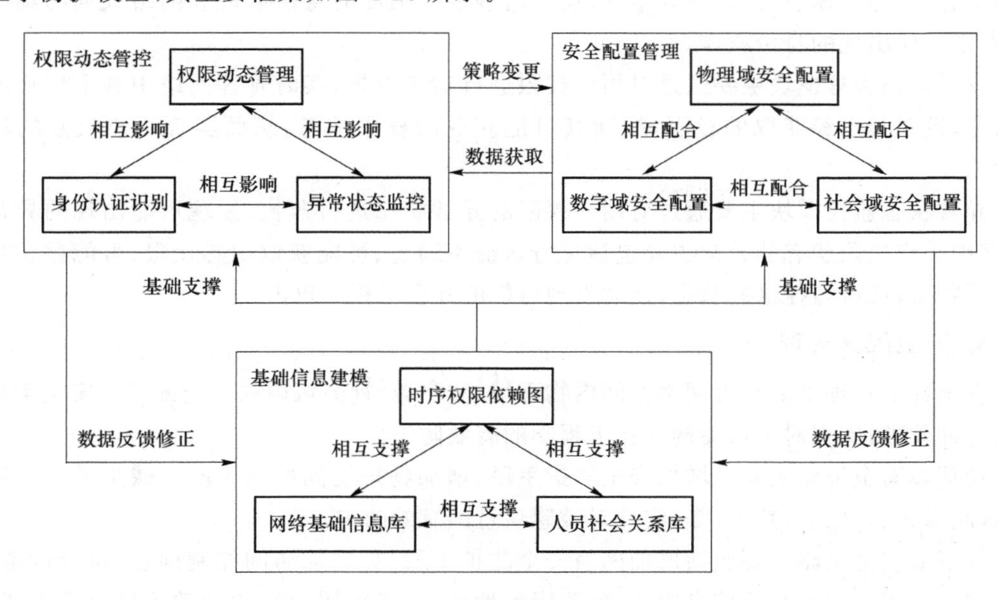

图 4-25 面向网络运维脆弱性的社会工程学防护模型

面向网络运维脆弱性的社会工程学防护模型主要由基础信息建模、权限动态管控和安全配置管理3个主要模块组成。其中：基础信息建模模块主要负责对基础的网络空间信息、人员社会信息等进行建模，为社会工程学攻击防护提供底层数据支持；权限动态管控模块主要通过多层次身份认证、权限异常识别和动态管理等方式，实现社会工程学攻击的准确发现；安全配置管理模块主要通过物理域、数字域、社会域模型的相互配合，为权限动态管控模块提供必要的安全防护手段的支撑。3个模块相互配合，主要针对面向网络运维脆弱性的两个重要的社会工程学攻击手段（身份欺诈和权限滥用），提供必要的安全防护方法。各个模块的具体组成如下。

1. 基础信息建模

基础信息建模模块，其核心是时序权限概率依赖图。此图可用来表示用户权限随着时间的相互依赖关系的变化。为了能够准确地获取到该图，不仅需要实时地对网络空间的基础信息进行收集，而且需要对网络空间外部用户可能的社会关系进行建模和分析，对用户之间的信任关系进行必要的估计，并根据权限动态管控和安全配置管理模块生产的相关数据进行必要的反馈和修正，从而实现对目标网络空间基础信息的动态准确建模，及时发现用户在目标网络中已经获取到的权限和可能获取到的权限。

2. 权限动态管控

权限动态管控模块是面向网络运维脆弱性的社会工程学防护模型的核心模块，主要用于发现可能的身份欺诈和权限滥用，它由身份认证识别、权限动态管理和异常状态监控三个主要的模块构成。

身份认证识别模块主要通过多因子身份认证、多设备协同身份认证、动态身份认证等方式，从多个角度、多个侧面对用户的身份进行认证，其中身份认证的手段可以包括生物特征、秘密信息、行为习惯、登录设备等维度，切实通过多个维度的身份认证和网络数据的集中分析，发现可能出现的身份欺诈。

权限动态管理模块主要通过对用户权限进行动态建模，实时管理网络中各个用户的权限信息，发现其已经获取的权限，推断其可能获取的权限信息，从而实现用户权限的动态管理。

异常状态监控模块主要通过对用户权限的异常状态进行监控，发现可能出现的异常状态，其中用户权限状态的异常主要包括身份认证不通过、可能获取敏感权限、可能存在身份欺诈等状态，通过监控这些状态，及时发现可能的社会工程学攻击。

3. 安全配置管理

安全配置管理主要是对网络空间内物理域、数字域、社会域内的安全配置和安全策略进行统一的管理，实现对于可能的社会工程学的有效防护。

物理域安全策略主要是增加安全防护手段（增加物理访问控制手段）、减少暴露的敏感信息（对暴露信息进行减少）等，实现对敏感信息的有效防护。

数字域安全策略主要包括增加网络安全防护手段（如增加访问控制列表、审计设备、入侵检测设备等）、变更目标信息服务（更改服务地址、服务密码等）、加密敏感信息等方式，实现对敏感信息的有效防护。

社会域安全策略主要是对人员进行教育，提高其安全意识；对特定关系的交往进行纠正，切断可能的信息泄露渠道；对掌握的敏感信息进行加密、更换等处理，实现秘密信息的收回。

第5章

社会工程学仿真与验证

本书第 5 章主要从以下 4 个方面展开对社会工程学仿真与验证的研究。

① 针对社工事件动态变化、复杂多样、关联性难以确定等问题，分析社工事件时空特性和关联特征，引入位置因子、关联因子、相似性因子、反馈聚合因子并分配因子权重，实现对真实社工事件数据因子结构和关联特征的提取。

② 针对当前社工研究中缺乏面向人与社会因素的实验验证方法的问题，采用人工智能和大数据分析技术，结合心理学和社会学研究成果，研究人格化虚拟角色培养技术和大规模动态虚拟社会网络生成技术，实现对人及社会的复杂心理因素模拟，构造高逼真度的社工模拟数据。

③ 针对社工真实数据和模拟数据多源异构、难以结合的问题，采用模板抽取、实体识别、属性识别等技术对社工数据关键性要素进行自动化抽取，建立统一的社工数据规范，并构建多维数据平滑融合模型及数据质量评价模型，实现多源异构社工数据的可控结合。

④ 针对当前社会工程学在网络安全应用中的理论仿真与验证方法不完善的问题，利用大规模社工真实数据和模拟数据，研究社会工程学理论仿真与实验验证的有效性量化评估方法与体系，形成可靠的社会工程学理论仿真与实验验证方法和体系。

5.1 社会工程学仿真与验证方法体系

在开展社会工程学网络钓鱼仿真工作时，应明确对真实社工事件的建模过程，制订仿真工作流程，完成从实际生活到虚拟软件的抽象过程。之后，通过对实际案例的分析来仿真和验证方案的合理性。

5.1.1 仿真方法设计

仿真方法是对仿真实验的指导，社工杀伤链对攻击事件进行分析，将社工攻击事件的仿真分 6 个阶段：明确攻击事件实体，提取攻击事件特征，生成模拟数据，搭建社工场景，研究攻击模型及效果，评价仿真实验。

在对社工事件进行仿真时，首先应明确事件进展的推动者，也即明确社工事件实体；在完成实体的明确后，围绕实体开展特征的提取，完成对社工事件真实数据的提取；虚拟数据的生成基于真实数据，明确哪些特征需在虚拟环境中进行体现，进而完成到虚拟环境的抽象过程；社工场景搭建，依据虚拟数据完成社工事件的虚拟化展示，同时，结合攻击模型完成整个社工杀伤链的仿真，最后仿真实验评价，对每次仿真实验的合理性给出指标性评价。

在社工网络攻击事件的发生过程中，时间是连续变化的，而整个社工网络攻击事件在离散且不定的时间点上由随机事件驱动而发生状态活动等的变化，所以其属于离散随机事件。也即，可以按照离散随机事件[460]的仿真理论开展仿真平台以及仿真工作流程的设计，如图 5-1 所示。

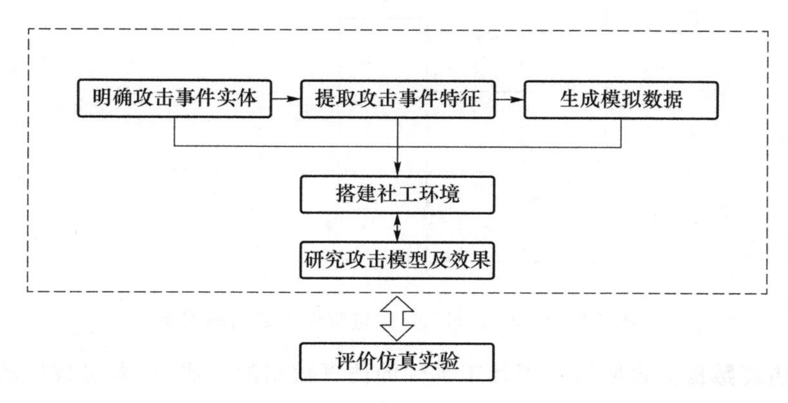

图 5-1 仿真验证实验工作流程图

① **明确攻击事件实体**。也即在社工攻击事件中可被仿真系统单独辨识和描述的构成要素，分为临时实体和永久实体，实体间相互作用进而产生社工攻击事件中特定的行为与活动。一个完整的社工攻击事件为一个体系，永久实体为构成社工事件的组成部分，永久停留在系统中，如攻击者、被攻击者、邮件转发服务器。临时实体为社工事件活动的一部分，在某一时刻进入系统，当与实体作用后离开系统，如邮件。

② **提取攻击事件特征**。指围绕第一阶段确定的实体，确定实体表示方式，以及提取方式。明确其属性、活动、事件、状态、进程的定性定量描述。

属性为实体的特征描述，由于针对的社工事件不同，其一般仅包含实体所具有特征的一部分。

活动为实体在一定时间段内所持续进行的操作或过程。例如，在攻击目标收到钓鱼邮件后，对钓鱼邮件处理这一过程。

事件为在某一时刻实体所进行的引起系统状态变化的操作或行为。社工攻击事件的发展由事件驱动。在仿真实验系统中，需建立事件表，用于记录事件的发生与计划安排。除此之外，事件分为程序事件与系统事件两种，系统事件为在一个社工攻击事件系统中固有的事件，程序事件用于控制仿真进程。

状态为实体活动的特征状况或形态的划分，其表征量为状态变量。在钓鱼攻击事件中，邮件有“编辑”“发送”等状态。

进程为多个事件与多个活动的组合，其阐述了事件与活动间的相互逻辑关系和时序关系。

关于活动、状态、事件、进程四者之间的关系。由于事件的发生会导致系统状态的变化，而实体的活动可以与一定的状态相对应，因此可以用事件来标识活动的开始和结束。图 5-2 描述了活动、状态、事件、进程四者之间的关系。图 5-2 中 S 表示状态，E 表示事件，A 表示活动，P 表示进程。

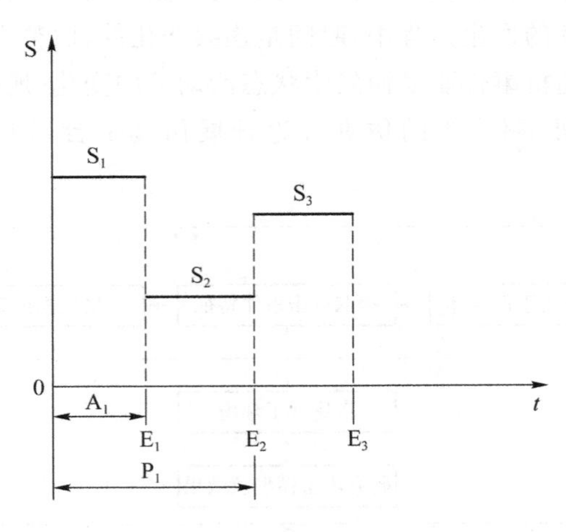

图 5-2　活动、状态、事件、进程四者之间的关系

③ **生成仿真数据。**该阶段负责社工事件的仿真数据的生成，在真实数据的基础上定义数据生成规范，确保真实反映模拟角色属性、群体、社交网络、攻击模型、攻击效果等定性定量表示的真实性。定义数据生成规范分为三个部分：对于攻击目标的刻画（虚拟角色应真实反映性格、习惯、决策方式等个人特征，进而实现对群体的划分）；对于社交网络的刻画（需围绕虚拟角色反映个体的真实社交网络关联关系和群体分布）；对于攻击模型的仿真数据的规范，需从攻击效果、攻击过程仿真数据的刻画，攻击效果是攻击对象受到社工攻击后，对攻击对象产生的影响（包括设备的内存占用率），攻击过程为攻击类别、攻击载荷的描述。

④ **搭建社工场景。**该环节搭建社工攻击应用场景，用于展示社工攻击流程和攻击效果，包括虚拟角色、群体、社交网络、攻击模型、攻击效果展示的数字生成平台的搭建，以及传输网络的生成，信息传递渠道等的搭建，完成对攻击过程的虚拟展示。

⑤ **研究攻击模型以及效果。**该阶段对社工攻击以及攻击后产生的效果进行仿真建模。攻击过程分为探测、攻击、隐藏 3 个阶段，社工攻击仿真模型需要体现这 3 个阶段。攻击效果仿真，是研究设备遭受社工攻击后，设备属性、状态发生的变化；研究遭受社工攻击后，攻击目标属性、活动的变化。探测阶段为攻击目标信息的收集；攻击阶段为攻击载荷的构建和输送阶段，具体实现诱导和病毒投递；隐藏阶段为攻击后消除攻击留下的痕迹，或保留隐蔽通道等操作。

⑥ **评价仿真实验。**该阶段是对仿真实验是否可以真实反映社工攻击的演变过程进行评估，确保仿真实验结果的可信性。具体从以下几个角度考虑：攻击过程的真实性，攻击效果的真实性，目标对象、群体以及社交团体的属性描述是否具有一致性。一致性指仿真实验的样本空间在分布、多样性方面一致。

1. 仿真案例分析

基于前面对社工杀伤链的模型与仿真实验流程的研究，本节将结合网络钓鱼攻击的典型代表——钓鱼邮件攻击，具体分析提取社工杀伤链，并依据仿真与实验验证流程对网络钓鱼攻击开展仿真事件的模拟。

在网络钓鱼攻击系统中，事件的发生只在某些离散的时刻，由攻击者与攻击目标对象决定，具有随机性，相应的事件发生后，状态也随之发生改变，属于典型的离散随机事件。在对其仿真的过程中，我们只需考虑系统内部状态发生变化的时间点和引起状态变化的原因，而不用关注状态发生的过程。

在网络钓鱼攻击仿真实验中，一般由攻击者、攻击目标对象、邮件转发服务器、网站服务器共同组合永久实体集合；而钓鱼邮件、网站网页和数据包为临时实体。永久实体与临时实体两者共同构建网络钓鱼攻击的实体集。

钓鱼邮件有被编辑、准备就绪、被发送、被阅读处理、被保存 5 种状态。网站网页有被编辑、被阅读处理、准备就绪 3 种状态。数据包有排队等待、接受服务 2 个状态。

攻击者与被攻击者属性分为人格属性、兴趣属性、教育程度属性、行为特征属性、政治倾向属性等。

在钓鱼邮件攻击事件中，攻击者有准备攻击、准备就绪、实施攻击、等待攻击结果 4 种状态；攻击对象有未遭受攻击、受到攻击 2 种状态。

邮件转发服务器有运转中、未运行 2 种状态。

网站服务器有运转中、停止运行 2 种状态。

攻击者的事件有收集信息、制造钓鱼邮件、发送邮件、收集返回信息 4 种。

攻击目标对象的事件有打开邮件、点击链接、输入信息 3 种。

邮件转发服务器与网站服务器事件有转发数据、等待数据 2 种。

依据实体的活动划分和制作钓鱼邮件，等待钓鱼结果，收集“钓鱼信息”。攻击者设计邮件、发送邮件、重新设计邮件、收集返回信息、盗取用户的资金或资料，等待目标用户点击链接。

网络钓鱼攻击事件的实体流程图如图 5-3 所示。

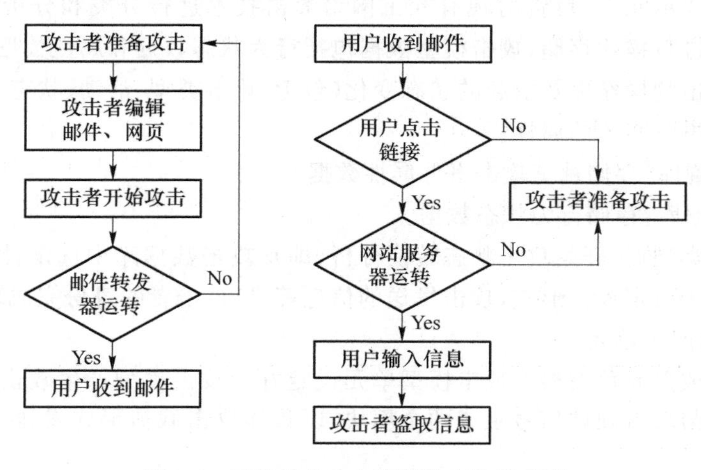

图 5-3 网络钓鱼攻击事件的实体流程图

网络钓鱼攻击事件的活动周期图如图 5-4 所示。

图 5-4 的彩图

实体流程图描述了钓鱼攻击体系中实体的变动过程以及临时实体与永久实体间的逻辑关系；活动周期图以实体的行动模式进行描述，直观表示了实体在生命周期中的活动与状态的转变。两张图从不同角度加深了我们对钓鱼攻击事件的了解。

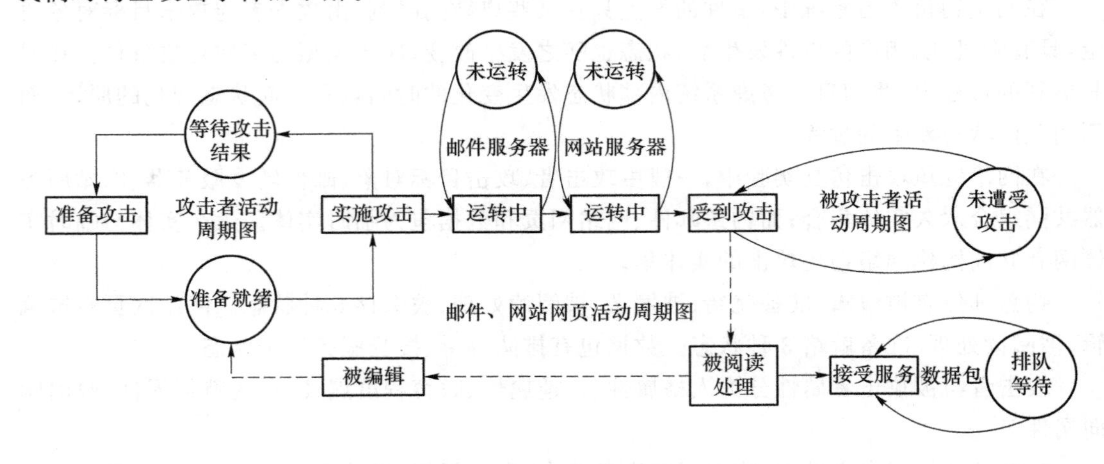

图 5-4　网络钓鱼攻击事件的活动周期图

2. 仿真平台设计

我们将对社工事件的仿真过程进行简要的阐述，明确杀伤链在仿真实验中的重要作用。我们将以网络钓鱼事件为例，对社会工程学仿真流程进行验证。我们将阐述仿真验证平台的方案设计，展示实验平台的实现效果。

仿真实验平台由仿真评价单元、社工场景生成单元、攻击模型产生单元、攻击数据产生单元、系统管理单元共 5 个模块组成。这 5 个模块涵盖了社工攻击链的完整表达、攻击效果的展示、仿真效果的评估、对仿真结果可信性的评价，如图 5-5 所示。

平台模块组成与功能详解如下。

1）攻击模型产生单元

攻击模型生成单元[461]负责对现有社工网络攻击技术进行分类和分析，将攻击方式以攻击模型的形式进行描述存储，攻击模型数据包括行为状态数据和属性数据两种类型，行为状态数据描述攻击的操作以及引起的状态变化（包含：攻击类型、活动、状态、事件、进程），属性数据描述社工事件实体的属性。

（1）攻击配置库：存储社工攻击事件属性数据。

（2）攻击数据库：存储行为状态数据。

当选定攻击类型后，开始攻击状态转换分析，即从攻击数据库中选定社工攻击类型，进而从属性配置库中设定攻击形式，攻击发送的信息等，以攻击者的身份完成攻击的初始化。

2）攻击数据产生单元

攻击数据生成单元负责根据攻击模型单元设定好的攻击模型产生攻击数据，其包含攻击软件信号生成与攻击硬件信号生成两个模块，以具体攻击载荷形式发送到特定的攻击目标对象。

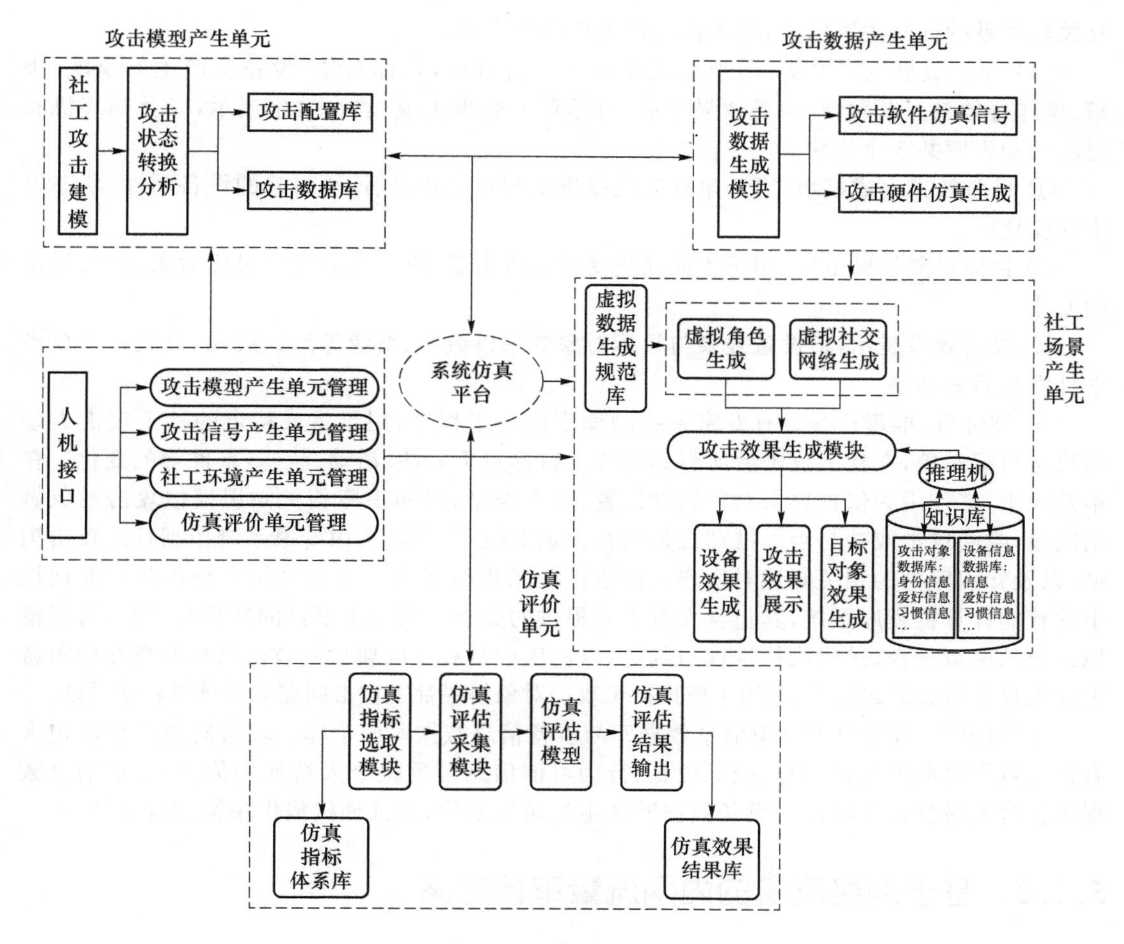

图 5-5 仿真验证平台框架

(1) 攻击软件信号生成:将由攻击模型部分设定的相关信息生成邮件形式,网站等形式发送到指定的社工场景。

(2) 攻击硬件信号生成:用于生成通过硬件进行攻击载荷传递,如将相关信息生成 U 盘病毒。

3) 社工场景产生单元

社工场景用于生成社工攻击所作用攻击目标以及围绕目标所在的社交网络,同时,在受到攻击后展示攻击效果与可能的攻击传播形式。该单元主要包括以下几个模块:虚拟数据生成规范库、虚拟角色生成模块、虚拟社交网络生成模块、攻击效果生成模块(包括设备效果生成、目标对象效果生成)、推理机模块、知识库模块。

(1) 虚拟数据生成规范库:用于规范属性定义以及表示形式,确保真实反映模拟角色属性、群体、社交网络、攻击模型、攻击效果、设备状态等定性定量表示的真实性,能切实反映真实人物的相关的习惯、喜好,以应对社工攻击的决策方式、受攻击设备的状态变化。

(2) 虚拟角色生成模块:用于自动生成给定类型的虚拟攻击目标或群体,构成社工攻击的重要元素。

(3) 虚拟社交网络生成模块:用于生成围绕攻击目标以一定社交媒体方式构成或者相

互关联关系的社交关系网络，用于推演攻击传播与发展。

(4) 攻击效果生成模块：用于生成在社工攻击过后，目标对象、设备所产生的反映、决策、操作等效果。其包含：设备效果生成、目标对象效果生成、攻击效果展示，以及推理机和对应的知识库共5个模块。

① 设备效果生成模块：用于生成在设备遭受到社工攻击后，所引起的设备属性、状态发生的变化。

② 目标对象效果生成：用于生成在遭受社工攻击后，所引起的攻击目标对象属性、活动的变化。

③ 攻击效果展示：将设备效果与目标对象效果以数字、图像等形式展现，反映社工攻击事件发生后的结果。

④ 推理机：推理机是含有专家系统的固定的一组程序，用于生成特定的社工攻击类型与攻击目标对象，在社工攻击后所引起的攻击目标对象属性、活动、状态、事件等的变化。在本系统中，其作用为依据攻击对象属性设置、攻击类型，由知识库相关知识模拟攻击对象做出决策，判断攻击成功与否。推理机是指在设定的控制策略下，由专家系统依据社工攻击类型，以及知识库中的相关知识对所产生的攻击效果进行预测。专家系统[8]是包含在推理机中的智能计算机程序系统，其包含大量专家提供的关于社工攻击事件的知识与经验，可以模拟人类的决策过程，进行决策推理与判定，以便生成具有不同属性的攻击目标对象在应对特定社工攻击时做出的决策，是用于模拟社工攻击对象解决社工攻击问题的计算机程序系统。

⑤ 知识库：含有攻击对象信息数据库与设备信息数据库两个库。攻击对象数据库包含有社工攻击对象的身份信息、爱好信息、行为习惯信息等反映个人特征的信息；设备信息数据库包含有遭受社工攻击后设备数据所产生的属性变化，为推理机提供决策信息支持。

5.1.2 基于网络流量的内网流量审计方案

在以APT为基础的内网渗透攻击中，设计了以SSH蜜罐cowrie和沙箱为基础的深度学习内网流量审计方案，以蜜罐为诱饵结合探针实现了对内网流量的实时监控，通过沙箱提供的API序列进行特征提取，用于后续内网流量的特征数据提取；设计并实现基于深度学习的恶意程序的检测模型，利用多视野的TextCnn网络结合BiLSTM和注意力机制来集成进行恶意程序的判定，提高了检测的精度。

1. SMTP协议解析

移动互联网时代催生了各种技术和新的交流方式。电子邮件就是其中非常重要的一种。我们可以借助电子邮件进行商务活动或交友、聊天等社交活动。当下很多人的银行对账单、账购交易确认单、账号密码重置等都是使用电子邮件来完成的。这给钓鱼提供了基础和环境。钓鱼邮件因此成为APT攻击的重要手法之一，隐藏在电子邮件中的附件中或者URL链接中，在一定条件下激活，进行破坏和传播，轻则占用资源、破坏计算机系统部分功能，重则导致重要数据丢失、窃取机密信息，带来巨大的经济损失。

探针对于常用的邮件传输协议(Simple Mail Transfer Protocol，SMTP)进行了重放和还原，并提取出流量中传输的邮件正文和附件。由于BSC框架关心的主要是流量中携带的文件，所以探针在解析协议时将直接省去认证过程，主要关注协议附件的部分。通过抓包发现，附件被分割成相同的1 460 B的数据包进行传输，传输的内容以分界符(boundary)分割，第一段是邮件的发信人信息和标题内容，第二段是传输的邮件正文，第三段是附件内容。通过以上内容探针还原SMTP协议流量的附件需要以下5个步骤：

① 从流量包中分离出完整的邮件流量；

② 准确分离出附件段；

③ 提取附件段中携带的base64编码正文；

④ 将base64解码后保存为二进制文件；

⑤ 合并所有的分组传输中的二进制文件，并保存为当前的文件类型。

一次完整的发送过程包括若干次完整的包，我们需要保存这一次发送中的若干个包，这就需要我们在捕捉到的多次发送包中先匹配出邮件开始和结束的标志，从上面可以看到，邮件结束时都使用一个单行的"."来标志。探针匹配出完整的邮件包后，根据边界标志来匹配出附件部分的文件类型声明和编码正文，得到正文后，使用base64进行解码，并对可能存在的缺失字段进行填充，最后将解码后的文件存成相应类型，就基本完成了附件的还原。

2. SMB协议解析

SMB(Server Message Block)协议是微软和英特尔在1987年指定的网络通信协议。SMB协议一般使用139,445端口，用于：映射网络驱动器；向打印机发送数据；读写远程文件；执行远程管理；访问远程机器上的服务。2017年4月14日Shadow Brokers公布了之前泄露文档中出现的Windows相关部分的文件，该泄露资料中包含了一套针对Windows系统的远程代码利用框架(涉及的网络服务范围包括SMB、RDP、IIS及各种第三方的邮件服务器)，其中一系列的SMB远程漏洞0day工具(EternalBlue，Eternalromance，Eternalchampoin，Eternalsynergy)之后被集成到多个蠕虫家族中，同年5月12日爆发的WanaCry当时就集成了EternalBlue，所以针对SMB协议的分析可以很好地捕获横向移动中发生的攻击行为。

由于SMB协议大部分运行于会话和表示层，所以探针创新性地从二进制流中还原了共享文件的过程。

首先SMB协议头中定义了SMB2的protocolid为0xfe534d42，由此可以唯一标识出流量文件中所有的SMB2流量。表5-1总结了SMB头中不同操作的Command，根据SMB通信过程中READ操作的命令码，首先提取出所有的READ request和response。

表5-1 SMB协议头中各命令对应的十六进制位

Negotiate Protocol	0x0000
Read	0x0800
GetInfo	0x1600
Ioctl	0x0b00
Greate	0x0500
Session Setup	0x0100
Tree Connect	0x0300
Close	0x0600
SetInfo	0x1100
Write	0x0900
Find	0x0e00

在提取出所有的 READ SESSION 后，通过对流量的分析发现每组对应的 read request 和 read response 都具有相同的 MessageI ID，如图 5-6 所示，分别是一个 read requset 和 read response 的字节流。可以看到从协议头开始的 0xfe534d42 后的 25 至 32 位分别是 0x00000030 和 0x00000031，代表了 request 和 response 包，记为 flag。通过分析不难看出，在 flag 位后的 9 至 24 位，是 SMB 协议的 Message ID，对应的一组 request 和 response 都具有相同的 Message ID。

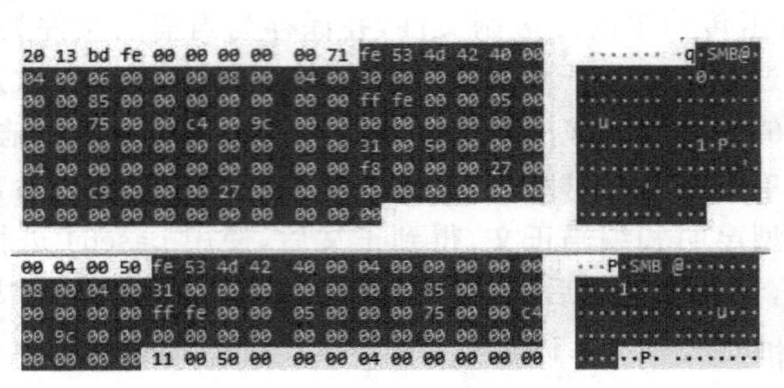

图 5-6 的彩图

图 5-6　一组 read request 和 read reponse 的字节流数据

探针根据 SMB 协议头中的 Message ID 来区分所有对应的 request 和 response。在传输较大的文件时，SMB 默认采用分组传输，由于客户端和服务器端存储方式不同，SMB 协议的字节流是主机字节序，而非通常所使用的网络序，所以经过探针转换后提取 SMB 协议头中的 offset 字段，来排序所有的 read response 包，将这些 response 包中的 data 字段以分组字节流的方式分别导出，再合并还原为原本的文件格式进行保存。

3. 深度学习模块设计

针对恶意程序的检测除了依赖于沙箱的分析，还可以根据沙箱提供的应用编程接口(Application Programming Interface，API)序列分析恶意软件运行所依赖的调用顺序，BSC 框架的深度学习模块对输入的 API 序列以及所属的进程号进行预处理并利用循环神经网络和注意力机制来对恶意软件进行分类。深度学习模块利用多视野的 textcnn 网络结合 bilstm 和注意力机制来进行预测，模块使用的网络结构如图 5-7 所示。整个深度学习网络主要分为 3 个部分：预处理层、网络构建层和预测层。

在预处理层，我们对沙箱提供的 API 序列进行特征提取。根据 cuckoo 沙箱提供的恶意软件进程号和 API 调用序列，将若干个 API 调用根据进程号合并为一个字符串。利用词频-逆文档频率将字符串格式的特征转化为数值格式的特征。词频-逆文档频率(TF-IDF)，用于评估词对于一个文档集或一个语料库中的一个文档的重要程度，计算出来是一个 $D\times N$ 维的矩阵，其中 D 为文档的数量，N 为词的个数，通常会加入 N-gram，也就是计算文档中 N 个相连词的 TF-IDF，相关的计算公式如式(5-1)和式(5-2)所示：

$$\mathrm{TF}_{\mathrm{w}}=\frac{\text{在某一类中词条}\,\omega\,\text{出现的次数}}{\text{该类中所有词条数目}} \tag{5-1}$$

$$\mathrm{IDF}=\lg\left(\frac{\text{语料库的文档总数}}{\text{包含词条}\,\omega\,\text{的文档数目}+1}\right) \tag{5-2}$$

BSC 框架的深度学习模块提出了多视野的 LSTM 结合注意力机制的方法(Mulit Version Lstm with Attention)，受到 textcnn 模型的启发，在神经网络构建的时候采用了不同步幅的膨胀卷积窗口来对上一步的数值特征向量进行特征提取以获得不同视野的情况。在不同步幅的卷积窗口提取完毕后使用平均池化取代最大池化，来获得连续序列的特征信息而非单个 API 调用的信息。在平均池化后将得到 3 个相同长度的向量，即向量 V1，V2，V3。对于这 3 个向量我们将结合 Attetion 机制来进行特征的第二次提取。

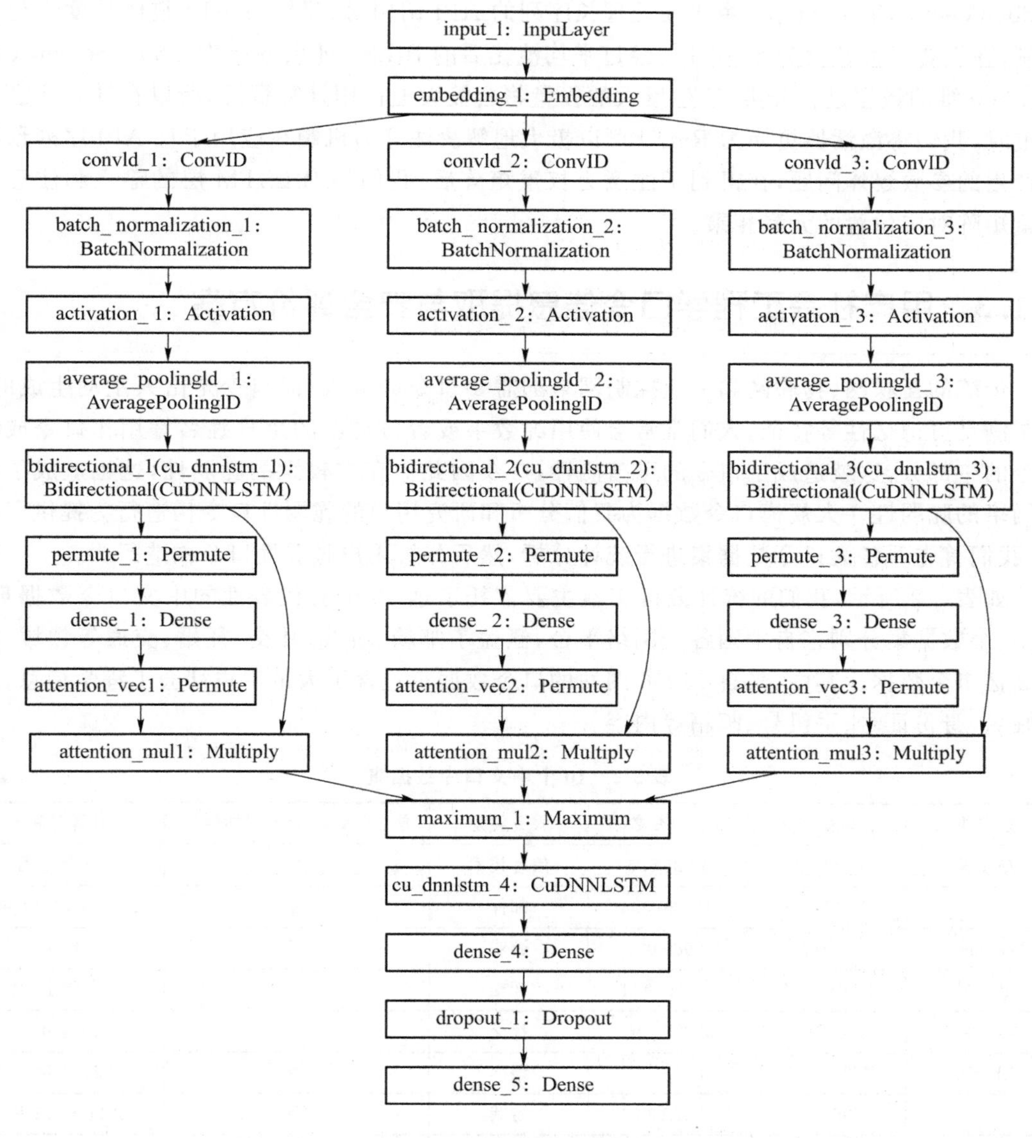

图 5-7 深度神经网络架构

由于 API 调用序列有可能很长，恶意软件很有可能通过注入无关的序列来破坏程序对于整体性的判断。所以神经网络自定义注意力机制来学习长距离依赖。传统注意力机制的原理如式(5-3)：

$$\mathrm{Attention}(Q,K,V)=\mathrm{softmax}\left(\frac{QK^{\mathrm{T}}}{\sqrt{d_k}}\right)V \tag{5-3}$$

假设输入序列 $X=\{x_1,x_2,\cdots,x_n\}$，通过随机映射矩阵 $\boldsymbol{W}_Q$，将输入序列转化为 $\boldsymbol{Q}$ 查询

向量，通过 W_K 和 W_V 将输入序列转化为键向量 K 和值向量 V。通过上述公式计算出输入序列中每个元素的 Attention Score。

我们在得到向量 V1，V2，V3 后分别将向量连接 BILSTM 层，然后将 BILSTM 层的三维输出（BatchSize，TimeStep，HiddenVector）进行转置，转置后输出为（BatchSize，HiddenVector，TimeStep），由于在处理长序列的 API 调用时，我们对 API 整体长度进行了限制，在设置最大长度为 6 000 时，经过平均池化后的 BILSTM 层输出为 1 500，Softmax 将对 1 500 维的数据进行分类，产生巨大的张量将会极大地占用计算资源，所以在计算注意力权重时，我们将激活器更换为 ReLU 可以极大地解决注意力机制在应用于长 API 序列预测时产生的参数爆炸问题，在得到了注意力权重矩阵后，我们将 BILSTM 层的输入和注意力权重矩阵对应位置的元素相乘。

5.1.3 用户社会工程学口令信息提取与安全评价方案

传统的互联网、物联网和工业控制网络都需要口令的输入，而口令是由人主动生成的，为了满足可记忆性等特征，人们常常会使用纯数字或者将自己的生日姓名等用作口令或者口令的一部分，这就造成了口令的可猜测性，口令因此而存在较大的脆弱性，这也造成了各种网络的脆弱性。大规模口令数据为我们分析和研究用户的脆弱性口令构造行为提供了可能，我们首先对各大口令数据集进行统计分析，然后分析用户脆弱性口令构造行为。

如表 5-2 所示，我们的统计分析实验主要依托于这 10 个有代表性的中文口令数据集，这 10 个数据集分别来自中国各个网络平台，涵盖了邮箱、游戏、社交、征婚、交通等领域，总计 2 亿口令数据。其中，来自 12306 网站的口令数据集包含了大量用户社会工程学信息，包括姓名、身份证号、手机号、邮箱等内容。

表 5-2 10 个中文口令数据集

数据集	总口令数量	唯一口令数量	服务类型	是否包含社会工程学信息	泄露时间
CSDN	6 414 425	4 026 595	信息技术	否	2011 年 1 月
163	117 602 494	21 730 096	邮件	否	2011 年，2014 年
Dodonew	16 020 739	9 989 007	游戏	否	2011 年
Tianya	29 010 375	12 817 411	社交	否	2011 年 12 月
Renren	4 681 142	2 800 426	社交	否	2014 年
Zhenai	5 236 113	3 503 765	婚恋	否	2014 年
17173	9 956 882	3 629 363	游戏	否	2011 年 12 月
7k7k	9 435 506	4 887 257	游戏	否	2011 年
Weibo	4 942 426	2 825 096	社交	否	2011 年 12 月
12306	131 653	117 808	交通	是	2014 年 12 月
总口令数量	203 431 758	66 444 632			

为了比较不同地区、不同语言偏好的用户在口令构建过程中存在的特点和差异，具有代表性的真实用户口令数据集作为分析对象，涉及在线购票网站、技术论坛、游戏平台。这些

口令数据集都是被攻击者入侵或内部人员泄露，并在互联网上已经公开披露，其中一些数据集已经被用于口令攻击模型的研究。在原始数据中，可能存在重复和空白口令影响统计分析，因此在对口令分析之前，我们都对这些原始数据集进行清洗和去重。

大规模真实口令数据分析，我们按照口令的长度、结构分布、用户行为分析、流行口令总结等多方面多维度对收集到的口令数据集进行了分析，找出口令的特征，并且为口令智能生成提供理论、数据支持。

1. 长度分布

一个长度为 N 的口令 pw，所有可能情况有 $S=N^{|\Sigma|}$ 种，其中 $|\Sigma|$ 为口令字符的种类数。由上式不难看出，口令的长度与口令的强度是正相关的。然而由于人脑记忆的有限性，大多数用户并不可能使用过长的口令。从图 5-8 中不难看出，89.77%～97.00%口令的长度分布在 6～12 之间。长度小于 6 或者大于 12 的口令占比相对较少。

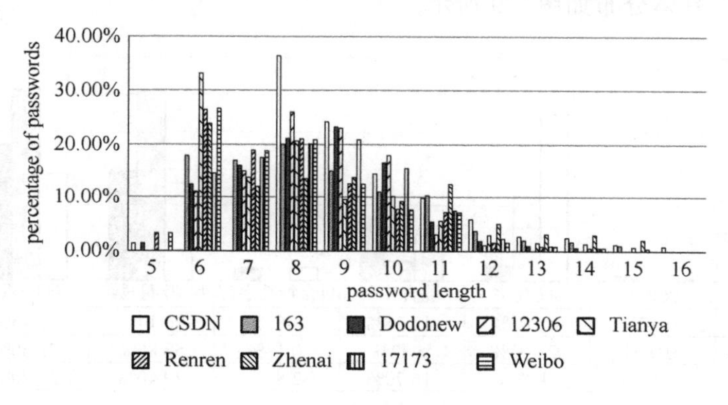

图 5-8 的彩图

图 5-8　各口令数据集的口令长度分布情况

2. 结构分布

网站往往会通过一些口令生成规则限制口令字符的使用。比如，腾讯网要求用户注册口令必须包含字母、数字、特殊字符 3 类字符中的至少两类字符。由表 5-3 不难发现，各个数据集下的用户都喜欢使用纯数字口令，比例为 27.02%～66.59%。其中，大部分网站纯数字口令占比都在 40%以上。此外，纯小写字母的使用占比也都在前三，这进一步说明绝大多数用户偏向使用简单的口令，如纯数字或者纯字母口令。

表 5-3　各数据集的口令结构

R	CSDN	163	7k7k	Tianya	Renren	Zhenai	Weibo	17173
1	D:46.06	D:58.39	LD:66.59	D:62.03	D:52.55	D:59.63	D:53.06	D:44.77
2	LD:36.67	LD:29.49	D:27.02	LD:21.14	LD:23.66	LD:27.11	LD:23.30	LD:44.51
3	L:11.68	L:8.94	L:6.28	L:9.45	L:19.19	L:6.42	L:18.79	L:8.65
4	UD:2.29	LDS:1.13	LUD:0.46	UD:3.57	LU:0.85	LDS:2.28	LU:0.82	UD:1.41
5	LDS:2.02	DS:0.65	UD:0.37	LUD:1.64	LUD:0.74	UD:1.78	LUD:0.72	LUD:0.30

注：表格中 R 代表排名(Rank)，L 代表小写字母，D 代表数字，U 代表大写字母，S 代表特殊字符。LD:29.49%代表口令集中 29.49%的口令由小写字母和数字两种类型的字符组成，表中其他项的含义依此类推。

3. 用户口令行为分析

1）口令字符组成特征分析

我们随机抽取口令集对其口令字符组成特征进行分析，发现超过30%的用户都有在字母后面直接加上数字，尤其是在小写字母后面加上数字的偏好。而仅有大写字母构成或在大写字母后面加上数字的口令组合形式所占比例都比较小，这种情况的出现可能与用户输入大写字母时需要键盘模式多一步切换大写的操作有关，这无形中增加了用户在创建和使用口令时的时间成本和记忆成本。特别地，用户都很少在口令中加入特殊字符，即使有部分用户加入，通过分析也可以发现用户口令存在着很大的共性，比如喜欢加入“.”符号等。而这往往也是因为网站设置的策略需要用户在构建口令的时候必须包含特殊字符的原因，导致用户不得不在构建的口令中使用特殊字符。因此，这进一步可以证实普通用户在构建口令过程中，面对便捷性和安全性抉择时所偏向的口令选择。具体分布如图5-9所示。

图5-9的彩图

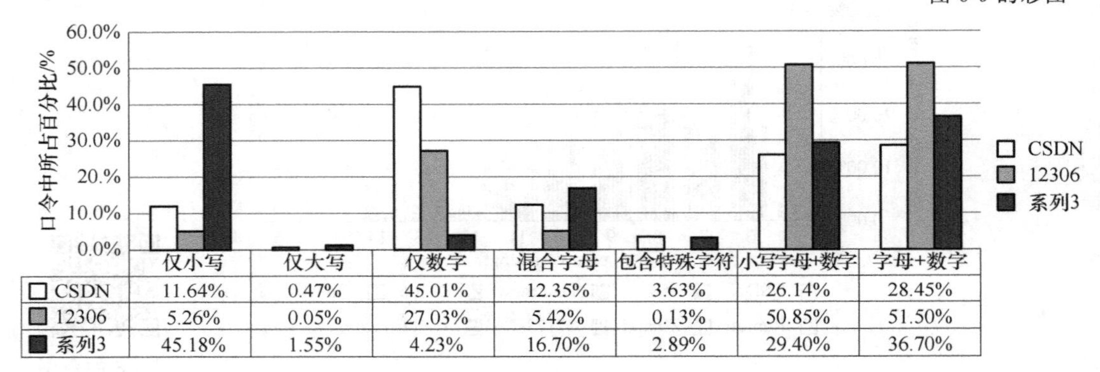

	仅小写	仅大写	仅数字	混合字母	包含特殊字符	小写字母+数字	字母+数字
□ CSDN	11.64%	0.47%	45.01%	12.35%	3.63%	26.14%	28.45%
▨ 12306	5.26%	0.05%	27.03%	5.42%	0.13%	50.85%	51.50%
■ 系列3	45.18%	1.55%	4.23%	16.70%	2.89%	29.40%	36.70%

图5-9　口令集中不同字符类型组成特征

2）用户口令重用分析

口令重用指的是用户使用以前用过的口令来创建新的口令或者对以前用过的口令进行修改来创建新的口令的行为。

研究用户的口令重用行为可以通过分析同一用户在两个不同服务下使用的口令之间的差异性来实现。假设一个用户A在两个不同服务中分别使用的口令为Pw_1和Pw_2，则两者之间的差异性可以用以下几类规则概括，如图5-10所示。

① **完全一致**：表示用户A使用的两个口令Pw_1和Pw_2完全一致。

② **子串一致**：表示用户A使用的Pw_1是Pw_2的一部分或者Pw_2是Pw_1的一部分。比如，123456与a123456的数字部分重合，所以两者符合子串一致规则。

③ **大写一致**：表示用户A使用的Pw_1的大写形式和Pw_2的大写形式完全一致。比如，abcdef和ABCdef将其所有字母替换为大写后都是ABCDEF，所以两者符合大写一致规则。

④ **Leet一致**：表示用户A将Pw_1的一些字符替换为外形相似的其他字符来获得Pw_2，或者将Pw_2的一些字符替换为外形相似的其他字符来获得口令Pw_1。我们选择几种最为常见的Leet规则进行研究，详见表5-4。比如定义字符“a”和“@”外形相似，则password通过将字符“a”替换为“@”可以获得p@ssword，所以password和p@ssword两者符合Leet一致规则。

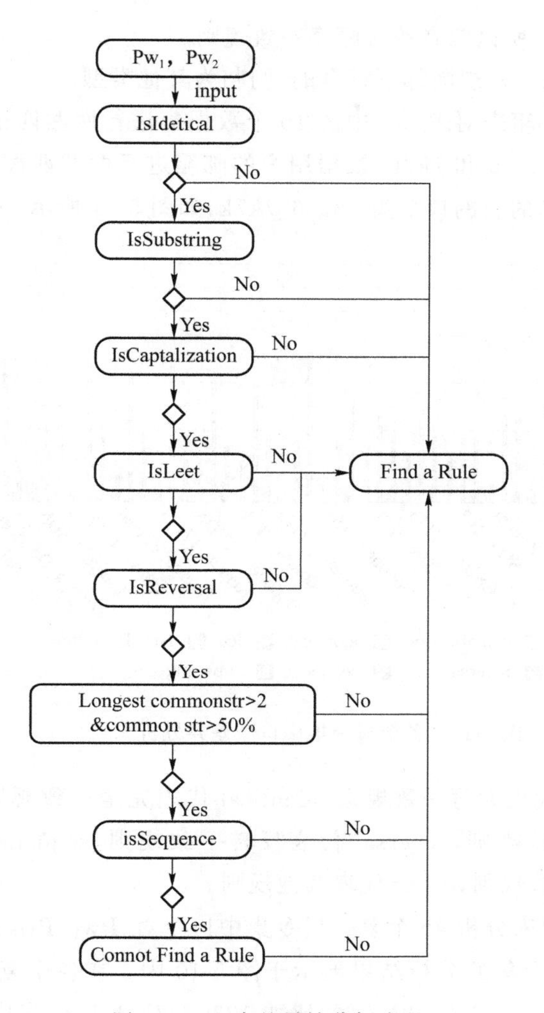

图 5-10 口令差异性分析流程

表 5-4 6 种 Leet 字符变换规则

0↔o,	a↔@,	1↔I	e↔3	5↔s	s↔$

⑤ **主体一致**:表示用户 A 使用的口令 Pw_1 的主体部分和口令 Pw_2 的主体部分完全一致。通过最长公共子序列算法我们可以计算出两个口令的完全一致的部分。比如,wuyu123 和 wuyu@124 的最长公共子序列是 wuyu12。

一般地,定义 LCS 函数用于求解最长公共子序列,LEN 函数用于求解口令长度,口令 Pw_1 和 Pw_2 的最长公共子序列 MPart=LCS(Pw_1,Pw_2)。如果 LEN (MPart)≥3,2 * LEN (MPart)≥LEN(Pw_1)且 2 * LEN(MPart)≥LEN(Pw_2),则认为 Pw_1 的主体部分和 Pw_2 的主体部分完全一致。

⑥ **反转一致**:表示 Pw_1 和按逆序排列的 Pw_2 完全一致,或者 Pw_2 和按逆序排列的 Pw_1 完全一致。比如:123456 和 654321 互为反转关系,所以两者符合反转一致规则。

⑦ **顺序一致**:表示 Pw_1 和 Pw_2 是长度相同的顺序串。比如,qwerty 和 asdfgh 都是顺

序字符串且长度都为 6,所以两者符合顺序一致规则。

⑧ **其他**:如果以上 7 种规则都不符合的,则归为其他类型。

我们基于用户的邮箱来对表 5-2 中的 10 个数据集进行两两匹配,生成 45 个新的复合口令集。比如口令集 12306 和 7k7k,根据用户的邮箱进行两两匹配,生成了包含同一用户互异口令对(Pw_1,Pw_2)的新的口令集 12306_7k7k,如图 5-11 所示。

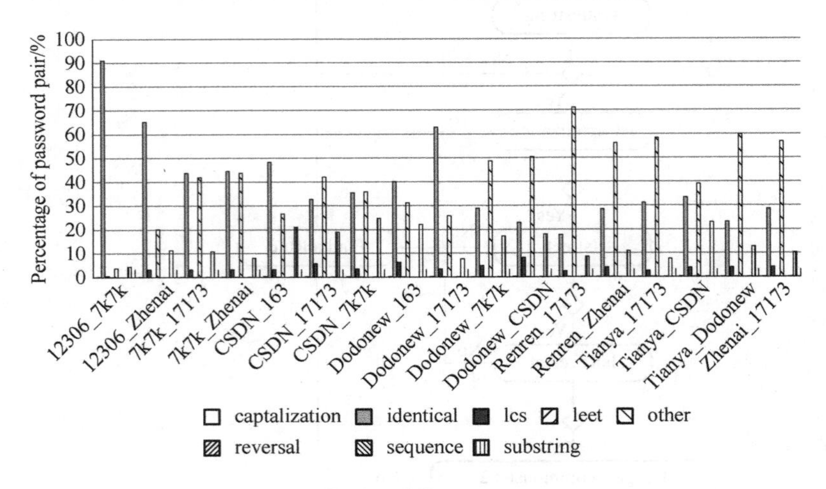

图 5-11 的彩图

图 5-11 各个口令集中口令差异分析

注:captalization 代表大写一致规则,identical 代表完全一致规则,lcs 代表主体一致规则,Leet 代表 Leet 一致规则,reversal 代表反转一致规则,sequence 代表顺序一致规则,substring 代表子串一致规则,other 代表其他规则。

基于图 5-5 的流程来分析 45 个复合口令集中口令对(Pw_1,Pw_2)的差异性,我们选取其中有代表性的 17 个口令集的分析结果展示于图 5-10 中。在各个复合口令集中,符合完全一致规则的口令对占比 17.8%~91.1%,比如 12306_7k7k 口令集中约 91.1%的口令符合完全一致规则;符合子串一致规则的口令对占比 4.5%~24.75%;符合主体一致规则的口令对占比 0.5%~8.2%。

我们还将这 45 个复合口令集的统计数据汇总在表 5-5 中。

表 5-5 口令差异性汇总分析

Transformation rule	Uppercase	Identical	LCS	Leet	Substring	Reversal	Sequence	Other	Total
Ratio (%)	0.14	62.09	2.66	0.00	7.39	0.00	0.00	27.72	28266368

从表 5-5 不难发现,符合完全一致规则的口令对占比 62.9%,这一结果令人震惊,这意味着对这一部分用户,黑客只需要获得他们在一个网站上使用过的口令,就可以不费力气地破解他们在其他网站上使用的口令。符合子串一致规则的口令对占比 7.39%,是占比第二大的规则。符合主体一致规则的口令对占比 2.66%,仅仅符合这几项规则的口令对占比就超过 70%,这意味着黑客在获得用户的一个口令后,对其进行简单地修改变换就可以轻松破解用户的其他口令。

3）流行口令使用

流行口令指的是口令集中出现频率很高的口令。我们可以通过两种办法来判断一个口令是否是流行口令。第一种是阈值法，设置一个频率阈值 $f_{threshold}$，根据口令 pw 在口令集中出现的频率 $f(pw)$ 是否达到或超过 $f_{threshold}$ 判别 pw 是否为流行口令，判别算法如图 5-12 所示。

Algorithm 基于频率阈值的流行口令匹配算法

输入：训练口令集 T，频率阈值 $f_{threshold}$，口令pw

输出：truel | false

1) 统计T中所有口令的频率

2) **if** pw $\notin T$ **then**

3) **return** false

4) **else if** $f(pw) \geqslant f_{threshold}$ then

5) **return** true

6) **else**

7) **return false**

8) **end if**

图 5-12 基于频率阈值的流行口令匹配算法

第二种是排名法，将口令集中的口令按照其出现频率降序的方式排列，将排名靠前的若干口令（如千分之一的口令）作为流行口令。

我们运用流行口令匹配算法统计分析各大口令数据集中的流行口令，表 5-6 展现了各大服务商使用频率排名前 10 的口令。

表 5-6 各口令数据集的流行口令

Rank	CSDN	163	7k7k	Tianya	Renren	Zhenai	Weibo
1	123456789	123456	123456	123456	123456	123456	123456
2	12345678	123456789	a123456	111111	123456789	123456789	123456789
3	11111111	111111	123456a	000000	111111	111111	111111
4	dearbook	000000	5201314	123456789	123123	000000	123123
5	00000000	5201314	111111	123123	5201314	5201314	5201314
6	123123123	123123	woaini1314	123321	12345	123123	12345
7	1234567890	a123456	123123	5201314	1234567	1314520	1234567
8	88888888	7758521	qq123456	12345678	123321	123321	123321
9	111111111	123456a	000000	666666	1314520	666666	1314520
10	147258369	1314520	1qaz2wsx	111222Tianya	1234567	1234567890	1234567

不难看出，这些口令大多比较简单，其中大部分流行口令都是一些简单的数字序列，比如 123456，123456789 等。5201314 是中文网络流行用语，含义是“我爱你一生一世”。网站

本身作为影响因素也会影响口令的创建,比如天涯网中的流行口令 111222Tianya 使用了天涯的汉语拼音构成口令,CSDN 中的流行口令 dearbook 是其网站品牌“第二书店”所使用的账号。

4) 实际有意义的信息所占口令比重

用户的社会工程学信息(Personal Information, PI)指的是用户个人的隐私信息。为了满足可记忆性,用户常常将自己的社会工程学信息及简单改变形式作为口令或者口令的一部分,本书研究所涉及的口令中的社会工程学信息,主要是用户的一些基本信息,包括姓名、生日、身份证号码、手机号码和邮箱。分析结果如图 5-13 所示。

Dictionary	Tianya	7k7k	Dodonew	178	CSDN	Duowan	Avg. Chinese
English_word_lower(len≥5)	2.08%	2.05%	3.69%	0.83%	3.41%	2.37%	2.41%
English_firstname(len≥5)	1.11%	0.93%	2.23%	0.53%	1.47%	1.19%	1.24%
English_lastname(len≥5)	2.16%	2.34%	4.48%	1.93%	3.65%	2.77%	2.89%
English_fullname(len≥5)	4.03%	4.30%	6.14%	4.99%	6.58%	5.07%	5.18%
English_name_any(len≥5)	4.60%	4.65%	6.32%	5.20%	6.87%	5.18%	5.35%
Pinyin_ word_ lower(len≥5)	7.34%	8.56%	10.82%	10.24%	11.51%	9.92%	9.73%
Pinyin_familyname(len≥5)	1.35%	1.64%	2.34%	2.24%	2.47%	1.88%	1.99%
Pinyin_fullname(len≥5)	8.39%	9.87%	12.91%	11.81%	13.14%	11.29%	11.24%
Pinyin_name_any(len≥5)	8.56%	10.05%	13.31%	12.11%	13.46%	11.53%	11.50%
Pinyin_ place(len≥5)	1.24%	1.27%	1.64%	1.58%	2.12%	1.48%	1.55%
PW_with_a_5$^+$−letter_substring	18.51%	19.99%	26.95%	19.38%	28.03%	21.70%	22.42%
Date_YYYY	14.38%	12.82%	12.45%	10.06%	16.91%	14.33%	13.49%
Date_ YYYYMMDD	6.06%	5.42%	3.93%	3.94%	8.78%	6.17%	5.72%
Date_ MMDD	24.99%	19.97%	17.08%	16.46%	24.45%	22.59%	20.92%
Date_ YYMMDD	21.29%	15.89%	12.70%	13.09%	20.67%	18.28%	16.99%
Date_any_above	36.61%	30.39%	26.66%	27.07%	35.30%	33.58%	31.60%
PW_ with_a _digit	89.49%	88.42%	88.52%	90.76%	87.10%	89.26%	88.93%
PW_ with_a_4$^+$−digit_substring	81.64%	76.98%	71.90%	78.76%	78.38%	80.60%	78.04%
PW_with_a_6$^+$−digit_substring	75.59%	68.32%	61.16%	70.02%	69.87%	73.10%	69.68%
PW_with_a_8$^+$−digit_substring	28.04%	27.56%	26.53%	26.37%	49.73%	31.03%	31.54%
Mobile_ Phone_ Number(11−digit)	2.90%	1.76%	2.63%	3.97%	3.75%	2.44%	2.91%
PW_with_a_11$^+$−digit_substring	4.71%	2.09%	3.39%	5.08%	7.57%	3.35%	4.36%

图 5-13　口令中社会工程学信息分析

5) 口令脆弱性分析总结

我们对多个行业中有代表性的互联网中文口令数据集(总计 2 亿泄露的口令数据和用户信息数据)进行了统计分析,从口令结构和用户脆弱性口令构造行为两个方面分析口令中存在的脆弱性。在物联网方面,采用走访等形式与行业相关专家进行深入交流,最终得出物联网行业相关口令脆弱性分析。

口令脆弱性主要体现在以下几个方面:

① 口令重用现象严重;

② 口令中生日、姓名等有意义的社会工程学信息占比较高;

③ 流行口令(弱口令)使用频繁;

④ 口令结构单一(纯数字、纯字母)。

5.1.3.1　基于数据挖掘基础,设计基于社会工程学信息的口令强度评价算法

基于数据挖掘得到的口令关键脆弱性特征,我们将口令按照因子种类划分,设计基于社

会工程学信息的口令强度评价算法，并进行验证。

1. 口令因子及相关概念

口令因子是一类具有相同逻辑特征的字符集合。姓氏、名字、生日、唐诗和成语等字符集合，它们具有不同的逻辑特征，各自包含了不同的逻辑内容，根据它们所具有的逻辑特征来进行分类，每一个分类都对应一个口令因子种类。

用户口令可以由一个或者多个口令因子经过字符变换、排列组合而构成。

2. 设计流程

(1) 社会工程学信息

社会工程学信息包括：姓名、性别、身体、出生地、电话、住址、父母及相关信息、好友、工作单位、毕业院校、邮箱号、微信号、QQ 号、淘宝号、Meta、知乎账号、工号、工资收入、车牌号、车型、银行卡号、习惯等，如图 5-14 所示。

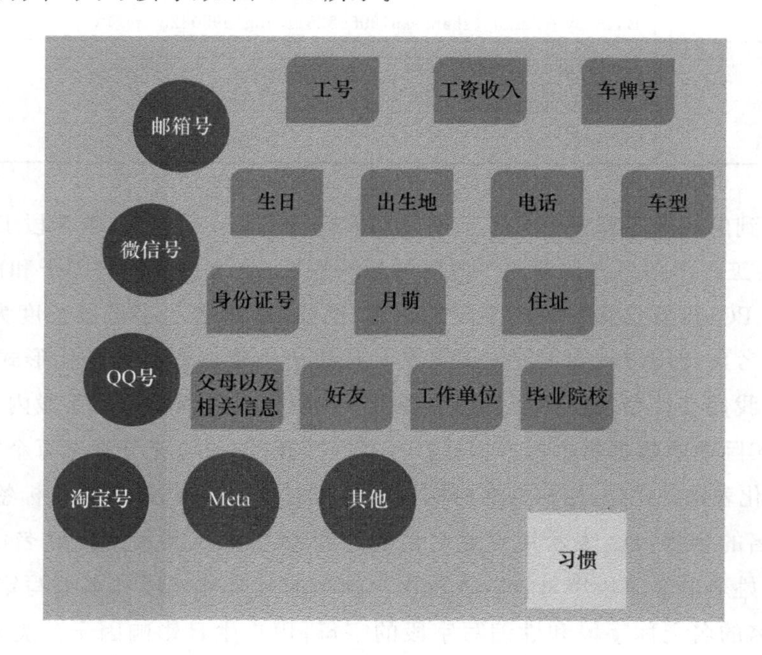

图 5-14 社会工程学属性信息

图 5-14 的彩图

(2) 社会工程学信息提取及标签化过程

个人身份信息是各种各样的：一些社会工程学信息是由字母组成的，如姓名、爱好；另一些社会工程学信息是由数字组成的，如生日、手机号；还有一些社会工程学信息是混合字母、数字以及字符，如用户名。同时，一些社会工程学信息可以直接用于口令的构造，如姓名、生日；另一些社会工程学信息是无法直接用于口令构造，如性别和教育程度。在此阶段根据用户注册时填写的信息以及其他方式收集(如跨站数据重利用、数据爬虫等方式)的信息进行有效的分析提取。在表 5-7 中我们列举了常见的用户身份信息类型在口令中的组成形式。

表 5-7　用户身份信息类型在口令中的组成形式

社会工程学信息类型	使用类型
Name	Family_name(zhang) Given_name(san) Full_name(zhangsan、sanzhang) Abbr_name(zhangs、zsan)
Birthday	Birthday_year(1995、95) Birthday_date(0825) Full_Birthday(19950825、08251995)
Mingle_Typical	Birthday_year+Family_name(zhang1995、1995zhang) Birthday_date+Family_name(zhang0825、zhang825、0825zhang) Birthday_year+Given_name(san1995) Birthday_date+Given_name(san0825) Birthday+Family(zhangsan19950825、zhang19950825 etc.)
Others	PhoneNum(17700011122) Email_prefix(zhang123@qq. com) website

把上述收集到的社会工程学信息按字段类型进行分类为字母段 L、数字段 D、特殊字符段 S，同时按社会工程学信息在构建口令时候的影响程度，分为主要影响因子和次要影响因子。不同于以往 PCFG 算法里只考虑字段的长度，比如 L3 即表示字母段长度为 3，这种表现形式因为没有考虑到用户社会工程学信息在实际用于构建口令时的变化形式，存在低估和高估的情况。我们在口令强度评价过程中提出一种对社会工程学信息字段内进行标签化的方法，通过对实际泄露数据集中用户构建口令行为变化的分析，充分考虑每个字段的变化形式并进行标签化表示。比如，用户姓名影响因子分类对应为字母段 L，并且标签为 N1-N6，N1 表示用户姓名的全拼，N2 表示用户姓名的首字母缩写，N3 表示用户姓名的姓字段字母，N4 表示用户姓名的名字段字母，N5 表示用户姓名的姓全称字段和名缩写字段的字母，N6 表示用户姓名的名全称字段和姓缩写字段的字母；用户生日影响因子分类对应为数字段 D，并且标签为 B6-B10，B1 表示生日的年月日（YMD）数据部分的组合格式，B2 表示生日的月日年（MDY）数据部分的组合格式，B3 表示生日的日月年（DMY）数据部分的组合格式，B4 表示生日中的日份，（D）数据部分的组合格式，B5 表示生日中的月份（M）数据部分的组合格式，B6 表示生日中的月份和日份（MD）数据部分的组合格式，B7 表示生日中的年份和月份（YM）数据部分的组合格式，B8 表示生日中的年份后两位加上月份和日份（Y1/2MD）数据部分的组合格式，B9 表示生日中的月份和日份加上年份后两位（MDY1/2）数据部分的组合格式，B10 表示生日中的月份和年份（MY）数据部分的组合格式。这种分类方式不仅考虑到了每个标签值的长度，而且充分考虑到影响因子的变化形式。图 5-15 给出了社会工程学信息提取及标签化的过程示意。

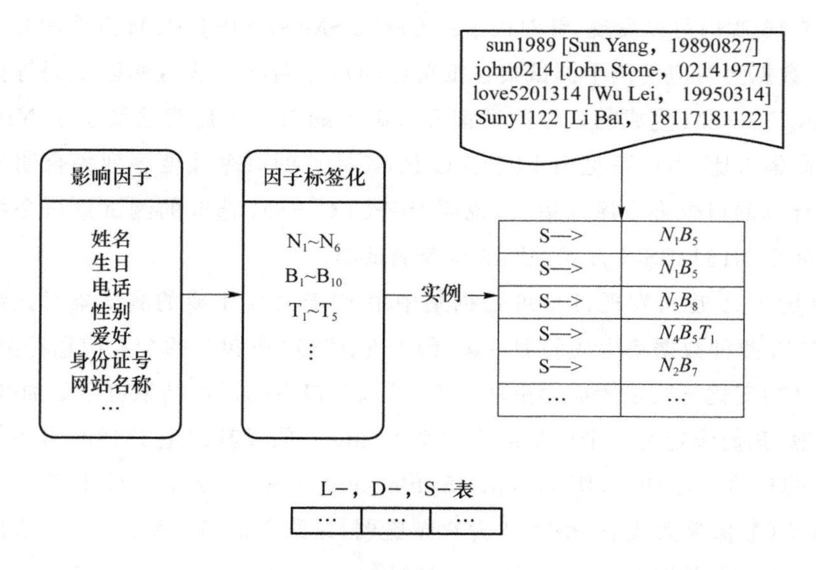

图 5-15 社会工程学信息提取及标签化的过程

5.1.3.2 仿真实验结果

为了比较在口令强度评价器中对个人信息的考量是否会对口令强度的评价结果存在影响。实验采用通过与美国标准化组织的 NIST-PSM 算法进行比较，来验证本书提出的 PI-PSM 算法的有效性。我们首先对上述 3 个口令数据集的口令，分别利用 PI-PCFG PSM 算法和 NIST-PSM 算法进行统计计算得到每个口令的强度值，然后分别按照各自的强度值由大到小(强度值越大表示口令越健壮)进行排序，在每个数据集中选取各自强度值计算结果排名靠前的 10 000 个口令组成 2 个口令测试集。即对 12306、CSDN、17173 三个数据集，每个数据集根据 PI-PCFG PSM 算法和 NIST-PSM 算法得到的口令强度值生成两个包含 10 000个已排序的口令测试集，3 个数据集共生成 3 组 6 个测试集。然后我们利用定向攻击算法分别对两个不同测试进行口令猜测，观察相同猜测次数下，每个测试集中口令被破解的占比情况，其对比结果如图 5-16 所示。

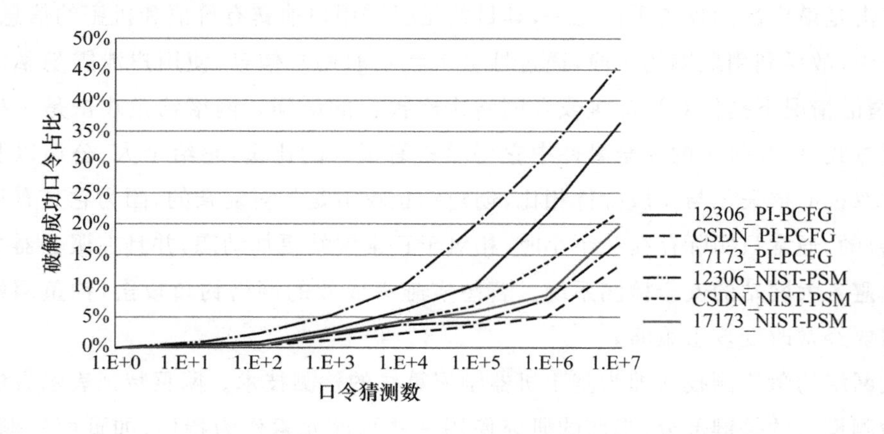

图 5-16 基于 PI-PCFG PSM 和 NIST-PSM 的抵御攻击猜测对比

图 5-16 的彩图

通过图 5-16 我们可以发现，针对由 PI-PCFG PSM 和 NIST-PSM 选取的相同空间大小测试集，每个数据集对应的两个测试集在抵御相同口令猜测算法猜测以及同等猜测次数的条件下，PI-PCFG PSM 生成的口令测试集合被破解的口令占比明显要小于 NIST-PSM 生成的口令测试集占比，由此可见由 PI-PCFG PSM 计算的口令强度序列集合明显要好于由 NIST-PSM 计算的口令强度序列集合，说明 PI-PCFG PSM 选取的测试集口令抵御猜测攻击的能力要好于 NIST-PSM 方式选取的口令测试集。

同时，从图 5-16 也可发现，12306 数据集中由 PI-PCFG 生成的测试集对比结果要好于 CSDN 和 17173 两种数据集生成的测试集，因为在 12306 中包含的个人信息种类更多，对口令中个人信息的变化方式也考虑得更加全面，所以其口令的评价结果也会更加准确。

更一般地，我们设定有一个已知的用户李雷(lilei)，假设其出生于 1996 年 8 月 25 日，分别对于构建的口令 lilei1995，ll1995，llei95，lilei950825，lilei0825，我们计算相对应于不同 PSM 的评价值(数值越大代表 PSM 认为它越脆弱)结果如表 5-8 所示，可以看出我们的评价结果更加贴近实际情况。

表 5-8　不同 PSM 评价结果对比

Password	PCFG	NIST	Our Method
lilei1995	23.1	46.2	12.5
ll1995	17.1	38.1	11.8
lilei950825	39.6	67.1	20.3
lilei0825	20.8	48.6	13.7
llei95	16.9	50.7	9.5

5.1.4 网络钓鱼仿真检测方案

网络钓鱼攻击是最广泛的攻击手段之一，其目的是引诱用户泄露有价值和机密的信息. 在网络钓鱼攻击中，敌手利用欺骗的手段，通过社会工程获取用户信息，使用户泄露隐私信息，或者在不知情的情况下提供对计算机或者网络未经授权的访问。网络钓鱼攻击是一种传统的网络攻击方式，但在每年的安全事件中它仍然占有很大的比重，它给个人、公司以及机构造成了不可忽视的损失。与垃圾邮件相比，创建钓鱼攻击是相对复杂的，因为它是有目标的攻击，是短暂的，通常只实际存在几个小时，相对于正常网站更加动态，并且在服务器之间快速转移以逃避各大网站的安全检测系统。若想实施有成效的网络钓鱼攻击，钓鱼网站的制造者通常需要经常改变攻击策略。

特征启发式网络钓鱼检测技术即为基于机器学习算法的检测技术。网页特征表示方法和机器学习是检测模型的关键部分，当前的研究使用一些页面元素作为特性，如页面标题、提交表单和包含链接。也有研究从网页中提取 logo 图标和包含的图片，利用图像识别算法对钓鱼网站进行识别,大致分为基于 URL、基于页面内容、基于页面图片相似度的钓鱼网站识别。

基于机器学的钓鱼网站的识别的一般流程,如图 5-17 所示。

① 提取钓鱼网站的特征,形成特征向量。

② 采用机器学习(Machine Learning Model)方式,利用测试集(Train Collections),训练出相应的预测模型(Prediction Model),进而实现钓鱼网站的分类。

图 5-17 的彩图

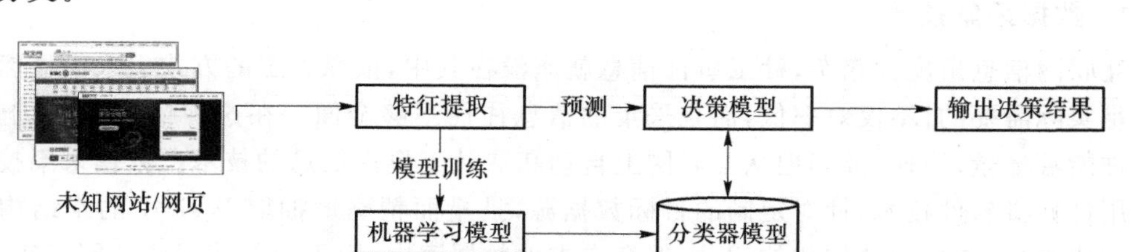

图 5-17　基于机器学习算法的钓鱼网站检测一般流程

针对当前钓鱼网站的攻击方式以及其动态性、复杂性,提出基于生成对抗网络的网络钓鱼检测方案,提出的方法的特点使用 GAN 网络训练。它由一个生成网络和一个鉴别网络组成,前者生成合成的钓鱼特征,用于与真实的钓鱼特征一起训练鉴别器;后者用于实现对钓鱼网站特征的合法与否判定,如图 5-18 所示。

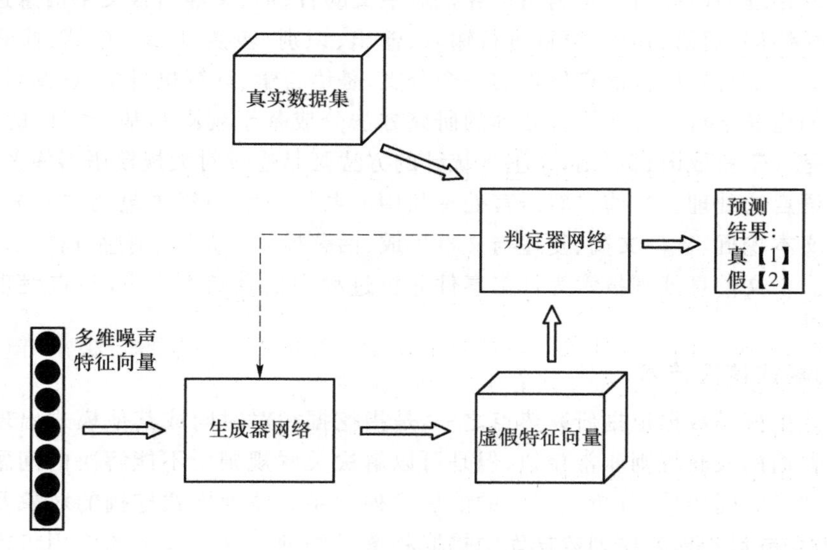

图 5-18　生对抗网络模型

将数据集中的特征向量分真实网络钓鱼特征集与正常网站的特征集输入生成器中,引入噪声以便应对钓鱼网站攻击多变性,生成的特征向量与真实数据一起训练判定器,通过生成器和判定器之间的博弈,提高判定精度。完成对模型的训练后,提取钓鱼网站特征,输入判定器,完成对钓鱼网站的分类过程。

5.2 多维社工事件信息挖掘

5.2.1 多维社工事件信息挖掘技术

1. 数据采集技术

互联网信息量庞大繁杂，社工事件信息就淹没在其中，依靠人工的方式去采集显然是无法满足实际需要的，不仅效率低，而且采集的信息往往不够全面。在这种情况下，就迫切需要一种能够批量、快速、准确地从互联网上自动获取社工事件信息的技术。数据采集技术就是利用计算机软件技术，针对定制的目标数据源，批量而精确地抽取 Web 中的半结构化与非结构化数据，转化为结构化的记录，保存在本地数据库中，用于内部使用或外网发布，快速实现外部信息的获取。互联网信息表现形式多样、内容动态（实时）变化、数据量大、交互频繁，使得数据采集的及时、全面、准确变得愈发困难，但数据采集是实现社工事件监控的基础，因此学术界也针对不同的网络媒介展开了数据采集相关技术的研究。研究热点主要集中在基于 Web 页的网络爬虫的设计与实现，面向社交网络的数据获取技术等方面。

2. 信息处理技术

中文信息处理的研究内容是利用计算机对中文的音、形、义等语言文字信息进行加工和操作，包括对字、词、短语、句子、篇章进行输入、输出、识别、转换、压缩、存储、检索、分析、理解和生成等。它是自然语言信息处理的一个分支，是语言学、计算机科学、认知科学、数学等多学科交叉的边缘学科。自然语言处理的研究方法分成基于规则和基于统计的两种，基于规则的方法是人工获取语言规则，而基于统计的方法则是通过对大规模语料库的统计分析，实现对自然语言的处理。目前自然语言处理利用的共性技术和资源包括文本分类与聚类、信息抽取与文本挖掘、自动文摘、复述与文本生成、话题检测与跟踪、情感分析和语料库与词汇知识库等。中文信息处理技术为社工事件分析过程中信息归类去重、热点发现判断提供了元数据基础。

3. 序列模式挖掘技术

序列模式挖掘是数据挖掘研究热点之一，是指挖掘相对时间或其他模式出现频率高的模式。它与普通的关联规则非常相似，但是可以解决关联规则所不能解决的问题。它在关联模型中增加了时间属性，分析数据间的前后序列关系。序列模式挖掘的对象及输出结果都是有序的，挖掘过程即在序列数据库中提取频繁子序列。这一技术的应用将推动更加准确地完成舆情传播方式分析、舆情发展趋势预测以及发现话题随时间序列的变化模式和受众的空间分布特点等工作。但是，目前国内关于这一领域的研究相对较少，还处于探索阶段。

时间序列是指一串按时间先后顺序排列而又相互关联的数据序列。时间序列分析就是对这种依赖性关系的挖掘以及根据分析结果对未来某时刻值进行预测的一种分析技术。该技术在诸多领域得到广泛应用。例如，自然界气象领域中的气象数据、社会经济领域中一个国家的国民生产总值(GDP)、物价指数等都可以构成时间序列数据并进行分析。而时间序列也越来越多地应用于事件的预测中。例如,经济领域对于金融事件的预测,医学领域对于疾病发病率的预测以及医疗事故的时序分析等。这些都证明时间序列分析方法对于分析具有时序特征的数据较为有效,且应用更加灵活。

4. 社工事件检测与跟踪

随着互联网信息的急剧膨胀,如何快捷、准确地从海量信息中获取社工事件信息是社工事件检测与跟踪技术产生的应用背景。它是一种检测新出现事件并追踪事件发展动态的信息智能获取技术,综合了计算机语言学、机器学习、信息科学和人工智能等很多领域的相关技术。该技术能把分散的信息有效地聚集组织起来,从而了解一个话题的全部细节及该话题中事件之间的相关性。事件检测将输入的信息归入不同的话题簇,并在需要的时候建立新的事件。它是一个增量聚类的过程,即在做出决策前,只能向前看有限数量的文本,而通常的聚类是基于全局信息的聚类。事件跟踪是追踪用户指定的感兴趣事件的后继发展,判断出与之相关的事件。在事件跟踪中已知的训练正例非常少,它本质上可看作一种特殊的文本分类过程,即通过有指导的学习,利用几个数目有限的训练正例和大量的训练反例来获得一个分类器,从而判断事件相关与否。

在社交网络中,攻击者通常模拟正常用户行为与受害者进行互动。源于人为因素的复杂性,即便受害者隐私信息已经泄露,受害者也难以发觉。大量文献对社会工程学攻击中人为因素的复杂性进行深入的探讨与研究:康海燕等人[460]通过利用社会工程学突破现实生活中的安全漏洞,详解利用社会工程学窃取社交网络用户财产的过程;Algarni 等人[463,466]基于 Meta 平台上的社会工程学攻击,提出影响用户判断攻击者的维度特征,并认证这些维度特征带来的社会工程学危害;Bakhshi[467]通过模拟钓鱼攻击的方式,研究目标企业用户遭受社会工程学攻击的易感性水平,该研究抽象地描述了社会工程学攻击造成的隐私威胁,但缺乏应用性;Abramov 等人[468]基于贝叶斯网络模型分析目标用户心理特征、脆弱性、攻击行为和社会工程学成功率之间的关系,但没有对社会工程学威胁进行定量评估;Gupta 等人[469]针对钓鱼攻击进行深入分析并提出不同的检测方法;Beckers 等人[470]基于传统网络脆弱性以及社会工程学攻击构建攻击图,但对于社交网络背景下隐私威胁问题并没有提出具体的安全风险评估模型;Jaafor 等人[471]针对社交网络异常账号基于攻击者攻击行为提出多层图模型的社会工程学威胁评估方法,构建社会工程学攻击图,但没有针对具体的社会工程学威胁进行建模评估。

5.2.2 多维社工事件特征提取

针对真实社工事件数据动态、复杂、关联性难以确定等问题,研究基于真实社工事件数据精细化因子结构与关联特征的提取方法。

1. 社工事件特征提取

收集社工事件攻击数据,表 5-9 为收集的真实社工事件,处理攻击数据文本包含在攻击者、攻击目标、攻击武器、攻击技术等多维度信息资料库基础上,挖掘并提取社工事件的基本特征,发现社工事件的关键词,提取关联词汇;处理攻击数据文本,根据网络空间和物理空间关键词提取空间特征因子；社工事件聚类分析，根据关联词汇和空间特征因子，提出了一种基于空间特征和关联词汇相似性的关联聚类算法，对社工事件进行关联聚类分析。

表 5-9 真实社工事件

社工事件	事件时间	攻击者	攻击目标	攻击武器	攻击技术
韩国平昌冬奥会 APT 攻击事件	韩国平昌奥运会期间，首次活动于 2017 年 12 月 22 日	Hades	韩国平昌奥运会举办方	Olympic Destroyer	鱼叉邮件攻击
针对乌克兰 IOT 设备的恶意代码攻击事件	最早从 2016 年开始，2018 年 5 月首次披露	疑似 APT28	乌克兰	VPNFilter	利用 IOT 设备漏洞远程获得初始控制权
针对欧洲、北美地区的一系列定向攻击事件	贯穿整个 2018 年	APT28	北美、欧洲、苏联国家的政府组织	Cannon、Zebrocy	鱼叉邮件、Office 模板注入
蓝宝菇 APT 组织针对中国的一系列定向攻击事件	2018 年 4 月（首次攻击时间为 2011 年）	蓝宝菇（Blue Mushroom）	中国政府、军工、科研、金融等重点单位和部门	PowerShell 后门	鱼叉邮件和水坑攻击
海莲花 APT 组织针对我国和东南亚地区的定向攻击事件	2018 年全年（首次攻击时间为 2012 年）	海莲花（OceanLotus）	东南亚国家、中国的相关科研院所、海事机构、航运企业等	Denis 家族木马、Cobalt Strike、CACTUSTORCH 框架木马	鱼叉邮件和水坑攻击
蔓灵花 APT 组织针对中国、巴基斯坦的一系列定向攻击事件	2018 年年初	蔓灵花（BITTER）	中国、巴基斯坦	"蔓灵花"特有的后门程序	鱼叉邮件攻击
APT38 针对全球范围金融机构的攻击事件	最早于 2014 年，持续活跃至今	APT38	金融机构	多种自制恶意程序	鱼叉攻击、水坑攻击
疑似 DarkHotel APT 组织利用多个 IE 0day"双杀"漏洞的定向攻击事件	首次发现于 2018 年 5 月，相同 Payload 在 2 月中旬被发现	DarkHotel	中国	劫持操作系统 DLL 文件（msfte.dll、NTWDBLIB.DLL）的插件式木马后门	鱼叉邮件攻击
疑似 APT33 使用 Shamoon V3 针对中东地区能源企业的定向攻击事件	2018 年 12 月被发现	疑似 APT33	中东和欧洲的石油和天然气公司	Shamoon V3	鱼叉邮件攻击

续表

社工事件	事件时间	攻击者	攻击目标	攻击武器	攻击技术
Slingshot：一个复杂的网络间谍活动	2012 年至 2018 年 2 月	疑似针对伊斯兰国和基地组织成员	非洲和中东各国的路由器设备	自制的攻击武器	可能利用 Windows 漏洞或已感染的 Mikrotik 路由器进行攻击
双尾蝎事件	2017 年	双尾蝎组织（APT-C-23）	中东地区的教育机构、军事机构		特种木马、水坑攻击、鱼叉邮件
洋葱狗行动	2016 年	疑似 Lazarus 组织	韩语系国家	办公软件 HANGUL 的漏洞	鱼叉邮件、USB 蠕虫

2. 时空特征和关联特征

特征关联模块提取社工事件中社会关系的时空特征和关联特征，提出了基于社工事件特征的算法计算关联因子、相似性因子；因子提取计算社工事件的位置因子、关联因子、相似性因子、反馈聚合因子的计算方法，输出社工事件结构特征结果。

当将多个独立发生事件映射到等划分的时间段内观测到的事件数目可形成时间序列数据，不同时间区间发生的同类事件之间可能具有相互依赖或者相关关系，因此采用时间序列分析模型研究事件发生规律是可行的。而当前时间段内的事件发生不仅与此前发生的同类事件本身的性质相关，也可能与其带来的附加影响相关，例如前段时间内已发生事件的热度、该事件的传播影响大小以及民众对于事件的情感倾向都可能与此时间段事件的发生有关。为了使分析和预测更加准确，将这些信息作为附加的相关变量形成多元变量，通过多维时间序列分析挖掘同类事件发生的关联因素。

- 时间间隔 T：时间间隔是模型分析最基本的观测时间单元，记作 τ。所有观测数值在基本时间间隔内观测获得，以基本时间间隔做切分。定义整体观测时间段的起始和终止时间点为 t_s 与 t_e，整体时间被划分成 n 个时间段，其中 $n=(t_e-t_s)/\tau$。
- 阶段事件发生数目：事件性质的量化数值用事件数目代表，阶段事件数目指单位时间间隔内该类别事件发生的数目。第 i 个时间段内事件发生数目定义为 Y_i，其中 $i=1,2,\cdots,n$。这是观测向量中最重要一维观测数据，既属于观测影响因素，又属于被影响因素。
- 多维时间序列：多维时间序列指连续时间间隔观测到的事件多维序列数据。第 i 个时间段内的事件发生数目 Y_i 及附加影响因子事件热度 H_i 和民众情感倾向 E_i 组成第 i 个时间间隔内的观测向量 $A_i=<Y_i,H_i,E_i>$。从观测的起始时间 t_s 至终止时间 t_e，每个单位时间段内的观测向量组成了某类事件多维时间序列数据 $\{A_1,A_2,\cdots,A_n\}$。
- 反馈聚合因子：一个时间段内一类社工事件发生而产生的影响中引起下一阶段同类事件发生的影响因子称为此类事件的反馈聚合因子。本书定义了两个社会安全事件的反馈聚合因子，分别为阶段事件热度与攻击技术扩散度，前者指此阶段事件的发生引起的社会关注与民众讨论的热烈程度，后者指此阶段所使用的社工技术的扩展程度。定义第 i 个时间段内事件热度与攻击技术扩散度分别为 H_i 与 E_i。

当前网上社工事件发布渠道主要包括权威资讯网和热门微博。选取这两类传播媒体，通过消息的传播路径，量化社工事件的阶段热度。计算热度的意义是能够对话题的被关注程度有一个量化的、直观的表示，以便可以将热度因素考虑到模型中，实际热度值最终呈现在模型中只是转化为话题之间关注度比例的问题，而不局限在其量化值本身。因此，选取最简单最常用的加权法进行话题热度计算。

基于已有的数据集，从资讯网来源量化事件热度，选定资讯网网媒集合 M，对于资讯网 m，根据发布事件的资讯网的网媒权重 k_m、对于事件 j 的新闻总报道数目 Q_{mj}，发布的所有新闻报道中民众的评论量数量 C_{mj}，点赞数量 A_{mj} 的量化值，通过资讯网传播因子得到资讯网传播的事件热度如式(5-4)：

$$\mathrm{zh}_j = \mathrm{ZH}(k,Q,C,A) = \sum_{m=M}(k_m Q_{mj} + C_{mj} + A_{mj}) \tag{5-4}$$

- 社工事件的相似性因子：不同的社工事件有可能是由相同的攻击者发起，具体表现在使用相同的攻击工具，或者攻击目标相同，或者攻击者的 IP 域相同，因此社工事件的相似性用 Taminoto 系数计算，其计算公式如式(5-5)所示，计算流程如表 5-10 所示。

$$T(y_i, y_j) = \frac{y_i \cap y_j}{y_i \cup y_j} \tag{5-5}$$

表 5-10　根据攻击者的 IP 地址分析提取位置因子

IP 所在地	通过查询 GeoIIP 数据库，得到所有独立 IP 对应的所在地
IP 经纬度	通过查询 GeoIIP 数据库，得到所有独立 IP 对应的所在地的经纬度
IP 时区	通过查询 GeoIIP 数据库，得到所有独立 IP 对应的所在地的时区
域名熵	对目标域名请求的所有响应数据包，包含的所有 NS 信息，计算域名熵

- 域名熵：将 32 位 IP 地址转换位十进制的整数。对于 IP 地址 $A.B.C.D$，对应整数为 $I = A * 224 + B * 216 + C * 28 + D$，针对 NS 的 IP 列表(IP1，IP2，…，IPn)，计算域名熵，如式(5-6)所示：

$$Q = \sum_{i=1}^{n} p_i \lg p_i \tag{5-6}$$

其中，p_i 为该十进制数出现的概率。

5.3　大规模虚拟动态社会网络构建与生成

现阶段社会工程学方法研究大多以数据(客体)为中心，缺乏对人(主体)因素的科学量化体系和研究方法。以数据为中心的研究方法，偏重数据关联的挖掘，有利于对既往社工事件的定量分析，但由于该方法缺乏对事件本质(因果)关系的分析，不利于建立理论化研究体系和预测社工事件。社会工程学的本质就是攻击“人的弱点”,因此社工学的研究也应以人为中心。如何建立以人为中心的社工学仿真与验证平台是目前亟待解决的问题。

针对以上的科学问题,拟研究基于主体因素的科学量化体系和研究方法,在传统社工学方法中引入心理学和社会学理论,突破虚拟角色构建、动态虚拟社会网络生成等关键技术,构建个体人和社会环境虚拟方法的理论体系和模型,实现对主体因素的科学量化和模拟,提高社会工程学方法研究、试验验证和效果评估的科学性、精确性和实用性。

5.3.1 社工事件模拟中的社工虚拟角色

1. 概述

针对当前社工研究缺乏对主体因素研究这一现状,在社工方法研究中引入心理学和社会学,从心理认知域视角对心理特征进行量化,提出主体人格与社会网络模拟方法,构建面向社工方法的虚拟角色人格模型,并与社工数据深度融合,实现对社工事件中人的复杂心理过程的高逼真度模拟。将社工研究的重点从基于数据的外部特征描绘,转向社工目标本质动因刻画,从根本上提高社工方法仿真和实验验证的科学性、可靠性和可用性。

2. 虚拟角色人格模型

以工控安全、电信诈骗等社工案例中的攻击者和攻击对象作为研究对象,通过分析真实目标平台的社工事件、虚拟角色个体属性以及虚拟角色行为,提取个体虚拟角色基本属性、行为属性和立场属性,形成虚拟角色个体,尽可能地全面地还原社工事件的中的真实人员信息。

在虚拟角色模型构建中,由于受到社工事件目标角色心理特征抽取与标定、社工角色行为动力模型、真实社工事件因子提取和虚拟动态社会网络模型等多重因素的交叉影响,S-O-R 模型中的 O(人格模拟)处于一种复杂且模糊的演化模式。通过引入虚拟角色立场属性,引入偏好设计,降低虚拟角色模型构建的计算维度,使投影后的偏好人格模式趋于稳定,从而构建了一个具有鲜明个性特点的虚拟角色模型,为后续的虚拟社会网络模型构建提供技术基础。

在个体虚拟角色建模研究中,人格属性可以基于基本属性、性格属性和立场属性等方面从真实事件中的用户信息中进行采集和抽象。基本属性包括虚拟角色的国家、母语、常住地、教育背景、工作背景等属性信息,基本属性还可以结合平台注册流程实现获取。性格属性反映人物的性格特质,采用通用的一些人格模型,如大五人格模型进行度量。立场属性即该虚拟角色的偏好设定,包括支持立场、反对立场和中立立场。人格属性越全面,构建的虚拟角色的越真实。

在虚拟角色多属性分析的基础上,可以通过设计虚拟角色自动生成算法流程,构建算法模型,实现虚拟角色自动生成。

虚拟角色建模确定基于事件-反应模型实现对 S-O-R 模型的模拟,实现原理如图 5-19 所示。

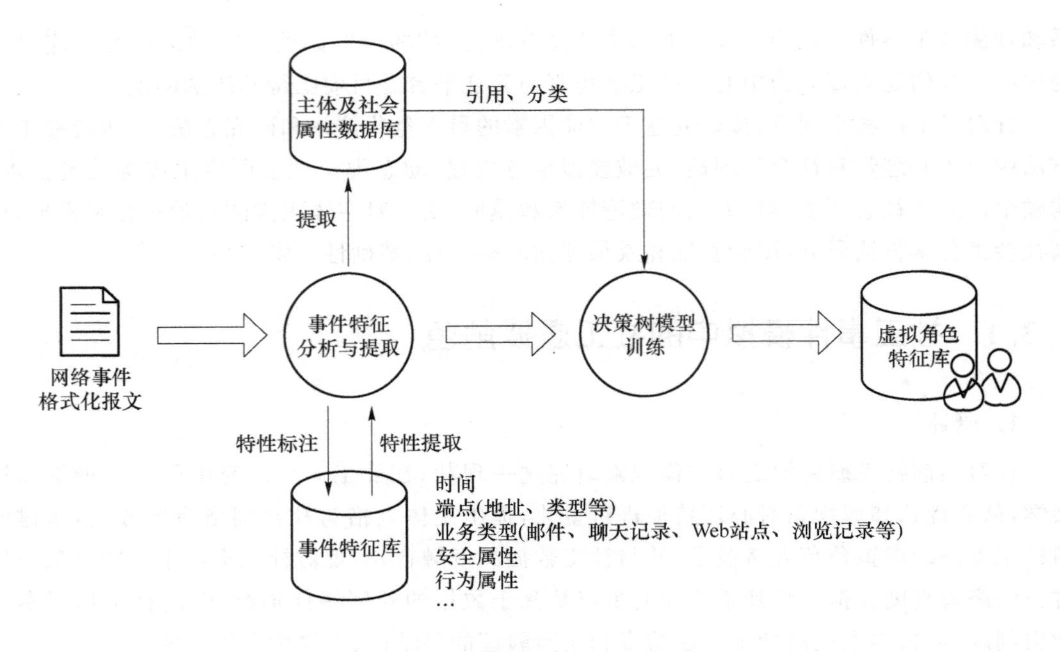

图 5-19　虚拟角色建模 S-O-R 模型

其工作流程为:通过对社工事件的特征分析和提取,提炼同类社工事件数据中关键影响因子和权重,构建主题及社会属性数据库;通过特性属性标注,构建事件特征库,最终通过决策树模型训练,形成虚拟角色特征库,构建虚拟角色模型。

5.3.2　虚拟动态社会网络生成

1. 概述

在虚拟社会网络生成方面,通过对社工事件中社会关系属性的抽取,研究虚拟角色社会关系的心理投影。利用社工数据和心理学实验成果,综合考虑社工方法中的社会因素,构建虚拟社会关系网络动态演进模型,实现虚拟角色的社会化。研究社会网络动力系统与 S-O-R 模型的融合技术,形成虚拟角色社会网络演进系统。在人格虚拟化角色培养及虚拟动态社会网络模拟的基础上,建立满足大规模社工方法研究中仿真及实验验证环境拟真模型,提高社工虚拟角色仿真和实验验证的科学性、准确性和可靠性。

2. 基于虚拟角色的社会网络生成技术原理

通过网络模型来刻画社会实体之间的关系,构造一个用户关系网络数据集,根据对随机内容的传播情况统计,绘制出信息传播的趋势图,计算该网络中信息传播的概率,形成信息在网络中的传播规律,并用之来分析社会关系之间存在的模式和隐含的规律。社会网络是社会行动者及社会行动者之间的关系组成的集合。或者说:一个社会网络是由多个代表社会行动者的点和各点之间的连线所组成的集合,其中连线代表行动者之间的关系。社会网络采用点和线来表达网络,进行形式化界定。它强调网络中每个行动者都与其他行动者之间存在或多或少的关系。分析者通过建立这些关系的模型,力图描述整个群体关系的结构,然后研究这种结构对群体功能或群体内部个体的影响。

我们把用户定义为节点,个体之间的关系抽象成节点之间的边,信息只沿着边传播。由于一个用户发布的消息会被其追随者看到并以一定的概率分享、传播,当然也有一部分追随者对其内容不感兴趣成为免疫者,信息到该追随者将不再传播。为此我们把网络中的节点分为3类:传播节点、未感染节点、免疫节点。传播节点表示该节点接收了来自其邻居节点的信息并具有一定的传播能力,即有概率传播。未感染节点表示该节点没有接收过来自其邻居节点的信息,并有机会接收信息,即有概率被感染。免疫节点表示该节点已经接收了其邻居节点的信息,但是不具有传播能力。

3. 基于虚拟角色的社会网络可视化

基于Neo4J设计虚拟社会网络关系图计算模块,利用其进行大规模图计算和关系推导计算。通过社工事件在虚拟社会网络中的推演算法设计和架构设计,实现事件在网络中的按序传播。社工事件传播算法支持第三方模块(如智能决策),以提高社会网络计算方法的扩展性。

5.3.3 社工学仿真与验证系统平台开发

1. 概述

社工学仿真与验证系统平台的研发主要为满足社会工程学安全应用技术研究的试验需求,为社会工程学相关技术、方法的仿真、验证和评估提供基础平台。社会工程学涉及心理学、社会学等复杂科学,导致社会工程学研究的理论、方法和技术具有明显的多样性、异构性和独特性。为复杂多样的社会工程学方法研究提供一个相对统一、可扩展、适应性强的仿真与验证平台,是我们需要面对的主要难题。为适应社工学研究方法的特性,仿真与验证平台设计的指导思想是,基于主体(人)因素的社会工程学方法的量化体系和理论方法,研究社工事件模拟中的人格化虚拟角色培养技术和大规模动态虚拟社会网络生成技术,构建满足社会工程学仿真与实验验证的拟真目标环境模型,并充分利用相关领域已有的研究工具或平台,通过中间件实现不同工具或平台数据流、控制流融合,并为社会工程学仿真和验证提供统一、灵活和易用的操作接口。

2. 方针与原则

在对社会工程学攻击进行仿真研究中,应遵循以下一些原则。

1) 仿真与模拟结合,但偏重模拟

社会工程学研究与传统技术研究最大的不同是涵盖了心理学、社会学等主体域内容。由于主体域研究对象具有很高的复杂性和不确定性,缺乏可以直接应用的形式化建模方法。目前,针对复杂系统的研究主要依靠模拟技术。由于模拟技术对计算能力的要求较高,因此,仿真与试验验证平台设计优先考虑满足模拟技术的需要。

2) 中小规模,支持扩展

由于本课题经费限制,计算规模上以满足理论研究需要为最低要求。按照目前相关领域研究的经验,中小规模(千或万级节点)模拟已经能够满足基本的理论研究。考虑到本课题后续扩展研究和实用化需求，仿真与验证平台架构设计上应支持向大规模扩展的结构和能力(具备从中小规模系统向大规模系统迁移的能力)。

3) 分布式架构

仿真与验证平台计算能力应能够根据模拟规模和问题复杂度进行灵活配置、动态伸缩。分布式计算系统可通过计算单元堆叠实现计算能力的按需配置，是仿真与验证平台首选的基础架构。由于商用化的分布式计算平台(如商用云平台)部署复杂、费用昂贵、异构容受能力低，难以满足本课题的需求。因此，本课题需要设计一个粗粒度(模块级/任务级)、低成本和异构容受度高的应用层分布式处理架构。

4) 快速部署

仿真与验证平台支持通过简单配置，实现在不同的系统平台上快速部署。满足不同研究单位的研究需求。快速部署采用环境复制方法，即对已经配置好的计算环境(包含任务数据、操作系统和运行环境等)进行整体复制和迁移，大幅度降低部署成本。目前，主流的快速部署技术基于应用容器或虚拟机实现。

5) 支持人工智能扩展

人工智能技术是解决复杂问题的有效工具，可以预见其在社会工程学研究中将发挥重要的作用。但目前成熟的模拟系统(如 Repast)仍然依据人为预设规则(算法)进行模拟，尚未对智能化方法提供有效支持。考虑到未来研究的需要，仿真与验证平台设计需要考虑在现有成熟模拟系统框架中增加对智能化功能的接驳点，以较小的实现代价引入智能技术。智能化功能在模拟系统外部独立实现，只通过接驳点与模拟系统进行必要的信息交换(通常是智能决策的结果)。

6) 数据综合利用

社会工程学研究涉及多个子系统(子领域)的异构数据，如何有效处理、利用和管理这些异构数据是仿真与验证平台中设计面临的难题之一。仿真与验证平台需要设计一种基于低耦合的数据处理中间件和虚拟数据网络的数据处理架构，为仿真与验证平台提供独立、灵活、可重构的数据处理组件。

7) 模块化与分层

为提高灵活性和扩展性，仿真与验证平台的采用模块化和分层设计方法。功能模块和组件按照功能逻辑层次划分，各层间采用标准化接口，通过多层堆叠实现复杂功能。

8) 建模接口

建模接口负责将建模问题翻译为仿真和验证平台的任务指令。由于需要用一套统一接口满足尽可能多研究的需要(包括各种问题的描述、处理和分析等)，因此建模接口是仿真与验证平台的设计主要难点之一。仿真与验证平台拟构建基于一套文本规则的建模元语系统，实现对社会工程学建模问题的统一描述。建模接口元语通过标准化语义结构(脚本、领域配置语言等)实现问题表达、流程控制和能力配置。

9) 量化评估支持

仿真与验证平台应提供尽可能完整的过程监控记录，包括运行阶段、中间过程数据(参数、中间计算结果、时间等)、交互消息、事件发生序列、结果等。这些监控记录将用于效能评估。仿真与验证平台应建立一套独立于模块和组件功能的轻量级监控设施。该监控设施可通过源码注入(目标组件开源)或运行期注入(目标组件不开源)的方式实施监控。

5.3.4 架构设计方案

1. 逻辑结构

根据总体设计仿真的要求,仿真与验证平台通过模块化、分层架构达到灵活性、可扩展性以及异构融合性要求。

仿真与验证平台自底向上进行逻辑分层。位于下层的模块通过标准化接口为其上一层模块提供服务。标准接口采用与实现无关的应用层协议接口,提高接口的灵活性,有效隔离各层内部的实现逻辑。采用不同实现技术的模块(如 Java/Python/C/C++等)只要支持标准化接口,均可以接入仿真与验证平台中。

为了提高各层内部的逻辑一致性和灵活性,各层内部通过通信中间件、业务中间件和接口适配中间件等连接、协调层内各模块。中间件同样采用与实现无关的设计,通过数据、应用协议接口实现模块的连接,如图 5-20 所示。

图 5-20 仿真与验证平台逻辑分层结构

如图 5-20 所示,仿真与验证平台自底向上分为:计算资源层、业务支撑层、业务逻辑层和接口与表现层。

计算资源层是整个仿真与验证平台计算能力的抽象层。计算资源层为其上层组件隔离了底层计算系统的多样性、异构性和复杂性,并为其上层提供了统一的抽象计算资源。计算资源层基于应用容器和开源分布式框架构建协同计算集群,并通过各种中间件和原语实现任务管理、资源调度、数据共享、消息交换和运行期监控等功能。

业务支撑层是模型运行的基础设施。在仿真与验证平台中,具体模型可能依赖不同的建模工具。因此,业务支撑层需要灵活支持不同的建模工具,并对不同建模工具间的数据/

信息交互、同步协同、建模/仿真实现等提供基础支持。当前建模工具集主要都属于 ABMS(Agent-based Modeling and Simulation)类型,如 Repast(Java 系)和 Mesa(Python 系)。除面向复杂系统的建模工具集外,该层还包含对人工智能建模的支撑。

业务逻辑层主要负责模型构建、算法设计和实现。该层组件包含虚拟社会网络及其动力学、虚拟人、动态决策等模型组件。具体的模型与其下层的模型支撑设施是相关的。此外,该层还包括对算法、模型的量化评估模块。

接口与表现层是仿真与验证平台输入/输出接口。仿真和验证平台输入的数据是具有统一语法描述结构的融合数据(模拟数据与真实社工事件数据)。这些数据通过过滤、筛选和特征分析,生成建模参数。此外,该层为仿真与验证平台相关业务提供对外展示界面(基于 Web 页面),展示的信息包括工作过程信息、量化评估结果、系统参数、统计信息和运行期监控信息等。

2. 实现结构

根据总体设计仿真的要求,仿真与验证平台通过计算集群实现计算规模扩展。计算集群的粒度是任务级,即每个仿真/验证任务占用一个独立的计算单元(进程),多个计算单元之间通过协同计算中间件,形成计算集群。

仿真/验证任务之间存在两个基本的关联,即控制关联和数据关联。控制关联是指任务之间的同步协同,如任务集初始化顺序、任务之间的执行先后顺序等。数据关联指任务之间的数据交换和协同,如数据依赖关系、数据处理的顺序等。系统中各任务之间的控制关联形成一个虚拟的控制逻辑网络,即计算集群;与之对应,系统中各任务之间的数据关联形成一个虚拟的数据交互网络,称为数据网络。计算集群与数据网络是构建计算集群的基础组件。其组织结构和复杂度决定了仿真/验证平台的实现难度和最终效能。

计算单元是对具体仿真/验证计算的“容器”。在逻辑上,不同的计算单元具有相同/相似的逻辑计算接口。但在实现上,不同的计算单元可能是异构的,如 Repast、Mesa 或其他的仿真工具。异构仿真/验证工具有很大的实现差异,如不同的语言、运行环境、任务/数据接口和控制方式等。因此,为了使不同的计算工具融入到计算集群中,需要对计算单元的逻辑特性进行适配,形成标准化接口。计算集群和数据网络都是基于这个标准化接口实现的。标准化接口使计算单元外部特征标准化,为上层逻辑计算任务的分解和调度提供了基础。上层模型或算法通过标准化接口将计算需求分解成具体的计算任务,然后通过计算集群和数据网络将计算任务下发到具体的计算单元执行计算任务。

如图 5-21 所示,单台物理计算节点(计算机/服务器)可映射成多个逻辑计算节点。每个逻辑计算节点是一个进程(应用容器),通过协同计算中间件和第三方分布式计算框架的基础设施实现数据交互和协同控制,形成逻辑计算集群和逻辑数据网络。逻辑连接关系是根据业务需要构建,与实际计算实体间的物理网络连接不是一一对应的,因此,逻辑上相邻的逻辑节点在实际网络中可能是跨越局域网或广域网的。

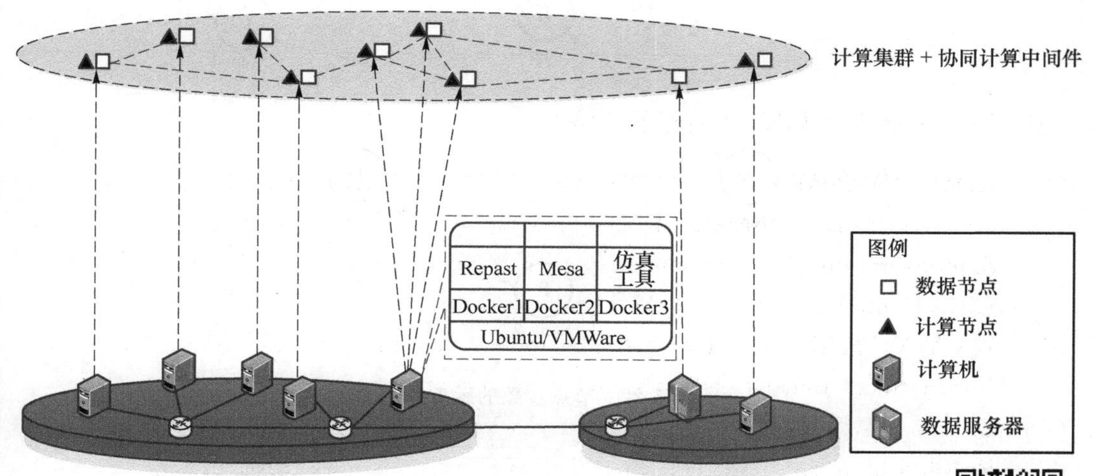

图5-21 的彩图

图 5-21 仿真验证平台实现结构

5.3.5 社工事件模拟数据流图

在社工事件模拟数据处理流程中,事件更新参数和算法配置与模拟网络数据是独立的,确保网络拓扑与网络更新解耦,提高系统的灵活性和扩展性。两部分数据在事件模拟流程中汇聚,为事件模拟提供支持。

基于网络拓扑图建立一个社工事件传播模拟模型。网络拓扑图中的信息节点有自己的属性、状态等参数;网络拓扑图中边包含有方向、权重等参数。社工事件模拟过程就是从某个信息节点开始,模拟事件在网络中的传播过程和对其他信息节点的影响。

社工事件传播模型实际上就是一个有向无环图。当出现回环时,应当将本次回环点看待为一个新的虚拟节点(该虚拟节点继承了本体节点的全部关系网,仅是保存本体节点因回环产生的多次重叠状态)。社工事件传播的过程模拟基于"步"(step)这个重要的概念。在事件传播模拟中,"步"实际上就是以起点为圆心其外辐射的"跳数"(相邻的两个信息节点间的距离为"一跳",节点间的边是有方向的)。每个时钟"滴答"(可根据需要调整为单步或多步),社工事件就向下一跳的信息节点传播,引起下一跳节点的状态更新。具有同一"步数"的节点总是同时被更新,只有当具有同一"步数"的节点全部更新完成后,才具备进入下一步的条件。节点步数如图 5-22 所示。

为了方便图计算过程,提高对大规模节点(边)关系的管理,拓扑图模型的存储、分析和管理应使用图数据库(建议使用 Neo4j)。

事件传播拓扑模型中的每个节点可以是一个简单点(只包含参数和状态机),也可以是一个复杂点(包含参数和复杂的预测模型)。为兼容第三方的节点计算模型,事件传播拓扑模型应提供统一的外部计算接口("节点"和"边"的状态更新接口),并提供必要的接口管理功能(算法的装载、卸载、分配等)。建议将事件传播拓扑模型与其状态更新设施独立开来,如图 5-23 所示。

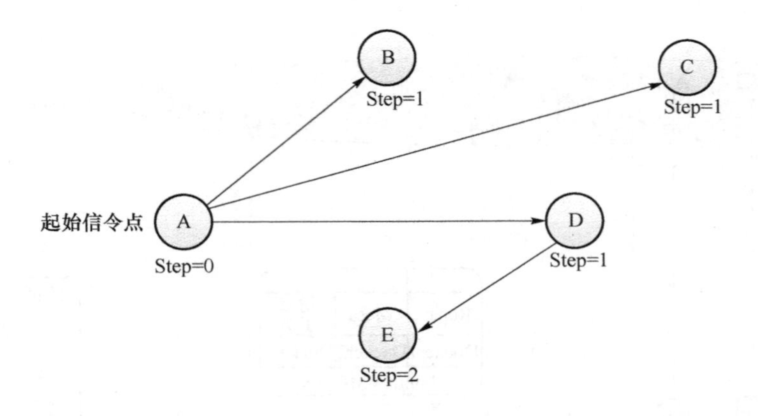

图 5-22　节点步数的示意图

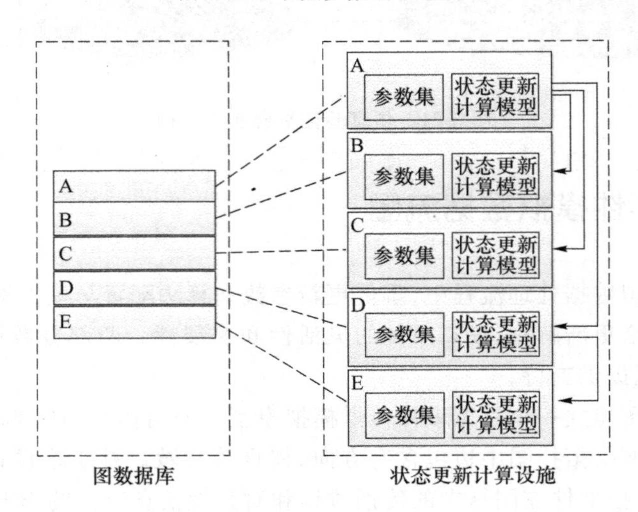

图 5-23　事件传播拓扑图模型与状态更新计算设施的关系

社工事件模拟的流程如图 5-24 所示。

社工事件模拟在"步数"上是同步的，即当本步数下需要更新的节点尚未全部完成更新，则不会进行下一步数的计算。但在同一步数下的节点(特别是当节点数较大时)更新应当支持并行计算，但要注意参数更新互斥方面的问题。

下面介绍平台实现。

社会工程学仿真平台共分为人格属性管理模块、虚拟角色管理模块、社工事件仿真模块和社工事件管理模块，这四个模块实现对社工事件的仿真。

1）人格属性管理

针对社工事件中的虚拟角色，结合对真实社工事件中人员属性的提取、抽象，通过人格属性维护、虚拟角色管理，自动生成仿真系统的虚拟角色。通过人格属性的新增，丰富虚拟角色的属性，尽可能全面地还原社工事件的中的真实人员信息。构建虚拟角色需先构建刻画角色的人格属性，人格属性管理如图 5-25 所示。

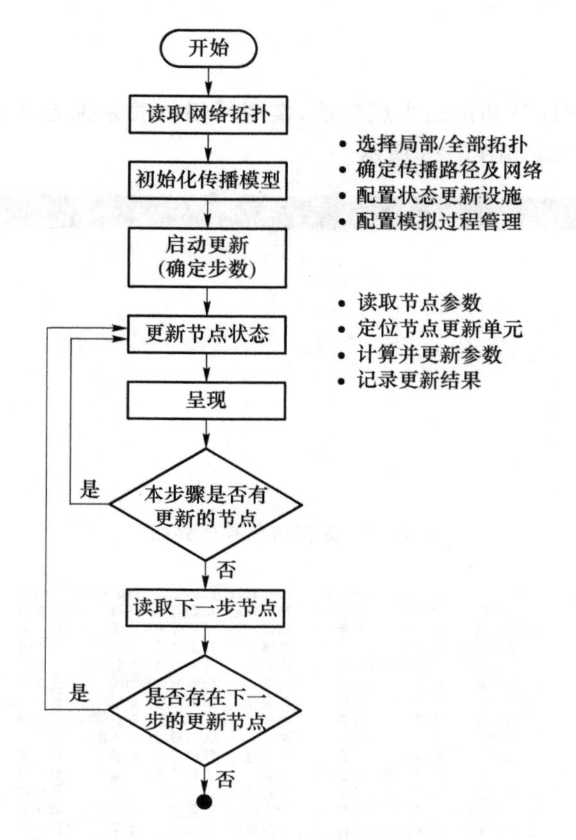

图 5-24　社工事件更新模型的工作流程

图 5-25 的彩图

图 5-25　人格属性管理界面

2）虚拟角色管理

主要是通过对已添加人格属性的选择和设置，生成社工事件中的虚拟角色，虚拟角色管理界面如图 5-26 所示。

通过选择人格模型中的属性，并设置相应的值，可以完成虚拟角色的添加。丰富的人格属性，能够更真实地还原社工事件中的真实人员。虚拟角色数据主要由数据生成模块(CNCERT)融合采集的真实数据与模拟生成的虚拟数据后，按一定的规则生成，虚拟角色管理模块提供在导入接口和在线维护功能，待导入的虚拟角色数据如图 5-27 所示。

针对虚拟动态社会网络构建，开展虚拟动态社会网络的研究。通过构建虚拟角色人格模型，结合真实社工事件中人员交互关系，动态生成虚拟动态社会网络，得出虚拟角色的关系网络。

3）社工事件仿真

利用仿真平台的图计算和网络生成模块，实现网络的关系推导计算和展示，完成社工事件仿真，如图 5-28 所示。

图 5-26 的彩图

社工学仿真与验证系统平台

姓名	属性概览	操作
小明	学历 性别	编辑 删除
小刚	学历 性别	编辑 删除
婉君	性别	编辑 删除
张三	姓名 学历 性别 弱点	编辑 删除
李四	姓名 学历 性别 弱点	编辑 删除
王五	姓名 学历 性别 弱点	编辑 删除

图 5-26 虚拟角色管理界面

Id	Name	Sex	Age	Native	Livein	educatior	vocation	position	weakness	character	relation	Attitude	TelNo
1	侯凯维	男	35	北京市	北京市	初中	音乐舞蹈	培训师	多疑	尽责性	地缘关系	反共	1.89E+10
2	景凯薇	女	20	河北省	四川省	大专	能源	财务成本扌	心虚	神经质	血缘关系	中立	1.32E+10
3	甄孝巧	女	51	澳门特别彳	甘肃省	大专	美容	运营总监	冲动	尽责性	业缘关系	亲共	1.5E+10
4	安易树	男	58	陕西省	内蒙古自氵	大专	化学	人力资源专	专业骗术	尽责性	业缘关系	亲共	1.54E+10
5	郁钧	男	22	陕西省	辽宁省	硕士	宾馆	应收账款主	自闭	宜人性	业缘关系	反共	1.56E+10
6	姬歌丹	女	25	天津市	吉林省	本科	旅游业	财务经理	多疑	开放性	其他关系	中立	1.4E+10
7	施钰露	女	25	甘肃省	河南省	高中	教育	生产总监	专业骗术	开放性	其他关系	亲共	1.86E+10
8	桓珍	女	31	江苏省	贵州省	博士	军人	人力资源总	乐于助人	外向性	血缘关系	中立	1.36E+10
9	晏蓓	女	38	台湾省	福建省	大专	旅游业	招聘主管	心虚	宜人性	其他关系	亲共	1.51E+10
10	封中真	女	36	辽宁省	广西壮族自	硕士	金融	人力资源信	心虚	宜人性	地缘关系	反共	1.36E+10
11	钟瑶	女	53	湖南省	新疆维吾尔	硕士	体育运动	人力资源总	奢侈	开放性	地缘关系	中立	1.88E+10
12	卢易艺	女	31	宁夏回族自	河南省	中专	学术研究	运营总监	易信任	神经质	地缘关系	亲共	1.87E+10
13	杜卡鸣	男	31	山东省	西藏自治区	本科	医疗服务	资金主管	虚荣	宜人性	地缘关系	中立	1.39E+10

图 5-27 待导入的虚拟角色数据

关联角色　攻击者　被攻击者

图 5-28 的彩图

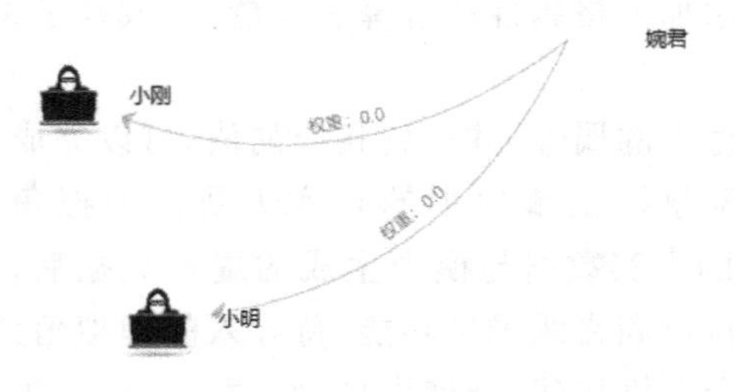

图 5-28 社工事件仿真

在仿真平台方面，设计并完成社工学仿真与验证平台原型。不同类型的社工事件中，各个属性发挥的影响各不相同，因此平台参考多元线性回归机器学习模型，计算公式如式(5-7)所示：

$$y_a=\beta_0+\beta_1 x_{1a}+\beta_2 x_{2a}+\cdots+\beta_k x_{ka}+\varepsilon_a \tag{5-7}$$

其中，x 代表各属性，β 代表属性对应的权重，ε 代表偏置项，本题中该项值为0不考虑。

图5-29的彩图

4) 社工事件管理

根据不同主题场景下的社工事件需求，提供属性及权重的自由配置，如图5-29所示。

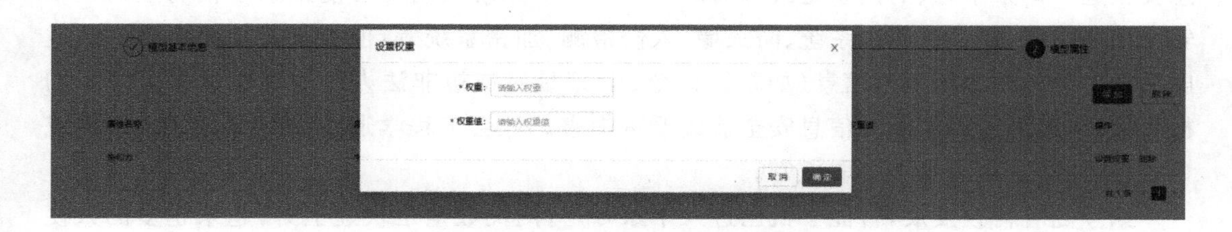

图5-29 特定场景社工模型配置

配置完特定场景的社工事件传播模型后，平台可根据预置的线性传播模型进行图计算，得到每条关系边的权重，并根据配置的传播阈值进行社工事件的仿真。具体仿真效果如图5-30所示。

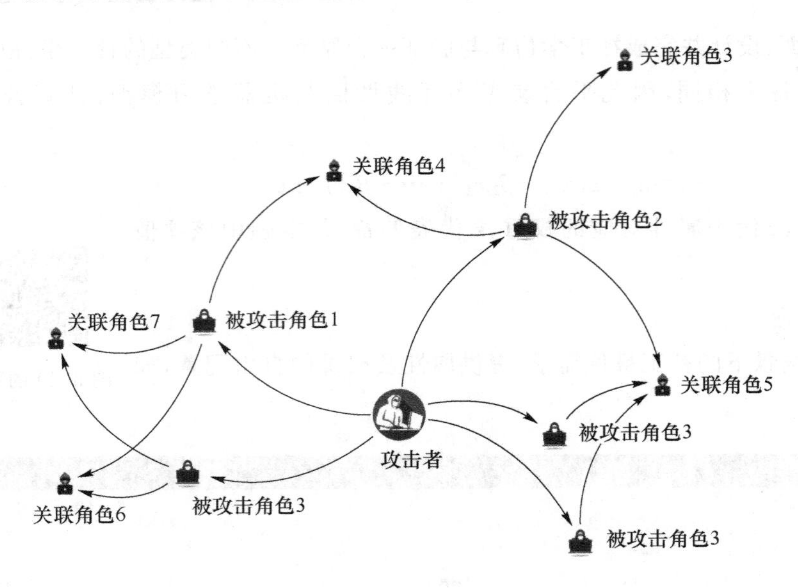

图 5-30 的彩图

图 5-30　特定社工事件仿真

此外，除提供可配置权重的传播模型仿真方法外，平台还可支持传播算法模型接入，算法模型可基于 Python 启动接口 Serve，平台调取模型接口，传入参数，返回平台特定格式的数据结构，即可完成传播算法模型的接入。算法模型接入返回数据样例如图 5-31 所示。


```
{"status": 200, "data": {"from_id": [9, 10], "to_id": [10, 12], "weight": [0.0, 0.0], "id": [10, 12, 9]}, "message": "请求接口成功！"}
```


图 5-31　算法模型接入返回数据样例

5.4　真实社工数据与模拟社工数据的结合

社会工程是利用人的薄弱点，通过欺骗手段而入侵计算机系统的一种攻击方法。在信息安全这个链条中，人的因素是最薄弱的一个环节。系统或组织可能采取了很周全的技术安全控制措施，如身份鉴别系统、防火墙、入侵检测、加密系统等，但由于员工无意当中通过电话或电子邮件泄露机密信息（如系统口令、IP 地址），或被非法人员欺骗而泄露了组织的机密信息，就可能对组织的信息安全造成严重损害。社会工程学通常以交谈、欺骗、假冒或口语等方式，从用户身上套取机密。

如今随着科技发展，智能手机已进入千家万户，网民数量也快速上升，越来越多的人使用网络进行通信、交流，但是大家对信息安全的重视程度却没有得到提升。基于钓鱼邮件、钓鱼短信、欺诈电话等形式的社会工程学攻击越来越泛滥，每年造成的经济与信息安全损失不计其数。这类社会工程学攻击常常具有动态、复杂、涉及人数众多、难以追查等特性，常规的屏蔽系统往往难以彻底阻断钓鱼、欺诈信息的传播。针对这类社工事件数据的复杂性、多变性，如何对社工数据进行分析处理，如何自动化构建并模拟社工事件，将真实数据与模拟数据平滑融合并从模型角度分析事件便成为一个重要课题。

5.4.1 多维数据平滑融合模型

社工邮件攻击是一种以电子邮件作为载体的社工攻击方式，如今已经成为许多高级持续性威胁（Advanced Persistent Threat，APT）攻击得以开展、奏效的惯用手段和关键因素，对网络空间中的关键设施、数据、用户和操作构成了严重、普遍、持续的网络安全威胁[458]。

多维数据平滑融合模型是指将真实数据与基于真实数据形成的模拟数据进行平滑融合的模型，模型的输入是真实社工场景事件数据，输出是平滑融合后的数据。对于给定的真实数据，为使社工事件描述规范化、精细化，需要拟定社工数据描述规范。为了生成分布广、覆盖率高、数量级大的模拟数据，需要研究基于真实社工数据生成模拟数据的方法。而在生成了模拟数据后，需要研究真实数据与模拟数据的融合方法，使得最后输出的数据分布均匀，逼真性好，数据质量高。因此对于该模型，主要需要做好以下 3 个方面的工作：

- 标准化社工数据描述规范制定；
- 基于真实社工数据生成模拟数据方法；
- 真实社工数据与模拟数据融合方法。

下面分别对这 3 个方面的工作进行详细阐述。

1. 标准化社工数据描述规范制定

标准化的社工数据描述规范基于真实社工事件数据抽象、提炼、扩充而来。针对给出的真实社工事件数据，通过分析其中的主客体关系与语义语料，可以将真实社工数据分为两个部分：人物描述与事件描述。人物描述刻画社工案例中“人”的画像，包含诸如“×某，男性，35 周岁，福建龙岩人，小学文化，农民”等关键词信息，用于准确描述人物形象，快速把握人物基本特征。事件描述则刻画了社工案例中的“事”的画像，包含发生时间、攻击媒介、攻击技术等描述案件时空特性与动作特性的关键词，诸如“×某于 2020 年×月×日向受害者拨打诈骗电话，谎称自己是淘宝客服，以快递丢失为由要求受害者点击指定链接并填写个人信息”。

针对划分出的两类信息，分别进行关键词抽取与分析，提炼并归纳其中相似部分，保留并扩充其中不同部分，并形成一份属性列表，过程如图 5-32 所示。

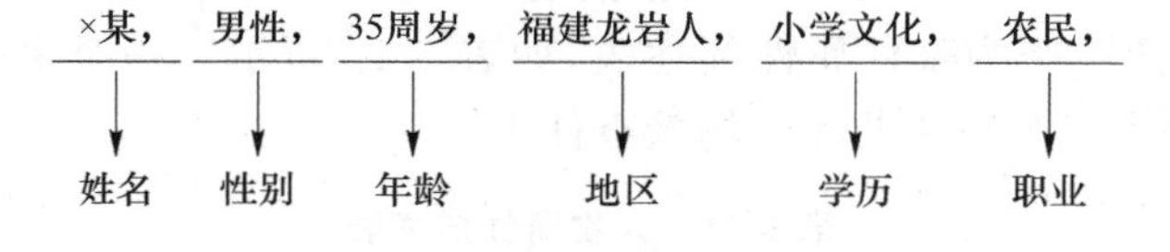

图 5-32　信息抽取示意图

基于上述流程，对真实社工数据进行归纳总结，并最后提炼出人物的属性字段如下：姓名、性别、年龄、学历、专业、省份、城市、区县、职业、职位。其中，考虑到 10 岁以下的儿童与 80 岁以上的老年人行为能力受到限制，思维能力较弱，通常不会作为社工攻击的对象，因此人物的年龄限制为 11～80 岁。同理，对事件描述进行提炼，得出的属性如下：攻击者、攻击对象、地理位置、空间位置、媒介、社交规则、攻击技术、攻击细节。但是目前得出的属性，特别是人物属性，仍然只是人物的基本信息，在社工场景中不足以区分出不同人物的特征，也难以进行仿真。因此，需要对人物属性进行扩充，从更多维度描述社工攻击场景事件下人物的特征。

由于社会工程学攻击往往会利用到人性的弱点，有针对性地编织诈骗或钓鱼内容，所以不同性格、不同偏好的人群对于同一种社工攻击方式，乃至对同样的诈骗材料都有着不同的反映。考虑到这一点，标准化的社工数据描述规范必然需要包含人物人格属性。关于人格分类的研究在心理学界长期被讨论，目前主流的人格模型有：认知-情感系统理论、大五人格理论、艾森克特质理论、卡特尔16种人格因素等。除了心理学界的理论，社会上也有许多流行但尚未被心理学界认可的理论，如九型人格理论、基于荣格8种分类扩充而来的迈尔斯布里格斯类型指标（Myers-Briggs Type Indicator）。考虑到主流心理学界的认可度与标准化数据描述规范所要求的可量化性，基于词汇学发展而来的大五人格理论目前已被主流心理学界接受并认可，Goldberg（1992）甚至称之为人格心理学中的一场革命，且大五人格已有较为完善的问卷系统与实验，可获取的公开数据集数据量大，内容完善，且易于量化，东西方的研究差异较小。因此，最终选择大五人格理论作为规范中人格信息的属性来源。

大五人格理论通过标准化量表NEO-PI-R测定，累计受试人数已逾百万人次，国内也有完整译制版本。NEO-PI-R量表包含300项问题，经过得分统计后可得出5类30项性格特质的得分，将这5类分别汇总求出均值便得到大五人格五项性格大类的得分。规范参考NEO-PI-R问卷量表及对应打分表，选用其5类30项性格特质及5项大类得分作为人格属性，分数范围从1.0到5.0，保留1位小数，共计41个得分区间，足以满足模拟与仿真的需要。

除人物的基本属性与人格属性外，在社工场景中可以发现，人物受自身职业、经历、性格、所处环境等因素影响，对不同媒介、不同身份发送信息的关注与反映程度均不同。考虑到规范的规范性与完整性，便需要加入对常见的各类主要媒介与发送方身份的关注程度作为属性。现代社交媒介中网络的占比较高，因此引入量化后的影响力作为属性，用以区分人物在网络中的粉丝数或影响力。此外，攻击者发送攻击的时间也是一个重要考虑因素。例如，电话、即时通信软件（IM）等媒介发送的消息具有非常强的时效性，因此将人物的活跃时间（起始时间、结束时间）也引入规范作为属性。

基于上述内容，从真实社工事件数据中分析抽取、提炼、扩充后的描述属性、名称及说明如表5-11和表5-12所示。标准化社工数据描述规范分为两张表，第一张为人物属性描述表，如表5-11所示，第二张为事件属性描述表，如表5-12所示。一个事件可以对应多个人物，两张表共同形成了一个完整的社工场景事件。

表5-11　人物属性描述表

字段名	中文名称	描述	取值范围	样例值
name	姓名	人物的姓名	5位字符串	张三
gender	性别	人物的性别	1（男） 0（女）	1
age	年龄	人物的年龄，年龄限制为11～80岁	11～80的整数	20

续 表

字段名	中文名称	描述	取值范围	样例值
education	学历	人物的学历,分为无、小学、初中、高中/中专、大学专科、大学本科、研究生	10 位字符串	大学本科
major	专业	人物学历对应的专业,只有学历为大学专科、大学本科、研究生的人有专业	20 位字符串	计算机科学与技术
province	省份	人物所处的省份,包含中国大陆所有的省、直辖市、自治区(不含港澳台)	10 位字符串	江苏省
city	城市	人物所处的省份内的地级市或同等行政单位	10 位字符串	南京市
county	区县	人物所处城市内的区县或同等行政单位	10 位字符串	鼓楼区
ex	外向性	表示人际互动的数量和密度、对社会刺激的需要以及获得愉悦的能力。为 e1-e6 的平均值。得分越高越符合描述(下同)	1.1～5.0,保留 1 位小数	3.4
e1	友善	高分者富有感情、友好。他们真心地喜欢他人,并很容易和别人形成亲密的关系	1.1～5.0,保留 1 位小数	3.6
e2	乐群	高分者喜欢他人的陪同,人越多他就越开心。低分者往往是孤独者,他不寻求甚至主动避免社会刺激	1.1～5.0,保留 1 位小数	2.5
e3	自信	高分者有支配性,有说服力,在社会上有支配力。他们说话毫不犹豫,通常成为群体的领导。低分者宁愿躲在幕后,让他人谈论	1.1～5.0,保留 1 位小数	3.3
e4	活力	高分者被视为快节奏和激烈的运动,有活力感,有保持忙碌的需要,过着快节奏的生活。低分者更悠闲和放松,但不一定懒惰或行动迟缓	1.1～5.0,保留 1 位小数	4.2
e5	寻求刺激	高分者渴望得到兴奋和刺激,喜欢鲜亮的、喧闹的环境。低分者几乎对兴奋没有什么需要,喜欢那种被高分者看来是枯燥的生活	1.1～5.0,保留 1 位小数	3.4
e6	积极情绪	表示体验积极情绪(如喜悦、快乐、爱和兴奋)的倾向。高分者容易感受到各种积极的情绪	1.1～5.0,保留 1 位小数	2.4
nr	神经质	神经质反映个体情感调节过程,反映个体体验消极情绪的倾向和情绪不稳定性。为 n6-n6 的平均值	1.1～5.0,保留 1 位小数	3.4
n1	焦虑	高分者更可能有焦虑和恐惧。低分者则是平静的、放松的。他们不会总是担心事情可能会出问题	1.1～5.0,保留 1 位小数	4.3

续表

字段名	中文名称	描述	取值范围	样例值
n2	愤怒	体验愤怒以及有关状态（如挫折、痛苦）的倾向。高分者容易发火，在感到自己受到不公正的待遇后会充满怨恨，暴躁，愤怒	1.1～5.0，保留1位小数	2.3
n3	抑郁	测量正常个体在体验抑郁情感时的不同倾向。高分者容易感到内疚、悲伤、失望和孤独。他们容易受打击，经常情绪低落	1.1～5.0，保留1位小数	3.0
n4	自我意识	害羞和尴尬情绪体验。这样的个体在人群中会感到不舒服，对嘲弄敏感，容易产生自卑感。高分者很关心别人如何看待自己，害怕别人嘲笑自己	1.1～5.0，保留1位小数	3.5
n5	无节制	个体对冲动和渴望的控制。高分者在感受到强烈的诱惑时，不容易抑制，容易追求短时的满足而不考虑长期的后果	1.1～5.0，保留1位小数	3.2
n6	脆弱	在遭受压力时的脆弱性。高分者应付压力能力差，遇到紧急情况时变得依赖、失去希望、惊慌失措。低分者认为他们自己能正确处理困难情况	1.1～5.0，保留1位小数	2.8
op	开放性	描述一个人的认知风格。高分者偏爱抽象思维，兴趣广泛。低分者讲求实际，偏爱常规，比较传统和保守。为o1-o6的平均值	1.1～5.0，保留1位小数	3.5
o1	想象力	高分者爱幻想。对于他们来说，现实世界太平淡了。低分者的生活更单调乏味，喜欢把注意力放在手头的任务上	1.1～5.0，保留1位小数	2.7
o2	审美	高分者对艺术和美有很深刻的理解。他们被诗歌感动、陶醉于音乐之中，为艺术所触动。低分者对艺术和美不那么敏感和感兴趣	1.1～5.0，保留1位小数	1.9
o3	感情丰富	对自己的内心感受的接纳能力。高分者能体验到更深的情绪状态，他们比其他人更强烈地体验到开心和不开心。低分者感情较迟钝，不认为感受状态有多重要	1.1～5.0，保留1位小数	4.0
o4	尝新	高分者更喜欢新奇和多样性的事物，而不是熟悉和常规的事物。在一段时间内，他可能有一系列不同的爱好。低分者发现改变有困难，宁可坚持已尝试过的、可靠的活动	1.1～5.0，保留1位小数	3.5
o5	思辨	高分者喜欢抽象的概念、讨论理论性问题、解决复杂的智力问题。低分者更喜欢和具体的人与事情打交道，而不是抽象的概念和理论	1.1～5.0，保留1位小数	2.2

续 表

字段名	中文名称	描述	取值范围	样例值
o6	自由主义	高分者喜欢挑战权威、常规和传统观念。低分者喜欢遵循权威和常规带来的稳定和安全感,不会去挑战现有秩序和权威	1.1～5.0,保留1位小数	2.9
ag	宜人性	考察个体对其他人所持的态度。高分者善解人意、慷慨大方,愿意为了别人放弃自己的利益。低分者把自己的利益放在别人的利益之上。为 a1-a6 的平均值	1.1～5.0,保留1位小数	4.1
a1	信任	高分者认为他人是诚实的,是心怀善意的。低分者往往愤世嫉俗,有疑心,认为他人不诚实,是危险的	1.1～5.0,保留1位小数	4.5
a2	道德	高分者为人坦率、真挚、老实。低分者更愿意通过奉承、诡辩、欺骗来操纵别人。他们认为这是必要的社会技能,认为直率的人很天真	1.1～5.0,保留1位小数	3.9
a3	无私	高分者主动关心别人的幸福,表现在对他人的慷慨和关心上,以及在别人需要帮助时提供帮助的意愿上。低分者多少有点以自我为中心,不愿意卷入别人的麻烦中去	1.1～5.0,保留1位小数	4.0
a4	合作	高分者往往尊重服从他人,克制攻击性,表现为温顺、温和。低分者有攻击性,更喜欢竞争而不是合作,在必要时毫不客气地表示愤怒	1.1～5.0,保留1位小数	4.2
a5	谦逊	高分者很谦逊,不爱出风头。低分者认为自己高人一等,其他人可能认为他们自负、傲慢	1.1～5.0,保留1位小数	3.8
a6	同理心	高分者为他人的需要所动。低分者更铁石心肠,很少为恳求所打动而产生怜悯之感。他们将自己视为现实主义者,在冷静的逻辑推理的基础上做出理性的决策	1.1～5.0,保留1位小数	4.1
cn	尽责性	指我们控制、管理和调节自身冲动的方式,同时反映个体自我控制的程度以及推迟需求满足的能力。为 c1-c6 的平均值	1.1～5.0,保留1位小数	3.9
c1	自我效能	表示对自己有能力、深谋远虑的感觉。高分者感到对应付生活有很充分的准备。低分者对自己的能力看法较低,他们承认自己常常准备不充分,而且无能	1.1～5.0,保留1位小数	3.2

续表

字段名	中文名称	描述	取值范围	样例值
c2	条理性	高分者整齐、整洁、组织得很有条理，喜欢制订计划，并按规则办事。低分者不能很好地组织，认为自己很没有条理	1.1～5.0，保留1位小数	2.9
c3	责任感	高分者严格遵守他们的道德原则，一丝不苟地完成他们的道德义务。低分者在这些事情上是漫不经心的，多少不可信赖或不可靠	1.1～5.0，保留1位小数	4.3
c4	追求成就	高分者有较高的抱负水平，并努力工作以实现他们的目标。他们勤奋，有目标，有生活方向感。低分者懒散，甚至可能懒惰，他们没有追求成功的动力，缺乏抱负，但他们常常对自己低水平的成就感到非常满意	1.1～5.0，保留1位小数	3.8
c5	自律	高分者有激励自己把工作完成的能力，即便工作枯燥也能顺利完成。低分者拖延例行工作开始的时间，容易丧失信心并放弃	1.1～5.0，保留1位小数	3.5
c6	审慎	评估行动前是否仔细考虑的倾向。高分者谨慎、深思熟虑。低分者草率、说话做事不计后果	1.1～5.0，保留1位小数	4.1
job	职业名	人物所从事的职业名称，相似职业将合并为一个类别并用"/"分隔。高年龄人物的职业代表退休前从事的工作	50位字符串	Java开发工程师
position	职位	人物从事职业的职位高低，如基层操作人员职位低，管理人员职位高	6～10的整数，数字越大职位越高。	5
start_time	活跃起始时间	社交活跃时间段起始时间，指人物一般在该时间段处理社交信息（回复邮件短信，接听电话等）	0:01—24:00	8:00
end_time	活跃结束时间	社交活跃时间段结束时间，指人物一般在该时间段处理社交信息（回复邮件短信，接听电话等）	0:01—24:00	18:00
influence	影响力	人物在社交平台上的影响力，通常与粉丝数量相关。影响力越大越容易向外传播消息	6～10的整数，数字越大影响力越大	4
c_message	短信关注度	关注手机短信的程度	6～10的整数	5
c_call	电话关注度	关注电话的程度	6～10的整数	7
c_wmail	工作邮箱关注度	关注工作邮箱的程度	6～10的整数	8
c_pmail	私人邮箱关注度	关注私人邮箱的程度	6～10的整数	6
c_im	即时通信关注度	关注QQ、微信等即时通信工具的程度	6～10的整数	7
c_forum	网络社交平台关注度	关注微博、豆瓣、各类网络论坛等社交平台的程度	6～10的整数	4

续 表

字段名	中文名称	描述	取值范围	样例值
c_telecom	电信服务	各类电信服务的消息，如电信运营商、宽带运营商的电话、账单等	6～10 的整数	9
c_finance	金融服务	银行、券商、基金等发送的消息与通知	6～10 的整数	10
c_shopping	购物服务	电商、实体店、快递、物流发送的消息，如快递通知、降价通知、售后通知等	6～10 的整数	8
c_software	软件服务	购买的软件等虚拟产品的服务商发送的通知，如到期、优惠、售后等	6～10 的整数	7
c_entertain	娱乐服务	实体或虚拟娱乐服务提供商发送的消息或通知	6～10 的整数	3
c_society	社会服务	各类政府机关或国企发送的消息，如社保、公积金、水电账单等	6～10 的整数	10
c_working	工作业务	工作的企业单位或相关的其他企业以官方身份发送的消息	6～10 的整数	7
c_living	物业服务	所在地的物业、居委会等社区服务单位发送的消息或通知	6～10 的整数	9
c_platform	平台服务	各类网络平台（如众包平台、租房平台等）发送的消息或通知	6～10 的整数	5
c_home	家庭	父母、子女、配偶等家庭成员发送的信息	6～10 的整数	10
c_relative	亲戚	除上述家庭成员外，其他血缘关系的亲属发送的信息	6～10 的整数	7
c_colleague	同事	工作的企业单位中的同事、下级或其他工作中认识的相似级别人员、同行发送的信息	6～10 的整数	7
c_boss	领导	工作的企业单位中的直属领导、高层管理或其他关联企业的具有利害关系的高层人员发送的消息	6～10 的整数	8
c_friend	朋友	现实生活中结交的朋友发送的信息。该朋友可能同时也是同事，不过发送的信息应以朋友的身份	6～10 的整数	7
c_living	居住相关人员	房东、租客、同住人、认识的邻居、小区同住人员、小区保安等发送的信息	6～10 的整数	5
c_school	校友	曾就读学校的老师、同学、非同届的校友等发送的消息（若身份是学生，则当前的老师和同学应该归于领导和同事关系）	6～10 的整数	4
c_netfriend	网友	网络社交平台中结交的朋友发送的信息，现实中应该互不认识	6～10 的整数	3

续表

字段名	中文名称	描述	取值范围	样例值
c_trader	交易方	现实生活中认识的或网购中的卖家、顾客等发送的信息	6～10 的整数	5
c_hosptical	病患	认识的医护人员、得相似疾病或同病房中的病友发送的消息	6～10 的整数	6
c_nursing	护工	钟点工、保洁、医院护理、养老护理、月子护理等各类护理、清理工作人员发送的消息	6～10 的整数	9

表 5-12　事件属性描述表

字段名	中文名称	描述	取值范围	样例值
attacker	攻击者	社工事件中发起攻击的人物	数组	[张三,李四]
targets	攻击对象	社工事件中被攻击的人物	数组	[甲,乙,丙]
atk_time	攻击时间	攻击者发起社工攻击的时间	日期类型	2021-01-13 14:34:00
atk_loc	地理位置	攻击者发起社工攻击的位置	10 位字符串	北京市
atk_url	空间位置	攻击者用于诈骗、钓鱼的网址或程序入口	100 位字符串	中国银行网站
atk_tool	攻击媒介	攻击者发起社工攻击的通信方式	10 位字符串	手机短信
atk_rule	社交规则	攻击者与被攻击者的对应关系	20 位字符串	一对多群发
atk_tech	攻击技术	攻击者用于社工攻击的技术方式	20 位字符串	发送钓鱼网站链接
atl_detail	攻击细节	攻击者在整个社工攻击过程中的攻击细节	500 位字符串	①“伪基站”设备发射无线电信号；② 假冒 95566 发送诈骗短信

2. 基于真实社工数据生成模拟数据的方法

在仿真过程中，真实社工事件数据由于获取途径单一(依赖于各类国内外调查报告与法院卷宗查询)，往往数量较少且分布不够均匀，直接基于真实数据进行仿真会产生不利影响。因此需要引入大量级、分布均匀、高逼真度的模拟数据，为仿真平台提供充足可信的数据来源。基于这一点，需要研究基于真实社工数据生成模拟数据的方法。

模拟社工数据的生成依赖真实社工事件数据与上文形成的标准化社工数据描述规范。考虑到生成的模拟数据大量级、分布广的特点，因此采用基于知识库的层次化数据生成方法。即针对社工数据描述规范中的各个属性，预先进行知识库构建，采用公开数据集进行数据清洗及建模，挖掘属性间的内在联系，并在生成时加以考虑。考虑到标准化社工数据描述规范中的各属性并不是孤立的，属性与属性间存在一定的相关性，且不同属性间也蕴含一定的逻辑先后关系，本方法依据其属性间的内在关系进行层次划分，将属性分为基本属性、人格属性、职业属性、社交属性、关注属性五类。基本属性包括人物的姓名、性别、年龄、省市地区、学历等个人基本信息，是描述一个人物最基本的信息；人格属性基于大五人格理论，包括 5 类 30 项人格特质得分与五大人格得分，量化描述人物的性格特点；职业属性包括人物的职业与职位，描述人物的职业信息；社交属性包括人物的社交活跃时间、影响力、对各平台的关注度，描述人物在社交中的基本情况；关注属性包括人物对各个官方身份(机构、企事业单位、公司等)与各个个人身份(家人、同事、亲戚等)发送消息的关注程度，是对人物社交信息的细分补充。从中可以看出,基本属性是一切其他属性的基础;人格属性基于基础属性而来,不同年龄、不同性别的人物性格大有差异;职业属性与社交属性则基于基本属性与人格属性而来;关注属性源自所有其他属性,也是最后生成的属性。各类属性层次化生成的示意图如图 5-33 所示。

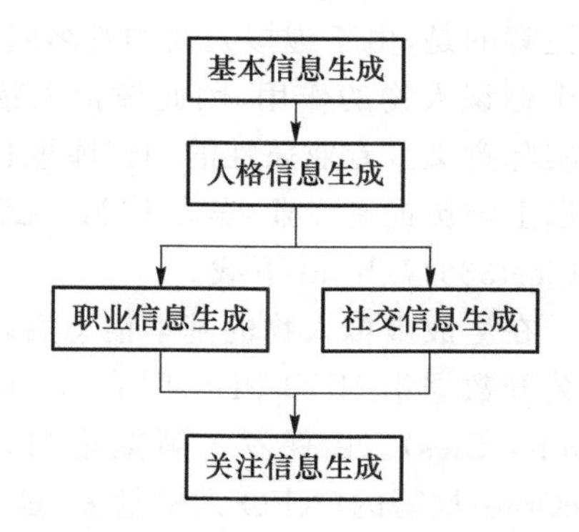

图 5-33 模拟数据层次化生成示意图

在确定了属性的生成顺序后,下一步的工作是构建各类属性的知识库。首先是基础属性。为确保属性各字段分布的均匀性与真实性符合我国国情,数据库原始数据集来源于中国 2010 年第六次全国人口普查资料(网址:http://www.stats.gov.cn/tjsj/pcsj/rkpc/6rp/indexch.html)。采用的数据来自章节"6-1 各地区户数、人口数和性别比""3-1 全国分年龄、性别的人口""1-1 全国分年龄、性别、受教育程度的 6 岁及以上人口"。图 5-34 展示了部分原始页面。

国务院人口普查办公室 国家统计局人口和就业统计司 编

中国2010年人口普查资料

1-1 各地区户数、人口数和性别比

地区	户数 合计	家庭户	集体户	人口数 合计	男	女	性别比(女=100)	家庭户 小计	男	女	性别比(女=100)	集体户 小计	男	女
全国	417722698	401934196	15788502	1332810869	682329104	650481765	104.90	1239981250	627410399	612570851	102.42	92829619	54918705	37910914
北京	7355291	6680552	674739	19612368	10126430	9485938	106.75	16389723	8173161	8216562	99.47	3222645	1953269	1269376
天津	3963604	3661992	301612	12938693	6907091	6031602	114.52	10262186	5129604	5132582	99.94	2676507	1777487	899020
河北	20813492	20395116	418376	71854210	36430286	35423924	102.84	68538709	34552649	33986060	101.67	3315501	1877637	1437864
山西	10654162	10330207	323955	35712101	18338760	17373341	105.56	33484131	16988087	16496044	102.98	2227970	1350673	877297
内蒙古	8470472	8205498	264974	24706291	12838243	11868048	108.17	23071690	11725291	11346399	103.34	1634601	1112952	521649
辽宁	15334912	14994046	340866	43746323	22147745	21598578	102.54	41755874	20956756	20799118	100.76	1990449	1190989	799460
吉林	9162183	8998492	163691	27452815	13907218	13545597	102.67	26457769	13358390	13099379	101.98	995046	548828	446218
黑龙江	13192935	13000088	192847	38313991	19426106	18887885	102.85	36884039	18603181	18280858	101.76	1429952	822925	607027
上海	8893483	8253257	640226	23019196	11854916	11164280	106.19	20593430	10318168	10275262	100.42	2425766	1536748	889018
江苏	25635291	24381782	1253509	78660941	39626707	39034234	101.52	71685839	35542124	36143715	98.34	6975102	4084583	2890519
浙江	20060115	18854021	1206094	54426891	27965641	26461250	105.69	49425543	25037320	24388223	102.66	5001348	2928321	2073027
安徽	19322432	18861966	460476	59500468	30245513	29254955	103.39	56493891	28462853	28031038	101.54	3006577	1782660	1223917
福建	11971873	11206317	765556	36894217	18981054	17913163	105.96	33397663	16901083	16496580	102.45	3496554	2079971	1416583
江西	11847841	11542527	305314	44567797	23003521	21564276	106.67	42181417	21600070	20581347	104.95	2386380	1403451	982929
山东	30794664	30105454	689210	95792719	48446944	47345775	102.33	89855501	45023357	44832144	100.43	5937218	3423587	2513631
河南	26404973	25928729	476244	94029939	47493063	46536876	102.05	90028072	45262137	44765935	101.11	4001867	2230926	1770941
湖北	17253385	16695121	558264	57237727	29391247	27846480	105.55	52745625	26826301	25919324	103.50	4492102	2564946	1927156
湖南	19029894	18625710	404184	65700762	33776459	31924303	105.80	61911446	31611459	30299987	104.33	3789316	2165000	1624316
广东	32222752	28630609	3592143	104320459	54400538	49919921	108.98	88979305	45465958	43513347	104.49	15341154	8934580	6406574
广西	13467663	13151404	316259	46023761	23924704	22099057	108.26	43970320	22733969	21236351	107.05	2053441	1190735	862706
海南	2451819	2331149	120670	8671485	4592283	4079202	112.58	8060519	4231490	3829029	110.51	810966	360793	250173

图 5-34 第六次人口普查资料网页展示

原始数据包含年龄、性别、地区、受教育程度等信息。拉取各表中的原始数据并进行清洗,将各维度的人口数值进行百分化处理,便可得到分年龄、性别的百分比分布表,分性别、地区的百分比分布表,分年龄、性别、受教育程度的百分比分布表。将这 3 张百分比分布表作为模拟数据生成的概率分布表,

图 5-34 的彩图

导入程序中。生成模拟数据时,每次生成单条记录,即生成一个虚拟人物,包括他的所有属性。按上文的流程,程序先通过随机算法获取一个 0 至 100 的随机数(保留 8 位小数),将该随机数对应至性别、年龄概率分布表中查找对应区间,即得到虚拟人物的年龄、性别。随后再次生成保留 8 位小数的 0 至 100 的随机数,并根据已生成的性别、年龄信息分别对应至受教育程度概率分布表与地区概率分布表,查找所在区间,该区间对应的受教育程度/地区即为虚拟人物的受教育程度/地区属性。以此类推,通过该方法生成虚拟人物的基本属性。需

要注意的是,由于虚拟人物的姓名对实际社工事件场景并无帮助,仅仅是在仿真场景中起到一个标识人物的作用,因此虚拟人物的姓名采用“姓+名”的方式通过字典表随机生成,并无实际意义。专业属性的知识库取自《普通高等学校本科专业目录(2020年版)》,大学专科及以上学历拥有专业,其他均为“无”。该目录可在 http://jwc.ncist.edu.cn/article/2021-3-4/art33647.html 下载。

在生成虚拟人物的基本信息后,需要生成人物的人格信息。人格信息的数据库基于网络公开数据集 NEO-PI-R 问卷(300题版)的填写结果(数据库来源地址:https://osf.io/tbmh5/files)。由保罗·科斯塔(Paul T. Costa,Jr.)和罗伯特·R·麦克雷(Robert R. McCrae)撰写的《NEO 人格量表》是用于测量大五人格的最广泛使用的商业量表之一,数十年的研究支持 NEO-PI 量表的可靠性、有效性和实用性。为克服该量表的商业属性,俄勒冈研究所(ORI)的 Lewis R. Goldberg 创建了一组称为国际性格项目池(IPIP)的公共领域项目,并添加了 IPIP-NEO 量表供社会学领域研究员使用。本次使用的数据集便来自 IPIP-NEO 项目,获取的数据集为原始量表结果,并未进行任何处理。原始数据集表头及记录如图 5-35 所示。

```
1   SEX AGE I1  I2  I3  I4  I5  I6  I7  I8  I9  I10 I11 I12 I13 I14 I15 I16 I17 I18 I19 I20 I21 I22 I23 I24 I25 I26 I27 I28 I29 I30 I31 I32 I33 I34
    I35 I36 I37 I38 I39 I40 I41 I42 I43 I44 I45 I46 I47 I48 I49 I50 I51 I52 I53 I54 I55 I56 I57 I58 I59 I60 I61 I62 I63 I64 I65 I66 I67 I68 I69 I70
    I71 I72 I73 I74 I75 I76 I77 I78 I79 I80 I81 I82 I83 I84 I85 I86 I87 I88 I89 I90 I91 I92 I93 I94 I95 I96 I97 I98 I99 I100    I101    I102
    I103    I104    I105    I106    I107    I108    I109    I110    I111    I112    I113    I114    I115    I116    I117    I118    I119    I120
    I121    I122    I123    I124    I125    I126    I127    I128    I129    I130    I131    I132    I133    I134    I135    I136    I137    I138
    I139    I140    I141    I142    I143    I144    I145    I146    I147    I148    I149    I150    I151    I152    I153    I154    I155    I156
    I157    I158    I159    I160    I161    I162    I163    I164    I165    I166    I167    I168    I169    I170    I171    I172    I173    I174
    I175    I176    I177    I178    I179    I180    I181    I182    I183    I184    I185    I186    I187    I188    I189    I190    I191    I192
    I193    I194    I195    I196    I197    I198    I199    I200    I201    I202    I203    I204    I205    I206    I207    I208    I209    I210
    I211    I212    I213    I214    I215    I216    I217    I218    I219    I220    I221    I222    I223    I224    I225    I226    I227    I228
    I229    I230    I231    I232    I233    I234    I235    I236    I237    I238    I239    I240    I241    I242    I243    I244    I245    I246
    I247    I248    I249    I250    I251    I252    I253    I254    I255    I256    I257    I258    I259    I260    I261    I262    I263    I264
    I265    I266    I267    I268    I269    I270    I271    I272    I273    I274    I275    I276    I277    I278    I279    I280    I281    I282
    I283    I284    I285    I286    I287    I288    I289    I290    I291    I292    I293    I294    I295    I296    I297    I298    I299    I300
    ANXIETY FRIENDLI    IMAGINAT    TRUST   SELFEFFI    ANGER   GREGAR  ARTISTIC    MORALITY    ORDER   DEPRESS ASSERTIV    EMOTION ALTRUISM
    DUTIFUL SELFCONS    ACTIVITY    ADVENTUR    COOPERAT    ACHIEVE IMMODERA    EXCITE  INTELLEC    MODESTY SELFDISC    VULNERAB    CHEERFUL
    LIBERAL SYMPATHY    CAUTIOUS    IPIPN   IPIPE   IPIPO   IPIPA   IPIPC   RNDSPLIT    RNDCORR
2   2   37  2   3   5   2   5   2   2   5   5   5   4   4   4   5   4   1   3   3   4   3   5   2   4   2   4   1   4   4   4   4   2   1   5   3
    4   2   1   5   4   4   1   4   5   5   5   3   3   0   4   5   1   2   5   2   5   1   4   5   4   5   1   3   5   2   5   1   3   5   3   4
    1   4   3   4   5   4   4   5   5   5   1   1   5   1   5   1   4   3   4   3   2   3   5   3   4   1   1   3   0   4   1   3   5   4   4   2
    5   4   1   4   1   2   5   4   5   2   3   5   1   5   2   4   3   2   5   2   2   5   1   4   1   5   5   4   5   4   4   3   3   5   5   1
    5   3   4   1   5   3   3   5   2   1   5   4   5   2   1   5   5   4   1   4   2   5   4   1   2   4   0   5   5   1   5   2   5   1   4   5
    3   4   2   2   5   3   5   1   1   5   5   2   2   2   4   5   5   1   2   4   5   5   4   0   5   2   5   1   0   3   5   3   2   2   5   2
    5   2   2   5   5   4   5   1   5   5   5   3   2   2   5   3   4   1   5   1   4   1   5   3   4   5   2   4   5   2   5   1   1   2   5   4
    1   3   4   4   5   4   2   4   5   5   2   1   5   5   5   1   5   2   3   5   2   1   5   3   5   1   1   5   5   3   2   4   3   4   5   2
    4   5   5   5   4   5   3   5   1   5   2   2   2   19  24  48  26  48  15  15  45  38  38  19  34  40  45  47  25  31  34  37  45  33  15
    49  25  47  11  39  35  33  41  122 158 251 204 266 .93 .81
```

图 5-35 NEO-PI-R 问卷结果展示

该数据集共300题,每题得分为1至5的整数。在获取如上数据集后,进行数据清洗,筛去没有完整填写量表的记录,并基于 IPIP-NEO 项目提供的评分表对数据集进行得分计算,最终获得了一张包含年龄、性别、30+5项特质得分的原始数据表。原始数据表中每项特质均对应10道原始题目,得分为10道对应题目的得分均值,故得分范围为1.0至6.0,保留一位小数,共41个得分区间。对该数据表进行统计学分析(最小值、25%取值、中位数、75%取值、最大值、标准差、均值)与相关性计算。由于变量连续,且分布接近正态分布,此处采用皮尔逊相关性系数(Pearson Correlation Coefficient)进行计算,皮尔逊相关系数定义为两个变量之间的协方差和标准差的商,如式(5-8)所示:

$$\rho_{X,Y}=\frac{\operatorname{cov}(X,Y)}{\sigma_X\sigma_Y}=\frac{E[(X-\mu_X)(Y-\mu_Y)]}{\sigma_X\sigma_Y} \tag{5-8}$$

上式定义了总体相关系数,常用希腊小写字母 ρ(rho)作为代表符号。估算样本的协方差和标准差,可得到样本相关系数(样本皮尔逊系数),常用英文小写字母 r 代表,如式(5-9)

所示：

$$r=\frac{\sum_{i=1}^{n}(X_i-\bar{X})(Y_i-\bar{Y})}{\sqrt{\sum_{i=1}^{n}(X_i-\bar{X})^2}\sqrt{\sum_{i=1}^{n}(Y_i-\bar{Y})^2}} \tag{5-9}$$

r 亦可由样本点的标准分数均值估计，得到与上式等价的表达式(5-10)：

$$r=\frac{1}{n-1}\sum_{i=1}^{n}\left(\frac{X_i-\bar{X}}{\sigma_X}\right)\left(\frac{Y_i-\bar{Y}}{\sigma_Y}\right) \tag{5-10}$$

基于上述方法对数据集进行分析并建模，构建知识库。在模拟数据生成中，先生成虚拟人物的基本属性，并将基本属性传入人格属性部分，同样以生成随机数对应至多层次概率分布表的方式生成 30 项性格特质，并分别取均值，得到五大维度的得分信息。对数据集进行分析绘图，可直观看出数据分布情况，如图 5-36 所示。

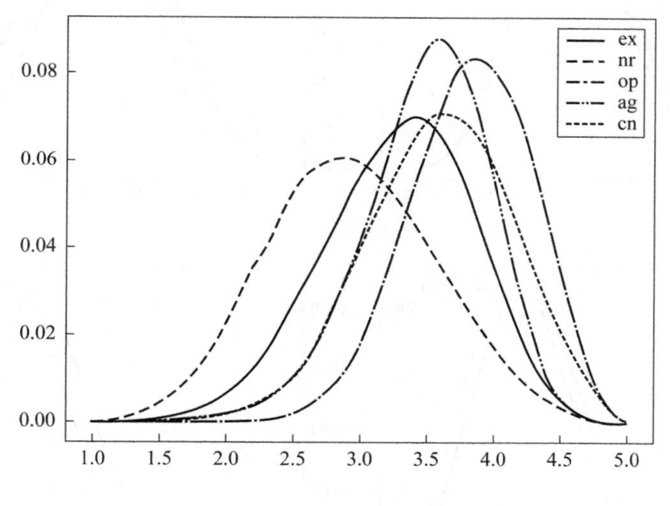

图 5-36 五大人格数据分布图

图 5-36 的彩图

从图 5-37 可以看出该数据集各维度基本符合正态分布。不同性别数据存在差异，具有一定显著性，数据质量较高，且真实性强。基于该模型作为本方法人格属性部分的知识库既确保了数据来源的真实性与可信度，又融合了基于中国第六次人口普查数据的人口分布情况，产生的模拟数据较原有真实数据集分布更均匀，逼真度更高。

完成基本属性生成与人格属性生成后，将进行职业属性生成与社交属性生成。职业属性考虑到虚拟人物的年龄为 11～80 岁，存在还在上学与已经退休，并无实际工作的情况，因此增加“学生”“退休”职业。经过调研，选定前程无忧网站的公开接口数据作为职业知识库的数据来源。前程无忧(NASDAQ:JOBS)是中国具有广泛影响力的人力资源服务供应商，是在美国上市的中国人力资源服务企业，具有较高的知名度与较为丰富的职业数据。前程无忧的数据库更新快，包含职业种类多，且覆盖了社会上各类常见职业，真实性强，来源可信。该接口对接前程无忧数据库中的职业名称(接口网址：https://js.51jobcdn.com/in/js/2016/layer/funtype_array_c.js)，获取后的数据为 json 格式。对该原始数据进行清理、去重等处理，最终得到的知识库中共有 1 124 个职业。随后对这些职业进行职位评定，评定方式基于职业名称的语料分析，如木工、电工等操作性基层岗位名称中往往带有“工”字，且以“工”字结尾；技术性较强的岗位往往带有“工程师”字样；管理岗位一般带有“经理”“主管”“长”“总监”等关键词。针对这些语料特征，对各个职业进行职位评定并检查。基层岗位视技术层次不同，职位普遍位于 2 至 5 区间；普通管理岗位的职位位于 4 至 6 之间；高级管理岗位或具有一定社会地位/影响力的岗位职位大于或等于 6。该评定方式将不同职业划分出较为清晰的层次，也便于后期仿真工作的开展。构建完知识库后，基于虚拟人物的基本属性与人格属性，构建职业属性。总体来看，学历越高，职业层次越高。基层工作人员占绝大多数，管理人员占少数，符合我国当前社会职业分布的现状。

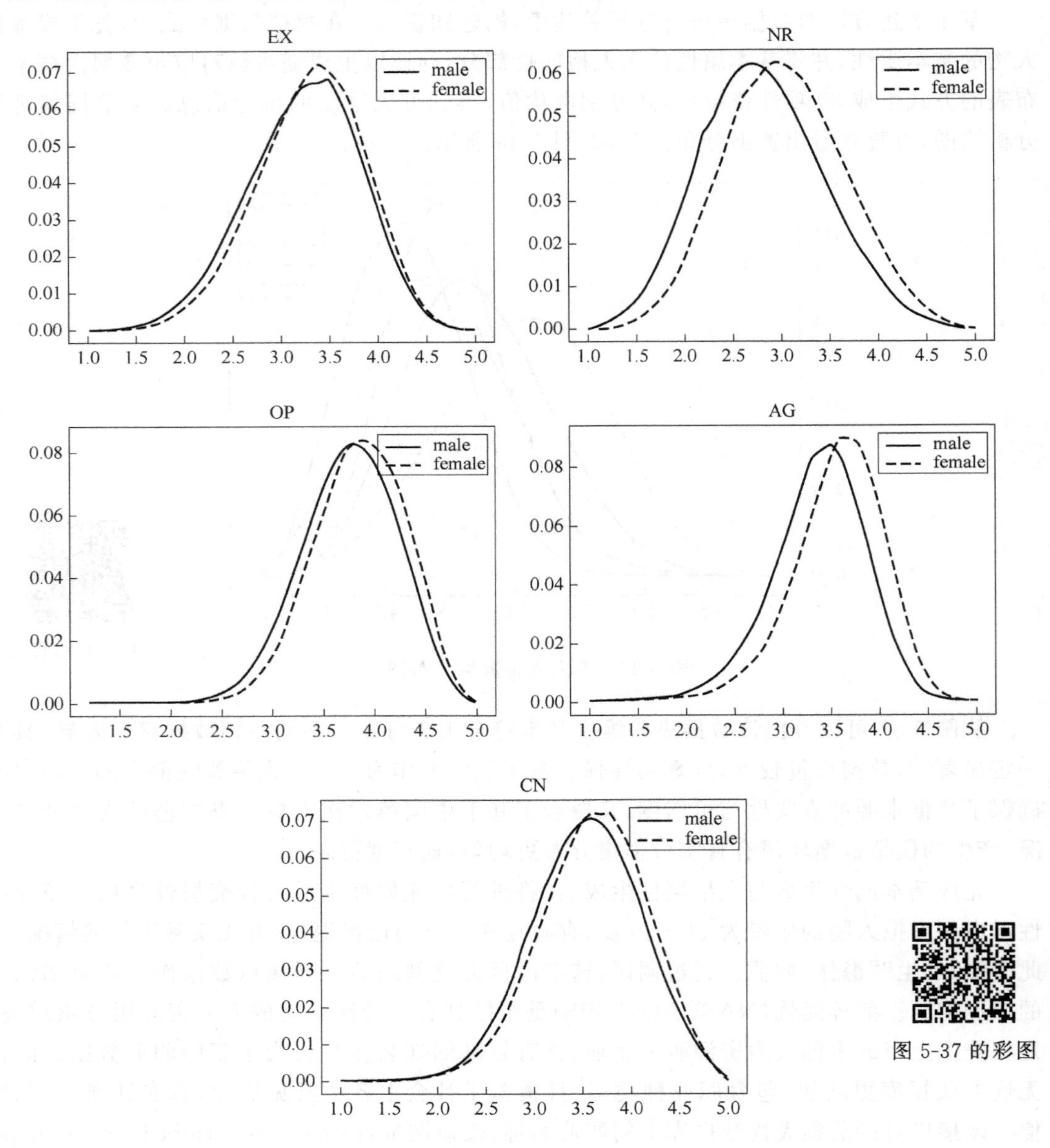

图 5-37　按性别各维度分布图

社交属性与关注属性由于层次较高，且难以获取真实可信的数据集，因此采用基于加权概率的方式进行生成。即：根据各属性与基本属性、人格属性等前置属性的关系，在基础概率分布形态基础上进行加权修正，改变概率分布的参数，以修正后的概率分布形态生成属性。根据每个虚拟人物前置属性的不同，修正后的概率分布形态也会有一定的差异，以此来体现出算法的真实性。且从实际情况考虑，人群的关注程度作为一个普遍性的属性，在人群数量级较大时，往往也呈现出正态分布的特征，因此在生成大规模模拟社工人物数据时，关注程度也应当保持正态分布的特征。

基于上述内容，便可以按基本属性、人格属性、职业属性、社交属性、关注属性的顺序层次化进行模拟数据生成。程序启动前，需要先导入前期准备的知识库，初始化后方可进行数据生成。

除了模拟人物数据外，程序还可生成模拟事件数据。基于提供的真实社工事件数据，程序可从标准化社工数据描述规范中事件属性描述表的各个维度进行模拟生成。

基于上述研究过程，构建了模拟数据生成使用的知识库与程序，并实际进行了数据生成测试。经测试，程序可实现百万级模拟人物数据的生成。为便于与仿真平台系统对接，便于各成员查询整理，程序生成后采用 CSV 格式进行输出。CSV 格式文件为纯文本文件，默认采用英文逗号分隔各属性列，采用换行符分隔各行。纯文本文件便于传输，体积较小，且可快速预览，对软件需求度低。用户既可通过文本编辑器直接查看、编辑文件，亦可导入至 Microsoft Excel 等表格编辑软件，进行筛选、聚合等高级操作。生成的 CSV 文件展示如图 5-38 所示。

```
1  姓名,年龄,性别,学历,专业,省份,城市,区县,职业,职位,e1,e2,e3,e4,e5,e6,ex,a1,a2,a3,a4,a5,a6,ag,n1,n2,n3,n4,n5,n6,nr,o1,o2,o3,o4,o5,o6,op,c1,c2,c3,c4,c5,
   c6,cn,活跃起始时间,活跃结束时间,影响力,短信关注度,电话关注度,工作邮箱关注度,私人邮箱关注度,IM关注度,网络社交平台关注度,电信服务,金融服务,购物服务,软件服务,娱乐
   服务,社会服务,工作服务,物业服务,平台服务,家庭,亲戚,同事,领导,朋友,居住相关人员,校友,网友,交易方,病患,护工
2  王琴,24,1,初中,无,浙江省,湖州市,长兴县,劳务派遣专员,5,2.5,4.7,2.5,3.1,3.2,3.9,3.3,3.3,4.2,4.9,1.0,2.3,2.9,3.1,2.7,2.9,2.0,2.5,2.1,3.8,2.7,3.3,3.7,3.5,
   4.7,4.2,2.8,3.7,4.2,2.8,4.7,3.4,1.3,2.9,3.2,10:00,17:00,2.0,3.0,8.0,7.0,3.0,8.0,4.0,6.0,4.0,7.0,6.0,3.0,6.0,5.0,4.0,5.0,7.0,7.0,2.0,5.0,4.0,3.0,5.
   0,3.0,4.0,6.0,7.0
3  贺林,29,0,未上过学,无,浙江省,台州市,温岭市,电镀工,4,2.1,2.3,4.3,3.1,3.1,3.3,3.0,3.6,4.3,4.3,3.7,2.7,3.5,3.7,2.0,1.0,3.1,4.2,3.5,2.0,2.6,4.5,3.8,2.8,3.
   2,3.9,3.5,3.6,4.1,4.2,4.5,3.7,1.6,2.3,3.4,12:00,20:00,3.0,5.0,4.0,7.0,2.0,6.0,7.0,6.0,4.0,5.0,4.0,4.0,8.0,9.0,4.0,5.0,9.0,7.0,3.0,9.0,7.0,5.0,3.0,
   5.0,5.0,4.0,6.0
4  倪婷,30,1,初中,无,甘肃省,庆阳市,镇原县,数据通信工程师,5,2.6,2.4,3.2,2.6,3.5,3.3,2.9,3.2,3.0,4.7,2.3,2.9,4.2,3.4,2.2,4.4,1.4,3.7,2.9,1.8,2.7,2.4,4.8,3.
   9,4.5,2.3,2.9,3.5,4.6,2.9,4.9,2.2,3.0,3.5,3.5,11:00,17:00,2.0,5.0,5.0,8.0,2.0,8.0,6.0,7.0,5.0,7.0,6.0,6.0,9.0,7.0,5.0,5.0,10,8.0,6.0,7.0,7.0,4.0,6.
   0,6.0,4.0,5.0,8.0
5  卢博,58,0,未上过学,无,宁夏回族自治区,中卫市,中卫市,漆工,4,4.9,1.5,3.7,3.0,2.0,3.9,3.2,2.4,4.7,3.9,3.9,2.9,3.6,3.6,2.1,4.5,4.2,2.1,2.5,1.8,2.9,4.0,4.4,
   4.1,2.7,4.8,1.1,3.5,4.2,4.0,4.5,4.5,3.3,4.1,4.1,8:00,20:00,2.0,3.0,5.0,7.0,4.0,4.0,4.0,6.0,3.0,3.0,3.0,2.0,8.0,7.0,2.0,5.0,8.0,9.0,2.0,7.0,2.0,1.0,
   3.0,2.0,2.0,6.0,7.0
6  邓红,37,0,高中/中专,无,福建省,福州市,平潭县,C#开发工程师,5,2.3,3.5,2.3,4.0,3.1,3.3,3.1,1.7,4.3,4.8,2.9,2.6,4.5,3.5,2.6,3.3,3.2,3.4,2.1,2.9,2.9,3.5,4.
   1,3.9,3.8,3.1,2.4,3.5,4.5,2.7,4.3,4.6,3.2,2.8,3.7,8:00,17:00,2.0,3.0,5.0,7.0,4.0,6.0,5.0,8.0,3.0,7.0,7.0,3.0,8.0,7.0,4.0,7.0,9.0,9.0,3.0,8.0,7.0,6.
   0,5.0,5.0,4.0,4.0,8.0
7  杨利,37,0,初中,无,新疆维吾尔自治区,铁门关市,铁门关市,挖掘机司机,4,1.8,2.7,3.0,4.4,2.9,4.8,3.3,1.7,4.2,4.7,4.1,3.6,4.0,3.7,2.9,3.6,1.9,1.8,2.6,1.0,2.3,
   2.8,4.8,3.1,2.5,2.6,1.8,2.9,3.2,2.1,4.5,4.0,3.0,2.8,3.3,10:00,15:00,3.0,5.0,6.0,5.0,4.0,7.0,5.0,7.0,4.0,7.0,5.0,4.0,10.0,6.0,8.0,8.0,10.0,10.0,5.0,
   10.0,7.0,5.0,5.0,7.0,5.0,5.0,7.0
8  刘丽华,33,0,高中/中专,无,湖南省,岳阳市,岳阳市,教研员,6,3.6,4.1,3.6,3.4,2.8,3.1,3.4,3.4,3.8,4.6,3.5,3.8,4.3,3.9,3.9,4.1,2.4,2.2,2.3,1.2,2.7,4.3,3.9,3.
   6,3.7,4.2,3.1,3.8,4.8,3.4,4.2,2.5,2.8,2.7,3.4,10:00,1:00,4.0,5.0,5.0,7.0,4.0,5.0,6.0,9.0,6.0,8.0,7.0,3.0,9.0,8.0,5.0,6.0,10.0,7.0,5.0,6.0,7.0,5.0,
   5.0,7.0,3.0,5.0,8.0
9  黄莹,20,1,初中,无,广东省,阳江市,阳江市,电分操作员,4,3.6,3.5,4.1,4.0,2.3,4.5,3.7,3.6,2.8,3.4,3.3,3.0,2.6,3.1,3.6,1.5,1.8,2.8,3.3,2.1,2.5,4.9,3.3,2.6,3.
   5,4.1,2.5,3.5,3.6,3.0,4.7,3.8,2.9,4.4,3.7,7:00,16:00,2.0,4.0,5.0,5.0,5.0,6.0,3.0,7.0,2.0,4.0,3.0,3.0,3.0,7.0,2.0,5.0,8.0,7.0,1.0,6.0,4.0,2.0,5.0,3.
   0,1,2.0,5.0
10 李畅,20,1,初中,无,浙江省,杭州市,萧山区,核心网工程师,5,3.4,2.1,4.0,3.6,2.6,3.8,3.2,3.6,4.1,3.9,2.3,2.6,3.4,3.3,4.4,3.2,2.4,1.2,2.0,2.4,2.6,4.7,3.4,4.3,
   3.5,3.8,4.1,4.0,3.6,1.5,2.6,4.0,3.5,2.1,2.9,7:00,16:00,4.0,5.0,5.0,5.0,3.0,5.0,6.0,7.0,7.0,4.0,5.0,1.0,5.0,7.0,3.0,7.0,9.0,7.0,1.0,7.0,5.0,3.0,4.0,
   4.0,3.0,5.0,8.0
```

图 5-38 生成的 CSV 文件展示

3. 真实社工数据与模拟数据融合方法

在上面的章节中，已经形成了标准化的社工数据描述规范，且基于真实社工数据生成了大量级的虚拟社工数据。但单纯使用虚拟数据进行仿真实验，效果相较于真实数据会存在一定影响，因此需要将真实数据与虚拟数据进行融合。基于这一点，需要研究真实社工数据与模拟数据融合方法。

从数据量看，真实数据的数据量远小于由程序层次化生成的模拟数据，因此在融合时考虑融合方向是将真实数据融入进模拟数据中。由于模拟数据生成时大量采用随机数，因此生成的模拟数据文件中各条记录间无明显关联。将真实数据融入时倘若采用直接插入算法或等间隔插入算法，则会导致真实数据与模拟数据间泾渭分明，融合性较差，不利于后期仿真实验。针对这种情况，设计了一种新的方法：先将模拟数据以一定规则进行排序，排序后按同样规则插入真实数据，使得插入前后排序规则不被破坏，此时数据整体仍然保持规则的完整性。随后将数据整体进行随机打乱，恢复各记录间无明显关联的状态，则仿真平台导入数据时不会察觉到真实数据与模拟数据的区别，达到了融合的目的。且由于真实数据相较于模拟数据数据量小，即便真实数据存在分布不均匀、覆盖不完善的问题，在融合后通过模拟数据的补充，也可以达到分布广、覆盖率高的效果。

基于上述方法，下一步便是确定数据排序的规则。由于模拟数据的生成是层次性的，各层次之间存在明显的逻辑关系，因此排序时倘若以高层次属性作为主属性，则会丢失属性间的内在关系，影响插入效果。从这一角度出发，选择"年龄、性别"二元组作为排序的主属性最为合适，因为这两种属性从层次上来看，是所有其他属性的根本，是最先生成出的属性。其次，在年龄、性别相同的情况下，将学历(受教育程度)属性作为次要排序指标，因为在社工场景中与属性生成中，学历的影响要大于地区、职业等的影响，对虚拟人物的其他属性生成造成的影响更大。最后，在上述 3 个属性均相同的情况下，以人格属性中的五大维度"外向性、神经质、宜人性、开放性、尽责性"作为最后排序指标，按照分数从高到低进行排列，这样即便是在大量级下亦可确保排序的稳定性，在重要属性优先排序的前提下尽可能降低主键重复的概率。

排序完成后，真实数据的插入同样遵循以上规则，即优先考虑年龄、性别，对每一条记录进行插入。若两者相同，比较受教育程度，若仍然相同，以外向性、神经质、宜人性、开放性、尽责性的顺序比较每一项的得分。待全部插入完成后，对数据整体进行打乱(shuffle)处理，使得数据分布尽量随机，并生成最终融合后的结果。此处的打乱操作以一个随机数作为重排序的主键，核心思想是对每条记录都生成一个 0 至 1，保留 10 位小数的随机数，随后根据该随机数的大小，从小到大或从大到小对数据进行重排序。由于随机数是由程序随机生成的，因此排序的规则也就相当于是随机的，使得重排序后数据整体为随机分布。

基于上述方法，输入真实数据(万级)的 CSV 文件、模拟数据(百万级)的 CSV 文件进行融合，融合后可得到同样格式的 CSV 文件，其中包含真实数据与模拟数据，文件形式同图 5-40，此处不再进行展示。融合后的文件可作为仿真平台的数据输入源。

5.4.2 数据质量评价模型

在进行了模拟数据生成、真实数据与模拟数据融合两个过程后，便得到了最终融合后的数据集。对于该数据集，需要对其进行数据质量评价分析，以判断模拟数据生成与融合的效果好坏，并以一个量化的结果定量地给出评价。

考虑到最终生成的数据应当满足分布广、覆盖率高、逼真度高的要求，选择用度量两类分布相似性的函数作为主要参考指标。目前学界主流的比较两种概率分布差异的指标主要有 KL 散度、JS 散度、交叉熵和 Wasserstein 距离。下面将对这几个指标进行说明与比较。

Kullback-Leibler 散度(Kullback-Leibler Divergence,简称 KL 散度或 KLD)又被称为相对熵(Relative Entropy)或信息散度(Information Divergence),是两个概率分布(Probability Distribution)间差异的非对称性度量。在信息理论中,相对熵等价于两个概率分布的信息熵(Shannon Entropy)的差值,计算公式如下:

$$KL(P\|Q) = \sum P(x)\lg\frac{P(x)}{Q(x)} \tag{5-11}$$

$$\mathrm{KL}(P\|Q) = \int P(x)\lg\frac{P(x)}{Q(x)}\mathrm{d}x \tag{5-12}$$

从式(5-11)和式(5-12)可以明显看出,KL 散度具有非负性与不对称性。当两个分布趋于完全不重叠时,KL 散度趋于无穷。但是,KL 散度的非对称性会导致在机器学习的训练过程中可能存在一些问题。为了解决这些问题,在 KL 散度的基础上引入了 JS 散度。JS 散度(Jensen-Shannon Divergence,JSD)解决了 KL 不对称的问题。JS 是对称的,且拥有一个固定的上界与下界。JS 散度的计算公式如下:

$$\mathrm{JS}(P_1\|P_2)=\frac{1}{2}\mathrm{KL}\left(P_1\middle\|\frac{P_1+P_2}{2}\right)+\frac{1}{2}\mathrm{KL}\left(P_2\middle\|\frac{P_1+P_2}{2}\right) \tag{5-13}$$

从式(5-13)可以看出,JS 散度基于 KL 散度而来,取值范围在 0 至 1 之间(若分布中存在 ln,上界也相应变为 ln(2))。当两个分布一致时,JS 散度的取值为 0;当两个分布完全不重合时,JS 散度的取值为 1。

交叉熵(Cross Entropy)是 Shannon 信息论中一个重要概念,主要用于度量两个概率分布间的差异性。交叉熵表示两个概率分布 p,q,其中 p 表示真实分布,q 表示非真实分布,在相同的一组事件中,用非真实分布 q 来表示某个事件发生所需要的平均比特数。交叉熵的计算公式如式(5-14)和式(5-15)所示:

离散变量

$$H(p,q) = \sum_x p(x)\cdot\lg\left(\frac{1}{q(x)}\right) \tag{5-14}$$

连续变量

$$-\int_X P(x)\lg Q(x)\mathrm{d}r(x) = E_p[-\lg Q] \tag{5-15}$$

Wasserstein 距离,也叫 Earth Mover's Distance,推土机距离,简称 EMD,用来表示两个分布的相似程度。由于它相对 KL 散度与 JS 散度具有优越的平滑特性,理论上可以解决梯度消失问题。Wasserstein 距离的计算公式如下:

$$W(P_1,P_2)=\inf_{\gamma\sim\Pi(p,q)}\mathbb{E}_{(x,y)\sim\gamma}[\|x-y\|] \tag{5-16}$$

从式(5-16)可以看出,Wasserstein 距离的计算相对更复杂,性能要劣于其他 3 种指标。综合考虑这 4 种分布评价函数,最终选择 JS 散度作为评价指标。相较于其他 3 种,JS 散度具有以下特性:

① 具有明确的上界与下界,便于从量化角度给出评价标准区间;

② JS 散度具有对称性,在计算分布状况时不会受到传入分布的顺序的影响;

③ JS 散度基于 KL 散度而来,计算相对简单,耗时较短;

④ KL 散度是目前主流的分布距离度量函数,基于 KL 散度的 JS 散度在弥补了 KL 散度缺点的同时,保留了 KL 散度的基本特征。

使用JS散度考察分布差异时，对于基本属性、人格属性等存在已有数据集的属性，用于对比差异的分布即选用已有数据集的分布，如全国第六次人口普查资料中按年龄的分布、按性别的分布；IPIP-NEO项目中经过计算的原始性格特质的分布等。对于职业属性、社交属性、关注属性等难以获取已有分布的属性，采用基于正态分布（视属性不同或采用指数分布、长尾分布等）的标准分布作为分布参考。除此之外，从覆盖率角度考虑，以0%水平值（最小值）、25%水平值、50%水平值（中位值）、75%水平值、100%水平值（最大值）、平均值作为考察覆盖率的指标。即考察一个属性的0%水平值与100%水平值是否覆盖了绝大部分该属性知识库的范围，50%水平值、平均值是否与知识库的分布情况相符合。由于模拟数据的生成大量采用随机算法，因此在低数据量时，覆盖率会低一些，存在一定的波动，随着数据量的增加，覆盖率应当在存在波动的情况下随之上升。

上述指标主要考虑单个属性的分布差异计算与覆盖率计算，但在实际情况下，属性间也存在一定的内在关联，因此需要对部分属性进行相关性分析。相关性分析同上文一样，选用皮尔逊相关性系数（Pearson Correlation Coefficient）进行计算，皮尔逊相关系数定义为两个变量之间的协方差和标准差的商，公式如下：

$$\rho_{X,Y}=\frac{\operatorname{cov}(X,Y)}{\sigma_X\sigma_Y}=\frac{E[(X-\mu_X)(Y-\mu_Y)]}{\sigma_X\sigma_Y} \tag{5-17}$$

式(5-17)定义了总体相关系数，常用希腊小写字母ρ(rho)作为代表符号。估算样本的协方差和标准差，可得到样本相关系数（样本皮尔逊系数），常用英文小写字母r代表，如式(5-18)所示：

$$r=\frac{\sum_{i=1}^{n}(X_i-\bar{X})(Y_i-\bar{Y})}{\sqrt{\sum_{i=1}^{n}(X_i-\bar{X})^2}\sqrt{\sum_{i=1}^{n}(Y_i-\bar{Y})^2}} \tag{5-18}$$

r亦可由样本点的标准分数均值估计，得到与上式等价的表达式，如式(5-19)所示：

$$r=\frac{1}{n-1}\sum_{i=1}^{n}\left(\frac{X_i-\bar{X}}{\sigma_X}\right)\left(\frac{Y_i-\bar{Y}}{\sigma_Y}\right) \tag{5-19}$$

相关性分析主要针对基本属性、人格属性等已有数据集的属性，用于对比的相关性数据来源于知识库中各属性分布的相关性，同样基于皮尔逊相关性系数。实际分析时，对知识库中的分布预先计算相关性系数并保存，只需动态计算融合后数据的相关性系数并加以对比即可，可节省大量计算资源。

基于上述内容，多维融合数据质量评价模型可分为3个部分：分布差异评价，覆盖率评价，相关性评价。在完成模拟数据生成与数据融合后，输入最终生成的CSV文件，程序将分别从这3个方面进行分析评价，并给出计算结果。对于分布差异评价，根据计算出的JS散度数值进行评价，若JS散度计算结果小于0.1，则可认为数据分布符合真实分布，质量较好，反之则表明现有分布与原分布相差较大。对于覆盖率评价，通过各个百分比的指标判断现有数据的覆盖率，若现有数据对原有数据的覆盖率大于90%，则可认为覆盖率较高，质量较好，反之则表明覆盖率不足。对于相关性评价，根据计算出的皮尔逊相关性系数进行评价，该系数的取值为−1至1，将计算出的系数与预先计算的原始分布的系数进行比较，若绝对值之差小于0.3，则认为现有数据的相关性符合原有数据，即各属性间的内在关系得到了体现。

综合上述 3 个方面的内容:若 3 个部分的评价均合格通过,则表明该数据质量较高,分布均匀,满足使用要求;若有任一未满足,则表明数据质量存在一定问题,需要改进。对上文中测试的数据进行质量评价,JS 散度计算表、覆盖率计算表、相关性系数计算表如表 5-13、表 5-14、表 5-15 所示。

表 5-13 JS 散度计算表

属性	JS 散度	是否满足要求
性别	0.0006271265	是
年龄	0.0017249337	是
学历	0.0119946546	是
省份	0.0001624093	是
友善	0.0005688547	是
乐群	0.0049216723	是
自信	0.0007518049	是
活力	0.0018203468	是
寻求刺激	0.0140796349	是
积极情绪	0.0027248815	是
外向性	0.0763653584	是
焦虑	0.0042260585	是
愤怒	0.0030467146	是
抑郁	0.0026265897	是
自我意识	0.003476224	是
无节制	0.0035621376	是
脆弱	0.0079791059	是
神经质	0.077312188	是
想象力	0.0033667837	是
审美	0.0004507309	是
感情丰富	0.0013489946	是
尝新	0.0010844773	是
思辨	0.002862554	是
自由主义	0.0022641079	是
开放性	0.0758808147	是
信任	0.0017486578	是
道德	0.0039532559	是
无私	0.0004930275	是
合作	0.0040701746	是
谦逊	0.0004246496	是
同理心	0.0009325634	是

续 表

属性	JS 散度	是否满足要求
宜人性	0.0333869924	是
自我效能	0.0050167543	是
条理性	0.0034836284	是
责任感	0.0074933229	是
追求成就	0.0042723839	是
自律	0.0057915153	是
审慎	0.0074644987	是
尽责性	0.0582042502	是
职位	0.0433433022	是
影响力	0.0051252354	是
短信关注度	0.0057785517	是
电话关注度	0.0375138233	是
工作邮箱关注度	0.0332976814	是
私人邮箱关注度	0.0017164852	是
IM 关注度	0.0190198974	是
网络社交平台关注度	0.015144135	是
电信服务	0.0013059665	是
金融服务	0.0380829969	是
购物服务	0.0138993102	是
软件服务	0.0591017048	是
娱乐服务	0.0212097342	是
社会服务	0.0497370994	是
工作服务	0.0026402731	是
物业服务	0.0286787143	是
平台服务	0.035428666	是
家庭	0.0507278041	是
亲戚	0.0466292429	是
同事	0.023165432	是
领导	0.0253469661	是
朋友	0.0135812397	是
居住相关人员	0.012257244	是
校友	0.028746169	是
网友	0.0541731727	是
交易方	0.0555668332	是
病患	0.0357187848	是
护工	0.0449740241	是

表 5-14 覆盖率计算表

属性	覆盖率	是否满足要求
性别	100.0%	是
年龄	100.0%	是
学历	100.0%	是
专业	100.0%	是
省份	100.0%	是
友善	100.0%	是
乐群	100.0%	是
自信	100.0%	是
活力	100.0%	是
寻求刺激	100.0%	是
积极情绪	100.0%	是
焦虑	100.0%	是
愤怒	100.0%	是
抑郁	100.0%	是
自我意识	100.0%	是
无节制	100.0%	是
脆弱	100.0%	是
想象力	100.0%	是
审美	100.0%	是
感情丰富	100.0%	是
尝新	100.0%	是
思辨	100.0%	是
自由主义	100.0%	是
信任	100.0%	是
道德	100.0%	是
无私	100.0%	是
合作	100.0%	是
谦逊	100.0%	是
同理心	100.0%	是
自我效能	100.0%	是
条理性	100.0%	是
责任感	100.0%	是
追求成就	100.0%	是
自律	100.0%	是
审慎	100.0%	是
职业	99.83%	是

表 5-15 相关性系数计算表

属性组	原有系数	现有系数	是否满足要求
年龄-性别	−0.035651	−0.032135	是
年龄-学历	−0.305416	−0.317368	是
性别-学历	+0.104312	+0.090881	是
年龄-外向性	−0.129720	−0.244851	是
年龄-神经质	−0.106820	−0.329400	是
年龄-开放性	+0.035720	+0.339505	是
年龄-宜人性	+0.176457	+0.003236	是
年龄-尽责性	+0.251470	+0.482195	是
性别-外向性	−0.060360	−0.083417	是
性别-神经质	−0.179315	−0.370516	是
性别-开放性	−0.108905	−0.277957	是
性别-宜人性	−0.211532	−0.136949	是
性别-尽责性	−0.065102	−0.080346	是

5.5 仿真与验证评估指标体系与评估模型

本章提出了一种涵盖对社会工程学(钓鱼事件)虚拟杀伤链、虚拟数据分布、攻击传播过程以及心理决策模型的评估方法。通过分析真实社会工程学事件，对社工事件的攻击流程进行归纳总结，根据不同指标抽象出该社会工程学量化的评估模型。该模型对社工事件的各个步骤进行量化评估，以数据可视化的形式展示评估指标并提供相应的反馈，从而实现对社会工程学攻击链的全面思考研究，为指定合理的通信网安全保障措施和对预防攻击者有效的通信网攻击策略提供理论依据和实现方法。

5.5.1 仿真与验证量化评估模型

1. 概述

在社会工程学攻击仿真评估与验证系统的模型构建中，北交大为了保证系统的全面性、数据的真实性以及执行过程的可靠性，结合钓鱼事件的执行步骤，将仿真评估单元分为 4 个部分，分别是对虚拟杀伤链的评估、对虚拟数据分布以及数据量的评估、对心理决策模型的评估以及对传播过程的评估。

2. 评估模型

在溯源社会工程学攻击仿真评估与验证系统中，北交大为了保证系统的全面性、数据的真实性以及执行过程的可靠性，结合上述钓鱼事件的执行步骤，抽象出评估模型，评估模型如图 5-39 所示。

图 5-39 将仿真评估单元分为 4 个部分，分别是对虚拟杀伤链的评估、对虚拟数据分布以及数据量的评估、对传播过程的评估以及对心理决策模型的评估。第一部分对杀伤链的维度进行评估，采用的指标是覆盖率；第二部分对虚拟数据分布及数据量进行评估，采用的指标是虚拟数据与真实数据分布服从同一分布；第三部分使用点击率指标对心理决策模型进行评估；第四部分对传播过程进行评估，采用了转发率这一评估指标。

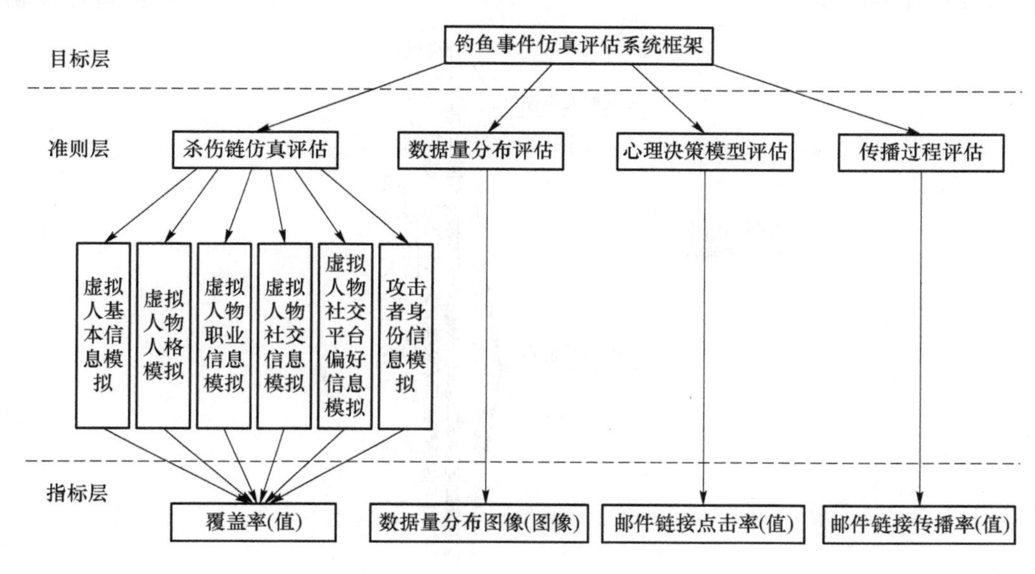

图 5-39 评估模型

3. 模型构建

社工仿真平台的流程如下：原始输入数据分为社交网络上的真实用户、真实社工事件两部分。通过采集这些数据，制定出相应的数据规范，提炼出和仿真属性相关的特征；同时对与用户隐私有关的数据去匿名化，并且对于数据不充分的情况，需要在保证数据分布一致的情况下，生成虚拟数据，达到保障仿真系统真实性的数据量。在形成真实数据与虚拟数据融合的数据库后，判断经过相应的算法处理后的指标，是否覆盖虚拟人物基本信息、虚拟人物人格信息、虚拟人物职业信息、虚拟人物社交偏好信息（官方身份）、虚拟人物社交偏好信息（个人身份）模拟 6 个层面理论仿真真实度的需求。将被攻击者的信息作为输入，利用 FM 算法判断用户是否会进行点击，传播率也可以采用 FM 算法进行计算。最终将以上指标聚合，实现指标的可视化。

5.5.2 社工学仿真和实验验证量化指标体系

1. 概述

如上文所述，将仿真评估单元分为 4 个部分，分别是对虚拟杀伤链的评估、对虚拟数据分布以及数据量的评估、对传播过程的评估以及对心理决策模型的评估。第一部分对杀伤链的维度进行评估，采用的指标是覆盖率；第二部分对虚拟数据分布及数据量进行评估，采用的指标是 JS 散度，用来评估虚拟数据与真实数据是否服从同一分布；第三部分对心理决策模型的评估，采用点击率这一评估指标；第四部分使用转发率指标对传播过程进行评估。

2. 杀伤链仿真评估

从攻击者获取被攻击者的信息途径、选择进行攻击利用的弱点、被攻击者的身份、攻击者伪装的身份以及采用的具体方案进行抽象，得到评估指标体系如图 5-40 所示。

图 5-40 的彩图

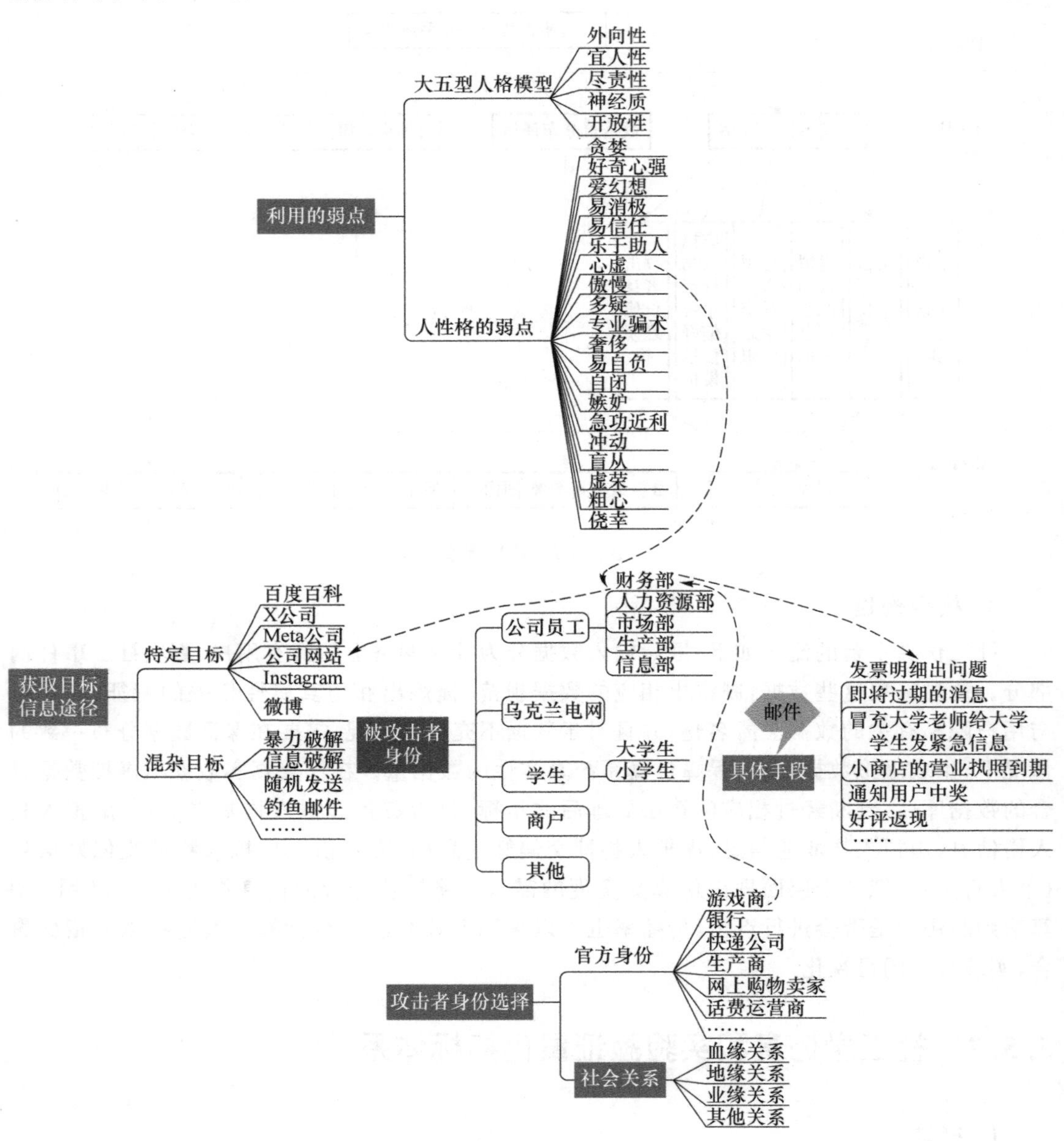

图 5-40 评估指标体系

方案成功率 SR 表示方案的实际攻击效果满足攻击预计效果的程度，是攻击方案优劣评价的依据，一般用百分比表示。参照方案成功率的定义我们可以定义指标覆盖率 F，$F=F_2/F_1*100\%$，其中，F_1 表示评估指标体系中的目标特征总数，F_2 表示仿真后用到的目标特征，通常情况下，F 越大则表明系统越可靠。

3. 对虚拟数据分布的评估

原始输入数据分为社交网络上的真实用户、真实社工事件两个部分。通过采集这些数据，制定出相应的数据规范，提炼出和仿真属性相关的特征；同时对与用户隐私有关的数据去匿名化，并且对于数据不充分的情况，需要在保证数据分布一致的情况下，生成虚拟数据，达到保障仿真系统真实性的数据量。在形成真实数据与虚拟数据融合的数据库之前，需要经过相应的算法处理后，评估虚拟数据与真实数据是否服从同一种分布。其中，被攻击者字段包括如下信息。

- 基本信息：性别、年龄、学历、专业、省份、城市、区县等信息。
- 人格信息：采用的是大五人格模型。
- 身份信息：职业代码、职业名称、职位等信息。
- 活跃程度和分级等。
- 偏好与关注信息：分为以官方身份发送的信息（包括电信服务、金融服务、购物服务、软件服务、娱乐服务、社会服务、工作服务以及业务服务等）；以个人身份发送的信息（包括家庭、亲戚、同事、领导、朋友、居住相关人员等）。

4. 心理决策模型的评估

心理决策指的是上述攻击的传播成功之后，被攻击者点击与否，本质上是一种二分类问题。借鉴广告推荐系统预测点击率使用的 FM 算法，通过用户的个人信息、广告上下文信息、广告的信息作为特征输入。就钓鱼事件而言，影响被攻击者点击与否的因素有以下三类：被攻击者的信息；邮件的上下文信息；邮件的内容。将这些特征作为模型的输入训练 FM 算法，最终得到一个训练好的模型，使用该模型对用户点击的概率进行评估。

5. 传播过程评估

攻击的传播可以抽象为如下过程：首先确定好攻击采用的方式即攻击的主题（钓鱼事件），特定主题选定之后起关键作用的是属性建立，其中人物的属性维度是可以扩展的，接下来需要进行权重配置文件的设置，该文件是由攻击者到被攻击者两者之间的属性值特点计算的，该文件作为知道计算边权重的依据；然后边来源根据好友关系、历史有交互等关系来构建，边权重计算依据权重配置文件，各个属性特征得分相加；最后设置传播成功阈值（阈值为边权重阈值，边权重高于设置的阈值，表示该边能够成功传播）假设事件由某个节点发起，向外传播，若传播边的权重大于 0.1，则认为能够传播。对于传播过程的评估需要借助转发率这个指标，也即从攻击者到被攻击者之间的传播与否，可以看出这实际上也是一个二分类问题，可以采用上述决策树算法进行转发率预估。

目前，国内外对社会工程学应用与防护技术的研究尚处于起步阶段，当前的社工学研究缺乏科学的实验验证和量化评估方法与体系。社工事件动态、复杂、关联性难以确定；社工研究中缺乏面向人与社会因素的实验验证方法；社工真实数据和模拟数据存在多源异构，难以结合；社工学在网络安全应用中的理论仿真与验证方法不完善，缺少对社会工程学技术原理深层的探究。

本书提出对社会工程学仿真与验证方法的研究：研究基于真实社工事件数据的精细化因子结构与关联特征提取技术；研究社工事件模拟中的人格化虚拟角色培养技术和大规模

动态虚拟社会网络生成技术；研究真实数据与模拟数据的结合方法，实现多源异构社工数据的可控结合。构建自动化的社工数据规范方法，能够在未来根据数据对规范进行灵活调整，形成可靠的高可用社工学理论仿真与实验验证方法和体系，满足社工研究的需求，并且可对社工机理、检测和防护进行科学评估。将有效防止基于社会工程学的攻击，对保障人民财产安全、国家网络信息安全具有非常重要的意义。

参考文献

［1］ 王作广，朱红松，孙利民．社工概念演化分析[J]．信息安全学报，2021，6(2)：12-29.

［2］ MITNICK 等．The Art of Deception：Controlling the Human Element of Security [M]．Indianapolis：Wiley Publishing，2002.

［3］ WANG Z，SUN L，ZHU H．Defining Social Engineering in Cybersecurity[J]．IEEE Access，2020，8(1)：85094-85115.

［4］ 宋艾米，曹奇英．基于目标管理的社会工程学模型研究[J]．计算机科学，2012，39(S3)：41-44.

［5］ 薛晨，杨世平．基于社会工程学的入侵渗透的研究[J]．贵州大学学报（自然科学版），2015，32(1)：81-85.

［6］ 马明阳．针对社会工程学攻击的防御技术研究[D]．北京：北京邮电大学，2015.

［7］ AMATO D A．Trashing customary international law[J]．American Journal of International Law，1987，81(1)：101-105.

［8］ XIA W，ZHAO P，WEN Y，et al．A survey on data center networking (DCN)：Infrastructure and operations[J]．IEEE communications surveys & tutorials，2016，19(1)：640-656.

［9］ REID F J，CHAMPNESS B G．Wisconsin Educational Telephone Network：how to run educational teleconferencing successfully[J]．British Journal of Educational Technology，1983，14(2)：85-102.

［10］ TÄNNSJÖ T．Doomsoon？[J]．Inquiry，1997，40(2)：243-252.

［11］ STERLING B．The hacker crackdown：Law and disorder on the electronic frontier [M]．New York：Open Road Media，2020.

［12］ 胡泳，范海燕．黑客：电脑时代的牛仔：Hackers：cowboys of the computer age [M]．北京：中国人民大学出版社，1997.

［13］ BLACKOPSPRO07．The Secret History ofHacking[EB/OL]．(2001-10-10) [2024-06-04]．https://www.youtube.com/watch？v=PUf1d-GuK0Q.

［14］ HATFIELD J M．Social engineering in cybersecurity：The evolution of a concept [J]．Computers & Security，2018，73(1)：102-113.

［15］ LAPSLEY P．Exploding the phone：The untold story of the teenagers and outlaws who hacked Ma Bell[M]．NewYork：Grove Press，2013.

［16］ QUITTNER J．Interview with ice man and maniac[J]．Phrack Magazine，1992，4

(14): 12-24.

[17] KLUEPFEL H M. In search of the cuckoo's nest (computersecurity)[C]//IEEE International Carnahan Conference on Security Technology. Piscataway, NJ: IEEE, 1991: 181-191.

[18] SALAHDINE F, KAABOUCH N. Social engineering attacks: A survey[J]. Future internet, 2019,11(4): 89.

[19] KLUEPFEL H M. Foiling thewiley hacker: more than analysis and containment [C]//International Carnahan Conference on Security Technology. Piscataway, NJ: IEEE, 1989: 15-21.

[20] KROL E. Secrets of a Super Hacker[J]. The Sciences, 1994,34(3): 44-49.

[21] BERG A. Cracking a social engineer[J]. Computers & Security, 1995,8(14): 700.

[22] QUANN J, BELFORD P. The hack attack-increasing computer system awareness of vulnerability threats[C]//Aerospace Computer Security Conference. Orlando, FL,U. S. A: IEEE Computer Society Press, 1987: 3093.

[23] WINKLER I S, DEALY B. Information Security Technology? Don't Rely on It. A Case Study in SocialEngineering. [C]//USENIX Security Symposium. Berkeley, CA:USENIX Association. 1995: 1.

[24] WINKLER I S. Social Engineering and Reverse Social Engineering[Z]. DSM/82-10-43. pdf, 1998.

[25] CAMPBELL D, HULME R. The winner-takes-all economy[J]. The McKinsey Quarterly, 2001,1(1): 82.

[26] GRANGER S. Social engineering fundamentals, part I: hacker tactics[J]. Security Focus, December, 2001, 1(1): 18.

[27] CAMPBELL C C. Solutions for counteracting human deception in social engineering attacks [J]. Information Technology & People, 2019, 32 (5): 1130-1152.

[28] GOLD S. Social engineering today: psychology, strategies and tricks[J]. Network Security, 2010,2010(11): 11-14.

[29] HARLEY D. Re-floating the titanic: Dealing with social engineering attacks[J]. European Institute for Computer Antivirus Research, 1998,1(1): 4-29.

[30] MANSKE K. An Introduction to Social Engineering[J]. Information Systems Security, 2000,1(9): 1-7.

[31] JORDAN T, TAYLOR P. A sociology of hackers[J]. The Sociological Review, 1998,46(4): 757-780.

[32] AHMED M, ALQADHI S, MALLICK J, et al. Advances in projectile penetration mechanism in soil media[J]. Applied Sciences, 2020,10(19): 6810.

[33] RUSCH J J. The "social engineering" of internet fraud[C]//Internet Society Annual Conference. Rosten, VA, USA: Internet Society. 1999(1):1-11.

[34] MEINERT M C. Social engineering: The art of human hacking[J]. American

Bankers Association. ABA Banking Journal, 2016,108(3): 49.

[35] HADNAGY C. Unmasking the social engineer: The human element of security [M]. Hoboken: John Wiley & Sons, 2014.

[36] MITNICK K D, SIMON W L. The art of deception: Controlling the human element of security[M]. Hoboken: John Wiley & Sons, 2003.

[37] SIMON W L, MITNICK K D. The Art of Deception: Controlling the Human Element of Security[M]. Manhattan :Wiley, 2002.

[38] MATHUR P, PILLAI R. Overnutrition: Current scenario & combat strategies [J]. Indian Journal of Medical Research, 2019,149(6): 695-705.

[39] EVANS N J. Information technology social engineering: an academic definition and study of social engineering-analyzing the human firewall[M]. Ames: Iowa State University, 2009.

[40] SALAHDINE F, KAABOUCH N. Social engineering attacks: A survey[J]. Future internet, 2019,11(4): 89.

[41] WANG Z, SUN L, ZHU H. Defining social engineering in cybersecurity[J]. IEEE Access, 2020,8(1): 85094-85115.

[42] MOUTON F, LEENEN L, MALAN MM, et al. Towards an ontological model defining the social engineering domain[C]//IFIP International Conference on Human Choice and Computers. Berlin,German: Springer, 2014: 266-279.

[43] CNN. A convicted hacker debunks some myths[EB/OL]. (2005-10-13)[2024-06-04]. http://edition.cnn.com/2005/TECH/internet/10/07/kevin.mitnick.cnna/index.html.

[44] WIKIPEDIA. Social engineering (security)[EB/OL]. (2019-03-03) [2024-06-04]. https://en.wikipedia.org/wiki/Social_engineering.

[45] OXFORD DICTIONARIES. social engineering | Definition of social engineering in English [EB/OL]. (2019-03-05)[2024-06-04]. https://en.oxforddictionaries.com/definition/social_engineering.

[46] FAN W, KEVIN L, RONG R. Social engineering: IE based model of human weakness for attack and defense investigations[J]. IJ Computer Network and Information Security, 2017,9(1): 1-11.

[47] GULENKO I. Social against social engineering: Concept and development of a Facebook application to raise security and risk awareness[J]. Information management & computer security, 2013,21(2): 91-101.

[48] FAN W, LWAKATARE K, RONG R. Social engineering: IE based model of human weakness to investigate attack and defense[J]. SCIREA J. Inf. Sci. Syst. Sci, 2016,1(2): 34-57.

[49] GRAGG D. A multi-level defense against social engineering[J]. SANS Reading Room, 2003,13(1): 1-21.

[50] SILIC M, BACK A. The dark side of social networking sites: Understanding phishing risks[J]. Computers in Human Behavior, 2016,60(1): 35-43.

[51] KRUGER H A, KEARNEY W D. A prototype for assessing information security awareness[J]. Computers & security, 2006,25(4): 289-296.

[52] THORNBURGH T. Social engineering: the "dark art"[C]//Proceedings of the 1st annual conference on Information security curriculum development. Kennesaw, GA. 2004: 133-135.

[53] HASAN M, PRAJAPATI N, VOHARA S. Case study on social engineering techniques for persuasion[DB/OL]. (2010-06-19)[2024-06-04]https://arxiv_org/abs/1006.3848.

[54] HUBER M, MULAZZANI M, SCHRITTWIESER S, et al. Cheap and automated socio-technical attacks based on social networking sites[C]//Proceedings of the 3rd ACM workshop on Artificial intelligence and security. New York, NY : ACM, 2010: 61-64.

[55] ALSULAMI M H, ALHARBI F D, ALMUTAIRI H M, et al. Measuring awareness of social engineering in the educational sector in the kingdom of Saudi Arabia[J]. Information, 2021,12(5): 208.

[56] RAPID. Best Practices for Social Engineering Attacks[EB/OL]. (2018-06) [2024-06-04]. https://docs.rapid7.com/metasploit/best-practices-for-social-engineering/.

[57] KROMBHOLZ K, HOBEL H, HUBER M, et al. Advanced social engineering attacks[J]. Journal of Information Security and applications, 2015, 22(1): 113-122.

[58] BULLÉE J H, MONTOYA L, PIETERS W, et al. The persuasion and security awareness experiment: reducing the success of social engineering attacks[J]. Journal of experimental criminology, 2015,11(1): 97-115.

[59] STEWART J, DAWSON M. How the modification of personality traitsleave one vulnerable to manipulation in social engineering[J]. International Journal of Information Privacy, Security and Integrity, 2018,3(3): 187-208.

[60] SAMANI R, MCFARLAND C. Hacking the human operating system: The role of social engineering within cybersecurity[R]. Santa Clara: McAfee, 2015.

[61] BREDA F, BARBOSA H, MORAIS T. Social engineering and cyber security[C]//11th International Technology, Education and Development Conference. Valencia, Spain: INTED2017 Proceedings, 2017: 4204-4211.

[62] PELTIER T R. Social engineering: Concepts and solutions[J]. Information Security Journal, 2006,15(5): 13-21.

[63] 卢凡. "社会工程学"主导非传统信息安全[J]. 中国计算机报, 2006,3(20): C02.

[64] 范建中. 黑客社会工程学攻击[M]. 济南: 山东齐鲁电子音像出版社, 2008.

[65] OOSTERLOO B. Managing social engineering risk: making social engineeringtransparant[D]. Enschede: University of Twente, 2008.

[66] ALGARNI A A M, XU Y. Social engineering in social networking sites: Phase-

based and source-based models [J]. International Journal of e-Education, e-Business, e-Management and e-Learning, 2013,3(6): 456-462.

[67] ALGARNI A A M. The impact of source characteristics on users' susceptibility to social engineering Victimization in social networks [D]. Brisbane: Queensland University of Technology, 2016.

[68] HERMANSSON M, RAVNE R. Fighting social engineering—Increasing information security in organizations by combining scenario based learning and psychological factors of persuasion[D]. Stockholm: University of Stockholm/Royal Institute of Technology, 2005.

[69] NOHLBERG M. Social engineering: understanding, measuring and protecting against attacks[R]. Stockholm: University of Skåvde, 2007.

[70] BAKHSHI T, PAPADAKI M, FURNELL S. A Practical Assessment of Social EngineeringVulnerabilities. [C]//Proceedings of the 2nd International Symposium on Human Aspects of Information Security and Assurance HAISA 2008. Plymouth, UK: University of Plymouth, 2008: 12-23.

[71] ROBERT E L, LANCE C. CCSP: Cisco Certified Security Professional Certification All-in-One Exam Guide (Exams SECUR, CSPFA, CSVPN, CSIDS, and CSI)[M]. New York: McGraw-Hill Osborne, 2003.

[72] CONTEH N Y, SCHMICK P J. Cybersecurity: risks, vulnerabilities and countermeasures to prevent social engineering attacks[J]. International Journal of Advanced Computer Research, 2016,6(23): 31.

[73] BECKERS K, PAPE S, FRIES V. HATCH: hack and trick capricious humans-a serious game on social engineering[C]//Proceedings of the 30th International BCS Human Computer Interaction Conference: Companion Volume. Swindon, GBR: BCS Learning & Development Ltd. , 2016: 1-3.

[74] INDRAJIT R E. Social engineering framework: Understanding the deception approach to human element of security [J]. International Journal of Computer Science Issues (IJCSI),2017,14(2): 8.

[75] WHITEMAN III J R. Socialengneering: Humans are the prominent reason for the continuance of these types of attacks[D]. New York: Utica College, 2017.

[76] JAKOBSSON M. Modeling and Preventing Phishing Attacks[C]//Proceedings of the 9th International Conference on Financial Cryptography and Data Security. Berlin, Heidelberg: Springer-Verlag, 2005: 89.

[77] MILLS D. Analysis of a social engineering threat to information security exacerbated by vulnerabilities exposed through the inherent nature of social networking websites [C]//2009 Information Security Curriculum Development Conference. Kennesaw, Georgia: Association for Computing Machinery, 2009: 139-141.

[78] TETRI P, VUORINEN J. Dissecting social engineering [J]. Behaviour &

Information Technology, 2013, 32(10): 1014-1023.

[79] DHIMAN P, WAJID S A, QURAISHI FF. A comprehensive study of social engineering-the art of mind hacking[J]. IJSRCSEIT, 2017, 2(6): 543-548.

[80] HASLE H, KRISTIANSEN Y, KINTEL K, et al. Measuring resistance to social engineering[C]//Proceedings of the First international conference on Information Security Practice and Experience. Singapore: Springer-Verlag, 2005: 132-143.

[81] THAPAR A. Social Engineering: An Attack Vector most Intricate to Tackle[R/OL]. (2007-12-20) [2024-06-06]. https://cisoclub. mx/documentos/Social _ Engineering_AThapar. pdf.

[82] PONTIROLI S. SOCIAL ENGINEERING, HACKING THE HUMAN OS[EB/OL]. (2013-12-20) [2018-07-05]. https://www. kaspersky. com/blog/social-engineering-hacking-the-human-os/3386/.

[83] BISSON D. 5 SOCIAL ENGINEERING ATTACKS TO WATCH OUT FOR[EB/OL]. (2023-03-01) [2023-08-01]. https://www. tripwire. com/state-of-security/security-awareness/5-social-engineering-attacks-to-watch-out-for/.

[84] HEARTFIELD R, LOUKAS G. A taxonomy of attacks and a survey ofdefence mechanisms for semantic social engineering attacks[J]. ACM Computing Surveys (CSUR), 2015, 48(3): 1-39.

[85] FOOZY C F M, AHMAD R, ABDOLLAH M F, et al. Generic taxonomy of social engineering attack anddefence mechanism for handheld computer study [C]// Malaysian Technical Universities International Conference on Engineering & Technology. Batu Pahat, Johor, Malaysia: MTUN, 2011: 1-6.

[86] NYAMSUREN E, CHOI H J. Preventing social engineering in ubiquitous environment [C]//Future generation communication and networking (FGCN 2007). Jeju, Korea (South): IEEE, 2007, 2: 573-577.

[87] LINEBERRY S. The human element: The weakest link in information security[J]. Journal of Accountancy, 2007, 204(5): 44-46, 49.

[88] LAFRANCE Y. Psychology: A precious security tool [R/OL]. (2004-06-09) [2024-06-06]. https://www. sans. org/white-papers/1409/.

[89] MCAFEE. Social Engineering in the Internet of Things (IoT) [EB/OL]. (2015-03-02) [2018-07-27]. https://www. mcafee. com/blogs/other-blogs/executive-perspectives/social-engineering-internet-things-iot/.

[90] PFLEEGER C P. Security in computing [M]. Hoboken: Prentice-Hall, Inc., 1988.

[91] UEBELACKER S, QUIEL S. The social engineering personality framework[C]// 2014 Workshop on Socio-Technical Aspects in Security and Trust. Vienna, Austria: IEEE, 2014: 24-30.

[92] WINKLER I. Corporate Espionage: what it is, why it is happening in your company, what you must do about it[M]. Rocklin: Prima Lifestyles, 1997.

[93] BALL L, EWAN G, COULL N. Undermining: social engineering usingopen source intelligence gathering [C]//4th International Conference on Knowledge Discovery and Information Retrieval. Barcelona, Spain: Scitepress Digital Library, 2012: 1-6.

[94] SCHEELEN Y, WAGENAAR D, SMEETS M, et al. The devil is in the details: Social Engineering by means ofSocial Media[R]. Amsterdam: A Project Report on System & Network Engineering, Universiteit van Amsterdam, 2012.

[95] EDWARDS M, LARSON R, GREEN B, et al. Panning for gold: Automaticallyanalysing online social engineering attack surfaces[J]. computers & security, 2017,69(1): 18-34.

[96] GALLAGHER R. Where Do the Phishers Live? Collecting Phishers' Geographic Locations from Automated Honeypots[C]//Washington, DC: Proc. ShmooCon XII. 2016.

[97] ANDERSON H S, WOODBRIDGE J, FILAR B. DeepDGA: Adversarially-Tuned Domain Generation and Detection[C]//Proceedings of the 2016 ACM Workshop on Artificial Intelligence and Security. Vienna, Austria: Association for Computing Machinery, 2016: 13-21.

[98] JAKOBSSON M. social Engineering 2.0: What's next[J]. Mcafee security journal, 2008,3(3): 13-15.

[99] FRUMENTO E, PURICELLI R, FRESCHI F, et al. The role of Social Engineering in evolution of attacks[R]. Milano: CEFRIEL, 2016.

[100] FANG B X. "The definitions of fundamental concepts" in Cyberspace Sovereignty [M]. Singapore: Springer, 2018: 1-52.

[101] FANG B X. Define cyberspace security[J]. Chinese Journal of Network and Information Security, 2018, 4(1): 1-5.

[102] WANG Z G, ZHU H S, LIU PP, et al. Social engineering in cybersecurity: a domain ontology and knowledge graph application examples[J]. Cybersecurity, 2021,4(1): 31.

[103] WANG Z G, ZHU H S, SUN L M. Social engineering in cybersecurity: Effect mechanisms, human vulnerabilities and attack methods[J]. Ieee Access, 2021, 9 (9): 11895-11910.

[104] FACHKHA C, BOU-HARB E, KELIRIS A, et al. Internet-scale Probing of CPS: Inference, Characterization and Orchestration Analysis[C]//24th Annual Network and Distributed System Security Symposium, NDSS 2017. San Diego, California, United States: The Internet Society, 2017.

[105] de VRIES W B, SCHEITLE Q, MÜLLER M, et al. A First Look at QNAME Minimization in the Domain Name System[C]//Passive and Active Measurement: 20th International Conference, PAM 2019. Puerto Varas, Chile: Springer International Publishing, 2019: 147-160.

[106] ROMERO-GOMEZ R, NADJI Y, ANTONAKAKIS M. Towards designing effective visualizations for DNS-based network threat analysis[C]//2017 IEEE Symposium on Visualization for Cyber Security (VizSec). Phoenix, AZ, USA: IEEE Computer Society, 2017: 1-8.

[107] JIA Y X, HAN B, LI Q, et al. Who owns Internet of Thingdevices? [J]. International Journal of Distributed Sensor Networks, 2018,14(11): 1-12.

[108] ZHENG X, CAI Z P, YU J G, et al. FollowBut No Track: Privacy Preserved Profile Publishing in Cyber-Physical Social Systems[J]. IEEE Internet of Things Journal, 2017,4(6): 1868-1878.

[109] PINGLEY A, YU W, ZHANG N, et al. CAP: A Context-Aware Privacy Protection System for Location-Based Services[C]//2009 29th IEEE International Conference on Distributed Computing Systems. Montreal, QC, Canada: IEEE, 2009: 49-57.

[110] SHU K, WANG S H, TANG J L, et al. User Identity Linkage across Online Social Networks: A Review[J]. Acm Sigkdd Explorations Newsletter, 2017, 18(2): 5-17.

[111] 周小平，梁循，赵吉超，等. 面向社会网络融合的关联用户挖掘方法综述[J]. 软件学报，2017，28(06)：1565-1583.

[112] LIU Q F, DU Y H, LU T L. User Identity Linkage Across Social Networks [C]//The 8th International Conference on Computer Engineering and Networks (CENet2018). Shanghai, China: Springer International Publishing, 2020: 600-607.

[113] 刘奇飞,杜彦辉,芦天亮. 基于用户关系的跨社交网络用户身份关联方法[J]. 计算机应用研究,2020,37(02):381-384.

[114] 徐晓霖,蔡满春,芦天亮. 基于深度学习的中文微博作者身份识别研究[J]. 计算机应用研究,2020,37(01):16-18.

[115] FACHKHA C, BOU-HARB E, KELIRIS A, et al. Internet-scale Probing of CPS: Inference, Characterization and Orchestration Analysis[C]//24th Annual Network and Distributed System Security Symposium, NDSS 2017. San Diego, California, United States: The Internet Society, 2017.

[116] de VRIES W B, SCHEITLE Q, MÜLLER M, et al. A First Look at QNAME Minimization in the Domain Name System[C]//Passive and Active Measurement: 20th International Conference, PAM 2019. Puerto Varas, Chile: Springer International Publishing, 2019: 147-160.

[117] ROMERO-GOMEZ R, NADJI Y, ANTONAKAKIS M. Towards designing effective visualizations for DNS-based network threat analysis[C]//2017 IEEE Symposium on Visualization for Cyber Security (VizSec). IEEE, 2017: 1-8.

[118] JIA Y, HAN B, LI Q, et al. Who owns Internet of Thing devices? [J]. International Journal of Distributed Sensor Networks, 2018, 14(11). DOI: 10.

1177/1550147718811099.
[119] ZHENG X, CAI Z, YU J, et al. Follow but no track: Privacy preserved profile publishing in cyber-physical social systems[J]. IEEE Internet of Things Journal, 2017, 4(6): 1868-1878.
[120] PINGLEY A, YU W, ZHANG N, et al. Cap: A context-aware privacy protection system for location-based services[C]//2009 29th IEEE International Conference on Distributed Computing Systems. IEEE, 2009: 49-57.
[121] 栗文真. 恶意邮件检测技术研究[D]. 天津:天津理工大学, 2020.
[122] WITTEL GL, WU S F . On Attacking Statistical Spam Filters[C]//Conference on Email & Anti-spam. DBLP, 2004: 33-40.
[123] LOWD D, MEEK C. Good Word Attacks on Statistical Spam Filters[C]//CEAS. 2005.
[124] KUCHIPUDI B, NANNAPANENI R T, LIAO Q. Adversarial machine learning for spam filters [C]//Proceedings of the 15th International Conference on Availability, Reliability and Security. 2020: 1-6.
[125] WANG C, ZHANG D, HUANG S, et al. Crafting adversarial email content against machine learning based spam email detection[C]//Proceedings of the 2021 International Symposium on Advanced Security on Software and Systems. 2021: 23-28.
[126] ALGARNI A, XU Y, CHAN T, et al. Toward understanding social engineering [C]//The Proceedings of the 8th International Conference on Legal, Security and Privacy Issues in IT Law, (Critical Analysis and Legal Reasoning). Bangkok, Thailand: The International Association of IT Lawyers (IAITL), 2013: 279-300.
[127] BYRNE D. An overview (and underview) of research and theory within the attraction paradigm[J]. Journal of Social and Personal Relationships, 1997, 14 (3): 417-431.
[128] PETTY R E, CACIOPPO J T, PETTY R E, et al. The elaboration likelihood model of persuasion[M]. New York: Springer, 1986.
[129] PETTY R E, CACIOPPO J T. Communication and persuasion: central and peripheral routes to attitude change[M]. Berlin: Springer-Verlag, 1986.
[130] PETTY R E, CACIOPPO J T, SCHUMANN D. Central and peripheral routes to advertising effectiveness: The moderating role of involvement [J]. Journal of consumer research, 1983, 10(2): 135-146.
[131] PELTIER T R. Socisl engineering: Concepts and solutions [J]. Information Security Journal, 2006, 15(5): 13.
[132] WORKMAN M. Gaining access with social engineering: An empirical study of the threat[J]. Information Systems Security, 2007, 16(6): 315-331.
[133] GUADAGNO R E, CIALDINI R B. Online persuasion and compliance: Social influence on the Internet and beyond[J]. The social net: The social psychology of

the Internet, 2005: 91-113.

[134] PRIESTER J R, PETTY R E. Source Attributions and Persuasion: Perceived Honesty as a Determinant of Message Scrutiny [J]. Personality and Social Psychology Bulletin, 1995, 21(6): 637-654.

[135] DE HOOG N, STROEBE W, DE WIT J B F. The impact of vulnerability to and severity of a health risk on processing and acceptance of fear-arousing communications: A meta-analysis[J]. Review of General Psychology, 2007, 11 (3): 258-285.

[136] MILGRAM S, GUDEHUS C. Obedience to authority[M]. New York: Ziff-Davis Publishing Company, 1978.

[137] HOFLING C K, BROTZMAN E, DALRYMPLE S, et al. An experimental study in nurse-physician relationships[J]. The Journal of nervous and mental disease, 1966, 143(2): 171-180.

[138] BERKOWITZ L. Social norms, feelings, and other factors affecting helping and altruism[M]. New York: Advances in experimental social psychology. Academic Press, 1972, 6: 63-108.

[139] DERLAGA V J, BERG J H. Self-disclosure: Theory, research, and therapy[M]. Berlin: Springer Science & Business Media, 1987.

[140] LEARY M R. Self-presentation: Impression management and interpersonal behavior[M]. Madison, WI: Brown & Benchmark Publishers, 1995.

[141] FREEDMAN J L, FRASER S C. Compliance without pressure: the foot-in-the-door technique [J]. Journal of personality and social psychology, 1966, 4 (2): 195.

[142] DARLEY J M, LATANÉ B. Bystander intervention in emergencies: diffusion of responsibility[J]. Journal of personality and social psychology, 1968, 8 (4): 377.

[143] HARKINS S G, LATANE B, WILLIAMS K. Social loafing: Allocating effort or taking it easy? [J]. Journal of Experimental Social Psychology, 1980, 16(5): 457-465.

[144] EVANS N J. Information technology social engineering: an academic definition and study of social engineering-analyzing the human firewall [M]. Ames, IA: Iowa State University, 2009.

[145] CHITREY A, SINGH D, SINGH V. A comprehensive study of social engineering based attacks in india to develop a conceptual model[J]. International Journal of Information and Network Security, 2012, 1(2): 45.

[146] Frumento E, Puricelli R, Freschi F, et al. The role of social engineering in evolution of attacks[M]. Dogana: DOGANA Consortium, 2016.

[147] MAYER R C, DAVIS J H, SCHOORMAN F D. An integrative model of organizational trust[J]. Academy of management review, 1995, 20(3): 709-734.

[148] NLP and Social Engineering - Hacking the human mind - SocialEngeneering

Article | HBH [EB/OL]. (2009-10-06) [2024-06-04]. https://hbh.sh/articles/9/878/nlp-and-social-engineering-hacking-the-human-mind.

[149] EKMAN P. Microexpression training tool, subtle expression training tool[M]. Salt Lake City, UT: A Human Face, 2002.

[150] EKMAN P, FRIESEN W V, HAGER J C. Facial action coding system: The manual on CD-ROM. Instructor's Guide[M]. Salt Lake City, UT: A Human Face, 2002.

[151] JUELS A, RISTENPART T. Honey encryption: Security beyond the brute-force bound[C]//Annual international conference on the theory and applications of cryptographic techniques. Springer, Berlin, Heidelberg, 2014: 293-310.

[152] TYAGI N, WANG J, WEN K, et al. Honey encryption applications[J]. Network Security, 2015, 2015: 1-16.

[153] 银伟,周红建,邢国强.蜜罐加密技术在私密数据保护中的应用[J].计算机应用,2017,37(12):3406-3411.

[154] NOORUNNISA N S, AFREEN D K R. Review on honey encryption technique [J]. International Journal of Science and Research (IJSR), 2016, 5(2): 1683-1686.

[155] 吴桐,郑康锋,伍淳华,等.网络空间安全中的人格研究综述[J].电子与信息学报,2020,42(12):2827-2840.

[156] 金莉莎,朱翔,张雅雯.浅析社会工程学中的信息泄漏[J].网络安全技术与应用,2021,(02):151-152.

[157] 李苏雄.异常行为模式匹配:犯罪网络化、产业化态势下的治理范式——以电信网络诈骗为例[J].北京警察学院学报,2021,(03):106-112.

[158] 山西省公安厅披露十大典型案例 提醒百姓谨防电信网络诈骗[J].中国防伪报道,2021,(03):53-56.

[159] 暴雨轩,芦天亮,杜彦辉.深度伪造视频检测技术综述[J].计算机科学,2020,47(09):283-292.

[160] 潘孝勤,芦天亮,杜彦辉,等.基于深度学习的语音合成与转换技术综述[J].计算机科学,2021,48(08):200-208.

[161] CRUZ J A A. Social engineering and awareness training [R/OL]. Technical report, Walsh College, 2010, [2024-06-03]. http://www.talktoanit.com/SE/Social%20Engineering%20and%20Information%20Awareness.pdf.

[162] GHAFIR I, PRENOSIL V, ALHEJAILAN A, et al. Social engineering attack strategies and defence approaches[C]//2016 IEEE 4th international conference on future internet of things and cloud (FiCloud). IEEE, 2016: 145-149.

[163] ABRAHAM S, CHENGALUR-SMITH I. An overview of social engineering malware: Trends, tactics, and implications[J]. Technology in Society, 2010, 32(3): 183-196.

[164] 顾威.防火防盗反钓鱼 2016 年全球网络钓鱼总汇概览[J].计算机与网络,2017,

43(Z1):78-84.

[165] 靳取.大学生风险倾向与风险感知对创业决策的影响研究——基于规则聚焦理论[J].贵州商业高等专科学校学报,2010,23(01):67-71.

[166] 杨明,杜彦辉,刘晓娟.网络钓鱼邮件分析系统的设计与实现[J].中国人民公安大学学报(自然科学版),2012,18(02):61-65.

[167] ALSEADOON I, OTHMAN M F I, CHAN T. What is the influence of users' characteristics on their ability to detect phishing emails? [C]//Advanced Computer and Communication Engineering Technology: Proceedings of the 1st International Conference on Communication and Computer Engineering. Springer International Publishing, 2015: 949-962.

[168] ALSHARNOUBY M, ALACA F, CHIASSON S. Why phishing still works: User strategies for combating phishing attacks [J]. International Journal of Human-Computer Studies, 2015, 82: 69-82.

[169] APWG. Phishing Attack Trends Report-1Q 2019[EB/OL]. (2019-04-20)[2024-06-03]. https://docs.apwg.org/reports/apwg_trends_report_q1_2019.pdf.

[170] BARLOW R E. Mathematical theory of reliability: a historical perspective[J]. IEEE Transactions on Reliability, 1984, 33(1): 16-20.

[171] BULLEE J W, MONTOYA L, JUNGER M, et al. Spear phishing in organisations explained[J]. Information & Computer Security, 2017, 25(5): 593-613.

[172] CHANCEY E T, BLISS J P, PROAPS A B, et al. The role of trust as a mediator between system characteristics and response behaviors[J]. Human factors, 2015, 57(6): 947-958.

[173] CHANCEY E T, BLISS J P, YAMANI Y, ET AL. Trust and the compliance-reliance paradigm: The effects of risk, error bias, and reliability on trust and dependence[J]. Human factors, 2017, 59(3): 333-345.

[174] CHAVAILLAZ A, WASTELL D, SAUER J. System reliability, performance and trust in adaptable automation[J]. Applied Ergonomics, 2016, 52: 333-342.

[175] CHEN J, MISHLER S, HU B, et al. The description-experience gap in the effect of warning reliability on user trust and performance in a phishing-detection context [J]. International Journal of Human-Computer Studies, 2018,119: 35-47.

[176] CHOU N. Client-side defense against web-based identity theft[C]//11th Annual Network and Distributed System Security Symposium (NDSS'04). San Diego, CA, United states: NDSS The Internet Society,2004.

[177] DAMBACHER M, HUBNER R. Time pressure affects the efficiency of perceptual processing in decisionsunder conflict[J]. Psychol Res, 2015,79(1): 83-94.

[178] DE VRIES P, MIDDEN C, BOUWHUIS D. The effects of errors on system trust, self-confidence, and the allocation of control in route planning [J].

International Journal of Human-Computer Studies, 2003, 58(6): 719-735.

[179] DOWNS J, HOLBROOK M, CRANOR L. Behavioral response to phishing risk [C]//Proceedings of the anti-phishing working groups 2nd annual eCrime researchers summit. New York, NY, United States: Association for Computing Machinery, 2007: 37-44.

[180] EGELMAN S, CRANOR L, HONG J. You've been warned: an empirical study of the effectiveness of web browser phishing warnings[C]//Proceedings of the SIGCHI conference on human factors in computing systems. New York, NY, United States: Association for Computing Machinery, 2008: 1065-1074.

[181] GEFEN D, KARAHANNA E, STRAUB D. Trust and TAM in online shopping: An integrated model[J]. MIS quarterly, 2003, 27(01): 51-90.

[182] GOEL S, WILLIAMS K, DINCELLI E. Got phished? Internet security and human vulnerability[J]. Journal of the Association for Information Systems, 2017, 18(1): 2.

[183] GRIFFIN R, NEUWIRTH K, GIESE J, et al. Linking the heuristic-systematic model and depth of processing[J]. Communication Research, 2002, 29(6): 705-732.

[184] HALEVI T, Lewis J, Memon N. A pilot study of cyber security and privacy related behavior and personality traits[C]//Proceedings of the 22nd international conference on world wide web. New York, NY, United States: Association for Computing Machinery, 2013: 737-744.

[185] HARRISON B, SVETIEVA E, VISHWANATH A. Individual processing of phishing emails: How attention and elaboration protect against phishing[J]. Online Information Review, 2016, 40(2): 265-281.

[186] HILLESHEIM A, RUSNOCK C. Predicting the effects of automation reliability rates on human-automation team performance[C]//2016 Winter Simulation Conference (WSC). Los Alamitos, CA: IEEE Computer Society, 2016: 1802-1813.

[187] FLORES W, HOLM H, NOHLBERG M, et al. An empirical investigation of the effect of target-related information in phishing attacks[C]//2014 IEEE 18th International Enterprise Distributed Object Computing Conference Workshops and Demonstrations. Los Alamitos, CA: IEEE Computer Society, 2014: 357-363.

[188] JAGATIC T, JOHNSON N, JAKOBSSON M, et al. Social phishing[J]. Communications of the ACM, 2007, 50(10): 94-100.

[189] MODIC D, LEA S. How Neurotic are Scam Victims, Really? The Big Five and Internet Scams[C]//2011 Conference of the International Confederation for the Advancement of Behavioral Economics and Economic Psychology. Exeter, United Kingdom: SSRN, 2011.

[190] MOODY G, GALLETTA D, DUNN B. Which phish get caught? An exploratory

study of individuals' susceptibility to phishing [J]. European Journal of Information Systems, 2017, 26: 564-584.

[191] NICHOLSON J, COVENTRY L, BRIGGS P. Can we fight social engineering attacks by social means? Assessing social salience as a means to improve phish detection[C]//Thirteenth Symposium on Usable Privacy and Security (SOUPS 2017). United States: USENIX Association, 2017: 285-298.

[192] RAMESH G, SELVAKUMAR K, VENUGOPAL A. Intelligent explanation generation system for phishing webpages by employing an inference system[J]. Behaviour & Information Technology, 2017, 36(12): 1244-1260.

[193] SHARPLES S, STEDMON A, COX G, et al. Flightdeck and Air Traffic Control Collaboration Evaluation (FACE): Evaluating aviation communication in the laboratory and field[J]. Applied ergonomics, 2007, 38(4): 399-407.

[194] SPAIN R, BLISS J. The effect of sonification display pulse rate and reliability on operator trust and perceived workload during a simulated patient monitoring task [J]. Ergonomics, 2008, 51(9): 1320-1337.

[195] HALEY K, JOHNSON N, FULTON J. Symantec internet security threat report 2017[R/OL]. (2017-01-23)[2024-06-03]. https://www. symantec. com/content/dam/symantec/docs/reports/istr_22_201_7_en. pdf.

[196] VISHWANATH A. Examining the distinct antecedents of e-mail habits and its influence on the outcomes of a phishing attack[J]. Journal of Computer-Mediated Communication, 2015, 20(5): 570-584.

[197] VISHWANATH A, HARRISON B, Ng Y J. Suspicion, cognition, and automaticity model of phishing susceptibility[J]. Communication research, 2018, 45(8): 1146-1166.

[198] VISHWANATH A, HERATH T, CHEN R, et al. Why do people get phished? Testing individual differences in phishing vulnerability within an integrated, information processing model [J]. Decision Support Systems, 2011, 51 (3): 576-586.

[199] WANG J, HERATH T, CHEN R, et al. Research article phishing susceptibility: An investigation into the processing of a targeted spear phishing email[J]. IEEE transactions on professional communication, 2012, 55(4): 345-362.

[200] WEIRICH D, SASSE M. Pretty good persuasion: a first step towards effective password security in the real world[C]//Proceedings of the 2001 workshop on New security paradigms. New York, NY, United States: Association for Computing Machinery, 2001: 137-143.

[201] WELK A, HONG K, ZIELINSKA O, et al. Will the "Phisher-Men" Reel You In?: Assessing individual differences in a phishing detection task[J]. International Journal of Cyber Behavior, Psychology and Learning (IJCBPL), 2015, 5 (4): 1-17.

[202] WRIGHT R, CHAKRABORTY S, BASOGLU A, et al. Where did they go right? Understanding the deception in phishing communications [J]. Group Decision and Negotiation, 2010, 19: 391-416.

[203] WRIGHT R, JENSEN M, THATCHER J, et al. Research note—influence techniques in phishing attacks: an examination of vulnerability and resistance[J]. Information systems research, 2014, 25(2): 385-400.

[204] 国家信息中心，公安部第三研究所，国家保密技术研究所，等. 信息安全技术 信息安全风险评估规范[S]. 中华人民共和国国家质量监督检验检疫总局;中国国家标准化管理委员会，2007.

[205] ALBERT R. Attack and error tolerance in complex networks [J]. Nature, 2000, 406: 387-482.

[206] DAS A, ZEADALLY S, HE D. Taxonomy and analysis of security protocols for internet of things [J]. Future Generation Computer Systems, 2018, 89: 110-125.

[207] MURTAZA S, KHREICH W, HAMOU-LHADJ A, et al. Mining trends and patterns of software vulnerabilities[J]. Journal of Systems and Software, 2016, 117: 218-228.

[208] TEHRANIPOOR M, Wang C. Introduction to hardware security and trust[M]. New York, NY: Springer Publishing Company, Incorporated, 2011.

[209] AARESTAD J, ACHARYYA D, RAD R, et al. Detecting Trojans Through Leakage Current Analysis Using Multiple Supply Pad IDDQs [J]. IEEE Transactions on information forensics and security, 2010, 5(4): 893-904.

[210] CHEN H, WAGNER D. MOPS: an infrastructure for examining security properties of software[C]//Proceedings of the 9th ACM Conference on Computer and Communications Security. CA, United States: University of California at Berkeley, 2002: 235-244.

[211] HENZINGER T, JHALA, MAJUMDAR R, et al. Software verification with BLAST [C]//Model Checking Software: 10th International SPIN Workshop. Berlin, German: Springer, 2003: 235-239.

[212] FEIST J, MOUNIER L, POTET M. Statically detecting use after free on binary code[J]. Journal of Computer Virology and Hacking Techniques, 2014, 10(3): 211-217.

[213] CHENG S, YANG J, WANG J, et al. Loongchecker: Practical summary-based semi-simulation to detect vulnerability in binary code [C]//2011 IEEE 10th International Conference on Trust, Security and Privacy in Computing and Communications. Piscataway, NJ: IEEE, 2011: 150-159.

[214] GOTOVCHITS I, VAN TONDER R, BRUMLEY D. Saluki: finding taint-style vulnerabilities with static property checking [C]//Proceedings of the NDSS Workshop on Binary Analysis Research. Virginia, USA: Internet Society, 2018.

[215] GAO D, REITER M, SONG D. Binhunt: Automatically finding semantic

differences in binary programs[C]//Information and Communications Security: 10th International Conference, ICICS 2008 Birmingham, UK, October 20-22, 2008 Proceedings 10. Berlin Heidelberg: Springer, 2008: 238-255.

[216] LETIAN S, JIANMING F, JING C, et al. PVDF: An automatic Patch-based Vulnerability Description and Fuzzing method[C]//2014 Communications Security Conference (CSC 2014). London, UK: IET, 2014: 1-8.

[217] RAWAT S, JAIN V, KUMAR A, et al. VUzzer: Application-aware Evolutionary Fuzzing[C]//Network and Distributed System Security Symposium (NDSS), 2017. VA, USA: Internet Society, 2017: 1-14.

[218] WANG T, WEI T, GU G, et al. TaintScope: A checksum-aware directed fuzzing tool for automatic software vulnerability detection[C]//2010 IEEE Symposium on Security and Privacy. Piscataway, NJ: IEEE, 2010: 497-512.

[219] VEGGALAM S, RAWAT S, HALLER I, et al. Ifuzzer: An evolutionary interpreter fuzzer using genetic programming [C]//European Symposium on Research in Computer Security. Berlin, German: Springer, 2016: 581-601.

[220] PETSIOS T, ZHAO J, KEROMYTIS A D, et al. Slowfuzz: Automated domain-independent detection of algorithmic complexity vulnerabilities[C]//Proceedings of the 2017 ACM SIGSAC conference on computer and communications security. New York, NY, United States: Association for Computing Machinery. 2017: 2155-2168.

[221] AMIRI-CHIMESH S, HAGHIGHI H. An approach to solving non-linear real constraints for symbolic execution[J]. Journal of Systems and Software, 2019, 157: 110383.

[222] CHEN T, ZHANG X, GUO S, et al. State of the art: Dynamic symbolic execution for automated test generation [J]. Future Generation Computer Systems, 2013, 29(7): 1758-1773.

[223] AGRAWAL D, BAKTIR S, KARAKOYUNLU D, et al. Trojan detection using IC fingerprinting[C]//2007 IEEE Symposium on Security and Privacy (SP'07). Piscataway, NJ: IEEE, 2007: 296-310.

[224] JACOB N, MERLI D, HEYSZL J, et al. Hardware Trojans: current challenges and approaches[J]. IET Computers & Digital Techniques, 2014, 8(6): 264-273.

[225] ZHANG X, TEHRANIPOOR M. Case study: Detecting hardware Trojans in third-party digital IP cores [C]//2011 IEEE International Symposium on Hardware-Oriented Security and Trust. Piscataway, NJ: IEEE, 2011: 67-70.

[226] HICKS M, FINNICUM M, KING S, et al. Overcoming an untrusted computing base: Detecting and removing malicious hardware automatically[C]//2010 IEEE symposium on security and privacy. Piscataway, NJ: IEEE, 2010: 159-172.

[227] CHEN X, LIU Q, YAO S, et al. Hardware trojan detection in third-party digital intellectual property cores by multilevel feature analysis[J]. IEEE Transactions

on Computer-Aided Design of Integrated Circuits and Systems, 2017, 37(7): 1370-1383.

[228] BIDMESHKI M, GUO X, DUTTA R, et al. Data secrecy protection through information flow tracking in proof-carrying hardware IP—Part II: Framework automation[J]. IEEE Transactions on Information Forensics and Security, 2017, 12(10): 2430-2443.

[229] JIN Y, GUO X, DUTTA R, et al. Data secrecy protection through information flow tracking in proof-carrying hardware IP—Part I: Framework fundamentals [J]. IEEE Transactions on Information Forensics and Security, 2017, 12(10): 2416-2429.

[230] BAO C, FORTE D, SRIVASTAVA A. On application of one-class SVM to reverse engineering-based hardware Trojan detection[C]//Fifteenth International Symposium on Quality Electronic Design. Piscataway, NJ: IEEE, 2014: 47-54.

[231] COURBON F, LOUBET-MOUNDI P, FOURNIER J, et al. Semba: A sem based acquisition technique for fast invasive hardware trojan detection[C]//2015 European Conference on Circuit Theory and Design (ECCTD). Piscataway, NJ: IEEE, 2015: 1-4.

[232] BAO C, FORTE D, SRIVASTAVA A. On reverse engineering-based hardware Trojan detection[J]. IEEE Transactions on Computer-Aided Design of Integrated Circuits and Systems, 2015, 35(1): 49-57.

[233] NAHIYAN A, XIAO K, YANG K, et al. AVFSM: A framework for identifying and mitigating vulnerabilities in FSMs[C]//Proceedings of the 53rd Annual Design Automation Conference. New York, NY, USA: ACM, 2016: 1-6.

[234] MEADE T, ZHANG S, JIN Y. Netlist reverse engineering for high-level functionality reconstruction [C]//2016 21st Asia and South Pacific Design Automation Conference (ASP-DAC). Macao, China: IEEE, 2016: 655-660.

[235] XIAO K, ZHANG X, TEHRANIPOOR M. A clock sweeping technique for detecting hardware trojans impacting circuits delay[J]. IEEE Design & Test, 2013, 30(2): 26-34.

[236] YUCEBAS D, YUKSEL H. Poweranalysis based side-channel attack on visible light communication[J]. Physical Communication, 2018, 31(1): 196-202.

[237] SAYAKKARAA, LE-KHAC N, SCANLON M. A survey of electromagnetic side-channel attacks and discussion on their case-progressing potential for digital forensics[J]. Digital Investigation, 2019, 29(1): 43-54.

[238] FOURNARISA P, DIMOPOULOS C, MOSCHOS A, et al. Design and leakage assessment of side channel attack resistant binaryedwards Elliptic Curve digital signature algorithm architectures[J]. Microprocessors and Microsystems, 2019, 64(1): 73-87.

[239] CILIO W, LINDER M, PORTER C, et al. Mitigating power-and timing-based

side-channel attacks using dual-spacer dual-rail delay-insensitive asynchronous logic[J]. Microelectronics Journal, 2013, 44(3): 258-269.

[240] Caleiro C, Casal F, Mordido A. Generalized probabilistic satisfiability and applications to modelling attackers with side-channel capabilities[J]. Theoretical Computer Science, 2019, 781(1): 39-62.

[241] 高尚，胡爱群，石乐，等. 安全协议形式化分析研究[J]. 密码学报，2014，1(05)：504-512.

[242] BELLARE M, ROGAWAY P. Entity authentication and key distribution[C]//Annual International Cryptology Conference. Berlin, Heidelberg: Springer Berlin Heidelberg, 1993: 232-249.

[243] CANETTI R, KRAWCZYK H. Analysis of key-exchange protocols and their use for building secure channels[C]//International Conference on the Theory and Applications of Cryptographic Techniques. Berlin, Heidelberg: Springer Berlin Heidelberg, 2001: 453-474.

[244] BURROWS M, ABADI M, NEEDHAM R. A logic of authentication[J]. ACM Transactions on Computer Systems, 1990, 8(1): 18-36.

[245] VAN OORSCHOT, PAUL. Extending cryptographic logics of belief to key agreement protocols[C]//Proceedings of the 1st ACM Conference on Computer and Communications Security. New York, NY, USA: ACM, 1993: 232-243.

[246] KEMMERER R, MEADOWS C, MILLEN J. Three systems for cryptographic protocol analysis[J]. Journal of Cryptology, 1994, 7(1): 79-130.

[247] BRACKIN S. A HOL formalization of CAPSL semantics[C]//Proceedings of the 21st National Conference on Information Systems Security. Arlington, Virginia, US: IEEE, 1998.

[248] PAULSON L C. The inductive approach to verifying cryptographic protocols[J]. Journal of Computer Security, 1998, 6(1-2): 85-128.

[249] BOICHUT Y, GENET T, JENSEN T, et al. Rewriting approximations for fast prototyping of static analyzers[C]//International Conference on Rewriting Techniques and Applications. Berlin, Heidelberg: Springer Berlin Heidelberg, 2007: 48-62.

[250] 孟博，鲁金钿，王德军，等. 安全协议实施安全性分析综述[J]. 山东大学学报（理学版），2018，53(1)：1-18.

[251] CHAKI S, DATTA A. ASPIER: An automated framework for verifying security protocol implementations[C]//2009 22nd IEEE Computer Security Foundations Symposium. Port Jefferson, NY, USA: IEEE, 2009: 172-185.

[252] BHARGAVAN K, FOURNET C, GORDON A. D, et al. Verified Interoperable Implementations of Security Protocols[C]//19th IEEE Computer Security Foundations Workshop. Los Alamitos: IEEE Computer Society, 2006: 139-152.

[253] AIZATULIN M, GORDON A. D, JÜRJENS J. Extracting and verifying

cryptographic models from C protocol code by symbolic execution [C]// Proceedings of the 18th ACM Conference on Computer and Communications Security. New York: ACM, 2011: 331-340.

[254] 潘璠，吴礼发，杜有翔，等. 协议逆向工程研究进展[J]. 计算机应用研究，2011，28(8)：2801-2806.

[255] DUCHENE J, LE GUERNIC C, ALATA E, et al. State of the art of network protocol reverse engineering tools[J]. Journal of Computer Virology and Hacking Techniques, 2018, 14(1): 53-68.

[256] LIN W, FEI J, ZHU Y, et al. A method of multiple encryption and sectional encryption protocol reverse engineering[C]//2014 10th International Conference on Computational Intelligence and Security. Piscataway: IEEE, 2014: 420-424.

[257] 朱玉娜，韩继红，袁霖，等. 基于熵估计的安全协议密文域识别方法[J]. 电子与信息学报，2016，38(8)：1865-1871.

[258] BOLLOBÁS B, RIORDAN O. Robustness and vulnerability of scale-free random graphs[J]. Internet Mathematics, 2004, 1(1): 1-35.

[259] HOLME P, KIMB J, YOON C N, et al. Attack vulnerability of complex networks[J]. Physical Review E, 2002, 65(5): 056109.

[260] WANG J, LIU Y H, JIAO, Y. , et al. Cascading dynamics in congested complex networks[J]. The European Physical Journal B, 2009, 67(1): 95-100.

[261] WANG J W, RONG L L. Robustness of the western United States power grid under edge attack strategies due to cascading failures[J]. Safety Science, 2011, 49(6): 807-812.

[262] DONG G, TIAN L, ZHOU D, et al. Robustness of n interdependent networks with partial support-dependence relationship[J]. Europhysics Letters, 2013, 102(6): 68004.

[263] GAO J, BULDYREV S V, STANLEY H E, et al. Networks formed from interdependent networks[J]. Nature Physics, 2012, 8(1): 40-48.

[264] KINDINGER J P, DARBY J L. Risk factor analysis-a new qualitative risk management tool[C]//Proceedings of the Project Management Institute Annual Seminars & Symposium. Houston, TX. Newtown Square, PA: 2000: 7-16.

[265] MIHAS P. Qualitative Data Analysis [M]. Oxford: Oxford Research Encyclopedia of Education, 2019.

[266] 许福永，申健，李剑英. 基于 Delphi 和 ANN 的网络安全综合评价方法研究[J]. 微机发展，2005，15(10)：11-13.

[267] 魏倩. 基于模糊层次分析法的网络信息安全评价研究[D]. 长春：吉林大学，2008.

[268] BEDFORD T, COOKE R. Probabilistic Risk Analysis: Foundations and Methods [M]. Cambridge: Cambridge University Press, 2001.

[269] KWOK L, LONGLEY D. Information security management and modelling[J]. Information Management & Computer Security, 1999, 7(1): 12-15.

[270] SARBAYEV M，YANG M，WANG H. Risk assessment of process systems by mapping fault tree into artificial neural network[J]. Journal of Loss Prevention in the Process Industries，2019，60(1)：203-212.

[271] ABDO H，KAOUK M，FLAUS J M，et al. A safety/security risk analysis approach of Industrial Control Systems：A cyber bowtie-combining new version of attack tree with bowtie analysis[J]. Computers & Security，2018，72(1)：175-195.

[272] KAMMÜLLER F. Attack trees in Isabelle extended with probabilities for quantum cryptography[J]. Computers & Security，2019，87(1)：101572.

[273] PHILLIPS C，SWILER L P. A graph-based system for network-vulnerability analysis[C]//Proceedings of the 1998 Workshop on New Security Paradigms. New York，NY，USA：ACM，1998：71-79.

[274] BOPCHE G S，MEHTRE M. Extending Attack Graph-Based Metrics for Enterprise Network Security Management[C]//Proceedings of 3rd International Conference on Advanced Computing，Networking and Informatics. Cham：Springer，2016：315-325.

[275] KABIR S，PAPADOPOULOS Y. Applications of Bayesian networks and Petri nets in safety，reliability，and risk assessments：A review[J]. Safety Science，2019，115(1)：154-175.

[276] GUO C，KHAN F，IMTIAZ S. Copula-based Bayesian network model for process system risk assessment[J]. Process Safety and Environmental Protection，2019，123(1)：317-326.

[277] KAYNAR K. A taxonomy for attack graph generation and usage in network security[J]. Journal of Information Security and Applications，2016，29(1)：27-56.

[278] BASILE C，CANAVESE D，PITSCHEIDER C，et al. Assessing network authorization policies via reachability analysis[J]. Computers & Electrical Engineering，2017，64(1)：110-131.

[279] SWILER L P，PHILLIPS C，GAYLOR T. A graph-based network-vulnerability analysis system[R]. Sandia National Laboratories，Albuquerque，NM (United States)，1998.

[280] OU X，BOYER W F，MCQUEEN M A. A scalable approach to attack graph generation[C]//Proceedings of the 13th ACM Conference on Computer and Communications Security. New York：ACM，2006：336-345.

[281] DURKOTA K，LISÝ V，BOŠANSKÝ B，et al. Hardening networks against strategic attackers using attack graph games[J]. Computers & Security，2019，87(1)：101578.

[282] KHOUZANI M H R，LIU Z，MALACARIA P. Scalable min-max multi-objective cyber-security optimisation over probabilistic attack graphs[J]. European Journal

of Operational Research, 2019, 278(3): 894-903.

[283] LALLIE H S, DEBATTISTA K, BAL J. Evaluating practitioner cyber-security attack graph configuration preferences[J]. Computers & Security, 2018, 79(1): 117-131.

[284] YİĞIT B, GÜR G, ALAGÖZ F, et al. Cost-aware securing of IoT systems using attack graphs[J]. Ad Hoc Networks, 2019, 86(1): 23-35.

[285] DACIER M, DESWARTE Y. Privilege Graph: an Extension to the Typed Access Matrix Model[C]//Proceedings of the Third European Symposium on Research in Computer Security. Berlin, Heidelberg: Springer, 1994: 319-334.

[286] CHINCHANI R, IYER A, NGO H Q, et al. Towards a theory of insider threat assessment [C]//2005 International Conference on Dependable Systems and Networks (DSN'05). Los Alamitos: IEEE, 2005: 108-117.

[287] MATHEW S, UPADHYAYA S, HA D, et al. Insider abuse comprehension through capability acquisition graphs[C]//2008 11th International Conference on Information Fusion. Piscataway: IEEE, 2008: 1-8.

[288] TOTH T, KRUEGEL C. Evaluating the impact of automated intrusion response mechanisms [C]. 18th Annual Computer Security Applications Conference. Las Vegas: IEEE, 2002: 301-310.

[289] PROBST C W, HANSEN RR, NIELSON, F. Where can an insider attack? [C]//4th International Workshop on Formal Aspects in Security and Trust, FAST 2006. Berlin: Springer, 2007: 127-142.

[290] PROBST C W, HANSEN RR. An extensible analysable system model [J]. Information Security Technical Report, 2008, 13(4): 235-246.

[291] KOTENKO I, STEPASHKIN M, DOYNIKOVA E. Security Analysis of Information Systems Taking into Account Social Engineering Attacks[C]//2011 19th InternationalEuromicro Conference on Parallel, Distributed and Network-Based Processing. NW Washington, DC United States: IEEE, 2011: 611-618.

[292] SCOTT D, BERESFORD A, MYCROFT A. Spatial Policies for Sentient Mobile Applications[C]//Proceedings of the 4th IEEE International Workshop on Policies for Distributed Systems and Networks. NW Washington, DC United States: IEEE, 2003: 147-157.

[293] DIMKOV T. Alignment of organizational security policies: theory and practice [D]. Enschede: University of Twente, 2012.

[294] KAMMÜLLER F, PROBST C W. Invalidating Policies using Structural Information[C]//2013 IEEE Security and Privacy Workshops. NW Washington, DC United States: IEEE, 2013: 76-81.

[295] FALAHATI B, FU Y. A study on interdependencies of cyber-power networks in smart grid applications[C]//2012 IEEE PES Innovative Smart Grid Technologies (ISGT). Columbia, USA: IEEE, 2012: 1-8.

[296] RINALDI S M, PEERENBOOM J P, KELLY T K. Identifying, understanding, and analyzing critical infrastructure interdependencies[J]. IEEE control systems magazine, 2001, 21(6): 11-25.

[297] LIU J, WANG D, ZHANG C, et al. Reliability Assessment of Cyber Physical Distribution System[J]. Energy Procedia, 2017, 142: 2021-2026.

[298] FALAHATI B, FU Y. Reliability assessment of smart grids considering indirect cyber-power interdependencies[J]. IEEE Transactions on Smart Grid, 2014, 5 (4): 1677-1685.

[299] LIU Y, DENG L, GAO N, et al. A Reliability Assessment Method of Cyber Physical Distribution System[J]. Energy Procedia, 2019, 158: 2915-2921.

[300] 邱硕，柳亚男，阎浩，等. 一种高效的隐私集合交集协议[J]. 金陵科技学院学报，2018，34(4)：10-14.

[301] QIU S, DAI Z, ZHA D, et al. PPSI: Practical private set intersection over large-scale datasets [C]//2019 IEEESmartWorld, Ubiquitous Intelligence & Computing, Advanced & Trusted Computing, Scalable Computing & Communications, Cloud & Big Data Computing, Internet of People and Smart City Innovation (SmartWorld/SCALCOM/UIC/ATC/CBDCom/IOP/SCI). Leicester, United Kingdom: IEEE, 2019: 1249-1254.

[302] 阎浩，柳亚男，邱硕，等. 高效的云端群组数据完整性验证[J]. 金陵科技学院学报，2019，35(1)：1-5.

[303] YAN H, ZHANG Z, QIU S, et al. Public Data Integrity Checking for Cloud Storage with Privacy Preserving[C]//2019 IEEE 19th International Conference on Communication Technology (ICCT). Xi'an, China: IEEE, 2019: 1408-1412.

[304] ZHANG Z, LIU Y, ZUO Q, et al. PUF-based key distribution in wireless sensor networks[J]. Computers, Materials & Continua, 2020, 64(2): 1261-1280.

[305] 张正，方旭明，柳亚男. 基于密度的不规则网络多跳定位算法[J]. 南京理工大学学报，2020，44(5)：7.

[306] 张正，查达仁，柳亚男，等. 基于物理不可克隆函数的 Kerberos 扩展协议及其形式化分析[J]. 信息网络安全，2020，20(12)：91-97.

[307] 薛智慧，张新，潘季明，等. 流量引流的首包识别方法，装置，设备及介质：CN108173705A[P]. 2018.

[308] 薛智慧，张新，唐通. 一种流量分类方法及电子设备：CN109361619A[P]. 2019.

[309] 董文新，张博亚，郭文艳. 一种通过云平台传输加密数据的方法，装置和系统：CN111917688A[P]. 2020.

[310] 彭力扬，李丽平. 挖矿木马的检测方法及装置：CN112087414A[P]. 2020.

[311] 吴桐. 网络空间安全中的社会工程学理论与关键技术研究[D]. 北京：北京邮电大学，2020.

[312] KEVIN D M, WILLIAM L S. The Art of Deception: Controlling the Human Element of Security[M]. Indianapolis: Wiley Publishing, 2002.

[313] JOSEPH M H, Social engineering in cybersecurity: The evolution of a concept [J]. Computers & Security, 2018, 73:102-113.

[314] 吴桐，郑康锋，伍淳华，等. 网络空间安全中的人格研究综述[J]. 电子与信息学报，2020，42(12)：2827-2840.

[315] GOLDBERG L R, JOHNSON J A, EBER H W, et al. The international personality item pool and the future of public-domain personality measures[J]. Journal of Research in personality, 2006, 40(1): 84-96.

[316] 郑敬华，郭世泽，高梁，等. 基于多任务学习的大五人格预测[J]. 中国科学院大学学报，2018，35(4)：550-560.

[317] KOSINSKI M, BACHRACH Y, KOHLI P, et al. Manifestations of user personality in website choice andbehaviour on online social networks[J]. Machine Learning, 2014, 95(3): 357-380.

[318] HU J, ZENG H J, LI H, et al. Demographic prediction based on user's browsing behavior[C]//Proceedings of the 16th international conference on World Wide Web. New York, NY, United States: Association for Computing Machinery, 2007: 151-160.

[319] RENTFROW P J, GOSLING S D. The do re mi's of everyday life: The structure and personality correlates of music preferences[J]. Journal of Personality and Social Psychology, 2003, 84(6): 1236-1256.

[320] 孟秀艳，王志良. 基于非线性状态空间模型的情感模型研究[J]. 计算机科学，2008，35(12)：178-182.

[321] DAI N, LIANG J, QIU X, et al. Style Transformer: Unpaired Text Style Transfer without Disentangled Latent Representation[C]//Proceedings of the 57th Annual Meeting of the Association for Computational Linguistics. New York, NY, United States: Association for Computing Machinery, 2019: 5997-6007.

[322] 谭浩文.钓鱼邮件检测技术研究与实现[D].北京:北京邮电大学,2018.

[323] WEST A G, AVIV A J, CHANG J, et al. Spam mitigation usingspatio-temporal reputations from blacklist history[C]//Proceedings of the 26th Annual Computer Security Applications Conference. New York, NY, United States: Association for Computing Machinery, 2010: 161-170.

[324] MOURA G C M, SPEROTTO A, SADRE R, et al. Evaluating third-party bad neighborhood blacklists for spam detection[C]//2013 IFIP/IEEE International Symposium on Integrated Network Management (IM 2013). Ghent University, Belgium: IEEE, 2013: 252-259.

[325] FARIS H, ALQATAWNA J, ALA'M A Z, et al. Improving email spam detection usingcontent based feature engineering approach[C]//2017 IEEE jordan conference on applied electrical engineering and computing technologies (AEECT). Aqaba, Jordan: IEEE, 2017: 1-6.

[326] PATIL P，RANE R，BHALEKAR M. Detecting spam and phishing mails using SVM and obfuscation URL detection algorithm [C]//2017 International Conference on Inventive Systems and Control (ICISC). Coimbatore，India：IEEE，2017：1-4.

[327] 沙泓州，刘庆云，柳厅文，等. 恶意网页识别研究综述[J]. 计算机学报，2016，39(3)：529-542.

[328] 张茜，延志伟，李洪涛，等. 网络钓鱼欺诈检测技术研究[J]. 网络与信息安全学报，2017，3(7)：7-24.

[329] Google safe browsingapi[EB/OL]. (2016-08-01)[2024-06-03]. https://www.google.com/transparencyreport/safebrowsing/.

[330] PhishTank[EB/OL]. [2024-06-03]. http://www.phishtank.com/.

[331] Spamhaus[EB/OL]. [2024-06-03]. https://www.spamhaus.org/.

[332] Prakash P，Kumar M，Kompella R R，et al. Phishnet：predictive blacklisting to detect phishing attacks[C]//2010 Proceedings IEEE INFOCOM. San Diego，CA，USA：IEEE，2010：1-5.

[333] XIAO X，ZHANG D，HU G，et al. CNN-MHSA：A Convolutional Neural Network and multi-head self-attention combined approach for detecting phishing websites[J]. Neural Networks，2020，125：303-312.

[334] RAO R S，VAISHNAVI T，PAIS A R. PHISHDUMP：A multi-modelensemble based technique for the detection of phishing sites in mobile devices[J]. Pervasive and mobile computing，2019，60：101084.

[335] ZHANG Y，HONG J I，CRANOR L F. Cantina：a content-based approach to detecting phishing web sites[C]//The 16th International Conference on World Wide Web. New York，NY，United States：Association for Computing Machinery，2007：639-648.

[336] XIANG G，HONG J，ROSE C P，et al. Cantina+：A feature-rich machine learning framework for detecting phishing Web sites[J]. ACM Transactions on Information and System Security (TISSEC)，2011，14(2)：1-28.

[337] WEN Y L，HUANG G，XIAO Y L，et al. Detection of phishing webpages based on visual similarity [C]//Special interest tracks and posters of the 14th international conference on World Wide Web. New York，NY，United States：Association for Computing Machinery，2005：1060-1061.

[338] FU A Y，WEN Y L，DENG X. Detecting phishing Web pages with visual similarity assessment based on earth mover's distance (EMD)[J]. IEEE transactions on dependable and secure computing，2006，3(4)：301-311.

[339] 曹玖新，毛波，罗军舟，等. 基于嵌套 EMD 的钓鱼网页检测算法[J]. 计算机学报，2009，(5)：922-929.

[340] JHAS，GUILLEN M，WESTLAND J C . Employing transaction aggregation strategy to detect credit card fraud[J]. Expert Systems with Application，2012，

39(16)：12650- 12657.

[341] VAN VLASSELAER V，BRAVO C，CAELEN O，et al. APATE：A novel approach for automated credit card transaction fraud detection using network-based extensions[J]. Decision support systems，2015，75：38-48.

[342] 张慧嫦，李力卡. 基于信令的电话诈骗行为检测及防范研究[J]. 广东通信技术，2016，36(10)：6-9.

[343] XUQ，XIANG E W，YANG Q，et al. SMS Spam Detection Using Noncontent Features[J]. IEEE Intelligent Systems，2012，27(6)：44-51.

[344] UYSAL A K，GUNAL S，ERGIN S，et al. A novel framework for SMS spam filtering[C]//2012 International Symposium on Innovations in Intelligent Systems and Applications. Trabzon，Turkey：IEEE，2012：1-4.

[345] ALMEIDA T，HİDALGO J M，SILVA T. Towards SMS Spam Filtering：Results under a New Dataset[J]. International Journal of Information Security Science，2013，2(1)：1-18.

[346] YEBOAH-BOATENG E O，AMANOR P M. Phishing，SMiShing & Vishing：an assessment of threats against mobile devices[J]. Journal of Emerging Trends in Computing and Information Sciences，2014，5(4)：297-307.

[347] WARADE S J，TIJARE P A，SAWALKAR S N. An approach for SMS spam detection[J]. Int. J. Res. Advent Technol，2014，2(12)：8-11.

[348] GÓMEZ HIDALGO J M，BRINGAS G C，SÁNZ E P，et al. Content based SMS spam filtering[C]//Proceedings of the 2006 ACM symposium on Document engineering. Amsterdam The Netherlands：ACM，2006：107-114.

[349] Karami A，Zhou L. Exploiting latentcontent based features for the detection of static sms spams[J]. Proceedings of the American Society for Information Science and Technology，2014，51(1)：1-4.

[350] JOO J W，MOON S Y，SINGH S，et al. S-Detector：an enhanced security model for detecting Smishing attack for mobile computing[J]. Telecommunication Systems，2017，66(66)：29-38.

[351] LI X，ZHANG D，WU B. Detection method of phishing email based on persuasion principle[C]//2020 IEEE 4th Information Technology，Networking，Electronic and Automation Control Conference (ITNEC)：IEEE. Chongqing，China，IEEE：2020：571-574.

[352] ZHENG K F，WU T，WANG X，et al. A Session and Dialogue-Based Social Engineering Framework[J]. IEEE Access，2019，7(7)：67781-67794.

[353] 彭富明，张卫丰，彭寅. 基于文本特征分析的钓鱼邮件检测[J]. 南京邮电大学学报：自然科学版，2012，32(5)：140-145.

[354] 张晨曦. 基于发件人身份验证和分类集成的钓鱼邮件检测方法[D]. 北京：北京工业大学，2018.

[355] 朱琪. 基于页面特征的钓鱼网站层次化检测的研究[D]. 北京：中国矿业大

学，2019.

[356] WANG X，TANG H，ZHENG K F，et al. Detection of compromised accounts for online social networks based on a supervised analytical hierarchy process[J]. IET Information Security，2020，14(4)：401-409.

[357] MARTINEZ-ROMO J，ARAUJO L. Detecting malicious tweets in trending topics using a statistical analysis of language[J]. Expert Systems with Applications，2013,40(8)：2992-3000.

[358] HU X，TANG J，GAO H，et al. Social spammer detection with sentiment information[C]//2014 IEEE international conference on data mining. Piscataway，NJ：IEEE，2014：180-189.

[359] SEDHAI S，SUN A. Hspam14：A collection of 14 million tweets for hashtag-oriented spam research[C]//Proceedings of the 38th international ACM SIGIR conference on research and development in information retrieval. New York，NY，USA：The Association for Computing Machinery，2015：223-232.

[360] VISWANATH B，BASHIR M A，CROVELLA M，et al. Towards detecting anomalous user behavior in online social networks[C]//Proceedings of the 23rd USENIX Security Symposium，San Diego，CA，United states：USENIX Association，2014：223-238.

[361] NAUTA M. Detecting hacked twitter accounts by examining behavioural change using twtter metadata[C]//Proceedings of the 25th twente student conference on IT. 2016.

[362] EGELE M，STRINGHINI G，KRUEGEL C，et al. COMPA：Detecting Compromised Accounts on Social Networks[C]//The Network and Distributed System Security (NDSS) Symposium. San Diego，CA，United states：NDSS The Internet Society，2013：83-91.

[363] TRANG D，JOHANSSON F，ROSELL M. Evaluating Algorithms for Detection of Compromised Social Media User Accounts[C]//2nd European Network Intelligence Conference. Karlskrona，Switzerland：Institute of Electrical and Electronics Engineers Inc.，2015：75-82.

[364] VANDAM C，TAN P N，TANG J L，et al. CADET：A Multi-View Learning Framework for Compromised Account Detection on Twitter[C]//2018 IEEE/ACM International Conference on Advances in Social Networks Analysis and Mining (ASONAM). New York，NY：IEEE，2018：471-478.

[365] WANG A H. Detecting spam bots in online social networking sites：a machine learning approach[C]//IFIP Annual Conference on Data and Applications Security and Privacy. Berlin，Heidelberg：Springer Berlin Heidelberg，2010：335-342.

[366] ZHANG C M，PAXSON V. Detecting and analyzing automated activity on twitter[C]//International Conference on Passive and Active Network Measurement. Berlin，Heidelberg：Springer Berlin Heidelberg，2011：102-111.

[367] CHU Z, GIANVECCHIO S, WANG H, et al. Detecting Automation of Twitter Accounts: Are You a Human, Bot, orCyborg? [J]. IEEE Transactions on Dependable and Secure Computing, 2012, 9(6): 811-824.

[368] WANG X, ZHENG Q, ZHENG K F, et al. User Authentication Method Based on MKL for Keystroke and Mouse Behavioral Feature Fusion[J]. Security and Communication Networks. 2020, 2020(2006):1-14.

[369] FAIRHURST M, ERBILEK M, DA COSTA-ABREU M. Selective Review and Analysis of Aging Effects in Biometric System Implementation [J]. IEEE Transactions on Human-Machine Systems, 2015,45(3): 294-303.

[370] BANERJEE S P, WOODARD D L. Biometric authentication and identification using keystroke dynamics: A survey[J]. Journal of Pattern recognition research, 2012,7(7): 116-39.

[371] GUNETTI D, PICARDI C. Keystroke analysis of free text [J]. ACM Transactions on Information and System Security (TISSEC), 2005, 8 (3): 312-347.

[372] SHIMSHON T, MOSKOVITCH R, ROKACH L, et al. Continuous Verification Using Keystroke Dynamics[C]//2010 International Conference on Computational Intelligence and Security. Nanning, China: IEEE, 2010: 411-415.

[373] PISANI P H, LORENA A C. Emphasizing typing signature in keystroke dynamics using immune algorithms[J]. APPLIED SOFT COMPUTING, 2015,34(34): 178-193.

[374] MONROSE F, RUBIN AD. Keystroke dynamics as a biometric for authentication [J]. Future Generation Computer Systems, 2000,16(4): 351-359.

[375] GAMBOA H, FRED A. Abehavioural biometric system based on human computer interaction [C]//Biometric Technology for Human Identification. Orlando, FL, United states: SPIE, 2004: 381-392.

[376] AHMED AA E, TRAORE I. A New Biometric Technology Based on Mouse Dynamics[J]. IEEE Transactions on Dependable and Secure Computing, 2007,4(3): 165-179.

[377] NAKKABI Y, TRAORE I, AHMED AA E. Improving Mouse Dynamics Biometric Performance Using Variance Reduction via Extractors With Separate Features[J]. IEEE transactions on systems, man and cybernetics. Part A, Systems and humans, 2010,40(6): 1345-1353.

[378] FEHER C, ELOVICI Y, MOSKOVITCH R, et al. User identity verification via mouse dynamics[J]. INFORMATION SCIENCES, 2012,201(201): 19-36.

[379] ZHENG N, PALOSKI A, WANG H. An efficient user verification system via mouse movements[C]//Proceedings of the ACM Conference on Computer and Communications Security. Chicago, IL, United states: Association for Computing Machinery, 2011: 139-150.

[380] MONDAL S, BOURS P. Continuous authentication using mouse dynamics[C]//2013 International conference of the BIOSIG special interest group (BIOSIG). Darmstadt, Germany: Institute of Electrical and Electronics Engineers Inc., 2013: 1-12.

[381] MONDAL S, BOURS P. A computational approach to the continuous authentication biometric system[J]. INFORMATION SCIENCES, 2015, 304(304): 28-53.

[382] SHEN C, CAI Z M, GUAN X H, et al. Feature analysis of mouse dynamics in identity authentication and monitoring[C]//2009 IEEE International Conference on Communications. Dresden, Germany: Institute of Electrical and Electronics Engineers Inc., 2009: 1-5.

[383] SHEN C, CAI Z M, GUAN X H, et al. A hypo-optimum feature selection strategy for mouse dynamics in continuous identity authentication and monitoring[C]//2010 IEEE International Conference on Information Theory and Information Security. Piscataway, NJ: IEEE, 2010: 349-353.

[384] MONDAL S, BOURS P. Combining keystroke and mouse dynamics for continuous user authentication and identification[C]//2016 IEEE International Conference on Identity, Security and Behavior Analysis (ISBA). Sendai, Japan: IEEE, 2016: 1-8.

[385] TRAORE I, WOUNGANG I, OBAIDAT M S, et al. Combining mouse and keystroke dynamics biometrics for risk-based authentication in web environments[C]//2012 Fourth International Conference on Digital Home. Guangzhou, China: IEEE Computer Society, 2012: 138-145.

[386] WANG Y H, WU C H, ZHENG K F, et al. Improving Reliability: User Authentication on Smartphones Using Keystroke Biometrics[J]. IEEE access, 2019,7(7): 26218-26228.

[387] 彭聃龄. 普通心理学[M]. 北京：北京师范大学出版社，2019.

[388] WANG X J, ZHANG C X, ZHENG K F, et al. Detecting Spear-phishing Emails Based on Authentication[C]//4th IEEE International Conference on Computer and Communication Systems (ICCCS). Singapore, Singapore: IEEE, 2019: 450-456.

[389] NAINI F M, UNNIKRISHNAN J, THIRAN P, et al. Where You Are Is Who You Are: User Identification by Matching Statistics[J]. IEEE transactions on information forensics and security, 2016,11(2): 358-372.

[390] SABOUNI S, CULLEN A, ARMITAGE L. A preliminaryradicalisation framework based on social engineering techniques[C]//2017 International Conference on Cyber Situational Awareness, Data Analytics and Assessment (Cyber SA). London, United Kingdom: Institute of Electrical and Electronics Engineers Inc., 2017: 1-5.

[391] LI X, ZHANG D M, WU B. Detection method of phishing email based on

persuasion principle[C]//2020 IEEE 4th Information Technology, Networking, Electronic and Automation Control Conference (ITNEC). Chongqing, China: Institute of Electrical and Electronics Engineers Inc., 2020: 571-574.

[392] TAUSCZIK Y R, PENNEBAKER J W. The Psychological Meaning of Words: LIWC and Computerized Text Analysis Methods [J]. JOURNAL OF LANGUAGE AND SOCIAL PSYCHOLOGY, 2010,29(1): 24-54.

[393] 龚俭，臧小东，苏琪，等. 网络安全态势感知综述[J]. 软件学报，2017,28(04): 1010-1026.

[394] LEE K, CAVERLEE J, WEBB S. The social honeypot project: Protecting online communities from spammers[C]//Proceedings of the 19th international conference on World wide web (WWW '10). Raleigh, NC, United states: Association for Computing Machinery, 2010: 1139-1140.

[395] 姜建国，王继志，孔斌，等. 网络攻击源追踪技术研究综述[J]. 信息安全学报，2018,3(01): 111-131.

[396] 张玉清，吕少卿，范丹. 在线社交网络中异常帐号检测方法研究[J]. 计算机学报，2015,38(10): 2011-2027.

[397] HENSON B, REYNS B, FISHER B. Key issues in Crime and Punishment: Crime and criminal behavior, Internet crime [M]. USA, CA: SAGE Publications, Inc, 2010.

[398] 王祖俪. 网络安全中攻击者画像的关键技术研究[J]. 信息技术与信息化，2018(08): 143-145.

[399] LANDRETH B, RHEINGOLD H. Out of the inner circle: a hacker's guide to computer security[M]. Bellevue, Washington: Microsoft Press, 1985.

[400] CHIESA R, DUCCI S, CIAPPI S. Profiling hackers[M]. USA, NY: Auerbach Publications, 2008.

[401] KJAERLAND M. A taxonomy and comparison of computer security incidents from the commercial and government sectors[J]. COMPUTERS & SECURITY, 2006,25(7): 522-538.

[402] SHAW E D, RUBY K G, POST J M. The insider threat to information systems [J]. Security Awareness Bulletin, 1998,2(98): 1-10.

[403] WATTERS P A, MCCOMBIE S, LAYTON R, et al. Characterising and predicting cyber attacks using the Cyber Attacker Model Profile (CAMP) [J]. Journal of Money Laundering Control, 2012,15(4): 430-441.

[404] KAPETANAKIS S, FILIPPOUPOLITIS A, LOUKAS G, et al. Profiling cyber attackers using case-based reasoning [DB/OL]. (2022-03-04) [2024-06-05]. https://gala.gre.ac.uk/id/eprint/14950/.

[405] 洪飞，廖光忠. 基于K-Medoide聚类的黑客画像预警模型[J]. 计算机工程与设计，2021,42(05): 1244-1249.

[406] 黄志宏，张波. 基于大数据和图社群聚类算法的攻击者画像构建[J]. 计算机应用

研究，2021,38(01)：232-236.

[407] 胡浩，刘玉岭，张玉臣，等. 基于攻击图的网络安全度量研究综述[J]. 网络与信息安全学报，2018，4(09)：1-16.

[408] NELMS T，PERDISCI R，ANTONAKAKIS M，et al. Towards measuring and mitigating social engineering software download attacks [C]//25th USENIX Security Symposium (USENIX Security 16). Berkeley：USENIX Association，2016：773-789.

[409] NELMS T，PERDISCI R，ANTONAKAKIS M，et al. WebWitness：investigating，categorizing，and mitigating malware download paths [C]//24th USENIX Security Symposium (USENIX Security 15). Berkeley：USENIX Association，2015：1025-1040.

[410] 郑康锋，武斌，伍淳华，等. 社会工程学交互方法，装置及存储介质：CN201910756925.1[P]. 2021-02-23.

[411] LI Q，WU C，WANG Z，et al. Hierarchical transformer network for utterance-level emotion recognition[J]. Applied Sciences，2020，10(13)：4447.

[412] 郑康锋，伍淳华，武斌，等. 一种社交网络用户的人格识别系统和方法：CN201811284740.7[P]. 2022-06-07.

[413] 郑康锋，王哲，伍淳华，等. 一种基于 CGAN 模型的用户人格隐私保护方法：CN202110547576.X[P]. 2021-08-17.

[414] 郑康锋，王哲，王秀娟，等. 一种基于对抗攻击的用户人格隐私保护方法：CN202110545995.X[P]. 2021-08-17.

[415] WU T，ZHENG K，WU C，et al. SMS Phishing Detection Using Oversampling and Feature Optimization Method [J]. Journal of Computer Science and Engineering，2018，2018(2018)：11.

[416] WU B，LIU L，DAI Z，et al. Detecting malicious social robots with generative adversarial networks[J]. KSII Transactions on Internet and Information Systems (TIIS)，2019，13(11)：5594-5615.

[417] WANG Y，WU C，ZHENG K，et al. Social bot detection using tweets similarity [C]//International conference on security and privacy in communication systems. Cham，Switzerland：Springer International Publishing，2018：63-78.

[418] 王秀娟，张晨曦，唐昊阳，等. 基于密度与距离的钓鱼邮件检测方法[J]. 北京工业大学学报，2019，45(6)：546-553.

[419] WANG X，ZHENG Q，ZHENG K，et al. Semi-GSGCN：social robot detection research with graph neural network[J]. Computers，Materials & Continua，2020，65(1)：617-638.

[420] WANG X，TANG H，ZHENG K，et al. Detection of compromised accounts for online social networks based on a supervised analytical hierarchy process[J]. IET Information Security，2020，14(4)：401-409.

[421] MAO Y，ZHANG D，WU C，et al. Feature analysis andoptimisation for

computational personality recognition[C]//2018 IEEE 4th international conference on computer and communications (ICCC). Piscataway, NJ: IEEE, 2018: 2410-2414.

[422] WANG Z, WU C, ZHENG K, et al. SMOTETomek-Based Resampling for Personality Recognition[J]. IEEE Access, 2019, 7(2019): 129678-129689.

[423] WANG Z, WU C, LI Q, et al. Encoding text information with graph convolutional networks for personality recognition[J]. Applied sciences, 2020, 10 (12): 4081.

[424] WU T, ZHENG K, WU C, et al. User identification by keystroke dynamicsbased on feature correlation analysis and feature optimization[C]//2019 IEEE 5th International Conference on Computer and Communications (ICCC). Piscataway, NJ: IEEE, 2019: 40-46.

[425] WU T, ZHENG K, XU G, et al. User identification by keystroke dynamics using improved binary particle swarmoptimisation[J]. International Journal of Bio-Inspired Computation, 2019, 14(3): 171-180.

[426] WANG X, ZHENG Q, HONG W, et al. Which features matter in recognizing phishing emails? [C]//The 3th conference on advanced computing and endogenous safety & security. Nanjing, Jiangsu: CACD, 2020: 810-820.

[427] WU T, ZHENG K, WU C, et al. User Identification Using Real Environmental Human Computer Interaction Behavior[J]. KSII Transactions on Internet and Information Systems (TIIS), 2019, 13(6): 3055-3073.

[428] WANG X, TAO Y, ZHENG K. Feature Selection Methods in the Framework of mRMR[C]//2018 Eighth International Conference on Instrumentation & Measurement, Computer, Communication and Control (IMCCC). Piscataway, NJ: IEEE, 2018: 1490-1495.

[429] ZHENG K, WANG X, WU B, et al. Feature subset selection combining maximal information entropy and maximal information coefficient[J]. Applied intelligence, 2020, 50(2020): 487-501.

[430] ZHENG K, WANG X. Feature selection method with joint maximal information entropy between features and class[J]. Pattern Recognition, 2018, 77(2018): 20-29.

[431] CUI X, GE Y, QU W, et al. Effects of Recipient Information and Urgency Cues on Phishing Detection[C]//22nd International Conference on Human-Computer Interaction. Cham, Switzerland: Springer International Publishing, 2020: 520-525.

[432] 葛燕，崔馨月，瞿炜娜. 网络钓鱼的影响因素：心理学的视角[J]. 心理学进展，2021，11(4)，968-977.

[433] 伍淳华，郑康锋，武斌，等. 一种基于博文相似性的社工机器人检测系统及方法：CN201811284749.8[P]. 2019-03-15.

[434] 吴桐，郑康锋，武斌，等. 电信诈骗检测方法及装置：CN201910667382.6[P]. 2019-10-18.

[435] 吴桐，郑康锋，武斌，等. 社会工程学攻击的防御方法及装置：CN201910667384.5[P]. 2019-09-27.

[436] 吴桐，郑康锋，武斌，等. 身份认证方法及装置：CN201910686180.6[P]. 2019-11-05.

[437] 陈乔，何文杰，王红虹，等. 一种基于随机森林算法的社会工程学入侵攻击路径检测方法：CN201711346722.2[P]. 2018-06-19.

[438] 王秀娟，郑倩倩，郑康锋，等. 基于多核学习融合鼠标和键盘行为特征的用户识别方法：CN202010263264.1[P]. 2020-09-04.

[439] 王秀娟，唐昊阳，陶元睿，等. 一种基于监督式层次分析法的异常账户检测方法：CN201810675122.9[P]. 2018-12-04.

[440] 伍淳华，郑康锋，武斌，等. 语音合成方法及装置：CN201910585593.5[P]. 2021-01-19.

[441] 郑康锋，武斌，伍淳华，等. 基于微服务的社工机器人调度系统和调度方法：CN2019106098171[P]. 2021-01-08.

[442] 武斌，郑康锋，伍淳华，等. 基于用户属性的社会工程学机器人模拟方法和装置：CN2019105855865[P]. 2021-01-05.

[443] 武斌，郑康锋，伍淳华，等. 社会工程学蜜罐系统、蜜罐系统部署方法和存储介质：CN 201910756953.3[P]. 2021-03-05.

[444] VAROL O，FERRARA E，DAVIS C，et al. Online human-bot interactions：Detection，estimation，and characterization[C]//Proceedings of the international AAAI conference on web and social media. Menlo Park，CA：AAAI，2017，11(1)：280-289.

[445] TRÅNG D，JOHANSSON F，ROSELL M. Evaluating algorithms for detection of compromised social media user accounts[C]//2015 Second European Network Intelligence Conference. Piscataway，NJ：IEEE，2015：75-82.

[446] DEWANGAN M，KAUSHAL R. Socialbot：Behavioral analysis and detection[C]//Security in Computing and Communications：4th International Symposium (SSCC). Singapore：Springer Singapore，2016：450-460.

[447] EyeLink. EyeLink 1000 Plus [EB/OL]. (2024-05-14) [2024-06-05]. https://www.sr-research.com/zh/eyelink-1000-plus/.

[448] WANG Z，SUN L，ZHU H. Defining social engineering in cybersecurity[J]. IEEE Access，2020，8(2020)：85094-85115.

[449] 栗文真. 恶意邮件检测技术研究[D]. 天津：天津理工大学，2020.

[450] WITTEL G L，WU S F. On Attacking Statistical Spam Filters[C]//Conference on Email and Anti-Spam (CEAS). Mountain View，CA：CEAS，2004：170-176.

[451] LOWD D，MEEK C. Good Word Attacks on Statistical Spam Filters[C]//Conference on Email and Anti-Spam (CEAS). Mountain View，CA：CEAS，

2005：125-132.

[452] KUCHIPUDI B，NANNAPANENI R T，LIAO Q. Adversarial machine learning for spam filters [C]//Proceedings of the 15th International Conference on Availability，Reliability and Security (ARES). Piscataway，NJ：IEEE，2020：1-6.

[453] WANG C，ZHANG D，HUANG S，et al. Crafting adversarial email content against machine learning based spam email detection[C]//Proceedings of the 2021 International Symposium on Advanced Security on Software and Systems (ASSS). New York：ACM，2021：23-28.

[454] JUELS A，RISTENPART T. Honey encryption：Security beyond the brute-force bound[C]//33rd Annual International Conference on the Theory and Applications of Cryptographic Techniques. Berlin，Heidelberg：Springer，2014：293-310.

[455] TYAGI N，WANG J，WEN K，et al. Honey encryption applications [J]. Network Security，2015，2015(2015)：1-16.

[456] 银伟，邢国强，周红建. 蜜罐加密技术在私密数据的应用[J]. 计算机应用，2017，37(12)：3406-3411.

[457] NOORUNNISA N S，AFREEN D K R. Review on honey encryption technique [J]. International Journal of Science and Research (IJSR)，2016，5(2)：1683-1686.

[458] 张彩霞，冯慧. 浅谈互联网时代电信网络诈骗的法律规制——以徐某某案为例[J]. 法制博览，2017，(34)：235.

[459] 高渊，董宇翔，张麾军，等. 浅谈多指标关联识别电信网络诈骗团伙的方法[J]. 中国新通信，2021，23(06)：70-71.

[460] 郝宁. 网络攻击行为仿真的研究与实现[D]. 郑州：中国人民解放军信息工程大学，2006.

[461] 张帅，卢昱. 仿真环境中的网络攻击模型设计[J]. 装备指挥技术学院学报，2005，16(3)：104-108.

[462] 董明，查建中，刘卫. 专家系统与过程控制系统的整体式集成方法研究[J]. 内蒙古工业大学学报：自然科学版，1995，14(4)：11-18.

[463] ALGARNI A，XU Y，CHAN T. Social engineering in social networking sites：the art of impersonation[C]//2014 IEEE International Conference on Services Computing. Piscataway，NJ：IEEE，2014：797-804.

[464] 康海燕，孟祥. 基于社会工程学的漏洞分析与渗透攻击研究[J]. 信息安全研究，2017，3(2)：116-122.

[465] KANG H，MENG X. Research on vulnerability analysis and penetration attack based on social engineering [J]. Information Security Research，2017，3(2)：116-122.

[466] ALGARNI A，XU Y，CHAN T. An empirical study on the susceptibility to social engineering in social networking sites：the case of Facebook[J]. European Journal of Information Systems，2017，26(6)：661-687.

[467] BAKHSHI T. Social engineering: Revisiting end-user awareness and susceptibility to classic attack vectors[C]//2017 13th International Conference on Emerging Technologies (ICET). Piscataway, NJ: IEEE, 2017: 1-6.

[468] ABRAMOV M V, AZAROV AA. Social engineering attack modeling with the use of Bayesian networks[C]//2016 XIX IEEE International Conference on Soft Computing and Measurements (SCM). Piscataway, NJ: IEEE, 2016: 58-60.

[469] GUPTA S, SINGHAL A, KAPOOR A. A literature survey on social engineering attacks: Phishing attack[C]//2016 international conference on computing, communication and automation (ICCCA). Piscataway, NJ: IEEE, 2016: 537-540.

[470] BECKERS K, KRAUTSEVICH L, YAUTSIUKHIN A. Analysis of social engineering threats with attack graphs[C]//International Workshop on Data Privacy Management. Cham, Switzerland: Springer International Publishing, 2014: 216-232.

[471] JAAFOR O, BIRREGAH B. Social engineering threat assessment using a multi-layered graph-based model[J]. Trends in Social Network Analysis: Information Propagation, User Behavior Modeling, Forecasting, and Vulnerability Assessment, 2017, 2017(2017): 107-133.